"十四五"时期国家重点出版物出版专项规划项目

人工智能重大基础研究丛书

程序性能优化理论与方法

Theory and Method of Program Performance Optimization

主编 韩林 高伟

中国教育出版传媒集团

高等教育出版社·北京

内容简介

本书是"十四五"时期国家重点出版物出版专项规划项目"人工智能重大基础研究丛书"图书,从计算机体系结构、编译系统、操作系统、作业管理等多角度,对程序实现中的算法、数据结构、程序设计语言特性、资源占用及程序运行过程等多维度,全面探讨程序性能优化的理论和方法。

全书共 12 章,分为上下两篇。上篇第 1—6 章为基础部分,主要对程序性能优化的意义、度量指标、常用流程及如何进行程序性能的分析与测量进行阐述,并从程序编码和编译的角度介绍多种优化方法。下篇第 7—12 章为进阶部分,结合系统硬件特性讲述更深层次的优化方法,包括单核优化、访存优化、OpenMP 程序优化、CUDA 程序优化、MPI 程序优化,以及多层次并行程序优化。

本书适用于具备一定程序设计基础并致力于程序性能优化的程序设计人员阅读,也可以作为学习高等教育计算机程序设计课程的参考书,还可作为从事性能优化专业技术人员的参考书。

图书在版编目(CIP)数据

程序性能优化理论与方法 / 韩林,高伟主编 . -- 北京:高等教育出版社,2023.6
ISBN 978-7-04-059928-2

Ⅰ. ①程… Ⅱ. ①韩… ②高… Ⅲ. ①程序设计 - 高等学校 - 教材 Ⅳ. ① TP311.1

中国国家版本馆 CIP 数据核字(2023)第 024096 号

CHENGXU XINGNENG YOUHUA LILUN YU FANGFA

策划编辑	冯 英	责任编辑	冯 英	封面设计	张雨微	版式设计	王艳红
责任绘图	李沛蓉	责任校对	高 歌	责任印制	刁 毅		

出版发行	高等教育出版社	网 址	http://www.hep.edu.cn
社 址	北京市西城区德外大街 4 号		http://www.hep.com.cn
邮政编码	100120	网上订购	http://www.hepmall.com.cn
印 刷	山东韵杰文化科技有限公司		http://www.hepmall.com
开 本	787 mm×1092 mm 1/16		http://www.hepmall.cn
印 张	40.25		
字 数	880 千字	版 次	2023 年 6 月第 1 版
购书热线	010-58581118	印 次	2023 年 6 月第 1 次印刷
咨询电话	400-810-0598	定 价	139.00 元

序

　　自 20 世纪 40 年代人类发明电子计算机, 到当今的云计算、大数据、人工智能、移动互联网与物联网时代, 各种类型的计算设备在人类的生活中已是无处不在, 大到超级计算机、小到可穿戴设备都运行着执行各种类型处理任务的程序。人类正在用各种各样的程序重构现代社会, 程序已经渗透入人们的生活, 并越来越多地影响着人类社会。

　　不言而喻, 程序作为以计算机为处理工具, 描述计算任务的处理对象和处理规则的计算机语言代码, 对人类的生产与生活产生了日趋广泛的影响, 以至于程序的安全性、健壮性、稳定性、可靠性等指标被越来越多地予以讨论。一般来说, 程序的好坏可以从功能和性能两个方面进行衡量, 其中功能关乎程序的基本功用, 而性能则用于衡量完成功能时程序所展示出来的及时性。健康的程序需要同时在功能和性能上都有完美的表现, 然而, 迄今为止人们并没有找到一种充分的手段来保证程序不会出现瑕疵。程序中的瑕疵不仅会消耗各类计算、存储或通信中的资源, 使得程序的性能大幅降低, 严重的还会造成程序功能的丧失, 甚至系统的崩溃。检测、定位和解决隐藏在程序中的各类瑕疵的过程称之为调试, 而在此基础上进行系统评测, 进一步改进系统运行状况。提高程序性能和效率的过程称之为调优。

　　相比于调试而言, 调优的难度更大。这是因为调试的主要目标是寻找瑕疵, 而瑕疵固定存在于程序中的某些点上, 因此调试时可以通过设置程序断点等技术手段将执行中的程序停止到断点处, 查看运行情况并进行各类分析。调优则是需要通过观察正确运行的程序, 评估其综合使用各类软硬件资源的情况, 调优时一般不会让程序的运行中断, 而是需要对程序的执行做长时间监视或统计, 凭借经验进行不间断的各类优化。

　　一些复杂的程序性能问题, 需要运用诸如计算机体系结构、编译系统、操作系统等多方面的知识, 需要对程序实现中的算法、数据结构、程序设计语言特性、资源占用及程序运行过程有深入的理解。程序调优的过程, 不仅要有俯瞰全局的大局观, 更要有探微索隐、铁杵磨针的工匠精神, 可谓是致广大而尽精微, 伴随其间的千磨百折、兴奋欢欣将是一次次美妙的经历和体验。

　　随着现代社会对程序要求的不断提高, 对程序功能与性能的重视程度已提升到前所未有的高度。程序性能优化逐渐从幕后走到了台前, 成为一个重要的研究方向。本书直面程序性能优化问题, 结合作者及其团队多年来在程序优化方面的研究成果, 从多个角度及多个维度探讨程序性能优化的理论与方法, 系统论述程序性能优化过程中的若干问题, 相信会让读者耳目一新。

　　为了更好地读懂本书, 读者需要对计算机体系结构、操作系统、编译优化、高级程序设计语言、汇编语言等有基础的了解，如对相关知识尚有欠缺，建议自行学习，拥有扎实的计算机专业知识将有助于读者更深刻地理解相关内容。

前　言

在摩尔定律的作用下，早期单核标量处理器的性能持续提升，软件开发人员重点关注如何写好程序，几乎不用过多地考虑软件优化问题，这是因为下一代处理器的性能提升会自然地提升程序的性能。由此，计算机行业进入一个良性循环：由于性能的提升，人们能够使用计算机做更多的事；而当人们习惯当前计算机的速度后，又会提出新的性能要求，让计算机以更快的速度做更多的事情。处理器厂商也乐于升级硬件以赚取更多的利润，集成电路上可以容纳的晶体管数目几乎每 18 个月便会增加一倍，处理器性能也提升一倍。

2003 年之前，计算机行业在这种互动模式下发展了几十年。然而，由于处理器的功耗与频率的三次方近似呈正比，无限地提升处理器频率变得越来越困难。2003 年之后依赖处理器能力的增强来获取程序性能提升的方式已捉襟见肘，各处理器厂商纷纷通过多种技术手段来进一步提升处理器的计算能力，如多核、超线程、向量并行、超标量、多发射、指令乱序执行等。同一时期，相较于 CPU 处理器从单核到多核、从标量到向量的技术发展方向，图形处理器 GPU 通过将成百上千个精简计算核心集成在一块硅片上以满足图形图像及视频处理的浮点计算需求而得到快速的发展，该技术被称为众核技术。众核处理器将芯片中更高比例的晶体管用于计算，因此其原生性能远超传统的 CPU 多核处理器，众核的发展快速推动了芯片的计算密度。

芯片技术与体系结构的演进必然带来对程序设计技术的新要求，无论编程人员适应与否，用于描述硬件变化的新的编程语言或语言扩展对程序设计人员提出了新的挑战。高效地利用好硬件带来的效能提升，面向多节点、多核、众核、各类加速器件等新的计算环境构造高效能程序已成为程序设计人员必备的技能。2022 年，虽然已经出版有众多程序设计语言、并行编程、多核与众核编程类的书籍，但大多是穿插性地介绍若干程序性能优化的相关技术，作者更希望将程序性能优化作为一门专门的技术，系统全面地总结其原理，并呈现给读者一些新的更实用的方法与技巧。

程序性能优化一直以来都被资深程序设计人员视为"独门绝学"，作为衡量是否为编程"高手"的一种潜在评判标准。本书将全面系统地介绍程序性能优化的理论、方法和技术，帮助读者更好地理解程序性能优化的内涵，提升程序开发的能力。

本书结构

本书分为上下两篇。上篇为基础部分，主要对程序性能优化的意义、度量指标、常用流程及如何进行程序性能的分析与测量进行阐述，并从程序编码和编译的角度介绍了多种优化方法。下篇为进阶部分，结合系统硬件特性讲解更深层次的优化方法，包括单核优化、访存优化、OpenMP 程序优化、CUDA 程序优化、MPI 程序优化及多层次并行程序优化。全书共分为 12 个章节，具体如下：

第一章　程序性能优化的意义。从处理器架构的不断发展、用户对软件性能需求的不断提高，以及编译器优化的局限性等方面讨论程序性能优化的意义。

第二章　程序性能的度量指标及优化流程。介绍常用的衡量程序性能的度量指标和程序性能优化的常用流程，为后续章节的理论学习与实践做准备。

第三章　程序性能的分析和测量。程序性能优化离不开程序性能的分析与测量，本章在性能测量分析的理论基础之上，对程序进行深入剖析，并对常用的性能测量分析工具的使用进行重点介绍。

第四章　系统配置优化。一个系统能够良好运行的前提是其资源的使用处于平衡状态，本章从系统中处理器、内存、文件系统、磁盘、网络 5 个子系统入手，着重介绍子系统的配置检查与参数调整，帮助优化人员更加合理地使用系统中的各类资源，为后续程序的运行环境打下基础。

第五章　编译与运行优化。从编译器的角度，介绍从高级语言代码到可执行代码的编译流程，以及各编译阶段的优化方法，包括基于中间代码的自动向量化、并行化、死代码删除等优化，基于后端目标平台的静态链接库优化、动态链接库优化，帮助优化人员利用本章介绍的优化手段在程序编译阶段开展优化，更好地提升程序性能。

第六章　程序编写优化。从程序员进行高级语言程序设计的角度，按照程序的算法、数据结构、过程级、循环级、语句级 5 个层面介绍常用的优化技术。帮助优化人员编写出更加高效的程序，同时在进行程序优化时可以尝试从这些方面着手思考优化方案。

第七章　单核优化。从指令级并行和数据级并行两个角度介绍核内优化，包括指令流水、指令多发射、超长指令字、乱序执行和 SIMD 单指令多数据等内容，讨论如何利用单核处理器进行程序优化。

第八章　访存优化。本章按照计算机多级层次存储结构从上到下的顺序，从寄存器、缓存、内存、磁盘深入讨论存储访问优化，并介绍多种数据布局方法改善程序的局部性。

第九章　OpenMP 程序优化。本章介绍使用 OpenMP 对程序进行多线程并行的方法，在此基础上阐述 OpenMP 程序性能优化方法，包括并行区重构、避免伪共享、负载均衡和避免隐式同步等。

第十章　CUDA 程序优化。本章概要介绍 CUDA 程序的编写流程，将科学计算中常用的矩阵乘法改为 CUDA 版本，并基于该程序进一步介绍线程组织、访存优化、循环展开及数据预取等 CUDA 优化方法。

第十一章　MPI 程序优化。本章首先概要介绍如何利用 MPI 进行并行程序编写，然后在此基础上对数据划分、通信和计算重叠、负载均衡及利用冗余计算来减少通信时间等 MPI 优化方法进行阐述。

第十二章 多层次并行程序优化。本章以矩阵乘法为例，介绍如何在同构系统、异构系统及同构加异构系统上利用多核处理器、众核加速器进行协同计算。基于 Hygon C86、Intel KNL、Hygon DCU、申威 26010、"嵩山"超级计算机等平台介绍同构多层次并行、异构多层次并行、同构加异构多层次并行的程序编写和优化方法。

对初学程序性能优化的读者来说，作者建议按章节顺序仔细阅读，循序渐进地理解程序性能优化的思维，并且在不断实践中掌握程序性能优化的方法。对程序性能优化具备一定程序性能优化基础的读者，可按需求选择性阅读。

目标受众

本书适用于具备一定的程序设计基础并致力于追求完美性能的程序设计人员，也可以供大学计算机专业的学习使用，还可作为产业界从事性能优化人员的参考书。

致谢

本书由先进编译实验室科研人员，在长期编译研发及大量程序性能优化实践的基础上总结编写而成。先进编译实验室的王梦园、柴晓楠、李雁冰、聂凯、王琦、王冬、何亚茹、谢景明、吴昊、李嘉楠、柴赟达、王洪生、孙回回、姚金阳、罗有才、宫一、夏文博等参与了本书的撰写。在撰写过程中，单征、商建东、李颖颖、徐金龙、于哲、郑秋生、赵荣彩、齐宁等专家为本书的最终完稿提出了许多中肯的建议和帮助，在此表示衷心的感谢。谨以本书献给热爱程序性能优化的朋友们。

作者团队

团队长期致力于高性能计算、编译技术、程序优化等方向的科研工作。先后承研国家重大专项、核高基专项、973、863、自然科学基金等相关课题，在高性能计算、并行程序设计与优化、国产自主可控等相关领域已经形成了若干领先成果，曾获国家科技进步一等奖、省部级科技进步一等奖等奖项。在国内外超算及程序优化的竞赛中，多次获 PAC 全国并行应用挑战赛优化金奖、银奖、铜奖，ASC 世界大学生超级计算机竞赛一等奖、二等奖、卓越奖，CPC 国产并行应用挑战赛银奖、铜奖，IPCC-ACM 中国国际并行计算挑战赛二等奖等。

勘误和支持

程序性能优化是一个纷繁庞杂且快速发展的领域，许多程序优化方法是基于不断地实践与经验积淀，尚未形成成熟的理论方法。本书的写作初衷旨在分享作者在程序优化领域的点滴感悟，虽然作者尽全力确认书中每个细节，但因水平有限，书中难免存在缺点和不足之处。殷切希望各位读者能够批评指正，提出宝贵的意见，以便于作者修正。读者可以将宝贵意见发送到电子邮箱 yongwu22@126.com，期待您真挚的反馈。

作 者
2022 年 7 月

目 录

上 篇

下　篇

上　篇

第一章
程序性能优化的意义

当世界上第一台具备二进制浮点运算能力的全自动可编程计算机诞生之时，科学家就预见这种革命性的计算设备不仅能够应用于科学和工程领域，还将对人类社会的各方面产生深远影响。计算机的高效率运算、可视化和数据处理能力，以及允许自动执行大量任务并实现无延迟通信的功能，使得人类大脑中构思的复杂算法成为可计算的现实，计算机彻底改变了人类生活和工作的各个方面。

当下人们常听到超级计算机的计算能力是多少万亿次每秒，超级计算机一秒的计算能力相当于全球人类同时拿计算器计算多少年的说法。不禁有人要问，既然计算机的计算能力已经如此强大，让它直接运算即可，为什么还要有程序性能优化的需求呢？甚至有些观点认为继续编写高效的代码在许多领域根本没有必要，因为增加更多处理器就能获得更强的并行计算能力，这要比投入大量精力优化代码简单得多。

实际上，当代计算设备不仅仅是单个计算器件的能力提升，更多的是依赖于众多计算器件的组合来形成超强计算能力，比如超级计算机的强大算力就是采用了分布与并行的计算思想，采用数万颗乃至上千万颗计算核心共同完成计算任务，才能充分发挥其强大的计算能力。要想让程序在此类计算设备上运行起来，就必须让该套设备上的众多计算器件都参与运算工作，同时还要充分发挥每个计算器件内提供的多层次计算资源，即程序想要运行得更快不仅仅是程序部署在运行更快的计算机上这么简单。程序性能优化是指通过调整程序的算法、数据结构和代码形式等，利用并行程序设计语言、编译系统、性能调优监视工具等生成高效执行的机器指令代码，以充分发挥计算设备提供的多级并行计算机制和多层次存储等资源，达到程序高效能执行的目的。

程序性能优化的意义可以从以下三个方面理解：一是随着人类认知世界能力的提升，对模拟现实世界中各类问题的需求大幅增加，计算力及程序性能优化必然是永恒的话题；二是计算设备体系结构的发展与新型计算部件的持续涌现，要求程序能够充分地高效利用硬件的新特性，而程序性能优化本身就是一项与硬件密切结合的工作；三是生成程序的方法依赖于高级程序设计语言，而现代计算设备理解的是二进制语言，两者之间衔接的翻译工具是编译系统，但无论是编程模型还是编译器的优化能力都存在着相当的局限性。

1.1 程序性能要求的不断提高

古人云: 勤奋使人进步, 但是对人类社会发展来说却好像是一个追逐"变懒"的过程。想要"变懒"意味着要拥有更高的效率, 这驱动着人类不断发明出新的工具去替代人的辛苦劳作。纵观农业时代、工业时代, 每一次人类生产力的进步皆是如此, 这个规律在现在的信息时代同样适用, 研制更好的程序就是信息时代制造高效工具的一种方式。好用的程序可以提高生产力水平、提高资源利用率、降低成本、满足时效性, 以及增强用户体验等。

1. 提高生产力水平

人类科技的进步意味着人类探索和改造世界的能力逐渐增强, 如宇宙理论的验证、生命科学的探索、全球变暖的预测, 以及石油勘探、核爆模拟、工业设计、新药研制, 等等。计算机仿真模拟是学术和工业界不可或缺的工具, 计算科学已成为继理论演算、实验验证之后, 人类认知世界的第三种有效手段, 好的程序本身就是提高生产力水平的重要保障。

2. 提高资源利用率

在计算、访存、网络等资源确定的情况下, 编写的程序如何尽其所能地充分利用硬件资源, 接近或达到计算设备的理论计算峰值, 充分发挥好计算器件潜在的运算能力, 是程序性能优化的根本目的, 也是提升硬件资源利用率的最直接手段。

3. 降低成本

现代超级计算机系统、大型云计算平台等设备消耗着巨大的电能, 在更短的时间内完成程序的执行, 意味着节省了对硬件资源的占用成本。同样地, 对于嵌入式硬件等有功耗限制的设备, 优化后的程序还可以满足其低功耗指标。

4. 满足时效性

缩短程序的运算时间, 在尽可能短的时间内提交计算结果, 是某些应用必需响应的时效性指标。比如天气预报程序需要在约定的时间内完成运算, 才能符合预报的需要。

5. 增强用户体验

对现实世界的模拟仿真需要大量的计算资源, 比如在电子游戏行业, 为了更好地满足游戏者的用户体验, 将不断追逐越来越真实的场景仿真, 大量的图形渲染与动态模拟需要高性能的算力及高效的仿真程序支持。

讲到这里, 可能有人会说这些都是优化程序的好处, 难道直接编写的程序不能做到这一点吗? 这就要从计算机架构的发展说起, 程序的优化不仅仅是编程这么简单, 前提是需要了解运行的程序所在硬件资源特性是什么, 才能更好地发挥计算器件的效能。

1.2 处理器架构的不断发展

随着人们对计算能力需求的不断增长, 为了提升处理器的计算能力, 其体系架构也在不断改进。纵观处理器的发展历程, 其早期的性能增长基本遵从摩尔定律, 但是随着主频的不断提升、芯片上集成的晶体管数量的急剧增加, 功耗、互连、复杂度也在指数级地增长, 此时的摩尔定律不再适用于单核处理器。2000 年前后, 处理器向着多核并行的技术方向进展, 多核技术将多颗处理核心集成到一个芯片上, 但其芯片上集成核心的数量受功耗、总线、层数等因素的限制, 从而促使处理器向更轻量级的众核结构演变。处理器结构的不断变化, 使得提升处理器性能的技术也从单纯地依靠提高主频、指令流水等初级阶段, 演化为指令多发射、乱序执行、分支预测, 并由指令级并行发展为数据级并行、线程级并行等, 进而推动人类进入 CPU 异构众核时代。与此同步的是, 随着人们对计算场景的不断扩展, 出现了面向特定应用的处理器架构, 计算机体系结构碎片化时代也随之到来, 处理器结构发展历程如图 1.1 所示。

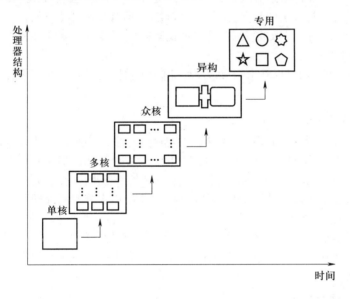

图 1.1　处理器结构发展历程示意

1.2.1 单核结构

单核处理器的性能、主频与每个时钟周期内执行的指令数直接相关, 因此提高单核处理器性能的两条有效途径, 一是提高 CPU 的时钟频率即主频, 二是提高每个时钟周期内执行的指令数 (Instruction Per Clock, IPC)。

1. CPU 时钟频率

摩尔定律指出, 当价格不变时, 集成电路上可容纳的晶体管数目, 每隔 18 ~ 24 个月便会增加一倍, 性能也将提升一倍。2020 年前后单芯片集成的晶体管数已接近数百亿个, 工作频率高达 GHz 级。超大规模集成电路工艺的发展, 使得单颗芯片上可集成更多的资源, 为处理器体系结构的发展提供了源动力, 通过改进处理器体系结构获得更高的时钟频率是单核处理器设计的最重要方向。

然而随着集成电路工艺向深亚微米、纳米级发展, 芯片上集成的电子元器件数量越来越多, 集成度和频率越来越高, 硅半导体物理特性上的功耗和散热逐步成为集成更多电子元器件的制约, 5 GHz 频率成为处理器厂商难以逾越的关口。工艺、材料和功耗的限制使得摩尔定律中描述的性能翻倍时间加长, 性能提升遭遇瓶颈。

在 2003 年, Intel 曾经预测能够在 2010 年采用 10 nm 或更高的工艺开发出 30 GHz 的计算机, 实现万亿次指令级别的性能。但现实是直到 2021 年, Intel 仍在使用 10 nm 技术生产默认主频低于 5 GHz 的处理器, 并没有将之前的预言转为现实。2021 年 AMD 也发布了代号为米兰的服务器芯片, 采用 7 nm 工艺生产, 其处理器的频率仍然没有超过 5 GHz。2022 年, Intel 量产了 10 nm 工艺的芯片, 计划开始 7 nm 的工艺制程, 而 AMD 锐龙 9 已经迈过 7 nm 工艺制程的门槛, CPU 的核心数也升级到了 16 核。需要说明的是, 虽然 Intel 和 AMD 的超频技术使得计算机的瞬间主频远超 5 GHz, 但这是不可持续的且会降低硬件寿命。频率增高而导致的发热和能量消耗问题, 使得人们开始采用多核等技术以延续摩尔定律。

此外, 除了通过提升主频来增加处理器的性能, 还可以通过指令级并行提高带宽。

2. 指令级并行

指令级并行是指处理器同时执行多条指令, 要求同时执行的多条指令之间没有数据依赖或控制依赖, 否则可能获得错误的执行结果。程序代码经编译器编译时, 所生成的指令原则上是按照排列顺序一条一条执行的, 但是在实际运行时处理器可能根据硬件特性调整指令的执行顺序, 以充分利用处理器上的不同组件, 指令级并行相关的技术有指令流水、多发射、乱序执行和分支预测等 (此概念可参考第七章单核优化)。指令级并行是很重要的一种程序并行方式, 也是最底层的一种并行方式, 与处理器的硬件特性紧密相关, 是提升程序核内性能的重要方法之一。

3. 数据级并行

伴随着多媒体产业的迅猛发展, 20 世纪 90 年代中期 Intel、AMD、IBM 等各大处理器厂商陆续在其芯片中集成了专用的多媒体扩展部件, 该部件采用单指令多数据 (Single Instruction Multiply Data, SIMD) 的并行方式, 能够对多媒体程序中的多个数据进行相同操作, 以提升多媒体程序的运行速度, 该部件被称为 SIMD 扩展部件。支持 SIMD 计算的寄存器被称为向量寄存器, 而面向 SIMD 扩展部件生成的对应的程序则被称为向量程序。

1996 年 Intel 在其 Pentium 处理器上集成了 MMX 指令, 用于加速处理视频、音频和图像等多媒体程序。此后 Intel 一直都在改进 SIMD 扩展部件, 改进的方面包括向量寄存器长度和扩展向量指令集等。

不仅 Intel 在其处理器中支持 SIMD, 其他厂商也在各自研发的处理器中添加有 SIMD 扩展部件。如 1997 年摩托罗拉在 G3 PowerPC 处理器上引入了 AltiVec 指令集, 2000 年 AMD 在 Athlon 处理器上集成了类似于 SSE 的 3DNow! 指令集。此外还有 Sun 公司 SPARC 处理器中的 VIS, HP 公司 PA-RISC 处理器中的 MAX, DEC 公司 Alpha 处理器中的 MVI-2, MIPS 公司 V 处理器中的 MDMX/MIPS-3D 等。

当前, Intel、AMD、IBM、ARM、申威、龙芯、飞腾、魂芯、君正、国芯、华为海思等处理器中均有 SIMD 扩展部件。如今 SIMD 扩展部件不仅用于加速多媒体程序, 也用于加速科学计算程序, 已成为构建当代处理器的重要加速器件。表 1.1 列出了部分主流处理器厂商的处理器型号, 以及 SIMD 扩展指令集名称和特征。

表 1.1 带有 SIMD 扩展部件的处理器

厂家	处理器	指令集	向量长度/b
Motorola	G4	AltiVec	128
DEC	Alpha	MVI	64
SGI	MIPS V	MDMX	64
Intel	Pentium	MMX	64
		SSE	128
	Core	AVX	256
		IMCI	512
Sony	Cell	AltiVec	128
Sun	SPARC v9	VIS	64
HP	PA-RISC	MAX-2	64
AMD	Athlon	3DNow!	128
ARM	ARMv6	NEON	128
	PPC970	VMX	128
IBM	P6	VMX	128
	BG/L	—	256
龙芯	Godson	—	256

经过 30 年的发展, SIMD 扩展部件在体系结构、扩展指令集上不断发展变化, 以更好地适应应用领域拓展的新需求, 例如向量寄存器长度不断增加, 从早期的 64 b 逐步扩展为 128 b、256 b、512 b。SIMD 采用数据级并行的思想, 数据级并行是一种在核内提升程序性能的重要方法, 将串行程序改写为 SIMD 向量程序的方法有两种, 一是借助于编译器的自动向量化技术, 二是优化人员利用提供的扩展内嵌接口直接编写面向特定平台的向量程序。

自动向量化技术的优点在于用户透明，当优化人员对程序进行编译时，通过添加编译选项可调用自动向量化功能，甚至在一些编译器中自动向量化功能是默认开启的，但缺点是效果完全取决于编译器的自动向量化能力。编译器能力有限且相对保守，优化时可能会放弃一些计算和访存特征复杂程序的自动向量化机会。利用扩展内嵌接口直接编写面向特定平台的向量程序虽然效率会提升但有着相当的难度，需要优化人员了解程序特点及支持的内嵌接口操作，并考虑如何改进以获得高效的向量程序。此外，由于不同处理器平台支持的内嵌接口差异很大，还面临着程序移植性差的问题。

由于 SIMD 扩展部件具有低功耗、易设计实现等优点，SIMD 扩展部件广泛存在于各类处理器中，然而对 SIMD 扩展部件的编译支持仍存在许多不足之处。为了使程序更好地在数据级并行中受益，优化人员往往要熟练掌握 SIMD 扩展部件的架构和指令级特征，以期获得高性能的 SIMD 向量程序。

1.2.2 多核结构

随着运行频率的提升，处理器的功耗、片内互连线和集成复杂度也急剧增加，导致晶体管数转化为性能增长的过程日趋困难。为了有效利用芯片中丰富的晶体管资源来提升性能，处理器设计开始向多核和众核方向发展。

多核处理器即在一个单芯片上集成多个处理器内核，其中每个核都是一个独立的物理处理器，多核处理器支持真正意义上的并行执行，多个线程可以在多个处理器核上同时执行，使得整个处理器可同时执行的线程数目或任务数目是单处理器的数倍，极大地提升了处理器的性能。多核处理不仅能开发单核传统的指令级并行和数据级并行，更能开发核间的任务级并行，可以在更低的频率下提供相比单核处理器高得多的性能。多核处理器充分利用大量的片上资源，在提高性能的同时满足功耗和散热要求，相比简单的处理器核而言，降低了设计难度，提高了设计效率。

多核处理器在单个芯片内集成若干功能强大的处理器核，每个处理器核包含独立的运算单元、存储单元和控制单元，处理器核之间存在资源共享。2001 年 IBM 公司发布的第一款商用多核处理器 Power4，2005 年 Intel 和 AMD 也推出双核 CPU，之后 Intel 又推出了 4 核、8 核处理器。2020 年第一季度，Intel 推出的 Xeon Gold 6200 系列 Xeon Gold 6248R 为 24 核处理器。各大厂商先后推出的有 12 核、14 核、16 核、24 核、64 核等通用多核 CPU。多核处理器是如此的重要，以至于现在手机上的嵌入式 ARM 处理器都已经是 8 核甚至 12 核。

1.2.3 众核结构

众核处理器的设计理念与单核处理器完全不同。它不再盲目追求处理核心的工作频率，而是把重点放在增加并行运算单元和程序并行执行时的吞吐量上。因此众核处理器往往由几十到几千个功能较小的内核组成，核心数量随着半导体工艺的进步而不断增长，其中最具代表性的就是图形处理单元 (Graphics Processing Unit, GPU)。

GPU 最初主要用于图形渲染, 但是由于 GPU 强大的计算能力引起了许多科研人员和企业的兴趣, 现已广泛应用于高性能计算、人工智能等领域。2007 年 NVIDIA 公司推出了全新统一计算设备架构面向通用计算的 GPU 众核处理器, 在单芯片上集成了数百个计算核, 以 CPU 协处理器的方式工作, 相比通用多核 CPU, 其强大的浮点计算能力使之成为天然的运算加速器。2022 年 NVIDIA 新款的 A100 GPU 已经在单片上集成了 6912 个计算核, 双精度浮点性能为 9.7 TFLOPS。

中科曙光公司自主研发的海光一号 DCU 加速器为类 GPU 架构加速器件, 采用 7 nm 制造工艺, 使用 2.5DInterposerSoC 技术进行封装, 内部配备 HBM2 片上高速内存, 内存带宽可达 1 TB/s, 其运算能力 FP64 的峰值经测可达 6.5 TFLOPS。该加速器支持 OpenCL, 兼容 CUDA 主流异构编程模型标准, 计算性能、访存性能、能效控制均达到国际先进水平。

1.2.4 异构结构

异构多核是指将功能或性能相异的处理器通过一定的互连结构连接起来, 一般由通用处理器和专用加速处理器构成, 在芯片内面向不同的指令集了不同类型的计算部件, 典型代表为索尼、IBM 和东芝联合研发的 Cell 处理器, Cell 处理器是第一款商用异构多核处理器, 试生产工作从 2003 开始, 用于动画和其他图形工作研发的工作站。Cell 没有遵循以往不断增加芯片核心的规律, 而是融合强大的通用处理器核和精简的 SIMD 协处理器核, 通过异构多核实现性能的提升, 如图 1.2 所示。

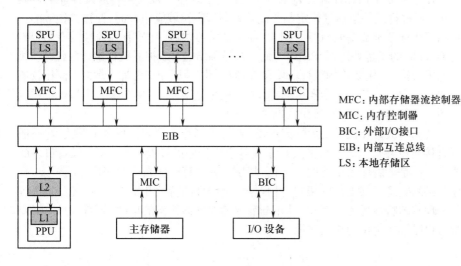

MFC: 内部存储器流控制器
MIC: 内存控制器
BIC: 外部I/O接口
EIB: 内部互连总线
LS: 本地存储区

图 1.2　Cell 处理器结构示意

通用处理器核运行操作系统, 管理计算资源和存储资源, 并通过 PPU 单元进行一些通用计算, 协处理器核主要用于浮点运算加速。因此, 在同一时期的处理器中, Cell 表现出极高的峰值性能, 单精度浮点运算能力达到 256 GFLOPS。2008 年 6 月发布的世界上第一台千万亿次超级计算机系统 Roadrunner 就使用了 Cell 处理器作为其加速部件, 整机的计算峰值速度达 1.026 PFLOPS, 是计算机发展史上的重要里程碑。

异构处理器一经问世即引发广泛关注。相关学者认为, 集成不同类型内核的异构架构将成为今后处理器架构的主流。各大处理器生产商也看到了异构处理器的巨大潜力, 相继推出了自己的异构处理器产品。AMD 公司基于融合理念, 开发了集成支持 x86 指令集 CPU 和支持 DirectX 11 GPU 的异构多核处理器 APU。Stream Processor 公司的 storm-1 处理器则将 CPU 与 DSP 集成, 构成低功耗的数据处理单元。超级计算机太湖之光使用的 SW26010 处理器也是异构结构。

在消费级处理器领域, 手机芯片除传统的 CPU、GPU、ISP、基带芯片之外, 现在越来越多的手机芯片厂商也加入其他处理核心, 如用于加速信号处理的 DSP 处理核心, 用来加速 AI 处理的 NPU 处理核心等。随着手机应用的日益丰富与多样化, 集成多种芯片进行异构计算已经成为行业的主流。

应用领域的计算需求推动了计算器件的发展, 各类新型的加速器件又为更具计算挑战性的新颖应用开发提供了机遇。然而, 由于异构计算系统独特的体系结构特征, 以及随之而诞生的各类新型混合编程模式, 要想获得理想的性能, 通常都要对应用进行重新开发, 并采取强有力的优化手段将其移植到新的异构平台之上。

1.2.5 专用结构

在处理器结构如此碎片化的今天, 专用处理器已成为提升应用性能的有效方法。通过将硬件架构进行定制并使其具备特定领域应用特征, 使得该领域的一系列应用任务都能高效执行。例如, 在机器学习领域, 比较有代表性的专用架构为 Google 的张量处理器 TPU, 专用于神经网络运算、神经机器翻译等任务。相比通用架构, 专用架构的设计需要设计者对专用领域知识更加了解。当前比较流行的专用架构包括: 机器学习领域的神经网络处理器, 图形图像、虚拟现实领域的图像处理器, 可编程网络交换机及接口等。

早期超级计算机中使用的流水线、超标量指令字和超长指令字等技术, 一般可直接通过并行系统软件的支持来提升应用程序的性能, 对程序员没有过多的要求。但是随着体系结构的复杂化, 特别是在计算机体系结构碎片化的今天, 程序员必须熟悉底层硬件的架构, 并根据特定硬件的特性开发程序, 以充分发挥各类处理器的特性优势。因此, 从不断变化的处理器架构的角度, 编程人员有必要学习程序性能优化的相关知识。

1.3 存储结构的不断发展

现代通用处理器进行一次乘法运算大约需要 6 个时钟周期, 一次比较耗时的除法运算大约需要 20 个时钟周期, 而一次内存访问的时间将大约需要 200 个时钟周期。并且，随着异构时代的到来，内存容量越来越大且带宽也在增加，但计算与访存之间的延迟不但没有减少，反而越来越大。处理器运算速度与内存访问延迟之间的差异被称为"存储墙"问题，存储墙问题一直是制约计算效能的瓶颈之一。

在过去的几十年中，处理器性能以每年 50%～100% 的速度平稳增长，而存储器的性能却只以每年 7% 左右的速度增长，可以断言的是未来处理器与存储器之间的速度差异将会越来越大，所以存储系统仍将是影响整个计算系统性能的一个关键问题。处理器与存储器之间的速度差异如图 1.3 所示。

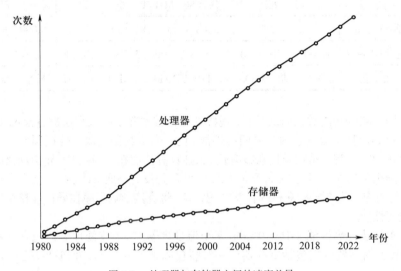

图 1.3　处理器与存储器之间的速度差异

幸运的是，程序的访问通常具有局部性的特征。访存局部性特征又可进一步细分为时间局部性和空间局部性，时间局部性是指当前被访问的数据在未来一段时间有可能再次被访问，空间局部性是指与当前被访问数据空间上相邻的数据可能随后被访问。现代处理器根据程序访存的局部性特征，引入了层次存储技术以缓解存储墙问题。层次存储技术是指通过在内存和处理器之间增加缓存，利用访存局部性以提升程序的性能，这样可以平衡内存与处理器的访存速度。

现代处理器采用多层次、容量和性能不同的缓存，其中上一级缓存容量比下一级缓存小，但是延迟更小、带宽更大。图 1.4 展示了越靠近 CPU 的存储器速度越快，容量越小，每比特价格越高；而越远离 CPU 的存储器速度越慢，容量越大，每比特价格越低。如何让处理器的访问尽可能地发生在距处理器较近、访问时间较短的存储层次中是减少处理器访问延迟的关键。

图 1.4　层次存储结构

多级缓存之间存在着明显的速度差异, 比如 Intel Haswell CPU 一级缓存大小为 32 KB, 延迟为 3 个时钟周期, 读吞吐量为每时钟周期 64 B; 其二级缓存大小为 256 KB, 延迟为 11 个时钟周期, 读吞吐量为每时钟周期 64 B。表 1.2 为距离处理器不同远近的存储层次的性能指标。

表 1.2　不同存储层次的性能指标

存储层次/指标	寄存器	缓存	主存	辅存
典型容量	小于 1 KB	小于 804 MB	小于 2 TB	小于 6 TB
访问时间/ns	$0.25 \sim 0.5$	$0.5 \sim 25$	$50 \sim 250$	5,000,000
带宽/MB·s^{-1}	$50,000 \sim 500,000$	$5,000 \sim 20,000$	$2,500 \sim 10,000$	$50 \sim 500$
实现工艺	多端口定制 CMOS	CMOS SRAM	CMOS DRAM	磁盘、软盘

为了减少访问数据时的延迟, 现代处理器技术除了引入多层次存储结构外, 还通过其他技术改进了内存访问的性能, 比如向量数据读取、数据预取、直接内存访问等。特别是在异构众核时代, 虽然计算速度在不断提升, 异构众核的存储访问机制也在不断的改进, 但存储墙问题还是没有彻底解决, 甚至变得愈加严重。能否充分发挥异构众核的存储结构特征, 将直接影响程序在异构众核结构上的执行性能。

英伟达的高性能 GPU 中拥有多个流处理器, 每个流处理器都拥有计算单元, 片上内存资源则包括寄存器、一级缓存和共享内存, 片外包括动态随机存储器。

KNL 是 Knights Landing 的缩写, 是 Intel 首款专门针对高度并行工作负载而设计的可独立自启动的主处理器。KNL 单颗芯片最大支持 72 个 CPU 物理核心, 16 GB 片上高速内存, 384 GB DDR4 系统内存。

国产 SW26010 异构众核处理器的芯片结构与性能指标世界领先, 该芯片上集成了 4 个运算控制核心和 256 个运算核心, 运算控制核心和运算核心均采用申威指令系统, 基础指令集实现了兼容, 运算核心和运算控制核心根据需求扩展了 256 b 向量指令集。处理器采用片上系统 SoC 技术, 片上集成了第三代双倍速率同步动态随机存储器的 4 路 DDR3 存储控制器, 其核心工作频率 1.5 GHz, 双精度浮点峰值性能达 3.168 TFLOPS。

从 GPU、KNL 和 SW26010 的存储结构上可以看出, 在经典多层次的存储结构的基础上, 异构众核的存储结构发展得更加复杂, 存储功能支持得更丰富。但是这些存储结构的变化对程序设计人员来说不是透明的, 程序员为了在这些不断涌现的异构众核结构上编写出高效能的程序, 必须掌握并利用好异构众核不断发展的存储结构。

1.4 编译器能力的局限性

各种不同体系架构处理器的不断涌现, 既对并行系统软件提出了高要求, 同时也给程序员进行程序设计带来了挑战。编译器作为人机语言交互的桥梁, 其功能是将程序员编写的高级语言程序翻译成面向目标机器的可执行程序。如果编译器具备将各个领域的高级语言程序自动转换成面向新型计算器件可执行程序的能力, 则不仅使得用户可以保持原有的程序设计思想并使用熟悉的程序设计语言, 又可以提升程序的可移植性、可调试与维护的能力。

因此, 随着计算系统变得越来越复杂, 编译器的作用也变得越来越重要, 编译能力直接影响到新型计算器件的可用性与好用性。例如, 并行化编译系统已成为高性能计算机系统中重要的组成部分, 该编译系统通过自动检测程序中潜在并行性, 将原始的串行语法成分自动转变为等价的并行语句, 极大地减少了程序员改写并行程序的工作量。特别是面向底层硬件特性的优化, 如使用特定平台扩展指令的自动向量化编译, 能够使程序员摆脱烦琐的向量代码编写工作。

并行化编译系统的编译流程如图 1.5 所示, 其输入为串行程序, 也可为并行程序, 输出为面向目标机器的并行程序。当输入为利用某种并行编程模型编写的高级语言程序时, 编译器根据并行编程模式中指定的计算划分、数据划分、数据交互等, 将代码映射到具体硬件平台的底层操作, 编译器在这个过程中会提供一些诸如并行区合并、访存优化、数据交互等优化功能。

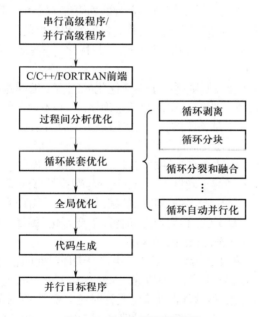

图 1.5 并行化编译系统流程

当编译器的输入是串行高级语言程序时, 则借助于编译器内的自动并行化功能生成并行代码。通常, 自动并行化编译包括了自动向量化和自动并行化两个大类, 自动向量化的功能是面向目标机器提供的 SIMD 扩展部件, 自动地生成向量程序; 自动并行化又分为 OpenMP 程序自动生成、OpenACC 程序自动生成和 MPI 程序自动生成等。

当前的自动并行化技术主要针对程序中的循环结构开展的, 这是因为循环结构在程序运行中, 尤其是科学计算程序中往往占用较多的时间, 体现出了比较典型的二八效应, 即占用 80% 运行时间的往往是程序中 20% 的代码段。编译器中循环级并行的良好应用, 也得益于针对循环的依赖关系分析理论相对成熟, 编译器能够分析清楚规则循环内的依赖关系, 为实施循环优化奠定了坚实的基础。虽然过间分析技术已经开展了众多研究, 但由于跨过程的变量修改、引用、副作用、别名等许多问题尚未充分解决, 导致编译阶段在涉过程间的相关依赖关系分析时难以给出明晰的结论, 使得编译器开展过程间并行化尚存在巨大的困难。

典型编译器中通常会提供自动并行化的编译选项供程序员选择, 如在 Intel 的 ICC 编译器中, 自动向量化编译选项为-vec, 自动并行化编译选项为-autopar, 上述两个编译选项在打开-O3 选项时会默认开启, 当然特殊情况下程序员还可以通过编译选项将自动并行化的功能关闭。此外, 在打开自动并行化编译功能时, 编译器会给出一些编译诊断信息, 这是编译器在提示程序员对哪些循环成功地实施了自动并行化, 哪些循环没有成功地自动并行化, 通过此类交互的编译信息, 编译器会告知程序员编译器自动并行化失败的原因, 以及提示如何改进程序以便更好地执行自动并行化编译。

对于利用编译器自动并行化功能生成的并行程序是否可以达到程序员的预期目标, 仍然需要重点考虑, 影响编译器效果的原因可以概括如下:

● 编译器采用的程序静态分析技术自身的局限性。编译器通过词法分析、语法分析、语义分析、中间代码生成与优化、目标代码生成的编译流程, 静态的分析程序中的语法特性并适度的执行程序变换与优化, 一些运行时才能确定的程序信息在编译时无能为力。

● 编译策略的保守性原则制约了编译优化的能力。编译器作为一个用于人机语言交互的程序, 为了保证代码编译的正确性, 一些不确定的或者激进的编译优化选项在默认情况下是关闭的, 只有在用户主动打开后以表明其能够承受激进优化的结果后编译器才会执行此类激进的编译优化功能。

● 编译器要在通用性和高效性之间保持平衡。编译器的设计既然要保证对绝大部分应用程序编译的正确性, 其程序分析与变换的算法就应该具备通用性, 因而不会为了某一个特定程序进行特殊的编译处理。然而现实中各类应用程序有着丰富的多样性与复杂性, 代码形态和特征千变万化, 编译器中的通用算法无法保证适应所有的程序都能被最优地编译。

● 编译器采用何种优化策略还要考虑用户对编译时间的容忍度。虽然, 编译优化的理论与技术已经得以深入的研究, 人们有众多可用的优化手段对代码进行更精细的分析与优化, 但编译器在实际设计时还需要考虑编译效率问题。针对某个程序去寻找最优的优化策略及其策略的复杂组合, 对用户而言可能存在无法忍受的时间耗费。

● 体系结构与计算器件的快速升级与迭代对编译器充满挑战。虽然编译器在解决以往的硬件创新中有着出色的表现, 如流水、多功能部件、超长指令字、超标量指令、指令调度、预取指令、SIMD 等, 但面对当前由分布存储、共享存储、主从计算等体系结构与 GPU、DSP、FPGA、DPU、TPU 等新型计算器件协同的复杂混合计算环境，编译系统仍压力重重。尤其是在并行化编译领域，如何在异构的多级并行与多层次存储机制下寻找到合理的并行策略是一件充满挑战的工作。

综上所述，为了获得高效能的程序，优化人员不能完全依赖编译器提供的优化，还需要系统地学习程序性能优化的相关理论与方法。

1.5 编程模型的局限性

程序员在进行软件开发时常常会先设计串行算法，因为串行算法符合人类的思维习惯，且易于编码和验证。但随着多核、众核等架构的出现，并行编程成为软件开发的必然趋势，编程人员需要直面编写高质量并行程序的挑战。

并行程序设计是一项艰难的任务，从算法、编程、调试到性能分析都需要付出大量的劳动，程序员必须深入理解并行处理的概念，掌握诸如依赖关系、计算划分与数据分布、进程通信、线程同步，以及多级存储层次等基础后才能编写出正确、高效的并行程序。并行编程模型通过抽象并行计算机体系结构，提供给程序员一种方便与算法结合的编程逻辑，常见的编程模型如 CUDA、OpenACC、OpenCL、OpenMP、MPI 等。但是当前的并行编程模型也有局限性，如 OpenMP 主要针对共享存储结构，MPI 主要针对与分布存储结构。此外，为了减轻程序员的编码负担，编程模型倾向于隐藏底层设备的细节，但也意味着可能会限制程序与底层硬件的深度结合，而使程序失去获得更高性能的机会，表现在以下 3 个方面：

1. 编程模型无法充分表达程序的理想性能

比如 OpenMP 是一个规范标准，为用户屏蔽了底层多线程编程的繁杂细节，OpenMP 程序经编译后调用底层 pthread 线程库，但如果程序员想要获得更高性能的多线程程序，直接调用 pthread 库函数或许是更好的选择。

再如，面向德州仪器 TI 信号处理器 DSP 编程时可以使用线性汇编编写程序，在利用线性汇编编写程序时虽然已经考虑了底层硬件资源的分配情况，比如寄存器溢出、指令流水、超长指令字等，但是用线性汇编编写的程序也仅能达到汇编程序 90% 的性能，也就是说在嵌入式领域，若优化人员在乎剩下 10% 的程序性能提升空间，则可以在汇编层面对程序进行进一步优化。

此外，主流处理器所支持的面向 SIMD 的编程模型及编程接口通过对底层向量指令的封装，可以直接嵌入到如 C、C++ 等高级程序设计语言中，但是仍然难以充分发挥目标 SIMD 部件特性，因为其编程接口与上文中提到的德州仪器 TI 信号处理器 DSP 中的线性汇编类似，具体的二进制代码生成还需要依赖于编译器，如果编程人员不了解底层编译器的支持情况，直接将优化的工作交给了编译器处理，就意味着编译器优化能力的好坏将较大地影响程序的性能。

2. 编程模型无法充分发挥硬件的计算性能

由于编程模型隐藏了底层设备的一些细节，使得程序设计人员即使没有完全掌握底层设备的具体情况也能编写出正确的程序。在为广大程序设计人员提供了良好的便利性的同时，也意味着编写出来的程序可能由于未充分发挥硬件设备的计算特性而导致性能的损失。比如在申威 SW26010 CPU 上编程时，如果仅用提供的 OpenACC 编程模型，不考虑从核之间的寄存器通信，那么从核之间的数据交换就需要先拷贝回主核上，然后再发给对应的从核，明显降低了从核间通信的效率。

3. 编程模型对硬件支持的局限性也会引起程序性能的降低

比如 OpenACC 在没有引入多层次循环调度子句 collpase 之前，在处理迭代次数较少的循环时，通常会造成协处理器上的处理单元没有任务可做，造成了硬件计算资源的浪费。

综上所述，虽然许多并行编程模型已支持并行程序开发，但为了获得更高的程序性能，仅仅学会利用编程模型进行程序设计是不够的，还需要更多地学习了解一些程序性能优化的方法。

1.6　小结

本章阐述了处理器由单核到多核、众核、异构、专用结构的不断变化，以及适配的存储结构、编译器、编程模型的优缺点，引出程序存在着许多进一步性能提升的空间。本章中提出的程序在不同硬件运行平台的适配、在使用存储空间时需要合理的调度调试、使用编译器时需要了解其能力限制、利用编程模型时也会制约其性能等问题，直面解决这些问题是程序性能优化的主要内容。

读者可扫描二维码进一步思考。

第二章
程序性能的度量指标及优化流程

在进行程序优化之前, 了解统一的程序性能度量指标及常用的程序优化流程是十分必要的, 这些指标可以更好地帮助优化人员衡量程序的性能。在后续程序优化时, 可以参考这些指标信息有针对性地开展深度调优。而掌握常用的优化流程, 可以帮助优化人员更高效地开展程序优化工作。本章将结合部分实例对程序性能的度量指标和程序优化的常用流程这两部分进行详细介绍。

2.1 程序性能的度量指标

程序性能的度量指标主要用于衡量程序执行时的系统性能参数, 如计算速度、存储容量、响应时间、通信带宽、系统吞吐率等。优化人员在进行程序性能优化时, 需要利用度量指标衡量程序性能优化的效果, 了解程序运行时是否充分发挥了计算器件的硬件效能, 并用于评估程序潜在的优化空间。

常用于衡量程序性能的指标包括程序执行时间、吞吐量、响应延迟等, 本节将对这些常用指标进行介绍, 同时对优化前后程序的加速比、阿姆达尔 (Amdahl) 定律、古斯塔夫森 (Gustafson) 定律等展开讨论, 阐述程序性能优化的相关理论。

2.1.1 程序执行时间

程序的执行时间是判断程序性能优劣较为简单的方式之一, 在使用相同计算设备且保证程序正确的前提下, 程序运行时间越短意味着其性能越高效。常用的程序计时方法如标准 C 库的 time、clock 系列函数, Linux 下的 gettimeofday, Windows 下的 GetTickCount 等, 此外还可以利用嵌入汇编 rpcc 指令计算程序的指令节拍数。

在 Linux 系统中, 为了能够让程序运行的计时更准确, 需要在没有其他进程干扰的环境下, 在程序启动命令中加入 time 计时, 如在一个可执行文件 a.out 前添加 time, 命令行为 time./a.out, 执行结果如下:

real 0m5.724s
user 0m5.689s

sys 0m0.031s

这 3 行输出的含义如下，real 表示总体时间，包括用户程序执行的时间和系统资源调用的时间，user 表示用户程序执行的时间，而 sys 表示系统资源调用的时间。大多情况下，real 等于 user 加 sys，但有时也存在特殊的情况，意味着可能还存在其他的执行开销。一般认为 user 和程序执行的时间比较接近，因为当程序提交后被挂起或者锁死时，可能 sys 会特别长甚至远远大于 user。多线程程序运行时，user 一般情况下是多个线程运行时间的总和。

实际优化过程中，某些情况下需要对少量代码精确计时，采用普通的计时方法测试的结果误差可能较大，此时可利用嵌入汇编 rpcc 指令或多次执行后取平均值的方式尽量减少结果误差。例如测试代码 2-1 中 fun 函数的运行时间时，可以利用 rpcc 指令多次测试求平均值的方法得到较为精确的结果。

代码 2-1 rpcc 测试运行时间示例

```
#include<stdio.h>
#include<unistd.h>
#define n 100
#define m 10
int x,i,j;
unsigned long rpcc(){
        unsigned long result;
        unsigned hi,lo;
        asm volatile("rdtsc":"=a"(lo),"=d"(hi));
        result = ((unsigned long long)lo)|(((unsigned long long)hi)<<32);
        return result;
}
void fun(int a){
        for(i=0;i<n;i++)
                x=(a/4)+i;
}
int main()
{
        unsigned long b[m],start ,end,k;
        for(j=0;j<10;j++){
                start = rpcc();
                fun(16);
                end = rpcc();
                b[j]=end -start;
                k+=b[j];
        }
        printf("time = %ld\n",k/m);
}
```

2.1.2　计算与访存效率

计算效率是指实测浮点性能与理论浮点峰值性能之比，每秒浮点操作数 (也称浮点计算峰值)，FLOPS 常被用于估算计算机的执行效能，即计算机每秒能完成的浮点计算最大次数。一般情况下若处理器计算效率能达到 50% 以上，GPU 的计算效率能达到 40% 以上，通常认为程序的计算效率较好。

带宽是计算平台的带宽上限，即一个计算平台每秒内存交换量的最大值，而访存效率是指程序的有效访存带宽与存储器理论带宽之比，其中存储器理论带宽是指存储器的峰值带宽，如 NVIDIA K20c GPU 的峰值带宽大约 175 GB/s；而程序的有效访存带宽是指程序访存数据量与计算时间的比值，如一个程序在 NVIDIA K20c GPU 获得的带宽为 60 GB/s，那么其访存效率为 60/175=34.29%。当程序的访存效率接近于 1 时，说明程序已经将整个存取器的带宽都利用了起来，与之对应的当访存效率远小于 1，则说明存储带宽还没有被很好地利用，程序还有很大的访存优化空间。

可以根据计算和访存的比例，将程序分为计算密集型和访存密集型程序。在优化计算密集型程序时，应该更多地关注程序的计算效率，根据程序在当前平台的计算效率确定是否还有性能优化空间；而在优化访存密集型程序时，应该更多地关注程序的访存效率，根据程序在当前平台的访存效率确定是否还有性能优化空间。

2.1.3　吞吐量与延迟

吞吐量和延迟是衡量软件系统最常见的两个指标。吞吐量是指在给定时间里能完成的工作量，吞吐量体现了系统对任务群所能处理的最大值，例如每秒最多能处理的网络报文数，一个系统的最大带宽数等。延迟是指一个工作量从头到尾做完所用的时间，延迟体现了单独任务处理的速度，也反映了系统的响应时间，如处理器指令延迟、网络延迟等。

但高吞吐量并不意味着低延迟，高延迟也不代表吞吐量变小，它们之间的关系并不是简单的一一对应。延迟测量的是用于等待的时间，广义来说，延迟可以表示所有操作完成的耗时，例如一次应用程序请求、一次数据库查询、一次文件系统操作等，可以表示从单击链接到屏幕显示整个页面加载完成的时间。换言之，延迟表示的是应答的快慢，用于衡量完成单项任务所用的时间，而吞吐表示的是处理数量的多少，用于衡量单位时间内完成的任务数量，两个指标各有不同的侧重点。操作系统不光要尽量让网络吞吐量大，而且还要让每个应用程序发送数据的延迟尽量小。

2.1.4　加速比

衡量程序优化获得的性能提升，最直观的办法就是比较优化前后的运行时间。加速比 (speedup) 是指同一个任务在单处理器系统和并行处理器系统中运行消耗的时间的比率，用来衡量并行系统或程序并行化的效果，也可以用于衡量

程序优化前后的效果, 计算加速比的公式为:

$$加速比 = 优化前的执行时间/优化后的执行时间$$

加速比是一个相对比值, 可以用于表述优化后程序相较于优化前程序执行的快慢变化。因此在保证程序正确性的前提下, 加速比数值越大, 代表着优化的效果越显著, 以代码 2-2 为例进行说明。

代码 2-2 加速比测试示例一

```c
#include <stdio.h>
#include <stdlib.h>
#include <sys/time.h>
#define N 10000000
int a[N],b[N],c[N];
int i;
int main(){
        for(i= 0; i <N; i++){
                a[i]=i+1;
                b[i]=i+2;
                c[i]=i+3;
}
        struct  timeval start,end;
        gettimeofday(&start,NULL);
        for (i=0; i<N;i++)
                c[i]=c[i]+a[i]*b[i];
        gettimeofday(&end,NULL);
        double timeuse=(end.tv_sec-start.tv_sec)+(end.tv_usec-start.tv_
usec)/1000000.0;
        printf("time=%f\n",timeuse);
        return 0;
}
```

对代码 2-2 中的循环运用第六章中介绍的循环展开方法进行优化, 优化后如代码 2-3 所示。

代码 2-3 加速比测试示例二

```c
#include <stdio.h>
#include <stdlib.h>
#include <sys/time.h>
#define N 10000000
int a[N],b[N],c[N];
int i;
int main(){
        for(i= 0; i <N; i++){
```

```
            a[i]=i+1;
            b[i]=i+2;
            c[i]=i+3;
}
        struct  timeval start,end;
        gettimeofday(&start,NULL);
        for(i=0;i<N-4;i+=4){
            c[i]=c[i]+a[i]*b[i];
            c[i+1]=c[i+1]+a[i+1]*b[i+1];
            c[i+2]=c[i+2]+a[i+2]*b[i+2];
            c[i+3]=c[i+3]+a[i+3]*b[i+3];
        }
        for(;i<N;i++)
            c[i]=c[i]+a[i]*b[i];
        gettimeofday(&end,NULL);
        double timeuse=(end.tv_sec-start.tv_sec)+(end.tv_usec-start.tv_
usec)/1000000.0;
        printf("time=%f\n",timeuse);
        return 0;
}
```

当 $N = 10^7$ 时, 此循环优化前的运行时间为 0.022 s, 优化后运行时间为 0.015 s, 加速比为 $0.022/0.015 = 1.46$。从程序优化的角度出发, 不论是开发还是调优都希望能达到更大的加速比。但事实上多数情况下加速比很难达到理想的数值, 因为程序在实际平台上运行时存在很多因素影响到程序优化的效果, 包括硬件资源的瓶颈、多线程或多程序的启动开销, 以及多个并行任务间的数据交换、程序中可并行部分的比重, 等等。

但是有时加速比也会比理想的效果更高, 也就是通过并行化等手段获得的加速比大于处理单元的数目, 称这种现象为超线性加速。如果串行程序能够很好地发挥单处理器的峰值性能, 则并行程序几乎不能获得超线性加速比。反之, 如果出现超线性加速比, 则说明串行程序需要进一步的性能优化。一般来说, 代码优化和并行化可能只适用程序中的一部分代码, 这部分代码的加速效果对程序整体性能的影响, 以及如何计算程序性能提升上限的问题, 需要由 Amdahl 定律和 Gustafson 定律回答。

2.1.5 Amdahl 定律

Amdahl 于 1967 年提出了程序优化后性能提升上的理论最大值, 即著名的 Amdahl 定律。Amdahl 将程序划分为可加速与不可加速两大部分, 程序总的加速比 S 是一个关于程序中这两部分所占比例, 以及可加速部分性能加速程度的函数, 用公式表示为:

$$S = 1/((1-a) + a/n)$$

其中, a 为并行计算部分所占比例, n 为并行计算部分获得的加速比。当程序中没有可并行部分时, 最小加速比 $S = 1$; 当程序中全部为并行计算时, 即 $a = 1$, 此时最大加速比 $S = n$; 当 n 趋近于无穷大时, 加速比 S 达到上限, 无限趋近于 $1/(1 - a)$。例如当程序的可加速部分比例为 50% 时, 并且可加速部分相比原始代码运行速度可以提升 15% 时, 整个程序总的加速比就为 $1/((1 - 0.50) + (0.50/1.15)) = 1.07$。此外, 若应用程序有 50% 的代码是串行部分, 那么该程序最终所能够达到的加速比上限为 $1/0.5 = 2$。

Amdahl 定律适用于固定计算规模的情况, 计算规模不随处理器的规模增大而增大, 一般为实时性计算方面的问题, 这类问题可以利用增加处理器数来提高计算速度, 从而达到加速的目的。但对于有些要求在给定时间内提高计算量的问题, 也就是扩大处理器数量用以解决更大计算规模的情况, Amdahl 定律就不再适用, 此时就需要用到下文介绍的 Gustafson 定律。

2.1.6　Gustafson 定律

现今有许多应用领域更加注重计算精度而不是运行时间, 例如用有限元方法做结构分析、流体力学做天气预报等情况, 对计算精度有严格的要求, 但这些问题不属于固定负载模式, 即不能使用 Amdahl 定律来解释。早在 1988 年 Gustafson 就发现了这个问题并提出了固定时间加速比模型, 也就是经常提及的扩展加速比模型, 通常被称为 Gustafson 定律, 其公式为:

$$S = n + (1 - n)f = f - n(f - 1)$$

其中, S 表示扩展加速比, f 表示处理器核的数量, n 表示程序中串行部分的比例。在这个公式中, 可以看出若程序串行比例足够小, 即并行化足够高, 那么加速比和处理器个数成正比, 这似乎和 Amdahl 定律矛盾, 但事实上, Gustafson 定律和 Amdahl 定律是等效的, 都是在揭示程序加速的本质, 只是适用的情况不同。具体地, Amdahl 定律是在问题规模一定的前提下, 加速比不能随着处理器数目的增加而无限上升, 而是受限于串行比例, 加速比极限是串行比例的倒数。而 Gustafson 定律则是对于放大问题规模的情况下, 加速比几乎与处理器数成比例地线性增长, 串行比例不再是加速比的瓶颈, 同时 Gustafson 定律也说明了多核处理器上并行计算的潜力是非常巨大的。

2.2　程序性能优化的常用流程

在进行程序优化时之前, 除需要了解程序性能常用的度量指标外, 优化人员还需要了解程序优化的流程及具体实施步骤, 从而可以更加高效顺利地开展程序优化。本节结合实例对性能优化的过程和思路进行说明, 帮助性能优化人员熟悉常用的程序性能优化流程。程序性能的常用优化流程如图 2.1 所示。

整个优化流程大致可分为确立性能目标, 查找性能瓶颈, 针对性地修改程序

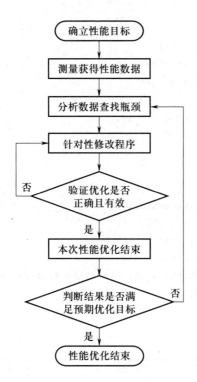

图 2.1 程序性能优化的流程

3 个部分, 以代码 2-4 为例详细说明。

代码 2-4 矩阵乘优化流程示例一

```
#include<stdio.h>
#include <stdio.h>
#include <stdlib.h>
#include <sys/timo.h>
#include <unistd.h>
int a,b,i,j,k,r;
#define n 1024
int x[n][n],y[n][n],z[n][n];
void matrixmulti(int N, int x[n][n], int y[n][n], int z[n][n]){
for (i = 0; i < N; i++) {
      for (j = 0; j < N; j++) {
         r=0;
          for (k = 0; k < N; k++) {
              r = r + y[i][k] * z[k][j];
          }
          x[i][j] = r;
      }
}
```

```
int main(){
    for (i = 0; i < n; i++)
    {
        for (j = 0; j < n; j++)
        {
            y[i][j] = rand() % 10;
            z[i][j] = rand() % 10;
            x[i][j] = 0;
        }
    }
struct timeval starttime,endtime;
    gettimeofday(&starttime,0);
    matrixmulti(n, x, y, z);
gettimeofday(&endtime,0);
    doubletimeuse=(endtime.tv_sec-starttime.tv_sec)+(endtime.tv_usec-
starttime.tv_usec)/1000000.0;
 printf("run time = %f s\n", timeuse);
return 0;
}
```

1. 确立性能目标

对需要调优的程序进行性能度量, 获得程序运行时各方面的数据, 如运行时间、访存次数、缓存命中率、向量化比率、处理器利用率等基本信息, 以及部分程序分析需要的机器性能指标, 如 MIPS 值、GFLOPS 值、并行度、数据局部性、带宽压力、IO 性能等诸多信息。在上述矩阵乘示例中假设优化后相比优化前需要达到 1.5 倍的性能目标, 在性能测试时统一使用 Linux 自带的 gprof 工具, 当矩阵规模为 1024 × 1024 时程序运行数据见表 2.1。

表 2.1　gprof 测试代码 2-4 运行时间

函数名	函数执行时间占总运行时间百分比/%	函数本身执行时间/s	程序总运行时间/s	函数被调用次数
matrixmulti	98.08	3.07	3.13	1
main	1.92	0.06	—	—

2. 查找性能瓶颈

根据得到程序运行时系统、硬件及程序的各方面信息, 使用分析工具并结合优化经验查找并确认程序运行时的性能瓶颈。查找性能瓶颈的过程通常是性能优化中最为艰难的阶段, 也是最能需要程序优化经验和优化技术的阶段。在矩阵乘示例中可以看出函数主要的性能瓶颈为多层 for 循环, 所以后续的优化主要针对此循环开展。

3. 针对性的修改程序

优化人员对产生性能瓶颈的原因进行分析总结，之后根据结论修改程序源代码或者重新配置程序运行环境。完成修改后，重新运行修改后的程序，判断完成修改后程序运行结果的有效性。程序有效性可以从两个维度进行评断，一是程序运行结果的正确性，即如果程序的性能没有提升甚至下降，则表明程序修改或者运行环境配置失败，此时需要重新修改程序或者运行环境。二是修改后程序性能是否有提升，如果运行的结果是正确的或者在误差运行的范围内，并且当前的性能瓶颈已经消除或者有所改善，则表示完成了本次性能优化。针对代码 2-4 中的多层 for 循环，由于最内层循环中 z[k][j] 读取内存中的数据是不连续的，所以可以采用循环交换的方法进行优化，优化后如代码 2-5 所示。

代码 2-5 矩阵乘优化流程示例二

```
#include<stdio.h>
#include <stdio.h>
#include <stdlib.h>
#include <sys/time.h>
#include <unistd.h>
#define n 1024
int x[n][n],y[n][n],z[n][n];
int a,b,i,j,k,r;
void matrixmulti(int N,  int x[n][n], int y[n][n], int z[n][n]){
for (k = 0; k < N; k++) {//循环交换
        for (i = 0; i < N; i++) {
            r = y[i][k];
            for (j = 0; j < N; j++) {
                x[i][j] += r* z[k][j];
            }
        }
}
int main(){
    for (i = 0; i < n; i++)
    {
        for (j = 0; j < n; j++)
        {
            y[i][j] = rand() % 10;
            z[i][j] = rand() % 10;
            x[i][j] = 0;
        }
    }
struct timeval starttime,endtime;
    gettimeofday(&starttime,0);
    matrixmulti(n, x, y, z);
gettimeofday(&endtime,0);
```

```
doubletimeuse=(endtime.tv_sec-starttime.tv_sec)+(endtime.tv_usec-
starttime.tv_usec)/1000000.0;
 printf("run time = %f s\n", timeuse);
return 0;
}
```

完成一次性能优化后, 程序员需要判断当前的程序性能是否满足需求。如果满足需求则结束对当前程序的性能优化; 如果未满足需求, 则重新回到性能优化起点, 根据优化流程再次开启下一轮性能优化, 直至满足最初的程序性能目标后结束优化流程。对优化后的代码进行测试得到的运行数据见表 2.2, 与优化前 3.13 s 的程序总运行时间对比, 优化后程序总运行时间为 2.31 s, 加速比为 1.35。

表 2.2　gprof 测试代码 2-5 的运行时间

函数名	函数使用时间占所有运行时间百分比/%	函数本身执行时间/s	程序总运行时间/s	函数被调用次数
matrixmulti	97.84	2.26	2.31	1
main	2.16	0.05	—	—

由于尚未达到 1.5 倍的性能目标, 此时可以针对其核心循环开启下一轮优化, 本次采用循环展开的优化方法, 修改后见代码 2-6。

代码 2-6　矩阵乘优化流程示例三

```
#include<stdio.h>
#include <stdio.h>
#include <stdlib.h>
#include <sys/time.h>
#include <unistd.h>
#define n 1024
int x[n][n],y[n][n],z[n][n];
int a,b,i,j,k,r;
void matrixmulti(int N,  int x[n][n], int y[n][n], int z[n][n]){
for (k = 0; k < N; k++) {
      for (i = 0; i < N; i++) {
          r = y[i][k];
          for (j = 0; j < N-4; j+=4) {//内层循环展开4次
              x[i][j] += r* z[k][j];
              x[i][j+1] += r* z[k][j+1];
              x[i][j+2] += r* z[k][j+2];
x[i][j+3] += r* z[k][j+3];
          }
for(;j<N;j++)
```

```
x[i][j] += r* z[k][j];
        }
  }
int main(){
    for (i = 0; i < n; i++)
    {
        for (j = 0; j < n; j++)
        {
            y[i][j] = rand() % 10;
            z[i][j] = rand() % 10;
            x[i][j] = 0;
        }
    }
    struct timeval starttime,endtime;
    gettimeofday(&starttime,0);
    matrixmulti(n, x, y, z);
gettimeofday(&endtime,0);
    doubletimeuse=(endtime.tv_sec-starttime.tv_sec)+(endtime.tv_usec-
starttime.tv_usec)/1000000.0;
 printf("run time = %f s\n", timeuse);
return 0;
}
```

对优化后的代码进行测试, 得到的运行数据见表 2.3, 此时其加速比相比源程序为 1.53, 满足设立的优化目标, 可以结束此次程序优化流程。

表 2.3　gprof 测试矩阵乘程序运行时间

函数名	函数使用时间占所有运行时间百分比/%	函数本身执行时间/s	程序总运行时间/s	函数被调用次数
matrixmulti	98.53	2.01	2.04	1
main	1.47	0.03	—	—

为在尽可能节省工作量的前提下顺利完成调优目标, 优化人员还需要注意以下 5 个方面的问题。

● 测试用例的构造。一般而言, 待优化的程序各不相同, 为了便于优化过程中快速对优化方法进行验证, 需要构造出具有待调优程序特征的测试用例。测试用例通常不需要运行的时间过长, 如果一次测试时间过长, 那么单位时间内验证程序优化效果的机会就会减少, 这样会拖慢程序性能优化的节奏; 此外, 测试用例还需要满足可重复性和可复现性的要求, 且构造出来的测试用例每次测试的结果应该是稳定的。

● 性能指标的选择。根据不同的性能指标, 分析得到的程序性能瓶颈的位置和性能优化的策略也不尽相同。程序性能优化的指标有很多种,如程序执行时间、吞吐量和延迟等,程序优化的性能指标已在第 2.1 节中进行了描述。

• 正确性的判定。在完成测试程序的优化修改后,判断优化方法的有效性时,可能会出现测试不完全的情况,即虽然几次测试结果满足正确性要求,但可能还存在一些潜在的错误没有暴露。特别是在并行程序中,这种情况出现的概率会更大,此时应该增加测试的广度,以保证修改后程序的正确性需求。

• 保持程序的可读性。在对程序进行修改的过程中,要保证程序的可移植性、可读性、可维护性和可靠性,使程序优化的方法更易于理解,也更容易在以后进行修改和更正。好的程序可读性是程序优化过程中保持思路清晰的良好习惯。

• 程序性能优化结束的时机。通常在编写程序代码时,软件开发人员首要的目标是实现程序预期的各项功能,在完成程序功能的实现后才会关注到程序的效率。因此,在刚开始的程序性能优化阶段,程序性能一般都会得到较多的提升,然而在经过几轮性能优化后,性能提升的困难度逐步增加且效果缓慢,这是由于当前逐步优化的程序已经越来越多地发挥了硬件的最大效能。性能与优化过程的关系曲线如图 2.2 所示,可以看出程序优化的过程和考试提升成绩的情况雷同,从 60 分提升到 80 分较为简单,而从 80 分提升到 100 分的困难度逐渐增长。

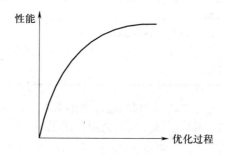

图 2.2   性能与优化过程的关系曲线

所以优化人员在调优之前,必须要有明确的已知问题和性能目标,决不是为了优化而优化。任何优化都是为了解决问题,如果只凭主观猜想进行性能改进,将与程序优化的初衷背道而驰。并且软件开发常常受限于质量、成本、进度等多个要素的制约,特别是在商用软件开发中,抢占时机和制高点至关重要,软件性能不可能无休止地优化下去。因此在软件优化时,必须要慎重评估。即使是对程序性能要求很高的行业,优化人员也需知道程序与最优状态的差距,选择合适的时机结束程序性能优化是程序性能优化需要考虑的重要因素。

2.3 小结

本章主要介绍了开展程序性能优化之前需要明确衡量程序性能的指标,以及评定优化后程序效果的基准,包括程序运行时间、吞吐量、响应延迟等。其中,程序的运行时间、吞吐量和响应延迟是衡量程序的常见指标。在对程序进行优化之后评定优化效果最直观的方法就是使用加速比, 通常加速比越大, 优化效果越显著。程序性能提升的上限是由 Amdahl 定律和 Gustafson 定律来确定的, Amdahl 定律说明了在固定计算规模的情况下程序总的加速比是一个关于程序中可加速与不可加速这两部分所占比例, 以及可加速部分性能加速程度的函数。Gustafson 定律则是在放大问题规模的情况下, 加速比几乎与处理器数成比例地线性增长, 说明了多核处理器上并行计算的潜力。

在明确程序性能优化指标后优化人员即可开始调优, 调优的流程大致可分为三步, 首先确立要达到的性能目标; 然后结合优化经验使用分析工具查找并确认程序运行时的性能瓶颈; 最后, 根据分析出的性能瓶颈修改程序源代码或者重新配置程序运行环境直至完成优化目标。在优化中仍然需要注意一些细小问题, 比如测试用例的选择, 性能指标的选择等, 只有明确的目标驱动和对程序信息有充分了解才能对程序更好地开展优化。

读者可扫描二维码进一步思考。

第三章
程序性能的分析和测量

随着用户对程序性能的需求越来越高，只单纯依靠硬件带来的性能提升是远远不够的，还需要提升代码运行效率以帮助程序达到性能目标，所以进行程序性能优化的研究是非常必要的。程序性能的分析与测量可以为程序优化提供关键指导，是进行性能优化必不可少的步骤之一。优化人员在开展程序优化时需要进行程序性能的分析与测量，才能获取必要的性能数据，查找出影响性能的瓶颈，为后续的深度优化打下基础。本章从程序性能分析、程序性能测量和程序性能测量工具 3 部分展开讨论。

3.1 程序性能分析

性能分析是程序性能优化的核心，可以为程序的后续优化打下基础。但直接通过分析代码是很难确定性能好坏的，通常还需要使用实验或理论方法对程序性能进行较为准确的测量和分析。本节主要介绍的是其中的基础理论部分，包括程序性能分析的视角及常用方法，通过使用程序性能分析理论进行指导，结合程序性能测量工具，可以帮助优化人员精准定位性能瓶颈并开展针对性的优化。

3.1.1 程序性能分析视角

首先，要了解什么是程序性能，程序性能主要指软件的执行效率。对于程序的性能来说可以从多个角度对它进行分析，其中从硬件层面分析和从软件层面分析是常用的两个视角，如图 3.1 所示。从硬件层面分析可理解为从硬件到内核到系统调用再到应用程序的自内向外的分析视角，从软件层面分析是指从应用程序到系统调用到内核到硬件的自外到内的分析视角。硬件和软件这两种分析视角的指标和方法都不尽相同，下面将对两种视角进行详细介绍。

1. 硬件层面

从硬件层面分析时，是以系统硬件资源的分析为起点，涉及的系统硬件资源有处理器、内存、磁盘、网卡、总线及其之间的互连等。具体可以从影响性能的硬件资源配置方面展开分析。

需要对影响程序性能的硬件问题进行研究，例如系统有多大的可扩展性、处

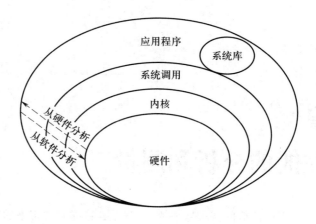

图 3.1　性能分析视角

理并发的能力、系统最大容量、系统可能的性能瓶颈，以及通过更换或扩展哪些设备可以提高系统整体能力等。在了解硬件资源中体系结构的问题所在之后，是资源的规划问题，可以根据现有硬件资源信息，或者监测系统资源的占用情况，全面掌握硬件资源的可用情况。硬件资源规划的重点在于查看使用率，以此来判断硬件资源的占用是否已经处于极限或者接近极限。资源使用率可以通过既有的指标来进行计算，例如通过将每秒发出和接收的数据量与已知的最大带宽做比较就可以估算出网卡的使用率。也可以通过计算既有指标查看当前硬件并行计算部件是否被利用，从而对程序进行改写。对于某些资源类型，如处理器的使用率，已提前设定好指标，可以根据对应指标协助分析程序。

适合进行硬件分析的指标还包括每秒磁盘进行的 I/O 操作次数、吞吐量、使用率、饱和度等。此外，延时也能作为硬件层面分析的指标，用来度量在一定的工作负载情况下硬件资源的响应情况。以上可以看出，从硬件视角分析，主要是为了了解可用的硬件资源，以此来指导软件的优化目标。

2. 软件层面

当系统及软件运行缓慢、应用程序响应超出人的忍耐时，一般人首先想到的是通过替换或扩展硬件资源的方法来解决，但专业的计算机人员会想到从整机系统的角度全面分析问题所在。因为大部分的性能问题并不是由于硬件资源不够导致，而是程序本身存在缺陷，例如使用大量资源后不释放、频繁的 I/O 操作、程序执行时频繁的缓存不命中、程序中语句执行效率低等。从软件层面对程序进行分析，通过优化人员对系统进行软硬一体的联调，可以解决许多类似的性能问题。

从软件层面分析就是从程序的角度出发，通过调整程序中的算法与代码实现、系统设置或硬件配置等方法提高整体的性能表现。换言之，软件层面分析期望的是通过程序性能表现这一"现象"，来准确地定位影响程序性能原因的"本质"，并通过使用针对性的优化手段达到性能优化的目的。软件层面分析需要优化人员具备较扎实的程序调优经验，有能力通过程序分析发现影响性能的瓶颈，具体可以参考第六章高效程序编写的内容。一般情况下，优化人员可以在本章介绍的测量工具帮助下高效率地了解应用程序的运行状态、运行热点,以及对各种硬件资源的依赖,快速定位系统性能瓶颈,找到应用优化的空间和方向。

以上描述了两个不同层面上的性能分析关注点,可以看出不同角度对性能的关注点存在差异,但最终的目的都是为了解决在特定硬件资源下程序高效执行的问题。从硬件层面分析,需要通过分析硬件资源的能力指标及资源使用率情况,以最优硬件资源规划的角度指导程序的性能优化工作;从软件层面来说,需要通过程序性能测试分析,查找制约程序性能的关键因素所在,并进行针对性的调优以达到程序高效运行的目的。

3.1.2　程序性能分析方法

程序性能分析的目的是对当前程序的性能进行评估,分析出当前的程序性能与理论性能之间的差异,并找出程序性能提升的方法。进行程序性能分析是有章可循的,常用的程序性能分析理论方法包括分段查找方法、等待排队方法和 little 估算方法,其中分段查找方法可以帮助优化人员提升定位程序性能问题所在的效率,等待排队方法和 little 估算方法可以帮助优化人员细致分析程序的性能表现。本节主要对这 3 种程序性能分析的方法进行介绍。

1. 分段查找方法

进行程序性能分析之前需要先定位导致程序性能瓶颈产生的原因,才能有针对性地开展后续的优化。分段查找是常用定位程序分析代码段的方法之一,可以在时间或空间层面进行,主要思想是根据需要获取某段代码的执行信息并进行分析,查找问题所在。

时间分段查找如图 3.2 所示,假设程序在运行 20 min 时出现问题,那么分析程序的问题所在之处就可以定位到已经运行的前 20 min 信息。优化人员可以根据已运行代码的性能测量信息查找问题所在。

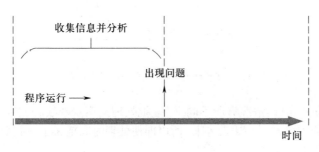

图 3.2　时间分段查找

位置区间的分段查找也可以遵循这个原理。例如,由于存储的某个问题影响了程序整体的运行性能,则优化人员只需要关注并测量存储相关的程序信息,并依据得到的信息逐步地查找产生问题的程序代码区域。

使用分段查找方法虽然可以很大程度地节省测量和分析程序性能的时间,但分析不是无止境的,由于有些程序性能分析工具本身的负载很大,确定需要将信息分析到什么程度也是需要考虑的问题。如果程序编码人员能够预先的大概推测出问题可能的产生原因, 则可以针对性的使用恰当的性能分析工具并进行问题的快速定位。

2. 等待排队方法

在程序性能分析的基础理论中, 最具代表性的就是等待排队理论。等待排队可以抽象为办理业务排队直到业务办理结束所耗费的整体时间。对应于程序来说, 则是程序进入就绪队列到程序执行完成所耗费的时间。等待排队方法主要分析等待进程数及进程需等待多久。等待排队方法常被用于查找程序中的网络延迟、I/O 吞吐量等问题。

现实情况下, 由于请求到达和服务时间都是不确定的, 所以绝大多数排队工作状态是随机的。需要注意的是, 因为请求的到达时间是随机分布的, 所以在平均使用率没有达到 100% 时也会出现等待时间。同时, 在任务请求到达时间比较集中的情况下, 会形成等待队列的时间带, 使得处理部件使用率比较高。

图 3.3 描述了处理部件使用率与进程响应时间的关系曲线, 可以看到, 在使用率低于 50% 时, 即使处理部件使用率再提高, 响应时间也几乎没有变化。但是在处理部件使用率达到 85% 左右的时候, 如果使用率提高 10%, 进程响应时间就会有几倍的增加。在使用率接近 100% 的时候, 进程响应时间会呈指数级别的增加, 也就意味着出现了很长的等待队列。

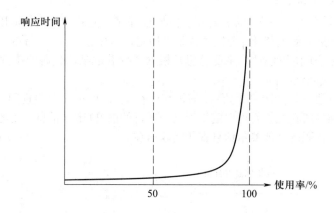

图 3.3   等待队列的响应时间与使用率的关系

在批处理的时候情况有所不同, 一般批处理是用少数线程连续进行处理的形式, 使得别的线程不会插入进来, 所以即使处理时间拖长了, 等待队列也不会变长。那么如何查找性能问题呢?

3. Little 估算方法

大多数粗略的信息估算运用的是简单的运算法则, 比如指令执行总开销等于每个执行单元的开销乘以单元的个数, 但是粗略的估算并不能满足对性能更进一步的分析, 而 Little 定律恰好可以解决该问题, Little 定律是由 Brue Weide 提出的性能分析通用法则。

考虑一个带有输入和输出的任意系统, Little 定律的等式为: $L = \lambda \times W$。其中, L 表示在一段时间内排队系统中的平均任务或项目数量即排队队列中的任务数, λ 表示在规定的时间间隔内新进入系统的平均任务或项目数量即新任务到达率, W 表示任务或项目在整个系统中花费的平均时间, 即任务的平均花费时间。

如果将 Little 定律应用于计算机性能分析, 如计算机磁盘读取性能的分析。可以首先确定磁盘的如下指标:

- 磁盘稳定运行时所允许的最大请求数量 L;
- I/O 请求访问达到的平均速率 λ;
- 磁盘处理每一个 I/O 所花费的时间 W。

由此, 保证磁盘稳定运行所允许的最大 I/O 请求数量为: $L = \lambda \times W$, 同理对于 I/O 控制器, 到达速率必须小于服务速率, 也可以认为是服务时间必须小于内部到达时间, 否则, I/O 控制器的处理能力无法满足过量的 I/O 请求, 必然导致性能下降。

Little 定律认为要发挥硬件执行某种指令的计算能力所需要的并行度等于指令的延迟乘以指令的吞吐量。并行度指没有依赖的指令数量, 比如: 如果循环内有 8 条不相关的乘加指令, 那么此循环内乘加指令的并行度为 8。并行度大多意味着存在更多的依赖不相关指令, 这要求软件开发人员更多地去发掘算法的并行性。可以说 Little 定律是并行化和向量化最重要的理论工具。

假设申威 16 核心处理器的存储器带宽为 120 GB/s, 内存的延迟约 200 个处理器时钟周期, 主频为 2.0 GHz, 这意味着需要有 $120 \times 10^9 \times 200 \times 0.5 \times 10^{-9} = 12000$ B 数据正在进行流水线操作才能发挥存储器的带宽。假设一条缓存线长度为 64 B, 这意味着大约需要 188 条缓存线同时在流水线上执行, 平均对一个核心而言, 大约需要 11 条无依赖的缓存线访问。

以上描述的方法仅能对程序性能进行大概的估算, 如果需要更精准地对程序性能进行定量描述, 则需要借助性能测量方法和工具, 才能对程序进行性能测量。

3.2 程序性能测量

通过上述描述可知, 运用程序性能分析的视角及方法的目的是找到程序性能瓶颈的大概方位, 或者分析出程序中制约性能表现的位置, 其本质是一种猜测或估算, 并不能精准地定位或给出定量的数据。而程序性能的测量则是利用工具进行较为精准的定位, 是对猜测的一种验证。程序性能测量的类型较多, 本节主要介绍性能测试信息的分类、常用的性能测量信息以及测量工具的分类。

3.2.1 程序性能测量的信息类型

程序性能测量信息按照生成的信息类型可以分为: 概要形式、事件记录形式和快照形式。

概要形式是以汇总或者平均值的形式来展示一段时间的程序信息, 例如系统活动情况报告命令 sar 和虚拟内存统计工具 vmstat (详见第 3.3 节) 这种形式的工具打印的程序信息。其特点是比较适合掌握初步信息，以及用来追溯过去的概况，比如处理器使用率高、I/O 的平均响应时长等现象，并且可以将其作为一个着手点来调查之前发生了什么，但要想了解具体的故障原因，只能从现象中进行推敲。

概要形式由于必须等待一段时间来获取概要信息，是比较费时的。不过也有例外，比如通过使用一些可以在短时间内获取概要信息的工具就可以即刻了解当前情况，例如图 3.4 所示的虚拟内存统计工具 vmstat 可以对处理器活动信息进行统计显示，当输入命令 "vmstat 5 2" 就可以每 5 s 获取 2 次内存及处理器概要信息的均值，从 swap 中可以看到已经使用的虚拟内存大小，进而就能推断处理器资源的使用是否存在问题。虽然使用这个简单的命令统计一些初步的信息比较容易，但是由于其显示的值是平均值，所以对于期间的变化情况较难有进一步的了解。

```
procs - - - - - - - - - - -memory- - - - - - - - - - -swap- - - - - - -io- - - - -system- - - - - - - -cpu- - - -
r  b    swpd  free    buff    cache   si   so    bi    bo    in   cs  us  sy  id  wa  st
1  0       0 2358956 41276  686260    0    0  2546   128  405  947   8   7  84   0   0
0  0       0 2358956 41276  686260    0    0     0     0   88  171   0   0 100   0   0
```

图 3.4　概要形式 vmstat 工具示例

事件记录形式逐个记录每个事件，生成系统信息。优点在于可以获得关于时间、位置等详细的信息，缺点是在核对进程到达和出发时会比较费时，效率较低。

使用事件记录形式来分析性能情况的时候，需要在同一台计算机下进行测量并且可以跟踪出发与到达。但是，事件记录形式并不能记录程序处理的过程，对于处理过程的具体情况，只能依靠程序优化人员进行大概的推断。例如，Linux 调试分析诊断工具 strace，它可以提供丰富的跟踪功能，显示进程产生的系统调用、参数、返回值及执行消耗的时间等详细信息，但是由于产生的数据量较大，对系统造成的压力也相应变得很大。因此大部分事件记录形式的工具并不适合经常在生产环境中使用。程序优化人员可以在确定了某个范围后，使用该工具来查看详细信息。

快照形式以记录当前信息的方式来生成性能信息。优点是比较适合查找引起性能问题的原因，例如 Linux 下查看进程状态的指令 ps、top 等，ps 命令工具显示的是进程的瞬间状态，并不动态连续显示，而使用 top 命令能对进程状态进行实时监控。这些工具能够按照各个进程、线程等形式罗列出各种比较详细的信息。只要确定了故障时间就能根据当前信息比较方便地排查出故障原因。

例如，利用 ps 命令工具对当前进程信息的快照进行显示的结果如图 3.5 所示，直接执行不加任何选项的 ps 命令时，则只显示当前用户会话中打开的进程。

第一行为列表标题，包含基本的 4 个字段，各字段的含义描述如下。PID 是进程的标识号；TTY 表示该进程在哪个终端上运行，不是从终端启动的进程或与终端机无关的进程则显示为 "?"，若表示为 tty1-tty6 则是本地控制终端程序，若为 pts/0 等，则表示为由网络连接进主机的程序；TIME 表示进程启动后累计

```
PID   TTY        TIME   CMD
2927  pts/0   00:00:00  bash
3143  pts/0   00:00:00  ps
```

图 3.5   快照形式 ps 示例

使用的处理器总时间; CMD 为该进程运行的命令。

若想获取当前终端所有正在运行中的进程信息, 可以使用命令 "ps aux", 根据输出结果可以看到有哪些进程正在运行和运行的进程状态, 查看进程是否结束, 进程有没有僵死, 以及哪些进程占用了过多的系统资源等系统性能信息。如图 3.6 所示为命令 "ps aux" 的输出结果。

USER	PID	%CPU	%MEM	VSZ	RSS	TTY	STAT	START	TIME	
COMMAND										
root	1	0.0	0.2	167592	11324	?	Ss	13:32	0:01	
/sbin/init splash										
root	2	0.0	0.0	0	0	?	I<	13:32	0:00	
[writeback]										
root	3	0.0	0.0	0	0	?	S	13:32	0:00	
[kcompactd0]										
root	4	0.0	0.0	0	0	?	SN	13:32	0:00	
[ksmd]										
mk	5	0.0	0.0	2496	516	pts/0	S+	13:50	0:00	./test
mk	6	0.0	0.1	19256	5200	pts/1	Ss	13:50	0:00	bash
mk	7	0.0	0.0	20132	3612	pts/1	R+	15:13	0:00	ps aux

图 3.6   命令 ps aux 示例

其中, USER 表示启动该进程的用户账户名称; %CPU 表示进程占用的处理器百分比; %MEM 表示进程占用内存的百分比; VSZ 表示进程虚拟大小; RSS 表示进程的实际内存也就是驻留集大小; STAT 表示进程当前状态, 进程的状态有很多种: 用 "R" 表示正在运行的进程, 用 "S" 表示处于休眠状态的进程, 用 "Z" 表示僵死进程, 用 "<" 表示优先级高的进程, 用 "N" 表示优先级较低的进程, 用 "s" 表示父进程, 用 "+" 表示后台进程; START 表示启动进程的时间。

在实际操作中, 初级程序优化人员在刚掌握一些性能测试工具后, 往往想利用一个工具来解决所有问题。然而在经过更加深入和多样的调优经历后, 就会发现使用单一工具存在着明显的局限性。因此, 在进行程序性能测量是需要根据不同的情况与需求, 选择合适的工具组合才能更全面更准确地掌握程序性能信息。

3.2.2   程序性能测量的工具类型

Linux 性能观测工具按类别可分为系统级别和进程级别, 系统级别是对整个系统的性能做统计, 而进程级别则可以具体到某个进程的信息。按实现原理可分为 4 种类型, 分别是计数器、跟踪、剖析和监视类型。

1. 计数器

在系统内核中，一般会生成一些用于对事件发生次数进行计数的统计数据，称为计数器。通常计数器为无符号的整型数，事件发生时递增。例如，网络包接收计数器、磁盘 I/O 发生计数器、系统调用执行次数计数器等。计数器的使用可以认为是零开销的，因为它们默认就是开启的，而且始终由操作系统内核维护，唯一的使用开销是从用户空间读取它们的时候。计数器的数据读取可以从系统级别和进程级别两个方面进行。

(1) 系统级别

此类工具利用内核的计数器在系统软硬件的环境中检查系统的活动，这些工具通常是系统全体用户可见的，统计出的数据也常常被监控软件用来绘图，如：

- Vmstat 虚拟内存和物理内存的统计；
- Iostat 每个磁盘 I/O 的使用情况，由块设备接口报告。

(2) 进程级别

此类工具是从/proc 文件里读取统计信息，它们是以进程为导向的，使用的是内核为每个进程维护的计数器，如：

- Top 按一个统计数据 (如处理器使用率) 排序，显示排名高的进程；
- Ps 进程状态，显示进程的各种统计信息，包括内存和处理器的使用。

2. 跟踪

跟踪工具即跟踪收集每一个事件的数据供性能分析使用。一般默认是不启用的，因为跟踪捕获数据会存在处理器使用开销，另外还需要很大的存储空间来存放跟踪的数据。这些开销会拖慢所跟踪对象的运行，所以使用时应加以考虑。

日志可以认为是一种默认开启的低频率跟踪，日志包括每一个事件的数据，通常只针对如错误和警告的偶发事件。

以下跟踪工具以进程为导向，用于检查跟踪程序运行活动状况：

- Gdb 是基于 Linux 操作系统下命令行且功能强大的程序调试工具；
- Pstack 用来跟踪进程栈，这个命令在排查进程问题时非常有用，比如发现一个服务一直处于工作状态，使用这个命令就能轻松定位问题所在；
- Strace 常用来跟踪进程执行时的系统调用和所接收的信号。

3. 剖析

性能剖析通常是按照特定的时间间隔对系统的状态进行采样，然后对这些样本进行分析与研究。性能剖析的目标是寻找性能瓶颈，查找引发性能问题的原因及热点代码，对系统性能优化很重要。

性能剖析过程如图 3.7 所示，源程序被插入将用于性能测试的代码，代码插入的工作原理是让编译器修改函数调用，并插入代码以记录这些调用、调用者或者完整调用栈及可能需要的时间信息。对于添加了配置文件选项的程序则会进行插桩操作，通常在编译阶段实现，编译器会在程序内各函数入口插入用于性能测试的代码片段。当程序被执行时，编译器插入的代码片段就会记录下函数的调用情况，记录下来的值会作为调用次数打印出来。同时统计出每个函数的执行时间、执行次数、执行状态等信息。根据得到的信息进行层层分析，进而确定问题所在。

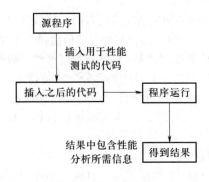

图 3.7　性能剖析过程

从工作原理可以看出, 这些操作会带来一定的额外开销。虽然代码插入技术带来的有目的性的优化会弥补这些额外的开销, 但仍然存在着许多不确定性。受制于效率的原因, 代码插入不能在很多函数或代码块上使用。相比代码插入带来的额外开销, 代码采样所带来的开销较小, 因此剖析过程中该工作也可以使用代码采样获取程序性能测试信息。

代码采样是将程序在一定的时间间隔内周期性地中断, 同时记录程序计数器或当前调用栈信息。这本质上是一个统计过程, 所以随着代码运行时间的增长, 结果会变得更加精确。结合目标代码相关信息, 代码采样还可以在源代码行甚至机器代码行级别产生运行的时间信息。

性能剖析使用的一个常见例子是处理器的使用率, 如对程序计数器采样。这些样本采集对于所有的处理器都是按固定频率进行的, 如 100 Hz 或 1000 Hz。剖析工具有时会稍微改变这一频率, 避免采样与目标活动在同一步调, 因为这样可能会导致多算或少算, 造成信息不准确。

剖析也能基于非计时的硬件事件, 如处理器硬件缓存未命中或者总线活动。这可以显示出哪条代码路径在进行这些操作, 这类信息可以帮助开发人员针对系统资源的使用来优化代码。下面是一些剖析器的例子, 这些工具所做的剖析都是基于时间和硬件缓存的。

- Gprof 是一个 GNU profiler 工具, 可以采集程序中每个函数的调用次数、每个函数消耗的处理器时间、显示调用关系图, 以及包括每个函数调用花费了多少时间;
- OneAPI 是 Intel 推出的工具组, 包含编译器、函数库、预先优化框架及先进的分析调试工具, 囊括了常用的性能分析工具;
- Perf 是 Linux 下的一款性能分析工具, 能够进行函数级与指令级的热点分析查找;
- Nvprof 是用来测试并优化 CUDA 或 OpenACC 应用程序性能的分析工具, 能够从命令行收集和查看分析数据。

4. 监视

性能监视记录一段时间内的性能统计数据。通过性能监视, 可以将过去的记录信息和现在的做比较, 这样就能够找出程序基于时间的运行规律。这对容量规划、量化增长及显示峰值的使用情况都很有用, 可以了解什么是正常的范围和平均值, 同时历史数据还为理解性能指标的当前值提供上下文背景。

有很多的第三方性能监测产品, 提供有数据存档、数据图表网页交互显示、可配置的警报系统等典型功能。其中的部分功能是通过在系统上运行代理软件收集统计数据实现的, 这些代理软件可运行操作系统的监视工具并处理输出, 或者直接链接到操作系统库和接口来读取统计数据。还有的监视方法是使用 SNMP 协议避免在系统上运行客户端程序。

Linux 监视工具有很多, 比如监控处理器可以使用 sar, 监控内存可以使用 vmstat、sar, 监控磁盘 I/O 可以使用 iostat、iotop, 监控网络 I/O 可以使用 netstat、sar 等。

3.3　程序性能测量工具

如果要进行大量的程序性能细节分析, 优化人员采用手动插入计时函数的方法工作量是巨大的, 因此需要借助测量工具来分析程序。性能瓶颈的定位像庖丁解牛, 层层解剖, 最后定位问题, 所以如何利用性能测量工具找出程序性能的瓶颈并对其精准定位是性能分析的关键点之一, 本节将按照第 3.2.2 节测量工具的分类对常用的性能测量工具展开描述。

3.3.1　计数器类

关于计数器类工具的相关概念在第 3.2.2 节已有介绍, 本节具体介绍几个常用的计数器类工具 vmstat、iostat、top、ps 等, 并介绍它们常用的测量指标及如何利用指标分析程序。

1. 虚拟内存统计工具 vmstat

Vmstat 全称为 virtual memory statistics, 即虚拟内存统计, 是 Linux 监控内存的常用工具, 显示 Linux 系统虚拟内存状态, 还可以统计关于进程、内存、处理器使用率、I/O、对 swap 空间的 I/O、通常的 I/O 等系统整体运行状态, 属于一种概要形式的命令。Vmstat 常用格式及使用方法为:

vmstat - [选项] [interval] [times]

即每隔 interval 秒采样一次, 一共采样 times 次, 如果省略了 times, 则 vmstat 会一直采集数据, 直到用户手动停止, 或使用 ctrl+c 进行停止。具体选项可以使用 man vmstat 命令来查看。

例如, 如图 3.8 所示的一个简单示例 "vmstat -a 2 10", 这个命令表示每 2 s 执行一次 vmstat, 共执行 10 次。

输出字段一共分为 6 大部分: procs、memory、swap、io、system 和 cpu。优化人员在测试的时候只需关注表 3.1 中的相关指标。

```
[@ localhost Desktop]$ vmstat -a 2 10

procs ----------- memory ----------- --- swap -- ------ io---- - system-- ------ cpu -----

 r  b   swpd   free   inact active  si   so    bi    bo   in   cs us sy id wa st
 1  0 180812 133144 352932 358280   41 1041  5360  1510  720 1391 24 11 65  0  0
 0  0 180804 132740 353064 358380   16    0    78     0  148  243 11  1 89  0  0
 0  0 180744 132252 353420 358512  160    0   258   103  169  284 11  1 88  1  0
 1  0 180520 128040 355648 360128  972    0  1914     0  260  457 13  3 85  0  0
 0  0 180512 128048 355732 360124   16    0    42     0  162  281 11  1 89  0  0
 1  0 180512 128048 355952 360128    0    0   112     0  163  281 10  1 89  0  0
 2  0 180444 127180 356752 360132  240    0   404     0  152  259  9 1 91  0  0
 0  0 180444 127180 356752 360132    0    0     0     0  149  264 11  1 89  0  0
 1  0 180440 126684 357208 360196   32    0   252     0  287  523 15  2 83  0  0
 0  0 180436 126684 357284 360204   16    0    16     0  140  263 10  1 89  0  0
```

图 3.8 vmstat 使用示例

表 3.1 vmstat 中的相关指标

输出字段	输出字段释义
procs	r: 等待运行的进程数目 b: 处在非中断睡眠状态的进程数
memory/KB	swpd: 虚拟内存的使用情况 free: 空闲的物理内存的大小 buff: 用来做 buffer(缓存, 主要用于块设备缓存) 的内存数 cache: 用作缓存的内存大小
swap/(KB $\cdot$ s^{-1})	si: 从磁盘交换到 swap 虚拟内存的交换页数量 so: 从 swap 虚拟内存交换到磁盘的交换页数量
io/(块 $\cdot$s^{-1})	bi: 每秒从块设备接收的块数, 也就是读块设备 bo: 每秒发送到块设备的块数, 也就是写块设备
system	in: 每秒的中断数, 包括时钟中断 cs: 每秒的环境 (上下文) 切换次数
cpu	us: 用户 CPU 使用时间 (非内核进程占用时间), 单位: % sy: 系统内核使用的 CPU 时间, 单位: % id: 空闲 CPU 的时间, 单位: % wa: 等待 I/O 的 CPU 时间 st: 虚拟机占用 CPU 时间的百分比

使用 vmstat 进行性能分析时, 性能需要根据监测处理器、内存和 I/O 得出的数据进行分析。处理器性能分析的技巧:

● 如果 r 经常大于 4, id 经常少于 40, 表示处理器的负荷很重。r 的数目越多, 表示处理器越繁忙。

● us、sy 也是反映处理器运行情况的非常重要的指标，当 us 过大时，表示用户进程消耗了过多的处理器资源。当 sy 过大时，说明系统内核消耗的处理器资源多，这也不是一个良性表现，程序优化人员应该检查原因。

根据内存测量数据进行分析如下：

● 如果 bi、bo 长期不等于 0，表示内存不足。

● swpd 表示已使用的虚拟内存大小。如果虚拟内存使用较多，可能系统的物理内存比较紧张，需要采取合适的方式来减少物理内存的使用。swpd 不为 0，并不表示物理内存吃紧，如果 swpd 没变化，si、so 的值长期为 0，这也是没有问题的。

● swap 中的 si、so 如果不为 0，表示物理内存不够用或者内存泄露了。

I/O 测量的数据中，如果 disk 经常不等于 0，且在 b 中的队列大于 3，表示 I/O 性能不好。另外也要留意 wa 列。wa 列解读方法如图 3.9 所示，wa 列一般会被作为 I/O 等待的指标，但是 I/O 等待增加的话，虽然 wa 列会有上升趋势，但也不是一定会上升，磁盘 I/O 等待的 wa 也可能随着处理器使用率的上升自然而然地下降。

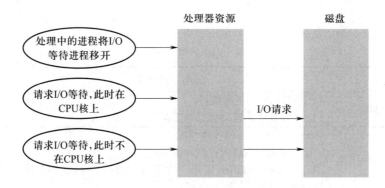

图 3.9　wa 列的解读方法

2. 输入/输出统计工具 iostat

Iostat 全称为 I/O statistics，即输入/输出统计，是对系统的磁盘操作活动进行监视的一个工具。它的特点是汇报磁盘活动统计情况，同时也会汇报处理器使用情况。Linux 系统中通过 iostat 能查看到系统 I/O 状态信息，从而确定 I/O 性能是否存在瓶颈。iostat 有一个弱点，就是它不能对某个进程进行深入分析，而仅能对系统的整体情况进行分析。iostat 常用格式及使用方法为：

iostat [options] [<interval >[<count>]

其中：options 表示操作项参数，interval 指定统计时间间隔，count 表示总共输出次数，具体的参数可以使用 iostat-help 来查看，参数的意义可以使用 man iostat 来查看。

如图 3.10 所示是一个 iostat 使用的实例，命令"iostat -d 2 3"表示每 2 s，显示一次设备统计信息，总共输出 3 次。该命令输出结果如图 3.10 所示。

输出内容详解见表 3.2。

```
@-virtual-machine$ iostat -d 2 3
Linux5.11.0-43-generic (mk-virtual-machine)        2022 年 01 月 01 日  _x86_64_  (2 CPU)

Device     tps      kB _read/s    kB_wrtn/s    kB dscd/s    kB_read    kB_wrtn    kB_dscd
loop0      0.00        0.00         0.00         0.00          17         0          0
loop1      0.01        0.04         0.00         0.00         347         0          0
loop10     0.01        0.04         0.00         0.00         348         0          0
loop11     0.07        2.26         0.00         0.00       17997         0          0
loop12     0.01        0.14         0.00         0.00        1093         0          0
loop13     0.00        0.00         0.00         0.00          18         0          0
loop2      0.01        0.04         0.00         0.00         358         0          0
loop3      0.01        0.13         0.00         0.00        1067         0          0
loop4      0.01        0.13         0.00         0.00        1056         0          0
loop5      0.01        0.05         0.00         0.00         363         0          0
loop6      0.01        0.14         0.00         0.00        1093         0          0
loop7      0.01        0.13         0.00         0.00        1073         0          0
loop8      0.01        0.04         0.00         0.00         347         0          0
loop9      0.01        0.05         0.00         0.00         359         0          0
sda        3.33       88.33        11.27         0.00      704538     89889          0
scd0       0.01        0.14         0.00         0.00        1078         0          0
```

图 3.10　命令 iostat 示例

表 3.2　iostat 中的输出字段

输出字段	输出字段释义
Device	设备名称
tps	每秒 I/O 数, 即 IOPS, 磁盘连续读和连续写之和
kB _read/s/(KB·s^{-1})	每秒从磁盘读取数据大小
kB_wrtn/s/(KB·s^{-1})	每秒写入磁盘的数据的大小
kB_read/KB	从磁盘读出的数据总数
kB_wrtn/KB	写入磁盘的数据总数

iostat 可以根据不同的选项参数来输出很多系统监控信息, 那么应该关注哪些输出内容才可以确定服务器存在 I/O 性能瓶颈呢? 可以根据以下性能参数进行判断:

● %iowait: 如果该值较高, 表示磁盘存在 I/O 瓶颈。

● Await: 一般地, 系统 I/O 响应时间应该低于 5 ms, 如果大于 10 ms 就比较慢了。

● Avgqu-sz: 如果 I/O 请求压力持续超出磁盘处理能力, 该值将增加。如果单块磁盘的队列长度持续超过 2, 一般认为该磁盘存在 I/O 性能问题。需要注意的是, 如果该磁盘为磁盘阵列虚拟的逻辑驱动器, 需要再将该值除以组成这个逻辑驱动器的实际物理磁盘数目, 以获得平均单块硬盘的 I/O 等待队列长度。

- %util: 一般地, 如果该参数是 100% 表示设备已经接近满负荷运行了。

块设备 Block Device 级别的信息, 在操作系统内核中一般不会记录文件缓存等操作系统文件级别的操作。这就使得从操作系统上的应用程序看到的性能信息与 iostat 级别的性能信息之间产生差异。如果在 iostat 级别出现了性能下降的情况, 一般可以查看一下存储方面的性能信息, 存储也是影响 I/O 性能的一个主要方面。

还可以通过 iostat 知道磁盘的繁忙度, 也就是使用率。通过使用-x 参数能知道响应时间和各种队列的长度。为了方便理解, 推荐使用 t 和 x 参数, 其中: t 表示时间, x 表示详细信息。通过检查队列的长度, 就能知道有多少 I/O 请求已被发送, 或者有多少正在等待。

通过观察繁忙度, 能从操作系统层面看到磁盘的运转情况。但是有一点需要注意, 那就是很难通过操作系统层面的繁忙度来判断磁盘是否真的已经接近临界值。这是因为很多时候存储已经进行了虚拟化或分割, 从操作系统看到的磁盘信息与实际情况会有偏差。对于很多优化人员来说, 通过检查响应时间是否恶化来判断磁盘是否临近临界值的方法是比较简单易懂的。

3. 实时状态工具 top

top 命令也是一个在日常性能分析中常用到的工具, 它使用简单、输出内容丰富、信息简单明了。top 显示系统当前的进程和其他的一些信息, 是一个动态显示过程, 即可以通过用户按键来不断刷新当前状态。如果在前台执行 top 命令, top 命令将一直占用前台, 直到用户终止该程序为止。比较准确地说, top 命令提供了对系统处理器的实时状态监视, 它将显示系统中使用处理器最密集的任务列表。该命令可以按内存使用和执行时间对任务进行排序。top 命令的使用格式为:

top [options]

如图 3.11 所示是使用 top 命令的实例。直接使用命令 top, 主要用于查看进程的相关信息, 同时它也会提供系统平均负载、处理器信息和内存信息。图 3.11 示出了 top 命令默认提供的信息。

如图 3.11 所示 top 命令的输出内容详解如下。

(1) 系统平均负载

top 命令输出中的第一行是系统的平均负载, 这和 uptime 命令的输出是一样的。

- 15:55:15: 系统当前时间。
- up 2:21: 系统已运行时间。
- 1 user: 当前连接系统的终端数。
- load average: 0.01, 0.04, 0.00: 系统负载, 后面的 3 个数分别是 1 min、5 min、15 min 时刻的负载情况, 如果平均负载值大于 $0.7 \times$ CPU 内核数, 就需要引起注意。小写字母 i 可以控制是否显示系统平均负载信息。

(2) 任务信息汇总

```
@virtual-machine:~/Desktop$ top
top - 15:55:15 up 2:21,  1 user,  load average: 0.01, 0.04, 0.00
Task: 290 total,  1 running, 288 sleeping,  1 stopped,  0 zombies
%Cpu(s):  1.0 us,  1.7 sy,  0.0 ni, 97.3 id,  0.0 wa,  0.0 hi,  0.0 si,  0.0 st
MiB Mem:    3896.7 total,    2092.7 free,      970.4 used,      833.6 buff/cache
MiB Swap:   923.3 total,    923.3 free,        0.0 used.   2695.0 avail Mem


PID USER       PR  NI    VIRT    RES    SHR S  %CPU   %MEM    TIME+COMMAND
2551 mk        20   0 3999752 257360108460 S   3.7   6.4    0:49.20 gnome-shell
2026 mk        20   0  299552  76344  39528 S   2.3   1.9    0:32.80 Xorg
2916 mk        20   0 1058152  63900  46064S    0.7   1.6    0:14.82 gnome-terminal-
3636 root      20   0       0      0      0I0.3   0.0    0:00.78 kworker/1:1-events
   1 root      20   0  168776  12668   8196 S 0.0   0.3    0:02.14 systemd
   2 root      rt   0       0      0      0S 0.0   0.0    0:00.04migration/0
   3 root       0 -20       0      0      0I 0.0   0.0    0:00.00rcu_gp
   4 root     -51   0       0      0      0S 0.0   0.0    0:00.00 watchdogd
```

图 3.11　top 命令示例

第二行显示的是任务或者进程的统计, 进程可以处于不同的状态, 这里显示了全部进程的数量。除此之外, 还有正在运行、睡眠、停止、僵尸进程的数量, 其中僵尸是一种进程的状态。在 top 命令执行过程中可以使用一些交互命令, 这些命令都是单字母的, 比如键入 h 能显示帮助画面, 给出一些简短的命令总结说明, 键入 t 能切换显示进程和处理器状态信息。

- 290 total: 总进程数。
- 1 running: 正在运行的进程数。
- 288 sleeping: 正在睡眠的进程数。
- 1 stopped: 停止的进程数。
- 0 zombie: 僵死状态的进程数。

(3) 处理器状态信息

表 3.3 中列举了 top 信息中处理器关键字段, 一共有 8 个字段, 是了解处理器负载的主要依据。

(4) 内存信息

内存信息包含两行内容: 内存和交换空间。

物理内存使用信息如下, 这部分的输出和 free 的输出基本上相同。

- 3896.7 total: 物理内存总量。
- 2092.7 free: 空闲内存总量。
- 970.4 used: 使用的物理内存总量。
- 833.6 buff/cache: 用作内核缓冲/缓存的内存量。

交换空间使用信息:

- 923.3 total: 交换区总量。
- 923.3 free: 交换区空闲量。
- 0.0 used: 交换区使用量。

表 3.3 处理器关键字段分析

输出字段	输出字段释义
us	user: 运行 (未调整优先级的) 用户进程的处理器时间占比
sy	system: 运行的内核进程占用处理器百分比
ni	niced: 用户进程空间内改变过优先级的进程占用处理器百分比
id	idle: 处理器的空闲率
wa	IOwait: 等待 IO 完成的处理器时间百分比
hi	处理硬件中断的处理器时间占比
si	处理软件中断的处理器时间占比
st	这个虚拟机被 hypervisor 偷去的处理器时间 (如果当前处于一个 hypervisor 下的 vm, 实际上 hypervisor 也需要消耗一部分处理器的处理时间)

- 2695.0 avail Mem: 可用于进程下一次分配的物理内存数量。

要时刻监控交换分区的 used, 如果这个数值在不断变化, 说明内核在不断进行内存和 swap 的数据交换, 即物理内存空间不足。

top 命令默认以 KB 为单位显示内存大小, 可以通过大写字母 E 来切换内存信息区域的显示单位, 例如 MB。

(5) 进程或任务的状态详情

默认情况下这里会显示 12 列数据, 都是优化人员比较关心的进程相关信息, 详细的介绍见表 3.4。

表 3.4 top 进程状态信息说明

标识符	详细说明
PID	进程 ID
USER	表示进程所有者的有效用户名称, 即以哪个用户权限启动的进程
PR	进程执行的优先级 (Linux 内核的视角)
NI	用户视角下的进程执行优先级, 值越小优先级越高, 最小-20, 最大 20(用户设置最大 19)
VIRT/KB	进程使用的虚拟内存大小, VIRT=SWAP+RES
RES/KB	进程使用的、未被换出的物理内存大小, RES=CODE+DATA
SHR/KB	进程使用的共享内存大小
S	进程当前的状态: D= 不可中断的睡眠状态、R= 运行、S= 睡眠、T= 跟踪/停止、Z= 僵尸进程
%CPU	上次更新到现在的处理器时间占用百分比
%MEM	进程使用的物理内存百分比
TIME+	进程累计使用的处理器时间总计
COMMAND	运行进程所对应的程序

top 性能分析方法如下:

● top -d 2: 每 2 s 显示所有进程的资源占用情况;

● top -c: 每 5 s 显示进程的资源占用情况, 并显示进程的命令行参数, 默认只有进程名;

● top -p 12345 -p 6789: 每 5 s 显示 pid 是 12345 和 pid 是 6789 的两个进程的资源占用情况;

● top -d 2 -c -p 12345: 每 2 s 显示 pid 是 12345 的进程的资源使用情况, 并显示该进程启动的命令行参数。

top 命令是 Linux 上进行系统监控的常用命令, 也可以使用 htop 命令, 但其有时候却达不到要求。比如当前服务器 top 监控有很大的局限性, 这台服务器运行着 websphere 集群, 有两个节点服务, 当有两个 Java 进程时, top 命令监控的最小单位是进程, 所以看不到关心的 Java 线程数和客户连接数, 而这两个指标是 Java web 服务中非常重要的指标, 通常可以使用 ps 和 netstate 两个命令来补充 top 的不足。另外, top 是一个负载稍高的命令。为了避免增加过多的系统负载, 请确认后再使用。

4. 当前进程信息统计工具 ps

ps 全称为 process status, 是 Linux 中用来列出系统中当前运行进程的指令工具。程序优化人员想要对系统进程进行监测和控制, 必须先了解当前进程的情况, 也就是需要详细查看当前进程信息。ps 命令是最易操作且功能强大的进程查看命令, 使用该命令可以确定有哪些进程正在运行及其运行的状态、进程是否结束、进程有没有僵死、哪些进程占用了过多的资源等。ps 常用格式及使用方法为:

ps -[选项] 或者 ps [选项]

其中: 选项前不加 "-" 的这种风格起源于 BSD, 选项前加 "-" 的风格起源于 SVR4, Linux 系统下 ps 命令支持以上两种风格的参数。

ps 命令最常用的选项为 e、f、a、u, 相应的选项组合为 ps -aux, ps-ef, 可以通过这些组合准确定位系统进程状态。以 ps-ef 为例查看当前所有的进程, 输出结果包括用户标识 UID、进程标识 PID、父进程标识 PPID、处理器使用率 C、启动时间 STIME、TTY、已运行时间 TIME、运行命令、启动命令 CMD, 如图 3.12 所示。

图 3.12 中输出字段释义见表 3.5。

由于 ps 支持的系统类型相当多, 所以具体的选项参数也是比较多的, 另外有没有加上 "-", 所呈现出来的信息也是不同的。有关 ps 命令更多选项的详细信息可以通过 man ps 命令查看。

ps 性能分析方法如下:

● ps 命令用于报告当前系统的进程状态, 可以搭配 kill 指令随时中断、删除不必要的程序, 大部分信息都可以通过执行该命令得到。

● 常用的选项组合是 aux 或 lax, 以及参数 f 的应用。比如 ps -ef |grep smb 及 ps-aux 等可以显示进程的 pid 以便 kill 杀掉想要关闭的进程, 其中 smb 指代进程名。

```
[root@localhost stmk]# ps -ef
UID        PID   PPID  C STIME TTY        TIME CMD
root         1     0   0 12:51 ?          00:00:02 /usr/lib/systemd/systemd --switched-r
root         2     0   0 12:51 ?          00:00:00 [kthreadd]
root         3     2   0 12:51 ?          00:00:00 [ksoftirqd/0]
root         5     2   0 12:51 ?          00:00:00 [kworker/0:0H]
root         7     2   0 12:51 ?          00:00:00 [migration/0]
root         8     2   0 12:51 ?          00:00:00 [rcu_bh]
root         9     2   0 12:51 ?          00:00:00 [rcu_sched]
root        10     2   0 12:51 ?          00:00:00 [watchdog/0]
root        12     2   0 12:51 ?          00:00:00 [kdevtmpfs]
root        13     2   0 12:51 ?          00:00:00 [netns]
root        14     2   0 12:51 ?          00:00:00 [khungtaskd]
root        15     2   0 12:51 ?          00:00:00 [writeback]
root        16     2   0 12:51 ?          00:00:00 [kintegrityd]
root        17     2   0 12:51 ?          00:00:00 [bioset]
root        18     2   0 12:51 ?          00:00:00 [kblockd]
```

图 3.12　ps -ef 命令的输出示例

表 3.5　ps 输出字段释义

输出字段	释义
UID	用户 ID
PID	进程 ID
PPID	父进程的进程 ID
C	CPU 使用的资源百分比
TIME	进程使用 CPU 的总时间

• 显示所有进程: ps -aux 或 ps -ef, 两者的输出结果差别不大, 但展示风格不同。

• 查找特定进程: ps -aux |grep service。

也可以通过处理器和内存使用来过滤进程, 默认的结果集是未排序的。可以通过-sort 命令来排序。比如: 按内存升序排列 ps aux --sort=+rss, 按内存降序排列 ps aux --sort=-rss, 按 CPU 升序排列 ps auxw --sort=%cpu, 按 CPU 降序排列 ps auxw --sort=-%cpu。

3.3.2　跟踪类

跟踪会收集每一个事件的具体数据, 由于跟踪捕获事件数据需要消耗处理器资源且需要较大的存储空间存放收集的数据, 默认不开启。为了深入了解跟踪类工具, 本节主要介绍的跟踪类工具有 gdb、pstack、strace 等。

1. 程序调试工具 gdb

gdb 是 GNU 开源组织发布的一款功能强大、适用于 UNIX/Linux 内核的程序调试工具,在 Linux 内核直接使用 man gdb 或者 gdb --help 可以查看所有内部命令及使用说明。gdb 的主要功能就是监控程序的执行。这也就意味着,只有当源程序文件编译为可执行文件并执行时,并且该文件中必须包含必要的调试信息,gdb 才会派上用场。所以在编译时需要使用-g 选项编译源文件,才可生成满足 gdb 要求的可执行文件。

一般来说,gdb 主要完成以下 4 个方面的功能:

- 启动程序,可以按照自定义的要求随心所欲的运行程序。
- 可让被调试的程序在所设置的指定断点处停住。
- 当程序被停住时,可以检查此时程序中所发生的事件。
- 动态的改变程序的执行环境。

Linux 内核提供了一个用于进程跟踪的系统调用函数 ptrace,gdb 通过系统调用函数 ptrace,就可以读写被调试进程 program 的指令空间、数据空间、堆栈和寄存器的值,接管被调试进程 program 的所有信号。这样一来,被调试进程 program 的执行就会被 gdb 进程完全控制,从而达到调试的目的。

以下展示 gdb 调试实例,使用一个实现数字逆序输出的程序作为测试用例。先编译出可执行文件,查看有无语法错误,若无语法错误则运行输出结果。当输入为 100 时,结果输出应为 001,但逆序输出结果为 010,如图 3.13 所示。

```
[@localhost~]$ vim test.c
[@localhost~]$ gcc -o test1 test.c
[@localhost~]$ ./test1
Please input a number:123
After revert: 321
[@localhost~]$ ./test1
Please input a number:100
After revert: 010
```

图 3.13　编译并执行测试程序

程序可以正常执行,可以看出该程序没有语法错误,但结果不对则可能出现了程序编写的逻辑错误,此时可以使用 gdb 进行调试。使用 gdb 调试时编译需要加上-g 选项,即 gcc-o test2 -g test.c,然后使用命令 gdb test2 进入 gdb 模式,出现 gdb 后就可以在其提示符后输入相应的调试命令,如图 3.14 所示。

设置断点并进行调试的实例如图 3.15 所示。其中:l 表示显示代码,b3 表示调试的代码第 3 行设置为断点,r 或 run 表示执行程序,whatis iNum 表示查看 iNum 的数据类型,c 表示继续执行程序。

由断点设置及打印信息可以看出,iNum 的参数类型并没有出现问题,接下来可以继续使用-n 指令一步步执行程序来检查逻辑错误,过程如图 3.16 所示。

其中: p iNum 表示输出变量 iNum 的值,经过 gdb 的跟踪调试发现了逻辑错误,即当 iNum=10 时,程序会跳出循环,导致逆序结果输出不正确。因此,将

```
[@ localhost~]$ gcc -o test2 -g test.c
[@ localhost~]$ gdb test2
GNU gdb (GDB) Red Hat Enterprise Linux 7.6.1-100.el7
Copyright (C) 2013 Free Software Foundation, Inc.
License GPLv3+: GNU GPL version 3 or later <http://gnu.org/licenses/gpl.html>
This is free software: you are free to change and redistribute it.
There is NO WARRANTY, to the extent permitted by law.  Type "show copying"
and "show warranty" for details.
This GDB was configured as "x86_64-redhat-linux-gnu".
For bug reporting instructions, please see:
<http://www.gnu.org/software/gdb/bugs/>...
Reading symbols from /home/stmk/test2...done.
(gdb )
```

图 3.14   编译并执行测试程序

```
(gdb ) l
1      #include<stdio.h>
2      void ShowRevertNum(int iNum)
3      {
4           while (iNum > 10)
5           {
6               printf ("% d", iNum % 10);
7               iNum = iNum / 10;
8           }
9           printf ("% d\n", iNum );
10     }
(gdb ) b 3
Note : breakpoints 1 and 2 also set at pc 0x4005a8.
Breakpoint  3at 0x4005a8: file test.c, line 3.
(gdb ) r
Starting program : /home/stmk/test2
Please input a number:100

Breakpoint  1,ShowRevertNum (iNum=100) at test.c:4
4           while (iNum > 10)
(gdb ) whatis iNum
type = int
(gdb ) c
Continuing.
After revert : 010
[Inferior  1 (process 4639) exited with code 03]
a
```

图 3.15   gdb 设置断点并调试

```
(gdb) run
Starting program: /home/stmk/test2
Please input a number:100

Breakpoint 1, ShowRevertNum (iNum=100) at test.c:4
4              while (iNum > 10)
(gdb) p iNum
$1 = 100
(gdb) n
6                  printf("%d", iNum % 10);
(gdb) p iNum
$2 = 100
(gdb) n
7                  iNum = iNum / 10;
(gdb) p iNum
$3 = 100
(gdb) n
4              while(iNum > 10)
(gdb) p iNum
$4 = 10
(gdb) n
9              printf("%d\n", iNum);
(gdb) p iNum
$5 = 10
(gdb) n
After revert: 010
10        }
(gdb) p iNum
$6 = 10
(gdb) n
main () at test .c:18
18        }
(gdb) n
```

图 3.16   gdb 调试实例

程序代码中的第四行 while (iNum>10) 修改为 while (iNum>= 10) 即可。

上面的实例涉及 gdb 的工作原理和运用场景, 应用程序的调试是开发程序必不可少的环节之一, 使用 gdb 可以加速高效程序的设计与纠错。

2. 堆栈统计信息工具 pstack

有时程序优化人员需要对程序源代码进行分析优化, 以减少程序响应时间, 除了一段段地对代码进行时间复杂度分析之外, 如果能直接找到影响程序运行时间的函数调用, 再有针对性地对相关函数进行代码分析和优化, 则相比漫无目的地看代码效率会高很多。

将 pstack 和 strace 工具结合起来使用, 就能达到这样的目的。pstack 工具对指定进程号的进程输出函数调用栈, strace 跟踪程序使用的底层系统调用, 可输出系统调用被执行的时间点及其各个调用耗时。

pstack 命令必须由相应进程的创建者或超级管理员运行。可以使用 pstack 来确定进程挂起的位置。此命令允许使用的唯一选项是要检查进程的进程号。

pstack 在排查进程问题时非常有用, 比如发现一个服务一直处于工作状态, 如假死状态, 好似死循环, 使用这个命令就能轻松定位问题所在。可以在一段时间内, 多执行几次 pstack, 若发现代码栈总是停在同一个位置, 那么该位置就需要重点关注, 该位置很可能就是出问题的地方。

pstack 命令使用格式为:

pstack pid

如图 3.18 所示是 pstack 使用的用例说明。使用 pstack 查看 bash 程序进程栈, 可以和 ps 命令一起使用。首先, 使用 ps 命令来查找要检查程序的进程号 pid, 如图 3.17 所示。

```
[root@localhost Desktop]# ps -aux |grep bash
root        973   0.0  0.0 115216    896 ?        S      18:02   0:00 /bin/bash /usr/sbin/ksmtuned
aubin     13082   0.0  0.2 116260   2916 pts/0    Ss     18:03   0:00 /bin/bash
root      13185   0.1  0.2 116264   2928 pts/0    S      18:04   0:00 bash
root      13213   0.0  0.0 112640    964 pts/0    R+     18:04   0:00 grep --color=auto bash
```

图 3.17 使用 ps 查找程序进程号

然后, 根据查到的进程号来打印该进程下所有的线程栈信息, 如图 3.18 所示。

```
[root@localhost Desktop]# pstack 13082
#0   0x00007fb6a506d4bc in waitpid () from /lib64/libc.so.6
#1   0x00000000004406d4 in waitchld.isra.10 ()
#2   0x000000000044198c in wait_for ()
#3   0x00000000004337ee in execute_command_internal ()
#4   0x0000000000433a1e in execute_command ()
#5   0x000000000041e205 in reader_loop ()
#6   0x000000000041c88e in main ()
```

图 3.18 使用 pstack 查看指定进程下的所有线程栈信息

这里可以看到只有 13082 这一个线程在执行, 当前线程的详细函数栈信息, 以及函数从下到上的调用关系。

利用 pstack 进行性能分析可以归纳为:

- 查看线程数, 包含了详细的堆栈信息。
- 能简单验证是否按照预定的调用顺序或调用栈执行。
- 采用高频率多次采样使用时, 能发现程序当前的阻塞在哪里, 以及性能消耗点在哪里。

● 能反映出疑似的死锁现象，当多个线程同时在自旋锁时，具体需要进一步验证。

另外，pstack 虽然知道某个程序或进程在某个瞬间执行了什么样的操作，但由于生成的信息只是快照形式，因此必须多次执行才能获取更多的信息。如果程序在等待处理结果，那么即使多次执行 pstack 命令，也应该是在同一个调用栈等待。反复执行同一个处理的情况下，也能看到很多相同的调用栈。

3. 跟踪系统调用工具 strace

在理想的程序优化过程中，每当一个程序不能正常执行某个功能时，它就会给出一个有用的错误提示，给出足够的改正错误的线索。但遗憾的是，现实世界里，有时候一个程序出现了问题却无法找到根源问题，这也是调试程序经常遇到的问题。在 Linux 系统中，strace 是一种相当有效的跟踪工具，它的主要特点是可以用来监视系统调用。程序优化人员不仅可以用 strace 调试一个新开始的程序，也可以调试一个已经在运行的程序，此时仅需将 strace 绑定一个已有的进程号即可。

strace 工具有两种运行模式。

● 通过它启动要跟踪的进程。用法很简单，在原本的命令前加上 strace 即可。例如，要跟踪"ls-al"这个命令的执行，只需要输入指令 strace ls -al 即可。

● 另外一种运行模式是跟踪已经在运行的进程，在不中断进程执行的情况下，了解程序的运行过程。此时，只需要给 strace 传递一个-p pid 选项即可。例如，系统中正在运行某个应用服务，先使用 top 或者 pidof 查看该服务进程所对应的进程号，然后使用指令 strace -p pid 即可对其执行跟踪。

跟踪系统调用工具 strace 使用实例如下。

例如，需要跟踪程序 add.out 的运行过程，则输入命令"strace ./add.out"即可得到如图 3.19 所示的跟踪信息。

```
root@-virtual-machine# strace ./add.out
execve("./add.out", ["./add.out"], 0x7ffc51acfcc0 /* 31 vars */) = 0
brk(NULL)                              = 0x559273fda000
arch_prctl(0x3001 /* ARCH_??? */, 0x7fff2838c310) = -1 EINVAL (Invalid argument)
access("/etc/ld.so.preload", R_OK)     = -1 ENOENT (No such file or directory)
openat(AT_FDCWD, "/etc/ld.so.cache", O_RDONLY|O_CLOEXEC) = 3
fstat(3, {st_mode=S_IFREG|0644, st_size=67626, ...}) = 0
mmap(NULL, 67626, PROT_READ, MAP_PRIVATE, 3, 0) = 0x7f58c1597000
close(3)                               =0
... ...
mprotect(0x559273161000, 4096, PROT_READ) = 0
mprotect(0x7f58c15d5000, 4096, PROT_READ) = 0
munmap(0x7f58c1597000, 67626)          = 0
exit_group(0)                          = ?
+++ exited with 0 +++
```

图 3.19   strace 运行实例一

又如, 想了解正在运行的进程号为 2403 的进程情况, 只需要输入命令 "strace -p 2403" 即可, 得到图 3.20 所示的跟踪结果, 如果需要结束, 使用 ctrl+c 组合键即可结束 strace。

```
[root@localhost Desktop]# strace -p 2403
strace: Process 2403 attached
wait4(-1, 0x7ffc7de06dc0, WSTOPPED|WCONTINUED, NULL) = ? ERESTARTSYS (To be restarted if
SA_RESTART is set)
--- SIGHUP {si_signo=SIGHUP, si_code=SI_USER, si_pid=2152, si_uid=1000} ---
rt_sigreturn({mask=[CHLD]})                    = -1 EINTR (Interrupted system call)
stat("/home/mk/.bash_history", {st_mode=S_IFREG|0600, st_size=2444, ...}) = 0
stat("/home/mk/.bash_history", {st_mode=S_IFREG|0600, st_size=2444, ...}) = 0
openat(AT_FDCWD, "/home/mk/.bash_history", O_WRONLY|O_APPEND) = 3
--- SIGHUP {si_signo=SIGHUP, si_code=SI_KERNEL} ---
--- SIGCONT {si_signo=SIGCONT, si_code=SI_KERNEL} ---
rt_sigreturn({mask=[CHLD]})                    = 3
write(3, "vim test1.c\nstrace ./test1\nps\n."..., 75) = 75
close(3)                                       = 0
chown("/home/mk/.bash_history", 1000, 1000) = 0
openat(AT_FDCWD, "/home/mk/.bash_history", O_RDONLY) = 3
fstat(3, {st_mode=S_IFREG|0600, st_size=2519, ...}) = 0
read(3, "perf\nsudo apt install linux-oem-"..., 2519) = 2519
close(3)                                       = 0
chown("/home/mk/.bash_history", 1000, 1000) = 0
kill(-2471, SIGHUP)                            = -1 EPERM (Operation not permitted)
rt_sigprocmask(SIG_BLOCK, [CHLD TSTP TTIN TTOU], [CHLD], 8) = 0
ioctl(255, TIOCSPGRP, [2403])                  = -1 ENOTTY (Inappropriate ioctl for device)
rt_sigprocmask(SIG_SETMASK, [CHLD], NULL, 8) = 0
setpgid(0, 2403)                               = -1 EPERM (Operation not permitted)
rt_sigaction(SIGHUP,          {sa_handler=SIG_DFL,       sa_mask=[],       sa_flags=SA_RESTORER,
sa_restorer=0x7f3a2ab74210}, {sa_handler=0x555d0dd7cf00, sa_mask=[HUP INT ILL TRAP ABRT BUS FPE
USR1 SEGV USR2 PIPE ALRM TERM XCPU XFSZ VTALRM SYS], sa_flags=SA_RESTORER,
sa_restorer=0x7f3a2ab74210}, 8) = 0
getpid()                                       = 2403
kill(2403, SIGHUP)                             = 0
---SIGHUP {si_signo=SIGHUP, si_code=SI_USER, si_pid=2403, si_uid=1000} ---
+++ killed by SIGHUP +++
```

图 3.20　strace 运行实例二

Strace 性能分析方法如下: 先通过使用 top 命令等, 确定没有正常运行的进程。确定后再根据需要执行 strace 命令, 特别是在操作系统异常的时候使用 strace。建议与定期获取的 pstack 信息一起使用, 效果会比较好。这样可以在一直处于等待状态的情况下, 也能一并掌握调用栈的信息。

因为 strace 的负载很高, 建议在测试环境出现故障之后再使用。在生产环境中, 请在确认允许处理延迟之后再使用。此外, 使用 strace 分析性能故障的时候, 请注意 strace 自身也会导致速度变慢。

3.3.3 剖析类

剖析是对目标采样或快照进行目标特征归纳,如处理器使用率,通过对程序计数器采样,跟踪并找到消耗处理器周期的代码路径。剖析也可以通过非计时的硬件事件实现,如处理器硬件缓存命中或总线活动,这类信息可以帮助优化人员针对系统资源的使用来优化代码。本节介绍的剖析工具有 gprof、oneAPI、perf、nvprof 等。

1. 函数剖析工具 gprof

gprof 是 GNU 编译器工具包提供的性能分析工具,也是使用最广泛的函数剖析工具,大多数 Linux 发行版默认安装了 gprof。gprof 使用代码抽样和插入技术,收集函数剖析信息和调用图文件,从而给出函数调用关系、调用次数、执行时间等信息。此外还会列出各个函数的耗时比例。需要注意的是,gprof 是通过在编译时插入代码来分析程序,因此在一些情况下,其给出的结果会有不准确的地方。

gprof 通常和 GCC、LLVM 等编译器配合使用,在使用 GCC 或 LLVM 编译链接程序时,添加选项-pg,表示产生的程序可以使用 gprof 分析。LLVM 编译器会在应用程序的每个函数中都加入了一个名为 mcount 的函数,而 mcount 会在内存中保存一张函数调用图,并通过函数调用堆栈的形式查找子函数和父函数的地址。这张调用图也保存了所有与函数相关的调用时间、调用次数等信息。

程序运行结束后,会在程序退出的路径下生成一个 gmon.out 文件,如图 3.21 所示。

```
[root@localhost Desktop]# ls
test.c
[root@localhost Desktop]#gcc test.c -o test_gprof -pg
[root@localhost Desktop]# ./test_gprof
[root@localhost Desktop]# ls
gmon.out    test.c    test_gprof
```

图 3.21　程序执行后获得 gmon.out 文件

这个文件就是记录并保存下来的监控数据,可以通过命令行方式操作或图形化工具 kprof 来解读这些数据并对程序的性能进行分析,得到优化人员可阅读的信息。另外,如果想查看库函数的 profiling 剖析,需要在编译时使用"-lc_p"编译参数代替"-lc"编译参数,这样程序会链接 libc_p.a 库产生对应库函数的剖析信息。如果要逐行地执行 profiling,还需要加入"-g"编译参数。

实例: 通过 LLVM 和 gprof 结合使用,来对 a.c 程序进行分析。

① clang a.c -o a.out-pg: 在编译时加上-pg 选项,以便能够使用 gprof 进行分析。

② ./a.out: 运行程序: 统计程序内各函数的执行时间以及调用次数,并输出到 gmon.out 文件。

③ gprof a.out 或 gprof gmono.out: 启动 gprof 后,gprof 会将 gmon.out 中

的数据与程序中的链接信息进行对照, 然后将统计好的评测信息按标准输出进行输出。

上述步骤如图 3.22 所示。

```
[root@localhost Desktop]#clang test.c -o a.out -pg
[root@localhost Desktop]# ./a.out
[root@localhost Desktop]# gprof a.out
```

图 3.22　LLVM 和 gprof 结合使用示例

gprof 输出结果主要包含两部分, 剖析文件 Flat profile (如图 3.23 所示) 和调用图 Call graph。gprof。

```
Flat profile:
Each sample counts as 0.01 seconds.
  %     cumulative   self              self     total
 time    seconds    seconds   calls   s/call   s/call  name
101.69    2.45       2.45      110    0.02     0.02    longa
 0.00     2.45       0.00       1     0.00     0.22    funcA
 0.00     2.45       0.00       1     0.00     2.23    funcB
  %             the percentage of the total running time of the
 time           program used by this function .
cumulative a running sum of the number of seconds accounted
 seconds      for by this function and those listed above it.
  self        the number of seconds accounted for by this
 seconds      function alone.   This is the major sort for this
                listing.
 calls        the number of times this function was invoked, if
                this function is profiled, else blank.
  self        the average number of milliseconds spent in this
 ms/call      function per call, if this function is profiled,
              else blank.
  total       the average number of milliseconds spent in this
 ms/call      function and its descendents per call, if this
              function is profiled, else blank.
 name         the name of the function.  This is the minor sort
                for this listin. The index shows the location of
              the function in the gprof listing. If the index is
              in parenthesis it shows where it would appear in
              the gprof listing if it were to be printed.

Copyright (C) 2012-2020 Free Software Foundation, Inc.

Copying and distribution of this file, with or without modification,
are permitted in any medium without royalty provided the copyright
notice and this notice are preserved.
```

图 3.23　剖析文件 Flat profile

Flat profile 文件中每一行代表一个函数, 列参数含义如下:

• %time: 函数独立运行时间, 不包含被该函数调用的其他函数的运行时间, 占总运行时间的百分比。

• cumulative seconds: 所有函数的累积运行时间, 包括自身。

• self seconds: 函数的独立运行时间, 单位为 s, 默认情况卜表单会根据这一列信息进行排序。

• calls: 函数被调用的次数。

• selfs/call: 函数每次调用的平均独立运行时间, 单位为 s。

• totals/call: 函数每次调用的平均整体运行时间, 包括被它调用的其他函数的运行时间, 单位为 s。

调用图 Call graph 如图 3.24 所示。

```
                     Call graph (explanation follows)
        granularity: each sample hit covers 2 byte(s) for 0.41% of 2.45 seconds
            index % time    self  children    called       name
                    0.22    0.00    10/110                 funcA [4]
                    2.23    0.00   100/110                 funcB [3]
            [1]    100.0    2.45    0.00        110         longa [1]
        -----------------------------------------------
                                 <spontaneous >
            [2]    100.0    0.00    2.45                    main [2]
                    0.00    2.23     1/1                    funcB [3]
                    0.00    0.22     1/1                    funcA [4]
        -----------------------------------------------
                    0.00    2.23     1/1                    main [2]
            [3]     90.9    0.00    2.23         1          funcB [3]
                    2.23    0.00   100/110                 longa [1]
        -----------------------------------------------
                    0.00    0.22     1/1                    main [2]
            [4]      9.1    0.00    0.22         1          funcA [4]
                    0.22    0.00    10/110                 longa [1]
        -----------------------------------------------
```

图 3.24　函数调用图 Call graph

虽然剖析文件已经包含了大量信息, 但其对于函数被不同函数调用时的运行时间未做统计。同时该函数调用其他子函数信息及子函数运行时间与此函数占比也未统计, 因此需要使用 gprof 中的函数调用图 Call graph。

调用图的每一部分代表一个函数, 最左边显示了该函数的运行索引。位于该索引之上的是调用当前函数的函数, 之下的是被当前函数调用的函数。同时, 调用图也说明了函数的递归调用情况。调用图各个字段的含义如下:

• %time 对应函数运行时间, 包括被调用函数的运行时间, 占总运行时间的百分比。等于剖析文件中该函数的 "调用次数" 与 "每次调用整体运行时间" 的乘积。

• self 对应函数的独立运行时间, 与剖析文件一样, 不包括被调用函数的运行时间。对于调用函数行, 该列值说明了对应函数对其调用函数的整体运行时间贡献。

● children 对应函数的整体运行时间减去独立运行时间, 对应函数的被调用函数的总运行时间。对于调用函数行, 其列值为对应函数的被调用函数对其调用函数运行的时间贡献。对于被调用函数行, 其列值为对应函数的被调用函数的被调用函数对该函数的运行时间贡献。

● called 对应函数的调用次数, 可分为递归调用次数加非递归调用次数。如果是它本身, 没有分号, 则表明这个函数在这个分支调用了多少次。如果是父函数, 父函数调用这个函数的次数除以这个函数被调用的总次数。如果是子函数, 这个函数调用此子函数的次数除以此子函数被调用的总次数。

2. 可视化软件性能分析工具 oneAPI

Intel 推出的 oneAPI 2022 工具是基于 Intel® oneAPI 编程模型开发的产品之一, 包含编译器、函数库、预先优化框架及先进的分析调试工具等组件。2022 年 oneAPI 官网中有 6 个工具包, 涵盖了高性能计算、物联网、渲染、人工智能、大数据分析等领域, 其中 Intel oneAPI Base Toolkit 是 oneAPI 其他产品的基础, 包含了常用的性能分析工具、icc 编译器、MPI 和 Data Parallel C++ 等, 其包括的组件如图 3.25 所示。本书选取其中的 Intel oneAPI toolkits 中的 VTune 工具及 Intel® Advisor 作为代表, 说明如何使用它们进行程序性能分析。

Intel® oneAPI Collective Communications Library
Intel® oneAPI Data Analytics Library
Intel® oneAPI Deep Neural Networks Library
Intel® oneAPI DPC++/C++ Compiler
Intel® oneAPI DPC++ Library
Intel® oneAPI Math Kernel Library
Intel® oneAPI Threading Building Blocks
Intel® oneAPI Video Processing Library
Intel® Advisor
Intel® Distribution for GDB*
Intel® Distribution for Python*
Intel® DPC++ Compatibility Tool
Intel® FPGA Add-on for oneAPI Base Toolkit
Intel® Integrated Performance Primitives
Intel® VTune™ Profiler

图 3.25　oneAPI 包含的组件

可以对组件进行选择性安装, 安装完成之后的界面如图 3.26 所示。

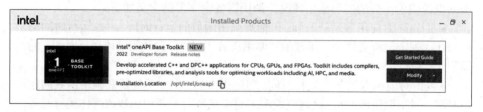

图 3.26　oneAPI 安装完成后的界面图

安装 Intel® oneAPI 基础 Linux 工具包并配置好系统之后，可以开始使用命令行编译和运行示例项目。编译并运行一个示例通常有两个步骤，一是使用 oneAPI CLI Samples Browser 定位示例项目，二是使用 Make* 或 CMake* 构建并运行一个示例项目 (详细的使用请查阅 Intel 官网)。在成功构建一个示例应用程序后，就可以使用分析工具对程序的性能情况进行分析。下面依次介绍其中的 VTune 工具和 Advisor 工具。

(1) VTune 工具

Intel oneAPI toolkits 中的 VTune 是一个用于分析和优化程序性能的工具，可以通过从系统中收集性能数据、从系统到源代码不同的层次，以及形式上组织和展示数据、发现潜在的性能问题并提出改进措施这 3 个方面工作，帮助优化人员找到性能不理想的原因并有针对性地对程序进行优化。

Intel® VTune™ Profiler 工具使用过程如下 (详细使用请查阅 Get Started with Intel® VTune™ Profiler)。

① 运行脚本设置适当的环境变量，在终端窗口使用如下命令：

source /opt/intel/oneapi/vtune/latest/env/vars.sh

使用 vtune-gui 命令启动 VTune Profiler，将显示如图 3.27 所示界面，即 Vtune 启动成功。

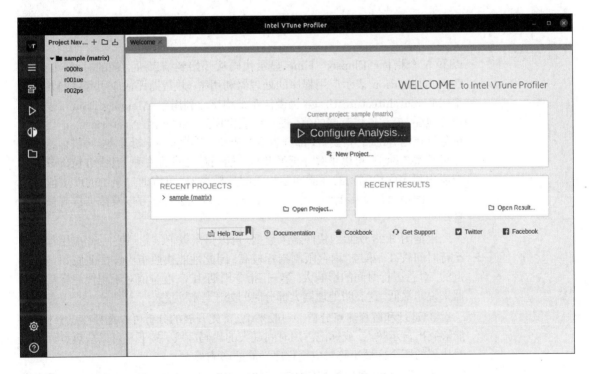

图 3.27　VTune Profiler 启动界面

② 此时工具中有自带项目，项目名称为 matrix，点击 ▶ 即可运行该项目，可查看和分析性能数据，本例详情如图 3.28 所示。

图 3.28 显示的数据信息主要包括 A、B、C 3 个部分。A 部分主要包括

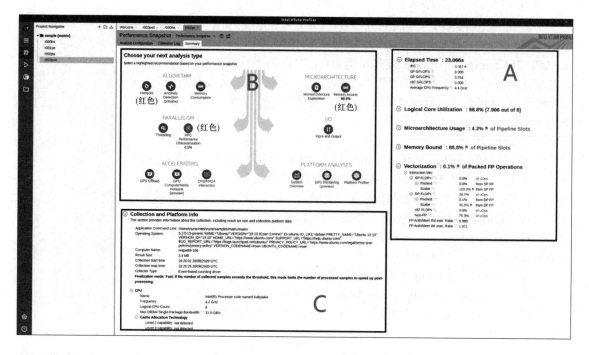

图 3.28　VTune Profiler 项目运行后详细界面图

以下 5 个指标：Elapsed Time 显示代码从开始到结束所消耗的时间；Logical Core Utilization 表示应用程序的处理器利用率，并帮助评估应用程序的并行效率；Microarchitecture Usage 为微体系结构核心利用率；Memory Bound 表示超出可接受/正常操作范围的值，提示可能出现问题的原因；Vectorization 代表向量化浮点运算的百分比。B 部分表示分析树，提供多种分析类型，将鼠标悬停在分析类型图标上，可以了解分析类型与性能问题之间的关系。其中红色部分表示与应用程序中检测到的性能问题相关的分析类型，可以通过显示的度量值来估计每个问题对性能影响的大小。C 部分主要显示平台参数以及数据集规模等信息。

根据图 3.28 所示的快照结果数据，可以得出以下结论：第一，此应用程序的运行时间较高；第二，内存限制指标较高，因此性能快照指出该性能瓶颈是最严重的，对总运行时间的影响大；第三，指令周期 IPC 度量值对于现代超标量处理器来说非常低，这表明处理器大部分时间处于停顿状态。

③ 运行和解释热点分析。一般来说，首先开展的分析可以选择热点分析，它能够突出显示热点，或标记占用时间最大的代码区域。接下来可以从热点分析查看代码的哪个区域矩阵对应用程序性能的影响最大。

通过图 3.29 可以看到应用程序的总 CPU 时间大约为 166.159 s，它是应用程序中所有线程的 CPU 时间之和。总线程数是 9，因此应用程序是多线程的。Summary 窗口的 Top Hotspot 部分提供了最耗时的函数即热点函数的数据，这些函数按执行时的 CPU 时间排序。对于示例应用程序，执行 multiply1 函数需要 166.139 s，在列表的顶部显示为最热门的函数。Summary 窗口下方的有效

CPU 利用率直方图表示可用逻辑处理器的运行时间和使用级别, 并以图形方式
查看应用程序执行期间使用了多少逻辑处理器。理想情况下, 图表的最高条应该
与目标利用率水平相匹配。

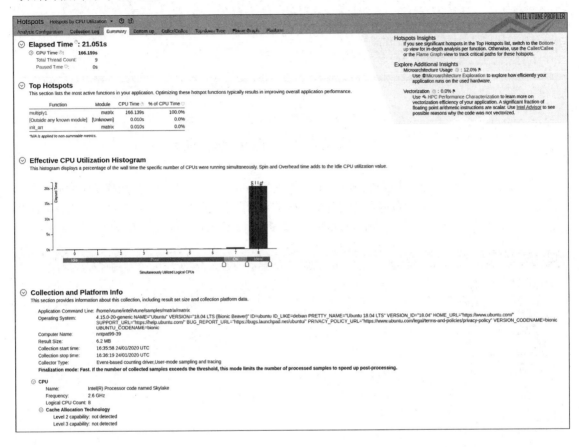

图 3.29　VTune Profiler 热点分析图

　　④ 确定最耗时的代码区域。如图 3.30 所示, 切换到 Bottom-up 选项卡, 可
以获得代码的每个函数视图。默认情况下, 网格中的数据是按函数分组的, 但可
以使用网格顶部的 Grouping 菜单更改分组级别。

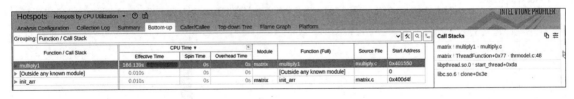

图 3.30　VTune Profiler Bottom-up 选项卡

　　使用 ≫ 中的 Expand 按钮展开按利用率排列的有效时间可以获取每个功能
的详细 CPU 利用率信息, 如图 3.31 所示。双击自底向上网格上的 multiply1 函
数打开 Source 窗口。

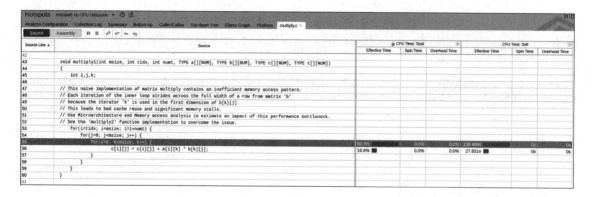

图 3.31　VTune Profiler 详细 CPU 利用信息图

可以注意到, 最耗时的一行是在 multiply1 函数中执行矩阵乘法的循环。

⑤ 运行内存访问分析。接下来可以通过分析 multiply1 循环中内存访问背后的机制来了解程序性能的主要瓶颈, 运行内存访问分析结果如图 3.32 所示。

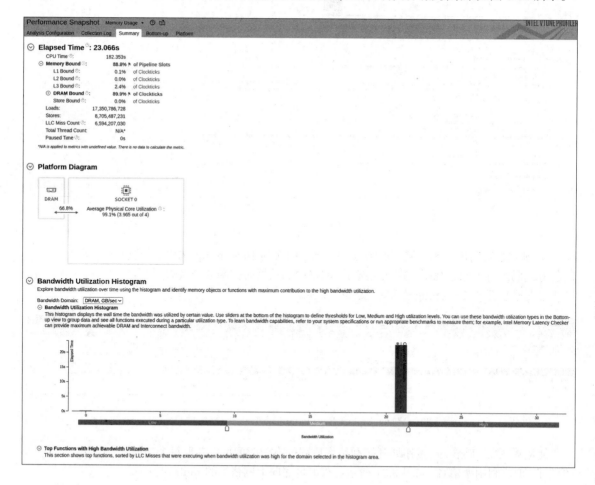

图 3.32　VTune Profiler 运行内存访问分析结果图

可以注意到应用程序的性能受到内存访问的严格限制，系统不受内存带宽限制，所以性能应是受到了频繁但较小的内存请求限制，而不是受饱和的物理内存带宽限制。图 3.33 中指标显示了内存子系统问题如何影响性能。

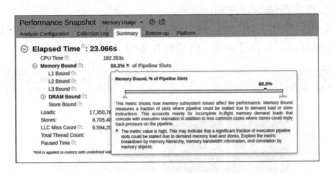

图 3.33　VTune Profiler 内存子系统详细信息图

图 3.33 显示示例程序此指标值较高，原因可能是由于内存负载和存储需求，执行管道插槽的很大一部分可能会被暂停。可以进一步通过内存层次结构、内存带宽信息和内存对象的相关性探索解决办法。

图 3.34 中指标显示 CPU 在主内存 DRAM 上停止的频率。缓存通常可以改善延迟并提高性能。切换到 Bottom-up 选项卡，如图 3.35 所示，可以查看 multiply1 函数的确切指标。

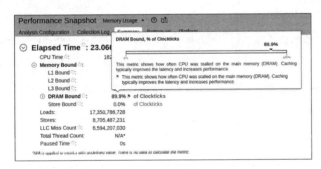

图 3.34　DRAM Bound 详细信息图

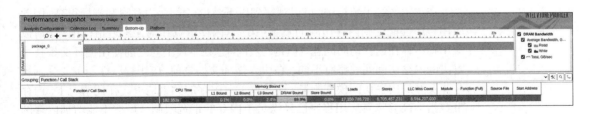

图 3.35　VTune Profiler Bottom-up 选项卡

可以看出 multiply1 函数位于网格的顶部，具有最高的 CPU 运行耗时和较高的内存限制度量值。同时，缓存不命中 LLC Miss Count 指标较高，表明应用程序使用了缓存不友好的内存访问模式，导致较多的缓存不命中需要到内存请求数据，造成数据访存耗时较长。此问题可以应用循环交换技术来解决，在本例中使用该技术可以改变主循环中矩阵的行与列的寻址方式，消除低效的内存访问模式，使处理器能够更好地利用缓存。

⑥ 微架构的使用分析。性能快照突出了微架构利用率的一个问题，运行微架构探索分析可以寻找优化机会，微架构探索结果如图 3.36 所示。

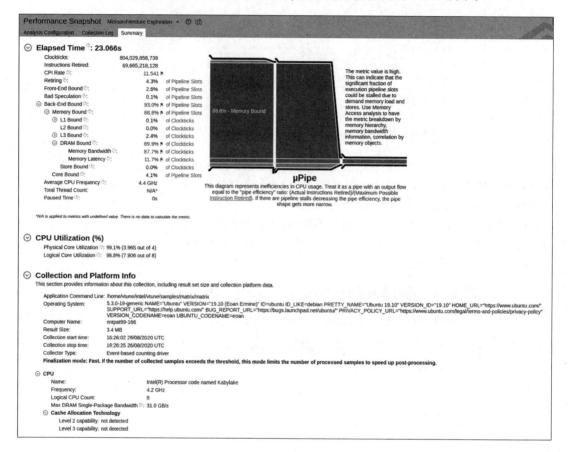

图 3.36　微架构探索结果

在本示例结果数据中，可以观察到以下结论：第一，内存限制指标很高，因此应用程序性能受到内存访问的限制；第二，内存带宽和内存延迟指标很高，所以应用程序存在内存访问问题。但是，这个问题在本质上与之前使用循环交换技术解决的内存访问问题略有不同。在引入循环交换之前，应用程序性能主要受到缓存非友好的内存访问模式限制，这导致了对内存的频繁请求。在此情况下，内存带宽指标高意味着应用程序已经满足了内存的带宽限制。虽然不能增加内存的物理性能，但可以修改应用程序，以更好地利用最后一级缓存，进一步减少来自内存的负载数量。

⑦ 检查向量化情况。可以使用性能快照检查向量化，查看代码的向量化情况，实例的向量化情况如图 3.37 所示。

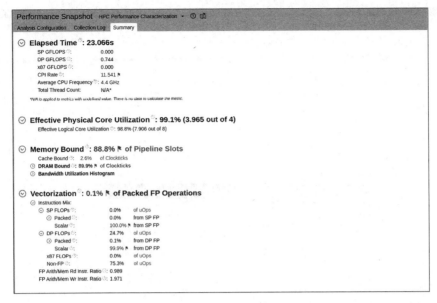

图 3.37　实例的向量化情况

可以观察到本示例的向量化占比为 0.1%, 此指标表示向量化浮点运算的百分比。若需要进一步查看代码未向量化的原因可以使用下文介绍的 Intel®Advisor 工具。

(2) Intel® Advisor 工具

Intel®Advisor 由一组工具或视角组成, 能够从向量化、CPU/GPU/内存性能上限、卸载建模及线程角度分析代码, 可以帮助优化人员分析程序中影响大、优化不足的循环优化瓶颈, 还可以根据硬件施加的性能上限可视化实际性能, 给出下一步的优化步骤建议等, 从而帮助 Fortran[①]、C、C++ 等多种语言构建的应用程序达到较好的性能。Intel Advisor 工具使用过程如下。

① 准备示例应用程序或下载示例代码。使用 vec_samples 示例在 Linux 系统上演示其使用过程, 该示例源码位置在/opt/intel/oneapi/advisor/2022.0.0/samples/en/C++ 目录下。将 vec_samples.tgz 压缩文件复制到指定目录下并解压, 进入 vec_samples 目录并使用 make 编译, 所用命令如图 3.38 所示。

```
@virtual-machine:~/桌面/codef$ cd vec_samples
@virtual-machine:~/桌面/codef/vec_samples$ make
icc    -c -g -O2 -std=c99 -I src    -o Driver.o src/Driver.c
icc    -c -g -O2 -std=c99 -I src    -o Multiply.o src/Multiply.c
icc Driver.o Multiply.o -o vec_samples
@virtual-machine:~/桌面/codef/vec_samples$ advixe-gui
```

图 3.38　make 编译过程

在终端使用 advisor-gui 命令启动 Advisor, 界面如图 3.39 所示。

―――――――――――
① 1991 年之前的版本是人们所知晓的 FORTRAN(全部字母大写), 从 Fortran 90 以后的版本都写成 Fortran。

图 3.39　Advisor 界面图

　　② 创建项目进行代码分析。点击 flie→new→project 创建项目，如图 3.40 所示。在创建项目对话框中输入项目名，接着在 Project Properties 项目属性页中选择调查热点类型，并在 Application 处选择刚刚编译的二进制文件，此时便

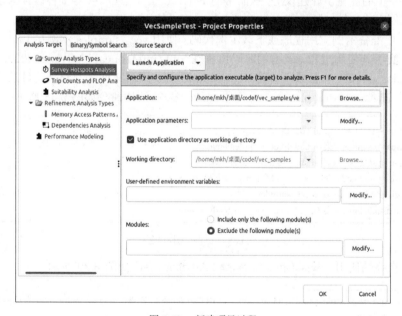

图 3.40　新建项目过程

可以构建应用程序以生成准确和完整的应用程序向量化 Advisor 分析结果。

完成上述操作后,进入如图 3.41 所示的 Perspection Selector 界面。本例选择向量化和代码洞察视角分析代码。

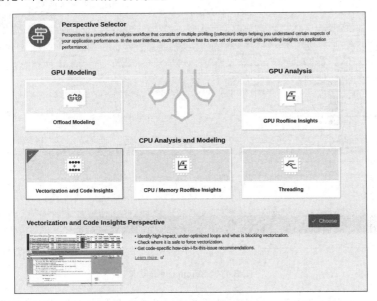

图 3.41　Perspection Selector 界面

在 Analysis Workflow 选项卡中设置分析属性,根据要执行的分析类型选择低、中、高或自定义精度级别,需要注意的是数据收集准确性级别会潜在影响系统开销,如图 3.42 所示。

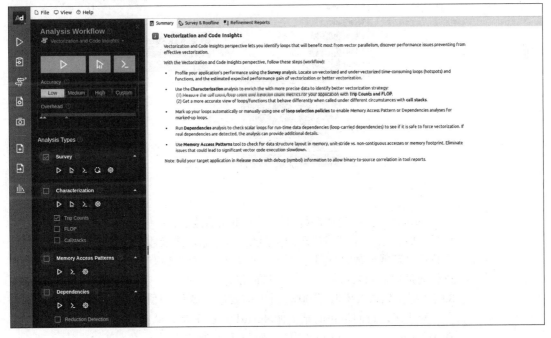

图 3.42　Analysis Workflow 选项卡

点击 按钮运行透视图, 按钮可为选定的透视图配置生成命令行。一旦收集完数据, Survey 报告就会打开并显示 Summary 选项卡。本例 Survey 报告的 Summary 选项卡如图 3.43 所示。

图 3.43 Summary 选项卡

③ 检查未向量化和向量化不足的循环。若采用低精度向量化和代码洞察角度运行获取结果之后, 会得到一个基本的向量化报告, 其中显示了未向量化和欠向量化的循环, 以及其他性能问题。在调查报告中按 Total Time 和 Self Time 列排序, 以查找最耗时的循环, 如图 3.44 所示。

CPU Time ▲	
Total Time	Self Time
1.529s 29.6%	1.529s 29.6%
1.668s 32.3%	1.668s 32.3%
1.915s 37.0%	**1.915s** 37.0%
5.160s 99.8%	0.000s
5.160s 99.8%	0.000s
5.160s 99.8%	0.000s
5.160s 99.8%	0.048s
5.170s 100.0%	0.000s
5.170s 100.0%	0.000s
5.170s 100.0%	0.010s

图 3.44 向量化报告

Intel Advisor 使用图标 表示向量化函数、 表示向量化循环、 表示标量函数、 表示标量循环, 用于区分目标循环或函数是向量还是标量执行, 如果目标循环或函数是标量 (或), 优化人员需要思考为什么编译器没有对其进行向量化。如果目标循环已经被向量化 (或), 还需要确保向量化效率在 90% 以上, 如果效率低于 90%, 此时需要进一步考虑原因所在。

对于未进行向量化的某个循环, Advisor 工具会给出修复建议, 单击 控件在 Why No Vectorization? 窗格, 如图 3.45 所示。

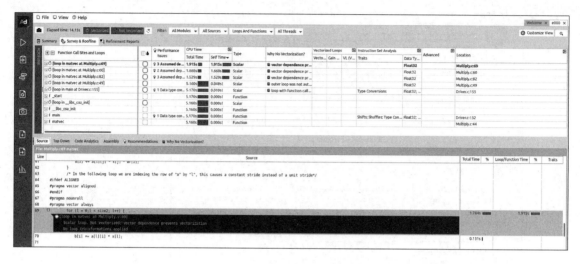

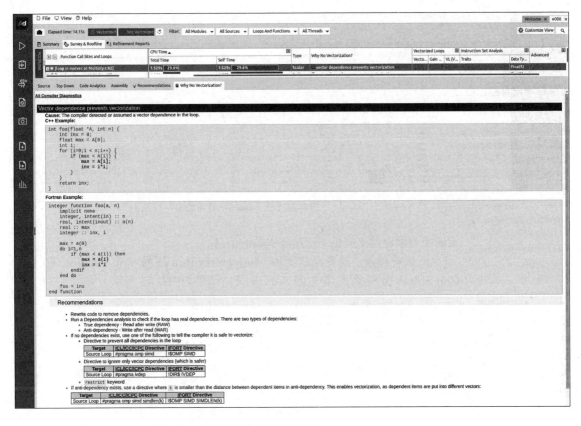

图 3.45   未进行向量化的修复建议

编译器没有对循环或函数进行向量化的原因可能为假定依赖、循环中有函数调用、编译器假定的向量化负收益等。本例中显示的原因为假定依赖，对于假定依赖的情况，可以开展进一步的依赖关系分析。如果确认了依赖项，则可以通过代码调整进行删除；如果未找到依赖项，则可以使用如图 3.46 所示的 3 个表格列举的方法之一告诉编译器，以指导编译器对其进行强制向量化。为了更好地理解性能影响和潜在的加速，还可考虑选取高精度向量化和代码洞察角度运行额外的分析，如内存访问模式等。

④ 分析循环调用计数。在以中等精度运行向量化和代码洞察透视图并启用 Trip Counts 收集后，Intel Advisor 会动态识别调用和执行循环的次数，并使用 Trip Counts 数据扩展基本向量化报告。使用 Trip Counts 数据更深入地分析并行粒度、向量化的效率和能力。Survey 结果数据如图 3.46 所示。

默认情况下，Trip Counts 列只显示 Average 和 Call Count 指标。通过以下方法可以找到优化的合适候选对象：检测 Trip Counts 过小的循环和 Trip Counts 不是向量长度的倍数，Call Count 列中的高数值表示所选循环调用链中有一个具有高行程计数值的外部循环，如果循环具有较低的 Trip Count 值则外层循环可能是并行化的更好候选对象。

要优化这样的循环，请遵循 Intel Advisor 对循环、函数的建议，例如使用特

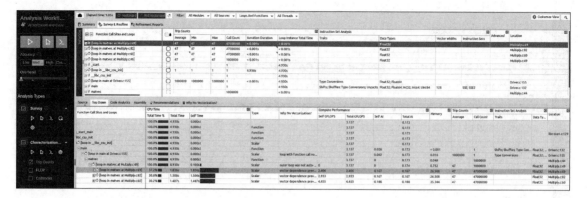

图 3.46　Survey 结果数据

定的推荐编译器来提供关于循环次数的信息。

⑤ 调查流量。选择高精度和 Characterization 下的 Trip Counts、FLOP、Call Stacks 分析类型, 获取的 Survey 分析结果如图 3.47 所示。

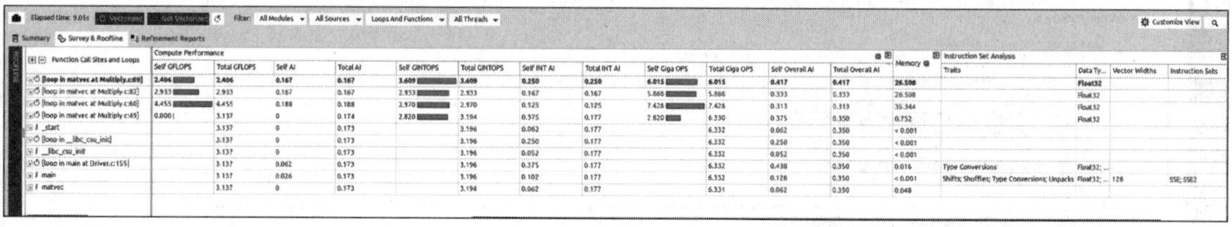

图 3.47　Survey 分析结果

使用 FLOP 数据分析应用程序内存使用情况和性能值, 能够更好地决定向量化策略。

可以将 Compute Performance 列配置为仅显示应用程序中使用的特定操作类型的指标, 单击该列的控件并选择所需的下拉选项即可, 如图 3.48 所示。

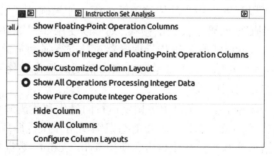

图 3.48　配置显示列

通过该操作可以实现仅显示浮点运算、仅显示整数运算、或同时显示浮点运算和整数运算的数据, 也可以确定在整数计算中哪些被计数为整数操作。若选择 "Show Pure Compute Integer Operations", 则只统计 ADD、MUL、IDIV 和 SUB 操作; 选择 "Show All Operations Processing Integer Data", 则对 ADD、ADC、SUB、MUL、IMUL、DIV、IDIV、INC/DEC、shift、rotate 等操作进行计数。

如图 3.49 所示, 选择一个特定的循环/函数, 在代码分析选项卡中查看关于 FLOP 或整数操作利用率的详细信息。

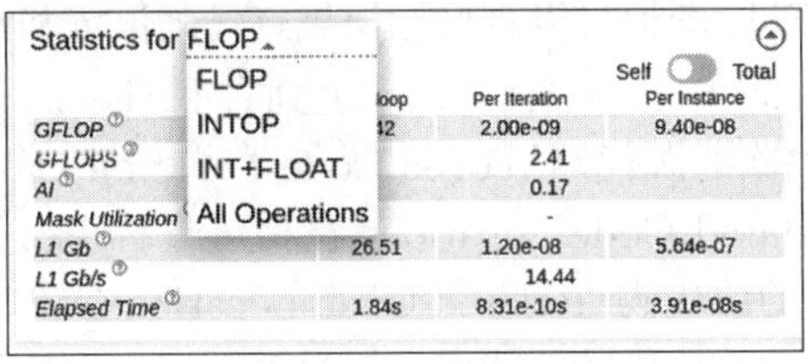

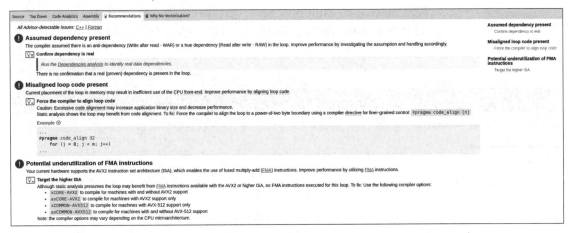

图 3.49　整数操作利用率详细信息

Intel Advisor 对循环/函数的建议如图 3.50 所示。

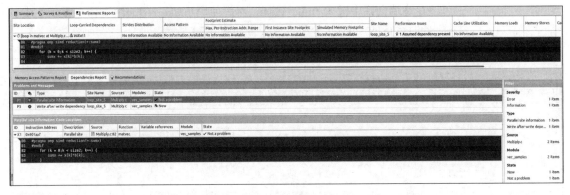

图 3.50　Intel Advisor 对循环/函数的建议

⑥ 查找和处理依赖关系。为了保证程序的正确性, 编译器在假设有数据依赖时一般会比较保守, 此时可以使用工具进行分析检测。若存在真正的依赖关系, 则提供建议来帮助编译器解决依赖关系。运行依赖分析, 收集数据并从 ♠ 调查报告的列中选择需要分析的循环。启动依赖分析, 获得的 Refinement Reports 结果如图 3.51 所示。

图 3.51　Refinement Reports 结果

图 3.51 中有许多理解重要数据的控件, 在 Refinement Report 底部的 Dependencies Report 依赖项报告选项卡中, Problems and Messages 可以通过查看相关的观察结果选择要分析的问题, Code Locations 可用于查看有关所选问题的代码位置的详细信息, 图标可以直接标识焦点代码位置和相关代码位置。

关联 Dependencies Source 窗口, 从左上到右下: Focus Code Location 可查看与焦点代码位置关联的源代码, Focus Code Location Call Stack 窗格可选择显示哪些源代码, Related Code Locations 窗格可查看与相关代码位置 (与焦点代码位置相关) 关联的源代码, Related Code Location Call Stack 窗格选择出现在 Related Code Location 中的源代码, Code Locations 窗格可查看有关所选问题的代码位置的详细信息, Relationship Diagram 窗格可以查看所选问题与代码位置之间的关系。

假设 matvec 的 Multiply.c:82 中循环存在依赖关系, 单击 Performance Issues 列中的 💡 图标, 会在底部窗格中显示相关建议, 如图 3.52 所示。

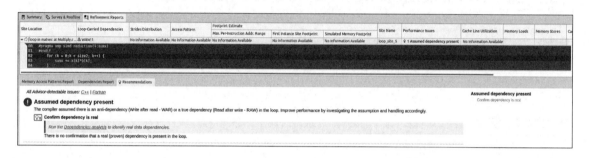

图 3.52　Performance Issues 相关建议

评估依赖关系, 在 Refinement Reports 窗口的顶部窗格中, 可以注意到 Multiply.c:82 循环中报告一个 WAW 依赖项, 底部窗格中的 Dependencies Report 选项卡显示依赖项的来源为 sumx 变量中的加法。

REDUCTION define 应用带有 reduction 子句的 omp simd 指令, 因此每个 simd 通道计算自己的总和, 并在最后合并结果。若应用不带 reduction 子句的 omp simd 指令将生成错误代码。要查看 reduction 定义是否将循环向量化, 可以在终端会话中键入 make clean, 然后使用 make reduction 命令重新生成目标, 此时运行的 survey 分析生成报告如图 3.53 所示。

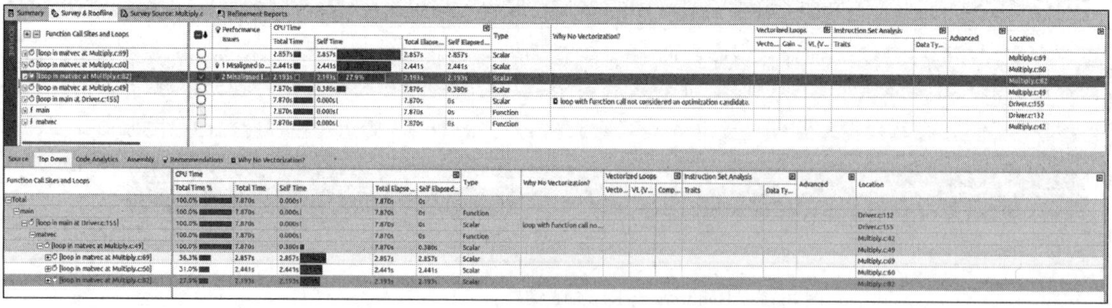

图 3.53　Survey 分析生成报告

若要在新的调查报告中评估依赖关系的影响，假定的依赖关系已消失 Multiply.c:82 的循环现在已经被向量化修改，还可以检查新 Summary 中的更改。

本次示例中使用的执行命令如图 3.54 所示。

```
@ virtual-machine:~/桌面/codef/vec_samples$ make
icc    -c -g -O2 -std=c99 -I src  -o Driver.o src/Driver.c
icc    -c -g -O2 -std=c99 -I src  -o Multiply.o src/Multiply.c
icc Driver.o Multiply.o -o vec_samples
@ virtual-machine:~/桌面/codef/vec_samples$ advixe-gui
ROW:47 COL: 47
Execution time is  167282.571 seconds
GigaFlops = 0.000026
Sum of result = 254364.540283
ROW:47 COL: 47
Execution time is  11403.251 seconds
GigaFlops = 0.000387
Sum of result  = 254364.540283
@ virtual-machine:~/桌面/codef/vec_samples$ make clean
rm  -f MatVector *.o *.out *.optrpt
@ virtual-machine:~/桌面/codef/vec_samples$ make reduction
icc    -c -g -xHost -std=c99 -qopenmp -DNOALIAS -DREDUCTION -I src  -o Driver.o src/Driver.c
icc    -c -g -xHost -std=c99 -qopenmp -DNOALIAS -DREDUCTION -I src  -o Multiply.o src/Multiply.c
icc -qopenmp Driver.o Multiply.o -o vec_samples
@ virtual-machine:~/桌面/codef/vec_samples$ advixe-gui
ROW:47 COL: 47
Execution time is   14.327 seconds
GigaFlops =  0.308374
Sum of result  = 254364.540283
ROW:47 COL: 47
Execution time is 10992.225 seconds
GigaFlops = 0.000402
Sum of result = 254364.540283
```

图 3.54   oneAPI 示例的执行命令

至此，介绍了如何使用 Intel Advisor 进行代码的性能评估与分析的基本方法，关于 Advisor 的更多使用可以查看 Advisor 用户指南。

3. 性能分析工具 perf

perf 是基于用户空间数据上的命令行性能分析工具，支持 Linux 内核 2.6.31 以上的版本。perf 的功能实现支持软硬件计数器，并可以像 strace 工具一样跟踪内核调用。借助 perf 工具，应用程序可以使用性能监控单元 (performance monitoring unit, PMU)、tracepoint 和内核中的特殊计数器来进行性能统计。使用 perf 工具可以分析程序的性能或者内核的性能，或者两者同时进行分析，从而了解程序中的性能瓶颈。

perf 工具的安装与使用可以通过以下两种方式。

一是利用源码安装, 在 linux/tools/perf 目录中执行命令, make、make install, 则在 usr1/用户名/bin 下会有个 perf 命令。

二是使用 sudo 权限, 输入命令 sudo yum install perf 即可。

perf 常用子命令如下:

- stat: 运行命令并收集性能计数器统计信息。
- top: 类似 Linux top, 可动态地观测热点函数。
- record: 检测和采样一个程序的性能数据, 并保存到文件中。
- report: 分析 perf record 产生的文件, 能够生成文本或图形分析。
- annotate: 给代码或汇编加性能注释。
- sched: 跟踪或分析调度行为和延迟。
- list: 列出所有的采样事件。

这里以 perf stat 概览程序的运行情况为例进行介绍。如果某个程序中循环的计算量特别大, 这个时候程序运行时间大部分都花费在处理器计算上。而有一些程序的耗时在于运行过程中出现了过多的 I/O, 这个时候处理器的利用率应该不会太高。由此可见, 针对不同类型的问题, 调优的手段应该是不同的。这个时候 perf stat 就可以通过精简的方式提供被调试程序运行的整体情况和汇总数据, 借助这些信息可以制订对应的优化方案。

对一个计算密集程序进行 perf 分析, 使用命令 perf stat ./可执行程序, 这里需要注意的是在进行编译的时候要加上-g 选项, 如图 3.55 所示。

```
[root@localhost Desktop]# vim test.c
[root@localhost Desktop]# gcc test.c -o test_perf.out -g
[root@localhost Desktop]#perf stat ./test_perf.out

Performance counter stats for'./test_perf.out':

       756.74 msec task-clock              #   0.993 CPUs utilized
           33         context-switches       #    0.044 K/sec
            1         cpu-migrations         #    0.001 K/sec
           45         page-faults            #   0.059 K/sec
1,346,078,844         cycles                 #   1.779 GHz              (49.24%).
            0         stalled-cycles-frontend                          (49.73%)
            0         stalled-cycles-backend  #    0.00% backend cycles idle  (50.25%)
            0         instructions           #    0.00  insn per cycle  (50.76%)
            0         branches               #    0.000 K/sec          (50.27%)
            0         branch-misses          #    0.00% of all branches  (49.75%)
  0.761973407 seconds time elapsed

  0.752836000 seconds user
  0.004004000 seconds sys
```

图 3.55　perf 分析实例

在进行 perf 输出结果分析时, 首先要找到程序中最耗时的代码片段即程序热点, 然后再判断是否能够提升热点代码的执行效率。缺省情况下除了 task-clock-msecs 之外, perf stat 还给出了其他几个最常用的统计信息:

● Task-clock-msecs: CPU 利用率, 若该值较高则说明程序的多数时间花费在 CPU 计算而非 IO。

● Context-switches: 进程切换次数, 记录了程序运行过程中发生了多少次进程切换, 频繁的进程切换是需要避免的。

● CPU-migrations: 表示进程运行过程中发生了多少次 CPU 迁移, 即被调度器从一个 CPU 转移到另外一个 CPU 上运行。

● Cycles: 处理器时钟, 一条机器指令可能需要多个 cycles。

● Instructions: 机器指令数目。

另外还有一些上述示例中没有用到的指标:

● IPC: 是 Instructions/Cycles 的比值, 该值越大越好, 说明程序充分利用了处理器的特性。

● Cache-references: cache 命中的次数。

● Cache-misses: cache 失效的次数, 程序运行过程中总体的 cache 利用情况, 如果该值过高, 说明程序的 cache 利用不好。

4. CUDA 程序性能分析工具 nvprof

nvprof 是 NVIDIA 开发的用于分析 CUDA 程序性能的工具。nvprof 不但可以统计各个内核和 CUDA 函数的运行效率, 还可以给出硬件计数器的值, 比如某个计算单元上一共发出了多少指令, 核心一共发射和执行了多少条指令等。使用 nvprof 非常简单, 通常只需要在 CUDA 程序前面加上 nvprof 即可, 即 nvprof ./myprog。

nvprof 能够获得 GPU 指令发射器发射的指令数量: inst_issued_1 表示 GPU 指令发射器一次发射一条指令的记数, inst_issued_2 表示 GPU 指令发射器一次发射 2 条指令的记数。故 GPU 指令发射器发射的指令总数量为: $2 \times inst\_issued\_2 + inst\_issued\_1$。inst_executed 表示 GPU 执行单元真正执行的指令数量的记数。因为硬件结构的原因, 一些指令需要发射多次, 故 GPU 发射的指令数量记数会大于 GPU 执行的指令数量记数, 大于的比例大小使用 inst_reply_overhead 表示。

3.3.4 监控类

Linux 系统维护的主要工作就是保证系统和应用的稳定性, 而如果想保证稳定就必须时刻了解系统的状态, 比如 CPU、内存、磁盘、网络和各种应用程序的运行及占用资源的状态等。掌握系统资源的状态信息, 还可以对系统进行优化以更好地发挥性能。对于这些信息的查看和分析, Linux 下使用监控类工具来实现。

Linux 监控工具中有些也可作为其他工具类别, 比如 top、ps、vmstat 等内容前面已有介绍, 本节介绍的监控类工具有系统活动情况报告工具 sar、网络监视工具 netstat、硬盘 I/O 监控工具 iotop 和实时系统监控工具 mpstat。

1. 系统活动情况报告工具 sar

sar 全称为 system activity reporter 系统活动情况报告, 是 Linux 系统上最为全面的系统性能测量工具之一, 它展示的主要是一些概要形式的信息。Linux 系统中的 sar 命令可以从多方面对系统的活动进行报告, 包括文件读写情况、系统调用使用情况、硬盘 I/O、CPU 效率、内存利用率、进程活动及网络流量等。sar 命令常用格式为:

sar -[选项] [时间间隔] [次数]。

例如, 如图 3.56 所示 "sar -u 1 3" 为每 1 s 统计一次, 总共统计 3 次。

```
[root@localhost Desktop]# sar -u 1 3
Linux 5.11.0-41-generic (virtual-machine)        2022 年 01 月 02 日    _x86_64_(2 CPU)

20时36分48秒     CPU      %user     %nice    %system    %iowait     %steal      %idle
20时36分49秒     all      0.00      0.00     1.02       0.00        0.00        98.98
20时36分50秒     all      0.00      0.00     1.01       0.00        0.00        98.99
20时36分51秒     all      0.50      0.00     1.01       0.00        0.00        98.49
平均时间:    all      0.17      0.00     1.01       0.00        0.00        98.82
```

图 3.56   sar 使用示例

sar 输出字段的意义见表 3.6, 表中显示了 6 个输出关键词的数据显示释义。

表 3.6   sar 关键指标释义

输出字段	输出字段释义
%user	用户空间的 CPU 使用
%nice	改变过优先级的进程的 CPU 使用率
%system	内核空间的 CPU 使用率
%iowait	CPU 等待 IO 的百分比
%steal	管理程序维护另一个虚拟处理器时, 虚拟 CPU 的无意识等待时间百分比
%idle	空闲的 CPU

要判断系统瓶颈问题, 有时需几个 sar 命令选项结合起来。
- 如果怀疑 CPU 存在瓶颈, 可用 sar -u 和 sar -q 等来查看。
- 如果怀疑内存存在瓶颈, 可用 sar -B、sar -r 和 sar -W 等来查看。
- 如果怀疑 I/O 存在瓶颈, 可用 sar -b、sar -u 和 sar -d 等来查看。
指标性能分析说明:
- 若%iowait 的值过高, 表示硬盘存在 I/O 瓶颈。
- 若%idle 的值高但系统响应慢时, 有可能是 CPU 等待分配内存, 此时应加大内存容量。

● 若%idle 的值持续低于 1, 则系统的 CPU 处理能力相对较低, 表明系统中最需要解决的资源是 CPU。

虽然 sar 命令可以显示很多关于系统的资源信息, 但是在进程的使用情况、瞬时性能显示方面不是特别良好。对于可能会导致问题的一些程序或进程、超线程 CPU (如 Intel 的双核四线程) 实际的 CPU 使用情况, sar 命令也不能很好地显示。

由于 sar 命令是自动记录信息的, 意味着 sar 命令本身不太耗费资源, 因此如果不需要太详细的信息, 可以直接追溯过去的信息来进行调查。

sar 命令虽然占用资源小, 但有时候使用起来效果却差强人意, 比如信息输出项目比较少。因此, 有时会使用专用的命令 vmstat 或 iostat 等来获得更详细的信息。

2. 监控网络工具 netstat

一般在进行程序分析的过程中, 还需要关注 Linux 系统状态, 除使用 ps 命令关注系统正在运行什么服务外, 还要关注有什么连接或者服务可用。此时, 一般会用到 netstat 命令。netstat 是一个监控 TCP/IP 网络非常有用的工具, 它可以显示路由表、实际网络连接及每一个网络接口设备的状态信息, netstat 用于显示与 IP、TCP、UDP 和 ICMP 协议相关的统计数据, 一般用于查询本机各端口的网络连接情况。当使用 netstat 命令时, 系统会把性能统计信息以概要形式呈现, 路由信息等以快照形式呈现。

netstat 命令的功能是显示网络连接、路由表和网络接口信息, 可以让用户得知有哪些网络连接正在运作。netstat 命令使用格式如下:

netstat [-a] [-b] [-e] [-f] [-n] [-o] [-p proto] [-r] [-s] [-t] [interval]

netstat 中的参数比较多, 可以使用 man netstat 进行查看, 一般使用时可利用 netstat -an 显示所有连接的 IP、端口并用数字表示。

如图 3.57 所示为 netstat -a 列出的所有连接的示例。

```
@virtual-machine:~/Desktop$ netstat -a | head
Active Internet connections(servers and established)
Proto Recv-Q Send-Q Local Address          Foreign Address          State
tcp      0      0localhost:domain       0.0.0.0:*                LISTEN
tcp      0      0 0.0.0.0:ssh            0.0.0.0:*                LISTEN
tcp      0      0localhost:ipp          0.0.0.0:*                LISTEN
tcp      0      0mk-virtual-machin:42460 82.221.107.34.bc.g:http ESTABLISHED
tcp      0      0mk-virtual-machin:54406 17.111.232.35.bc.g:http TIME_WAIT
tcp      0      0mk-virtual-machin:42466 82.221.107.34.bc.g:http TIME_WAIT
tcp      0      0mk-virtual-machin:42468 82.221.107.34.bc.g:http TIME_WAIT
tcp      0      0mk-virtual-machin:35158 ec2-44-228-106-27:https ESTABLISHED
```

图 3.57 netstat -a 使用示例

上述显示中输出字段释义见表 3.7, 包括 Proto 在内的 6 个字段的输出释义。

表 3.7　netstat -a 输出字段释义

输出字段	输出字段释义
Proto	Protocol 的简称, 可以是 TCP 或 UDP
Recv-Q	接收队列, 数字一般都应该是 0, 如果不是, 则表示软件包正在队列中堆积
Send-Q	发送队列, 数字一般都应该是 0
Local Address	本机的 IP 和端口号
Foreign Address	所要连接的主机名称和服务
State	现在连接的状态

3 种常见的 TCP 状态如下:

- LISTEN 等待接收连接。
- ESTABLISHED 一个处于活跃状态的连接。
- TIME_WAIT 一个刚被终止的连接, 它只持续 1 ~ 2 min, 然后就会变成 LISTEN 状态。

由于 UDP 是无状态的, 所以其 State 栏总是空白。虽然 netstat 可以显示网络信息, 但是由于很多故障在驱动级别而不能被统计出来。因此, 有时即使 netstat 呈现的错误数或删除数没有什么大的变化, 其实系统已经出现了故障。反之, 也会出现另外的一些情况, 虽然看到 netstat 统计的错误数或删除数增加而怀疑网络问题, 但是也可能 netstat 保留了过去发生的故障, 此时的网络并没有出现故障的情况。所以 netstat 不能及时准确地判断网络通信是否出现了问题。

3. 硬盘 I/O 监控工具 iotop

iotop 用来监控硬盘 I/O 的使用情况, 其界面和 top 类似, 包括 PID、用户、IO、进程等相关信息。Linux 下系统自带的 I/O 统计工具如 iostat 等大多数只能统计单碟设备的读写情况, 如果想知道每个进程是如何使用 I/O 的就比较麻烦。使用 iotop 命令可以很方便地查看, 命令 iotop -h 可以查看使用帮助, 最简单的方法就是直接使用 iotop 命令, 其输出结果如图 3.58 所示。

通过输出结果, 可以清楚地知道磁盘 I/O 的使用状况。其中, Total DISK READ 与 Total DISK WRITE 一方面表示了进程和内核线程之间总的读写带宽, 另一方面也表示内核块设备子系统的情况; Actual DISK READ 与 Actual DISK WRITE 表示在内核块设备子系统和硬件对应的实际磁盘 I/O 带宽; TID 表示线程号或进程号; PRIO 表示线程运行时的 I/O 优先级; USER 表示进程所属用户; DISK READ 表示刷新时间间隔内读取数据量; DISK WRITE 表示刷新时间间隔内写入数据量; SWAPIN 表示每个进程的交换使用率; IO 表示每个进程的 I/O 利用率, 包含磁盘和交换; COMMAND 表示进程名。

```
Total DISK READ:      9.73 M/s | Total DISK WRITE :      0.00 B/s
Actual DISK READ:     9.73 M/s | Actual DISK WRITE:    435.27 K/s
  TID  PRIO USER    DISK READ DISK WRITE  SWAPIN    IO>        COMMAND
 2598 be/4 stmk     9.73 M/s      0.00 B/s  0.00 %  1.48 % firefox
    1 be/4 root     0.00 B/s      0.00 B/s  0.00 %  0.00 % systemd --sw~eserialize 21
    2 be/4 root     0.00 B/s      0.00 B/s  0.00 %  0.00 % [kthreadd]
    3 be/4 root     0.00 B/s      0.00 B/s  0.00 %  0.00 % [ksoftirqd/0]
    5 be/0 root     0.00 B/s      0.00 B/s  0.00 %  0.00 % [kworker/0:0H]
    7 rt/4 root     0.00 B/s      0.00 B/s  0.00 %  0.00 % [migration/0]
    8 be/4 root     0.00 B/s      0.00 B/s  0.00 %  0.00 % [rcu_bh]
    9 be/4 root     0.00 B/s      0.00 B/s  0.00 %  0.00 % [rcu_sched]
   10 rt/4 root     0.00 B/s      0.00 B/s  0.00 %  0.00 % [watchdog/0]
   12 be/4 root     0.00 B/ s     0.00 B/s  0.00 %  0.00 % [kdevtmpfs]
   13 be/0 root     0.00 B/ s     0.00 B/s  0.00 %  0.00 % [netns]
   14 be/4 root     0.00 B/ s     0.00 B/s  0.00 %  0.00 % [khungtaskd]
```

图 3.58   iotop 使用示例

4. 实时系统监控工具 mpstat

mpstat 是实时系统监控工具, 用于报告 CPU 相关的一些统计信息, 这些信息存放在/proc/stat 文件中。在多 CPU 系统中, 其不但能查看所有 CPU 的平均状态信息, 而且能够查看特定 CPU 的信息。例如命令 mpstat -P ALL 2 3, 表示每 2 s 对所有处理器统计数据报告, 采集 3 次信息并输出, 如图 3.59 所示。

```
[root@localhost ]# mpstat -P ALL 2 3
Linux 3.10.0-693.el7.x86_64 (localhost.localdomain) 01/07/2022 _x86_64_(1 CPU)

09:25:43 PM  CPU    %usr   %nice   %sys   %iowait   %irq   %soft   %steal   %guest   %gnice   %idle
09:25:45 PM  all    3.52   0.00    0.50   0.00      0.00   0.00    0.00     0.00     0.00     95.98
09:25:45 PM  0      3 52   0.00    0.50   0.00      0.00   0.00    0.00     0.00     0.00     95.98
```

图 3.59   mpstat 命令示例

3.4   小结

本章讨论了程序性能的分析和测量, 程序性能优化实质上是性能分析与性能测量相互迭代的过程, 本章从程序性能分析、程序性能测量、程序性能测量工具 3 个方面描述了进行程序性能优化过程中需要的理论知识及工具的使用。性能分析中主要描述了不同视角下的程序分析及其方法, 性能测量描述了需要测量的信息及测量工具的类型, 性能测量工具中描述了不同类型常用工具的特点及其使用方法。

在实际的程序性能调优时，分析出当前程序性能的瓶颈问题是困难的。与医生诊断病一样，只有准确地判断出病因才能对症下药，而辨病的过程最为考验医生的功力。本章的程序性能分析就是辨病的过程，通过使用本章中的测量方法与工具，能够帮助优化人员合理地分析影响程序性能的原因，以便使用后续章节中对应的程序性能优化方法，高效地实现程序优化的目标。

读者可扫描二维码进一步思考。

第四章
系统配置优化

在特定的系统中，硬件、软件、网络环境等都会对程序的性能产生影响。优化人员需要根据各种环境的变化来优化应用程序可能出现的各种异常情况，如何定位故障，如何优化系统，这些问题都是比较难解决的问题。系统性能优化的目的就是在一定范围内使系统中各资源的使用趋向合理并保持必要的平衡。

系统运行良好时各类资源达到一个平衡的状态，任何一项资源的过度使用都会造成系统平衡的破坏，从而造成系统负载极高或响应迟缓，如处理器过度使用会造成大量进程等待计算资源、系统响应变慢；等待会造成进程数增加，进程数增加又会造成内存使用增加，内存耗尽又会造成虚拟内存使用增长，虚拟内存又会造成 I/O 增加和处理器开销的增加。优化、监测通常是连在一起的，而且是一个循环且长期的过程，通常需检测的子系统有处理器、内存、文件系统、磁盘、网络等 5 个部分，这些子系统相互依赖，检测这些子系统的性能参数能够发现可能出现的瓶颈，对系统优化作用重大。本章以 Linux 系统为例按照以上 5 个子系统展开讨论。

4.1 处理器

处理器是操作系统稳定运行的根本，处理器的速度与性能在很大程度上决定了系统整体的性能，因而处理器通常是系统性能分析的首要目标。现代系统一般有多个处理器，通过内核调度器共享给所有运行程序，当需求的处理器资源超过系统力所能及的范围时，任务将会排队等待运行机会。等待给应用程序的运行带来严重的延迟，造成系统整体性能的下降。

为了提高性能，优化人员可以通过配置检查来查看处理器的相关信息，以寻找性能改进的空间，明确消耗时间的位置和原因，再通过参数调整来进行调优。本节将从配置检查、参数调整两个方面进行描述。

4.1.1 处理器配置检查

优化系统配置的目的是使程序在系统上以最优的状态运行。而如何定位性能瓶颈所在是性能优化的一大难题。本节将给出处理器配置检查的方法，以便采取相应的手段提高系统性能。可以从以下角度检查处理器的当前配置，例如当前可用的处理器数量、是否支持超线程、每个核上运行的线程数、当前处理器的模式及架构、缓存大小、是否支持硬件虚拟化、处理器的时钟频率、基本输入输出系统 BIOS 已启用或者禁用的其他处理器相关特性等。

常用 more/proc/cpuinfo 命令查看处理器信息，如图 4.1 所示。

```
[@localhost ~]$ more /proc/cpuinfo
processor   : 0
vendor_id   : GenuineIntel
cpu family : 6
model       : 165
model name       : Intel(R) Core(TM) i5-10600 CPU @ 3.30GHz
stepping    : 3
microcode : 0xe0
cpu MHz       : 3311.998
cache size : 12288 KB
physical id : 0
siblings    : 2
core id       : 0
cpu cores   : 2
apicid       : 0
initial apicid   : 0
fpu         : yes
fpu_exception    : yes
cpuid level : 22
wp          : yes
flags       : fpu vme de pse tsc msr pae mce cx8 apic sep mtrr pge mca cmov pat pse36 clflush mmx fxsr sse sse2
ss ht syscall nx pdpe1gb rdtscp lm co
nstant_tsc arch_perfmon nopl xtopology tsc_reliable nonstop_tsc eagerfpu pni pclmulqdq ssse3 fma cx16 pcid
sse4_1 sse4_2 x2apic movbe popcnt tsc_deadline
_timer aes xsave avx f16c rdrand hypervisor lahf_lm abm 3dnowprefetch invpcid_single ssbd ibrs ibpb stibp
ibrs_enhanced fsgsbase tsc_adjust bmi1 avx2 sme
p bmi2 invpcid rdseed adx smap clflushopt xsaveopt xsavec xgetbv 1 arat md_clear spec_ctrl intel_stibp flush_l1d
arch_capabilities
bogomips    : 6623.99
clflush size : 64
cache_alignment : 64
address sizes     : 45 bits physical, 48 bits virtual
power management:
```

图 4.1   处理器的查看信息

处理器信息的输出结果见表 4.1，其中：siblings 和 cpu cores 值之间有对应关系，如果 siblings 是 cpu cores 的两倍，则说明系统支持超线程，并且超线程已打开；如果 siblings 和 cpu cores 一致，则说明系统不支持超线程，或者超线程未打开。

如需查看系统物理处理器的个数，可通过如下命令查看：

cat/proc/cpuinfo | grep "physical id" | sort | uniq | wc -l

查看每个物理处理器中内核的个数，可通过如下命令查看：

表 **4.1**　more/proc/cpuinfo 命令输出处理器信息

输出结果	结果释义
processor	逻辑处理器的唯一标识符
vendor_id	处理器类型, 若为 GenuineIntel 则为英特尔处理器
physical id	物理处理器的唯一标识符
siblings	位于相同物理封装中的逻辑处理器的数量
core id	每个内核的唯一标识符
cpu cores	位于相同物理封装中的内核数量

cat/proc/cpuinfo | grep "cpu cores"

查看系统所有逻辑处理器个数, 可通过如下命令查看:

cat/proc/cpuinfo | grep "processor" | wc -l

以上 3 个命令结果如图 4.2 所示。

```
[@localhost ~]$ cat /proc/cpuinfo | grep "physical id" | sort | uniq | wc -l
2
[@localhost ~]$ cat /proc/cpuinfo | grep "cpu cores"
cpu cores  : 2
cpu cores  : 2
cpu cores  : 2
cpu cores  : 2
[@localhost ~]$ cat /proc/cpuinfo | grep "processor" | wc -l
4
```

图 4.2　查看处理器信息命令演示

在管理员权限下可以使用 sudo dmidecode -t processor 命令查看处理器的信息。可使用命令 top、procinfo 或 mpstat 来确定系统在哪些地方消耗了时间, 如果整个系统空闲和等待时间的比例不足全部时间的 5%, 那么该系统就是受处理器限制的。如图 4.3 所示是调查进程处理器使用情况的分析检查过程, 通过查出某特定进程或应用程序所在处理器瓶颈, 进而查明其消耗时间的位置和原因。

若进程的时间花费在内核空间或者用户空间, 可以用 gprof 工具来确定某应用程序或者进程是否在内核或用户模式下消耗了时间, 进而可以更进一步分析函数调用次数与程序热点。

若分析一个或者多个进程是否占用了单个 CPU 的多数时间, 可以先确定是否有特定应用程序或应用程序组使用了单个 CPU, 借助 top 命令显示的字段, 并打开 Irix 模式查看每个处理器使用的 CPU 时间总量。对于每个利用率高的处理器, 将其上运行的特定应用程序或多个应用程序的 CPU 时间加起来。如果在一个 CPU 上, 应用程序时间总和低于内核加用户时间之和的 75%, 则表明内核似乎花了大量的时间在其他的工作上而不是在应用程序上。

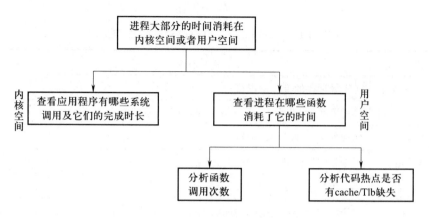

图 4.3　CPU 使用情况调查

　　已经查明应用程序在内核空间消耗了大量的时间, 需更进一步分析具体是哪些系统调用时, 可以借助 strace 命令来查看。减少系统调用的次数或者改变代表程序进行的系统调用都有可能提升性能。

　　如需分析热点函数调用树, 可以首先将应用程序与 gprof 一起运行显示每个函数的调用树, 然后使用 ltrace 命令来分析函数调用。也可以使用 gdb 跟踪函数, 获取函数调用信息。明确是哪些函数调用了热点函数, 之后若消除或减少对这些函数的调用, 则可以加快应用程序的速度。

　　如果减少对热点函数的调用不能加速应用程序, 或者无法消除这些函数, 可以查看耗时函数或源代码行是否具有大量的缓存缺失, 分析出对应原因后可采取更改数据结构或者算法的方法优化程序。

4.1.2　处理器参数调整

　　在进行处理器配置检查后, 通过了解处理器的基本信息并判断是否发生了处理器层级的性能瓶颈, 之后就需要对处理器进行参数调整以提高处理器性能。

1. 优先级调优

　　使用 nice 或 renice 命令设置 nice 值可以调整进程优先级, Linux 支持的 nice 值范围为 $-20 \sim 19$, nice 值越大表示进程优先级越低, 而 nice 值越小表示优先级越高, 负 nice 值仅能由超级管理员设置。nice 命令可以指定 nice 值并启动程序, renice 命令用来调整已经在运行的进程。例如:

renice -n 9 12345

　　上面的命令指示 PID 为 12345 的进程以 nice 值 9 运行。推荐用户为长时间运行的进程设置值为 16。除了 nice 值, 操作系统还为进程优先级提供了更高级的控制, 例如更改调度类或者调度器策略等。

　　Linux 命令 chrt 可以显示并直接设置进程优先级和调整策略, 也可以通过 setpriority() 系统调用直接设置调整优先级, 而优先级和调度策略也可以通过 sched_setscheduler() 设置。

　　查看进程号为 12345 的进程的调度策略: chrt -p 12345。

使用 chrt 命令还可以修改调度策略，例如：超级管理员账户下可调整为先到先服务，使用参数-f 表示，优先级为 10：chrt -p -f 10 1234，上述优先级调优命令演示如图 4.4 所示。

```
[root@localhost ]# ps -l
F S  UID   PID   PPID C PRI  NI ADDR SZ WCHAN TTY        TIME CMD
4 S   0   4570  2861 0 80   0 - 48582 do_wai pts/0    00:00:00 su
4 S   0   4576  4570 0 80   0 - 29137 do_wai pts/0    00:00:00 bash
0 T   0   9510  4576 0 80   0 - 40525 do_sig pts/0    00:00:00 top
4 T   0   9594  4576 0 49   - - 294024 do_sig pts/0   00:00:00 a.out
0 R   0  27225  4576 0 80   0 - 38331 -     pts/0    00:00:00 ps
[root@localhost ]# renice -n 4 9594
9594 (process ID) old priority 9, new priority 4
[root@localhost ]# chrt -p 9594
pid 9594's current scheduling policy: SCHED_FIFO
pid 9594's current scheduling priority: 10
[root@localhost ]# chrt -p -f 8 9594
[root@localhost ]# chrt -p 9594
pid 9594's current scheduling policy: SCHED_FIFO
pid 9594's current scheduling priority: 8
```

图 4.4   调整优先级命令演示

2. 进程绑定

进程绑定是把一个或多个进程绑定到某个或多个处理器上，这样可以增加进程的处理器缓存，提高它的内存 I/O 性能。对于非一致内存访问系统来说，进程绑定可以限制处理器和内存区域，确保一个进程总是可以尽快地访问到内存，从而提高性能。

在 Linux 上是通过 taskset 命令实现进程绑定的，此方法可以使用处理器掩码或者范围设置处理器与进程的关联性。例如：

> taskset pc 7-10 10790
> pid 10790's current affinity list: 0-15
> pid 10790's new affinity list: 7-10

上面的设置限定进程号为 10790 的进程只能运行在处理器 7—10 上，但是该进程不能指定多个处理器，如果想要达到此功能，需要使用独占处理器组。例如，限制一个内存密集型进程仅用 1 个或 2 个处理器，以增加缓存命中的机会从而提升性能。

3. 平衡中断

中断是一种来自硬件或者软件的信号之一，表明这里有项工作现在就要做。当一个中断信号到达操作系统内核的时候，内核必须从当前执行的进程切换到一个新的进程，以处理这个中断。显然，中断会导致进程的上下文切换，大量的中断将导致系统性能下降，因此中断对于系统的稳定性至关重要。

在单处理器系统上中断处理是简单的，但是当系统中有多个有效处理器时，就需要指定在哪个处理器上处理特定的中断，这种将一个或多个中断源绑定到特定处理器上运行的操作称为中断绑定。如需确定内核在哪个处理器上执行特定的中断处理程序，可以查看/proc/irq/number 文件夹下的 smp_affinity 文件，该文件中的数据表示处理器位掩码，可以用来设置某中断与各处理器的亲和力，以十六进制数表示。当一个中断被允许在某处理器上处理，则将相应的比特位设置为 1，否则设为 0。

计算处理器的亲和力使用如下公式：值 $= 2^n$，n 是处理器的编号，编号从 0 开始，即 1 表示处理器 0。假如想设置中断 50 仅在处理器 0、2、7 上处理，则计算方法为：$2^0 + 2^2 + 2^7 = 133 = 0x85$，将从 shell 计算得到的结果直接设置为 affinity-mask 命令如下：

printf '%0x' $[2**0+2**2+2**7]>/proc/irq/50/smp_affinity

Linux 中会启动维持中断平衡的守护进程，该进程目的是每 10 s 调整所有中断的 smp_affinity，以保证当执行一个中断处理程序时有较高的缓存命中。

4. 多核优化

关于多核技术，处理器 0 是很关键的，如果 0 号处理器使用过度，则其他处理器性能也会下降。这是因为处理器 0 具有调整功能，所以不能任由操作系统对其进行负载均衡。可以手动地为其分配处理器核，从而不会过多地占用 0 号处理器，或是让关键进程与其他进程挤在一起。

对于 Linux 来说，使用 taskset 命令可以设置并限制进程能被运行在哪些核上。多核处理器还有一个技术叫非一致内存访问技术。传统的多核运算是使用对称多处理模式，多个处理器共享一个集中的存储器和 I/O 总线。于是就会出现一致存储器访问的问题，一致性通常意味着性能的损失。而在非一致内存访问模式下，处理器被划分成多个节点，每个节点有自己的本地存储器空间。如需只让进程访问当前运行节点，可使用如下命令：

numactl --membind 1 --cpunodebind 1 --localalloc myapplication

4.2 内存

内存是连接处理器和其他设备的通道，起到缓冲和进行数据交换的作用。内存包括物理内存和虚拟内存 swap，使用虚拟内存 swap 是为了对物理内存进行扩展，当物理内存不够用时就会用到虚拟内存 swap。内存资源的充足与否直接影响系统性能，因此内存的管理和优化是系统性能优化的重要组成部分。

本节分为配置检查、参数调整两个方面的内容。对于内存系统，优化人员通过配置检查来判断内存是否出现了问题，可以通过更换内存的方式优化内存系统，也可以通过内核参数调整来进行优化。此外，需要注意的是，存在内存瓶颈的应用程序通常会导致其他问题的产生，该部分内容将在配置检查中进行讨论。

4.2.1 内存配置检查

查找内存可以优化的空间要先进行内存配置检查，检查可以从以下几个方面展开，如内存空间大小、硬件允许的最大内存数量、是否支持非统一内存访问、主存的访存速度、内存总线数量、是否使用了大页面、是否有其他内存可调参数等。

在 Linux 下查看内存信息可以使用/proc/meminfo 文件查看操作系统内存的使用状态，使用命令 cat/proc/meminfo 即可，但其输出内容比较长且可读性不好，与 grep 命令结合可以提取出需要的内容，比如查看可用内存的总量可使用命令 grep MemTotal/proc/meminfo。

查看内存硬件信息可以使用命令 sudo dmidecode -t memory，查看现有的内存硬件信息可以使用命令 dmidecode | grep -A16 "Memory Device"。

监控内存的使用状态是非常重要的，有助于及时了解内存的使用状态，比如内存占用是否正常、内存使用是否紧张等。最常使用的命令有 free、top 等。

利用 free 命令监控内存。free 是监控 Linux 内存使用状况最常用的命令，该命令可概要地查看内存及其使用情况。利用 free 命令输出的内存状态，可以通过两个角度来查看：一个是从内核的角度来看，free 命令输出 Mem 选项的值，可以看出此系统物理内存大小和可用的内存大小；另外一个是从应用层的角度来看，free -/+ buffers/cached 命令的输出，可以看到此系统已经使用的内存大小和可用内存大小。应用程序可用的物理内存值是 Mem 项的 free 值加上 buffers 和 cache 值之和。

top 内存统计信息能够提供不同运行进程的大量内存信息，借助这些信息可确定程序如何分配和使用内存，也可以使用 pmap 命令查看有多少内存分配给特定的进程。

一般而言，服务器内存可以通过如下方法判断是否空余：当应用程序的可用内存或系统物理内存大于 70% 时，表示系统内存资源非常充足，不影响系统性能；当应用程序可用内存或系统物理内存小于 20% 时，表示系统内存资源紧缺，需要增加系统内存；当应用程序可用内存或系统物理内存处于 20%~70% 时，表示系统内存资源基本能满足应用需求，暂时不影响系统性能。例如：用 free -m 查看内存的使用情况，重点关注输出项 free 列与 cached 列的输出值，可了解此系统的总内存容量、系统空闲内存大小，以及缓冲区缓存占用了多少、页面缓存占用了多少。对于应用程序，其可以使用的内存多少是包含有缓冲区缓存和页面缓存的。而 swap 项可以了解交换分区是否被使用。

一般而言，使用大量内存的应用程序通常会导致其他的一些性能问题，比如缓存缺失、转换后援缓冲器 (TLB) 缺失，以及缓存交换变慢等问题。如图 4.5 所示为显示了在配置检查时分析内存数据的策略。

当系统的内存使用量快速增加时，需要分析清楚是何原因造成了系统内存需求的增长。需要先确定操作系统内核自身是否在增加内存的分配，可以运行 slabtop 命令查看内核的内存总大小是否增加。如果内核的内存使用量在增加，就再次运行 slabtop 命令来确定内核分配的内存类型。如果内核的内存使用量没有增加，那么可能是特定进程导致的用量增长。分片的名字会暗示一下内存被

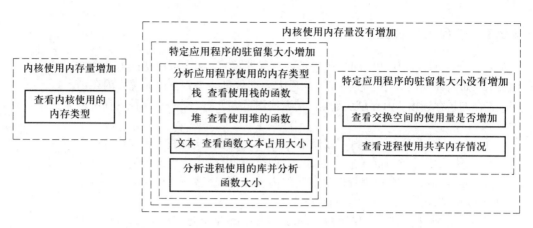

图 4.5　内存使用决策分析模块

分配的原因, 通过 Web 搜索, 可以找到内核源代码中每个分片名字的更多详细信息。在明确了哪些子系统新增内存分配后, 可以尝试调整特定子系统可以消耗的最大内存量, 或者减少该子系统的内存使用量。

若特定进程的驻留集大小在增加, 可以追踪是哪个进程该为内存使用量的增加负责, 此时可使用 top 命令或 ps 命令查看特定进程的驻留集大小是否在增加。最简单的方法是在 top 命令的输出中添加 rss 字段, 并按照内存使用量进行排序。如果一个特定进程不断增加内存的使用量, 就需要弄清楚它用的内存类型是什么及造成内存使用增长的原因。

检查交换空间的使用量是否在增加。不少系统级性能工具, 如命令 top、vm-stat、procinfo 和 gnome-system-info 等都会提供此信息。如果交换空间在增加, 则需要找出是系统的哪个部分消耗了更多的内存。

如果被使用的共享内存数量在增加, 此时要明确哪些进程在使用内存, 可以用 ipcs 命令查看哪些进程使用并分配了共享内存, 并调查各进程使用它们的原因。如需更近一步, 可以找出进程使用的内存类型, 如在/proc 文件系统中查看其状态, 命令 cat/proc/<pid>/status 可以给出了进程内存使用情况的详细信息。如果进程具有大的 VmExe 值, 意味着可执行文件很大; 如果进程具有大的 VmLib 值, 意味着该进程使用了大量的共享库, 或是几个体积较大的共享库; 如果进程的 VmData 值较大并且在增加, 就意味着该进程的数据区或堆在增加。

如需要找出哪些函数分配了大量的栈, 可以使用 gdb 工具, 用 bt 要求 gdb 产生回溯, 再用 info registers esp 输出栈指针。前面栈指针和当前栈指针的差值就是前一个函数使用的栈容量。继续这样向上回溯, 可以发现哪个函数使用了大部分的栈。

如果可执行文件占用了大量内存空间, 此时需要分析可执行文件中各函数的内存占比, 对内存占比高的函数进行优化。对一个可执行文件或符号编译的库来说, 请求 nm 显示所有符号的大小, 并用如下命令对它们进行排序: nm -S -size-sort, 从而了解每个函数占用内存的大小。

如需了解进程使用了哪些库及其大小, 最简单的方法是查看/proc 文件系统中的进程映射, 命令 cat/proc/<pid>/map 可显示每个库及其代码和数据的大小。

如需查明哪些函数分配了堆内存, 可以使用内存剖析器 memprof 来找出, 该工具仅对 C 或 C++ 语言有效。如果应用程序是用 Java 编写的, 需在 Java 命令行上添加-Xrunbprof 参数, 它将会给出应用程序分配内存的详细信息。由于内存越界错误很难被侦测到, 因此为了安全考虑, 程序员常常超量分配内存, 然而如果一个特定的分配导致了内存问题, 那么仔细分析最小内存分配可在保证安全的前提下显著地减少内存使用量。

4.2.2 内存参数调整

当存在内存瓶颈时, 可考虑执行调整内存大小、资源控制等方式进行调优, 如更改页面增大缓冲区、调整 swap 空间等。

1. 大页面配置

分页是将程序分配到磁盘的过程, 页面空间是操作系统在磁盘分区上创建的文件, 用于存储当前未使用的用户程序。在 Linux 中, 页面大小通常为 4 KB 或 8 KB, 页面大小是通过/usr/src/kernels/3.10.0-1160.el7.x86_64/arch/x86/include/asm/elf.h 目录下内核头文件中的变量 EXEC_P AGESIZE 定义的。

调整交换空间。使用大内存页共享内存使用时, 更大的页面能通过提高转换检测缓冲区 TLB (translation lookaside buffer) 的缓存命中率来提升内存访问的性能。现代处理器支持多个页面大小, 例如默认的 4 KB、2 MB 的大页面。在 Linux 中有许多设置大页面的方法, 通常用于创建巨页面。例如:

#echo 50 >/proc/sys/vm/nr_hugepages (//设置页面大小)

#grep Huge /proc/meminfo (//查看已经设置的页面大小)

2. 调整 swap

当物理内存完全被使用或系统需要额外内存时,此时需要使用虚拟内存swap设备。当系统上没有空闲内存可用的时候, 操作系统开始将内存中最少被使用的数据分页调度到磁盘的 swap 区域。在 Linux 安装过程中会创建初始的 swap 分区, 默认的指导文档是声明 swap 分区的大小为 2 倍的物理 RAM。Linux2.4 内核及之后的版本支持 swap 每个分区达到 24 GB, 对于 32 b 系统, 理论最大值是 8 TB。swap 分区会创建于不同的磁盘上。

改进活跃和非活跃内存的处理。当内核想释放内存中的一个分页时, 它需要在两种选择之间作出权衡: 一种是从进程的内存中换出一个分页, 另一种则是它能从分页 Cache 中丢弃一个分页。为了做出这个决定, 内核将执行下面的计算:

swap_tendency = mapped_ratio/2 + distress + vm_swapiness

如果 swap_tendency 低于 100, 内核将从分页中回收一个分页; 如果大于等于 100, 一个进程内存空间的一部分将有资格获得交换。在这个计算中, mapped_ratio 是物理内存使用的百分比; distress 是衡量内核在释放内存中有多少开销, 它开始为 0, 但是如果更多任务都需要释放内存, 该值将增加。

swap 空间的位置和数量对 swap 性能有很大的影响。在一个机械硬盘上的磁盘片外部边缘放置一个 swap 分区, 将得到更好的吞吐量。在 SSD 存储上放置一个 swap 空间可以得到更好的性能, 因为每个设备都有低延迟和高吞吐量。

随着内存价格的降低和内存容量的日益增大, 对虚拟内存交换分区的设定现在已经没有了所谓虚拟内存是物理内存两倍的要求, 但是交换分区的设定仍不能被忽略。

3. 内存同页合并

当虚拟机运行完全相同的操作系统或工作量的时候, 一些内存分页将大概率地有相同的内容。使用内核同页合并 (kernel samepage merging, KSM) 功能可使总共的内存使用减少, 因为它可以将那些完全相同的分页合并到一个内存分页中。

KSM 将使用两个服务: ksm 服务实际地扫描内存和合并分页, ksmtuned 服务控制 ksm 是否扫描内存及如何积极扫描内存。使用 ksmtuned 服务手段调整 ksm 通常更为有用, 配置 ksmtuned 服务可以使用/etc/ksmtuned.conf 文件。

4. 资源控制

基础的资源控制包括设置主存限制和虚拟内存限制, 可以用 ulimit 命令实现。Linux 中, 控制组 cgroup 的内存子系统可提供多种附加控制:

- Memory.memsw.limit_in_bytes: 允许的最大内存和交换空间, 单位是 B。
- Memory.limit_in_bytes: 允许的最大用户内存, 包括文件缓存, 单位是 B。
- Memory.swappiness: 类似之前描述的 vm.swappiness, 差别是可以设置于 cgroup。
- Memory.oom_control1: 设置为 0, 允许内存溢出终结者运用于这个 cgroup, 或者设置为 1, 禁用。

在一些系统中, 资源控制可用 prctl 命令按区域或者按项目施加内存限制。它利用限制内存页面换出, 而不是使内存分配失败来控制其极限, 这可能更适用于不同的目标应用程序。

4.3　文件系统

文件系统是操作系统与磁盘设备之间交互的一个桥梁, 对磁盘的任何写操作都要经过文件系统才到磁盘。文件系统除了在磁盘上存储和管理数据, 还负责保证数据的完整性。

文件系统优化是系统资源优化的一个重点, 本节通过配置检查来获取文件系统的基本信息并对文件系统进行分析, 这有助于优化人员在寻找性能瓶颈时快速进行判断。对文件系统的调优可以通过可调参数进行。

4.3.1　文件系统配置检查

文件系统性能调优时, 需要检查其静态配置情况: 如挂载的文件系统数量、文件系统记录大小、是否启用访问时间戳、是否配置文件系统缓存、使用的文件系统版本、文件系统是否有补丁等。Linux 中的 vmstat 命令与 top 命令类似，用于查阅包含关于文件系统缓存的详细信息。其中 buff 列显示了缓冲区高速缓存的大小，cache 显示了页缓存大小，均以 KB 为单位。

第三章提到的 sar 工具也提供了各种文件系统信息统计的功能，可以通过配置以进行长期记录。运行 sar -v 1，则每隔一段时间报告一次当前的文件系统活动，打印输出的 3 项分别为：dentunusd，目录项缓存未用计数即可用项；file-nr，使用中的文件描述符个数；inode-nr，使用中的 inode 个数。另外，使用选项-r 可打印分别代表缓冲区高速缓存大小和页缓存大小的 kbbuffers 与 kbcached，以 KB 为单位。Linux 的/proc/meminfo 文件提供了内存使用状况的分解，如 cat/proc/meminfo 输出中包括了缓冲区高速缓存 buffers 和页缓存 cached，并且提供了系统内存使用情况的其他概况分解。Linux 系统还可以使用 SystemTap 动态跟踪文件系统事件，其他一些用于调查文件系统性能及刻画使用情况的工具和监控框架如下：

- Df: 报告文件系统使用情况和容量统计信息。
- Mount: 显示文件系统挂载选项，可供静态性能调优使用。
- Inotify: Linux 文件系统事件监控框架。

逐个检查各个配置信息能够发现一些被忽视的配置问题。有时按照某种负载配置了文件系统，但后来却用在了其他的场景里，因此需要重新审视文件系统的配置选项。

4.3.2　文件系统参数调整

文件系统也是有缓存的，为了让文件系统有最大的性能，首要的事情就是分配足够大的内存，这个非常关键。在 Linux 下可以使用 free 命令来查看 free/used/buffers/cached，理想的 buffers 和 cached 应该有 40% 左右，一个快速的硬盘控制器 SCSI 会好很多。最快的是 Intel SSD 固态硬盘，速度超快但是写次数有限。

Linux 上的 ext2、ext3、ext4 文件系统调整工具为 tune2fs，而在挂载时指定多种选项有两种方法：一种是手动的 mount 命令，另一种是启动时的/boot/grub/menu.lst 和/etc/fstab。具体的选项列表可以查看 tune2fs 和 mount 手册页，查看当前设置可键入 tunefs –l 设备名或 mount 进行查看。mount 可以使用选项 noatime 以禁用文件访问时间戳的更新，该操作可以减少后端的 I/O。命令 tune2fs 提供性能的一个关键选项是 tune2fs -o dir_index /dev/hdx，它使用哈希 B 树以提高目录的查找速度。

1. 文件描述符调优

文件描述符可以说是服务器程序的宝贵资源，大部分系统调用都是和文件描述符打交道的。由于系统分配给应用程序的文件描述符有限，所以关闭那些不再使用的文件描述符以释放其所占的资源有利于提高性能。

Linux 对应用程序能打开的最大文件描述符数量有两个层次的限制，分别为用户级限制和系统级限制。用户级限制是目标用户运行的所有程序总共能打开的文件描述符; 系统级限制是指所有用户总共能打开的文件描述符数。

通过 ulimit -n 命令可以查看用户级的文件描述符数; 通过 ulimit -SHn max-file-number 可以将用户级文件描述符限制设定为 max-file-number, 不过这种设置是临时的, 只在当前的会话中有效。文件描述符调优如图 4.6 所示。

```
[root@localhost ]# ulimit -n
1024
[root@localhost ]# ulimit -SHn 512
[root@localhost ]# ulimit -n
512
[root@localhost ]# sysctl -w fs.file-max=256
fs.file-max = 256
```

图 4.6   文件描述符调优

要想永久修改用户级文件描述符数限制, 可以在/etc/security/limits.conf 文件中加入如下两项:

hard nofile max-file-number

soft nofile max-file-number

其中: 第一行是硬限制, 第二行是软限制, 这是两种资源限制。

可以通过 sysctl -w fs.file-max=max-file-number 命令来修改系统级文件描述符限制, 不过此命令也是临时性地更改系统限制, 要想永久更改系统级文件描述符限制, 则需要首先在/etc/sysctl.conf 文件中添加 fs.file-max=max-file-number, 然后执行 sysctl -p 命令使更改生效。

可以使用 cat/proc/sys/fs/file-nr 命令查看是否修改成功系统及文件描述符。

2. 内核参数调优

几乎所有的操作系统内核模块, 包括内核核心模块和驱动程序都在/proc/sys 文件系统下提供了某些配置文件, 以供用户调整模块的属性和行为。通常一个配置文件对应一个内核参数, 文件名就是参数的名字, 文件的内容是参数的值。可以通过 sysctl -a 查看所有这些内核参数。

其中, /proc/sys/fs 目录下的内核参数均与文件系统相关。对于服务器程序来说, 最重要的两个参数如下:

• /proc/sys/fs/file-max, 系统级文件描述符限制。直接修改这个参数与上述最大文件描述符中讨论的修改方法有相同的效果。

• epoll 是 Linux 中 I/O 多路复用的一种机制, /proc/sys/fs/epoll/max_user_watches 中的值是一个用户能够在 epoll 内核事件表中注册的事件的总量。它是指该用户打开的所有 epoll 实例总共监听的事件数目, 而不是单个 epoll 实例能监听的事件数目。在 epoll 内核事件表中注册一个事件, 对于 32 b 系统大概消耗 90 B 的内核空间, 64 b 系统则消耗 160 B 的内核空间, 所以这个内核参数限制了 epoll 使用的内核内存总量。

4.4 磁盘

磁盘是速度较慢的存储子系统, 通常会成为影响整个系统性能的瓶颈。若在高负载下磁盘成为瓶颈, 处理器会持续空闲以等待磁盘 I/O 结束。此时, 及时发现并消除这些瓶颈很有可能会提升数倍的系统性能。

本节将分为两部分对磁盘进行讨论, 分别是配置检查和参数调整。通过配置检查可获取磁盘信息进而对系统进行分析, 当明确为磁盘 I/O 问题时, 进一步的确定是哪个应用程序引起的 I/O 瓶颈将有助于问题的解决。本节会讨论一些通过参数调整优化磁盘性能的实例。

4.4.1 磁盘配置检查

查看系统硬盘信息和使用情况可以在超级管理员权限下使用命令 fdisk 或者命令 df, 也可以直接使用 cat/proc/partitions 命令进行查看, 如图 4.7 所示。

```
[root@localhost  ]# cat /proc /partitions
major minor    #blocks  name

    8        0      20971520 sda
    8        1        307200 sda1
    8        2       2097152 sda2
    8        3      18566144 sda3
   11        0       1048575 sr0
```

图 4.7   配置检查命令演示

可以利用 iostat 命令评估磁盘性能, 监控磁盘 I/O 读写及带宽。比如 iostat -d 1 10, 利用其输出结果做以下分析: 通过 Blk_read/s 和 Blk_wrtn/s 的值对磁盘的读写性能有一个基本的了解; 如果 kB_wrtn/s 值很大, 表示磁盘的写操作很频繁, 可以考虑优化磁盘或者优化程序; 如果 kB_read/s 值很大, 表示磁盘直接读取操作很多, 可以将读取的数据放入内存中进行操作。

可以利用 sar 命令评估磁盘性能, 通过 sar -d 组合对系统的磁盘 I/O 做一个基本的统计。利用输出结果可以对磁盘 I/O 性能一般有如下评判标准: 正常情况下, svctm 应该是小于 await 值的, 而 svctm 的大小和磁盘性能有关, CPU、内存的负荷会对 svctm 值造成影响, 过多的请求也会间接导致 svctm 值的增加; await 值的大小一般取决于 svctm 的值、I/O 队列长度及 I/O 请求模式, 如果 svctm 的值与 await 很接近, 表示几乎没有 I/O 等待, 磁盘性能很好; 如果 await 的值远高于 svctm 的值, 则表示 I/O 队列等待太长, 系统上运行的应用程序将变慢, 此时可以通过更换更快的硬盘来解决问题; %util 项的值也是衡量磁盘 I/O 的一个重要指标, 如果%util 接近 100%, 表示磁盘产生的 I/O 请求太多, I/O 系统已经满负荷工作, 该磁盘可能存在瓶颈。

此外也可以通过 top 命令确定系统是否受 I/O 限制。如果被使用的交换空间没有增加, 那么运行 top 命令, 查看系统是否在等待状态上消耗了大量的时间。如果这个时间比例超过了 50%, 那么系统就在等待 I/O 上消耗了相当多的时间, 当确定系统是受 I/O 限制时, 则需要判断 I/O 是哪种类型。

当确定是磁盘 I/O 问题时, 需要分析出是哪个应用程序引起了 I/O 磁盘问题, 图 4.8 给出了确定磁盘 I/O 使用原因的步骤。

图 4.8　磁盘使用原因分析步骤

当系统使用磁盘 I/O 时, 可使用 vmstat 或 iostat 命令查看磁盘读写的块数。如果磁盘读写的块数很大, 有可能就是磁盘瓶颈; 否则, 要查看系统是否使用了大量的网络 I/O。

若系统强调了特定磁盘, 在扩展统计模式下运行 iostat 命令可以查看 await 值, 该值反映了等待请求被响应所平均花费的时长 (单位: ms)。这个数值越高则磁盘超负荷越多, 此时可以借助查看磁盘的读写流量并确定其是否接近该驱动器可以处理的最大量来确认超负荷。如果单个驱动器上的很多文件都被访问, 就将这些文件分散到多个磁盘, 可能会提高性能, 但前提是要确定被访问的文件。

在确定哪个应用程序访问了磁盘时, 需要进一步明确是哪个进程导致了大量的 I/O。判定进程是有难度的, 可以通过运行 top 命令寻找非空闲进程。

查看并分析应用程序访问了哪些文件, 可以借助 strace 命令查看文件的相关信息, 用 strace -e trace=file 来追踪应用程序中所有与文件 I/O 相关的系统调用, 并分析每个调用花费的时长。如果某些读写调用完成时间很长, 那么这个进程可能造成了 I/O 的缓慢。在正常模式下, 运行 strace 命令可以发现是从哪个文件描述符进行读写的。要把这些文件描述符映射回文件系统中的文件, 可以查看 proc 文件系统。/proc/<pid>/fd/ 中的文件是从文件描述符到实际文件的符号链接, 该目录下的 ls -la 会显示进程使用了哪些文件。通过了解进程访问的文件, 将其更均匀地分散于多个磁盘, 或者将其迁移到更快的磁盘, 就有可能提升该进程的 I/O 性能。

4.4.2　磁盘参数调整

操作系统可调的硬盘参数包括 I/O 调度优化、资源调度策略控制两个大部分, 主要是通过调整参数控制磁盘的 I/O 调度以达到优化的目的。

1. I/O 调度优化

Linux 中的 ionice 命令可以设置一个进程的 I/O 调度级别和优先级, 其中调度级别为整数。使用 ionice 工具可以限制一个特定进程的磁盘子系统使用率, ionice 将磁盘 I/O 调度分为 3 类, 见表 4.2。

如果 ionice 不指定级别, 内核会挑选一个默认值, 优先级则根据进程 nice 值

表 4.2 ionice 调度类别信息

类别名称	类别释义
real time	实时, 对磁盘的最高级别访问, 如果误用会导致其他进程一直无法进行计算
best effort	尽力, 默认调度级别, 包括优先级 0 ~ 7, 0 为最高级
idle	空闲, 在一段磁盘空闲的期限过后才允许进行 I/O

选定。此外, ionice 常用的 3 个选项见表 4.3。

表 4.3 ionice 常用选项信息

选项	选项含义
-c	I/O 优先级, 1 表示实时, 2 表示尽力, 3 表示空闲
-n	I/O 优先级的数据 0 ~ 7
-p	运行任务的进程 id, 不使用-p 选项进程以各自的优先级启动

一个 ionice 的例子, 将进程号为 1623 的进程放入了空闲 I/O 调度级别:

ionice -c 3 -p 1623

上例适用于对读写被长时间允许的备份任务, 以尽量避免与生产负载产生冲突。

ionice -p pid 表示打印当前进程的调度策略。

2. 调度策略

现代操作系统提供了自定义的资源控制方式, 可用于管理磁盘或文件系统的使用情况。Linux I/O 调度器控制内核提交读写请求给磁盘的方式, 它介于通用块层和块设备驱动程序之间, 用户可以通过调整这个调度器来优化系统性能。

通常有 3 个调度器可供选择: 完全公平调度器 (completely fair scheduler, CFS), 它先将由进程提交的同步请求放到多个进程队列中, 然后为每个队列分配时间片以访问磁盘, 通常是 Linux 系统的默认调度器; noop 是 Linux 内核里最简单的 I/O 调度器, 基于先进先出队列算法; deadline 也称截止时间调度器, 它尝试保证请求的开始服务时间。适当的更改调度器有助于系统发挥最佳性能。

操作系统选择 I/O 调度器策略的可调参数为/sys/block/sda/queue/scheduler。要调整调度器, 首先要检查每个磁盘的当前设置, 使用命令 cat/sys/block/sda/queue/scheduler, 该命令将显示当前运行的调度程序; 然后, 可以通过两种方式更改调度器: 即时或永久。如果即时更改调度器, 它会在重启后恢复到之前的默认调度器。优化人员可能希望首先进行即时更改, 以查看哪个调度器能为需求带来最佳性能。假如想将即时改到 noop 调度器, 在超级管理员权限下可使用命令 sudo echo noop>/sys/block/sda/queue/scheduler; 如果要将调度器更改为永久, 则必须在 GRUB 配置文件中执行此操作, 在 GRUB_CMDLINE_LINUX

中添加 elevator=deadline numa=off, 使用 gurb2-mkconfig -o /boot/gurb2/gurb.cfg 重启即可。虽然改变可调参数很容易, 但默认通常是合理的, 磁盘调度策略只在少数情况下才需要调整。

4.5　网络

Linux 操作系统的服务器中同样会遇到网络问题, 随着计算节点规模的扩大, 网络在性能方面扮演着越来越重要的角色, 因网络影响系统性能的情况备受关注。本节从配置检查和参数调整两方面展开讨论, 分析并对网络性能进行优化。

4.5.1　网络配置检查

对网络性能调优之前需要先检查的配置, 如网络可使用接口数量、当前接口使用情况、接口的速度、是否使用链路聚合、设置驱动的参数、域名系统是否设置、是否有已知的可能性能问题等。在 Linux 中, 使用 ifconfig 命令可以查看网络接口的地址配置信息, 常用的命令选项如下:

- 使用 cat/proc/net/dev 先查看有哪些网络接口, 再查看指定的网络接口的配置, 如: ifconfig virbr0。
- 查看所有网卡的配置情况, 使用命令 ifconfig | more。
- 查看网卡 ens33 的网络数据包情况, 使用命令 watch ifconfig ens33。

netstat 命令可用于查看系统的网络连接状态、路由表、接口统计等信息, 常用的命令选项如下:

- 查看有几台计算机连接到当前服务器, 如:netstat -an | grep ESTABLISHED | wc -l。
- 查看网关地址, 使用 netstat -rn。
- 检测系统的路由表信息, 使用 netstat-r 或 route -n。
- 查看某个服务对应端口是否正常开启, 判断运行情况, 如: netstat -antlp | grep 22。
- 查看网络接口状态信息, 使用 netstat -i。输出结果中, RX-ERR/TX-ERR、RX-DRP/TX-DRP 和 RX-OVR/TX-OVR 的值都应该为 0, 若不为 0 并且很大, 则网络质量肯定有问题, 网络传输性能一定会下降。

上述查看网络配置命令的演示如图 4.9 所示。

sar 命令提供 4 种不同的选项来显示网络统计信息, 通过-n 选项可以指定 4 个不同类型的开关: DEV、EDEV、SOCK 和 FULL。DEV 显示网络接口信息, EDEV 显示关于网络错误的统计数据, SOCK 显示套接字信息, FULL 显示所有 4 个开关。通过 sar -n 的输出, 可以清楚地显示网络接口发送、接收数据的统计信息。此外还可以通过 sar -n EDEV 23 来统计网络错误信息等。

ethtool 命令用于检查网络接口速度, 要想查看网卡流量使用 iftop -i eth0。

```
[@localhost ~]$ netstat -an | grep ESTABLISHED | wc -l
1
[@localhost ~]$ netstat -rn
Kernel IP routing table
Destination     Gateway         Genmask          Flags   MSS Window    irtt Iface
0.0.0.0         192.168.157.2   0.0.0.0          UG      0 0           0 ens33
192.168.122.0   0.0.0.0         255.255.255.0    U       0 0           0 virbr0
192.168.157.0   0.0.0.0         255.255.255.0    U       0 0           0 ens33


[@localhost ~]$ cat /proc/net/dev
Inter-|   Receive
 face |bytes     packets errs drop fifo frame compressed multicast|bytes
    lo:  5920        68      0    0    0    0          0         0
virbr0-nic:    0        0      0    0    0    0          0         0
virbr0:        0        0      0    0    0    0          0         0
 ens33: 144164899   96239      0    0    0    0          0         0
[@localhost ~]$ ifconfig virbr0
virbr0: flags=4099<UP,BROADCAST,MULTICAST>  mtu 1500
        inet 192.168.122.1   netmask 255.255.255.0    broadcast 192.168.122.255
        ether 52:54:00:4e:f7:1d   txqueuelen 1000   (Ethernet)
        RX packets 0   bytes 0 (0.0 B)
        RX errors 0   dropped 0    overruns 0    frame 0
        TX packets 0   bytes 0 (0.0 B)
        TX errors 0   dropped 0 overruns 0    carrier 0    collisions 0
```

图 4.9   常用于查看网络配置的命令演示

ping 命令来探测指定 IP 或域名的网络状况, 下面展示了几个常用的选项:

- 测试本地网络协议是否正常, ping 本地回环地址。
- 测试本地网络接口是否正常, ping 本地 IP。
- 测试网关是否正常, ping 网关。
- 测试网络的连通性, ping 外网 IP 或域名, 例如 ping www.baidu.com。

traceroute 命令可以跟踪数据包的路由过程, 判断路由的位置及 IP 信息, 例如 traceroute www.sina.com.cn。与 ping 命令相比, traceroute 命令对网络连接的故障点定位更准确, 但执行命令比 ping 稍慢。在网络测试与排错过程中, 通常会先用 ping 命令测试与目的主机的网络连接, 如果发现有故障, 再用 traceroute 命令跟踪查看故障在哪个中间节点。

当知道网络发生了问题时, Linux 提供了一组工具来确定哪些应用程序涉及其中。调查分析网络性能问题的步骤如图 4.10 所示。

首先, 分析系统是否使用了网络 I/O, 可以运行 iptraf、ifconfig 或 sar 等命令来找出每个网络设备上传输了多少数据。如果网络流量接近网络设备的容量, 可能会造成网络带宽瓶颈。如果没有网络设备进行网络通信, 那么内核等待可能是由其他一些 I/O 设备造成的。

其次, 分析内核是否服务了许多中断, 当 I/O 设备提交了很多中断, 则需要

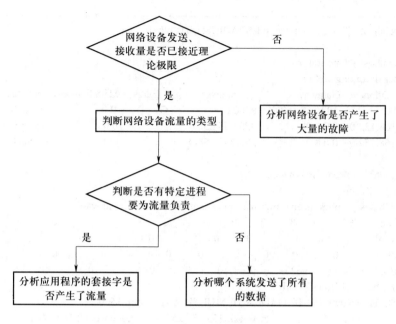

图 4.10   网络性能问题分析步骤

运行 procinfo 或 cat/proc/interrupts 来确定有多少中断被提出, 其提出频率是怎样的, 以及哪些设备导致了这些中断。将这些信息记录下来并搞清楚内核做了什么, 为分析系统的可能行为提供线索。

继续分析网络设备发送/接收量是否接近理论极限。首先使用 ethtool 来确定每个 Ethernet 设备设置的硬件速度是多少, 查看是否有网络设备处于饱和状态。在确定了每个 Ethernet 设备的理论极限后, 可以使用 iptraf 来明确每个接口的流量。然后分析网络设备是否产生了大量的网络错误, 网络流量减缓的原因也可能是大量的网络错误。使用 ifconfig 命令来确定是否有接口产生了大量的错误, 大量错误可能是不匹配的 Ethernet 卡或 Ethernet 交换机设置的结果。

如需确定设备上流量的类型, 可以使用 iptraf 命令跟踪设备发送和接收的流量类型。当了解设备处理的流量类型后, 使用 netstat 的-p 选项来查看是否有进程在处理流经网络端口的类型流量。

如果没有应用程序应对这个流量负责, 那么就可能是系统遭受了流量攻击。如需确定是哪些系统发送的流量, 可使用 iptraf 命令或 etherape 命令, 之后可以采用防火墙等方式进一步解决该问题。

最后, 若需分析哪个应用程序套接字需要为流量负责, 可以先使用 strace -e trace=file 跟踪应用程序所有的 I/O 系统调用, 这能显示进程是从哪些文件描述符进行读写的; 然后再通过查看 proc 文件系统, 将这些文件描述符映射回套接字。

4.5.2 网络参数调整

如果认为网络子系统存在瓶颈，就要对网络性能采取优化措施，因为网络问题可能会对其他子系统带来影响。比如，当数据包太小的时候，CPU 使用率会受到明显的影响；如果有过多数量的 TCP 连接，内存使用会增加。为了提高网络性能可以对网络参数进行调整，本节介绍以下两种调整方法。

1. 服务器相关参数调优

可调参数可用 sysctl 命令查看和设置，并写到/etc/sysctl.conf 文件。如要查看适用于 TCP 的参数，输入命令 sysctl -a | grep tcp，也就是说可以在 sysctl 的输出中搜索字符 tcp 得到。它们也能在/proc 文件系统中读写，内核中网络模块的相关参数都位于/proc/sys/net 目录下，其中和 TCP/IP 协议相关的参数主要位于 3 个子目录中：core、ipv4 和 ipv6。下面总结了和服务器相关的部分参数：

- /proc/sys/net/core/somaxconn，指定 listen 监听队列里能够建立完整连接从而进入 ESTABLISHED 状态的 socket 的最大数目。
- /proc/sys/net/ipv4/tcp_wmem，包含 3 个值，分别指定一个 socket 的 TCP 写缓冲区的最小值、默认值和最大值。
- /proc/sys/net/ipv4/tcp_rmem，包含 3 个值，分别指定一个 socket 读缓冲区的最小值、默认值和最大值。
- /proc/sys/net/ipv4/tcp_syncookies，指定是否打开 TCP 同步标签 syncookie。同步标签通过启动 cookie 来防止一个监听 socket 因不停地重复接收来自同一地址的连接请求即同步报文段，而导致 listen 监听队列溢出即 SYN 风暴。

除了通过直接修改文件的方式来修改这些系统参数外，还可以使用 sysctl 命令来修改，这两种修改方式都是临时的。永久修改方法是在/etc/sysctl.conf 文件中加入相应网络参数及其数值，并执行 sysctl -p 使之生效，就像修改系统最大允许打开的文件描述符那样。

2. TCP 参数调优

在 net 目录下有很多参数，包括 IP、Ethernet、路由和网络接口参数，接下来介绍几个调优示例。

(1) 套接字和 TCP 缓冲

所有协议类型读和写的最大套接字缓冲大小可以设置为：

net.core.rmem_max=16777216

net.core.wmem_max=16777216

数值的单位是字节。为支持全速率的 10 GbE 连接，这可能需要设置到 16 MB 或者更高。

启用 TCP 接受缓冲的自动调整：net.ipv4.tcp_moderate_rcvbuf=1，为 TCP 读和写缓冲设置自动调优参数：

net.ipv4.tcp_rmem=4096 87380 16777216

net.ipv4.tcp_wmem=4096 87380 16777216

每个参数有 3 个数值：可使用的最小、默认和最大字节数，长度从默认值自动调整，要提高吞吐量则尝试增加最大值。但增加最大值和默认值会使每个连接消耗更多不必要的内存。

(2) TCP 积压队列

首个积压队列, 半开连接: net.ipv4.tcp_max_syn_backlog=4096。

第二个积压队列, 传递连接给 accept() 的监听积压队列: net.core.somaxconn=1024。

以上两者或许都需要将默认值调高, 例如调至 4096 和 1024, 或者更高, 以便更好地处理突发的负载。

(3) 设备积压队列

增加每个 CPU 的网络设备积压队列长度: net.core.netdev_max_backlog=10000。

对于 10 GbE 的网卡, 这可能需要增加到 10000。

(4) TCP 阻塞控制

当前可用的阻塞控制算法有 Vegas、Reno、HSCTP (High Speed TCP)、Westwood、BIC-TCP、CUBIC、STCP (Scalable TCP)、Hybla 及 Veno 等, 列出当前阻塞算法可用命令:

sysctl net.ipv4.tcp_available_congestion_control

net.ipv4.tcp_available_congestion_control=cubic reno

一些可能支持但未加载, 例如添加 htcp:

modprobe tcp_htcp

sysctl net.ipv4.tcp_available_congestion_control

net.ipv4.tcp_available_congestion_control=cubic reno htcp

选择当前的阻塞算法可用:

net.ipv4.tcp_available_congestion_control=cubic

(5) TCP 选项

其他可设置的 TCP 参数包括 SACK 选项 (标准见 RFC 2018) 和 FACK 扩展, 它们能以一定的 CPU 为代价, 在高时延的网络中提高吞吐性能。

net.ipv4.tcp_sack=1

net.ipv4.tcp_fack=1

net.ipv4.tcp_tw_reuse=1

net.ipv4.tcp_tw_recycle=0

安全时 tcp_tw_reuse 可调参数能重利用一个 TIME-WAIT 会话。这使得两个主机间有更高的连接率, 例如 Web 服务器和数据库服务器之间, 而且不会导致 TIME-WAIT 会话临时端口极限。

tcp_tw_recycle 是另一个重利用 TIME-WAIT 的方法, 尽管没有 tcp_tw_reuse 安全。

(6) 网络接口

硬件队列长度可使用 ifconfig 增加, 例如:ifconfig eth0 txqueuelen10000。

对于 10 GbE 网卡这可能是必需的, 该设置可添加到/etc/rc.local 文件以便在启动时应用。

4.6 小结

　　系统优化是一项复杂、烦琐的工作, 不同的系统、不同的硬件、不同的应用需求, 其优化的重点、方法和参数均存在差别。本章分别从处理器、内存、文件系统、磁盘和网络 5 个方面进行讨论, 首先在优化前需要进行配置检查以发现问题, 然后介绍参数调整以寻求解决方案, 最后使用优化以尝试解决问题, 通过本章的学习能够对系统优化有一个概览的把握。

　　读者可扫描二维码进一步思考。

第五章
编译与运行优化

　　编译器是将一种计算机语言翻译为另一种语言的程序。通常,编译器的输入为用户编写的高级语言程序,输出为目标计算平台的高效可执行程序。编译系统作为高级语言程序到机器可执行代码的翻译器,是联系几乎所有软件与硬件的桥梁,是运行在硬件系统上软件的生成器,编译器所生成代码的执行效率直接影响硬件性能的发挥。

　　编译器的工作流程可分为预编译、编译、汇编及链接 4 个阶段,如图 5.1 所示。其中,预编译又称预处理,是整个编译过程最先做的工作,即编译前的一些预处理工作,主要是代码级的文本处理工作;编译是把预编译生成代码文件翻译为目标机器汇编代码的过程,包括词法分析、语法分析、语义分析、中间代码生成和优化等阶段,最后生成汇编代码;汇编代码经由汇编器翻译为机器相关的二进制目标文件,并最终由链接器对目标文件、操作系统的启动代码和用到的库文件进行组织,将各个模块的代码链接到一起,最终生成可执行程序。

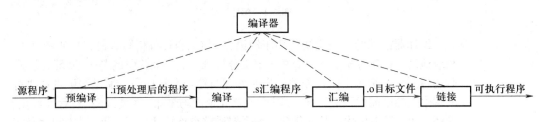

图 5.1　编译器的工作流程

　　LLVM 编译器由美国伊利诺伊大学发起,用 C++ 编程语言编写而成,对开发者保持开放,已成为广泛研究与应用的重要开源编译框架之一。与其他主流编译器相比,LLVM 的主要优势包括多功能性、可重用性和灵活性。LLVM 编译器的高度模块化特点,使源代码结构清晰、易于开发者阅读理解与分析调试,组件易于以库的形式抽取并用于其他领域,有助于优化人员使用和学习。本章将以开源编译器 LLVM 为例,介绍编译器的结构,从编译选项、编译优化、编译链接时常用的数学库、运行时优化等方面来阐述优化人员如何用好编译器。

5.1 编译器结构

编译器完成从源程序到目标程序的翻译工作,这是一个复杂的整体过程。从概念上来讲,一个编译程序的整个工作过程是划分成 3 个阶段进行的,每个阶段将源程序的一种语言表示形式转换成另一种表示形式,各个阶段进行的操作在逻辑上是紧密连接在一起的。编译过程划分成前端、中端、后端 3 个阶段,这是典型的划分方法,其整体结构如图 5.2 所示。

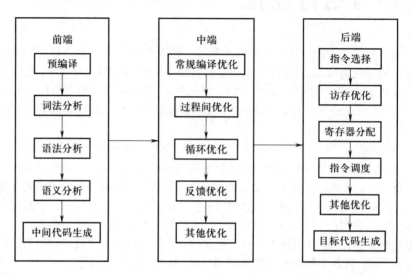

图 5.2   编译器结构示意

编译器前端的工作主要作用于源语言,前端通过分析高级语言代码的文本,相应地进行词法分析、语法分析、语义分析到生成中间代码的各个编译阶段,同时还包括与前端每个阶段相关的出错处理与符号表管理等。编译器中端主要对前端生成的中间代码进行优化,其中包括冗余代码删除、常量折叠、过程间优化、循环优化、反馈优化和其他优化。编译器后端重点关注目标机器,对中间代码实施面向目标机器特征的优化,生成符合目标机器运行需要的汇编代码。这些代码通过汇编器和链接器最终生成在目标机器上可执行的二进制程序。

5.1.1 前端

LLVM 前端可以编译 C、C++ 和 CUDA 等语言编写的程序,在编译过程中,前端通过对源程序的预处理,构成源程序的字符流扫描与分解,将单词序列提取成各类语法短语,生成抽象语法树,最终转化为中间代码。

1. 预编译

一个源代码文件通常会包含其他文件,将这些源程序汇集在一起的任务由预编译来完成,C 语言的预编译会完成文件插入、宏展开等任务。一个编译程序的输入可能会由一个或多个预编译程序来产生,另外为得到能高效运行的机器代码, 编译程序的输出可能仍需要进一步地处理。

以 C 程序为例, 是对.c 文件和相关的头文件如 stdio.h 进行预编译, 生成.i 文件。对于 C++ 程序, 预编译后的文件扩展名为.ii。通过如下命令实现第一步的预编译:

[llvm@2021]$ clang -E hello.c -o hello.i

预编译会处理源代码文件中的以 # 开始的预编译语句, 主要处理规则包括:

● 文件包含: 源代码文件中的 #include 文件包含声明。例如, 当源代码文件中含有语句 #include<stdio.h> 时, 预处理器会在系统标准路径下搜索 C 的标准输入输出头文件 stdio.h, 将文件 stdio.h 中的代码复制到当前文件以来代替上述文件扩展声明语句。这个过程是递归进行的。

● 宏展开:C 程序中可以使用 #define 来定义宏, 一个宏定义给出一段 C 代码的缩写。预处理器将源程序文件中出现的、对宏的引用展开成相应的宏定义, 这一过程称为宏展开。

● 条件编译: 预处理器根据 #if 和 #ifdef 等条件编译指令, 将源代码中的某部分代码包含进来或排除在外, 通常把排除在外的语句转换成空行。

● 删除注释: 删除所有的注释 "//" 和 "/* */"。

预编译所完成的基本上是对程序源代码的替代与整理工作, 经过此类替代整理, 生成一个没有宏定义、条件编译指令、特殊符号、用户注释的输出文件, 此文件的含义与没有经过预处理的源文件是相同的, 但内容中的字符流有所不同。

2. 词法分析

词法分析是正式进入编译过程的第一个阶段, 这个阶段的任务是对构成程序的源代码从左到右将字符逐个读入编译器, 并扫描和分解字符流, 从而识别出一个个单词, 并确定单词的类型, 将识别出的单词转换成统一的词法单元形式。

例如 C 程序中的 "printf ("Hello World!")" 语句, 作为词法分析器的输入, 这段代码是由字符 p、r、i、n、t、f、(、"、H、e、l、l、o、 、W、o、r、l、d、!、"、)、组成, 经过词法分析器分析, 这段代码被理解为 printf、(、"、Hello World!、"、) 共 6 个单词。

简单来说, 词法分析器读入表示程序的源代码字符流, 将其转换成对应的单词序列, 并且剔除其中的空格、注释等不影响程序语义的字符。其中单词是程序设计语言中具有独特意义的最小语法单位, 用于标识代码中的相应对象, 如关键字、运算符、标识符等。根据单词在程序源代码中的不同作用, 以 C 程序设计语言为例分为如下类型。

● 关键字　ANSI C 标准 C 语言共有 32 个关键字, 所谓关键字就是已被 C 语言本身使用, 不能作其他用途使用的单词。如: int 声明整型变量或函数, float 声明浮点型变量或函数, register 声明寄存器变量, if 条件语句, for 一种循环语句结构, sizeof 计算数据类型长度等。这些关键字在程序中只能用于规定保留的意义, 不可以再用于做参数、变量名前缀等。

● 标识符　用来表示各种名字, 如变量、数组名、函数名等。

● 常数　分为整型、浮点型、字符型等, 如 12、3.14、Hello 等。

● 运算符　分为算术运算符 +、-、*、/等, 逻辑运算符 &&、|| 等, 以及关

系运算符 =、>、< 等。

- 分界符　包括,、:、; 等符号。

编译器为了处理方便, 会按照一定的方式对单词进行分类和编码。如何对单词分类和编码本身没有特别的规定, 主要取决于编译器设计时自身的便利性, 通过为每个关键字、运算符、分界符与编码建立一一对应的关系, 使得所有的标识符对应一个编码, 可以实现对不同标识按照不同编码来区分。

3. 语法分析

语法分析是词法分析之后的一个编译阶段。词法分析以后, 编译器已经分析出了程序中的每个单词, 但这些单词组合起来表示的语法还不清楚, 这时需要编译器前端进行语法分析。语法分析的任务是将词法分析生成的单词组合成语法短语, 同时分析这些短语是否符合高级程序设计语言中的语法规则。

实现语法分析的一个简单思路是模板匹配, 即将编程语言的基本语法规则抽象成模板进行匹配, 同时生成抽象语法树。代码 5-1 为语法分析示例。

代码 5-1　语法分析示例

```c
#include <stdio.h>
#include <stdlib.h>
int main ()
{
    int a,b,c;
    a = rand();
    b = rand();
    c = a + b*3;//S1
    b = a;//S2
    return c;
}
```

语法分析依据高级程序设计语言中的语法规则, 即描述程序结构的规则来分析输入字符串是否构成一个语法上正确的含义, 如代码 5-1 中 S1 语句, 为包括有标识符与表达式的赋值语句。其中代码的结构通常是由递归规则表示, 如可以用下面的规则来定义赋值表达式:

- 标识符是表达式。
- 常数是表达式。
- 若表达式 1 和表达式 2 都是表达式, 那么, 表达式 1+ 表达式 2 及表达式 1* 表达式 2 也都是表达式。代码 5-1 中语句 S1 对应的语法树表示如图 5.3 所示。

C 语言的赋值语句的规则有以下 5 条, 分别是:

< 赋值语句 >=< 标识符 >"="< 表达式 >

< 表达式 >=< 表达式 >"+"< 表达式 >

< 表达式 >=< 表达式 >"*"< 表达式 >

< 表达式 >=id

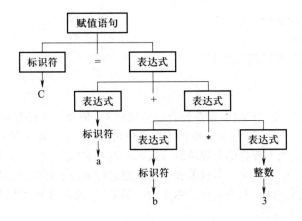

图 5.3　赋值语句 S1 的语法树表示

< 表达式 >=n

类似地, 其他语句也可以递归地定义, 如标识符 = 表达式是语句, do-while 和 if-else 都是语句。

词法分析和语法分析本质上都是对程序源代码的结构进行分析, 其中词法分析的任务仅对源代码实施线性扫描即可完成, 但这种线性扫描不能用于识别递归定义的语法成分, 比如无法使用线性扫描去匹配表达式中的括号。语法分析的功能是实现层次分析, 依据语法规则把源代码的单词序列组成语法短语构成的语法树, 如图 5.4 所示为 S1 语句的简单语法树形式。

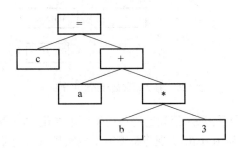

图 5.4　赋值语句 S1 的简单语法树形式

语句 c=a+b*3 之所以能表示成如图 5.4 所示的语法树, 依据的是高级程序设计语言中约定的赋值语句及表达式的定义规则。语法树将字符串格式的源代码转化为树状的数据结构, 更容易被计算机理解和处理。

4. 语义分析

语义分析阶段的任务是审查程序源代码有无语义错误。源程序中有些语法成分, 按照语法规则去判断源程序是正确的, 但不符合语义规则, 比如使用了没有声明的变量, 或者给一个过程名赋值, 或者调用函数时参数类型不匹配, 或者参加运算的两个变量类型不匹配等。语义分析主要的任务可归结为以下 4 类:

- 完成静态语义审查和处理。
- 上下文相关性审查。

- 类型匹配审查。
- 类型转换。

语义分析过程的演示如下。

int b,c;

c=a+b*3;

上述代码片段中赋值语句是符合语法规则的, 但是因为没有声明变量 a 而存在语义错。一般而言, 语义分析器审查每个运算符是否实施于具有语言规范允许的运算对象, 当不符合语言规范时, 编译器应报告错误。某些语言规定运算对象可被强制转换, 那么对一个整型和一个实型进行乘法运算时, 编译器应将整型量自动转换成实型量, 而不是直接判定为语句错误, 或者给出警告信息后将整型量自动转换成实型量。

在赋值语句 c=a+b*3 中, 运算符 * 的两个运算对象分别是 b 和 3, 如果 b 是实型变量, 3 是整型常数, 语义分析阶段执行类型审查之后, 会自动地将整型量转换为实型量以完成同类型的数据运算。体现在语法分析所得到的语法树上, 即增加一个运算符结点, 如图 5.5 所示。

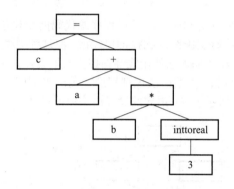

图 5.5　插入语义处理结点的语法树

可以从图 5.5 中看出,S1 语句的语法树发生了变化, 在常数 3 处添加了节点, 这个结点的名称为 inttoreal, 实现将整型量变成实型量的语义处理。

5.1.2　中端

编译器在前端的基础上, 先将整个语法树转换成中间代码, 再通过一系列优化遍对程序生成的中间代码进行优化, 以提高代码的性能, 并将优化后的中间代码传递给后端, 其中优化遍是指按照一定顺序执行的一个或多个优化算法。本节讲解 LLVM 中端, 包括中间代码生成与中间代码优化两个部分。

1. 中间代码生成

LLVM 中间代码为采用静态单赋值形式的中间表示, 使用的指令集为 LLVM 虚拟指令集。LLVM 中间表示主要有三种格式: 一是在内存中的编译中间语言; 二是硬盘上存储的二进制中间语言, 以.bc 结尾; 三是可读的中间代码格式, 以.ll 结尾。LLVM 中间表示所具有的特点: 类型安全灵活、低级别操作和易于扩展。

生成 LLVM 中间代码的编译命令如下:

[llvm@2021]$ clang -emit-llvm -S file.c -o file.ll

LLVM 可直接生成.bc 字节代码, 也可将.ll 文件通过 llvm-as 汇编成.bc 字节代码, 命令如下:

[llvm@2021]$ clang -emit-llvm -c file.c -o file.bc

[llvm@2021]$ llvm-as file.ll -o file.bc

生成的.bc 字节代码文件可以通过 llvm-dis 反编译成可读的.ll 文件, 命令如下:

[llvm@2021]$ llvm-dis file.bc -o file.ll

LLVM 虚拟指令集由操作指令和内建指令两部分组成。常见的操作指令有: 四则运算指令、逻辑运算指令、内存读写操作指令、类型转换指令、比较指令、终止指令和静态单赋值指令等。LLVM 内建指令是指以 llvm. 开头的指令, 比如预取内建指令 llvm.prefetch, 在使用时被转换成一条或多条操作指令。

代码 5-1 中的语句 S1 经过编译生成的中间表示如下:

%0 = load i32, i32* %a, align 4

%1 = load i32, i32* %b, align 4

%mul = mul nsw i32 %1, 3

%add = add nsw i32 %0, %mul

store i32 %add, i32* %c, align 4

以 LLVM 中间表示的加法操作指令为例, 该运算指令对应的中间代码如图 5.6 所示, 其中包括结果、等号、运算符、标志位、类型、第一操作数和第二操作数。

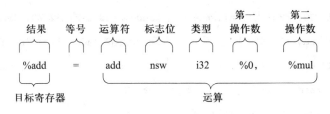

图 5.6 加法指令的中间表示

2. 中间代码优化

代码优化阶段的任务是对中间代码进行变换或改造, 目的是使生成的目标代码更为高效。LLVM 中优化器 opt 可对中间代码实施优化, 常规的优化有删除公共子表达式、循环优化、复写传播、无用赋值的删除等, 编译相关的优化分析详见第 5.3 节。

代码优化在编译阶段是耗时的, 因此编译器需具有控制机制, 以允许优化人员在编译器的时间耗费与目标代码的生成质量之间权衡。中间代码的优化有许多方法, 本节以死代码删除优化为例进行介绍。

了解死代码之前需要先了解冗余代码, 冗余代码是指代码可以被执行, 但对计算结果不起任何作用。死代码是冗余代码中的一种形式, 指程序操作过程中永

远不可能被执行到的代码。代码 5-1 中的部分代码如下所示:

```
c = a + b*3; //S1
b = a; //S2
return c;
```

对于上述代码, S1 和 S2 两个语句在程序执行时会被执行, 但是只有 S1 的结果有意义, 语句 S2 的执行对结果没有任何影响且会被编译器作为无用代码删除永远不可能被执行到, 语句 S2 就叫死代码。编译器可自动将其删除以提高性能, 对比关闭死代码删除优化与开启死代码删除优化所生成的中间代码如下。

关闭死代码删除优化:	开启死代码删除优化:
%retval = alloca i32, align 4	%retval = alloca i32, align 4
%a = alloca i32, align 4	%a = alloca i32, align 4
%b = alloca i32, align 4	%b = alloca i32, align 4
%c = alloca i32, align 4	%c = alloca i32, align 4
store i32 0, i32* %retval, align 4	store i32 0, i32* %retval, align 4
%call = call i32 @rand() #2	%call = call i32 @rand() #2
store i32 %call, i32* %a, align 4	store i32 %call, i32* %a, align 4
%call1 = call i32 @rand() #2	%0 = load i32, i32* %a, align 4
store i32 %call1, i32* %b, align 4	%1 = load i32, i32* %b, align 4
%0 = load i32, i32* %a, align 4	%mul = mul nsw i32 %1, 3
%1 = load i32, i32* %b, align 4	%add = add nsw i32 %0, %mul
%mul = mul nsw i32 %1, 3	store i32 %add, i32* %c, align 4
%add = add nsw i32 %0, %mul	%2 = load i32, i32* %c, align 4
store i32 %add, i32* %c, align 4	ret i32 %2
%2 = load i32, i32* %a, align 4	
store i32 %2, i32* %b, align 4	
%3 = load i32, i32* %c, align 4	
ret i32 %3	

从优化后的中间代码可以看出, 优化后的中间表示中已无有关变量 b 的冗余代码, 代码量减少, 代码更容易被调试。

5.1.3　后端

LLVM 后端负责将中端优化过的中间表示转换成对应平台的机器代码, 通常为汇编代码, 并最终经过汇编器与链接器生成目标处理器上的二进制可执行文件。本节讲解 LLVM 后端,包括目标代码生成和链接,同时介绍目标文件的格式。

1. 目标代码生成

目标代码生成是把中间代码变换成特定机器上的目标代码,包括绝对指令代码、可重定位的指令代码、汇编指令代码。这是编译的最后阶段,它的工作与硬件系统结构和指令含义有关,涉及硬件系统功能部件的运用、机器指令的选择、各种数据类型变量的存储空间分配及寄存器分配等。

目标代码优化同目标机器的硬件结构密切相关,最主要的是考虑如何充分利用机器的寄存器存放有关变量的值,以减少内存的访问次数,还包括如何根据机器硬件执行指令的特点如流水线、超长指令字等进行后端优化。此外,对指令一些调整使所生成的目标代码更短、执行效率更高,这也是编译器后端一个重要的优化方向。

由于低级的中间代码非常接近于汇编代码,几乎能够被直接转化为汇编,因此后端优化的主要工作在于针对不同的处理器生成符合其体系结构与指令集的高效汇编代码。例如在 LLVM 中使用 llc ./file.bc 命令进行编译,可由字节代码文件转换为特定平台的汇编代码 .s 文件,生成的 x86_64 汇编代码如下:

```
.text
      .file    "dead.cpp"
      .globl   main                          # -- Begin function main
      .p2align          4, 0x90
      .type    main,@function
main:                                        # @main
      .cfi_startproc
# %bb.0:                                     # %entry
      pushq    %rbp
      .cfi_def_cfa_offset 16
      .cfi_offset %rbp,  -16
      movq     %rop, %rbp
      .cfi_def_cfa_register %rbp
      subq     $16, %rsp
      movl     $2,   -8(%rbp)
      movl     $4,   -4(%rbp)
      movl     -4(%rbp),  %eax
      imull    $3,  -8(%rbp),  %ecx
      addl     %ecx,  %eax
      movl     %eax,  -12(%rbp)
      movl     -12(%rbp),  %esi
      movabsq  $.L.str,  %rdi
      movb     $0,  %al
      callq    printf
      xorl     %ecx,  %ecx
      movl     %eax,  -16(%rbp)              # 4-byte Spill
```

```
        movl    %ecx,  %eax
        addq    $16,   %rsp
        popq    %rbp
        .cfi_def_cfa %rsp,  8
        retq
.Lfunc_end0:
        .size    main, .Lfunc_end0-main
        .cfi_endproc
                                        # -- End function
        .ident   "clang version 13.0.0 "
        .section         ".note.GNU-stack","",@progbits
        .addrsig
        .addrsig_sym rand
```

以汇编文件中的加法指令为例, 该汇编指令由一个操作码和两个操作数组成, 操作码 addl 为加法操作, 操作数%x 和操作数%y 执行加法运算, 并将结果放置在%x 中, 加法指令如下:

$$\underbrace{\text{addl}}_{\text{操作码}}\quad\underbrace{\text{\%x}}_{\text{操作数1}}\quad\underbrace{\text{\%y}}_{\text{操作数2}}$$

汇编器是将汇编代码转变为机器可以执行的指令, 每一个汇编语句都对应一条机器指令。由.s 汇编文件经汇编器生成.o 目标代码文件:

[llvm@2021]$ clang -c file.s -o file.o

[llvm@2021]$ llvm-mc -filetype=obj file.s -o file.o

若有变量定义在其他目标代码文件中, 则只有在运行链接的时候才能确定绝对地址, 所以现代的编译器可以将一个源代码文件编译成一个可重定位的目标文件, 最终由链接器将这些目标文件链接起来形成可执行文件。

2. 链接

链接的功能是将一个或多个目标文件及库文件合并为一个可执行文件。链接可以在源代码翻译成机器代码即编译的时候完成, 也可以在程序装入内存时完成, 甚至可以在程序运行时完成, 根据不同的完成时期可将链接分为静态链接和动态链接。

静态链接指链接器将外部函数所在的静态链接库直接拷贝到目标可执行程序中, 这样在执行该程序时这些代码会被装入该进程的虚拟地址空间中。静态链接库实际上是一个目标文件的集合, 其中每个文件含有库中的一个或者一组相关函数的代码。本节通过代码 5-2 讲解静态链接过程。

代码 5-2　静态链接示例

```
//a.c程序
extern int shared;
int main(void){
```

```
    int a=100;
    add(&a,&shared);
    printf("%d",a);
}
//b.c程序
int shared=1;
void add(int* a,int* b){
    *a = *a + *b;
}
```

假设程序只有这两个源代码文件 a.c 和 b.c, 使用 clang 将 a.c 和 b.c 分别编译成目标文件 a.o 和 b.o。从代码中可以看到, b.c 总共定义了两个全局符号, 一个是变量 shared, 另外一个是函数 add。程序 a.c 里面定义了一个全局符号是 main, 且引用 b.c 里面的 shared 和 add, 接下来就是把 a.o 和 b.o 这两个目标文件链接在一起并最终形成一个可执行文件 ab.out, 编译命令如下:

[llvm@2021]$ clang a.c –c –o a.o

[llvm@2021]$ clang b.c –c –o b.o

[llvm@2021]$ clang a.o b.o –o ab.out

静态链接对目标文件的更新很不友好, 假如一个.o 目标文件依赖 20 个.o 目标文件, 当 20 个目标文件中有一个需要更新时, 需要将所有目标文件的源代码重新编译出一个可执行程序才可以更新成功, 为了解决静态链接的这一缺点, 引入动态链接。

动态链接的基本思想是把程序拆分成相对独立部分, 在程序运行时才将它们链接在一起形成一个完整的程序, 而不是像静态链接一样把所有的源代码文件都链接成一个单独的可执行文件。在 Linux 系统中, 动态链接文件被称为动态共享对象, 简称共享对象, 一般都是以.so 为扩展名的一些文件, 代码 5-3 为动态链接示例。

代码 5-3　动态链接示例

```
hello.h:
#ifndef HELLO_H
#define HELLO_H
void hello(char *s);
#endif
hello.c:
void hello(char *s)
{
    printf("Hello %s\n",s);
}
main.c:
#include "hello.c"
```

```
int main(int argc,char **argv)
{
    hello("ZZ");
    return 0;
}
```

将 hello.c 编译生成 hello.o 文件, 由 hello.o 文件生成动态库 libhello.so 文件, 该文件是包含 hello.c 中 hello() 函数的共享对象文件。编译 main.c 时通过链接动态库 libhello.so 文件生成可执行文件, 编译命令如下:

[llvm@2021]$ clang -c -fPIC hello.c

[llvm@2021]$ clang -shared -fPIC -o libhello.so hello.o

[llvm@2021]$ clang main.c -L. -lhello -o a.out

动态链接可以压缩可执行文件的大小, 因为多个程序依赖同一个共享目标文件, 这个共享目标文件在磁盘和内存中仅有一份, 等到程序要运行时才进行链接, 所以可以有节约内存的效果。缺点是可移植性太差, 如果两台机器运行环境不同, 动态库存放的位置不一致, 可能会导致程序运行失败。总的来说, 静态链接和动态链接各有优点和缺点, 表 5.1 为动态链接与静态链接的对比。

表 **5.1**　动态链接与静态链接的对比

特点	类型	
	静态链接	动态链接
链接时机	形成可执行程序前	程序执行时
方式	地址与空间分配和符号解析与重定位	装载时重定位和地址无关代码技术
库扩展名	.a	.so
优点	程序的启动、运行速度快, 方便移植	节省内存和磁盘空间
缺点	浪费内存和磁盘空间	增加程序执行时链接开销, 可移植性差

优化人员可根据实际需求在两种方式之间选择, 挑选出最适合的链接方式, 以达到最优的效果。

3. 目标文件的格式

目标文件是源代码编译后但未链接的中间文件, 它跟可执行文件的内容与结构很相似, 从广义上看目标文件和可执行文件的格式几乎是一样的, 所以在 Linux 操作系统下的目标文件和可执行文件都是按照可执行可链接文件格式 (executable linkable format, ELF) 进行存储。ELF 是一种用于二进制文件、可执行文件、目标代码、共享库和核心转储格式文件的文件格式。Linux 操作系统下采用 ELF 格式的文件有以下 3 类:

● 可重定位文件　包含二进制代码和数据, 可以被用来链接成可执行文件或共享目标文件, 即 Linux 系统下的.o 文件。

● 共享目标文件　包含二进制代码和数据,可在两种情况下使用。一种是链接器可以使用这种文件和其他共享目标文件或者可重定位文件链接,产生新的目标文件。第二种是动态链接器可以将其与可执行文件结合,作为进程映像的一部分来运行,即 Linux 系统下的.so 文件。

● 可执行文件　包含了可以直接执行的程序,它的代表就是 ELF 可执行文件。

汇编器生成的是可重定位目标文件,可重定位目标文件的格式如图 5.7 所示。

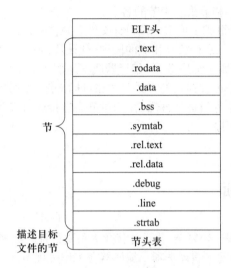

图 5.7　ELF 可重定位目标文件格式

图 5.7 为典型的 ELF 可重定位目标文件格式,ELF 目标文件格式的最前部是 ELF 头,包含描述整个文件的基本属性,包括 ELF 文件版本、目标机器型号、程序入口地址等。节头表描述目标文件中各节的位置和大小,在 ELF 头和节头表之间是节本身,包含以下 10 个段:

① .text　保存被编译程序的机器代码。

② .rodata　只读数据段,诸如 printf 语句中的格式串和 switch 语句的跳转表等只读数据。

③ .data　保存已初始化的全局变量和局部静态变量。

④ .bss　保存未初始化的全局变量和局部静态变量。该段在目标文件中不占实际的空间,只是一个占位符。目标文件格式区分已初始化和未初始化变量是为了提高空间的利用率,在目标文件中,未初始化变量不必占用实际外部存储器的任何空间,bss 是 better save space 的缩写。

⑤ .symtab　记录在该模块中定义和引用的函数和全局变量的信息的符号表。和编译器内部的符号表不同的是,该段中不包含局部变量。

⑥ .rel.text　针对.text 段的重定位表。在链接器将该目标文件和其他目标文件链接时需要这些信息,包括任何调用外部函数或引用全局变量的指令。

⑦ .rel.data　用于被本模块引用或定义的全局变量的重定位信息。通常,任

何要初始化的全局变量, 若它的初值为某全局变量或外部函数的地址, 则该值需要修改。

⑧ .debug 用于调试程序的调试符号表, 它包含在源程序文件中定义的局部变量和类型定义, 在源程序文件中定义和引用的全局变量, 以及最初的源文件等条目。只有在编译时添加调试选项才会出现此段。

⑨ .line 源程序文件和.text 段中的机器指令之间的行号映射, 只有在编译时添加调试选项才会出现。

⑩ .strtab 一组有空结束符的串构成的串表, 用于保存.symtab 段和.debug 段的符号表中的名字和节头表中节的名字。

以上 10 段内容组成了可重定位目标文件。总体来说, 程序源代码被编译以后, 按照代码和数据分别存放到相应的段中, 代码段.text 段属于程序指令, 数据段.data 段和.bss 段属于程序数据, 编译器或汇编器还会将一些辅助性信息诸如符号、重定位信息等也按照表的方式存放在目标文件中, 通常情况下, 一个表往往是一个段。有了这些目标文件之后, 通过静态链接就可以将它们组合起来, 形成一个可以运行的程序。

5.2 编译选项

编译的工作流程比较复杂, 为了让优化人员更好地与编译器交互、更充分地发挥编译器性能, 出现了编译选项。编译器在工作过程中, 有些功能需要通过添加编译选项才能实现, 编译器会根据优化人员所加入的编译选项调用内部对应的功能。优化人员只有充分了解各种编译选项的功能和使用方法, 才能更好地利用编译选项优化程序。编译选项包括前端选项、优化选项、代码生成选项、链接选项及其他选项, 本节介绍这些选项的设置方法和功能, 在第 5.3 节会通过列举出示例来帮助优化人员学习和使用编译选项。

5.2.1 前端选项

编译器前端将高级程序设计语言编写的源代码翻译为统一中间表示, 优化人员可以通过编译选项指定预处理、语言选择和模式等对程序的前端编译过程予以干预。

1. 预处理

预处理一般是对程序源代码文本处理, 解释源程序中形式上以 # 开头的预处理指令, 包括对头文件、库文件的指定及宏定义的设定, 为后阶段正式进入编译流程做好准备。例如常用的选项-undef 可以取消所有的系统定义宏, 部分预处理选项见表 5.2。

表 5.2　预处理选项

选项	功能
-include <file>	将隐式的 #include 添加到预定义缓冲区中, 在对源文件进行预处理之前读取该缓冲区
-I <directory>	将指定的目录添加到 include 文件的搜索路径中
-undef	取消所有的系统定义宏
-F <directory>	将指定的目录添加到框架 include 文件的搜索路径中

2. 语言和模式

语言选择和模式类选项用来指定语言标准, 包括使用的标准库类型、编译的语言标准、开启或禁用内置函数的特殊处理和优化等。例如常用的选项 -fno-builtin 可以关闭编译过程中对内建函数的识别和优化, 部分语言和模式选项见表 5.3。

表 5.3　语言和模式选项

选项	功能
-x <language>	将后续输入文件视为具有 <language> 类型的语言
-std=<standard>	指定要编译的语言标准
-stdlib=<library>	指定要使用的 C++ 标准库, 例如 libstdc++ 和 libc++。如果未指定, 将使用平台默认值
-ObjC, -ObjC++	将源输入文件分别视为 Objective-C 和 Object-C++ 输入
-trigraphs	启用三字母组合, 对部分特殊的三字符词进行转意
-fno-builtin	禁用内建函数的处理和优化

5.2.2　优化选项

优化人员在编写程序时通常专注于代码功能的实现, 对于执行效率投入的关注度较少。而要想提高程序的执行效率, 需要优化人员在多个维度对程序进行优化, 编译优化是其中重要的一环。编译器的优化选项种类很多, 常用优化选项包括内联优化选项、优化级别选项、循环优化选项、向量化优化选项、并行优化选项、浮点优化选项等, 以下对这些常用的优化选项进行概述。

1. 内联优化

内联函数是一种编程语言结构, 编译器对一些特殊函数进行内联替换, 它在调用点用一个子程序的过程体替换, 从而节省了每次调用函数带来的额外开销。例如常用的内联优化选项-inline 可以打开 LLVM 优化器的内联函数功能, 详见

第 5.3 节, 部分内联优化选项见表 5.4。

表 5.4　内联优化选项

选项	功能
-inline	打开内联函数功能
-fvisibility-inlines-hidden	默认情况下, 赋予内联 c++ 成员函数隐藏的可见性
-finline-functions	对合适的函数进行内联
-inline-aggressive	在链接时优化期间开启激进的内联优化
-fgnu89-inline	使用 gnu89 内联语义

2. 优化级别

-O 优化选项用以控制编译器在对程序编译时的优化级别, 常用的有-O0、-O1、-O2、-O3、-Ofast。LLVM 中的编译优化选项, -O0 选项表示不开启任何优化, 该编译过程用的时间消耗最小, 此时生成的汇编最接近程序源代码的语句; -O1 选项只开启少量优化, 主要对代码中的分支、常量以及表达式等进行优化; -O2 选项表示开启适度优化, 在-O1 选项的基础上, 增加自动向量化优化, 编译过程会有一定的时间和空间消耗; -O3 类似-O2, 使用更多的优化手段和更长的优化时间; -Ofast 启用所有-O3 优化及可能违反语义的其他优化, 以追求最大可能的代码执行效率。优化级别选项所包含的选项见表 5.5。

表 5.5　优化级别选项

选项	所包含的优化选项
-O1	在-O0 的基础上添加-instcombine、-simplifycfg、-loops、-loop-unroll 等
-O2	在-O1 的基础上添加-inline、-fvectorize、-fslp-vectorize 等
-O3	在-O2 的基础上添加-aggressive-instcombine、-callsite-splitting、-domtree 等
-Ofast	在-O3 的基础上添加-fno-signed-zeros、-freciprocal-math、-ffp-contract=fast、-menable-unsafe-fp-math、-menable-no-nans、-menable-no-infs、-mreassociate、-fno-trapping-math、-ffast-math、-ffinite-math-only 等

3. 循环优化

LLVM 编译器会通过不同的遍对程序进行变换与优化, 优化人员通过使用这些用于循环变换的选项控制循环级优化的相关功能, 决定打开或关闭优化。

循环优化选项主要包括循环展开、循环剥离、循环多版本、循环分配、循环重排序、数据预取等, 表 5.6 列举了部分循环优化选项, 优化人员可通过查看这些选项的功能, 在编译时加入选项以开启相应的优化。

表 5.6　循环优化选项

选项	功能
-funroll-loops	打开循环展开
-fno-unroll-loops	关闭循环展开
-mllvm -unroll-max-count	为部分和运行时展开设置最大展开计数
-mllvm -unroll-count	确定展开次数
-mllvm -unroll-runtime	使用运行时行程计数展开循环
-mllvm -unroll-threshold	设定循环展开的成本阈值
-mllvm- unroll-remainder	允许循环展开后有尾循环
-mllvm -unroll-peel-count	设置循环计数
-mllvm -unroll-allow-peeling	当已知动态行程计数较低时, 允许剥离循环
-mllvm -unroll-force-peel-count	强制完成循环剥离, 需要指定剥离参数
-mllvm -loop-versioning	打开循环多版本优化
-mllvm -enable-loop-distribute	启用循环分配优化遍
-mllvm -fuse-matrix-use-loops	开启循环分块
-floop-unswitch-aggressive	启用激进的 unswitch 循环优化
-floop-splitting	启用内部过程循环拆分优化
-freroll-loops	打开循环重排序
-fno-reroll-loops	关闭循环重排序
-fproactive-loop-fusion	打开循环融合优化
-mllvm -loop-data-prefetch	开启预取访问 (针对 AArch64 和 PowerPC)
-mllvm -loop-prefetch-writes	开启预取存储
-mllvm -prefetch-distance	提前预取的指令数

4. 自动向量化

向量化是并行化的一种特殊情况, 它是通过将程序中标量执行的代码转换成一次可以进行多个标量运算的向量代码来获得的一种数据级并行。在 LLVM 中有两种类型的向量化方法, 一种是循环级向量化, 主要针对程序中的循环结构予以实施; 另一种是基本块级向量化, 主要针对基本块中的线性代码。部分自动向量化选项见表 5.7。

默认情况下当开启-O2 选项即打开了向量化优化, 表 5.8 中的向量化选项将影响编译器对程序的向量化优化效果, 优化人员根据程序的特征设定向量化编译的参数, 以期达到更好的优化效果。

表 5.7　自动向量化选项

选项	功能
-fvectorize	开启循环向量化优化
-mprefer-vector-width=\<value\>	指定用于自动向量化的首选向量宽度
-interleave-loops	在循环向量化过程中启用循环跨幅访存
-mllvm -enable-epilogue-vectorization	开启尾循环向量化
-epilogue-vectorization-force-VF	当开启尾循环向量化时, 设定尾循环的向量化因子
-fslp-vectorize	运行基本块级向量化
-mllvm -slp-threshold=\<value\>	基本块级向量化设定的最小限定值

5. 自动并行化

OpenMP 是用于共享内存多处理器系统程序设计的一套指导性编译处理方案。LLVM 中通过 OpenMP 相关的编译选项可实现自动并行化的功能, 这些选项用于指定参数、后端、生成并行代码的特征, 以及参数传递给编译时的不同阶段, 部分自动并行化选项见表 5.8。

表 5.8　自动并行化选项

选项	功能
-fopenmp	解析 OpenMP Pragmas 并生成并行代码
-fopenmp-simd	只基于 simd 的构造发出 OpenMP 代码
-static-openmp	静态链接 OpenMP 库
-Xopenmp-target \<arg\>	将参数传递给目标卸载工具链

6. 浮点优化

浮点类型数据的编译优化可以提高程序中浮点的运算速度, 优化人员可以利用选项-ffast-math 开启对浮点运算的强制优化, 该选项中包含多种浮点优化方法, 鉴于某些优化方法存在计算结果的精度损失等因素, 优化人员需要根据实际情况选择某个优化是否开启, 部分浮点优化选项见表 5.9。

表 5.9　浮点优化选项

选项	功能
-ffast-math	开启一系列的浮点优化功能
-ffinite-math-only	允许参数和结果不是 nan 或 +Inf 的浮点优化 (包含于 -ffast-math)
-freciprocal-math	允许将除法运算转换为对倒数的乘法运算 (包含于-ffast-math)
-fno-signed-zeros	忽略浮点零的符号 (包含于-ffast-math)
-fno-trapping-math	控制浮点异常行为, 不生成除零、溢出等优化 (包含于-ffast-math)
-menable-unsafe-fp-math	允许不安全的浮点数学优化, 可能会降低精度
-modd-spreg	使用奇数单精度浮点寄存器

5.2.3 代码生成选项

在代码生成阶段可以通过编译阶段选项指定不同的处理阶段, 通过数据选项选择对数据的处理方式, 通过目标平台选项生成指定平台的代码, 通过后端选项打开不同后端支持的优化功能。

1. 编译阶段

此类选项用于指定编译器执行到哪个阶段, 包括预编译阶段、编译阶段、汇编阶段、链接阶段, 或者运行所有阶段生成目标可执行文件。例如常用的选项-emit-llvm -S 执行中间代码生成阶段, 生成扩展名为.ll 的中间代码文件。部分编译阶段选项见表 5.10。

表 5.10　编译阶段选项

选项	功能
-E	运行预编译阶段
-emit-llvm -S	运行编译阶段, 生成.ll 中间代码文件
-S	运行编译阶段, 生成.s 汇编文件
-c	运行编译、汇编阶段, 但不运行链接, 生成目标.o 文件
-o	运行编译、汇编、链接阶段, 生成可执行文件
-save-temps	保存编译过程中的所有中间结果

默认情况下, LLVM 编译器将执行完整的编译过程, 并运行链接器将目标代码合并到可执行文件或共享库中。

2. 数据选项

数据选项用于控制数据相关操作, 包括数据对齐的方式、强制 double 输入类型的位数、内存模型的设定等, 比如常用选项-mdouble=<value> 的功能是指定 double 类型数据的位数, 其中参数可设置为 32 和 64。部分数据选项见表 5.11。

表 5.11　数 据 选 项

选项	功能
-malign-double	在 structs 中将双精度对齐为双字, 仅适用于 x86
-mdouble=<value>	指定 double 类型数据的位数
-mlong-double-<value>	强制 long double 的位数, 参数可为 64、80、128
-mcmodel=<value>	内存模型设定, 兼容 RISC-V gcc

对于内存模型设定的选项, -mcmodel= 后接参数有 small、medium、large, 其中 small 限制代码和数据在 2 GB 以下的地址空间范围内; medium 限制代码

在 2 GB 以下的地址空间, 存储数据空间不受此限制; large 对于代码和数据存储空间都无限制。

3. 目标平台

通过目标平台选项可以指定生成代码的目标运行机器, 包括 X86、AMDGPU、ARM 等, 比如-march=<cpu> 选项, 指定 LLVM 为特定的处理器生成代码。部分目标平台选项见表 5.12。

表 5.12　目标平台选项

选项	功能
-march=<cpu>	指定 Clang 为特定处理器生成代码
--no-offload-arch=<value>	从要编译的设备列表中删除 CUDA/HIP 卸载设备架构
-mmacosx-version-min=<version>	在为 Mac OS X 构建时, 指定应用程序支持的最低版本
-miphoneos-version-min	在为 iPhone OS 构建时, 指定应用程序支持的最低版本
-Xarch_host <arg>	将 < 参数 > 传递到 CUDA/HIP 的主机端
--cuda-compile-host-device	编译主机和设备端的 CUDA 代码, 对非 CUDA 编译没有影响
--cuda-host-only	只编译 CUDA 的主机端代码

其中: 选项-march=<cpu> 中可加的参数有 x86-64、x86-64-v2、core2、haswell、knl、core-avx-i 等。

4. 后端选项

由于 LLVM 的设计是高度模块化的, 所以针对后端会有特定的优化, 比如 X86、ARM 后端等, 并通过优化选项控制。例如, 针对 X86 结构的常用后端选项-mavx, 功能是支持 MMX、SSE 和 AVX 等内置函数和代码的生成。X86 架构的部分后端选项见表 5.13。

表 5.13　X86 架构的部分后端选项

选项	功能
-mavx2	在选项-mavx 的基础上增加支持 AVX2 内置函数和指令集
-msse	支持 MMX 和 SSE 内置函数和代码生成
-msse2	在选项-msse 的基础上增加 SSE2 内置函数和代码生成
-mfentry	在函数入口插入对 fentry 的调用
-mllvm -disable-x86-lea-opt	禁用 LEA 优化
-malign-double	按 double 类型对齐

5.2.4 链接选项

编译器默认仅搜索系统文件夹下的库文件, 如果优化人员需要链接其他目录下的库文件, 则需要通过-L 选项添加库目录和-l 选项添加库的名称来实现。LLVM 默认情况下支持链接时优化, 并通过选项-flto=<value> 控制链接时优化的模式。部分链接选项见表 5.14。

表 5.14 链接选项

选项	功能
-Bstatic	静态链接用户生成的库
-l< 库文件 >	指明需链接的库名, 如库名为 libxyz.a, 则可用-lxyz 指定
-L< 库目录 >	指定需要链接的库的目录地址
-shared-libsan	动态链接 sanitizer 程序运行时
-flto=<value>	将链接时优化的模式设置为 full 或 thin

其中: 选项-flto=full 指链接时优化将分散的目标文件的 LLVM IR 组合为一个大的 LLVM 目标文件, 然后对其整体分析、优化并生成机器码; -flto=thin是把目标文件分开, 根据需要才从其他目标文件中导入功能, 使用选项-flto=thin链接的速度要快于使用选项-flto=full。

5.2.5 其他选项

除了上述选项之外, 编译器还提供了很多其他选项, 本节具体讲解基础信息选项、优化信息选项和调试选项。其中: 基础信息选项向优化人员显示关于编译器的基础信息, 优化信息选项向优化人员显示关于优化的信息, 调试选项可以帮助优化人员对程序调试, 优化人员在熟练掌握这些选项后, 可以更好地对程序进行调试和调优。

1. 基础信息

此类选项向优化人员显示编译器相关的基础信息, 包含选项信息、版本信息等。例如常用的-v 选项, 在没有对程序编译的情况下添加该选项可以显示出编译器的版本信息, 在对程序编译的情况下添加该选项会显示出编译过程运行的命令。部分基础信息选项见表 5.15。

表 5.15 基础信息选项

选项	功能
--verison	打印编译器的版本信息
-v	显示编译器版本信息、编译过程运行的命令
-###	只打印此编译要运行的命令, 但不运行
-help	显示支持的选项信息
-help-hidden	显示所有的选项信息
-time	单独的时间指令

2. 优化信息

此类选项展示编译优化相关的信息, 包括优化成功的信息、优化失败的信息、优化分析信息等。例如, 选项-Rpass=loop-vectorize 查看循环向量化的信息, 选项-Rpass-missed=loop-vectorize 查看循环向量化失败的信息, 选项-Rpass-analysis=loop-vectorize 查看循环向量化失败的原因。部分优化信息选项见表 5.16。

表 5.16   优化信息选项

选项	功能
-Rpass=vectorize	显示循环向量化和 SLP 向量化有关的信息
-fsave-optimization-record	显示多个优化失败的原因
-Rpass=loop-unroll	显示循环展开的优化信息
-Rpass-missed=loop-unroll	显示循环展开失败的信息
-Rpass=loop-distribute	显示循环分布的信息
-Rpass-analysis=loop-distribute	显示循环分布的分析信息
-Rpass=loop-versioning	显示循环多版本的信息
-Rpass-missed=loop-versioning	显示循环多版本失败的信息

3. 调试

调试选项用以开启编译器相关的帮助及调试信息, 包括警告与错误、编译过程 debug 信息、编译优化相关的 debug 信息等。例如, 优化人员在编译程序时加入 -g 选项使生成的可执行文件中包含调试信息, 配合 GDB 或 lldb 工具可对程序进行调试。部分调试选项见表 5.17。

表 5.17   调 试 选 项

选项	功能
-mllvm -debug	打印出编译过程中所有 debug 信息 (Debug 版本的编译器)
-mllvm -debug-only=<Value>	打印出指定优化遍的相关 debug 信息 (Debug 版本的编译器)
-w	编译时不显示任何警告, 只显示错误
-g0	禁止产生符号调试信息
-mllvm -debug-pass=<value>	打印优化器的调试信息

针对表中选项-debug-pass=<value>, 参数 value 可为 Disabled、Arguments、Structure、Executions、Details, 其中: Disabled 指关闭调试输出, Arguments 显示传递给优化遍的参数, Structure 显示运行时优化遍的结构, Executions 显示

编译时执行的优化遍名称, Details 显示执行时优化遍的详细信息。

5.3 编译优化

为了更好地让编程人员与编译器交互, 编译器提供了优化选项, 同时编程人员通过编译器提供的各类信息对程序进行功能与性能的调试和优化。本节讲解 LLVM 编译器中的典型优化, 优化人员可对编译器提供的优化有更多的了解, 同时介绍如何利用好编译器提供的优化选项。

LLVM 编译器中的编译优化涵盖了编译中的过程间优化、循环优化、自动向量化、数据预取优化、浮点优化、反馈优化和链接时优化等, 在不同的阶段和层次实施多种优化策略以尽其所能地提高生成代码的执行效率。同时, LLVM 编译器还提供有手工添加编译指示的方法让优化人员参与到编译器的优化过程中。

5.3.1 过程间优化

过程间分析是指在整个程序范围内而不是仅仅在单个过程内收集信息, 过程间优化涉及程序中多个过程的程序变换与优化。过程间分析阶段为过程间优化提供足够的信息, 用于支持过程间优化阶段的各类程序变换与优化, 它们是相辅相成的关系。过程间优化的目的是减少或消除重复计算、内存的低效使用, 并简化循环等迭代序列。过程间优化中最常用的一种方法是内联优化, 它是指如果在循环中调用了另一个过程, 则过程间优化会确定最好的方式去内联该过程, 并且会重新对过程排序以获得更好的内存布局和局部性。

内联优化一方面可以消除函数调用的开销, 另一方面可以展开被调用函数的代码从而创造更多的优化机会。LLVM 中的内联函数模型根据调用函数和被调函数的大小决定是否内联。由第 5.2 节可知, 选项-inline 用以打开内联优化功能, 代码 5-4 为过程间优化中的内联优化示例。

代码 5-4　内联优化示例

```c
#include <stdio.h>
#include <stdlib.h>
#define N 256
int add(int* a,int* b) {
  int c;
  c = *a + *b;
  return c;
}
int main() {
  int sum,i;
  int a[N],b[N];
  for(i=0;i<N;i++){
```

```
    a[i] = rand()%10;
    b[i] = rand()%10;
  }
  for(i=0;i<N;i++){
  sum += add(&a[i],&b[i]);
  }
  printf("%d",sum);
}
```

首先利用命令 clang test.c -emit-llvm -S -O1 -o test.ll 对代码 5-4 编译, 再通过编译命令对 opt test.ll -S -inline -o test-new.ll 对 test.ll 内联优化, 对比内联优化前后的中间代码, 发现有变化的部分如下。

内联优化前
```
for.body7:                                    ; preds = %for.body, %for.body7
  %indvars.iv = phi i64 [%indvars.iv.next, %for.body7], [0, %for.body]
  %sum.027 = phi i32 [%add, %for.body7], [undef, %for.body]
  %arrayidx9 = getelementptr inbounds [256 x i32], [256 x i32]* %a,
i64 0, i64 %indvars.iv
  %arrayidx11 = getelementptr inbounds [256 x i32], [256 x i32]* %b,
i64 0, i64 %indvars.iv
  %call12 = call i32 @add(i32* nonnull %arrayidx9, i32* nonnull
%arrayidx11)
  %add = add nsw i32 %call12, %sum.027
  %indvars.iv.next = add nuw nsw i64 %indvars.iv, 1
  %exitcond.not = icmp eq i64 %indvars.iv.next, 256
  br i1 %exitcond.not, label %for.end15, label %for.body7, !llvm.loop !9
```

内联优化后
```
for.body7:                                    ; preds = %for.body7, %for.body
  %indvars.iv = phi i64 [%indvars.iv.next, %for.body7], [0, %for.body]
  %sum.027 = phi i32 [%add, %for.body7], [undef, %for.body]
  %arrayidx9 = getelementptr inbounds [256 x i32], [256 x i32]* %a,
i64 0, i64 %indvars.iv
  %arrayidx11 = getelementptr inbounds [256 x i32], [256 x i32]* %b,
i64 0, i64 %indvars.iv
  %2 = load i32, i32* %arrayidx9, align 4, !tbaa !2
  %3 = load i32, i32* %arrayidx11, align 4, !tbaa !2
  %add.i = add nsw i32 %3, %2
  %add = add nsw i32 %add.i, %sum.027
  %indvars.iv.next = add nuw nsw i64 %indvars.iv, 1
  %exitcond.not = icmp eq i64 %indvars.iv.next, 256
  br i1 %exitcond.not, label %for.end15, label %for.body7, !llvm.loop !9
```

由上所示, 过程间优化中的内联操作将 add 函数内联到了循环体中, 减少了函数调用的入栈出栈开销, 并且可以执行一些内联优化之前不会进行的优化, 比如在本例中内联优化后的循环可以被向量化, LLVM 在优化级别-O3 选项下即开启过程间优化。

5.3.2 循环优化

程序中大部分的运行时间都用在循环结构上, 可见循环优化对程序的性能提升意义重大。循环优化是编译器中重要的优化手段之一, 常见的循环优化方法有循环交换、循环展开、循环剥离、循环对齐、循环正规化、循环分布、循环反转、循环合并、循环分段、循环倾斜、循环多版本等。受限于编译器优化能力的局限性, LLVM 编译器中并不支持上述所有的循环优化, 详细的循环优化在第六章介绍, 本节选取 LLVM 编译器支持的几种典型的循环优化, 包括循环展开、循环分布和循环剥离。

1. 循环展开

循环展开是指将循环体代码复制多次的实现, 通过增大指令调度的空间来减少循环分支指令的开销、增加数据引用的局部性, 从而提高循环执行性能的一种循环变换技术。循环展开有利于指令流水线的调度, 可以直接为具有多个功能单元的处理器提供指令级并行。另外, 减少循环分支指令执行的次数, 在某些情况下也能增加寄存器的重用。然而, 不恰当的展开可能会给程序性能带来负面影响, 比如: 过度展开会导致额外的寄存器溢出, 从而使程序的运行性能降低; 过激的循环展开还会引起指令缓存区溢出, 导致生成的目标代码规模变得非常庞大。

大多数编译器都提供循环展开选项, 比如: ICC 编译器的循环展开选项为-unroll[n], GCC 编译器的循环展开选项为-loop-unroll, LLVM 编译器的循环展开选项为-funroll-loops。代码 5−5 为循环展开优化示例。

代码 5−5　循环展开优化示例

```
#include <stdio.h>
#define N 1280
int main(){
  int sum = 0;
  int a[N];
  int i,j;
  for(i=0;i<N;i++){
    a[i] = i;
  }
  for(j=0;j<N;j++){
    sum = sum + a[j];
  }
  printf("sum = %d",sum);
}
```

LLVM 编译器在打开-O2 选项及高于-O2 优化级别的选项时, 会默认开启循

环展开优化。使用编译命令 clang unroll.c -O1 -funroll-loops -emit-llvm -S 对代码 5-5 编译, 经过循环展开优化生成的部分中间代码如图 5.8 所示。

```
for.body:                                              ; preds = %for.body, %entry
    %indvars.iv21 = phi i64 [ 0, %entry ], [ %indvars.iv.next22.7, %for.body ]
    %arrayidx = getelementptr inbounds [1280 x i32], [1280 x i32]* %a, i64 0, i64 %indvars.iv21
    %1 = trunc i64 %indvars.iv21 to i32
    store i32 %1, i32* %arrayidx, align 16, !tbaa !2
    %indvars.iv.next22 = or i64 %indvars.iv21, 1
    %arrayidx.1 = getelementptr inbounds [1280 x i32], [1280 x i32]* %a, i64 0,
i64 %indvars.iv.next22
    %2 = trunc i64 %indvars.iv.next22 to i32
    store i32 %2, i32* %arrayidx.1, align 4, !tbaa !2
    %indvars.iv.next22.1 = or i64 %indvars.iv21, 2
    %arrayidx.2 = getelementptr inbounds [1280 x i32], [1280 x i32]* %a, i64 0,
i64 %indvars.iv.next22.1
    %3 = trunc i64 %indvars.iv.next22.1 to i32
    store i32 %3, i32* %arrayidx.2, align 8, !tbaa !2
    %indvars.iv.next22.2 = or i64 %indvars.iv21, 3
    %arrayidx.3 = getelementptr inbounds [1280 x i32], [1280 x i32]* %a, i64 0,
i64 %indvars.iv.next22.2
    %4 = trunc i64 %indvars.iv.next22.2 to i32
    store i32 %4, i32* %arrayidx.3, align 4, !tbaa !2
    %indvars.iv.next22.3 = or i64 %indvars.iv21, 4
    %arrayidx.4 = getelementptr inbounds [1280 x i32], [1280 x i32]* %a, i64 0,
i64 %indvars.iv.next22.3
```

图 5.8　循环展开优化后的中间代码

从生成的中间代码中可以看出, store 语句出现了 32 次, 且每个 store 语句存储 4 个数据, 通过循环展开优化, 代码量虽比原来有所增加, 但也消除了跳转语句、迭代变量控制语句, 代码的执行效率得到了提高。还可以使用 LLVM 编译器提供的-unroll-count=< 参数 > 选项设置展开次数, 在编译中加入-Rpass=loop-unroll 选项, 可以将循环展开优化信息提供给优化人员, 命令如下:

[llvm@2021]$ clang unroll.c -O1 -funroll-loops -emit-llvm -S -Rpass=loop-unroll

unroll.c:10:9: remark: unrolled loop by a factor of 8 with a breakout at trip 0 [-Rpass=loop-unroll]

　　for(j=0;j<N;j++){

unroll.c:7:9: remark: unrolled loop by a factor of 4 with a breakout at trip 0 [-Rpass=loop-unroll]

　　for(i=0;i<N;i++){

从上述的优化信息可以看出, 代码 5-5 中的两个循环分别展开了 4 次。

当循环的迭代次数较少时, 可以考虑完全展开循环, 以进一步减小循环控制的开销, 循环完全展开对循环嵌套的最内层循环或者向量化后的循环加速效果尤为明显。但有些时候, 若优化人员强制添加选项进行循环展开, 可能会使循环错失自动向量化的机会, 导致性能变差, 因为理论上向量化给程序带来的性能提升一般大于循环展开压紧带来的性能提升, 建议优化人员在完成手写向量化代码后再考虑循环展开优化。

2. 循环分布

循环分布是指将循环内的一条或多条语句移到一个单独循环中, 以满足某些特定的需求。例如, 当循环中某条语句存在依赖不可消除的情况, 会导致整个循环无法向量化, 通过循环分布优化将循环中有依赖的语句和无依赖的语句分开, 使得分离后的某个循环中不存在依赖。循环分布优化示例如下, 左侧为原始代码, 右侧为循环分布后代码。

原始代码:	循环分布后:
```for (int i = 0; i<n; i++){ A[i] = i; B[i] = 2 + B[i]; C[i] = 3 + C[i - 1]; }```	```for (int i = 0; i<n; i++){ A[i] = i; B[i] = 2 + B[i]; } for (int i = 0; i<n; i++){ C[i] = 3 + C[i - 1]; }```

上述示例中循环分布将有依赖的语句和无依赖的语句分开, 分别放入到两个新的循环中, 使得第一个循环不存在依赖, 可以生成对齐的向量化指令, 代码 5-6 为循环分布优化示例。

代码 5-6 循环分布优化示例

```
#include <stdio.h>
#include <stdlib.h>
#define N 1280
int main(){
     int A[N],B[N],C[N];
     int i;
     for(i=0;i<N;i++){
         B[i] = rand();
         C[i] = rand();
     }
     for(i=1;i<N;i++){
         A[i] = i;
         B[i] = 2 + B[i];
         C[i] = 3 + C[i - 1];
     }
```

```
        for(i=0;i<N;i++){
            printf("%d",B[i]);
            printf("%d",A[i]);
            printf("%d",C[i]);
        }
}
```

加入优化选项-mllvm -enable-loop-distribute 打开循环分布优化, 并通过选项-Rpass=loop-distribute 将循环分布优化信息提供给优化人员, 命令如下:

[llvm@2021]$ clang -O1 -mllvm -enable-loop-distribute LoopDistribute.c -Rpass =loop-distribute

LoopDistribute.c:11:3: remark: distributed loop [-Rpass=loop-distribute]
    for(i=1;i<N;i++){

由优化信息可知, 循环分布优化后有关数组 C[i] 的计算分布到了新的循环中, 循环分布后的循环满足了向量化对齐的要求, 向量化时可以生成对齐的向量指令。此外, 该例中如果不进行循环分布也可进行向量化, 会生成不对齐的向量指令, 影响优化效果。所以, 优化人员需要根据实际情况选择打开或关闭循环分布功能。

3. 循环剥离

循环剥离常用于将循环中数据首地址不对齐的引用, 以及循环末尾不够装载到一个向量寄存器的数据剥离出来, 使剩余数据满足向量化对齐性要求。在 LLVM 编译器优化分析中, 循环展开优化通常与循环剥离配合使用, 若优化人员通过选项 unroll-peel-count 写定数值, 编译器会按照该数值剥离循环, 若未设置该值则会在循环展开优化遍中计算循环剥离的值。代码 5-7 为循环剥离优化示例。

代码 5-7 循环剥离优化示例

```
#include <stdio.h>
#define N 1280
int main(){
  int a[N],b[N],c[N];
  int i;
  for(i=0;i<N;i++){
    a[i] = i;
    b[i] = i+3;
  }
  for(i=0;i<N-2;i++){
    c[i+2] = a[i+2] + b[i+2];
  }
    return c[8];
}
```

对代码 5-7 进行编译, 并设置剥离计数为 2。在 LLVM 编译器中, 循环剥离主要被循环展开调用, 所以加入选项-Rpass=loop-unroll 也可以显示循环剥离相关的优化信息, 加入选项-Rpass-missed=loop-unroll 可显示循环剥离优化失败的相关信息, 命令如下:

[llvm@2021]$ clang test-peel.cpp -O2 -mllvm -unroll-peel-count=2 -Rpass=loop-unroll

test-peel.cpp:10:3: remark: peeled loop by 2 iterations [-Rpass=loop-unroll]
for(i=0;i<N-2;i++){

test-peel.cpp:6:3: remark: peeled loop by 2 iterations [-Rpass=loop-unroll]
for(i=0;i<N;i++){

从上述信息可以看出, LLVM 编译器剥离了循环的前两次迭代, 优化前后的代码如下。

原始代码:	循环剥离后:
```for(i=0; i<N-2; i++){ c[i+2]=a[i+2]+b[i+2]; }```	```for(i=0; i<2; i++){ c[i+2]=a[i+2]+b[i+2]; } for(i=2; i<N-2; i++){ c[i+2]=a[i+2]+b[i+2]; }```

剥离后的循环满足了对齐的要求, 向量化时可以生成对齐指令。此外, 该例不进行循环剥离也满足向量化要求, 但会生成不对齐的访存指令影响向量化的效果。所以, 优化人员需要根据实际情况选择打开或关闭循环剥离功能。

5.3.3 自动向量化

自动向量化是指编译器自动地将串行代码转化为向量代码的一种优化变换。向量计算是一种特殊的并行计算方式, 相比于标量执行时每次仅操作一个数据, 它可以在同一时间对多个数据执行相同的操作, 从而获得数据级并行。LLVM 支持两种自动向量化方法, 分别是循环级向量化和基本块级向量化。循环级向量化通过扩大循环中的指令以获得多个连续迭代中操作的向量执行, 基本块级向量化将挖掘代码中的多个标量操作并将其合并为向量操作。自动向量化与目标机器关系密切, 首先目标机器要具备向量功能部件, 其次优化效果受到其向量寄存器宽度的影响。

1. 循环级向量化

本节利用一个具体示例来详细讲解 LLVM 中的循环级向量化, 包括如何打开循环向量化开关、查看循环向量化信息、修改向量化参数等, 帮助优化人员了解 LLVM 编译器中的循环向量化优化情况。代码 5-8 为循环级向量化示例。

代码 5-8 循环级向量化示例

```
#include <stdio.h>
#define N 128
int main(){
    int sum = 0;
    int a[N];
    int i,j;
    for(i=0;i<N;i++){
        a[i] = i;
    }
    for(j=0;j<N;j++){
        sum = sum + a[j];
    }
    printf("sum = %d",sum);
}
```

通过使用 LLVM 编译器中的-fvectorize 选项开启循环向量化, 当打开-O2 选项及高于-O2 优化级别的选项即自动开启循环向量化优化。编译时加上选项 -Rpass=loop-vectorize 可在编译器的输出信息查看向量化优化信息, 命令如下:

[llvm@2021]$ clang -O2 test-vec.c -emit-llvm -S -Rpass=loop-vectorize

test-vec.c:7:3: remark: vectorized loop (vectorization width: 4, interleaved count: 2) [-Rpass=loop-vectorize]

       for(i=0;i<N;i++){

test-vec.c:10:3: remark: vectorized loop (vectorization width: 4, interleaved count: 2) [-Rpass=loop-vectorize]

       for(j=0;j<N;j++){

从向量化优化信息中可知, 代码 5-8 中的两个循环均被自动向量化, 其向量化宽度为 4, 基本块内语句的展开次数为 2, 经向量化优化后生成的部分中间代码如下:

```
vector.body:                                    ; preds = %vector.body, %entry
  %index = phi i64 [0, %entry], [%index.next, %vector.body], !dbg !10
  %vec.ind24 = phi <4 x i32> [<i32 0, i32 1, i32 2, i32 3>, %entry],
[%vec.ind.next27, %vector.body], !dbg !11
  %1 = getelementptr inbounds [1280 x i32], [1280 x i32]* %a,
i64 0, i64 %index, !dbg !12
  %step.add25 = add <4 x i32> %vec.ind24, <i32 4, i32 4, i32 4, i32 4>,
!dbg !11
  %2 = bitcast i32* %1 to <4 x i32>*, !dbg !11
  store <4 x i32> %vec.ind24, <4 x i32>* %2, align 16, !dbg !11,
!tbaa !13
  %3 = getelementptr inbounds i32, i32* %1, i64 4, !dbg !11
```

```
%4 = bitcast i32* %3 to <4 x i32>*, !dbg !11
  store <4 x i32> %step.add25, <4 x i32>* %4, align 16, !dbg !11,
!tbaa !13
  %index.next = add i64 %index, 8, !dbg !10
  %vec.ind.next27 = add <4 x i32> %vec.ind24, <i32 8, i32 8, i32 8,
i32 8>, !dbg !11
  %5 = icmp eq i64 %index.next, 1280, !dbg !10
  br i1 %5, label %vector.body30, label %vector.body, !dbg !10,
!llvm.loop !17
```

从生成的中间代码中可以看出, 向量化后 store 语句一次存储 4 个数值, 相较于向量化之前一次循环只存储一个数据, 向量化后的存储效率大大提升。

优化人员可以根据实际需要, 使用编译选项-force-vector-width 控制向量化宽度, 即 vectorization width, 添加该选项后编译过程如下:

[llvm@2021]\$ clang -O2 test-vec.c -mllvm -force-vector-width=8 -Rpass=loop-vectorize

test-vec.c:7:3: remark: vectorized loop (vectorization width: 8, interleaved count: 2) [-Rpass=loop-vectorize]

     for(i=0;i<N;i++){

test-vec.c:10:3: remark: vectorized loop (vectorization width: 8, interleaved count: 2) [-Rpass=loop-vectorize]

     for(j=0;j<N;j++){

还可使用编译选项-force-vector-interleave 来控制循环内语句的展开次数, 即 interleave count, 添加该选项后编译过程如下:

[llvm@2021]\$ clang -O2 test-vec.c -mllvm -force-vector-interleave=4 -Rpass=loop-vectorize

test-vec.c:7:3: remark: vectorized loop (vectorization width: 4, interleaved count: 4) [-Rpass=loop-vectorize]

     for(i=0;i<N;i++){

test-vec.c:10:3: remark: vectorized loop (vectorization width: 4, interleaved count: 4) [-Rpass=loop-vectorize]

     for(j=0;j<N;j++){

LLVM 编译器先对代码中的循环进行向量化合法性分析, 当识别到循环中因存在依赖关系而影响向量化的情况时, 会中断编译的循环向量化过程, 并显示导致循环向量化失败的原因, 代码 5-9 为向量化失败示例。

___

代码 5-9   向量化失败示例

```
#include <stdio.h>
#define N 128
int main(){
        int sum = 0;
        int sum1 = 0;
```

```
      int a[N],b[N];
      int i,j;
      for(i=0;i<N;i++){
              a[i] = i;
              b[i] = i+1;
      }
      for(i=0;i<N;i++){
              sum = sum + a[i];
      }
      for(i=0;i<N;i++){
              b[i+1] = b[i] + b[i+2];
      }
      printf("sum = %d",sum);
}
```

对代码 5-9 编译时, -Rpass-missed=loop-vectorize 选项可显示循环向量化失败的语句, -Rpass-analysis=loop-vectorize 可显示向量化失败的原因供优化人员分析, 命令如下:

[llvm@2021]$ clang test-vec-miss.cpp -O2 -Rpass-missed=loop-vectorize -Rpass-analysis=loop-vectorize

test-vec-miss.cpp:16:2: remark: loop not vectorized [-Rpass-missed=loop-vectorize]

for(i=0;i<N;i++){

test-vec-miss.cpp:17:19: remark: loop not vectorized: value that could not be identified as reduction is used outside the loop [-Rpass-analysis=loop-vectorize]

b[i+1] = b[i] + b[i+2];

由上可知, 导致向量化失败的原因为数组 b[i] 的赋值过程中存在真依赖而不能实施向量计算。当编译器对循环进行向量化时, 循环尾部可能存在部分标量指令因此无法组成一条向量指令而只能标量执行的情况, 即未能进行向量化的尾循环, 会影响向量化的优化效果。为了解决这一问题, LLVM 编译器在向量化优化遍中增强了一个特性, 使用向量化因子和展开因子组合来优化尾循环, 以进一步提升生成代码的执行效率。

2. 基本块级向量化

基本块级向量化算法的思想来源于指令级并行, 通过将基本块内可以同时执行的多个标量打包成向量的操作来实现并行, 与循环级向量并行发掘方法不同, 基本块级向量化发掘方法主要是在基本块内寻找同构语句, 发掘基本块内指令的并行机会, 代码 5-10 为基本块级向量化示例。

代码 5-10 基本块级向量化示例

```
#include <stdio.h>
```

```
#define N 10240
int main(){
    int a[N],b[N],c[N];
    int i;
    for (i = 0; i < 10240;i++){
        b[i] = i;
        c[i] = i+1;
    }
    for (i = 0; i < 10240;i+=4){
        a[i] = b[i] + c[i];
        a[i+1] = b[i+1] + c[i+1];
        a[i+2] = b[i+2] + c[i+2];
        a[i+3] = b[i+3] + c[i+3];
    }
    return a[100];
}
```

对代码 5-10 编译时, 加入选项-fslp-vectorize 以开启基本块级向量化, 加入
优化信息选项-Rpass=vectorize 以显示出循环向量化信息以及基本块级向量化
信息, 命令如下:

[llvm@2021]$ clang -O2 -fslp-vectorize SLP.c -Rpass=vectorize

SLP.c:6:9: remark: vectorized loop (vectorization width: 4, interleaved
count: 2) [-Rpass=loop-vectorize]

      for (i=0; i<10240; i++){

SLP.c:11:22: remark: Stores SLP vectorized with cost -12 and with tree
size 4 [-Rpass=slp-vectorizer]

      a[i] = b[i] + c[i];

由优化信息可知, LLVM 编译器会针对循环的特点选择最优的向量化方案。
比如, 针对第一个循环实施了循环向量化优化, 针对第二个循环实施了基本块向
量化优化。优化后生成的中间代码如下:

```
%arrayidx7 = getelementptr inbounds [10240 x i32], [10240 x i32]* %b,
i64 0, i64 %indvars.iv, !dbg !22
  %arrayidx9 = getelementptr inbounds [10240 x i32], [10240 x i32]* %c,
i64 0, i64 %indvars.iv, !dbg !23
  %arrayidx12 = getelementptr inbounds [10240 x i32], [10240 x i32]* %a,
i64 0, i64 %indvars.iv, !dbg !24
  %5 = bitcast i32* %arrayidx7 to <4 x i32>*, !dbg !22
  %6 = load <4 x i32>, <4 x i32>* %5, align 16, !dbg !22, !tbaa !12
  %7 = bitcast i32* %arrayidx9 to <4 x i32>*, !dbg !23
  %8 = load <4 x i32>, <4 x i32>* %7, align 16, !dbg !23, !tbaa !12
  %9 = add nsw <4 x i32> %8, %6, !dbg !25
  %10 = bitcast i32* %arrayidx12 to <4 x i32>*, !dbg !26
  store <4 x i32> %9, <4 x i32>* %10, align 16, !dbg !26, !tbaa !12
```

上面生成的中间代码是第二个循环经过基本块级向量化后的部分，从中可以看出在对数组 a[i]、b[i]、c[i] 进行访存操作时，一次读取了 4 个数据同时进行计算，计算结束后存储了 4 个数据，对应源程序的基本块级向量化变换示意如下。

标量代码:	基本块级向量化后代码:
for (int i = 0; i<LEN; i+=4){	for (int i = 0; i<LEN; i+=4){
a[i] = b[i] + c[i];	a[i:3] = b[i:3] + c[i:3];
a[i+1] = b[i+1] + c[i+1];	}
a[i+2] = b[i+2] + c[i+2];	
a[i+3] = b[i+3] + c[i+3];	
}	

基本块级向量化算法主要用于发掘基本块内的并行性，由于它要遍历所有的向量方案得到最优解，所以复杂度高于循环级向量化。基本块级向量化算法具有更强的向量挖掘能力，经转化后的向量代码程序性能会有很大的提升。

并行应用程序并行特征越来越复杂和多样，单一的向量化方法很难有效发掘出程序潜在的多种并行性。在 LLVM 编译器中，两种向量化方法在向量挖掘能力方面相互补充，它们结合起来可以覆盖程序中存在的大部分并行性。

5.3.4　数据预取优化

LLVM 编译器支持自动数据预取和手动添加预取内建指令两种预取方式，其中自动数据预取是对程序分析后可在中间代码中自动插入预取指令，当前 LLVM 编译器仅支持 AArch64 平台和 PowerPC 平台的自动数据预取优化。

LLVM 的内建函数 declare void @llvm.prefetch(i8* <address>, i32 <rw>, i32 <locality>, i32 <cache type>)，该函数向编译器提示是否插入预取指令 llvm.prefetch，如果平台支持预取指令则可以生成，否则该函数会是一个空操作，不做任何处理。在代码中使用内建函数 _builtin_prefetch (addr, rw, locality) 即可在后端生成对应的预取指令，其中：参数 addr 为预取的内存地址；rw 是一个可选参数，值可取 0 或 1，0 表示预取的是读操作，1 表示预取的是写操作；locality 取值必须是常数，范围在 0 ~ 3 之间，数值的大小代表了是否具有时间局部性，数值 0 代表无时间局部性，数值为 1 和 2 分别代表有低局部性和中等局部性，数值为 3 代表有高局部性，表示该数据会在首次被访问的不久之后极有可能再次被访问，代码 5-11 为数据预取优化示例。

代码 5-11　数据预取优化示例

```
#include <stdio.h>
int main( ){
```

```
    int arr[10];
    int i;
    for(i=0;i<10;i++){
        __builtin_prefetch(arr+i,1,3);
    }
    for(i=0;i<10000;i++){
        arr[i%10] = i;
    }
    for(i=0;i<10;i++){
        printf( "%d\n" ,arr[i]);
    }
}
```

如代码 5–11 所示, 内建函数 __builtin_prefetch(arr+i,1,3) 表示对数组 arr 实施预取写操作, 并且表明该数组具有很好的数据局部性。该内建函数会在对应生成的汇编代码中生成预取指令以达到预取优化功能。

5.3.5 浮点优化

由第 5.2 节可知, 若优化人员想提高浮点数据的运算性能, 可以利用 LLVM 编译器的-ffast-math 选项开启较为激进的浮点类型数据优化, 该选项中包含了多种浮点优化方法, 比如浮点数据归约优化、除法运算优化和忽略浮点数 0 的正负号等。本节重点介绍针对浮点类型数据的归约优化, 代码 5–12 为浮点优化示例。

代码 5–12　浮点优化示例

```
#include <stdio.h>
#define N 128
int main( ){
    float sum = 0;
    float a[N];
    int i,j;
    for(i=0;i<N;i++){
        a[i] = i;
    }
    for(j=0;j<N;j++) {
        sum = sum + a[j];
    }
    printf("sum = %f",sum);
}
```

可以从上述代码看出, 该程序代码中变量均为浮点数类型, 第二次循环中的

sum 变量由循环的连续迭代所使用, LLVM 为了保证计算结果的精度, 在未加-ffast-math 选项之前不会对该浮点类型数据的归约实施向量化优化。编译命令如下:

[llvm@2021]$ clang ffast.cpp -fvectorize -O1 -Rpass-missed=loop-vectorize -Rpass =loop-vectorize

ffast.cpp:7:15: remark: vectorized loop (vectorization width: 4, interleaved count: 1) [-Rpass=loop-vectorize]

```
        for(i=0;i<N;i++){
```

ffast.cpp:10:18: remark: loop not vectorized [-Rpass-missed=loop-vectorize]

```
        for(j=0;j<N;j++){
```

从以上提示信息可看出, 含有归约计算的循环未实现向量化优化, 在加入了-ffast-math 选项之后, 编译命令如下:

[llvm@2021]$ clang ffast.cpp -fvectorize -O1 -ffast-math -Rpass=loop-vectorize

ffast.cpp:7:15: remark: vectorized loop (vectorization width: 4, interleaved count: 1) [-Rpass=loop-vectorize]

```
        for(i=0;i<N;i++){
```

ffast.cpp:10:18: remark: vectorized loop (vectorization width: 4, interleaved count: 1) [-Rpass=loop-vectorize]

```
        for(j=0;j<N;j++){
```

从以上提示信息可看出, 代码 5–12 在打开-ffast-math 选项后, 含有归约计算的循环成功地实现了向量化。但打开浮点优化选项后会造成计算结果精度的损失, 优化人员需要根据实际情况, 选择开启或者关闭浮点优化选项。

5.3.6 反馈优化

LLVM 编译器支持剖面信息指导的优化 (profile guide optimize, PGO), 剖面信息指导的优化通常被称为反馈优化, 其基本思想是在编译时插入收集相关参数信息的语句, 在运行可执行文件时生成含有运行时相关参数值的剖面文件, 并利用这些值指导编译优化。剖面信息可以帮助分支优化、函数和代码块布局重排、寄存器分配等。反馈优化包括两个阶段, 第一个阶段是正常编译和优化代码, 当执行程序后得到运行时数据的相关参数文件; 第二个阶段是结合相关参数文件来编译和优化代码, 从而得到更好的优化效果。以下是反馈优化的步骤:

① 添加-fprofile-instr-generate 选项来构建代码未优化的版本, 编译命令如下:

[llvm@2021]$ clang++ -O2 -fprofile-instr-generate code.cc -o code

② 生成含有相关参数信息的剖面文件, 通过设置 LLVM_PROFILE_FILE 环境变量, 并执行可执行程序生成的剖面文件, 同时执行步骤①生成的可执行程序, 编译命令如下:

[llvm@2021]$ LLVM_PROFILE_FILE="code-**%p**.profraw"./code

生成的剖面文件可以通过参数指定不同的文件名: %p 和%h。其中%p 代表进程 ID, %h 代表主机名, 便于优化人员可以将多次运行输出的剖面文件区分开来。

③ 合并多次运行的剖面文件, 转换原始剖面文件的格式作为下一次编译时的输入文件。通过使用 llvm-profdata 工具的 merge 命令执行此操作, 并生成合并后的剖面文件 code.profdata, 编译命令如下:

[llvm@2021]$ llvm-profdata merge -output=code.profdata code-*.profraw

④ 通过选项-fprofile-instr-use=code.profdata, 使用步骤③收集的剖面文件再次构建代码, 并生成优化后的可执行程序, 编译命令如下:

[llvm@2021]$ clang++ -O2 -fprofile-instr-use=code.profdata code.cc -o code-new

当优化人员改写代码后, LLVM 编译器无法使用原有的剖面文件数据, 需要根据新的代码重新生成剖面文件数据, 若使用原有的剖面文件则会发出警告。以上演示了 C 语言代码反馈优化的过程, 接下来演示 LLVM 中间代码的反馈优化, 可以更直观地看出优化前后的情况, 代码 5-13 为反馈优化示例。

代码 5-13 反馈优化示例

```
define i32 @foo(i32 %n) {
entry:
  br label %for.cond
for.cond:
  %i.0 = phi i32 [ 0, %entry ], [ %inc, %for.inc ]
  %sum.0 = phi i32 [ 0, %entry ], [ %add, %for.inc ]
  %cmp = icmp slt i32 %i.0, %n
  br i1 %cmp, label %for.body, label %for.end
for.body:
  %cmp1 = icmp sgt i32 %sum.0, 10
  %cond = select i1 %cmp1, i32 20, i32 -10
  %add = add nsw i32 %sum.0, %cond
  br label %for.inc
for.inc:
  %inc = add nsw i32 %i.0, 1
  br label %for.cond
for.end:
  ret i32 %sum.0
}
```

该中间代码内含有 if 控制流语句和 select 语句, 在命令中添加对 select 语句的优化选项, 编译命令如下:

[llvm@2021]$ llvm-profdata merge ./select2.proftext -o %t.profdata

[llvm@2021]$ opt select2.ll -passes=pgo-instr-use -pgo-test-profile-file=%t.profdata -pgo-instr-select=true -S &>2

生成的中间表示为:

```
define i32 @foo(i32 %n) !prof !29 {
```

```
entry:
  br label %for.cond
for.cond:                                           ; preds = %for.inc, %entry
  %i.0 = phi i32 [ 0, %entry ], [ %inc, %for.inc ]
  %sum.0 = phi i32 [ 0, %entry ], [ %add, %for.inc ]
  %cmp = icmp slt i32 %i.0, %n
  br i1 %cmp, label %for.body, label %for.end, !prof !30
for.body:                                           ; preds = %for.cond
  %cmp1 = icmp sgt i32 %sum.0, 10
  %cond = select i1 %cmp1, i32 20, i32 -10, !prof !31
  %add = add nsw i32 %sum.0, %cond
  br label %for.inc
for.inc:                                            ; preds = %for.body
  %inc = add nsw i32 %i.0, 1
  br label %for.cond
for.end:                                            ; preds = %for.cond
  ret i32 %sum.0
}
!llvm.module.flags = !{!0}
!0 = !{i32 1, !"ProfileSummary", !1}
!1 = !{!2, !3, !4, !5, !6, !7, !8, !9, !10, !11}
!2 = !{!"ProfileFormat", !"InstrProf"}
…
!29 = !{!"function_entry_count", i64 3}
!30 = !{!"branch_weights", i32 800, i32 3}
!31 = !{!"branch_weights", i32 300, i32 500}
```

其中: 优化选项-pgo-instr-use 功能是读取反馈优化剖面文件, 选项-pgo-test-profile-file 的功能是指定剖面数据文件的路径, 选项-pgo-instr-select=true 的功能是打开 select 指令的剖面信息优化。可以看出, 生成的中间代码文件中包含了 if 控制流和 select 指令的相关参数信息, 有助于后续的进一步优化。

5.3.7　链接时优化

链接时优化是链接期间的程序优化, 多个中间文件通过链接器合并在一起组合为一个程序, 缩减代码体积, 并通过对整个程序的分析实现更好的运行时性能。优化人员通过选项-flto 指示 LLVM 编译器生成含有 LLVM 比特码的.o 文件, 将代码生成延迟到链接阶段, 并在链接阶段对代码实现进一步的优化。链接时优化如图 5.9 所示。

当链接器检测到.o 文件为 LLVM 比特码时, 首先将所有的比特码文件读入内存并链接起来, 然后再进行跨文件地内联、常量传播和更激进地死代码消除等优化。本节通过代码 5–14 介绍链接时优化功能。

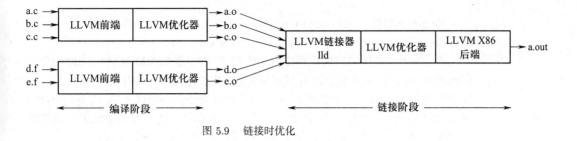

图 5.9　链接时优化

代码 5−14　链接时优化示例

```
--- a.h ---
extern int foo1(void);
extern void foo2(void);
extern void foo4(void);
--- a.c ---
#include "a.h"
static signed int i = 0;
void foo2(void) {
  i = -1;
}
static int foo3() {
   foo4();
   return 10;
}
int foo1(void) {
  int data = 0;
  if (i < 0)
    data = foo3();
  data = data + 42;
return data;
}
--- main.c ---
#include <stdio.h>
#include "a.h"
void foo4(void) {
   printf("Hi\n");
}
int main() {
   return foo1();
}
```

LLVM 将输入的源文件 a.c 编译成 LLVM 比特码文件, 将输入的源文件 main.c 编译成本机目标代码, 命令如下:

[llvm@2021]$ clang -flto -c a.c -o a.o　　　# a.o 是 LLVM 比特码文件

```
[llvm@2021]$ clang -c main.c -o main.o      # main.o 是本机目标代码文件
[llvm@2021]$ clang -flto a.o main.o -o main
```

在本例中，链接器首先识别出 a.c 中的 foo2() 是 LLVM 比特码文件中定义的外部可见符号，完成通常的符号解析传递，发现 foo2() 并没有被使用后，LLVM 编译器删除 foo2()。一旦删除了 foo2()，编译器会识别出条件 i=0，这表明 foo3() 从来没被使用过，因此删除 foo3()，之后删除 foo4()。这个例子说明了与链接器紧密集成的优点，编译器不能在没有链接器输入的情况下删除 foo3()。

在程序的编译阶段，LLVM 编译器通过建立全局函数调用图从而发现并删除没有被调用的死函数。在程序的链接阶段，链接器对所有的输入文件进行解析后，可以建立所有符号及函数的相互引用关系，从而发现并删除没有被引用的符号及对应的函数。可以看出，LLVM 编译器和链接器之间的紧密集成实现了更多的优化。

5.3.8　编译指示

编译指示 (pragma directives) 是设定编译器的状态或是指示编译器完成一些特定的动作。为了便于开启和关闭优化功能，LLVM 提供了一种编译指示语句用于有选择地开启或关闭优化，其语法为 #pragma clang optimize 后跟 on 或者 off，在 on 和 off 之间区域的所有函数定义都会被优化，编译指示优化如代码 5-15 所示。

代码 5-15　编译指示优化

```
#include <stdio.h>
#include <stdlib.h>
using namespace std;
template<typename T> T twice(T t) {
  return 2 * t;
}
#pragma clang optimize on
template<typename T> T thrice(T t) {
  return 3 * t;
}
int container(int a, int b) {
  return twice(a) + thrice(b);
}
#pragma clang optimize off
int main(){
  int x,y;
  x=3;
  y=4;
  printf("%d",container(x,y));
}
```

代码 5-15 中 #pragma clang optimize on 和 off 之间的区域, 即 thrice 函数和 container 函数可以优化, 而该范围之外的 main 函数和 twice 函数则不进行优化。LLVM 编译指示支持很多种类的优化, 本节重点讲解有关于循环的编译指示优化。#pragma clang loop 是针对循环优化的编译指示语句, 用于优化指定的 for、while、do-while 循环体。虽然优化人员可以通过编译指示开启优化功能, 但还需要通过 LLVM 编译器的优化合法性分析, 如果指定的循环体没有通过合法性分析则不优化。该编译指示语句提供了向量化、循环展开和循环分布等优化功能, 以下分别介绍上述优化所对应的编译指示语句。

1. 向量化

向量化在前文中已经阐述过, 优化人员可以通过编译指示语句指定特定的循环 #pragma clang loop vectorize (enable) 开启自动向量化, 通过编译指示语句 #pragma clang loop interleave (enable) 开启基本块内展开, 如代码 5-16 所示。

代码 5-16　编译指示向量化示例

```
#include <stdio.h>
int main( ){
    int i,N,sum;
    N=1024;
    int A[N],B[N];
    for (i = 0; i < N; ++i) {
        A[i] = i;
        B[i] = i + 1;
}
    #pragma clang loop vectorize(enable)
    #pragma clang loop interleave(enable)
    for (i = 0; i < N; ++i) {
        sum= A[i] + B[i];
    }
     return sum;
}
```

向量化宽度由 vectorize_width(value) 指定, 基本块内展开因子由 interleave_count (value) 指定, 参数 value 是正整数, 当指定参数为 1 时则意味着关闭该优化, 等效于 vectorize (disable) 或 interleave (disable)。通过编译指示语句指定向量化宽度和基本块内展开因子的示例如代码 5-17 所示。

代码 5-17　指定向量化参数

```
#include <stdio.h>
#include <stdlib.h>
int main( ){
  int i,N,sum;
```

```
    N=1024;
    sum = 0;
    int A[N],B[N];
    for (i = 0; i < N; ++i) {
       A[i] = i;
       B[i] = rand()%10;
    }
#pragma clang loop vectorize_width(4) interleave_count(8)
    for (i = 0; i < N; ++i) {
       sum= sum + A[i] + B[i];
    }
    printf("%d\n",sum);
#pragma clang optimize off
}
```

如果添加的编译指示语句指定的优化参数未通过 LLVM 编译器的合法性分析则不优化。例如, 当编译指示语句为 #pragma clang loop vectorize_width(4), 经过编译器的向量化优化遍分析, 发现宽度为 4 的向量化不能产生收益, 即未通过合法性分析, 则不能实现向量化优化。

2. 循环展开

通过编译指示语句 #pragma clang loop unroll(enable) 开启循环展开优化, 编译器会通过自身的优化算法计算展开因子并实现循环展开。如果指定参数为 unroll(full), 并且当循环迭代次数 N 已知的情况下, 编译器执行完全循环展开, 如果迭代次数 N 未知则不执行完全循环展开。通过编译指示语句开启循环展开优化的示例如代码 5-18 所示。

代码 5-18   编译指示循环展开示例

```
#include <stdio.h>
#include <stdlib.h>
int main( ){
  int i,N,sum;
  N=1024;
  sum = 0;
  int A[N],B[N];
  for (i = 0; i < N; ++i) {
     A[i] = i;
     B[i] = rand()%10;
  }
#pragma clang loop unroll(enable)
  for (i = 0; i < N; i++) {
     sum= sum + A[i] + B[i];
  }
```

```
    printf("%d\n",sum);
}
```

通过 unroll_count(_value_) 可以直接指定展开因子，其中 _value_ 只能
为正整数，如果此值大于循环迭代次数，则循环将按照循环迭代次数进行完全展
开，否则循环将按照指定的展开因子进行优化。

3. 循环分布

编译器内的循环分布优化遍会分析每一个循环并实现优化，如果优化人员
想指定某一个循环实现循环分布，则可以通过编译指示语句指定循环 #pragma
clang loop distribute(enable) 开启循环分布优化。通过编译指示语句开启循环
分布优化的示例如代码 5-19 所示。

代码 5-19　编译指示循环分布示例

```
#include <stdio.h>
int main( ){
    int i,N;
    N=1024;
    int A[N],B[N],C[N],D[N],E[N];
    for (i = 0; i < N; ++i) {
        A[i] = i;
        B[i] = i + 1;
        D[i] = i + 2;
        E[i] = i + 3;
    }
    #pragma clang loop distribute(enable)
    for (i = 0; i < N; ++i) {
        A[i + 1] = A[i] + B[i];//S1
        C[i] = D[i] * E[i];//S2
    }
     return A[8];
}
```

如果编译指示语句指定 distribute(enable)，并且循环中存在因内存依赖关
系而导致循环不能向量化的语句，编译器通过对循环的合法性分析之后，会将有
依赖关系的语句分布到一个新循环中。如例子中的 S1 语句存在依赖关系不能向
量化，将 S1 和 S2 语句分成两个循环之后，包含 S2 语句的便可以向量化。

5.4　数学库优化

程序在编译过程中经常链接数学库，使用数学库中提供的各类数学函数，能
够缩短应用程序的开发周期，并获取库函数所带来的性能收益。但使用数学库时

也存在一些注意事项, 比如函数库的选择、参数的选择、参数的设置等, 如果优化人员没有利用好数学库, 则可能会影响数学函数的效果。本节首先简单介绍数学库的功能, 然后列举常用的数学库系统, 最后介绍如何用好数学库。

5.4.1 数学库简介

函数库是把函数封装入库, 供优化人员使用的程序集合。科研机构和厂商将各类常用的函数集成到一起形成了若干函数库, 如常用数学函数构成的数学库。这些函数库一般都是在程序的链接阶段引入, 从而减轻优化人员编写此类函数的压力, 并且这些函数都是被深度优化过, 其性能一般比自己编写的库函数性能高。函数库的接口通常对优化人员透明, 仅需要调整这些函数的参数、运行环境等即可使用。

数学库是开展科学计算、工程计算等必备的核心基础软件, 数学函数的性能、可靠性和精度对上层应用程序尤其是科学计算程序的解算至关重要。数学库中提供了常用的数学计算函数, 如幂次运算、三角函数、双曲函数、指数函数、对数函数、数值运算函数、数值处理函数等。代码 5-20 为调用数学库示例。

代码 5-20　调用数学库示例

```c
#include <stdio.h>
#include <math.h>
#define PI 3.1415927
int main() {
  double a = (30*PI/180);
  a = sin(a);
  printf("%lf\n",a);
}
```

在代码 5-20 中, 优化人员在计算变量 a 的正弦值时, 并不需要实现正弦函数, 可以直接调用基础数学库中的正弦函数 sin 完成运算。为了让程序在运行时能够找到正弦函数的定义, 编程人员在编译代码 5-20 时需要添加链接基础数学库的选项-lm。

5.4.2 数学库使用

除了前文提到的基础数学函数库之外, 还有很多扩展数学库, 如 BLAS 库、LAPACK 库、MKL 库等, 这些数学库广泛应用于人工智能、数据分析等科学计算领域, 其中 BLAS 库已经成为初等线性代数运算的业界标准, 被广泛应用于科学及工程计算, 也是许多数学软件的基本核心, 本节以 BLAS 库为例介绍数学库的使用。

1. BLAS 库简介

基本线性代数库 (basic linear algebra subprograms, BLAS) 是一组高质量的基本向量、矩阵运算子程序。BLAS 最早于 1979 年发布了 FORTRAN 版本,后来又发展了 C、C++ 等其他语言版本, 由于 BLAS 涉及最基本的向量、矩阵运算, 因此在程序中合理地调用 BLAS 库函数, 并且在不同平台上选用经过特殊优化的 BLAS 库可以大大提高程序的性能。

应用程序的开发者只需要运用适当的技术将计算过程抽象为矩阵、向量的基本运算, 就可以调用相应的 BLAS 库函数而不必考虑与计算机体系结构相关的性能优化问题, 而 BLAS 库针对不同平台的优化, 则主要由处理器厂商和专业的数学库研发人员完成, 该模式极大地提高了应用程序的开发效率。

CBLAS 库是 BLAS 库的 C 语言接口, 本节以 CBLAS 库为例展开介绍。BLAS 库中的每一种函数操作都区分不同的数据类型, 包括单精度、双精度和复数, 具体数据类型见表 5.18。

表 5.18　BLAS 库支持的数据类型

精度	字母代号	描述
Single real	s	单精度实数
Double real	d	双精度实数
Single complex	c	单精度复数
Double complex	z	双精度复数

针对运算过程中不同类型的矩阵, BLAS 库分别定义了每一种矩阵类型, 在使用时需要优化人员根据实际情况选定, 矩阵类型与对应描述信息见表 5.19。

表 5.19　BLAS 库支持的矩阵类型

矩阵类型	字母代号	描述
General matrix	ge	普通矩阵
General band matrix	gb	带状矩阵
Symmetric matrix	sy	对称矩阵
Symmetric matrix (packed storage)	sp	对称填充矩阵
Hermitian matrix	he	自共轭矩阵
Hermitian band matrix	hb	自共轭带状矩阵
Hermitian matrix (packed storage)	hp	自共轭填充矩阵
Triangular packed	tr	三角矩阵
Triangular band	tb	三角带状矩阵
Triangular matrix (packed storage)	tp	三角分组矩阵

BLAS 库函数分为 3 级, 共计 142 个子函数, 第一级是执行标量与向量、向量与向量操作的函数, 包含 46 个子函数; 第二级函数主要实现矩阵与向量操作,

包含 66 个子函数; 第三级函数主要实现矩阵与矩阵操作, 包含 30 个子函数。通常级别越高的子函数对应用性能的改善越大, 并且一级 BLAS 主要提供程序设计接口, 在实际中很少使用, 因此使用 BLAS 库的一个基本原则是尽可能使用第三级函数中的子函数, 其次是第二级和第一级函数中的子函数。常用函数操作及描述信息见表 5.20。

表 5.20 BLAS 库支持的常用函数操作

函数	描述
dot	标量运算
axpy	向量 – 向量操作
mv	矩阵 – 向量乘积运算
sv	矩阵 – 向量操作解线性方程组
mm	矩阵 – 矩阵乘积运算
sm	使用矩阵 – 矩阵操作解线性方程组

BLAS 库函数的命名由 3 部分组成: 数据类型、矩阵类型、操作类型, 比如子函数 dgemm 代表数据类型是双精度实数的普通矩阵乘积运算, 使用该子函数的其他精度类型只需要将子函数名中的首字母 d 相应地换成 s、c 或 z 即可。常用的二级、三级 BLAS 接口函数及相关信息见表 5.21。

表 5.21 BLAS 库的接口函数

函数	数据类型	描述
gemm	s, d, c, z	普通矩阵 – 矩阵相乘
hemm	c, z	自共轭矩阵 – 矩阵相乘
herk	c, z	自共轭矩阵秩 k 更新
her2k	c, z	自共轭矩阵秩 2k 更新
symm	s, d, c, z	对称矩阵 – 矩阵乘
syrk	s, d, c, z	三角矩阵秩 k 更新
syr2k	s, d, c, z	三角矩阵秩 2k 更新
trmm	s, d, c, z	三角矩阵 – 矩阵乘
trsm	s, d, c, z	三角矩阵的线性矩阵 – 矩阵方程组求解

通过表格中显示的功能可以看出, BLAS 函数库是针对大规模的矩阵、向量运算, 这些计算存在规模大、并行度高的特点。

2. BLAS 库示例

英特尔数学内核库 (Intel math kernel library, MKL) 为英特尔包含有 BLAS 计算功能的数学核心函数库。当在 C 语言中使用该数学库编程时需引用头文件 mkl_cblas.h。代码 5-21 为以 MKL 库为例说明 BLAS 库的使用示例。

代码 5-21　BLAS 库使用示例

```cpp
#include<mkl_cblas.h>
#include<time.h>
#include<iostream>
using namespace std;
void init_arr(int N,double* a);

int main(int argc,char* argv[]) {
  int i,j;
  int N=1000;
  double alpha=1.0;
  double beta=0.;
  int incx = 1;
  int incy = N;
  double* a;
  double* b;
  double* c;
  timespec blas_start,blas_end;
  long totalnsec;
  double totalsec,totaltime;

  a=(double*) malloc( sizeof(double)*N*N );
  b=(double*) malloc( sizeof(double)*N*N );
  c=(double*) malloc( sizeof(double)*N*N );
  init_arr(N,a);
  init_arr(N,b);

  clock_gettime(CLOCK_REALTIME, &blas_start);
  cblas_dgemm(CblasRowMajor,CblasNoTrans,CblasNoTrans,N,N,N,alpha,b,N,a,
N,beta,c,N);
  clock_gettime(CLOCK_REALTIME, &blas_end);
  totalsec = (double)blas_end.tv_sec - (double)blas_start.tv_sec;
  totalnsec = blas_end.tv_nsec - blas_start.tv_nsec;
  totaltime = totalsec + (double)totalnsec*1e-9;
  printf("time:%.2fs\n",totaltime);
  free(a);
  free(b);
  free(c);
  return 0;
```

```
}

void init_arr(int N, double* a)
{
  int i,j;
  for (i=0; i< N;i++) {
    for (j=0; j<N;j++) {
      a[i*N+j] = (i+j+1)%10;
    }
  }
}
```

使用 Intel 的 ICC 编译器对代码进行编译, 需要添加选项-mkl=<arg> 选项, 其中不同的参数表示的含义不同, 参数包括:

- -mkl 或-mkl=parallel: 并行链接 Intel(R)MKL 库, 这也是使用-mkl 选项时的默认值。
- mkl=sequential: 采用串行 Intel(R)MKL 库链接。
- -mkl=cluster: 使用 Intel(R) MKL Cluster 库和 Intel(R) MKL 序列库链接。

5.4.3 用好数学库

在使用数学库时, 需要注意使用方法才能使其发挥更好的效果。本节将总结使用数学库的过程中可以提高效率的方法, 包括数学库参数设置、函数库的选择、根据实际情况手工编写库函数及针对某些特定参数的调整, 优化人员通过这些方法可以更好地发挥数学库的性能。

1. 参数设置

英特尔 MKL 库使用 OpenMP 支持并行性, 以利用多核架构的性能优势。在一个多核平台上, 使用 ICC 编译器的-mkl=sequential 和-mkl=parallel 选项会对生成可执行程序的性能产生影响。本节通过代码 5-21 展示不同选项的效果, 在 Linux 环境下使用 ICC 编译器进行对比测试, 编译命令如下:

[llvm@2021]$ icc blas-mkl.cpp -mkl=sequential -v -o sequential

[llvm@2021]$ icc blas-mkl.cpp -mkl=parallel -v -o parallel

通过打开-v 选项可将整个编译、链接过程的运行命令打印出来, 可以发现在链接过程中不同选项对应的链接库是有差别的, 链接过程的部分命令如下。

打开选项 mkl=sequential:	打开选项 mkl=parallel:
ld /lib/../lib64/crt1.o ...... -L/usr/lib /tmp/iccwnaJx4.o --start-group -lmkl_intel_lp64 -lmkl **sequential** -lmkl_core --end-group-Bdynamic --start-group -lmkl_intel_lp64-lmkl **sequential** -lmkl_core	ld /lib/../lib64/crt1.o ...... -L/usr/lib /tmp/icc7bzRN4.o --start-group -lmkl_intel_lp64 -lmkl_intel **thread** -lmkl_core **-liomp5** --end-group -Bdynamic --start-group -lmkl_intel_lp64-lmkl_intel **thread** -lmkl_core **-liomp5**

在打开选项-mkl=sequential 链接时, 调用了串行库 mkl_sequential. 在打开选项-mkl=parallel 链接时, 调用了多线程并行库 mkl_intel_thread 库及 iomp 库。可执行程序的运行时间对比如下:

[llvm@2021]$ ./sequential

time:0.321s

[llvm@2021]$ ./parallel

time:0.055s

可以明显看出, 在并行链接 Intel(R)MKL 库的情况下, 生成的可执行程序执行速度较快。因此当运算平台支持多线程执行时, 编译时添加多线程选项-mkl=parallel 可以提升程序的性能。

2. 选择函数库

本节以德州仪器为优化人员提供的数学函数库为例进行介绍。德州仪器为其数字信号处理器提供了高效实现的函数库, 如数字信号处理函数库 DSPLIB, 以及专门处理傅里叶变换的 FFTLIB。其中: FFTLIB 是专门进行傅里叶变换的函数库, 而 DSPLIB 不仅支持傅里叶变换, 还支持诸如滤波、复数乘法、复数求模等运算。

针对一个具体待傅里叶变换的数据, 是选择 DSPLIB 还是 FFTLIB 才能使程序的性能更高。德州仪器官方的建议是当傅里叶变换数据长度 (傅里叶变换计算需要的数据个数) 大于 1024 时建议用 FFTLIB, 傅里叶变换数据长度小于等于 1024 时建议用 DSPLIB。这是因为 DSPLIB 应用单个处理器核心执行, 而 FFTLIB 应用多核处理器执行。代码 5-22 为面向 TI 平台使用 DSPLIB 实施傅里叶变换的示例。

代码 5-22 DSPLIB 实施傅里叶变换示例

```
#include <stdint.h>
#include <math.h>
#include <stdio.h>
#include <cGx.h>
#include "gen_twiddle_fft16x16.h"

#define N 128
/* Number of unique sine waves in input data */
#define NUM_SIN_WAVES 4

#define SCALE     3
#pragma DATA_ALIGN(x_ref, 8);
int32_t x_ref [2*N];

#pragma DATA_ALIGN(x_16x16, 8);
int16_t x_16x16 [2*N];
#pragma DATA_ALIGN(y_16x16, 8);
int16_t y_16x16 [2*N];
```

```
#pragma DATA_ALIGN(w_16x16, 8);
int16_t w_16x16 [2*N];

float x_ref_float [2*N];
void generateInput (int32_t numSinWaves) {
    int32_t i, j;
    float sinWaveIncFreq, sinWaveMag;
    for (i = 0; i < N; i++) {
        x_ref_float[2*i] = (float)0.0;
        x_ref_float[2*i + 1] = (float)0.0;
    }
    sinWaveIncFreq = ((float)3.142)/(numSinWaves*(float)1.0);
    sinWaveMag = (float)1.0/(numSinWaves * (float)1.0*N);

    for (j = 0; j < numSinWaves; j++) {
        for (i = 0; i < N; i++) {
            x_ref_float[2*i]+=sinWaveMag*(float)cos(sinWaveIncFreq*j*i);
            x_ref_float[2*i + 1] = (float) 0.0;
        }
    }

    for (i = 0; i < N; i++) {
        x_ref[2*i] = x_ref_float[2*i] * 2147483648;
        x_ref[2*i + 1] = x_ref_float[2*i + 1] * 2147483648;
    }

    for (i = 0; i < N; i++) {
        x_16x16[2*i] = (x_ref[2*i] >> 16);
        x_16x16[2*i + 1] = (x_ref[2*i + 1] >> 16);
    }
}

int16_t y_real_16x16   [N];
int16_t y_imag_16x16   [N];

seperateRealImg () {
    int32_t i, j;
    for (i = 0, j = 0; j < N; i+=2, j++) {
        y_real_16x16[j] = y_16x16[i];
        y_imag_16x16[j] = y_16x16[i + 1];
    }
}

void main () {
```

```
unsigned long long Start, End, UseCycles;
    generateInput (NUM_SIN_WAVES);
    gen_twiddle_fft16x16(w_16x16, N);
    TSCL=0;
    TSCH=0;
    Start=_itoll(TSCH, TSCL);
    DSP_fft16x16(w_16x16, N, x_16x16, y_16x16);
    End=_itoll(TSCH, TSCL);
    UseCycles=End-Start;
    printf("%d\n",UseCycles);
    seperateRealImg ();
}
```

其中需要调用文件 gen_twiddle_fft16x16.c、gen_twiddle_fft16x16.h，对代码 5-22 的示例补充如代码 5-23 所示。

代码 5-23　DSPLIB 实施傅里叶变换示例补充

```
gen_twiddle_fft16x16.c:
#include <math.h>
#include "gen_twiddle_fft16x16.h"
#ifndef PI
# ifdef M_PI
#  define PI M_PI
# else
#  define PI 3.14159265358979323846
# endif
#endif

static short d2s(double d)
{
    d = floor(0.5 + d);  // Explicit rounding to integer //
    if (d >=  32767.0) return  32767;
    if (d <= -32768.0) return -32768;
    return (short)d;
}

#ifdef _LITTLE_ENDIAN
int gen_twiddle_fft16x16(short *w, int n)
{
    int i, j, k;
    double M = 32767.5;
    for (j = 1, k = 0; j < n >> 2; j = j << 2) {
        for (i = 0; i < n >> 2; i += j << 1) {
            w[k +  3] =  d2s(M * cos(2.0 * PI * (i + j) / n));
```

```
            w[k +  2] =  d2s(M * sin(2.0 * PI * (i + j) / n));
            w[k +  1] =  d2s(M * cos(2.0 * PI * (i    ) / n));
            w[k +  0] =  d2s(M * sin(2.0 * PI * (i    ) / n));
            k += 4;
        }
    }
    w[k + 3] =  w[k - 1];
    w[k + 2] =  w[k - 2];
    w[k + 1] =  w[k - 3];
    w[k + 0] =  w[k - 4];
    k += 4;
    return k;
}
#else
int gen_twiddle_fft16x16(short *w, int n)
{
    int i, j, k;
    double M = 32767.5;
    for (j = 1, k = 0; j < n >> 2; j = j << 2) {
        for (i = 0; i < n >> 2; i += j << 1) {
            w[k +  3] = -d2s(M * sin(2.0 * PI * (i + j) / n));
            w[k +  2] =  d2s(M * cos(2.0 * PI * (i + j) / n));
            w[k +  1] = -d2s(M * sin(2.0 * PI * (i    ) / n));
            w[k +  0] =  d2s(M * cos(2.0 * PI * (i    ) / n));
            k += 4;
        }
    }
    w[k + 3] =  w[k - 1];
    w[k + 2] =  w[k - 2];
    w[k + 1] =  w[k - 3];
    w[k + 0] =  w[k - 4];
    k += 4;
    return k;
}
#endif
gen_twiddle_fft16x16.h:
extern int gen_twiddle_fft16x16 (
    short *w,
    int n
);
```

在 CCS 软件环境下, 选用德州仪器平台, 通过对比当傅里叶长度为 512、1024、2048 时进行傅里叶变换所需要的时钟周期, 来向优化人员展示在何时选用 DSPLIB 进行傅里叶变换最合适, 测试结果见表 5.22。

表 5.22   DSPLIB 傅里叶变换测试结果

测试数据/个数	代码数据修改	测试结果/时钟周期个数
傅里叶变换数据长度 =512	更改代码 5-22 中关于 N 的宏定义: #define N 512	1671
傅里叶变换数据长度 =1024	更改代码 5-22 中关于 N 的宏定义: #define N 1024	3240
傅里叶变换数据长度 =2048	更改代码 5-22 中关于 N 的宏定义: #define N 2048	7392

从表 5.22 中可以看出, 当傅里叶变换数据长度为 512 时, 需要 1671 个时钟周期; 当傅里叶变换数据长度为 1024 时, 需要 3240 个时钟周期, 大约为 512 长度时耗时的 1.94 倍; 而当傅里叶变换数据长度为 2048 时, 需要 7392 个时钟周期, 大约是 1024 长度耗时的 2.28 倍。由此可以粗略估计当傅里叶变换数据长度等于 2048 时, 所需要的周期数明显提升, 可见 DSPLIB 不适合进行长度大于 1024 的傅里叶变换。这样的测试结果基本上符合德州仪器官方的建议。当优化人员需要对较长数据进行傅里叶变换, 或者需要利用多核进行傅里叶变换时, 应该调用 FFTLIB。当优化人员需要对较短数据进行傅里叶变换, 或者需要利用单核进行傅里叶变换时, 应该调用 DSPLIB。

3. 手写库函数

在性能要求苛刻的情况下, 数学库提供的性能有时并不能满足优化人员的需要, 因此需要优化人员提升库的性能。优化人员可以根据一些平台无关的算法, 在考虑平台的相关特性后对库函数进行优化, 以达到对于性能的要求。

通常代码中的 abs 数学函数都是标量运算, 本示例在没有数据依赖的情况下, 将标量 abs 运算改为向量 abs 运算, 这样可以同时处理 4 个 abs 值求解, 如代码 5-24 所示。

代码 5-24   向量化 abs 函数

```
未向量化示例 abs.c:                  手工向量化示例 abs-vec.c:
#include <stdio.h>                  #include <stdio.h>
#include <stdlib.h>                 #include <stdlib.h>
#include <math.h>                   #include <math.h>
#include <sys/time.h>              #include <x86intrin.h>
#define N 40960000                 #include <sys/time.h>
int main(){                         #define N 40960000
  int ref[N],cur[N];               int main(){
  int sum,local;                      _m128i v0,v1,v2,v3,v4;
  sum = 0.0;                          int ref[N],cur[N];
  int i;                              int A[4];
  struct timeval starttime,endtime;   int sum = 0;
  float timeuse;                      int i;
```

```
for(i=0;i<N;i++){                    struct timeval starttime,endtime;
  ref[i] = rand()%100;               float timeuse;
  cur[i] = rand()%100;               for(i=0;i<N;i++){
}                                       ref[i] = rand()%100;
gettimeofday(&starttime,NULL);          cur[i] = rand()%100;
for(i=0;i<N;i++){                     }
  local = ref[i] - cur[i];
  sum += abs(local);
}                                     gettimeofday(&starttime,NULL);
gettimeofday(&endtime,NULL);          for(i=0;i<N/4;i++){
timeuse=1000000*(endtime.tv_sec-        v0 = _mm_load_epi32(ref + 4*i);
starttime.tv_sec)+(endtime.tv_usec-     v1 = _mm_load_epi32(cur + 4*i);
starttime.tv_usec);                     v2 = _mm_set_epi32(0,0,0,0);
timeuse /= 1000000;                     v3 = _mm_sub_epi32(v0,v1);
printf("sum = %d\n",sum);               v4 = _mm_abs_epi32(v3);
printf("time = %.3fs\n",timeuse);       _mm_store_epi32(A,v4);
                                        sum += A[0] + A[1] + A[2] +
}                                     A[3];
                                      }
                                      gettimeofday(&endtime,NULL);
                                      timeuse=1000000*(endtime.tv_sec-
                                      starttime.tv_sec)+(endtime.tv_usec-
                                      starttime.tv_usec);
                                      timeuse /= 1000000;
                                      printf("sum = %d \n",sum);
                                      printf("time = %.3fs\n",timeuse);
                                      }
```

在 Linux 环境下使用 LLVM 编译器对两者进行测试, 发现手工向量化示例的速度有了提升, 编译命令及执行时间如下:

[llvm@2021]$ clang abs.c -o abs

[llvm@2021]$ clang abs-vec.c -mavx512vl -o abs-vec

[llvm@2021]$ ./abs

sum = 1365108070

time = 0.171s

[llvm@2021]$ ./abs-vec

sum = 1365108070

time = 0.155s

LLVM 编译器可以对数学库函数实现自动向量化优化, 包括 abs、sin、cos、

log 等数学库函数。ICC 编译器也提供了一系列的向量化数学库函数, 例如 vdSin、vdCos、vdLog2 等, 使用起来比较方便。当优化人员对程序性能要求很高时, 优化人员可以自行编写并优化库函数, 但这对优化人员的能力要求很高。

4. 特定参数调整

在使用数学库时, 特定参数的设置会影响数学库的性能。根据具体问题, 设定某些特定的参数以便于后续优化。以 CBLAS 库中的 cblas_zgemv 函数为例展开介绍, 该函数用来执行矩阵和向量的操作, 为 $y = \mathrm{alpha} \times A \times x + \mathrm{beta} \times y$, 其中参数 alpha 和 beta 为标量, x 和 y 为向量, A 为 $m \times n$ 阶矩阵, 详细信息如下:

```
void cblas_zgemv (CBLAS_LAYOUT layout,
                  CBLAS_TRANSPOSE    TransA,
                  const CBLAS_INDEX   M,
                  const CBLAS_INDEX   N,
                  const void *    alpha,
                  const void *    A,
                  const CBLAS_INDEX   lda,
                  const void *    x,
                  const CBLAS_INDEX   incx,
                  const void *    beta,
                  void *    y,
                  const CBLAS_INDEX   incy)
```

函数中包含参数 layout、TransA、lda、incx、incy 等, 需要优化人员根据程序情况及平台的特征进行调整。只有在使用时注意这些因素, 才能充分发挥数学库的性能。参数详细信息如下。

- layout: 指定行主序还是列主序。
- TransA: 指定转置矩阵或不转置。
- lda: 矩阵 A 的存储步长。
- incx 和 incy: 向量 X 和向量 Y 的存储步长。

以 cblas_zgemv 函数为例, 说明特定参数调整, 如代码 5–25 所示。

代码 5–25　特定参数调整示例

```cpp
#include <iostream>
#include <complex>
#include <cblas.h>
int main() {
  using namespace std;
  typedef complex<double> Comp;
  int Nr = 2, Nc = 3;
  Comp *a = new Comp [Nr*Nc];
  Comp *x = new Comp [Nc];
  Comp *y = new Comp [Nr];
```

```
Comp alpha(1, 0), beta(0, 0);
for (int i = 0; i < Nc; ++i) {
  x[i] = Comp(i+1., i+2.);
}
for (int i = 0; i < Nr*Nc; ++i) {
  a[i] = Comp(i+1., i+2.);
}
cblas_zgemv(CblasColMajor, CblasNoTrans, Nr, Nc, &alpha, a,Nr, x, 1,
&beta, y, 1);
for (int i = 0; i < Nc; ++i) {
  cout << x[i] << "  ";
}
cout << "\n" << endl;
for (int i = 0; i < Nr; ++i) {
  for (int j = 0; j < Nc; ++j) {
    cout << a[i + Nr*j] << "  ";
  }
  cout << endl;
}
cout << "\n" << endl;
for (int i = 0; i < Nr; ++i) {
  cout << y[i] << "  ";
}
}
```

在代码 5-25 中, 参数 CblasColMajor 设置为列主序, 参数 lda 是行数, 但如果需要在一个更大的列主元矩阵中截取一个小矩阵进行计算, 那么 lda 就是大矩阵的行数。由于上例中两个向量在内存中是连续的, 所以设置向量的增量参数 incx 和 incy 为 1, 便于后续优化。在 Linux 环境下使用 LLVM 编译器, 编译命令如下:

[llvm@2021]$ clang++ 5-1.cpp -I ./include blas_LINUX.a cblas_LINUX.a -lgfortran

在编译代码 5-25 之前, 首先要确保 CBLAS 库和 BLAS 库已经下载完成, 编译时通过-I 选项引用 CBLAS.h 头文件, 以及链接与 BLAS 相关的库文件。其中: blas_LINUX.a 为 BLAS 基础库, cblas_LINUX.a 为 CBLAS 库, 又因为 BLAS 库是基于 fortran 的, 所以还需要链接 fortran 库。

5.5　运行时优化

本节从影响进程的运行性能因素及如何优化程序的启动性能两方面入手, 详细阐述运行时优化有关内容。

5.5.1　影响程序启动的因素

可执行文件在操作系统中以进程的方式执行，首先将可执行文件加载到内存中，然后系统分配内存资源完成进程的创建，在这个过程中，会有如下两个因素影响可执行文件的运行性能。

● 可执行文件本身的大小：系统针对全局函数表和内部函数表分别实现了动态链接和延迟绑定优化，一方面提高了装载速度，另一方面减少了不必要的内存损耗。

● 进程创建的方式：系统做了写入时复制优化，即在子进程时不直接复制父进程的所有资源，只允许读数据，在只有一个进程要执行写操作的时候才拷贝所有内容分配给子进程。

程序执行时所需要的指令和数据必须在内存中才能够正常运行，最简单的办法就是将程序运行所需要的指令和数据全都装入内存，这样程序就可以顺利运行。但是很多情况下程序所需的内存数量大于物理内存的数量，当内存的数量不够时，根本的解决办法就是添加内存。由于程序的局部性原理，在程序运行的过程中，整个程序并不是一直驻留在内存中，所以可以将程序最常用的部分驻留在内存中，而将一些不太常用的数据存放在磁盘里面，这就是动态装入的基本原理。

大多操作系统都使用页映射的方式装载可执行文件，装载过程分为 3 个步骤。

① 创建进程的虚拟地址空间，实际上是创建虚拟地址到物理地址的映射数据结构，用于后续保存映射关系；

② 读取可执行文件头，建立虚拟地址空间与可执行文件的映射关系；

③ 将处理器指令寄存器设置为可执行文件的入口，启动运行。

应用程序启动过程同时涉及操作系统的动作和应用程序自身的启动动作，操作系统需要为应用程序的启动创建环境、加载可执行文件和动态链接库，并初始化应用程序的部分数据。应用程序则需要执行自身启动时的程序逻辑，包括初始化数据、访问配置文件及资源文件等。

5.5.2　程序启动性能优化

应用程序的启动速度是应用程序可用性的重要指标，同时也是应用程序给用户的第一印象。对于反复开启的应用来说，启动性能至关重要。优化应用程序启动性能的步骤及相关细节包括以下 5 条：

① 定义启动性能问题，包括定义启动阶段的范围和设定启动性能的可行目标；

② 通过测试获得具体的启动性能数据，在测试程序启动的性能时，要保持相同的测试环境，并尽量利用自动测试，保证测试结果的精确性和稳定性；

③ 利用性能分析工具来确定程序启动性能的瓶颈及影响启动性能的因素；

④ 针对特定的性能瓶颈或者影响因素设计具体的优化方案，并实施优化；

⑤ 针对优化后的应用程序, 重新回到步骤 ② 确定优化后的测试结果, 并和预期目标比较。

优化程序启动性能流程如图 5.10 所示。

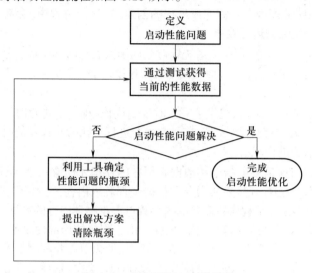

图 5.10 优化程序启动性能流程

本节主要阐述优化源代码、库文件和可执行文件 3 种优化方法。

1. 优化源代码

一个大型应用程序除了包含可执行文件、库文件等与程序逻辑直接相关的文件外, 通常还有大量的其他文件。如果应用程序具有如下特点, 则适合预读程序启动时需要频繁访问的文件。

假设应用程序在启动时需要频繁访问某一个文件 A, 但是每次访问该文件的不同部分, 每次访问的大小也没有规律, 这种频繁随机的访问模式势必导致把大量的 IO 时间浪费在寻道时间上。相反地, 如果一次性把需要频繁访问的文件全部预读入内存, 那么这种操作顺序由于是顺序访问, 从而可以节省大量的寻道时间。预读文件由以下两种方法实现:

● 构造相应的数据结构, 把文件读入内存并解析后, 将其内容存放到一个内存数据结构中, 以供后续存取。

● 利用操作系统的文件缓存特性, 程序启动时直接预读一遍待缓存的文件, 但并不放在具体的数据结构中, 由于操作系统会缓存该文件到内存中, 从而可以达到同样的效果且代码量较小, 在预读时尽量用内存映射函数。

同时也可以构造一个和应用程序独立的预加载序, 预先加载应用程序启动时需要的动态链接库和其他数据, 这样当应用程序启动时所需的大部分代码页和数据页已经出现在内存中, 可以避免相应的缺页中断。

如果应用程序启动时需要加载大量动态库, 引发大量 IO 操作的程序适合多线程化启动, 同时这些动态链接库的初始化函数需要执行很多密集型操作, 长时间占用处理器的时间, 则适合多线程化启动。使用多线程启动程序的示例如代码 5-26 所示。

代码 5-26　多线程启动运行

```cpp
#include<iostream>
#include<thread>
using namespace std;
void myprint()
{
  cout <<"线程开始执行" << endl;
  //execute subthread
  cout << "线程执行结束" << endl;
}
int main()
{
  thread myobj(myprint);
  myobj.join();
  cout << "主线程开始执行" << endl;
  //execute main thread
  return 0;
}
```

应用程序的启动性能和普通的性能优化步骤一致,是一个迭代循环的过程。本节介绍了应用程序启动性能优化的方法,优化人员在了解这些方法的后,应尽量设计出紧凑且体积小的程序代码,以减少启动过程中引发的 IO 操作。

2. 优化库文件

减少动态链接库的数量是提高程序启动性能的一个重要原则,是构造大型应用程序时需要考虑的首要问题。根据实践经验,若一个应用程序启动时需要加载的动态链接库达到数十个,则把这些动态库的数量减少到 10 个以内即可提高启动性能。减少动态链接库可以通过以下两种方法实现。

● 合并动态链接库,将启动时需要加载的多个较小的动态链接库合并成一个大的动态库。

● 强制性修改代码,减少不必要的动态链接库依赖。针对一些虽然加载,但是代码量很少的动态链接库,把启动时需要的函数代码分离出来,加入其他动态链接库中。例如, a.out 启动时需要 b.so 和 c.so 两个动态链接库, b.so 包含 100 个函数,其中 99 个函数在启动时都需要用到, c.so 也包含 100 个函数,但其中只有一个函数需要在启动时用到。为了减少动态链接库的数量,则只需要把 c.so 中的那个函数移入 b.so 即可。

3. 优化可执行文件

通过优化可执行文件实现程序启动时的优化,可以通过减少动态链接尺寸的方法减少 IO,具体实现有使用编译优化选项和清除冗余代码两种方法。优化可执行文件和库文件中的代码布局,通过重新把动态链接库中的函数排列得更加紧密从而达到减少 IO、提高性能的效果。在 LLVM 编译过程中,添加-ffunction-sections 和-fdata-sections 会在输出文件 object 中给每个函数和全局变量控制在一个 section 中并以对应的函数名或全局变量名命名, 代码 5-27 为优化可执行文件示例。

代码 5-27 优化可执行文件示例

```
int f1(int i, int j) {
  int x = 5;
  int y = 3;
  int r = i + j;
  int undef;
  x = undef;
  y = 4;
  return r;
}
void f2() {
}
```

使用编译命令 clang -O3 test-1.c -S -o test-ori.s 对编译, 再使用编译命令 clang -O3 -ffunction-sections test-1.c -S -o test-opt.s 对代码 5-27 进行编译, 生成的汇编文件对比如下。

原始汇编文件:	优化后汇编文件:
```.text```	```.text```
```.file "test-1.c"```	```.file "test-1.c"```
```.globl f1 # -- Begin function f1```	```.section .text.f1,"ax",@progbits```
```.p2align 4, 0x90```	```.globl f1 # -- Begin function f1```
```.type f1,@function```	```.p2align 4, 0x90```
```f1: # @f1```	```.type f1,@function```
```.cfi_startproc```	```f1: # @f1```
```# %bb.0: # %entry```	```.cfi_startproc```
```# kill: def $esi killed $esi def $rsi```	```# %bb.0: # %entry```
```# kill: def $edi killed $edi def $rdi```	```# kill: def $esi killed $esi def $rsi```
```leal (%rdi,%rsi), %eax```	```# kill: def $edi killed $edi def $rdi```
```retq```	```leal (%rdi,%rsi), %eax```
```.Lfunc_end0:```	```retq```
```.size f1, .Lfunc_end0-f1```	```.Lfunc_end0:```
```.cfi_endproc```	```.size f1, .Lfunc_end0-f1```
```# -- End function```	```.cfi_endproc```
```.globl f2 # -- Begin function f2```	```# -- End function```
```.p2align 4, 0x90```	```.section .text.f2,"ax",@progbits```
```.type f2,@function```	```.globl f2 # -- Begin function f2```
```f2: # @f2```	```.p2align 4, 0x90```
```.cfi_startproc```	```.type f2,@function```
```# %bb.0: # %entry```	```f2: # @f2```
```retq```	```.cfi_startproc```
```.Lfunc_end1:```	```# %bb.0: # %entry```
```.size f2, .Lfunc_end1-f2```	```retq```
```.cfi_endproc```	```.Lfunc_end1:```
```# -- End function```	```.size f2, .Lfunc_end1-f2```
	```.cfi_endproc```
	```# -- End function```

经过对比可发现, 使用-ffunction-sections 选项后生成的汇编文件中增加了 section 汇编指示。因为在生成可执行文件的链接过程中查找符号是以 section 为单元进行引用的, 只要 section 中的某个符号被引用, 该 section 就会被加入可执行程序, 如果 section 中的所有符号都没有被引用到, 则该 section 不会被加入可执行文件, 所以可以排除无用的函数, 从而减少可执行文件的大小。

5.6 小结

本章首先阐述了编译器的结构和编译流程, 介绍了从程序源代码到最终可执行文件的步骤, 包括预编译、编译、汇编和链接, 分析了它们的作用及相互之间的联系; 接着通过介绍编译选项, 充分阐述各种编译选项的功能和使用方法; 然后通过对编译优化的分析, 揭示不同优化所产生的效果, 优化人员可在使用编译器时, 根据实际情况配合优化选项, 达到预期的优化效果; 通过讲解数学库的使用, 在程序需要时直接调用高性能数学库可以减少大量工作; 最后介绍程序启动性能的优化和运行时优化, 帮助优化人员能够全面地理解编译运行优化。

读者可扫描二维码进一步思考。

第六章
程序编写优化

　　影响程序性能的因素很多, 常见的如算法设计、数据结构选择和编写代码质量等。本章将程序优化从程序编写的角度分为算法、数据结构、过程级、循环级、语句级 5 个层级, 介绍常用的编码技巧及优化手段, 同时结合优化经验进行案例分享, 期望能够帮助优化人员编写出性能卓越的程序代码。

6.1　算法优化

　　算法 + 数据结构 = 程序, 这个著名的公式展示了程序设计的本质, 也反映出在程序设计中算法与数据结构的重要地位。一般来说, 编写一个程序的过程可以概况为如下步骤: ① 由具体问题抽象出数学模型; ② 分析问题所涉及的数据量大小及数据之间的关系; ③ 确定在计算机中数据的存储结构及数据之间的关系; ④ 确定处理问题时数据之间的运算规则; ⑤ 确定算法并编写程序, 如此往复, 直到将现实问题建模为计算机的算法与数据。可见, 在编写程序时, 需要从算法和数据结构两个方面进行考虑, 用算法描述其操作, 用数据结构描述其数据。本节将介绍算法的概念和评价标准, 并阐述不同算法对程序性能的影响。

6.1.1　算法简介

　　任何问题的解决都有一定的方法和步骤, 算法就是计算机解决问题过程的描述。从程序设计的角度看, 算法由一系列求解问题的指令构成, 能根据规范的输入, 在有限的时间内获得有效的输出结果, 代表了用系统的方法来描述解决问题的一种策略机制。

　　以查找目标数据为例, 假设查找数据任意值, 查找空间为 100 万个已经按照从小到大顺序排列好的数据, 假设检查 1 个数据需要花费 1 ms 的时间, 按照顺序逐一查找的方式需要检查一半数据后才可以找出目标数据, 即需要花费 500 s。但若采用二分查找的方式则可以节省大量时间, 二分查找算法的处理过程如图 6.1 所示。从所有数据中 1/2 处的数据开始检查, 假设数值为 50 万, 将此数据与要查找的数据进行比较, 若比 50 万小, 则继续查找左半部分, 反之查找右半部分的数据集, 以此类推。二分查找每检查 1 次就可以把查找范围缩小一半, 大概在第 20 次的时候就可以将所有数据检查完毕, 总用时只有 20 ms。这个例子中顺序查找和二分查找代表程序的两种不同算法, 所花费的时间长短代表了算法的优劣, 可以看出这两种算法都可以用于解决查找数据的问题, 但性能存在明显的差距。

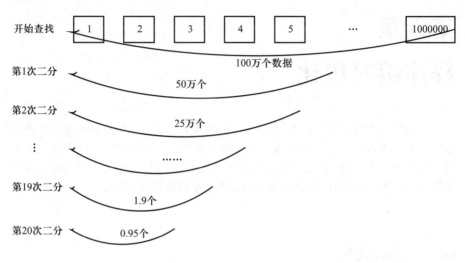

图 6.1　二分查找算法处理过程

上述结论的前提是样本数据量且每次查找耗时相同, 此时二分查找的性能更好, 但随着数据个数的改变及实际运行时查找时间的不同可能会使得结论发生变化, 因此直接去定论某个算法的优劣是不恰当的。比如, 当上述示例的查找空间仅有几个数时, 顺序查找的效率可能会快于二分查找, 因此需要一种更准确、更全面的方法去衡量不同算法的性能优劣, 即采用算法复杂度评估的方法评测算法性能, 其中算法复杂度指标用于考量算法需要的时间和空间。

算法的时间复杂度, 即程序执行时间增长的变化趋势, 通常采用符号 O 来表示。以上述查找目标数据为例, 假设样本数据量为 n, 考虑最坏的情况, 即最后一次查找的数据为目标数据, 对于顺序查找算法来说, 需要 n 次比较得到最后的结果, 时间复杂度为 $O(n)$。对于二分查找算法, 第一次二分是 $n/2$, 再二分后是 $n/4\cdots\cdots$ 直到二分到 1 结束, 所以二分查找的时间复杂度为 $O(\log 2^n)$。一般来说, 常见的时间复杂度量级有常数阶 $O(1)$、对数阶 $O(\log n)$、线性阶 $O(n)$、线性对数阶 $O(n \log n)$、平方阶 $O(n^2)$、指数阶 $O(2^n)$、阶乘阶 $O(n!)$ 等, 依次按照顺序时间复杂度越来越大, 执行效率也越来越低, 如图 6.2 所示。

空间复杂度是程序在运行过程中临时占用存储空间大小的度量, 通常采用符号 S 来表示, 与时间复杂度同样反映的是一个趋势。利用程序的空间复杂度, 可以预先估计程序运行所需要的内存大小。程序执行时除了需要存储本身所使用的指令、常数、变量和输入数据外, 还需要一些辅助空间, 空间复杂度比较常见的有 $S(1)$、$S(n)$、$S(n^2)$。

时间和空间都是算法复杂度的量度, 但相对来说时间复杂度更加常用。以电子产品为例, 科技的发展导致空间资源成本相对较低, 但产品响应的快慢、操作的流畅感, 要比硬件内存等的成本更重要, 也就是说算法执行的快慢会直接影响

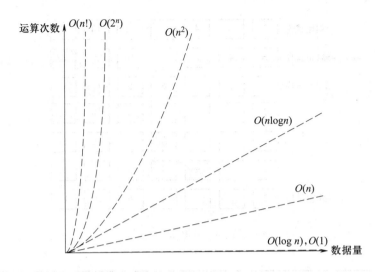

图 6.2　不同量级时间复杂度对比示意

产品的用户体验, 所以在损失小部分空间的情况下, 对算法进行优化以大幅度提高性能是完全可以接受的。下面将列举典型的算法优化案例, 进一步说明不同情况下算法的选择对程序性能的影响。

6.1.2　选择适合算法

算法优化是指通过对算法进行更好的设计以提升程序的性能, 需考虑时间复杂度、空间复杂度、稳定性、鲁棒性、可靠性等。不同算法的时间复杂度和空间复杂度不同导致性能差别也不同, 而同一种算法也可以通过优化使性能得到提升。所以程序中的算法优化可以从选择合适的算法及算法自身的优化两方面进行考虑, 本节结合具体示例进行说明。

排序是程序中的一种常见操作, 它的功能是将一组任意序列的数据元素, 重新排列成一个按关键字有序的序列, 常用的排序算法有十余种, 但它们都可归纳为基于比较的插入、选择、交换 3 类, 时间复杂度在 $O(n\log n)$ 到 $O(n^2)$ 之间, 如冒泡排序、快速排序、插入排序、希尔排序、简单选择排序、堆排序等。下面选择 3 类排序算法中的几个典型算法及优化思路进行介绍, 分析每种算法的复杂度及其性能的差异, 阐述不同应用场景下选择合适算法对程序性能的影响。

1. 冒泡排序

冒泡排序是一种简单的交换排序算法。通过元素的两两比较, 判断是否符合排序要求, 如果不符合就交换位置来达到排序的目的, 如图 6.3 所示。

对于 n 个需要排序的数据来说, 使用冒泡排序最坏情况需要进行 $n-1$ 轮, 且第 i 轮比较 $n-i$ 次, 其算法复杂度为 $O(n^2)$。冒泡排序过后的数据在原始数组中相对次序不变, 说明此排序算法具有稳定性, 但每次排序之后仍会继续进行下一轮的比较, 无效计算较多, 因此只适用于数据量较小的场景。冒泡排序算法如代码 6−1 所示。

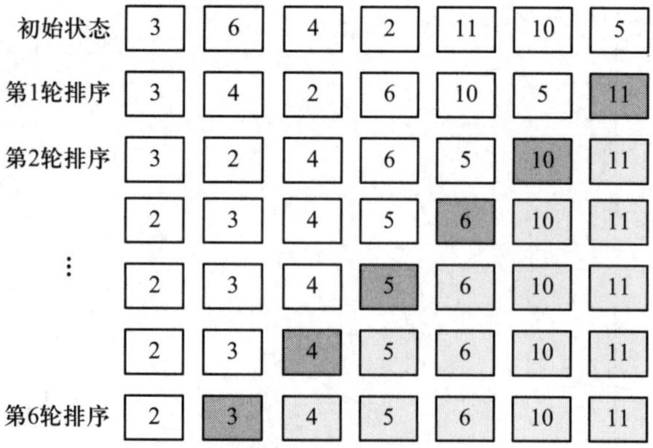

初始状态	3	6	4	2	11	10	5
第1轮排序	3	4	2	6	10	5	11
第2轮排序	3	2	4	6	5	10	11
	2	3	4	5	6	10	11
⋮	2	3	4	5	6	10	11
	2	3	4	5	6	10	11
第6轮排序	2	3	4	5	6	10	11

图 6.3　冒泡排序示意

代码 6−1　冒泡排序算法

```c
#include<stdio.h>
void bubble_sort(int a[], int n)
{
    int i, j, temp;
    for (j = 0; j < n - 1; j++)//总共需要冒泡次数
    {
        for (i = 0; i < n - 1 - j; i++)
        {
            if (a[i] > a[i + 1])
            {
                temp = a[i];
                a[i] = a[i + 1];
                a[i + 1] = temp;//交换操作

            }
        }
    }
}
int main() {
    int a[7] = { 3,6,4,2,11,10,5 };
    bubble_sort(a, 7);
    for (int k = 0; k < 7; k++)
    {
        printf("%d\t", a[k]);
    }
    return 0;
}
```

---

2. 直接插入排序

插入排序是通过把序列中的值插入一个有序序列对应的位置上，直到该序列结束。插入排序的赋值操作次数是比较操作次数减 $(n-1)$ 次，平均来说插入排序算法复杂度为 $O(n^2)$，但在部分数据有序的情况下其效率比冒泡排序更快，直接插入排序算法如代码 6-2 所示。

代码 6-2　直接插入排序算法

```c
#include<stdio.h>
#include <assert.h>
void insertSort(int *arr, size_t size)
{
    assert(arr);
    for (int idx=1; idx<=size-1; idx++)//idx表示插入次数,共进行n-1次插入
    {
        int end = idx;
        int temp = arr[end];
        while (end > 0 && temp < arr[end - 1])//while循环的作用是将比当前
元素大的元素都往后移动一个位置
        {
            arr[end] = arr[end - 1];
            end--;
        }
        arr[end] = temp; //元素后移后要插入的位置就空出了,找到该位置插入
    }
}
int main()
{
    int arr[]= { 3,6,4,2,11,10,5 };
    insertSort(arr, 7);
    for (int k = 0; k < 7; k++)
    {
        printf("%d\t", arr[k]);
    }
    return 0;
}
```

---

3. 简单选择排序

简单选择排序是一种选择排序，这种排序方式每次从待处理数据中选出最小的，放在已经排好序的序列末尾，直至所有排序结束。假设有 n 个待排序的数据，则比较的总次数为 $n \times (n-1)/2$，其总的比较次数不受序列初始排序的影响，而数据移动次数与序列的初始排序情况相关。当序列正序时移动次数为 0，当序列反序时移动次数最多为 $3n(n-1)/2$，即简单排序的时间复杂度为 $O(n^2)$。可

以看出，选择排序的对比次数较多但数据移动次数较少，在数据量大的情况下其效率明显优于冒泡排序，适用于大多数排序场景，该算法如代码 6-3 所示。

代码 6-3　简单选择排序算法

```c
#include<stdio.h>
void selectSort(int a[], int len)
{
    int i, j, temp;
    int minIndex = 0;
    for (i = 0; i < len - 1; i++)
    {
        minIndex = i;
        for (j = i + 1; j < len; j++)
        {
            if (a[j] < a[minIndex])
            {
                minIndex = j;//min就是待排序中最小元素,找到每次最小的元素
            }
        }
        if (minIndex != i) {
            temp = a[i];
            a[i] = a[minIndex];
            a[minIndex] = temp;
        }
    }
}
int main()
{
    int a[]= { 3,6,4,2,11,10,5 };
    selectSort(a, 7);
    for (int k = 0; k < 7; k++)
    {
        printf("%d\t", a[k]);
    }
}
```

从上文介绍的多种排序算法及算法的分析中可以看出，不同算法适用于不同的应用场景，且性能有较大差别。优化人员在进行程序算法选择时，可以依据应用场景及泛化能力对算法进行选择，以便在算法层面上保证程序性能。

6.1.3　改进算法策略

前文的描述已经说明了算法的性能表现会对程序性能产生较大影响，所以在保证正确性的前提下，通过改进算法策略提升程序性能是十分有必要的。算法

策略的改进没有统一的方法, 需要结合算法本身特点进行优化。改进算法策略的方法归结起来一般为以下两类, 一是从算法过程出发, 尽量减少算法复杂度, 提高其运行的效率; 二是从算法编码出发, 运用一些优化技巧优化算法中的编码方式, 从编码角度提升算法运行的性能。

下面以求解向量中的连续子向量的最大和为例, 对如何改进算法策略进行说明。假设输入向量包含下面 7 个元素, 分别为 $(8, -33, 16, 9, -12, 45, 67)$, $x[1]$ 表示第一个元素, 那么该向量的连续子向量的最大和为 $x[3\text{-}7]$ 的总和即 125, 此算法实现及改进思路如下。

1. 枚举算法实现

此向量中所有子向量数都是正数时, 显然子向量最大和就是整个输入向量的和。当输入向量中含有负数时, 一个简单的算法思路是枚举出所有数组下标范围 $[i, j]$ 的子向量, 遍历所有子向量求和, 并通过比较计算出最大和, 枚举算法如代码 6-4 所示。

代码 6-4　枚举算法

```
#include<stdio.h>
int max(int a, int b) {
    if (a > b)
        return a;
    else
        return b;
}
int main(){
    int maxsum = -0x3f3f3f3f;
    int x[] = {8, -33, 16, 9, -12, 45, 67};
    int n = sizeof(x) / sizeof(int);
    int ans = 0;
    int sum = 0;
    for (int i = 0; i < n; i++){
        for (int j = 0; j <= i; j++){
            sum = 0;
            for (int k = j; k <= i; k++){
                sum += x[k];
            }
            ans = max(ans, sum);
        }
    }
    printf("%d", ans);
}
```

此算法逻辑较为简单, 实际运行时性能较差。主要原因为实现程序中核心计算为 3 层循环嵌套导致运行时算法的复杂度达到了 $O(n^3)$, 因此该算法还具有较大的改进空间。

2. 枚举算法优化

上述枚举算法示例中存在部分重复运算，此时可以利用一个变量保存之前的运算结果避免部分冗余计算。经过改进后算法的复杂度为 $O(n^2)$，改进后算法程序如代码 6-5 所示。

代码 6-5 枚举算法优化

```c
#include<stdio.h>
int max(int a, int b){
    if (a > b)
        return a;
    else
        return b;
}
int main() {
    int x[] = { 8, -33, 16, 9, -12, 45, 67 };
    int maxsum =-0x3f3f3f3f;
    int n=sizeof(x)/sizeof(int);
    int sum;
    for (int i = 0; i < n; i++){
        sum = 0;
        for (int j = i; j < n; j++){
            sum += x[j];
            maxsum = max(maxsum, sum);
        }
    }
    printf("%d", maxsum);
}
```

前面列举的两个算法本质都需要穷举所有的子向量，并求出子向量的和，因此时间复杂度依然很大，对此可以采用新的策略进一步优化。

3. 分治算法

采用分治技术将问题分解成 2 个与原问题形式相同的子问题分别递归求解。把向量序列从中间分为左右 A 和 B 两部分，把 A 作为新的输入序列，求出左半部分的最大子向量和 A1，同理求出右半部分的最大子向量和 B1，若最大的向量和是跨越左右两部分的，则将跨越左右部分的最大向量和称为 C1。对于前两种情况可以直接递归求解，对于第三种情况，可以在求出 A1 及 B1 后把两数据相加得到 C1，最后取 3 个子向量和中的最大值即可。该算法虽然复杂，但是它的时间复杂度却降低为 $O(n \log n)$，整体性能优于前两种算法，分治算法如代码 6-6 所示。

代码 6-6 分治算法

```c
#include<stdio.h>
```

```
#include<stdlib.h>
int max1(int a, int b){
    if (a > b) return a;
    else return b;
}
int x[] = { 8, -33, 16, 9, -12, 45, 67 };
int maxsubsum(int l, int r){
    if (l == r) return x[0];
    int maxsum;
    int mid = (l + r) / 2;
    int leftmax = maxsubsum(l, mid);
    int rightmax = maxsubsum(mid + 1, r);
    maxsum = max1(leftmax, rightmax);
    int t = 0;
    int left = x[mid];
    for (int i = mid; i >= 0; i--){
        t += x[i];
        left = max1(left, t);
    }
    int right = x[mid + 1];
    t = 0;
    for (int i = mid + 1; i <= r; i++){
        t += x[i];
        right = max1(right, t);
    }
    maxsum = max1(maxsum, left + right);
    return maxsum;
}
int main(){
    printf("%d", maxsubsum(0, 6));
    return 0;
}
```

---

4. 线性算法

此问题还可以应用归纳的原理, 采用从头到尾扫描数组的思路求解。假设往一个长度为 i 的向量后面插入第 $i+1$ 个数, 此时向量的最大子向量和只有两种情况, 要么包括第 $i+1$ 个数, 要么不包括第 $i+1$ 个数, 即需要从包含第 $i+1$ 个数和不包含第 $i+1$ 个数的序列中选出最大的子向量和, 而不包含 $i+1$ 元素的最大子向量和是已知的, 所以需要找出包含第 $i+1$ 个数的最大子向量和并进行比较。因此, $x[i]$ 作为末尾元素时能找到的最大子向量和, 要么是 $x[i]$ 本身, 要么是 $x[i-1]$ 作为末尾元素时能找到的最大子向量和再拼接上 $x[i]$。该算法如代码 6-7 所示。

```
#include<stdio.h>
#include<stdlib.h>
int  N = 101;
int x[] = { 8, -33, 16, 9, -12, 45, 67 };
int MaxSubsequenceSum(){
    int maxsofar = -0x3f3f3f3f;
    int f[100];
    f[0] = 0;
    for (int i = 1; i < 8; i++) {
        f[i] = max(f[i - 1] + x[i], x[i]);
        maxsofar = max(f[i], maxsofar);
    }
    return  maxsofar;
}
int main(){
    printf("%d", MaxSubsequenceSum());
    return 0;
}
```

理解代码 6-7 的关键在于 $f[i]$, 它是指以第 i 个数为结束的子向量的最大子向量和, 因此只需要求出每个位置的 $f[i]$, 并返回数组的最大值即可。该代码思路虽然较为复杂, 但代码简短且运行速度快, 其时间复杂度为 $O(n)$, 又被称为线性算法。

求解一个向量中的任意连续子向量的最大和问题, 在现实应用中具有很重要的意义。本例从算法设计过程出发, 通过改变算法计算策略将求解一个向量中任何连续子向量的最大和问题算法的复杂度从 $O(n^3)$ 降到 $O(n)$, 提升了算法的执行效率。可以看出在同一应用场景下对算法策略进行优化调整会使程序整体性能有较大幅度的提升, 其他算法的策略改进也可以参考优化改进。

6.2　数据结构优化

通过对算法优化的简单描述, 可以看出算法性能是程序性能的重要影响因素, 但除了算法之外还需要考虑数据结构对程序整体性能的影响。从本质上讲数据结构为算法提供数据服务, 算法围绕数据结构操作, 所以算法的实现应以选择合适的数据结构为前提, 各种不同的数据结构组合在一起构成了程序的基本框架。本节将从数据结构层面阐述其对程序性能的影响, 以及如何选择合适的数据结构。

按照分类标准的不同, 数据结构可以分为逻辑结构和存储结构, 数据的逻辑结构是指数据对象中的数据元素之间的相互关系, 与数据的存储尚未关联, 是从具体问题抽象出来的数学模型,主要分为集合结构、线性结构、树形结构、图形结构等,如图 6.4 所示。

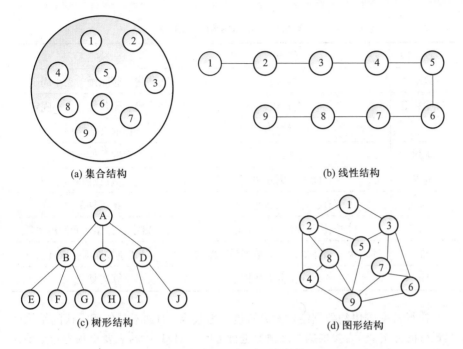

(a) 集合结构　　　　　　　　　　　　　(b) 线性结构

(c) 树形结构　　　　　　　　　　　　　(d) 图形结构

图 6.4　数据元素间的逻辑结构

数据的存储结构是指数据结构在计算机内存中的存储方式,包括数据元素的存储和元素之间关系的存储。元素之间的关系在计算机中有顺序和非顺序两种表示方法,进而有顺序存储结构和链式存储结构两种不同的存储结构。顺序存储结构是指用数据元素在存储器中的相对位置来表示数据元素之间的逻辑结构,而链式存储结构是指在每一个数据元素中增加一个存放另一个元素地址的指针,用该指针来表示数据元素之间的逻辑关系。对一个数据集合来说,顺序结构存储的数据元素地址是连续的,而链式结构对数据元素存放的地址是否连续没有要求。

数据的逻辑结构和存储结构是密不可分的,算法的设计取决于所选定的逻辑结构,而算法的实现依赖于所采用的存储结构。下面将分别对程序设计中最常用数据结构的优缺点进行分析,以帮助优化人员为程序选择合适的数据结构。

6.2.1　典型数据结构的性能分析

常用的数据存储结构有数组、栈、队列、链表、树、哈希表、堆、图等,这些数据结构有各自的优缺点,适用的场景也各不相同,这些数据结构的优缺点可汇总成表 6.1。从表 6.1 中可以看出,数组适合用于数据量较小、且大小确定的情况。无序数组插入速度较快,有序数组查找速度较快,但数组元素在进行删除操作时,需要移动大量数据单元以填补空缺导致耗时较多。链表是在有新元素加入时才开辟所需空间, 所以适用于存储的数据量未知或者需要频繁插入/删除数据元素的情况, 在删除过程中没有必要像数组那样填补空缺。

表 6.1　不同数据结构的优缺点

数据结构	优点	缺点
数组	插入快	查找慢、删除慢、大小固定
有序数组	查找快	插入慢、删除慢、大小固定
栈	后进先出	存取其他项慢
队列	先进先出	存取其他项慢
链表	插入、删除快	查找慢
二叉树	查找、插入、删除快	算法复杂
哈希表	插入快、删除快、查找快	无关键字、存储空间使用率低
堆	插入快、删除快、对大数据项存储快	对其他数据项存取慢
图	依据现实世界建模	算法复杂

执行效率较快的数据结构复杂程度一般较高, 但并不是使用最快的结构就是最好的方案, 仍需要根据实际情况进行考虑。例如, 哈希表要求预先知道要存储多少数据, 但数据对存储空间的利用率不是非常高; 普通的二叉树对顺序的数据来说, 会变成缓慢的 $O(N)$ 级操作; 平衡树虽然避免了上述的问题, 但是程序编码较为困难。表 6.2 统计了不同的数据结构在进行不同操作时的复杂度, 来说明不同结构的性能差异。

表 6.2　不同数据结构的操作性能对比

数据结构	查找	插入	删除	遍历
数组	$O(N)$	$O(1)$	$O(N)$	—
有序数组	$O \log N$	$O(N)$	$O(N)$	$O(N)$
链表	$O(N)$	$O(1)$	$O(N)$	—
有序链表	$O(N)$	$O(N)$	$O(N)$	$O(N)$
二叉树 (一般情况)	$O \log N$	$O \log N$	$O \log N$	$O(N)$
二叉树 (最坏情况)	$O(N)$	$O(N)$	$O(N)$	$O(N)$
平衡树	$O \log N$	$O \log N$	$O \log N$	$O(N)$
哈希表	$O(1)$	$O(1)$	$O(1)$	—

为进一步说明选择不同数据结构对完成相同的操作而导致的程序性能差异, 下面选用数组、链表结构以查找数据为例进行测试。

• 使用有序数组数据结构编写查找程序，如代码 6-8 所示。

代码 6-8　有序数组查找

```c
#include<stdio.h>
#include <malloc.h>
#include <sys/time.h>
int Bin_Search(int* num, int cnt, int target){
    int first = 0, last = cnt - 1, mid;
        int counter = 0;
        while (first <= last) {
            counter++;
            mid = (first + last) / 2;//确定中间元素
                if (num[mid] > target) {
                    last = mid - 1; //mid已经交换过了，last往前移一位
                }
                else if (num[mid] < target) {
                    first = mid + 1;//mid已经交换过了，first往后移一位
                }
                else { //判断是否相等
                    return 1;
                }
        }
        return 0;
}
int main(void) {
    struct timeval start,end;
    int flag = 0;
    int n = 10000000;
    int *num = malloc(n*sizeof(int));
    for (int i = 0; i < n; i++) {
        num[i] = i;
    }
    gettimeofday(&start,NULL);
    flag = Bin_Search(num, n, n-1);
    if (flag) printf("已经找到该数字!!\n");
    else printf("无该数字!!\n");
    gettimeofday(&end, NULL);
    double timeuse = (end.tv_sec - start.tv_sec) + (end.tv_usec -
start.tv_usec)/ 1000000.0;
    printf("time=%f\n", timeuse);
    free(num);
    return 0;
}
```

程序编写完成后, 利用 gettimeofday 这个计时函数对有序数组查找耗时进行测试, 数组个数为 10^7, 结果显示其查找完成花费 0.048 ms 的时间。

● 选取有序链表作为数据存储结构编写程序进行目标数据的查找, 以代码 6−9 为例。

代码 6−9　有序链表查找

```c
#include<stdio.h>
#include<malloc.h>
#include <sys/time.h>
struct Node {
    int value;
    struct Node* next;//指针指向结构体
};
//使用数组来创建一个链表
struct Node* list_create(int data[], int n) {
        //创建头节点
    struct Node* list = (struct Node*)malloc(sizeof(struct Node));
    struct Node* p = list;
    for (int i = 0; i < n; i++) {
                //创建新节点
        struct Node* tmp = (struct Node*)malloc(sizeof(struct Node));
                    //设置数据
        tmp->value = data[i];
        p->next = tmp;
        p = p->next;
            }
    p->next = NULL;
    return list;
    }
    int list_search(struct Node* list,int value) {
        struct Node* p;
        for (p = list->next; p; p = p->next) {
                if (p->value == value) {
                    return 1;
                }
            }
        return 0;
    }
    void list_visit(struct Node* list) {
        for (struct Node* p = list->next; p; p = p->next) {
            printf("%d ", p->value);
        }
    }
    int main(void) {
```

```
    struct timeval start, end;
    int ret;
    int n = 10000000;
    int* num = malloc(n*sizeof(int));
    for (int i = 0; i < n; i++) {
        num[i] = i;
    }
    struct Node* list = list_create(num, n);
    //list_visit(list);
    gettimeofday(&start,NULL);
    ret = list_search(list, n-1);
    if (1 == ret)
        printf("查找成功! ");
    else
        printf("查找失败! ");
    gettimeofday(&end, NULL);
    double timeuse = (end.tv_sec - start.tv_sec) + (end.tv_usec -
start.tv_usec) / 1000000.0;
    printf("time=%f\n", timeuse);
    free(num);
    return 0;
}
```

程序运行后利用计时函数测试耗时情况如下，完成查找 10^7 个数据所花费时间为 19 ms，程序性能不如使用有序数组数据结构。通过该示例的测试结果可以看出，在同样的需求下使用不同的数据结构，程序的性能表现相差较大，下面以稀疏矩阵为例更进一步说明采用不同的数据结构对程序性能的影响。

6.2.2　选择适合的数据类型

在满足程序功能且保证正确性的前提下，选择不同的数据类型也会对程序的性能有影响，具体包括两个方面，一是选择存储空间更小的数据类型，二是选择更适合硬件结构的数据类型，下面按顺序展开介绍。

1. 存储空间更小的数据类型

通常小尺寸类型数据的访问速度比大尺寸类型数据快，且小尺寸的数据可以在缓存中放更多的数据。在使用向量指令进行并行化时，相比大尺寸类型数据，一个向量寄存器能够存放更多的小尺寸类型数据，这能够提升某些程序的性能。

以 128 b 向量寄存器为例，若使用整型数据，则每个寄存器只能保存 4 个数据，但使用短整型数据，每个寄存器可保存 8 个数据，这意味着使用短整型数据时潜在的性能是使用整型数据时的两倍。为验证上述结论，使用 SSE 指令对两种数据类型进行加法运算，并对运行时间进行对比，如代码 6-10 所示。

```c
#include <stdio.h>
#include <emmintrin.h>
#include<sys/time.h>
#define M 2000000
#define N 1000000
int main() {
    float time_use=0;
    struct timeval start;
    struct timeval end;
    //int
    int op3[N];
    int op4[N] ;
    for (int i = 0; i < N; i++)
        {
            op3[i] = rand() % 10;
            op4[i] = rand() % 10;
        }
    //short
    short op1[M];
    short op2[M];
    for (int i = 0; i < M; i++)
        {
            op1[i] = rand() % 10;
            op2[i] = rand() % 10;
        }
    short result1[M];
    int result2[N];
    __m128i x, y, z;
    //用SSE指令进行一次int数据加法运算
    gettimeofday(&start,NULL);
    for(int i=0;i<N;i+=4){
        x = _mm_loadu_si128((__m128i*)&op3[i]);
        y = _mm_loadu_si128((__m128i*)&op4[i]);
        z = _mm_add_epi32(x, y);
        _mm_store_si128((__m128i*)&result2[i], z);
    }
    gettimeofday(&end,NULL);
    time_use=(end.tv_sec-start.tv_sec)*1000000+(end.tv_usec-start.
tv_usec);
    printf("\nint数据向量加耗费时间:%lfus\n",time_use);
    //用SSE指令进行一次short数据加法运算
    __m128i x1, y1, z1;
```

```
gettimeofday(&start,NULL);
for(int i=0;i<M;i+=8){
    x1 = _mm_loadu_si128((__m128i*)&op1[i]);
    y1 = _mm_loadu_si128((__m128i*)&op2[i]);
    z1 = _mm_add_epi16(x1, y1);
    _mm_store_si128((__m128i*)&result1[i], z1);
}
gettimeofday(&end,NULL);
time_use=(end.tv_sec-start.tv_sec)*1000000+(end.tv_usec-start.
tv_usec);
    printf("\nshort数据向量加耗费时间:%lfus\n", time_use);
}
```

对上述代码进行测试, 测试结果在进行一次加法运算处理 4 个整型数据、处理 1 000 000 个数据时, 所耗费的时间为 2514 μs; 在一次加法运算处理 8 个短整型数据时、处理 2 000 000 个数据时, 所耗费时间为 2493 μs。对比结果显示, 处理单个数据时, SSE 指令处理短整型数据的速度比处理整型数据快 1 倍左右。

2. 适合硬件结构的数据类型

不同的硬件架构适合的数据类型可能不同, 导致使用不同的数据类型的程序在相同架构上的性能也有所不同。此时在满足正确性和计算精度的要求下, 可以对数据类型进行转换, 帮助发挥硬件平台特性, 提升程序的运算性能。

下面在向量寄存器长度为 128 b 的平台上, 使用单精度浮点数据和双精度浮点数据两种数据类型的矩阵乘运算比较运行时间。双精度浮点类型一次仅能处理两个数据, 而单精度浮点类型一次即可处理 4 个数据, 在满足计算精度要求的情况下, 选择单精度浮点数据更能充分地利用了硬件。使用 SSE 指令对单精度类型和双精度类型矩阵乘的实现如代码 6-11 所示, 其中单精度浮点类型的数组分别定义为 a1、b1、c1, c1=a1×b1; 双精度浮点类型的数组分别定义为 a2、b2、c2, c2=a2×b2。

代码 6-11　不同数据类型矩阵乘对比

```
#include <immintrin.h>
#include <sys/time.h>
#include <malloc.h>
#include <stdio.h>
#include <stdlib.h>
void swap(float* a, float* b) {
    float* temp = a;
    a = b;
    b = temp;
}
void sse_mul(int n, float** a, float** b, float** c)//float型的SSE矩阵乘
{
```

```
        __m128 t1, t2, sum;
        //turning matrix into T(b)
        for (int i = 0; i < n; ++i) for (int j = 0; j < i; ++j) swap(&b[i][j],
&b[j][i]);
        for (int i = 0; i < n; ++i)
        {
            for (int j = 0; j < n; ++j)
            {
                c[i][j] = 0.0;
                sum = _mm_setzero_ps();
                for (int k = n - 4; k >= 0; k -= 4)
                {
                    t1 = _mm_loadu_ps(a[i] + k);
                    t2 = _mm_loadu_ps(b[j] + k);
                    t1 = _mm_mul_ps(t1, t2);
                    sum = _mm_add_ps(sum, t1);
                }
                sum = _mm_hadd_ps(sum, sum);
                sum = _mm_hadd_ps(sum, sum);
                _mm_store_ss(c[i] + j, sum);
                for (int k = (n % 4) - 1; k >= 0; --k)
                {
                    c[i][j] += a[i][k] * b[j][k];
                }
            }
        }
        for (int i = 0; i < n; ++i) for (int j = 0; j < i; ++j) swap(&b[i][j],
&b[j][i]);
}
void swap_1(double* a, double* b) {
    double* temp = a;
    a = b;
    b = temp;
}
void sse_mul_1(int n, double** a, double** b, double** c)//double型的SSE
矩阵乘
{
    __m128d t1, t2, sum;
    for (int i = 0; i < n; ++i) for (int j = 0; j < i; ++j) swap_1(&b[i]
[j], &b[j][i]);
    for (int i = 0; i < n; ++i)
    {
        for (int j = 0; j < n; ++j)
        {
```

```
            c[i][j] = 0.0;
            sum = _mm_setzero_pd();
            for (int k = n - 2; k >= 0; k -= 2)
            {
                t1 = _mm_loadu_pd(a[i] + k);
                t2 = _mm_loadu_pd(b[j] + k);
                t1 = _mm_mul_pd(t1, t2);
                sum = _mm_add_pd(sum, t1);
            }
            sum = _mm_hadd_pd(sum, sum);
            sum = _mm_hadd_pd(sum, sum);
            _mm_store_sd(c[i] + j, sum);
            for (int k = (n % 4) - 1; k >= 0; --k)
            {
                c[i][j] += a[i][k] * b[j][k];
            }
        }
    }
    for (int i = 0; i < n; ++i) for (int j = 0; j < i; ++j) swap_1(&b[i][j],
&b[j][i]);
}
int main()
{
    int n = 256, i, j;
    float** a, ** b, ** c;
    float time_use=0;
    struct timeval start;
    struct timeval end;
    printf("测试矩阵维数n=%d", n);
    a = (float**)malloc(n * sizeof(float*));
    b = (float**)malloc(n * sizeof(float*));
    c = (float**)malloc(n * sizeof(float*));
    for (i = 0; i < n; i++)
    {
        a[i] = (float*)malloc(n * sizeof(float));
        b[i] = (float*)malloc(n * sizeof(float));
        c[i] = (float*)malloc(n * sizeof(float));
    }
    double** a1, ** b1, ** c1;
    a1 = (double**)malloc(n * sizeof(double*));
    b1 = (double**)malloc(n * sizeof(double*));
    c1 = (double**)malloc(n * sizeof(double*));
    for (i = 0; i < n; i++)
    {
```

```
        a1[i] = (double*)malloc(n * sizeof(double));
        b1[i] = (double*)malloc(n * sizeof(double));
        c1[i] = (double*)malloc(n * sizeof(double));
    }
    for (i = 0; i < n; i++)
    {
        for (j = 0; j < n; j++)
        {
            a[i][j] = rand() % 10;
            b[i][j] = rand() % 10;
            c[i][j] = 0;
            a1[i][j] = rand() % 10;
            b1[i][j] = rand() % 10;
            c1[i][j] = 0;
        }
    }
    //SSE优化的float矩阵乘
    gettimeofday(&start,NULL);
    sse_mul(n, a, b, c);
    gettimeofday(&end,NULL);
    time_use=(end.tv_sec-start.tv_sec)*1000000+(end.tv_usec-start.
tv_usec);
    printf("\nSSE float类型矩阵乘耗时:%lf微秒",time_use);
    float time1 =time_use;
    gettimeofday(&start,NULL);
    sse_mul_1(n, a1, b1, c1);
    gettimeofday(&end,NULL);
    time_use=(end.tv_sec-start.tv_sec)*1000000+(end.tv_usec-start.
tv_usec);
    printf("\nSSE double类型矩阵乘耗时:%lf微秒",time_use);
    printf("\nspeed-up =%lf倍", time_use / time1);
    for (i = 0; i < n; i++) {
        free(a[i]);
        free(b[i]);
        free(c[i]);
        free(a1[i]);
        free(b1[i]);
        free(c1[i]);
    }
    free(a);
    free(b);
    free(c);
    free(a1);
    free(b1);
```

```
    free(c1);
return 0;
}
```

当使用 256×256 大小的矩阵规模进行测试时, 单精度矩阵乘运算测试耗时为 $0.36\,\text{s}$, 双精度矩阵乘运算测试耗时为 $0.68\,\text{s}$, 加速比为 1.88。可以看出, 单精度类型相比双精度类型可以提高近 1 倍的执行速度。

6.2.3　选择适合的数据结构

由于不同的数据结构性能差距较大, 所以在解决具体问题时选择合适的数据结构是非常重要的, 下面以稀疏矩阵向量乘法为例进一步说明数据结构选择的重要性。稀疏矩阵运算涉及多种数据结构和操作, 广泛应用于大型科学工程计算领域。稀疏矩阵具有阶数大且零元素多的特点, 因此无法使用传统的矩阵存储方案和算法, 常采用压缩的方式存储数据, 即只记录稀疏矩阵中的非零元素和相应的索引信息。针对不同类型的稀疏矩阵, 采用不同的稀疏矩阵存储格式会带来不同的存储需求、访存行为和计算特征。稀疏矩阵常用的存储形式有坐标存储 (coordinate format, COO)、行压缩存储 (compressed sparse row, CSR)、对角存储及埃尔帕克 (ELLPACK) 存储。

稀疏矩阵向量乘 (sparse matrix-vector multiply, SpMV) 是科学工程计算的核心算法, 稀疏矩阵向量乘的定义如下:

$$y_j = \sum_{i=0}^{n-1} a_{ij} x_j, a_{ij} \neq 0, j = 0, 1, \cdots, n-1$$

其中, x_j 和 y_j 分别为向量 $\boldsymbol{x}$ 和 $\boldsymbol{y}$ 中的元素, a_{ij} 为稀疏矩阵 $\boldsymbol{A}$ 的元素。稀疏矩阵向量乘是典型的访存密集型不规则算法, 由于数据分布的不规则性和间接寻址, 数据访问的空间和时间局部性较低, 且由于各行的非零元素分布不均使得线程间的负载不均衡, 计算效率较低。为了提升稀疏矩阵向量乘法的性能, 将采用坐标存储、行压缩、对角存储及埃尔帕克存储 4 种稀疏矩阵存储格式实现稀疏矩阵向量乘法并进行测试对比。

1. 坐标存储

坐标存储格式也称为三元组存储格式, 其分别存储每个非零元素的行索引 row、列索引 col 及数值 data。稀疏矩阵的非零元素可以按照任意顺序存储, 3 个数组中的元素都是一对一的关系, 但是一般以按照行优先的顺序进行存储的方式为主。这种存储方式的主要优点是灵活、简单、易于按行和按列访问稀疏矩阵, 以稀疏矩阵 $\boldsymbol{A}$ 为例, 其坐标存储格式表示为:

$$\boldsymbol{A} = \begin{bmatrix} 1 & 5 & 0 & 0 \\ 0 & 2 & 6 & 0 \\ 8 & 0 & 3 & 7 \\ 0 & 9 & 0 & 4 \end{bmatrix}$$

$$\text{row} = \begin{bmatrix} 0, & 0, & 1, & 1, & 2, & 2, & 2, & 3, & 3 \end{bmatrix}$$

$$\text{col} = \begin{bmatrix} 0, & 1, & 1, & 2, & 0, & 2, & 3, & 1, & 3 \end{bmatrix}$$

$$\text{data} = \begin{bmatrix} 1, & 5, & 2, & 6, & 8, & 3, & 7, & 9, & 4 \end{bmatrix}$$

当稀疏矩阵存储格式为坐标存储格式时，稀疏矩阵向量乘法实现如代码6-12所示。

代码 6-12　坐标格式稀疏矩阵向量乘

```
#include <stdio.h>
const static int SIZE = 4; // 矩阵的大小
const static int NNZ = 9; //非零元素的数量
const static int NUM_ROWS = 4;// 列长;
typedef int DTYPE;
void matrixvector(DTYPE A[SIZE][SIZE], DTYPE* y, DTYPE* x) {//常规的矩阵
向量乘
    for (int i = 0; i < SIZE; i++) {
        DTYPE y0 = 0;
        for (int j = 0; j < SIZE; j++)
            y0 += A[i][j] * x[j];
        y[i] = y0;
    }
}
void spmv(int row[NNZ], int col[NNZ], DTYPE values[NNZ], DTYPE y[SIZE],
DTYPE x[SIZE]) {//坐标格式稀疏矩阵向量乘
    int i;
    for (i = 0; i < SIZE; i++) {
        y[i] = 0;
    }
    for ( i = 0; i < NNZ; i++)
        y[row[i]] += values[i] * x[col[i]];
}
int main() {
    int fail = 0;
    DTYPE M[SIZE][SIZE] = { {1,5,0,0},{0,2,6,0},{8,0,3,7},{0,9,0,4} };
    DTYPE x[SIZE] = { 1,2,3,4 };
    DTYPE y_sw[SIZE];
    DTYPE values[] = { 1,5,2,6,8,3,7,9,4 };
    int col[] = { 0,1,1,2,0,2,3,1,3 };
    int row[] = { 0,0,1,1,2,2,2,3,3};
    DTYPE y[SIZE];
    spmv(row, col, values, y, x);
    matrixvector(M, y_sw, x);
    for (int i = 0; i < SIZE; i++)//判断两次矩阵相量乘的结果是否一样
```

```
        if (y_sw[i] != y[i])
            fail = 1;
        if (fail == 1)
            printf("FAILED\n");
    else
        printf("PASS\n");
    printf("矩阵M为:\n");
    for (int i = 0; i < SIZE; i++) {
        for (int j = 0; j < SIZE; j++) {
            printf("%d  ", M[i][j]);
        }
        printf("\n");
    }
    printf("向量x为\n");
    for (int i = 0; i < SIZE; i++) {
        printf("%d\n", x[i]);
    }
    printf("矩阵向量乘的积为\n");
    for (int i = 0; i < SIZE; i++) {
        printf("%d\n", y[i]);
    }
    return fail;
}
```

2. 行压缩存储

行压缩是应用最广泛的压缩格式之一，主要思想是逐行对稀疏矩阵进行压缩，并且记录每行首个非零元素的位置信息，便于对每行中信息的查找。行压缩存储格式由 3 个数组构成，数值 data 按列存放非零元素，列号 col 记录对应于 data 中每个非零元素位于的列数，指针 ptr 记录每行第一个非零元素在 data 中的存储位置。稀疏矩阵 A 所对应的行压缩存储结构表示为:

$$ptr = \begin{bmatrix} 0, & 2, & 4, & 7 \end{bmatrix}$$

$$col = \begin{bmatrix} 0, & 1, & 1, & 2, & 0, & 2, & 3, & 1, & 3 \end{bmatrix}$$

$$data = \begin{bmatrix} 1, & 5, & 2, & 6, & 8, & 3, & 7, & 9, & 4 \end{bmatrix}$$

当稀疏矩阵存储格式为行压缩时，稀疏矩阵向量乘的编码如代码 6-13 所示。

代码 6-13 行压缩格式稀疏矩阵向量乘

```
#include <stdio.h>
const static int SIZE = 4; //矩阵的大小
```

```c
const static int NNZ = 9; //非零元素的数量
const static int NUM_ROWS = 4;//列长;
typedef int DTYPE;
void spmv(int ptr[NUM_ROWS + 1], int col[NNZ], DTYPE data[NNZ],
DTYPE y[SIZE], DTYPE x[SIZE]);
void matrixvector(DTYPE A[SIZE][SIZE], DTYPE* y, DTYPE* x)//常规的矩阵
向量乘
{
    for (int i = 0; i < SIZE; i++) {
        DTYPE y0 = 0;
        for (int j = 0; j < SIZE; j++)
            y0 += A[i][j] * x[j];
        y[i] = y0;
    }
}
void spmv(int ptr[NUM_ROWS + 1], int col[NNZ], DTYPE data[NNZ],
DTYPE y[SIZE], DTYPE x[SIZE]) {//行压缩存储的矩阵向量乘
for (int i = 0; i < NUM_ROWS; i++) {
    DTYPE y0 = 0;
for (int k = ptr[i]; k < ptr[i + 1]; k++) {
    y0 += data[k] * x[col[k]];
}
y[i] = y0;
}
}
int main() {
    int fail = 0;
    DTYPE M[SIZE][SIZE] = { {1,5,0,0},{0,2,6,0},{8,0,3,7},{0,9,0,4} };
    DTYPE x[SIZE] = { 1,2,3,4 };
    DTYPE y_sw[SIZE];
    DTYPE data[] = { 1,5,2,6,8,3,7,9,4 };
    int col[] = { 0,1,1,2,0,2,3,1,3 };
    int ptr[] = { 0,2,4,7,9 };
    DTYPE y[SIZE];
    spmv(ptr, col, data, y, x);
    matrixvector(M, y_sw, x);
    for (int i = 0; i < SIZE; i++)//判断两次矩阵相量乘的结果是否一样
        if (y_sw[i] != y[i])
            fail = 1;
    if (fail == 1)
        printf("FAILED\n");
    else
        printf("PASS\n");
    printf("矩阵M为:\n");
```

```
    for (int i = 0; i < SIZE; i++) {
        for (int j = 0; j < SIZE; j++) {
            printf("%d  ", M[i][j]);
        }
        printf("\n");
    }
    printf("向量x为\n");
    for (int i = 0; i < SIZE; i++) {
        printf("%d\n", x[i]);
    }
    printf("矩阵向量乘的积为\n");
    for (int i = 0; i < SIZE; i++) {
        printf("%d\n", y[i]);
    }
    return fail;
}
```

存在行压缩的情况也就存在列压缩, 与行压缩类似, 列压缩 (compressed sparse column, CSC), 也是由 3 个数组构成, 不同之处在于列压缩存储则是按以列优先进行压缩存储。由于列压缩原理与行压缩相似, 此处针对列压缩的实现不再赘述。

3. 对角存储

对角存储格式专为由多条非零对角线组成的稀疏矩阵设计, 此类矩阵的非零元素全部位于少数矩阵的几条对角线上, 只需要为每条对角线存储索引信息。对角存储格式采用一个二维矩阵和一个向量来存储原矩阵, 其中二维矩阵中的每一列用来存储原矩阵中的一条对角线, 而向量则用来存储各列对应原矩阵中主对角线的偏移量。这种格式引入的坐标向量相对其他几种格式而言要小很多, 但只有在非零元素几乎都分布于主对角线附近的情况下才能体现出优势。稀疏矩阵 A 所对应的对角存储格式为:

$$\text{offsets} = \begin{bmatrix} -2 & 0 & 1 \end{bmatrix}, \quad \text{data} = \begin{bmatrix} * & 1 & 5 \\ * & 2 & 6 \\ 8 & 3 & 7 \\ 9 & 4 & * \end{bmatrix}$$

当稀疏矩阵存储格式为对角存储时, 稀疏矩阵的向量乘法实现如代码 6-14 所示。

代码 6-14 对角存储格式稀疏矩阵向量乘

```
#include <stdio.h>
const static int SIZE = 4; //矩阵的大小
const static int NNZ = 9; //非零元素的数量
const static int NUM_ROWS = 4;//列长;
```

```
typedef int DTYPE;
#define X -1
void matrixvector(DTYPE A[SIZE][SIZE], DTYPE* y, DTYPE* x)//常规的矩阵
向量乘
{
    for (int i = 0; i < SIZE; i++) {
        DTYPE y0 = 0;
        for (int j = 0; j < SIZE; j++)
            y0 += A[i][j] * x[j];
        y[i] = y0;
    }
}
void spmv(DTYPE data[12], int offsets[SIZE - 1], DTYPE y[SIZE],
DTYPE x[SIZE]) {//对角存储格式稀疏矩阵向量乘
    int i, j, k, N;
    int Istart, Jstart, stride = 4;
    for (i = 0; i < SIZE - 1; i++) {
        k = offsets[i];
        Istart = max(0, -k);
        Jstart = max(0, k);
        N = min(SIZE - Istart, SIZE - Jstart);
        for (j = 0; j < N; j++) {
            if (data[Istart + i * stride + j] != X)////其中X对应源数组的*
表示不存在该数
                y[Istart + j] += data[Istart + i * stride + j] *
x[Jstart + j];
        }
    }
}
int main() {
    int fail = 0;
    DTYPE M[SIZE][SIZE] = { {1,5,0,0},{0,2,6,0},{8,0,3,7},{0,9,0,4} };
    DTYPE x[SIZE] = { 1,2,3,4 };
    DTYPE y_sw[SIZE];
    DTYPE data[12] = { X,X,8,9,1,2,3,4,5,6,7,X };
    int offsets[SIZE - 1] = { -2,0,1 };
    DTYPE y[SIZE] = { 0 };
    spmv(data, offsets, y, x);
    matrixvector(M, y_sw, x);
    for (int i = 0; i < SIZE; i++)//判断两次矩阵相量乘的结果是否一样
        if (y_sw[i] != y[i])
            fail = 1;
    if (fail == 1)
        printf("FAILED\n");
```

```
    else
        printf("PASS\n");
    printf("矩阵M为:\n");
    for (int i = 0; i < SIZE; i++) {
        for (int j = 0; j < SIZE; j++) {
            printf("%d  ", M[i][j]);
        }
        printf("\n");
    }
    printf("向量x为\n");
    for (int i = 0; i < SIZE; i++) {
        printf("%d\n", x[i]);
    }
    printf("矩阵向量乘的积为\n");
    for (int i = 0; i < SIZE; i++) {
        printf("%d\n", y[i]);
    }
    return fail;
}
```

4. ELLPACK 存储

对于一个 $m \times n$ 的矩阵, 每行最多有 k 个非零值元素, ELLPACK 格式将非零值存储于一个 $m \times k$ 的稠密矩阵 data 中。相应的列指针被存储在指数矩阵 indices 中, 然后用 0 或者其他的哨兵值来填补空缺。因为在 ELLPACK 格式中非零值不需要遵循任何特殊格式, 所以 ELLPACK 格式比对角存储格式使用的更为普遍。与对角存储格式一样, indices 和 data 矩阵都是按列顺序来存储的, 稀疏矩阵 $\boldsymbol{A}$ 所对应的 ELLPACK 存储格式为:

$$\text{indices} = \begin{bmatrix} 0 & 1 & * \\ 1 & 2 & * \\ 0 & 2 & 3 \\ 1 & 3 & * \end{bmatrix}, \quad \text{data} = \begin{bmatrix} 1 & 5 & * \\ 2 & 6 & * \\ 8 & 3 & 7 \\ 9 & 4 & * \end{bmatrix}$$

当稀疏矩阵存储格式为 ELLPACK 时, 稀疏矩阵向量乘法实现如代码 6-15 所示。

代码 6-15 ELLPACK 存储格式稀疏矩阵向量乘

```
#include <stdio.h>
#include<math.h>
const static int SIZE = 4; //矩阵的大小
const static int NNZ = 9; //非零元素的数量
const static int NUM_ROWS = 4;//列长;
```

```
typedef int DTYPE;
#define X -1
void matrixvector(DTYPE A[SIZE][SIZE], DTYPE* y, DTYPE* x)//常规的矩阵
向量乘
{
    for (int i = 0; i < SIZE; i++) {
        DTYPE y0 = 0;
        for (int j = 0; j < SIZE; j++)
            y0 += A[i][j] * x[j];
        y[i] = y0;
    }
}
void spmv(DTYPE data[12], int indices[12], DTYPE y[SIZE], DTYPE x[SIZE])
{//ELLPACK存储格式稀疏矩阵向量乘
    int n, i, k, N;
    int max_ncols = SIZE - 1, num_rows = SIZE;
    for (n = 0; n < max_ncols; n++)
        for (i = 0; i < num_rows; i++)
            if (data[n * num_rows + i] != X)
                y[i] += data[n*num_rows+i] * x[indices[n*num_rows+i]];
}
int main() {
    int fail = 0;
    DTYPE M[SIZE][SIZE] = { {1,5,0,0},{0,2,6,0},{8,0,3,7},{0,9,0,4} };
    DTYPE x[SIZE] = { 1,2,3,4 };
    DTYPE y_sw[SIZE];
    DTYPE data[12] = { 1,2,8,9,5,6,3,4,X,X,7,X };
    DTYPE indices[12] = { 0,1,0,1,1,2,2,3,X,X,3,X };
    DTYPE y[SIZE] = { 0 };
    spmv(data, indices, y, x);
    matrixvector(M, y_sw, x);
    for (int i = 0; i < SIZE; i++)//判断两次矩阵相量乘的结果是否一样
        if (y_sw[i] != y[i])
            fail = 1;
    if (fail == 1)
        printf("FAILED\n");
    else
        printf("PASS\n");
    printf("矩阵M为:\n");
    for (int i = 0; i < SIZE; i++) {
        for (int j = 0; j < SIZE; j++) {
            printf("%d  ", M[i][j]);
        }
        printf("\n");
```

```
    }
    printf("向量x为\n");
    for (int i = 0; i < SIZE; i++) {
        printf("%d\n", x[i]);
    }
    printf("矩阵向量乘的积为\n");
    for (int i = 0; i < SIZE; i++) {
        printf("%d\n", y[i]);
    }
    return fail;
}
```

对上述 4 种存储格式的稀疏矩阵向量乘法进行性能测试得到如下结论:

● 当采用对角存储格式时, 其性能往往好于其他格式。缺点是采用对角格式, 非零元素的坐标需要通过计算才能得到, 因此通常在稀疏矩阵向量乘法计算中不会采用对角格式。

● 只有非零元所占比例大于某一阈值时, 使用 ELLPACK 存储格式会取得更好的性能。

● 对角存储和 ELLPACK 这两种格式都需要对矩阵进行补零操作, 对稀疏矩阵向量乘程序性能有一定影响, 而坐标存储和行压缩存储格式则不存在这个问题, 它们只存储矩阵中的非零元素, 不会引入不必要的开销。

● 每种稀疏矩阵存储结构的不同将导致在进行优化时必须选择不同的方法, 因此需针对每一种方法选择不同的优化策略, 以获得最优的性能。

稀疏矩阵算法只存储和处理非零元素, 从而大幅度降低了存储空间需求和计算复杂度。由于稀疏矩阵压缩存储结构的特点, 因此在计算过程中会引入大量的离散间接寻址操作。由上述示例可以看出, 相同的问题即使采用相同的算法、同一目标体系结构和计算平台, 不同的稀疏矩阵存储结构也会有不同的计算效率, 并且会对面向特定体系结构的程序性能优化产生直接影响。因此优化人员在选择数据结构时需要多方考虑, 必要时进行测试对比以选取使程序性能最好的数据结构。

6.3 过程级优化

过程在高级语言中也称为函数或者方法。过程是对一系列工作流程的抽象, 在进入时需为过程的局部变量分配空间, 在退出时需释放空间, 被调用时需要将数据和控制从代码的一部分传递到另一部分。过程间分析是指在整个程序范围内, 在不改变程序代码和过程间调用关系的前提下, 跨越过程边界进行信息收集, 编译器或者优化人员根据收集的过程间信息进行分析的操作, 根据分析结果进行的优化操作称为过程间优化。过程间优化涉及一个程序中多个过程的代码变换、移动及调用关系改变。过程间分析存在于整个过程间优化中, 其优化范围扩大到整个程序, 因此需要处理的信息更多, 优化的难度也更大。

学习掌握过程间分析的相关概念, 有助于优化人员熟悉编译器在过程间分析时的工作。同时也有助于优化人员手动分析程序的相关信息, 摆脱编译器的束缚, 进而手工地替换编译器对某一个特定程序优化或更进一步优化。

6.3.1 别名消除

C 语言中为了方便编码, 为变量定义了别名, 但在同一程序中两个以上的指针引用相同的存储位置时, 将存在指针别名的问题。别名的存在导致编译器会默认多个访存间含有依赖关系进而影响程序的优化, 此时可以借助别名分析技术进行分析, 确定两个指针是否指向内存中的同一个对象。别名分析的结果是其他程序分析与变换的基础, 指针别名分析的精度会影响程序的安全性分析、自动向量化、自动并行化等多种程序优化方法。在程序员没有指出或者编译器没有分析出变量之间的别名关系时, 别名的存在将会影响到程序依赖关系的判断, 进而影响编译器对程序实施优化的效果, 以代码 6-16 为例进行说明。

代码 6-16　别名消除示例一

```
#include <stdio.h>
#define N 1024
void add(int* a, int* b) {
    int C = 5;
    for (int i = 0; i < N; i++)
        a[i] = b[i - 1] + C;
}
int main() {
    int a[N], b[N];
    int i;
    for (i = 0; i < N; i++) {
        a[i] = i;
        b[i] = i + 1;
    }
    add(a, b);
    printf("%d\n", a[1]);
}
```

假设此代码段需要进行向量化优化, 在优化之前则需要确定指针 a 和 b 是否互为别名, 若不互为别名, 则该循环体可以进行向量化, 若指针 a 和 b 互为别名, 那么该循环存在依赖关系, 不能进行向量化。在实际编译时由于缺少更多信息支持, 编译器会保守地认为指针 a 和 b 之间互为别名, 因此并不会对该循环进行向量化优化。此时可以使用 restrict 关键字来限定指针变量, 表明该变量没有别名, 如代码 6-17 所示。

代码 6-17 别名消除示例二

```c
#include <stdio.h>
#define N 1024
void add(int* restrict a, int* restrict b) {//编译器可以做优化
    int C = 5;
    for (int i = 0; i < N; i++)
        a[i] = b[i - 1] + C;
}
int main() {
    int a[N], b[N];
    int i;
    for (i = 0; i < N; i++) {
        a[i] = i;
        b[i] = i + 1;
    }
    add(a, b);
    printf("%d\n", a[1]);
}
```

在使用 restrict 关键字说明程序中不存在别名后, 即可以进行后续的向量化, 生成更高效率的汇编代码。但若代码中已经存在别名, 再添加 restrict 关键字后会导致错误的结果, 如代码 6-18 所示。

代码 6-18 别名消除示例三

```c
#include <stdio.h>
#define N 1024
void add(int* restrict a, int* restrict b) {
    int C = 5;
    for (int i = 0; i < N; i++)
        a[i] = b[i - 1] + C;
}
int main() {
    int a[N], b[N];
    int i;
    for (i = 0; i < N; i++) {
        a[i] = i;
        b[i] = i + 1;
    }
    add(a, a);//已经互为别名, 再加关键字为错误
    printf("%d\n", a[1]);
}
```

代码 6-18 中, add 函数中参数已经互为别名, 此时在指针变量后加入 restrict 关键字会导致编译器认为参数不互为别名而开展后续优化, 从而致使程序结果出错, 所以优化人员在使用 restrict 关键字时需要仔细分析代码情况避免用错。

此外为了减少别名对于程序性能的影响, 可以在编译器中添加相应的选项, 确定变量或指针之间的别名是否相关。例如, 使用编译器中-O1、-O2、-O3 等优化选项时, LLVM 的 AliasAnalysis 优化遍或 GCC 中的-fargument-noalias 选项均可以用于检测全局指针别名情况。值得注意的是, 别名选项要谨慎使用, 添加正确的别名选项有可能提升程序的性能, 但是添加错误的别名选项将会导致程序运行结果出错。

6.3.2 常数传播

常数传播是指替代表示式中已知常数的过程, 一般在编译前期进行。实际程序中可能存在复杂的控制流, 编译器把所有情况的常数替换都识别出来并对程序实施正确的常数替换优化是较为困难的, 因此建议优化人员尽量手动进行常数传播优化, 以代码 6-19 为例进行说明。

代码 6-19　常数传播优化前示例

```c
#include <stdio.h>
int main() {
    int a = 16;
    int i;
    const int n = 256;
    int x[n];
    for (i = 0; i < n; i++) {
        x[i] = a / 4 + i;
    }
    return 0;
}
```

代码 6-19 中 a 是一个定值, 可以直接对其进行常数传播优化, 优化之后的程序如代码 6-20 所示。

代码 6-20　常数传播优化后示例

```c
#include <stdio.h>
int main() {
    int a = 16;
    int i;
    const int n = 256;
    int x[n];
    for (i = 0; i < n; i++) {
```

```
        x[i] = 4 + i;
    }
    return 0;
}
```

改写后的循环体将减少多次访存操作及多次除法运算, 且可以去除中间赋值语句, 使代码显得更加紧凑。以上述代码为例, 当 $n = 10^4$ 时, 优化前后的循环运行耗时分别为 22 μs 和 15 μs, 加速比达到 1.47 倍。综上所述, 常数传播优化在实际应用中可以节省程序的执行时间, 提高程序的整体效率, 避免代码的扩展, 有助于后续的优化。

6.3.3 传参优化

函数调用时, 参数调用将通过寄存器或栈传递。函数的参数优先通过寄存器传递, 超出寄存器传值的数量之后才会通过栈传递。传递参数效率最高的方式是使用寄存器, 因为读或者写寄存器只需要 1 个时钟周期, 通过堆栈传递可能需要数十个时钟周期。处理器中通用寄存器的数量较少, 且需要在参数、返回值、寄存器变量及临时变量之间共享。因含有传递给函数参数值的变量应该存放在内存中, 若将所有通用寄存器都分配给参数传递将会抵消整个程序所获得的性能增益。因此向函数传递的参数越多, 开销就越大。当函数的参数较多时, 未解决参数传输较多的问题可以将函数的参数组合成一个结构体指针, 以代码 6-21 为例进行说明。

代码 6-21 函数参数结构变换示例一

```
#include <stdio.h>
void func(int x,int y, int z, int a, int b,int c){
    x=a+b;
    y=b+c;
    z=a+c;
}
int main()
{
    int x,y,z,a,b,c;
    a=1,b=2,c=3;
    func(x,y,z,a,b,c);
    printf("参数过多会产生额外开销\n");
    return 0;
}
```

在代码 6-21 基础之上, 可以将参数组合成为一个结构体, 这样仅需传递一个指针即可, 大大减少了函数调用时参数传递的开销, 优化后程序如代码 6-22 所示。

```
#include <stdio.h>
struct Param {
    int x;
    int y;
    int z;
    int a;
    int b;
    int c;
};
void func(struct Param* p) {
    p->x = p->a + p->b;
    p->y = p->b + p->c;
    p->z = p->a + p->c;
}
int main()
{
    struct Param p;
    p.a = 1;
    p.b = 2;
    p.c = 3;
    func(&p);
    printf("传递一个指针可以大大减少函数调用时传递参数的开销\n");
    return 0;
}
```

6.3.4　内联替换

普通函数的调用过程为保存现场、转到被调函数执行、执行完毕返回调用处、恢复现场 4 个步骤, 而调用过程中会产生部分时空开销。为了节省函数调用的时空开销, 可以采用内联替换的思路优化程序。具体优化思路: 函数在被调用处复制函数代码副本, 并通过代码膨胀将被调函数体副本直接在调用处进行内联替换, 同时被调过程内的形参也将被替换为主调过程内的实参。通过内联替换优化使得程序的过程间分析和优化工作能够直接调用过程内的相应方法实现, 提供了更多并行的机会, 进而提高了程序执行效率。

优化人员可以通过添加内联编译选项-inline 指定相应的代码进行内联。C 语言规范里可以添加 inline 关键字指定函数进行内联, 同时可以通过检查编译器日志判断函数是否真正被内联。以代码 6-23 为例, 介绍如何用 max 函数获取两个参数中的最大值。

代码 6-23　内联替换示例

```
#include <stdio.h>
float max(float a,float b){
    return a>b?a:b;
}
int main(){
    printf("%f",max(5,6));
}
```

　　优化人员可以使用宏来替换 max 函数, 语句如下:
　　#define max(a,b)((a)>(b)?(a):(b))
　　经测试此内联操作可以使求最大值的运行时间节省约 50%。内联替换还可以减少函数调用的入栈出栈开销, 减轻寄存器的压力, 也可以将函数体代码修改为更适合调用点的形式, 以代码 6-24 为例进行说明。

代码 6-24　内联替换前示例二

```
#include <stdio.h>
void func1(int* x, int k) {
    x[k] = x[k] + k;
}
int main() {
    int i;
    const int n = 256;
    int a[n];
    for (i = 0; i < n; i++)
        a[i] = i;
    for (i = 0; i < n; i++)
        func1(&a[0], i);
    printf("%d", a[5]);
}
```

　　此时可以进行内联替换, 将函数体中的语句直接替换至数组 a 的赋值操作中, 如代码 6-25 所示。

代码 6-25　内联替换优化后示例三

```
#include <stdio.h>
int main() {
    int i;
    const int n = 256;
    int a[n];
    for (i = 0; i < n; i++)
```

```
        a[i] = a[i] + i;//func1内联替换
}
```

在本例中, 循环在内联后可以更好地进行下一步的优化, 进一步提升程序性能。但是, 内联一般针对小型或被频繁调用的函数, 内联较大的函数及过度内联会增大一个过程内的代码量, 进而导致寄存器压力增大、读取指令延迟及编译时间开销增加, 并且内联替换后会增加数据相关性分析的复杂度, 导致某些程序并行性不能得到很好的发掘。因此, 过度内联有时并不能得到更好的优化结果, 需要优化人员进行平衡。

6.3.5 过程克隆

过程克隆是指当一个过程在不同的调用环境下表现出不同的特性时根据需要生成该过程的多个实例, 再针对每个实现进行不同的优化处理, 程序中的调用点会根据上下文的属性信息来选择调用过程实现的某个版本。过程克隆也可以理解为过程多版本, 以代码 6−26 为例进行说明。

代码 6−26 过程克隆示例一

```
#include <stdio.h>
#include<stdlib.h>
#define N 8
void func(int *A,int j){
        int k = 1;
        for (int i = 0; i < N-j; i++) {
                A[i + j] = A[i] + k;
        }
}
int main() {
        int A[N] = {0}, i, j;
        j = rand() % 10;
        printf("%d \n",j);
        func(A,j);
        for (int i = 0; i < N; i++) {
                printf("%d  ", A[i]);
        }
}
```

由于步长大小 j 的值不确定, 且此语句存在自身到自身的依赖, 难以对代码进行向量化。对于某些可以在编译时确定 j 值的调用点, 编译器可以用克隆后的相应版本调用代替。若平台向量寄存器一次可以操作 4 个整型数据, 解决这个问题的一种方案是把代码改写成基于不同 j 值的特定版本, 当 $j=0$ 或 $j>4$ 时, 选择调用 fun2, 后续可以对 fun2 进行向量化; 否则函数不能进行向量化, 此时调用函数 fun1, 如代码 6−27 所示。

```c
#include <stdio.h>
#include<stdlib.h>
#define N 8
void func1(int *A,int j){
        int k = 1;
        for (int i = 0; i < N-j; i++) {
                A[i + j] = A[i] + k;
        }
}
void func2(int *A,int j){
        int k = 1;
        for (int i = 0; i < N; i++) {
                A[i+j] = A[i] + k;//后续可以进行向量化优化
        }
}
int main() {
        int A[N] = {0}, i, j;
        j = rand() % 10;
        printf("%d \n",j);
        if(j=0||j>4)
                func2(A,j);
        else
                func1(A,j);
        for (int i = 0; i < N; i++) {
                printf("%d  ", A[i]);
        }
}
```

与过程内联时将调用点替换为被调过程的副本不同, 过程克隆保持实现调用的代码不改变。过程克隆是一个加强常数传播作用非常有效的途径, 在原过程的不同克隆版本中, 可以将调用发生时不同常数值的参数视为常数。

6.3.6 全局变量优化

全局变量尤其是多个文件共享的全局数据结构会阻碍编译器的优化。因为编译器需要在多个文件之间分析其使用状态, 为了保证结果的正确性, 编译器优化是极为保守的, 所以移除子表达式、合并某些操作的结果的优化方式, 编译器也需谨慎评估。因此要尽量不使用全局变量, 就算要使用全局变量, 也要通过参数传递, 以代码 6−28 为例进行说明。

代码 6−28　全局变量优化示例一

```
#include <stdio.h>
int a = 1;
void func() {
    int c = 14;
    a = a + c;
}
int main() {
    func();
    printf("%d", a);
}
```

代码段中 a 为全局变量, 一旦这个全局变量被删除或被修改, 就会影响到这个函数的执行的正确性。可将代码段改为使用参数传递的形式, 如代码 6−29 所示。

代码 6−29　全局变量优化示例二

```
#include <stdio.h>
int a = 1;
void func(int *a) {
    int c = 14;
    *a = *a + c;
}
int main() {
    func(&a);
    printf("%d", a);
}
```

全局变量的使用也使得程序员不便追踪其变化, 难以进行手工优化。对于并行程序来说, 全局变量除非在迫不得已的情况下才建议使用, 因为多个线程或者进程间需要协调对全局变量的更改, 如何保证全局变量在各个线程或者进程间的状态是一致的, 这是并行编程的难点之一, 而解决这个难点的最好策略是回避它。此外, 全局变量还会占用寄存器, 影响寄存器的分配, 这部分内容将在第 8.1 节寄存器优化中讲解。

6.4　循环级优化

通常程序的运行时间遵循二八定律, 即 80% 的运行时间耗费在 20% 的代码上。耗时最长的部分以循环结构最为常见, 所以程序优化过程中循环结构是需要重点考虑的。虽然主流的编译器都会对循环进行基本的优化处理, 但对程序中依赖控制关系复杂等情况可能无法实施优化, 而这些优化对提升程序性能是至关重要的。在第五章已经对循环变换进行了描述, 但是由于编译器的局限性, 在其无法自动完成某种循环变换时, 优化人员需要手动实施循环变换以达到提升程序性能的效果。本节将结合实例介绍循环不变量外提、循环展升、循环合并、循环分块、循环分布等方法, 并详细讨论各种循环优化方法及优化效果。

6.4.1 循环不变量外提

循环不变量是指在循环迭代空间内值不发生变化的变量。由于循环不变量的值在循环的迭代空间内不发生变化, 因此可将其外提到循环外仅计算一次, 避免其在循环体内重复计算。实际上, 大多数编译器中都含有循环不变量外提优化, 并且编译器在中间优化及代码生成等阶段可能都会做循环不变量的外提优化, 但编译器的优化能力有限, 当编译器对变量的依赖关系分析不清晰, 不能确认其为不变量时, 就会保守地将不变量仍然放在循环内执行, 此时需要优化人员将循环中的不变量进行手动外提, 代码 6–30 为循环不变量外提前示例。

代码 6–30　循环不变量外提前示例

```c
#include <stdio.h>
int main() {
    const int M = 256;
    const int N = 256;
    float U[M], W[M], D[M];
    float dt = 5.0;
    for (int i = 1; i < N; i++) {
        U[i] = i;
        W[i] = i + 1;
        D[i] = i + 2;
    }
    for (int i = 1; i < N; i++)
        for (int j = 1; j < M; j++)
            U[i] = U[i] + W[i]*W[i]* D[j] / (dt * dt);
    printf("%f", U[1]);
}
```

上面的循环中最内层循环包括两个循环不变量表达式, 分别是 W[i]*W[i] 和 (dt*dt), 其中表达式 W[i]*W[i] 可以提到内层循环外, 表达式 (dt*dt) 可提到最外层循环外, 并且由于除法的时间节拍数比乘法多, 因此可将外提的表达式改为 1/(dt*dt), 并将循环内的除法操作改为了乘法操作, 循环不变量外提优化后如代码 6–31 所示。

代码 6-31 循环不变量外提后示例

```c
#include <stdio.h>
int main() {
    const int M = 256;
    const int N = 256;
    float U[M], W[M], D[M];
    float T1, T2;
    float dt = 5.0;
    for (int i = 1; i < N; i++) {
        U[i] = i;
        W[i] = i + 1;
        D[i] = i + 2;
    }
    T1 = 1 / (dt * dt);
    for (int i = 1; i < N; i++) {
        T2 = W[i]*W[i];
        for (int j = 1; j < M; j++)
            U[i] = U[i] + T2 * D[j] * T1;
    }
    printf("%f", U[1]);
}
```

经过循环不变量外提后, 削弱上述循环的计算强度了, 提高了代码的性能。但不变量外提前后循环的计算量减少不多, 且循环外的不变量需要单独占用一个寄存器, 减少了循环内可用寄存器的数量, 所以进行循环不变量外提后性能也可能没有提升, 此时需要优化人员视情况考虑是否进行循环不变量外提。

除了循环内可能存在循环不变量表达式外, 在手工编写向量化代码时也可能人为地引入很多循环不变量, 如能将这些不变量外提, 也能提高向量程序的性能, 如代码 6-32 所示。

代码 6-32 循环向量化后不变量外提前示例

```c
#include<stdio.h>
#include<stdlib.h>
#include <immintrin.h>
#define N 16
void main() {
    float A[N], B[N];
    float C0 = 2.0;
    int i;
    __m128 v1, v2, v3;
    for (i = 0; i < N; i++) {
        B[i] = 1.0;
```

```
    }
    for (i = 0; i < N; i += 4) {
        v1 = _mm_loadu_ps(&B[i]);
        v2 = _mm_set_ps1(C0);
        v3 = _mm_mul_ps(v1, v2);
        _mm_store_ps(&A[i], v3);
    }
    for (i = 0; i < N; i++) {
        printf("%f  ", A[i]);
    }
}
```

代码中的语句 v2=_mm_set_ps1(C0) 每次循环都要执行一次, 若将该赋值语句提到循环外后仅需执行一次, 将提高程序的执行效率, 如代码 6-33 所示。

代码 6-33　循环向量化后不变量外提后示例

```
#include<stdio.h>
#include<stdlib.h>
#include <immintrin.h>
#define N 16
void main() {
    float A[N], B[N];
    float C0 = 2.0;
    int i;
    __m128 v1, v2, v3;
    for (i = 0; i < N; i++) {
        B[i] = 1.0;
    }
    v2 = _mm_set_ps1(C0);
    for (i = 0; i < N; i += 4) {
        v1 = _mm_loadu_ps(&B[i]);
        v3 = _mm_mul_ps(v1, v2);
        _mm_store_ps(&A[i], v3);
    }
    for (i = 0; i < N; i++) {
        printf("%f  ", A[i]);
    }
} simd_store(v3, A[i]);
```

6.4.2　循环展开和压紧

循环展开是一种常用的提高程序性能的方法, 它通过将循环体内的代码复制多次的操作, 进而减少循环分支指令执行的次数, 增大处理器指令调度的空间,获得更多的指令级并行。此外循环展开将迭代间并行转为了迭代内并行, 可以在展开后的循环体内发掘数据级并行, 生成向量访存和运算指令以提高性能。循环压紧是指调整复制后的语句执行, 将原来一条语句复制得到的多条语句合并到一起。其中对最内层循环进行展开总是合法的, 而压紧则要满足语句执行顺序调整正确性的要求。以矩阵乘为例说明循环展开优化, 代码 6-34 为优化前示例。

代码 6-34　循环展开优化前示例

```c
#include <stdio.h>
int main() {
    const int N = 256;
    double A[N][N], B[N][N], C[N][N];
    int i, j, k;
    for (i = 0; i < N; i++) {
        for (j = 0; j < N; j++) {
            A[i][j] = 1.0;
            B[i][j] = 2.0;
            C[i][j] = 3.0;
        }
    }
    for (i = 0; i < N; i++) {
        for (j = 0; j < N; j++) {
            A[i][j] = A[i][j] + B[i][j] * C[i][j];
        }
    }
    for (i = 0; i < N; i++)
        for (j = 0; j < N; j++)
            printf("%f\n", A[i][j]);
}
```

可以看出此代码中第二个循环是其核心计算部分, 针对此循环体中的内层循环进行循环展开, 展开 4 次后如代码 6-35 所示。

代码 6-35　循环展开优化后示例

```c
#include <stdio.h>
#define N 256
int main() {
    double A[N][N], B[N][N], C[N][N];
    int i, j, k;
    for (i = 0; i < N; i++) {
        for (j = 0; j < N; j++) {
            A[i][j] = 1.0;
            B[i][j] = 2.0;
            C[i][j] = 3.0;
```

```
        }
    }
    for (i = 0; i < N; i++) {
        for (j = 0; j < N; j += 4) {
            A[i][j] = A[i][j] + B[i][j] * C[i][j];
            A[i][j + 1] = A[i][j + 1] + B[i][j + 1] * C[i][j + 1];
            A[i][j + 2] = A[i][j + 2] + B[i][j + 2] * C[i][j + 2];
            A[i][j + 3] = A[i][j + 3] + B[i][j + 3] * C[i][j + 3];
        }
        for ((N / 4) * 4 + 1; i < N; i++) //尾部循环
            A[i][j] = A[i][j] + B[i][k] * C[k][j];
    }
    for (i = 0; i < N; i++)
        for (j = 0; j < N; j++)
            printf("%f\n", A[i][j]);
}
```

由于循环的迭代次数不是总能被循环展开次数整除，所以在进行循环展开时需要考虑尾部循环的处理。例如，上述循环的下界为 1，迭代次数为 N，展开因子为 4，因此展开后循环体执行 $N/4$ 或 $N \gg 2$ 次，尾部循环的迭代次数为 $N\%4$ 或 $N\&3$，尾部循环的循环下界为 $(N/4) \times 4 + 1$，也可以表达为 $N\&(-3) + 1$。在 X86 平台上进行测试结果显示，经过循环展开后程序的加速比为 1.2 倍。

若此加速效果不能达到预期可以继续对展开后的代码进行优化，此时可以采用第七章介绍的向量化方法对代码进行改写，进一步挖掘数据级的并行性，改写后程序如代码 6-36 所示。

代码 6-36   手工向量化循环展开

```
#include <stdio.h>
#include <x86intrin.h>
int main() {
    __m256 ymm0, ymm1, ymm2, ymm3, ymm4, ymm5, ymm6;
    const int N = 256;
    double A[N][N], B[N][N], C[N][N], D[N][N];
    double d[4] = { 1,1,1,1 };
    double e[4] = { 2,2,2,2 };
    double f[4] = { 3,3,3,3 };
    int block = N / 4;
    int i, j;
    for (i = 0; i < N; i++) {
        for (j = 0; j < block; j++) {
            ymm0 = _mm256_loadu_pd(d);
            ymm1 = _mm256_loadu_pd(e);
            ymm2 = _mm256_loadu_pd(f);
```

```
                _mm256_storeu_pd(A[i] + 4 * j, ymm0);
                _mm256_storeu_pd(B[i] + 4 * j, ymm1);
                _mm256_storeu_pd(C[i] + 4 * j, ymm2);
            }
        }
        for (i = 0; i < N; i++) {
            for (j = 0; j < block; j++) {
                ymm3 = _mm256_loadu_pd(A[i] + 4 * j);
                ymm4 = _mm256_loadu_pd(B[i] + 4 * j);
                ymm5 = _mm256_loadu_pd(C[i] + 4 * j);
                ymm4 = _mm256_mul_pd(ymm4, ymm5);
                ymm6 = _mm256_add_pd(ymm3, ymm4);
                _mm256_storeu_pd(A[i] + 4 * j, ymm6);
            }
        }
        for (i = 0; i < N; i++)
            for (j = 0; j < N; j++)
                printf("%f\n", A[i][j]);
}
```

当循环的迭代次数较少时可以对循环进行完全展开, 进一步减小循环控制的开销, 循环完全展开对循环嵌套的最内层循环或者向量化后的循环加速效果更明显。并不是循环展开的次数越多获得的程序性能越高, 过度地进行循环展开可能会增加寄存器的压力, 引起指令缓存区的溢出, 如代码 6-37 所示。

代码 6-37 不同循环展开次数对比

```
#include <stdio.h>
#include <stdlib.h>
#include <sys/time.h>
void loop_unroll1(void){
    float a[1000000];
    for (int i = 0; i < 1000000; i++)
        a[i] = a[i] + 3;
}
void loop_unroll2(void){
    float a[1000000];
    for (int i = 0; i < 1000000; i += 2) {
        a[i] = a[i] + 3;
        a[i + 1] = a[i + 1] + 3;
    }
}
void loop_unroll3(void){
    float a[1000000];
    for (int i = 0; i < 1000000; i += 4){
```

```c
        a[i] = a[i] + 3;
        a[i + 1] = a[i + 1] + 3;
        a[i + 2] = a[i + 2] + 3;
        a[i + 3] = a[i + 3] + 3;
    }
}
void loop_unroll4(void){
    float a[1000000];
    for (int i = 0; i < 1000000; i += 6){
        a[i] = a[i] + 3;
        a[i + 1] = a[i + 1] + 3;
        a[i + 2] = a[i + 2] + 3;
        a[i + 3] = a[i + 3] + 3;
        a[i + 4] = a[i + 4] + 3;
        a[i + 5] = a[i + 5] + 3;
    }
}
void loop_unroll5(void){
    float a[1000000];
    for (int i = 0; i < 1000000; i += 8){
        a[i] = a[i] + 3;
        a[i + 1] = a[i + 1] + 3;
        a[i + 2] = a[i + 2] + 3;
        a[i + 3] = a[i + 3] + 3;
        a[i + 4] = a[i + 4] + 3;
        a[i + 5] = a[i + 5] + 3;
        a[i + 6] = a[i + 6] + 3;
        a[i + 7] = a[i + 7] + 3;
    }
}
void loop_unroll6(void){
    float a[1000000];
    for (int i = 0; i < 1000000; i += 10){
        a[i] = a[i] + 3;
        a[i + 1] = a[i + 1] + 3;
        a[i + 2] = a[i + 2] + 3;
        a[i + 3] = a[i + 3] + 3;
        a[i + 4] = a[i + 4] + 3;
        a[i + 5] = a[i + 5] + 3;
        a[i + 6] = a[i + 6] + 3;
        a[i + 7] = a[i + 7] + 3;
        a[i + 8] = a[i + 8] + 3;
        a[i + 9] = a[i + 9] + 3;
    }
```

```
}
int main(int argc, char** argv){
    struct timeval time_start, time_end;
    gettimeofday(&time_start, NULL);
    loop_unroll1();
    gettimeofday(&time_end, NULL);
    printf("unroll1 used time %ld us\n", time_end.tv_usec - time_start.
tv_usec);
    gettimeofday(&time_start, NULL);
    loop_unroll2();
    gettimeofday(&time_end, NULL);
    printf("unroll2 used time %ld us\n", time_end.tv_usec - time_start.
tv_usec);
    gettimeofday(&time_start, NULL);
    loop_unroll3();
    gettimeofday(&time_end, NULL);
    printf("unroll3 used time %ld us\n", time_end.tv_usec - time_start.
tv_usec);
    loop_unroll4();
    gettimeofday(&time_end, NULL);
    printf("unroll4 used time %ld us\n", time_end.tv_usec - time_start.
tv_usec);
    loop_unroll5();
    gettimeofday(&time_end, NULL);
    printf("unroll5 used time %ld us\n", time_end.tv_usec - time_start.
tv_usec);
    loop_unroll6();
    gettimeofday(&time_end, NULL);
    printf("unroll6 used time %ld us\n", time_end.tv_usec - time_start.
tv_usec);
    return 0;
}
```

通过编译并生成可执行文件, 结果如下所示:

[root@centos2]./a.out

unroll1 used time 1342 us

unroll2 used time 956 us

unroll3 used time 239 us

unroll4 used time 726 us

unroll5 used time 972 us

unroll6 used time 1357 us

由测试结果可以看出, 程序展开两次相比未展开时, 性能有明显提升; 展开次数为 4 时, 性能相比展开次数为 2 时也有明显提升; 当循环展开达到 6 次、8

次时, 性能较展开 4 次明显下降; 当展开次数为 10 次的时候, 性能比不展开的时候还要差。因此展开因子要选取合适, 如果展开次数太多, 会造成性能急剧下降。因为展开次数太多时, 运算过程的中间变量随之增加, 而计算机的寄存器个数是固定的, 当变量个数超过寄存器数量, 那么变量只能存到栈中从而导致性能下降, 同时循环展开次数过多, 会使得程序代码膨胀、代码可读性降低。

6.4.3 循环合并

循环合并是指将具有相同迭代空间的两个循环合成一个循环的过程, 属于语句层次的循环变换。但并不是所有循环都可以进行合并, 循环合并需要满足合法性要求, 有些情况下循环合并会导致结果错误, 如代码 6-38 所示。

代码 6-38 循环合并示例一

```
#include <stdio.h>
#define N 256
int main() {
    int i;
    int A[N], B[N], C, D[N], E;
    C = 1;
    E = 2;
    for (i = 1; i < N; i++) {
        A[i] = 1;
        B[i] = 2;
    }
    for (i = 1; i < N; i++)
        A[i] = B[i] + C;//S1语句
    for (i = 1; i < N; i++)
        D[i] = A[i + 1] + E;//S2语句
}
```

此代码中除了最后一次迭代, S2 语句中引用的全部 A 的值都由 S1 语句生成, 如果将这两个循环进行合并, 如代码 6-39 所示。

代码 6-39 循环合并示例二

```
#include <stdio.h>
#define N 256
int main() {
    int i;
    int A[N], B[N], C, D[N], E;
    C = 1;
    E = 2;
    for (i = 1; i < N; i++) {
        A[i] = 1;
```

```
        B[i] = 2;
    }
    for (i = 1; i < N; i++) {
        A[i] = B[i] + C;//S1语句
        D[i] = A[i + 1] + E;//S2语句
    }
}
```

此代码的执行结果是错误的，这是因为合并后循环的依赖关系发生了改变，合并后 S2 引用的 A 值不都由 S1 生成，造成了执行结果的错误。所以只有在满足合法性的前提下，才可以使用循环合并对程序进行优化。循环合并可以减小循环的迭代开销，以及并行化的启动和通信开销，还可能增强寄存器的重用，如代码 6-40 所示。

代码 6-40 循环合并示例三

```
#include <stdio.h>
#define N 256
int main() {
    int i, a[N], b[N], x[N], y[N];
    for (i = 0; i < N; i++) {
        a[i] = 1;
        b[i] = 2;
    }
    for (i = 0; i < N; i++)
        x[i] = a[i] + b[i];
    for (i = 0; i < N; i++)
        y[i] = a[i] - b[i];
    printf("%d\n", x[4]);
    printf("%d\n", y[3]);
}
```

第一个循环计算了数组 a 和数组 b 的差，第二个循环计算了数组 a 和数组 b 的和。在访问的过程中两个循环对数组 a 和数组 b 进行读操作所访问的是在同一迭代空间，可以利用循环合并的方式将上述两个循环整合到一起，如代码 6-41 所示。

代码 6-41 循环合并示例四

```
#include <stdio.h>
#define N 256
int main() {
    int i;
    int a[N], b[N], x[N], y[N];
    for (i = 0; i < N; i++) {
```

```
        a[i] = 1;
        b[i] = 2;
    }
    for (i = 0; i < N; i++) {
        x[i] = a[i] + b[i];
        y[i] = a[i] - b[i];
    }
    printf("%d\n", x[4]);
    printf("%d\n", y[3]);
}
```

合并后在一个循环内同时计算数组 a 和数组 b 的和与差, 这时就可以在一个迭代空间对数组 a 和数组 b 进行重用, 能够提高大约两倍的效率。

循环合并的一个重要应用场景为并行化, 但并不是所有循环合并都可以给并行化带来收益, 比如一个可并行化循环和一个不可并行化循环合并后, 程序的性能可能会降低。以代码 6-42 为例进行说明。

代码 6-42 循环合并示例五

```
#include <stdio.h>
#define N 256
int main() {
    int i;
    int A[N], B[N], C[N];
    for (i = 1; i < N; i++) {
        A[i] = 1;
        B[i] = 2;
        C[i] = 3;
    }
    for (i = 1; i < N; i++)
        A[1] = B[1] + 1;//S1
    for (i = 1; i < N; i++)
        C[i] = A[i] + C[i - 1];//S2
    printf("%d", C[3]);
}
```

S1 是一个可并行化循环, S2 由于含有循环携带依赖而不满足并行化的要求。这两个循环满足循环合并的条件, 但是如果对这两个循环实施循环合并, 合并后的循环由于含有循环携带依赖而不能并行化, S1 将失去并行化的机会, 从而对循环性能造成损失。另外, 即使两个循环都是可并行化的, 进行循环合并后依然有可能得到一个不可并行化的循环, 如代码 6-43 所示。

代码 6-43 循环合并示例六

```
#include <stdio.h>
```

```
#define N 256
int main() {
    int i;
    int A[N], B[N], C, D[N], E;
    C = 3;
    E = 4;
    for (i = 1; i < N; i++) {
        A[i] = 1;
        B[i] = 2;
    }
    for (i = 1; i < N; i++)
        A[i + 1] = B[i] + C;//S1
    for (i = 1; i < N; i++)
        D[i] = A[i] + E;//S2
    printf("%d", D[3]);
}
```

S1 和 S2 都是可并行化的循环且满足循环合并的条件, 然而合并后的循环内含数组 A 引起的循环携带依赖, 因此合并后的循环不可并行化。从以上示例可以看出, 循环合并需要优化人员根据应用场景灵活使用。

6.4.4 循环分段

循环分段可将单层循环变换为两层嵌套循环, 循环分段的段长可根据需要选取。虽然循环剥离和循环分段都是对循环迭代进行拆分, 但是循环剥离是将循环拆分成迭代次数不同的两个循环, 而循环分段是将循环拆分成迭代次数相同的多个循环。由于循环分段语句并没有改变循环的迭代次序, 因此循环分段总是合法的。如果原循环是可并行化的循环, 则分段后的循环依然可以实施并行化变换。通常采用循环分段技术实现外层的并行化或内层的向量化, 以达到利用系统多层次并行资源的目的, 以代码 6-44 为例进行说明。

代码 6-44 循环分段示例一

```
#include <stdio.h>
#define N 256
int main() {
    int i;
    int A[N], B[N], C[N];
    for (i = 1; i < N; i++) {
        A[i] = 1;
        B[i] = 2;
        C[i] = 3;
    }
    for (i = 1; i < N; i++)
```

```
        A[i] = B[i] + C[i];
}
```

假设代码在一个有 P 个处理器的设备上运行, 且 $N/P = K$, K 为常数, 理论上 P 个处理器可以并行执行, 则每个处理器获得的任务数为 K 次的循环迭代计算。对于获得的 K 次循环迭代计算, 可以实施后续的向量化。经循环分段后的程序如代码 6-45 所示, 其中循环迭代次数需要根据实际情况进行设定。

代码 6-45　循环分段示例二

```c
#include <stdio.h>
#include <x86intrin.h>
#define N 128
int main() {
    __m128 ymm0, ymm1, ymm2, ymm3;
    float A[N], B[N], C[N];
    int i, j;
    for (i = 0; i < N; i++) {
        B[i] = 2;
        C[i] = 3;
    }
    int K = 32;
    for (i = 0; i < N; i += K) {
        for (j = i; j < i + K - 1; j += 4) {
            ymm0 = _mm_load_ps(B + j);
            ymm1 = _mm_load_ps(C + j);
            ymm2 = _mm_add_ps(ymm0, ymm1);
            _mm_storeu_ps(A + j, ymm2);
        }
    }
    for (i = 0; i < N; i++) {
        printf("%f  ", A[i]);
    }
}
```

分段后的外层循环可采用多线程等并行化技术以充分利用多个处理器资源, 发掘代码的任务级并行。而内层循环采用向量化技术以充分利用处理器内的短向量部件, 发掘代码的数据级并行。循环分段的另一应用场景是循环分块, 循环分块技术是循环分段和循环交换的合体。

6.4.5　循环分块

循环分块是对多重循环的迭代空间进行重新划分的过程, 循环分块后要保证与分块前的迭代空间相同。循环分块的实施过程是, 首先将一个给定的循环进行分段得到两个循环, 其中一个循环在分段内进行连续的迭代称为内层循环, 而另一个循环进行逐段地迭代称为外层循环, 然后利用循环交换, 将外层循环与内层循环交换, 因此循环分块是循环交换和循环分段的结合。循环分块的优点是可提高程序的局部性, 通过增加数据重用来提升程序的性能, 以代码 6–46 矩阵乘法为例进行说明。

代码 6–46　循环分块前示例

```c
#include <stdio.h>
int main() {
    const int N = 256;
    double A[N][N], B[N][N], C[N][N];
    int i, j, k;
    for (i = 0; i < N; i++) {
        for (j = 0; j < N; j++) {
            A[i][j] = 1.0;
            B[i][j] = 2.0;
            C[i][j] = 3.0;
        }
    }
    for (j = 1; j < N; j++)
        for (k = 1; k < N; k++)
            for (i = 1; i < N; i++)
                C[i][j] = C[i][j] + A[i][k] * B[k][j];//语句S
    for (i = 0; i < N; i++) {
        for (j = 0; j < N; j++) {
            printf("%f", C[i][j]);
        }
        printf("\n");
    }
}
```

对于代码 6–46 中第二个循环体而言, $C(i,j)$ 表示参数 i,j 的语句实例, 在 k 层循环的每次迭代中, 都需要用到 $C(1:N,j)$ 的值, 当缓存不能将数据全部存储时, 不同迭代间有可能会发生较多的缓存不命中, 对 $C(1:N,j)$ 的数据重用效率较低。如果将 i 层循环进行大小为 M 的分段, 并将段循环移到最外层, 修改后的程序如代码 6–47 所示。以分块后最内层循环 I 层的第一次迭代为例, 在该迭代中 k 层循环的每次迭代都将使用 $C(1:N/M,j)$ 的数据, 单次迭代数据量得到了大幅度的减少, 从而获得更多的数据重用。

代码 6–47　循环分块后示例一

```c
#include <stdio.h>
int MIN(int a, int b) {
    if (a > b)
```

```
            return b;
    else
            return a;
}
int main() {
    int N = 256;
    double A[N][N], B[N][N], C[N][N];
    int i, j, k, I;
    for (i = 0; i < N; i++) {
        for (j = 0; j < N; j++) {
            A[i][j] = 1.0;
            B[i][j] = 2.0;
            C[i][j] = 3.0;
        }
    }
    int S = 4;
    for (i = 1; i < N; i += S)
        for (j = 1; j < N; j++)
            for (k = 1; k < N; k++)
                for (I = i; I < MIN(i + S - 1, N); I++)
                    C[I][j] = C[I][j] + A[I][k] * B[k][j];
    for (i = 0; i < N; i++) {
        for (j = 0; j < N; j++) {
            printf("%f  ", C[i][j]);
        }
        printf("\n");
    }
}
```

在代码 6–47 中, 对于 j 层循环, 每次迭代中都会使用到数据 A(I, 1:N), 在缓存不够的情况也会出现数据重用效率低下的情况, 为提升数组 A 的数据重用率, 可以对 K 层循环进行分块, 如代码 6–48 所示。

代码 6–48   循环分块后示例二

```
#include <stdio.h>
int MIN(int a,int b){
 if(a>b)
   return b;
 else
   return a;
}
int main(){
  const int N = 256;
  double A[N][N],B[N][N],C[N][N];
```

```
int i,j,k,I,K;
for(i=0;i<N;i++){
  for(j=0;j<N;j++){
    A[i][j] = 1.0;
    B[i][j] = 2.0;
    C[i][j] = 3.0;
  }
}
int S = 8, T = 8;
  for (k = 1; k < N; k += T)
      for (i = 1; i < N; i += S)
          for (j = 1; j < N; j++)
              for (K = k; K < MIN(k + T - 1, N); K++)
                  for (I = i; I < MIN(i + S - 1, N); I++)
                      C[I][j] = C[I][j] + A[I][K] * B[K][j];
for(i=0;i<N;i++){
  for(j=0;j<N;j++){
    printf("%lf  ",C[i][j]);
    }
  printf("\n");
  }
}
```

在 X86 平台上, 对代码 6–47 和代码 6–48 分别进行了测试。测试时的变量包括矩阵的维度 N、K 层的分块大小 T 及 I 层的分块大小 S。表 6.3 为测试代码 6–47 在不同规模 N 和 I 层分块大小 S 的性能结果。从表 6.3 的测试结果中可以看出: 一是在 N 相同的情况下, 不同的分块大小获得的性能不相同; 二是 N 不同的情况下, 最佳的分块大小 S 也不相同。

表 6.3　循环分块示例一的测试结果　　　　单位: ms

N	S			
	4	8	16	32
256	107	99	95	100
512	855	819	801	839

从表 6.3 的数据看出, 当在相同维度 N 下, 随着分块 S 的增大所测试的时间逐渐变小, 即表示性能在逐步提高, 然而并非一直增大分块 S 大小就能一直提高程序性能。当分块 S 变成 32 时, 程序运行时间反而增加, 所以分块 S 大小要适量, 也就是存在最佳的分块大小。另外当维度 N 不同的时候, 最佳的分块大小并不一定是相同的, 本次测试时恰巧最佳分块大小均为 16。

表 6.4 为测试代码 6–48 在规模 $N = 512$ 的情况下, I 层分块大小 S 和 K

层分块大小 T 的情况下获得的性能结果。可以看出, 当循环被分为多块时, 不同的 (S, T) 组合之间获得的性能相近。

表 6.4 循环分块示例二的测试结果 单位: ms

S	T		
	4	8	16
4	731	697	591
8	708	597	558

当循环被分为多块时, 不同的 (S, T) 组合所测试的时间差距不大。比如, (8,8) 组合测试时间为 597 ms, 而 (4,16) 测试时间为 591 ms。再比如, (4,8) 测试时间为 697 ms, 而 (8,4) 测试时间为 708 ms。经过观察还可以看出, 随着分块的增大, 程序的性能逐渐提升, 在分块大小变化时可以找到一个最佳的 (S, T) 组合, 此时性能提高是最大的。

循环分块除了合法性要求之外, 最关键的是确定循环分块的大小。如果分块太小, 获得的局部性收益可能会被循环分块的开销抵消。如果分块太大, 将失去循环分块提高数据局部性的意义。一般如 GCC、ICC 等编译器内都有循环分块优化, 在打开-O3 或者其他编译选项后, 编译器就会对多重循环进行分块, 但是此时分块大小由编译器指定, 此种方法受限于编译器内循环分块算法的好坏, 并不能使每个循环嵌套都获得最好的性能。优化人员也可以利用编译选项指定循环分块的大小, 此方法对优化人员要求较高, 优化人员不仅要了解循环的结构特点, 还有熟悉硬件的体系结构, 才能获得较好的循环分块效果。

循环分块还可以用于提高异构多核处理器的性能, 但这与面向数据重用的循环分块是有差别的。面向数据重用的循环分块只需要考虑如何使得缓存中的数据尽可能多的重用, 而在异构多核处理器上不但需要考虑数据重用的问题, 还需考虑设备内存容量对数据分块大小的限制。同时也可以使用分块技术来优化数据的传输, 基本的目的就是解决大于设备内存容量的数组如何利用设备内存的问题, 循环分块使得每个循环块中的数据能够存储在设备内存上。

6.4.6 循环交换

若一个循环体中包含一个以上的循环, 且循环语句之间不包含其他语句, 则称这个循环为紧嵌套循环, 交换紧嵌套中两个循环的嵌套顺序是提高程序性能最有效的变换之一。实际上, 循环交换是一个重排序变换, 仅改变了参数化迭代的执行顺序, 但是并没有删除任何语句或产生任何新的语句, 所以循环交换的合法性需要通过循环的依赖关系进行判定。

循环交换在程序的向量化和并行化识别, 以及增强数据局部性方面都起着重要的作用。以矩阵乘代码 6−49 为例, 当数组访问的跨步为 1, 也就是连续地访问存储单元时, 程序的数据局部性最好。对一个多重循环而言, 最内层循环决定了数组的哪一维被顺序访问，也就决定了多层循环的数据局部性。

代码 6-49　循环交换优化前示例

```c
#include <stdio.h>
int main() {
    const int N = 256;
    double A[N][N], B[N][N], C[N][N];
    int i, j, k;
    for (i = 0; i < N; i++) {
        for (j = 0; j < N; j++) {
            A[i][j] = 1.0;
            B[i][j] = 2.0;
            C[i][j] = 3.0;
        }
    }
    for (j = 0; j < N; j++)
        for (k = 0; k < N; k++)
            for (i = 0; i < N; i++){
                A[i][j] = A[i][j] + B[i][k] * C[k][j];
            }
        }
    }
}
```

在代码 6-49 中，内层循环对数组 A、B 和 C 的引用是不连续的，每次访问数组 A 和数组 B 时，跨步分别是数组 A 和数组 B 一行的长度 N。如果对该循环的 i 层和 k 层进行循环交换，优化后的程序如代码 6-50 所示。

代码 6-50　循环交换优化后示例

```c
#include <stdio.h>
int main() {
    const int N = 256;
    double A[N][N], B[N][N], C[N][N];
    int i, j, k;
    for (i = 0; i < N; i++) {
        for (j = 0; j < N; j++) {
            A[i][j] = 1.0;
            B[i][j] = 2.0;
            C[i][j] = 3.0;
        }
    }
    for (j = 0; j < N; j++)
        for (i = 0; i < N; i++)
```

```
    for (k = 0; k < N; k++)
        A[i][j] = A[i][j] + B[i][k] * C[k][j];
}
```

循环交换后最内层循环索引为 k, 此时最内层循环对数组 B 的引用变得连续, 每次访问数组 B 的跨步都是 1, 而数组 A 在最内层循环为循环不变量, 因此循环交换后, 程序数据局部性得到了改善。循环交换不仅改善了程序的数据局部性, 而且使向量化变得容易, 因为数组 A 和 B 相对于 k 层引用是连续的, 可以直接生成向量访存指令, 如代码 6−51 所示。

代码 6−51　循环交换后向量化

```
#include <stdio.h>
#include <emmintrin.h>
#define N 256
int main() {
    double A[N][N], B[N][N], C[N][N];
    int i, j, k;
    m128d VA, VB, VC;
    for (i = 0; i < N; i++) {
        for (j = 0; j < N; j++) {
            A[i][j] = 1.0;
            B[i][j] = 2.0;
            C[i][j] = 3.0;
        }
    }
    for (j = 0; j < N; j+=2) {
        for (i = 0; i < N; i++) {
            VA = _mm_loadu_pd(&A[i][j]);
            for (k = 0; k < N; k ++) {
                VC = _mm_loadu_pd(&C[k][j]);
                VB = _mm_set1_pd(B[i][k]);
                VB = _mm_mul_pd(VB, VC);
                VA = _mm_add_pd(VA, VB);
            }
          _mm_storeu_pd(&A[i][j], VA);
        }
    }
}
```

上述示例说明了利用循环交换可以将访存连续的循环迭置换到循环嵌套的最内层, 但循环内并不是所有的数组都是相对于同一循环索引连续的, 还有可能相对于不同的循环索引连续, 此时循环交换可以将某一循环索引连续性最多的循环交换到最内层, 如代码 6−52 所示。

代码 6−52　循环迭代顺序变换前示例

```c
#include <stdio.h>
int main() {
    const int N = 256;
    double A[N][N], B[N][N], C[N][N];
    int i, j, k;
    for (i = 0; i < N; i++) {
        for (j = 0; j < N; j++) {
            A[i][j] = 1.0;
            B[i][j] = 2.0;
            C[i][j] = 3.0;
        }
    }
    for (i = 1; i < N; i++)
        for (j = 1; j < N; j++)
            for (k = 1; k < N; k++)
                C[i][j] = C[i][j] + A[i][k] * B[k][j];
}
```

　　循环内计算时有 3 个数组,其中数组 C 和数组 B 都是相对于 j 层循环连续,而数组 A 相对于 k 层循环连续。利用循环交换将 j 层循环放到最内层,将 k 层循环放到次内层,将 i 层循环放到最外层,循环迭代顺序由外至内由原来的 $i-j-k$ 变为了 $i-k-j$,变换后的程序如代码 6−53 所示。

代码 6−53　循环迭代顺序变换后示例

```c
#include <stdio.h>
int main() {
    const int N = 256;
    double A[N][N], B[N][N], C[N][N];
    int i, j, k;
    for (i = 0; i < N; i++) {
        for (j = 0; j < N; j++) {
            A[i][j] = 1.0;
            B[i][j] = 2.0;
            C[i][j] = 3.0;
        }
    }
    for (i = 1; i < N; i++)
        for (k = 1; k < N; k++)
            for (j = 1; j < N; j++)
                C[i][j] = C[i][j] + A[i][k] * B[k][j];
}
```

如果不进行循环交换, 生成的向量代码中将会需要开销较大的拼凑指令, 并且还有归约加操作, 导致代码的运行效率较低, 所以可以先对代码使用循环交换后再进行向量化。

循环交换在某些情况下也能提高寄存器的重用能力。为了提高寄存器重用能力, 循环交换可以把携带依赖的循环放在最内层的位置, 从而使可以被重用的值保留在寄存器中, 如代码 6–54 所示。

代码 6–54   循环交换提升寄存器重用示例一

```c
#include <stdio.h>
int main() {
    const int M=1000,N=1000;
    int i, j;
    int A[N][N];
    for (i = 0; i < M; i++)
        for (j = 0; j < N; j++)
            A[i][j] = j;
    for (i = 1; j < M; j++)
        for (j = 1; i < N; i++)
            A[i][j] = A[i - 1][j];
}
```

此代码的目的是将矩阵第一行中的值依次向下进行传递, 内层循环每一次迭代都需要存数和取数, 共需 $M \times N$ 次, 寄存器重用较少。进行循环交换后, 仍然需要 $M \times N$ 次存数, 但取数次数减少到 N 次, 即第一行的每个值都放在寄存器里被重用了 M 次, 程序如代码 6–55 所示。

代码 6–55   循环交换提升寄存器重用示例二

```c
#include <stdio.h>
int main() {
    int i, j;
    const int M=1000,N=1000;
    int A[M][N];
    for (i = 0; i < M; i++)
        for (j = 0; j < N; j++)
            A[i][j] = j;
    for (j = 1; j < N; j++)
        for (i = 1; i < M; i++)
            A[i][j] = A[i - 1][j];
}
```

当 M、N 为 100 时, 在 X86 平台进行测试, 进行循环交换优化前的运行时间为 3.8 ms, 优化后的循环运行耗时为 2.8 ms, 加速比约为 1.36。

6.4.7 循环分布

循环分布将一个循环分解为多个循环, 每个循环都有与原循环相同的迭代空间, 但只包含原循环的语句子集, 是一种语句层次的变换。通过循环分布可以减少指令缓存的压力, 还能增加寄存器的重用, 改善程序的局部性等。循环分布常用于分解出可向量化或可并行化的循环, 进而将可向量化部分的代码转为向量执行, 以代码 6-56 为例进行说明。

代码 6-56　循环分布示例一

```
#include <stdio.h>
#define N 256
int main() {
    int i, j;
    int A[N], B[N], C = 5, D = 6;
    for (i = 0; i < N; i++)
        A[i] = i;
    for (i = 1; i < N; i++) {
        A[i + 1] = A[i] + C;//S1语句
        B[i] = B[i] + D;//S2语句
    }
}
```

若要对此代码进行向量化, 循环中只有语句 S2 满足向量化的正确性要求, 而语句 S1 存在依赖距离为 1 的真依赖, 不满足向量化的正确性要求, 导致整个循环不能转为向量执行。可对该循环实施循环分布, 先将语句 S1 和 S2 分布为两个循环, 然后将语句 S2 的循环转为向量执行, 循环分布后的程序如代码 6-57 所示。

代码 6-57　循环分布示例二

```
#include <stdio.h>
#include <x86intrin.h>
#define N 128
int main() {
    __m128 ymm0, ymm1, ymm2;
    float A[N], B[N], C, D;
    C = 5;
    D = 6;
    int i;
    for (i = 0; i < N; i++) {
        A[i] = 1;
        B[i] = 2;
    }
    for (i = 1; i < N; i++)
```

```
        A[i + 1] = A[i] + C;
    ymm0 = _mm_set_ps(D, D, D, D);
    for (i = 0; i < N / 4; i++) {
        ymm1 = _mm_load_ps(B + 4 * i);
        ymm2 = _mm_add_ps(ymm0, ymm1);
        _mm_storeu_ps(B + 4 * i, ymm2);
    }
}
```

除此之外, 若循环不是紧嵌套循环无法进行后续优化操作时, 可以使用循环分布将循环体变换为紧嵌套循环, 以常见的矩阵乘法代码 6-58 为例进行说明。

代码 6-58   循环分布示例三

```
#include <stdio.h>
int main() {
    int N = 256;
    float A[N][N], B[N][N], C[N][N], D;
    int i, j, k;
    D = 4.0;
    for (i = 0; i < N; i++) {
        for (j = 0; j < N; j++) {
            A[i][j] = 1.0;
            B[i][j] = 2.0;
            C[i][j] = 3.0;
        }
    }
    for (i = 1; i < N; i++) {
        for (j = 1; j < N; j++) {
            A[i][j] = D;//S1语句
            for (k - 1; k < N; k++) {
                A[i][j] = A[i][j] + B[i][k] * C[k][j];//S2语句
            }
        }
    }
}
```

为了获得较好的程序执行性能, 可以将三层嵌套循环中的 j 层和 K 层进行交换, 以提高访存速度和向量化能力, 但是该循环不是紧嵌套循环, 不满足循环交换的要求, 因此需要利用循环分布将循环变为紧嵌套循环, 分布后程序如代码 6-59 所示。

代码 6-59   循环分布示例四

```
#include <stdio.h>
```

```
int main() {
    int N = 256;
    float A[N][N], B[N][N], C[N][N], D;
    int i, j, k;
    D = 4.0;
    for (i = 0; i < N; i++) {
        for (j = 0; j < N; j++) {
            A[i][j] = 1.0;
            B[i][j] = 2.0;
            C[i][j] = 3.0;
        }
    }
    for (i = 1; i < N; i++)
        for (j = 1; j < N; j++)
            A[i][j] = D;//S1语句
    for (i = 1; i < N; i++)
        for (j = 1; j < N; j++)
            for (k = 1; k < N; k++)
                A[i][j] = A[i][j] + B[i][k] * C[k][j];//S2语句
}
```

  循环分布将一个循环拆分为多个循环, 虽然减小了循环内语句的数量, 但增加了循环判断条件执行的次数。对一个循环是否施循环分布的条件并不是一成不变的, 为了程序的最佳性能不仅需要考虑向量化、并行化等因素, 还需要优化人员综合考虑缓存容量和寄存器数量等因素。

  循环分布与循环合并是一对逆向的过程, 当多个循环引用相同的数组时, 可以通过循环合并将多个循环合并到一起, 这样实现数据的重用。而当一个循环内引用的数组过多时, 又可以通过循环分布将一个循环拆分成多个循环, 提升程序的数据局部性。此外, 循环分块也可以改善程序的数据局部性, 但是循环分块主要是改善缓存的数据局部性, 在第 8.2.1 节缓存分块将详细阐述如何利用循环分块提升程序的数据局部性。

6.4.8 循环分裂

  循环分布是对循环内的多条语句做拆分, 循环剥离和循环分段都是对循环的迭代次数做拆分。除了剥离和分段外, 还有一种循环变换策略是对循环的迭代次数进行拆分, 即循环分裂。循环分裂和循环剥离的不同之处在于, 循环剥离只是将循环的前几次、中间几次或者最后几次迭代剥离出去, 而循环分裂是将循环的迭代次数拆成两段或者多段, 但是拆分后的循环不存在主体循环之说, 也就是拆分成迭代次数都比较多的两个或者多个循环。以代码 6 – 60 为例说明循环分裂。

代码 6-60　循环分裂示例一

```c
#include <stdio.h>
#define N 100
int main()
{
    int Vec[N];
    int i, M = 50;
    for (i = 0; i < N; i++) {
        Vec[i] = i;
    }
    for (i = 1; i < N; i++)
        Vec[i] = Vec[i] + Vec[M];
    printf("由于M, 该循环含有可能阻碍向量化的依赖关系\n");
    return 0;
}
```

代码 6-60 中, M 的值在 (1,N) 之间, 因此该循环含有可能阻碍向量化的依赖关系。为了能够对该循环进行向量化, 可以对该循环实施循环分裂变换, 分裂后得到如下两个循环, 分裂后的两个循环都满足了向量化的正确性要求, 如代码 6-61 所示。

代码 6-61　循环分裂示例二

```c
#include <stdio.h>
#define N 100
int main()
{
    int Vec[N];
    int i, M = 50;
    for (i = 0; i < N; i++) {
        Vec[i] = i;
    }
    for (i = 1; i < M; i++)
        Vec[i] = Vec[i] + Vec[M];
    for (i = M + 1; i < N; i++)
        Vec[i] = Vec[i] + Vec[M];
    printf("进行循环分裂变换, 得到两个循环就方便循环向量化\n");
    return 0;
}
```

循环分裂优化可以改进程序的局部性, 以代码 6-62 为例进行说明。

```c
#include <stdio.h>
#define N 256
int main() {
    int i, temp, phi;
    int M = 50;
    int a[N], b[N], c[N], d[N], coff[N], diff[N];
    temp = 2;
    phi = 2;
    for (i = 0; i < N; i++) {
        a[i] = i;
        b[i] = i + 1;
        c[i] = i + 2;
        d[i] = i + 3;
    }
    for (i = 0; i < N; i++) {
        temp = a[i] - b[i];
        coff[i] = (a[i] + b[i]) * temp;
        diff[i+M] = (c[i+M] + d[i+M]) / phi;
    }
}
```

在代码 6-62 的代码段中, 数组 coff 的计算结果用到了数组 a 和数组 b, 而数组 diff 的计算结果用到了数组 c 和数组 d, 且其计算的是数组下标 M 到 N 的值, 故可以通过循环分裂将数组 coff 和数组 diff 的计算分开, 得到两个循环, 如代码 6-63 所示。

代码 6-63   循环分裂示例四

```c
#include <stdio.h>
#define N 256
int main() {
    int i, temp, phi;
    int M = 50;
    int a[N], b[N], c[N], d[N], coff[N], diff[N];
    temp = 2;
    phi = 2;
    for (i = 0; i < N; i++) {
        a[i] = i;
        b[i] = i + 1;
        c[i] = i + 2;
        d[i] = i + 3;
    }
```

```
for (i = 0; i < N; i++) {
    temp = a[i] - b[i];
    coff[i] = (a[i] + b[i]) * temp;
}
for (i = M; i < N; i++) {
    diff[i] = (c[i] + d[i]) / phi;
}
}
```

得到如代码 6−63 所示的两个循环后, 因为每个循环内引用数组的数量减少, 这样每个循环的数据局部性都得到了提升。

6.4.9 循环倾斜

循环倾斜是一种改变迭代空间形式的变换, 用于挖掘循环中的并行潜能, 把存在的并行性用传统的并行循环形式表示出来, 以代码 6−64 为例说明循环倾斜。

代码 6−64 循环倾斜示例一

```
#include <stdio.h>
int main() {
    int N = 8;
    float A[N][N];
    int i, j;
    for (i = 0; i < N; i++) {
        for (j = 0; j < N; j++) {
            A[i][j] = 1.0;
        }
    }
    for (i = 1; i < N; 1++)
        for (j = 1; j < N; j++)
            A[i][j] = A[i - 1][j] + A[i][j - 1];//S语句
}
```

可以看出, 由于第 i 层迭代与第 j 层迭代均存在依赖关系, 所以第 i 层与第 j 层循环均不可以并行执行, 如图 6.5 所示为此循环例子在迭代空间中的依赖关系。因为依赖边跨越两个坐标轴, 所以循环不可以并行执行, 并且由于依赖关系使得任何和坐标轴平行的行只能串行执行。

然而, 在从左上角到右下角的对角线行上却存在着并行性。例如, 一旦语句实例 S(1,1) 执行完, 实例 S(1,2) 和 S(2,1) 就可以并行执行; 类似地, 在实例 S(1,2) 和 S(2,1) 执行完以后, S(1,3), S(2,2) 和 S(3,1) 可以并行地执行。为了从迭代空间中提取出包含并行性的对角线, 对该循环进行循环倾斜操作, 如图 6.6 所示, 图中花纹相同部分表示可以并行执行。

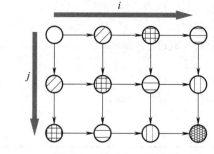

图 6.5　循环迭代依赖空间

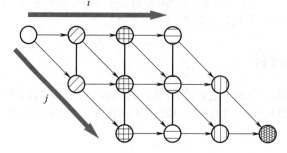

图 6.6　循环倾斜后迭代空间

在之前的循环中, 迭代空间中迭代的顺序为 $\{(1,1),(1,2),(1,3),\cdots,(1,N),$ $(2,1),(2,2),(2,3),\cdots\}$, 进行循环倾斜重映射迭代空间后, 迭代顺序变为 $\{(1,1),$ $(1,2),(2,1),(1,3),(2,2),(3,1),\cdots\}$。以之前两个迭代索引变量的和作为新的索引变量, 则该索引变量的取值为 2 到 $2N$, 循环实现如代码 6−65 所示。

代码 6−65　循环倾斜示例二

```c
#include <stdio.h>
#define N 8
#define min(a,b) ((a)<(b)?(a):(b))
#define max(a,b) ((a)>(b)?(a):(b))
int main() {
    float A[N][N];
    int i, j;
    for (i = 0; i < N; i++) {
        for (j = 0; j < N; j++) {
            A[i][j] = 1.0;
        }
    }
    for (j = 2; j < 2 * N; j++)
        for (i = max(1,j-N); i < min(N,j); i++)
            A[i][j - i] = A[i - 1][j - i] + A[i][j - i - 1];
    for (i = 0; i < N; i++) {
        for (j = 0; j < N; j++) {
            printf("%f  ", A[i][j]);
```

循环倾斜后该循环可以转为向量执行, 但是并行执行部分的数据在内存中是离散的, 这不利于向量的读与写, 而且数据之间的跨步比较大, 数据的局部性不好。例如 AVX256 指令集不支持跨步的存取操作, 对于循环倾斜, 若想实现向量计算需要多次读取内存, 而通过混洗指令组成需要计算的向量数据, 也会带来较多的额外开销, 所以优化人员需要衡量开销与收益, 努力找到两者间的平衡。

　　循环倾斜不仅可以用于向量化, 同样也可以应用于并行化。如代码 6-66 所示, 每个循环携带一个依赖, 该循环不能被并行化。

代码 6-66　循环倾斜示例三

```
#include <stdio.h>
int main() {
    int N = 2;
    int M = 8;
    int L = 8;
    int A[N][M][L], B[N][M][L];
    int i, j, k;
    for (i = 0; i <= N; i++) {
        for (j = 0; j <= M; j++) {
            for (k = 0; k <= L; k++) {
                A[i][j][k] = 1;
                B[i][j][k] = 2;
            }
        }
    }
    for (i = 2; i < N + 1; i++) {
        for (j = 2; j < M + 1; j++) {
            for (k = 1; k < L; k++) {
                A[i][j][k] = A[i][j - 1][k] + A[i - 1][j][k];
                B[i][j][k + 1] = B[i][j][k] + A[i][j][k];
            }
        }
    }
    for (i = 0; i <= N; i++)
        for (j = 0; j <= M; j++)
            for (k = 0; k <= L; k++)
                printf("%d  ", A[i][j][k]);
}
```

　　对该循环实施循环倾斜后, 最内层循环的依赖方向将改变, 此时最内层循环相对外层循环被倾斜, 如代码 6-67 所示。

```c
#include <stdio.h>
int main() {
    const int N = 2;
    const int M = 8;
    const int L = 8;
    int A[N][M][L], B[N][M][L];
    int i, j, k;
    for (i = 0; i <= N; i++) {
        for (j = 0; j <= M; j++) {
            for (k = 0; k <= L; k++) {
                A[i][j][k] = 1;
                B[i][j][k] = 2;
            }
        }
    }
    for (i = 2; i < N + 1; i++) {
        for (j = 2; j < M + 1; j++) {
            for (k = i + j + 1; k < i + j + L; k++) {
                A[i][j][k - i - j] = A[i][j - 1][k - i - j] + A[i - 1][j]
[k - i - j];
                B[i][j][k - i - j + 1] = B[i][j][k - i - j] + A[i][j]
[k - i - j];
            }
        }
    }
    for (i = 0; i <= N; i++)
        for (j = 0; j <= M; j++)
            for (k = 0; k <= L; k++)
                printf("%d  ", A[i][j][k]);
}
```

　　为满足外层循环的并行化要求, 将 K 层循环和 J 层循环交换后的程序如代码 6-68 所示。

代码 6-68　循环交换后示例

```c
#include <stdio.h>
#define N 2
#define M 8
#define L 8
#define min(a,b) ((a)<(b)?(a):(b))
#define max(a,b) ((a)>(b)?(a):(b))
int main() {
```

```
int A[N][M][L], B[N][M][L];
int i, j, k;
for (i = 0; i < N; i++) {
    for (j = 0; j < M; j++) {
        for (k - 0; k < L; k++) {
            A[i][j][k] = 1;
            B[i][j][k] = 2;
        }
    }
}
for (k = 2; k <  M+L ; k++)
    for (i = max(1, k - M - L - 1); i < min(N , k + L -2); i++)
        for (j = max(1, k - i - L);  j < min(M , k + i - 1); j++) {
            A[i][j][k - i - j] = A[i][j - 1][k - i - j] + A[i - 1][j]
[k - i - j];
            B[i][j][k - i - j] = B[i][j][k - i - j] + A[i][j]
[k - i - j];
        }
    for (i = 0; i < N; i++)
        for (j = 0; j < M; j++)
            for (k = 0; k < L; k++)
                printf("%d  ", A[i][j][k]);
}
```

可以看出, K 层循环交换到外层后, 使得内层循环不再有携带依赖, 因此内层的两个循环都可以被并行化。

6.5 语句级优化

在考虑程序性能优化时, 可以考虑在较为简单的语句层面寻找优化空间, 也就是在高级语言级别上对程序进行修改, 本节针对程序的语句级优化介绍常用的优化技巧与手段。

6.5.1 删除冗余语句

在开发和修改程序时可能遗留有死代码, 死代码是指程序在一个完整的执行过程中没有得到任何运行的代码, 也可能是一些声明了但没有用到的变量。编译器通常都以警告信息的形式告诉用户, 并在编译时将这些无用变量丢弃。需要注意的是, 对变量进行初始化或者给变量赋值并不算使用变量, 使用变量意味着变量值在程序中至少使用过一次, 以代码 6-69 为例进行说明。

代码 6-69　删除冗余语句示例一

```c
#include<stdio.h>
int fun(void) {
    int X = 2,Y,Z;
    Z= X+1;
    Y=5;//死代码
    return Z;
}
int main(){
fun();
printf( "%d " ,fun());
}
```

可以看出，代码 6-69 中对变量 Y 的赋值没有使用，且 Y 变量是 fun 函数内的局部变量，所以可以将其删掉，回收其所使用的空间并删除其初始化。这样可以减少程序的大小，还可以避免程序在运行中进行不相关的运算行为，减少运行的时间。

除了删掉赋值语句，程序代码中还有可能存在需要删掉的表达式的值，以代码 6-70 为例进行说明。

代码 6-70　删除冗余语句示例二

```c
#include <stdio.h>
int main(){
    int a=1,b=2;
    int c,d;
    if(b>0)
        c=a+b;
    else
        c=a-b;
    d=c+1;
    d=a+2;//语句S
    printf("%d \n",d);
    return 0;
}
```

由于代码 6-70 中 d 的值只与语句 S 有关，所以前面的分支语句是没有用的，分支删除后的程序如代码 6-71 所示。

代码 6-71　删除冗余语句示例三

```c
#include <stdio.h>
int main(){
```

```
    int a=1,b=2;
    int c,d;
    d=a+2;//语句S
    printf("%d \n",d);
    return 0;
}
```

对代码 6-70 和代码 6-71 进行编译, 生成的部分汇编代码如下。可以看出, 冗余语句未删除前编译器会将代码中的分支指令也进行编译, 不会对其自动优化; 而删除冗余语句后汇编指令减少, 更有助于后续优化。

<table>
<tr><td>

```
//代码6-70删除冗余语句前
main:
.LFB0:
    .cfi_startproc
    pushq %rbp
    .cfi_def_cfa_offset 16
    .cfi_offset 6, -16
    movq %rsp, %rbp
    .cfi_def_cfa_register 6
    subq $16, %rsp
    movl $1, -8(%rbp)
    movl $2, -12(%rbp)
    cmpl $0, -12(%rbp)
    jle .L2
    movl -8(%rbp), %edx
    movl -12(%rbp), %eax
    addl %edx, %eax
    movl %eax, -4(%rbp)
    jmp .L3
.L2:
    movl -8(%rbp), %eax
    subl -12(%rbp), %eax
    movl %eax, -4(%rbp)
.L3:
    movl -4(%rbp), %eax
    addl $1, %eax
    movl %eax, -16(%rbp)
    movl -8(%rbp), %eax
    addl $2, %eax
    movl %eax, -16(%rbp)
    movl -16(%rbp), %eax
    movl %eax, %esi
    movl $.LC0, %edi
```

</td><td>

```
//代码6-71 删除冗余语句后
main:
.LFB0:
    .cfi_startproc
    pushq %rbp
    .cfi_def_cfa_offset 16
    .cfi_offset 6, -16
    movq %rsp, %rbp
    .cfi_def_cfa_register 6
    subq $16, %rsp
    movl $1, -4(%rbp)
    movl $2, -8(%rbp)
    movl -4(%rbp), %eax
    addl $2, %eax
    movl %eax, -12(%rbp)
    movl -12(%rbp), %eax
    movl %eax, %esi
    movl $.LC0, %edi
    movl $0, %eax
    call printf
    movl $0, %eax
    leave
    .cfi_def_cfa 7, 8
    ret
    .cfi_endproc
.LFE0:
    .size main, .-main
    .ident "GCC: (GNU) 10.2.0"
    .section .note.GNU-stack,"",
@progbits
```

</td></tr>
</table>

```
    movl $0, %eax
    call printf
    movl $0, %eax
    leave
    .cfi_def_cfa 7, 8
    ret
    .cfi_endproc
.LFE0:
    .size main, .-main
    .ident "GCC: (GNU) 10.2.0"
    .section .note.GNU-stack,"",
@progbits
```

6.5.2 代数变换

在编写程序时, 程序员可以进一步优化代数表达式, 达到简化计算缩短运行时间的目的, 以代码 6-72 为例具体说明。

代码 6-72 代数变换前示例

```c
#include<stdlib.h>
#include<stdio.h>
int main() {
    int a = 2, b = 3;
    a = (a + a) + (6 * a) / 2;
    b = (b + b) + (6 * b) / 2;
    printf("a=%d,b=%d", a, b);
}
```

代码 6-72 中的计算语句可以进行简化, 原计算语句中含有乘法、加法和除法 3 种运算, 而简化后仅剩乘法运算。简化运算之后的程序如代码 6-73 所示。

代码 6-73 代数变换后示例

```c
#include<stdlib.h>
#include<stdio.h>
int main() {
    int a = 2, b = 3;
    a = 5 * a;
    b = 5 * b;
    printf("a=%d,b=%d", a, b);
}
```

上述优化过程是具有现实意义的, 代数变换对编译器来说并不是强项, 特别是程序中含有控制依赖时的情况。因此，当程序中含有代数变换的优化可能，应该尽量对代数运算进行优化。

6.5.3 去除相关性

去除相关性本身的目的是更好地利用编译器对语句进行优化，设两个事件或动作 A 和 B，若 A 必须先于 B 而发生，称 B 依赖于 A, B 与 A 之间的关系称为依赖关系。语句中依赖关系的存在非常不利于进行语序调整、向量化等优化方法的开展，且由于编译器的优化具有局限性，所以需要优化人员在编写程序时直接破除依赖关系，帮助编译器顺利进行后续的优化。

依赖关系分为控制依赖关系和数据依赖关系两种，数据依赖是指两个操作访问同一个变量，且这两个操作中有一个写操作。数据依赖依据对变量进行读写的先后次序可以分为真依赖、输出依赖和反依赖 3 种类型，依赖类型说明见表 6.5。反依赖和输出依赖并没有引发语句之间数据值的传递，因此可以通过变量重命名等方式得以消除，因此有时反依赖和输出依赖又被认为是伪依赖。而真依赖引发了语句之间数据值的传递无法被消除。

表 6.5 依赖类型说明

依赖关系	示例	说明
真依赖	$a = 1; b = a$	对 a 变量进行先写后读操作
输出依赖	$a = 1; a = 2$	对 a 变量进行先写后写操作
反依赖	$a = b; b = 1$	对 b 变量进行先读后写操作

控制依赖关系是由程序的控制结构引起的，求解一个数组中 N 个元素的最大值的程序如代码 6-74 所示。

代码 6-74 去除相关性示例

```
#include<stdlib.h>
#include<stdio.h>
int main() {
    int a[10] = { 0,1,2,3,4,5,6,7,8,9 };
    int x = a[0];
    int N = sizeof(a) / sizeof(int);
    for (int i = 1; i < N; i++) {
        if (a[i] > x) //S1语句
            x = a[i];// S2语句
    }
    printf("x=%d", x);
}
```

在代码 6-74 中, 只有当前元素的值 a[i] 大于最大值 x 时, 才更新最大值 x。因此语句 S2 是否执行完全取决于语句 S1 中表达式的执行结果, 也就是语句 S2 的执行依赖于语句 S1。如何去除依赖以进行后续的优化是编程人员需要重点关注的内容, 下面结合实例对一些常用的依赖关系破除方法进行概要介绍。

1. 标量扩展

在 C 语言中, 整数类型 int、short、long 等、字符类型 char、枚举类型 enum、浮点类型 float、double 等、布尔类型 bool 都属于标量类型, 标量类型的数据只能包含一个值。标量扩展是将循环中的标量引用用编译器生成的临时数组引用替换, 可以有效地消除一些由内存单元的重用而导致的依赖, 以代码 6-75 为例进行说明。

代码 6-75　标量扩展前示例

```
#include<stdlib.h>
#include<stdio.h>
int main() {
    int A[10] = { 1,23,4,26,3,2,6,7,8,5 };
    int N = sizeof(A) / sizeof(int);
    int T;
    int B[10] = { 0 };
    for (int i = 1; i < N; i++) {
        T = A[i];
        A[i] = B[i];
        B[i] = T;
    }
}
```

在代码 6-75 中, 标量 T 引起的数据依赖会影响后续进行的向量化优化, 而这些标量依赖都是由于同样的存储单元在不同的循环迭代中被用来临时存储标量 T 而引起的。如果每个迭代使用一个不同的单元作为临时变量, 那么这些依赖就不复存在。因此通过标量扩展将循环变换为代码 6-76 所示, 就可以消除标量 T 带来的循环携带依赖, 从而实施向量化。

代码 6-76　标量扩展后示例

```
#include<stdlib.h>
#include<stdio.h>
int main() {
    int A[10] = { 1,23,4,26,3,2,6,7,8,5 };
    int N = sizeof(A) / sizeof(int);
    int T[N];
    int B[10] = { 0 };
    for (int i = 0; i < N; i++) {
        T[i] = A[i];
```

```
        A[i] = B[i];
        B[i] = T[i];
    }
}
```

2. 标量重命名

在代码 6-77 中, 语句 S1 到 S4 之间存在真依赖, S1 到 S3 之间存在输出依赖, 这些语句间的依赖都是由于标量 T 引起的, 此时可以通过引入两个不同的变量代替现有的变量 T 以消除依赖。

代码 6-77 标量重命名前示例

```
#include<stdio.h>
#include<stdlib.h>
int main()
{
    int a = 3, b = 0,y,z,T;
    T = 2;  //S1语句
    y = T + T;  //S2语句
    T = a - b;  //S3语句
    z = T * T;  //S4语句
    printf("y=%d z=%d T=%d",y,z);
}
```

标量重命名后的程序如代码 6-78 所示, 对循环中 S3 语句中的 T 重命名为变量 T1 后, 程序中语句 S1 到 S4 的真依赖, 以及语句 S1 到 S3 的输出依赖都被消除掉。利用标量重命名将此依赖消除掉后, 即可对该程序实施相关优化。

代码 6-78 标量重命名后示例

```
#include<stdio.h>
#include<stdlib.h>
int main()
{
    int a = 3, b = 0,y,z,T,T1;;
    T = 2;  //S1语句
    y = T + T;  //S2语句
    T1 = a - b;  //S3语句
    z = T1 * T1;  //S4语句
    printf("y=%d z=%d T1=%d",y,z,T1);
}
```

3. 数组重命名

数组的存储单元被重用有时会导致不必要的反依赖和输出依赖，此时可以使用数组重命名的方法进行消除，以代码 6−79 为例具体说明。

代码 6−79　数组重命名前示例

```c
#include<stdio.h>
#define N 10
int main()
{
    int A[N] = { 1,2,3,4,5,6,7,8,9,10 };
    int B[N] = { 1,2,3,4,5,6,7,8,9,10 };
    int Y[N] = { 0 };
    int X = 1, Z = 1, C = 1;
    for (int i = 1; i < N; i++) {
        A[i] = A[i - 1] + X; //S1语句
        Y[i] = A[i] + Z;  //S2语句
        A[i] = B[i] + C;  //S3语句
    }
}
```

代码 6−79 所示循环含有一个依赖环，也就是说语句之间的依赖关系形成了依赖环，A[i] 在循环中被用来传递两个不同的值，语句 S2 和语句 S3 之间由于 A[i] 引起的反依赖，以及语句 S1 和语句 S3 之间的输出依赖。同样，可以利用重命名技术消除上述的反依赖和输出依赖，实施数组重命名后的程序如代码 6−80 所示。

代码 6−80　数组重命名后示例

```c
#include<stdio.h>
#include<stdlib.h>
#define N 10
int main()
{
    int A[N] = { 1,2,3,4,5,6,7,8,9,10 };
    int B[N] = { 1,2,3,4,5,6,7,8,9,10 };
    int Y[N] = { 0 };
    int A1[N] = { 0 };
    int X = 1, Z = 1, C = 1;
    for (int i = 1; i < N; i++) {
        A1[i] = A[i - 1] + X; //S1语句
        Y[i] = A1[i] + Z;  //S2语句
        A[i] = B[i] + C;   //S3语句
    }
}
```

在代码 6-80 中，将语句 S1 和语句 S2 中的数组 A[i] 替换为 A1[i]，循环内由 A[i] 引起的反依赖和输出依赖就被消除。数组重命名需要增加和数组大小成比例的额外内存空间，因此数组重命名的安全性和有利性都比标量重命名复杂，这种代价可能会严重影响程序的性能，因此在实施数组重命名时应该更加谨慎。

6.5.4 公共子表达式优化

当程序中表达式含有两个或者更多的相同子表达式，仅需要计算一次子表达式的值即可，公共子表达式如代码 6-81 所示。

代码 6-81　公共子表达式优化前示例

```
#include<stdio.h>
#include<stdlib.h>
int main()
{
    int a = 1, b = 5;//改进前需要计算三次a+b的值
    if ((a + b) > 3 && (a + b) < 10) {
        a = a + b;
    }
    printf("%d", a);
}
```

在代码 6-81 中，计算了 3 次 (a+b) 的值，事实上仅需计算一次 (a+b) 的值即可，完成计算后将其存入中间变量，这样就减少两次加法操作，公共子表达式优化后的程序如代码 6-82 所示。

代码 6-82　公共子表达式优化后示例

```
#include<stdio.h>
#include<stdlib.h>
int main()
{
    int a = 1, b = 5;
    int tmp = a + b;//改进后只需计算一次a+b的值
    if (tmp > 3 && tmp < 10) {
        a = tmp;
    }
    printf("%d", a);
}
```

6.5.5 分支语句优化

处理器是通过流水线技术来提高性能的,而流水线要求事先知道接下来要执行的具体指令,才能保持流水线中充满待执行的指令。当在程序中遇到分支语句或条件跳转时,会对处理器流水线的运行产生一定的影响,导致程序性能下降,所以优化代码中的分支语句是提升程序性能的重要手段。本节将对常用的分支语句优化方法进行讨论。

1. 合并判断条件

当程序中的分支判断条件是复杂表达式,优化人员可以对其进行优化,如代码 6-83 所示为含有判断条件的程序代码。

代码 6-83 合并判断条件优化前示例

```
#include<stdio.h>
int main(){
    int a1 = 1, a2 = 2, a3 = 3;
    int a = 4, b = 5;
    //改进前
    if ((a1 != 0) && (a2 != 0) && (a3 != 0)) {
        a = a + b;
    }
    printf("分支判断条件是复杂表达式,会对处理器流水线的运行产生一定的
影响。\n");
return 0;
}
```

上述分支判断条件含有 3 个语句,可以将其进行简化,提高程序性能。简化后的程序如代码 6-84 所示。

代码 6-84 合并判断条件优化后示例

```
#include<stdio.h>
int main(){
int a1 = 1, a2 = 2, a3 = 3;
    int a = 4, b = 5;
    //改进后
    int temp = (a1 && a2 && a3);
    printf("%d\n", temp);
    if (temp != 0) {//简化分支判断条件, 提高流水线性能
        a = a + b;
    }
    printf("合并判断条件可以简化分支判断条件, 提高流水线性能。\n");
    return 0;
}
```

可以看出，改写后的程序分支内的判断语句被简化，这会提升分支预测的效率，进而提升部分程序运行的效率。

2. 生成选择指令

一些平台支持选择指令，选择指令是一个三目运算指令，在某些情况下可以将分支指令用选择指令进行替换，达到提升效率的目的，以代码 6-85 为例进行说明。

代码 6-85 选择指令优化前示例

```
#include<stdio.h>
int main()
{
    int x;
    int a = 4, b = 5;
    //改进前
    if (a > 0)
        x = a;
    else
        x = b;
    printf( "生成选择指令，移除分支判断可以实现优化。\n");
    return 0;
}
```

可以使用三目运算符将分支判断指令改写为赋值指令 x=(a>0 ? a:b)，使用一条选择指令来移除分支判断，实现对分支语句的优化，如代码 6-86 所示。

代码 6-86 选择指令优化后示例

```
#include<stdio.h>
int main()
{
    int x;
    int a = 4, b = 5;
    x = (a > 0 ? a : b); //改进后--将分支判断移除其生成一条选择指令
    printf( "生成选择指令，移除分支判断可以实现优化。\n");
    return 0;
}
```

3. 运用条件编译

条件编译是预编译指示命令，可以使编译器按不同的条件编译不同的程序部分，用于控制是否编译某段代码，条件编译指令如下：

#if 如果给定条件为真，则编译后续代码。

#ifdef 　如果宏已经定义, 则编译后续代码。

#ifndef 　如果宏没有定义, 则编译后续代码。

#elif 　如果前面的 #if 给定条件不为真, 当前条件为真, 则编译后续代码。

#endif 　结束一个 #if······#else 条件编译块。

由于宏条件在编译时就已经确定, 编译器可直接忽略不成立的分支, 所以条件编译是在编译时进行判断的。而普通分支判别是在运行时判断, 故编译后的代码长, 效率也不如条件编译。条件编译需要多个程序来支持多个条件编译分支版本, 而运行时分支版本却只需要一个。运行时条件分支程序如代码 6-87 所示。

代码 6-87　未用条件编译优化示例

```
#include<stdio.h>
void arm_f() {
    printf("ON_ARM \n");
}
void  x86_f(){
    printf("ON_X86 \n");
}
int main()
{
    int mode = 1;
    printf("条件分支代码:");
    switch (mode) {
        case 1:    arm_f(); break;
        case 2:    x86_f(); break;
    }
    return 0;
}
```

条件编译优化后的程序如代码 6-88 所示。

代码 6-88　条件编译优化后示例

```
#include<stdio.h>
#define ON_ARM 1
#ifdef ON_ARM
void arm_f() {
    printf("ON_ARM \n");
}
#endif
#ifdef ON_X86
void  x86_f(){
    printf("ON_X86 \n");
}
#endif
```

```
int main()
{
    printf("条件编译代码:");
    #ifdef ON_ARM
        arm_f();
    #elif ON_X86
        x86_f();
    #endif
    return 0;
}
```

对运用条件编译前后的代码进行编译, 生成的部分汇编指令如下。可以看出, 在运用条件编译后编译器不会对 x86_f 进行编译, 生成的汇编指令更短, 对指令缓存等的利用也会更好。

//条件分支代码汇编	//条件编译代码汇编
arm_f:	arm_f:
.LFB0:	.LFB0:
.cfi_startproc	.cfi_startproc
pushq %rbp	pushq %rbp
.cfi_def_cfa_offset 16	.cfi_def_cfa_offset 16
.cfi_offset 6, -16	.cfi_offset 6, -16
movq %rsp, %rbp	movq %rsp, %rbp
.cfi_def_cfa_register 6	.cfi_def_cfa_register 6
movl $.LC0, %edi	movl $.LC0, %edi
call puts	call puts
nop	nop
popq %rbp	popq %rbp
.cfi_def_cfa 7, 8	.cfi_def_cfa 7, 8
ret	ret
.cfi_endproc	.cfi_endproc
.LFE0:	.LFE0:
.size arm_f, .-arm_f	.size arm_f, .-arm_f
.section .rodata	.section .rodata
.LC1:	.LC1:
.string "ON_X86 "	.string "\346\235\241\344\273
.text	\266\347\274\226\350\257\221\344
.globl x86_f	\273\243\347\240\201:"
.type x86_f, @function	.text
x86_f:	.globl main
.LFB1:	.type main, @function
.cfi_startproc	main:
pushq %rbp	.LFB1:
.cfi_def_cfa_offset 16	.cfi_startproc

```
        .cfi_offset 6, -16                              pushq   %rbp
        movq    %rsp, %rbp                              .cfi_def_cfa_offset 16
        .cfi_def_cfa_register 6                         .cfi_offset 6, -16
        movl    $.LC1, %edi                             movq    %rsp, %rbp
        call    puts                                    .cfi_def_cfa_register 6
        nop                                             movl    $.LC1, %edi
        popq    %rbp                                    movl    $0, %eax
        .cfi_def_cfa 7, 8                               call    printf
        ret                                             movl    $0, %eax
        .cfi_endproc                                    call    arm_f
.LFE1:                                                  movl    $0, %eax
        .size   x86_f, .-x86_f                          popq    %rbp
        .section    .rodata                             .cfi_def_cfa 7, 8
.LC2:                                                   ret
        .string "\346\235\241\344\273                   .cfi_endproc
\266\345\210\206\346\224\257\344                 .LFE1:
\273\243\347\240\201:"                                  .size   main, .-main
        .text                                           .ident  "GCC: (GNU) 10.2.0"
        .globl  main                                    .section    .note.GNU-stack,"",
        .type   main, @function                  @progbits
main:
.LFB2:
        .cfi_startproc
        pushq   %rbp
        .cfi_def_cfa_offset 16
        .cfi_offset 6, -16
        movq    %rsp, %rbp
        .cfi_def_cfa_register 6
        subq    $16, %rsp
        movl    $1, -4(%rbp)
        movl    $.LC2, %edi
        movl    $0, %eax
        call    printf
        cmpl    $1, -4(%rbp)
        je  .L4
        cmpl    $2, -4(%rbp)
        je  .L5
        jmp .L6
.L4:
        movl    $0, %eax
        call    arm_f
        jmp .L6
.L5:
        movl    $0, %eax
```

```
    call    x86_f
    nop
.L6:
    movl    $0, %eax
    leave
    .cfi_def_cfa 7, 8
    ret
    .cfi_endproc
.LFE2:
    .size   main, .-main
    .ident  "GCC: (GNU) 10.2.0"
    .section    .note.GNU-stack,"",
@progbits
```

4. 移除分支语句

查表法是将结果提前计算出来, 并放到一张具有索引的表中, 在实际使用时只需要依据索引从表中取得计算好的结果即可。如果在程序设计时, 编程人员能够将各分支路径的计算结果放到一张表中, 并将分支条件转化为表中值对应的索引, 那么就可以将分支跳转运算转化为访问表中元素, 这是查表法移除分支的主要指导思想。实际上编译器在优化一些分支模式代码时也使用了类似的想法。常见的许多分支模式都可以使用查表法去除, 以代码 6-89 为例详细说明。

代码 6-89　移除分支前示例

```c
#include<stdio.h>
#include<stdlib.h>
int main()
{
    int score = 0;
    printf("请输入你的成绩:");
    scanf_s("%d", &score);
    if (score >= 90)  //score属于 (0...100)
        printf("A");
    else if (score >= 80)
        printf("B");
    else if (score >= 70)
        printf("C");
    else
        printf("D");
}
```

该示例分支路径很容易被转化成索引, 并且分支结果能够提前计算出来, 可以使用查表法去除分支, 改写后的程序如代码 6-90 所示。

代码 6-90　移除分支后示例

```c
#include<stdio.h>
#include<stdlib.h>
int main()
{
    int score = 0;
    printf("请输入你的成绩:");
    scanf_s("%d", &score);
    char s[] = {'D', 'D', 'D', 'D', 'D', 'D', 'D', 'C', 'B', 'A'};
    printf("%c", s[score / 10]);
}
```

5. 平衡分支判断

C 语言中的 switch 运算符是程序员经常使用的一种语法, 包含大量的分支。在一些程序中, switch 运算符可以含有数千个设置值, 若直接实现这种需求的话, 所得到的逻辑树会特别高, 以下面的 switch 分支语句为例进行说明。

switch (a){
case 1: fun1();
case 2: fun2();
case 4: fun4();
case 6: fun6();
case 8: fun8();
case 10: fun10();
}

分支语句对应的判断逻辑树如图 6.7 所示。

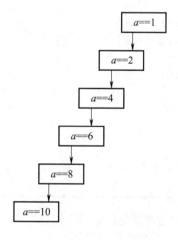

图 6.7　平衡前的逻辑判断树

该代码所对应的优化逻辑树的高度为 6, 当 a 的值为 10 时需要 6 次判断, 这样判断次数较多, 可以通过平衡判断分支的方法对分支语句进行优化, 平衡后的逻辑判断树如图 6.8 所示。

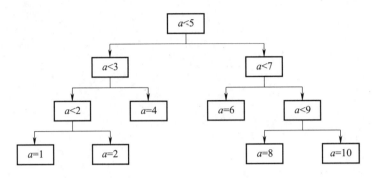

图 6.8   平衡后的逻辑判断树

按照上述逻辑对判断树进行优化后, 当 a 的值为 10 时需要 4 次判断, 即平均仅需要 4 次比较操作就能完成判断。平衡判断分支方法在节点较少时受益可能并不明显, 而当分支节点数量庞大时, 该方法收益较大。

6.6   小结

本章从程序员编写程序的角度出发, 先介绍了选择不同的算法、数据结构对程序性能的影响, 之后从程序的过程级、循环级、语句级介绍了一些在程序编写过程中常用的提升程序性能的手段和方法。

在编写程序时, 算法和数据结构的选择是非常重要的, 本章首先通过实例分析说明了选择合适的算法及数据结构对程序性能的影响。然后, 在确立了算法和数据结构之后进行实际程序代码编写时, 针对程序不同层级还需要使用对应的优化方法以期达到程序性能的最大化。在程序的过程级可以使用避免别名、常数值替换、使用结构体指针传递参数、内联替换、过程克隆及减少全局变量使用等方法进行优化。针对程序中耗时较多的循环结构, 可以使用循环不变量外提、循环展开和压紧、循环合并、循环分段、循环分布等方式进行循环层面的调优。最后, 采取删除不必要语句、简化代数运算、优化交换操作、中间变量代替公共子表达式、分支语句优化等方式对程序代码的质量进行进一步的调整。相信优化人员通过本章的学习, 可以写出质量更高、性能更好的程序。

读者可扫描二维码进一步思考。

下 篇

第七章
单核优化

单核处理器或单颗处理器核中存在指令流水、指令多发射、向量计算等功能部件,为实现程序的指令级与数据级并行提供了可能。本章从提升程序的指令级并行和数据级并行两个角度入手,讨论如何利用这些处理器功能部件进行程序优化。

7.1 指令级并行

指令级并行是指利用流水级并行和指令多发射等方式提高程序执行的并行度,在第一章中已经描述了指令级并行的概念。本节根据核内指令流水和指令多发射的功能部件特性,从指令流水、超标量和超长指令字 3 个方面描述如何进行指令级优化。

7.1.1 指令流水

在多核时代,优化人员或许已经不愿意去考虑最底层的指令级并行,但实际上指令流水和指令多发射仍受限于程序中指令之间的相关性、编译器的优化能力等因素,这也为优化人员提供了进一步提升程序性能优化的空间。

流水线技术并不是处理器设计领域所独创的,早在计算机还没有出现之前,流水线技术已被广泛应用于工业生产中。流水线技术是指将一个产品的加工过程分为多个独立的阶段,不同阶段使用不同的资源并完成不同的工序操作,当上一个产品完成某一工序时,下一个产品开始启动此道工序,这样就实现了对多个产品的同时加工。以服装的生产过程为例来解释流水线的工作模式。如图 7.1 所示,假设一套服装的生产要经过裁剪、缝纫、熨烫、包装 4 道工序,分别由 4 名

图 7.1   服装生产示意

工人完成。当没有使用流水线生产时，一套服装的生产将按照上述 4 道工序分阶段地进行。

如图 7.2 所示，在流水线生产情况下，多套衣服的生产可以分时刻分工序重叠进行，节省了生产时间并提升工作效率。

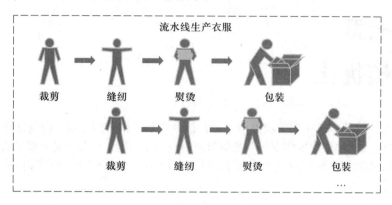

图 7.2　流水线生产示意

受工业生产流水线的启发，IBM 于 20 世纪 60 年代将流水线技术引入处理器的设计中，将指令的执行过程分为取指和执行两个阶段。现代处理器大都采用了流水线的设计思想，将指令操作划分为更多的阶段，例如一条指令的执行过程可以划分为取指、译码、执行、访存和写回 5 个阶段，每个阶段分别在对应的功能部件中完成，利用指令的重叠执行来加速处理速度。当未使用流水线技术时，每个时刻只有一个指令部件在工作，其他的指令部件处于空闲状态，一定程度上造成了硬件资源的浪费，如图 7.3 所示。

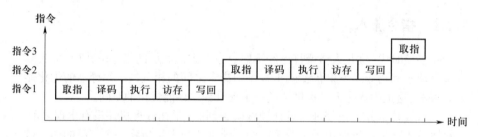

图 7.3　单周期指令执行过程

当使用流水线技术后，每个时刻指令部件会针对不同的指令不间断地工作，如图 7.4 所示，流水线技术实现了在同一时钟周期内重叠执行多个指令的能力。

示例中的流水线被划分成 5 个阶段，即 5 级流水线。从图 7.4 来看，单条指令的执行时间没有缩短，但整个指令执行过程中每个时钟周期都会有多条指令在并行执行，这将明显提升程序的运行效率。

处理器内部的流水线超过 5 至 6 级以上就可以称为超级流水线，又称为深度流水线。以服装生产为例，假设每道工序所占的时间为 5 min，那么 1 h 可生产 12 套衣服。此时生产工艺有所改进，将工序扩为 8 个阶段，每个步骤所占的时间可减为 2.5 min，那么 1 h 可以生产出 24 套衣服，可见通过流水线级数的

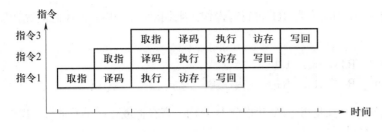

图 7.4　流水线执行过程

增加提高了生产效率。对应计算机指令执行, 处理器是通过时钟来驱动指令执行的, 每个时钟完成一级流水线操作, 每个时钟周期所做的操作越少, 那么需要的时间就越短, 而时间越短, 频率就可以提得越高。如 ARM A9 的指令流水线为 8 级, ARM A15 为 13 级, 奔腾IV流水线达至 20 级, 频率最快已经超过 3 GHz。

超级流水线对提升处理器的主频有帮助, 但流水线级数越多, 同一时刻重叠执行的指令就越多, 可能会导致存在相关性的指令间发生冲突, 造成处理器的高频低能。可以看出, 指令间相关性会导致流水线停顿, 同时也会影响到指令的多发射, 是程序中指令级并行的障碍。指令间相关性包括类似指令 A 的结果被指令 B 使用的数据相关、使用相同存储的结构相关和影响语句后续执行情况的控制相关。如果指令 A 产生的结果会被指令 B 用到, 则说指令 B 对指令 A 存在数据相关性。例如下面的 4 条汇编指令:

```
mul   R1,   R2,   R3   # 指令 1
add   R3,   R0,   R4   # 指令 2
sub   R6,   R5,   R7   # 指令 3
sub   R9,   R8,   R10  # 指令 4
```

可以看出, 指令 1 的执行结果 R3 被用于指令 2 的加法运算中, 因此指令 1 与指令 2 之间存在数据相关性。存在数据相关性说明有可能存在竞争, 但是能否真正导致流水线停顿则取决于处理器执行部件的调取。优化人员可以通过相关性分析, 在保持指令相关性不变的情况下改变指令顺序, 将不相关指令插入停顿周期以解决流水线停顿的问题。如上述的代码段中, 优化人员可以将指令 3、指令 4 插到指令 1 与指令 2 之间执行, 优化后的指令执行序列为:

```
mul   R1,   R2,   R3   # 指令 1
sub   R6,   R5,   R7   # 指令 3
sub   R9,   R8,   R10  # 指令 4
add   R3,   R0,   R4   # 指令 2
```

结构相关性是指两条指令使用相同名字的寄存器或者存储单元, 并且两条指令之间不存在数据的传递。结构相关性包括反相关性和输出相关性, 反相关性是指令 A 在程序中的位置位于指令 B 之前, 指令 B 中操作数写入的寄存器或存储单元是指令 A 操作数读的寄存器或存储单元, 如果将两个指令调整执行顺序将影响结果的正确性。例如以下指令片段, 指令 A 对寄存器 R1 进行读操作,

之后指令 B 对寄存器 R1 进行写操作, 因此指令 A 和指令 B 之间存在反相关性:

```
mul   R1,   R2,   R3   # 指令 A
sub   R4,   R5,   R1   # 指令 B
```

输出相关性是指令 A 和指令 B 对同一寄存器或存储单元进行写操作, 详见下面的指令片段:

```
mul   R1,   R2,   R3   # 指令 A
sub   R4,   R5,   R3   # 指令 B
```

指令 A 对寄存器 R3 进行写操作, 之后指令 B 也对寄存器 R3 进行写操作, 指令 A 和指令 B 之间存在输出相关性。由于结构相关的指令之间不存在数据流动, 因此可以使用寄存器重命名的方法改变使用的寄存器或存储器, 使得两条指令不使用同样的寄存器或者存储单元, 消除指令间相关性以满足指令流水或多发射的并行需求。以上面提到的反相关为例, 假设寄存器 R6 在一段时间处于空闲状态, 那么可以利用寄存器 R6 将该指令片段改为如下形式:

```
mul   R1,   R2,   R3   # 指令 A
sub   R4,   R5,   R6   # 指令 B
```

将指令 B 减法运算的结果存入寄存器 R6 后, 为了保证程序的正确性, 在后续的使用中需将 R1 均改为 R6, 直到寄存器 R1 再一次被赋值。将 R1 改为 R6 后, 该指令片段中的反相关被消除, 这不仅有利于指令流水并行, 还有利于指令的多发射并行, 输出相关也可以利用同样的方法得到消除。

除数据相关性和结构相关性之外, 还存在某些指令的执行受控于其他指令的情况, 即指令间的控制相关, 考虑下面的指令段:

```
bne     R1,        R2,    Label   # 指令 1
add     R3,        R4,    R5      # 指令 2
mul     R5,        R0,    R6      # 指令 3
Label:  sub R1,    R6,    R6      # 指令 4
```

指令 2 和指令 3 的执行情况受控于指令 1 的执行结果, 当指令 1 中 R1 和 R2 相等时不跳转到 Label, 此时指令 2 和指令 3 会执行; 而当指令 1 中 R1 和 R2 不相等时则直接跳转到 Label, 此时指令 2 和指令 3 不会执行。控制相关使得指令的执行顺序不确定, 因此会造成流水线的停顿。

当指令流水线上出现控制相关时, 有两种处理方法: 一是等流水线上的指令执行结束后, 根据分支指令的执行结果进行跳转, 但会造成指令流水线的停顿; 二是预测分支指令的结果, 选择某一条分支的指令填入流水线以避免流水线的停顿, 如果分支预测正确, 流水线即可顺利运行, 若分支预测错误, 则需要清空流水线丢弃已经执行的结果, 并执行正确的分支重新填充流水线。所以分支预测准确率将直接影响处理器的性能, 若处理器经常猜错, 会大幅降低处理器的性能。针对分支预测这把双刃剑, Intel 极力优化分支预测器的性能, 而 ARM 和主流

GPU 的设计中就没有过多地考虑分支预测。因此在 ARM 或 GPU 上运行程序，如果核心代码内含有较多的分支语句，将严重影响程序性能。

虽然主流的编译器中会尝试破除指令的控制相关，但是一般仅针对最内层循环中的简单控制流结构，对程序中形式复杂的控制相关语句则无能为力。因此，优化人员对代码的优化依然是提升程序性能的有效手段。下面将结合实例介绍如何通过移除分支破除控制相关以优化指令流水，移除方法包括控制语句的外提和控制语句的转换。控制语句的外提是指，通过将循环不变量的判断条件控制语句外提到循环外，从而减少或消除循环内的控制相关，以代码 7−1 为例进行说明。

代码 7−1　指令流水控制相关示例一

```
#include<stdio.h>
#include <stdlib.h>
#define N 10
int main(){
    int a[N];
    int d[N];
    int c[N];
    int m[N];
    int n[N];
    int an = rand()%100;
    printf("an=%d\n",an);
    for(int i = 0; i < N; i++){
        a[i] = 0;
        m[i]=0;
        c[i]=i;
        d[i]=i+1;
        n[i]=i+2;
    }
    for(int i=0; i<N; i++){
        1f(an>10){
            a[i]=c[i];
        }
        else{
            a[i]=d[i];
        }
        m[i]=n[i];
    }
    for(int i=0; i<N; i++){
        printf("a[%d]=%d m[%d]=%d\n",i,a[i],i,m[i]);
    }
return 0;
}
```

循环中 if 表达式的语义是判断变量 an 的值是否大于 10，此表达式在循环迭代中是不变的, 但每次迭代时该表达式均需执行, 将增加迭代内分支判断与预测, 严重影响流水线执行。所以可以采用将 if 分支语句提到循环外的方法进行优化, 改进后的程序如代码 7–2 所示。

代码 7–2　指令流水控制相关示例二

```c
#include <stdio.h>
#include <stdlib.h>
#define N 10
int main() {
    int a[N];
    int d[N];
    int c[N];
    int m[N];
    int n[N];
    int an = rand() % 100;
    printf("an=%d\n", an);
    for (int i = 0; i < N; i++){
        a[i] = 0;
        m[i] = 0;
        c[i] = i;
        d[i] = i + 1;
        n[i] = i + 2;
    }
    if (an > 10){
        for (int i = 0; i < N; i++){
            a[i] = c[i];
            m[i] = n[i];
        }
    }
    else{
        for (int i = 0; i < N; i++){
            a[i] = d[i];
            m[i] = n[i];
        }
    }
    for (int i = 0; i < N; i++){
        printf("a[%d]=%d m[%d]=%d\n", i, a[i], i, m[i]);
    }
    return 0;
}
```

控制结构语句外提后, 循环内不再存在阻碍指令流水的控制相关, 有助于编译器进一步发掘指令级并行。if 控制语句外提不仅减少了循环的工作量并发掘出更多指令级并行性, 甚至对后续的数据级并行等其他循环优化都有利, 因此建

议优化人员手动进行控制语句的外提优化。但并不是所有的控制语句都能外提，只有当语句的判断条件不随循环迭代而改变时外提才是合法的。若 if 控制语句的判断条件随着循环迭代而改变时，将其提到循环外部会影响程序的正确性。

另一种处理控制相关的方法是控制转换，即将控制相关转为数据相关，通常将这种转换方法称为 if 转换。if 转换是指将程序中的条件分支语句及相关语句变换为顺序执行的条件赋值语句，从而把控制依赖转换成数据依赖。if 转换需要借助三元操作实现，形式为 dst=cond?src1:src2，语义为当 cond 值为真时 dst=src1，而 cond 值为假时 dst=src2，即 C 语言中的条件赋值语句，以代码 7–3 为例进行说明。

代码 7–3　if 转换示例一

```
#include<stdio.h>
#define N 100
void main(){
    int a[N];
    int d[N];
    int c[N];
    int m[N];
    int n[N];
    for (int i = 0; i < N; i++){
        a[i] = `0;
        m[i] = 0;
        c[i] = i;
        d[i] = i + 1;
        n[i] = i + 2;
    }
    int C0 = 1;
    int C1 = 2;
    int D0 - 3,
    for (int i = 0; i < N; i++){
        if (i * 2 > 2){
            c[i] = C0;
        }
        else if (i * 2 < 2){
            c[i] = C1;
        }
        else{
            d[i] = D0;
        }
    }
    for (int i = 0; i < N; i++){
        printf("c[i]=%d d[i]=%d\n", c[i], d[i]);
    }
```

```
}
```

将此代码第二个循环中的分支语句进行 if 转换, 生成的程序如代码 7-4 所示。

代码 7-4 if 转换示例二

```
#include<stdio.h>
#define N 100
int main(){
    int a[N];
    int d[N];
    int c[N];
    int m[N];
    int n[N];
    for (int i = 0; i < N; i++){
        a[i] = 0;
        m[i] = 0;
        c[i] = i;
        d[i] = i + 1;
        n[i] = i + 2;
    }
    int C0 = 1;
    int C1 = 2;
    int D0 = 3;
    for (int i = 0; i < N; i++){
        c[i] = (i * 2 > 2) ? C0 : c[i];
        c[i] = ((!(i * 2 > 2)) && (i * 2 < 2)) ? C1 : c[i];
        d[i] = ((!(i * 2 > 2)) && (!(i * 2 < 2))) ? D0 : d[i];
    }
    for (int i = 0; i < N; i++){
        printf("c[i]=%d d[i]=%d\n", c[i], d[i]);
    }
    return 0;
}
```

if 转换通过对条件分支语句及相关语句进行等价变换为条件赋值语句, 产生的新语句由本身的逻辑表达式控制, 使得语句之间没有控制关系, 从而将条件分支语句所引发的控制相关转换为数据相关。if 转换引入了控制执行的概念, 即每一个语句都隐式地包含一个逻辑表达式来控制它的执行, 而不是简单地删除分支。if 转换后, 可以对条件语句进行合并, 以代码 7-5 为例说明转换后对条件语句进行合并的过程。

代码 7-5　if 转换示例三

```c
#include <stdio.h>
#include <stdlib.h>
#define N 10
int main() {
    int a[N];
    for (int i = 0; i < N; i++){
        a[i] = 0;
    }
    int C0 = 1;
    int C1 = 2;
    for (int i = 0; i < N; i++){
        if (i * 2 > 2){
            a[i] = C0;
        }
        else{
            a[i] = C1;
        }
    }
    for (int i = 0; i < N; i++){
        printf("a[%d]=%d\n", i, a[i]);
    }
    return 0;
}
```

对代码 7-5 进行 if 转换, 转换后生成代码 7-6。

代码 7-6　if 转换示例四

```c
#include <stdio.h>
#include <stdlib.h>
#define N 10
int main() {
    int a[N];
    for (int i = 0; i < N; i++){
        a[i] = 0;
    }
    int C0 = 1;
    int C1 = 2;
    for (int i = 0; i < N; i++){
        a[i] = (i * 2 > 2) ? C0 : a[i]; //S4
        a[i] = !(i * 2 > 2) ? C1 : a[i]; //S5
    }
    for (int i = 0; i < N; i++){
```

```
        printf("a[%d]=%d\n", i, a[i]);
    }
    return 0;
}
```

可以将 if 转换后生成的语句 S4 和 S5 合并为一条语句 S6, 如代码 7–7 所示, 合并后可以减少一次赋值语句操作。

代码 7–7　if 转换示例五

```
#include <stdio.h>
#include <stdlib.h>
#define N 10
int main() {
    int a[N];
    for (int i = 0; i < N; i++){
        a[i] = 0;
    }
    int C0 = 1;
    int C1 = 2;
    for (int i = 0; i < N; i++){
        a[i] = (i * 2 > 2) ? C0 : C1; //S6
    }
    for (int i = 0; i < N; i++){
        printf("a[%d]=%d\n", i, a[i]);
    }
    return 0;
}
```

可以看到, if 转换后去除了指令中的控制相关, 不仅避免了流水线的停顿, 利于指令级并行, 同时有利于程序的向量化、并行化等其他程序变换。在后续数据级并行等优化中, 还将进一步讨论 if 转换。

7.1.2　超标量

程序的执行由一系列指令操作组成, 为了节省程序的执行时间, 发射单元可以一次发射多条指令, 这就是指令的多发射并行。在单发射结构中, 指令虽然能够同时流水线重叠执行, 但每个时钟周期只能发射一条指令。多发射处理器支持指令级并行, 每个时钟周期可以发射多条指令, 一般为 2 ~ 4 条, 这样可以使处理器每个时钟周期的指令数倍增, 从而提高处理器的执行速度。

多发射处理器能对多条指令进行译码, 并将可以并行执行的指令送往不同的执行部件, 因此处理器必须提供多套硬件资源, 包括多套译码器和多套算术逻辑单元等。多发射处理器的每个发射部件上同样可以进行指令流水, 如图 7.5 所示。

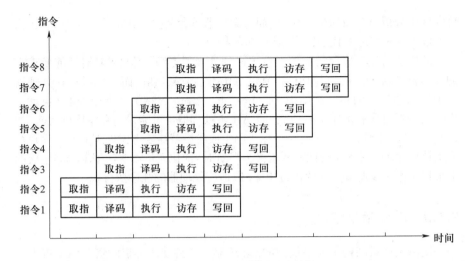

图 7.5　多发射处理器的流水并行

指令多发射的方法有超标量 (superscalar) 和超长指令字 (very long instruction word, VLIW) 两种, 它们的不同之处在于并行发射指令的指定时间不一样。超长指令字在编译阶段由编译器指定并行发射的指令, 而超标量在执行阶段由处理器指定并行发射的指令, 因此超标量的硬件复杂性更高, 而超长指令字硬件复杂性较低。采用超标量技术的典型代表为 X86 处理器, 采用超长指令字的典型代表为 ARM 和德州仪器 TI。超标量通常会配合乱序执行来提高并行性, 下面介绍乱序执行是如何提升超标量处理器性能的。

如果程序中的所有指令都按照既定的顺序执行, 那么一旦相邻多条指令不能并行执行, 处理器的多发射部件就处于闲置状态, 造成硬件资源的浪费。而采用乱序执行可以很好地解决该问题, 乱序执行就是程序不按照既定的指令顺序执行, 在指令间不存在相关性的前提下通过调整指令的执行顺序提升程序指令的并行性。乱序执行是提高指令级并行的一种重要方式。以下面的指令段为例说明乱序发射的过程:

```
add   R3,  R2,  R1    # 指令 1
mul   R1,  R0,  R4    # 指令 2
mul   R6,  R5,  R7    # 指令 3
```

如果按照顺序发射, 指令 2 与指令 1 之间存在由 R1 引入的数据相关性, 因此指令 1 与指令 2 不能并行。指令 2 和指令 3 同时使用乘法部件, 此处假设该处理器上仅有一套乘法部件, 因此指令 2 和指令 3 因为乘法部件资源数量的限制也不能并行。可以采用乱序执行将指令执行顺序调整为以下形式:

```
add   R3,  R2,  R1    # 指令 1
mul   R6,  R5,  R7    # 指令 3
mul   R1,  R0,  R4    # 指令 2
```

调整指令 2 和指令 3 的顺序后, 指令 1 和指令 3 之间因为不存在依赖关系, 并且使用不同的功能发射部件, 可以并行执行。处理器的乱序执行需要在重排序缓存区中分析指令间的相关性, 先通过寄存器重命名去除其相关性, 然后利用指令调度器调整指令的执行顺序, 让更多的指令并行处理。

乱序执行比顺序执行需要耗费更多的处理器资源, 因此通常对性能要求高的处理器才添加乱序执行功能, 例如 ARM Cortex-A9。而一些低功耗处理器仍采用顺序执行的超标量结构, 如 Intel 的 Atom N2X0 系列处理器, 也就是 X86 处理器都含有乱序执行功能, 而 ARM 处理器也可能采用乱序执行功能, 如 Cortex-A15 处理器。编译器在目标代码生成阶段就需要考虑处理器对乱序执行的支持情况。在对程序的性能要求极为严苛时, 优化人员需要根据编译器生成的汇编程序进一步调整指令的执行顺序, 以适应处理器的乱序执行。

7.1.3 超长指令字

使用超标量结构是需要代价的, 处理器内部将使用一定的资源用于将串行的指令序列转换成可以并行的指令序列, 这会增加处理器的功耗和面积, 而超长指令字则不需消耗过多的处理器资源。超长指令字处理器的每一条超长指令装有多条常规的指令, 并于同一时刻被发射出去。一般情况下, 这些指令的每一条都对应不同的功能部件, 并且超长指令字结构的指令由并行编译器或优化人员指定, 而不是由硬件指定, 可以很好地简化硬件结构。

超长指令字结构广泛应用于精简指令集计算机 (reduced instruction set computer, RISC) 上, 典型代表为数字信号处理器 (digital signal processor, DSP)。以德州仪器 TI 的 C6000 系列数字信号处理器为例, 如图 7.6 所示的处理器有 8 个功能部件, 理论上每个时钟周期处理器可以同时并行执行 8 条指令, 这 8 条指令被看成是一个包, 取指、译码、执行单元每次对一个指令包进行操作。

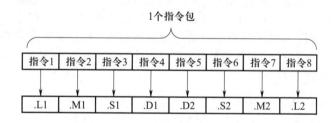

图 7.6 德州仪器 C6000 支持的超长指令字

超长指令字处理器通常利用编译器指定并行的指令, 也可以由优化人员在汇编中指定并行的指令, 如下面的汇编代码所示:

```
add  R1,  R2,  R3  # 指令 1
||sub R1,  R2,  R6  # 指令 2
||mul R3,  R4,  R5  # 指令 3
||and R8,  R6,  R7  # 指令 4
```

指令 2、指令 3、指令 4 前面的 "||" 表示这条指令和上条指令在同一个周期执行, 如果没有 "||", 则表示这条指令在下一个周期执行。

超长指令字的并行指令执行由编译器来完成,因此编译器的优化能力直接影响程序在超长指令字处理器上的性能。为了在超长指令字机器上获得更好的程序性能,优化人员可以通过修改汇编代码,指定每个多发射的超长指令。因此要充分发挥超长指令字结构处理器的性能,就需要优化人员熟悉程序并了解底层硬件功能部件的情况。

以德州仪器 TI 的 C6000 处理器为例进行说明,C6000 处理器包含如图 7.7 所示的 4 种类型功能部件,分别标记为 S、L、D、M。S 部件主要执行算术运算、数据打包解包及比较运算等,L 部件主要执行算术运算、打包解包运算等,D 部件主要执行访存和逻辑运算,M 部件主要执行乘法运算和点积运算,每类部件又对应两个通道,理想情况下每个时钟周期可以将 8 个部件同时利用起来,实现 8 条指令并行发射。

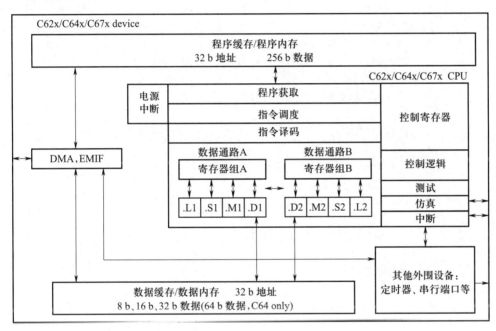

图 7.7　C6000 处理器的功能部件

例如下面的指令片段,充分利用了上述 8 个功能部件,可以有效地提升指令执行效率:

```
ADD  .S1  A1,  A2,  A1
||ADD .S2  A4,  A5,  A4
||MUL .M1  B1,  B2,  B1
||MUL .M2  B4,  B5,  B4
||SUB .L1  A3,  A6,  A3
||SUB .L2  B3,  B6,  A3
LDDW .D1T1 *A7++,  A9:A8
LDDW .D2T2 *B7++,  B9:B8
```

在一个时钟周期内将硬件提供的各种功能部件使用起来,就可以充分发挥处理器的指令级并行优势。但实际程序中受限于指令间的相关性及指令的数量不足，往往不能充分发挥处理器提供的指令级并行优势。此时可以利用第五章描述的循环展开进行优化，发掘程序指令级并行性。超长指令字示例如代码 7-8 所示。

代码 7-8　超长指令字示例

```c
#include <stdio.h>
#include <stdlib.h>
#define N 10
float a[N][N], b[N][N], c[N][N];
int main() {
    int i, j, k;
    printf("A:\n");
    for (i = 0; i < N; i++) {
        for (j = 0; j < N; j++) {
            a[i][j] = i + j;
            printf("%f  ", a[i][j]);
        }
        printf("\n");
    }
    printf("B:\n");
    for (i = 0; i < N; i++) {
        for (j = 0; j < N; j++) {
            b[i][j] = i - j;
            printf("%f  ", b[i][j]);
        }
        printf("\n");
    }
    for (i = 0; i < N; i++)
    {
        for (j = 0; j < N; j++)
        {
            c[i][j] = 0;
            for (k = 0; k < N; k++)
                c[i][j] += a[i][k] * b[k][j];
        }
    }
    printf("C:\n");
    for (i = 0; i < N; i++) {
        for (j = 0; j < N; j++) {
            printf("%f  ", c[i][j]);
        }
        printf("\n");
    }
```

```
    return 0;
}
```

该程序循环内的指令条数太少, 不足以填充满 C6000 处理器的 8 个功能部件, 难以充分发挥处理器提供的指令级并行的优势。使用循环展开优化后, 循环体内指令的条数足够多, 编译器就可以在这些指令间进行调度, 选择相对较好的并行指令发射组合, 能够提升程序的性能。以德州仪器 TI6678 计算平台上矩阵乘代码示例, 设矩阵计算规模为 10×10, 在没有使用编译器优化时, 汇编代码如下所示, 运行时间为 0.061 ms:

```
.dwpsn file "../main.c",line 33,column 7,is_stmt,isa 0
          ZERO    .L2      B4             ;  |33|
          STW     .D2T2    B4,*+SP(24)    ;  |33|
.dwpsn file "../main.c",line 33,column 14,is_stmt,isa 0
          CMPLT   .L2      B4,10,B0       ;  |33|
   [!B0]  BNOP    .S1      $C$L14,5       ;  |33|
          ; BRANCHCC OCCURS {$C$L14}      ;  |33|
```

经过编译器的指令调度优化后, 生成的汇编代码如下所示, 运行时间为 0.019 ms。

```
          MVKL    .S2      c,B4
||        ZERO    .L1      A22
||        MVK     .S1      320,A3
||        MV      .L2X     A13,B22        ;  |33|
||        MV      .D2      B11,B6
||        MVK     .D1      0xa,A16        ;  |33|

          MVKH    .S2      c,B4
||        ADD     .L1X     A3,B11,A18
||        LDDW    .D2T2    *B22,B25:B24
||        MVK     .S1      40,A5

          ADD     .L2X     B4,A22,B5
||        LDDW    .D2T1    *+B22(24),A7:A6

          LDDW    .D2T2    *+B22(8),B9:B8
          LDDW    .D2T1    *+B22(32),A9:A8
          LDDW    .D2T1    *+B22(16),A21:A20
```

以上代码中, 每个连续带有 "||" 语句的前面都有一条语句没有 "||" 的语句, 这些语句为一组并行发射执行的关系, 所以共有 3 组并行发射的语句。由此可以看出, 使用编译器指令调度器优化之后的汇编代码中加 "||" 的语句更多, 指令并行性更好, 且优化后的指令没有过多的跳转语句, 如 BRANCHCC 语句。

除了编译器可做优化外, 优化人员还可以在汇编层面指定并行发射的指令组合。因为编译器的并行发射指令组合算法也存在局限性, 同时编译器的指令间相关性分析可能精度不够, 这些因素都给优化人员从汇编层面进一步提升程序的性能提供了可能。

7.2 数据级并行

数据级并行是指处理器能够同时处理多条数据的并行方式, 大部分处理器采用 SIMD 向量扩展作为计算加速部件, SIMD 扩展部件可以将原来需要多次装载的标量数据一次性地装载到向量寄存器中, 通过一条向量指令实现对向量寄存器中数据元素的并行处理。与超标量和超字长指令结构相比, 其访存方式更加高效且并行成本相对较低, 可以减轻指令预取部件及指令缓存的压力。使用 SIMD 方法执行的代码称为向量代码, 将标量代码转换成向量代码的过程即为向量化。通常使用两种方式获得向量程序, 一种是由程序设计人员编写向量代码, 另一种是借助于编译器的向量化编译自动生成向量代码。本章主要讨论第一种方式, 借助编译器选项生成向量化代码方式可以参考第五章的内容。

程序设计人员编写向量代码时, 需要依据目标平台提供的向量内嵌函数, 此外还可以借助嵌入式汇编、C++ 扩展库等。为了让程序获得更好的向量化性能, 优化人员需了解程序在向量化过程中面临的问题, 这样不仅有利于辅助编译器生成更有效的向量程序, 也有利于自行编写出高效的向量程序, 本节将从向量程序的编写和优化两个方面展开具体介绍。示例多以 Intel SIMD 扩展指令改写, 为了便于说明, 本文使用 128 b 向量寄存器操作指令进行演示。常用的指令按照释义划分, 详见表 7.1, 其他指令待出现时再进行详细描述。

表 7.1 SIMD 扩展指令示例

向量操作名称	向量操作指令
向量对齐读内存	_mm_load_ps
向量不对齐读内存	_mm_loadu_ps
向量对齐写内存	_mm_store_ps
向量不对齐写内存	_mm_storeu_ps
向量减	_mm_sub_ps
向量乘	_mm_mul_ps
向量混洗	_mm_shuffle_ps
向量加	_mm_add_ps
向量设置	_mm_set_ps
向量收集	_mm_i32gather_ps

7.2.1 向量程序编写

向量化的本质是重写程序, 以便其同时对多个数据进行相同的操作。编写向量化程序时可以从循环、基本块和函数等层次发掘数据的并行性, 本节将对此展开详细讨论, 同时介绍如何对程序中的分支和归约进行向量化, 以及描述将向量寄存器调整为合适的长度的方法。

1. 循环的向量化

当需要计算的数据较多时, 直接进行计算需要多个 for 循环, 代码冗长且不好理解。而将循环向量化后可以将多次 for 循环变成一次计算, 较为方便且代价小, 以代码 7-9 为例进行说明。

代码 7-9　循环向量化串行示例

```
#include<stdio.h>
#define N 100
int main(int argc, char* argv[]){
    float a[N];
    float b[N];
    float c[N] = {};
    for (int i = 0; i < N; i++){
        a[i] = i + 2;
        b[i] = i * 3;
    }
    for (int i = 0; i < N; i++){
        a[i] = b[i];
    }
    for (int i = 0; i < N; i++){
        printf("a[i]=%f b[i]=%f\n\n", a[i], b[i]);
    }
    return 0;
}
```

此代码核心计算在第 2 个循环中, 对其使用 128 b SSE 向量指令进行改写, 将原来相邻的 4 次迭代运算合并为 1 次迭代运算, 所以代码中每次迭代内赋值由 1 次变为 4 次, 如代码 7-10 所示。

代码 7-10　循环向量化示例

```
#include <xmmintrin.h>
#include <stdio.h>
#define N 100
int main(int argc, char* argv[]){
    float a[N];
    float b[N];
```

```
    for (int i = 0; i < N; i++){
        b[i] = i * 3;
    }
    for (int i = 0; i < (N / 4); i++){
        __m128 second = _mm_load_ps(b + i * 4);
        _mm_store_ps(a + i * 4, second);
    }
    for (int i = 0; i < N; i++){
        printf("a[%d]=%f b[%d]=%f\n\n", i, a[i], i, b[i]);
    }
    return 0;
}
```

由向量转换后的代码 7-10 可以看出, 循环的迭代次数由原来 100 次减少为 25 次, 在理想情况下该程序向量化后运行加速比可以达到 4。但有些循环不适合直接进行向量化, 此时可以使用第六章中描述的循环变换技术对循环进行变换, 例如循环分布可以将可向量化和不可向量化的语句分块, 循环剥离可以使得循环内的数据引用变得对齐, 循环交换可以使得内层循环的访存变得连续, 同时还可以通过将某个外层循环交换至最内层进行向量化等。

此外在面对多层循环时, 最内层循环的依赖关系更容易计算清楚, 因此一般都选择最内层循环作为向量化的目标。代码 7-8 为矩阵乘, 其中最内层循环代码段如下:

```
for(i=0;i<N;i++)
    for(j=0;j<N;j++){
        c[i][j]=0;
        for(k=0;k<N;k++)
            c[i][j]+=a[i][k]*b[k][j];
}
```

对代码 7-8 最内层循环 k 进行 SIMD 向量化, 得到代码 7-11。

代码 7-11　内层循环向量化示例

```
#include <stdio.h>
#include <stdlib.h>
#include <immintrin.h>
#define N 4
//N为4的倍数
float a[N][N],b[N][N],c[N][N];
float sum[4];
int main(){
    int i,j,k;
        printf("A:\n");
    for(i=0;i<N;i++){
```

```
        for(j=0;j<N;j++){
            a[i][j]=i+j;
            printf("%f  ",a[i][j]);
        }
        printf("\n");
    }


        printf("B:\n");
    for(i=0;i<N;i++){
        for(j=0;j<N;j++){
            b[i][j]=i-j;
            printf("%f  ",b[i][j]);
        }
        printf("\n");
    }


    for (i = 0; i < N; i++){
        for ( j = 0; j < N; j++){
            __m128 vc=_mm_set_ps(0,0,0,0);
            for ( k = 0; k < N; k+=4){
            __m128 va=_mm_load_ps(&a[i][k]);
            __m128 vb=_mm_set_ps(b[k+3][j],b[k+2][j],b[k+1][j],b[k][j]);
            __m128 vab=_mm_mul_ps(va,vb);
            vc=_mm_add_ps(vab,vc);
            }
        _mm_store_ps(sum,vc);
        sum[0]=sum[0]+sum[1];
        sum[2]=sum[2]+sum[3];
        c[i][j]=sum[0]+sum[2];
        }
    }
    printf("C:\n");

    for(i=0;i<N;i++){
        for(j=0;j<N;j++){
            printf("%f  ",c[i][j]);
        }
        printf("\n");
    }
return 0;
}
```

当最内层循环存在依赖环向量化后不再满足正确性要求或优化效果不佳时，且无法使用循环交换的前提下，可以考虑对外层循环进行向量化。代码 7-11 只对最内层循环 k 进行向量化, 性能提升效率不高, 此时可以将 j 层循环向量化以实现更高的运行效率, 如代码 7-12 所示。

代码 7-12　外层循环向量化示例

```c
#include <stdio.h>
#include <stdlib.h>
#include <immintrin.h>
#define N 4
//N为4的倍数
float a[N][N], b[N][N], c[N][N];
int main() {
    int i, j, k;
    printf("A:\n");
    for (i = 0; i < N; i++) {
        for (j = 0; j < N; j++) {
            a[i][j] = i + j;
            printf("%f  ", a[i][j]);
        }
        printf("\n");
    }
    printf("B:\n");
    for (i = 0; i < N; i++) {
        for (j = 0; j < N; j++) {
            b[i][j] = i - j;
            printf("%f  ", b[i][j]);
        }
        printf("\n");
    }
    for (i = 0; i < N; i++){
        for (j = 0; j < N; j += 4){
            __m128 sum = _mm_set_ps(0, 0, 0, 0);
            for (k = 0; k < N; k++) {
                __m128 vb = _mm_load_ps(&b[k][j]);
                __m128 va = _mm_set_ps(a[i][k],a[i][k],a[i][k],a[i][k]);
                __m128 vab = _mm_mul_ps(va, vb);
                sum = _mm_add_ps(vab, sum);
            }
            _mm_store_ps(&c[i][j], sum);
        }
    }
    printf("C:\n");
    for (i = 0; i < N; i++) {
        for (j = 0; j < N; j++) {
            printf("%f  ", c[i][j]);
```

```
        }
        printf("\n");
    }
    return 0;
}
```

将示例代码在 Intel 平台上进行测试, 只对内层循环向量化的代码 7-11 相对于原始代码 7-8 加速比为 1.12, 而进行外层循环向量化的代码 7-12 相对于原始代码 7-8 加速比为 1.9。由此可以看出, 不同的向量化方案性能存在明显的差异, 选择一个合适的 SIMD 向量化方案是取得好的向量化优化效果的关键。

2. 基本块的向量化

面向基本块的向量化又叫直线型向量化, 要求基本块内有足够的并行性, 否则会因为有大量的向量和标量之间的转换而影响向量化的效果。基本块级向量化方法与循环级向量化方法不同, 是指从指令级并行中挖掘数据级并行。面向基本块的向量化方法中常常提到打包、解包的概念, 包是一个同构语句的集合, 即语句参数可能不同但可编译的部分是相同的, 将多条同构语句组成包的过程称为打包, 反之则称为解包, 代码 7-13 为存在同构语句的示例。

代码 7-13 同构语句示例

```c
#include <stdio.h>
#include <stdlib.h>
#define N 4
float a[N][N], v[N][N];
int main() {
    int i, j;
    float sum0 = 0;
    float sum1 = 0;
    float sum2 = 0;
    int vlast = rand() % 10;
    printf("%d\n", vlast);
    printf("A:\n");
    for (i = 0; i < N; i++) {
        for (j = 0; j < N; j++) {
            a[i][j] = i + j;
            printf("%f   ", a[i][j]);
        }
        printf("\n");
    }
    printf("V:\n");
    for (i = 0; i < N; i++) {
        for (j = 0; j < N; j++) {
            v[i][j] = i - j;
            printf("%f   ", v[i][j]);
```

```
        }
        printf("\n");
    }
    i = 0;
    while (i < vlast) {
        sum0 += a[0][0]*v[0][i] + a[0][1]*v[0][i] + a[0][2]*v[0][i];
        sum1 += a[1][0]*v[1][i] + a[1][1]*v[1][i] + a[1][2]*v[1][i];
        sum2 += a[2][0]*v[2][i] + a[2][1]*v[2][i] + a[2][2]*v[2][i];
        i++;
    }
    printf("sum0=%f,sum1=%f,sum2=%f \n", sum0, sum1, sum2);
    return 0;
}
```

在考虑面向基本块的向量化时, 代码中非同构语句更为常见, 但非同构语句会影响后续的向量化, 此时可以将代码中的非同构语句转为同构语句, 如代码 7-14 所示。

代码 7-14　非同构转换同构示例

```
#include <stdio.h>
#include <stdlib.h>
#define N 4
float C[N],B[N];
int main(){
    int i,j;
    for(i=0;i<N;i++){
        C[i]=i*2;
        printf("%f   ",C[i]);
    }
    printf("\n");
    for(i=0;i<N;i++){
        B[i]=i/2;
        printf("%f   ",B[i]);
    }
    printf("\n");
//非同构
    for(i=0;i<N;i+=2){
        C[i]=B[i]*0.5+2;//S1
        C[i+1]=B[i+1] + 1;//S2
    }
    for(i=0;i<N;i++){
        printf("%f ",C[i]);
    }
    printf("\n");
```

```
//同构
    for(i=0;i<N;i+=2){
        C[i]=B[i]*0.5+2;
        C[i+1]=B[i+1]*1+1;
    }
    for(i=0;i<N;i++){
        printf("%f ",C[i]);
    }
    printf("\n");
return 0;
}
```

代码 7-14 中, S1 语句将数组 B[i] 乘 0.5, 再与常量 2 相加后赋值给数组 C[i]; S2 语句将 B[i+1] 与常量 1 的和存储在数组 C[i+1] 中。可以看出, S1、S2 两条语句为非同构语句, 但其计算模式是相似的, 可以将 S2 语句中数组 B[i+1] 同样与常数 1 相乘, 那么在保持原来代码语义的基础上将这两条语句转换成同构语句, 进而可以进行后续的向量化。

同样代码 7-15 中, S1、S2 两条语句也是非同构的, 语句中 C[0].real 和 C[0].imag、B[0].imag 和 B[0].real, 以及 A[0].real 和 A[0].imag 在内存中分别是连续存储的。但在计算时, S1 语句是求差, 而 S2 语句是求和, 即这两条语句是非同构语句, 可以将其转换为同构语句, 转换后为代码 7-15 中的语句 S3 和 S4。

代码 7-15　不同计算非同构转同构示例

```
#include <stdio.h>
#include <stdlib.h>
#define N 4
struct plu{
    float real;
    float imag;
};
plu A[N],B[N],C[N];

int main(){

    int i;
    for(i=0;i<N;i++){
        A[i].real=i*2;
        A[i].imag=i*3;
        printf("%f  %f  ,",A[i].real,A[i].imag);
    }
    printf("\n");
    for(i=0;i<N;i++){
        B[i].real=i-1;
```

```
        B[i].imag=i-2;
        printf("%f  %f ,",B[i].real,B[i].imag);
    }
    printf("\n");
//非同构
    for(i=0;i<N;i++){
        C[i].real = (A[i].real - B[i].real)*0.5; //S1
        C[i].imag = (A[i].imag + B[i].imag)*0.5; //S2
    }

    for(i=0;i<N;i++){
        printf("%f  %f  ,",C[i].real,C[i].imag);
    }
    printf("\n");
//同构
    for(i=0;i<N;i++){
        C[i].real = (A[i].real +(-1)* B[i].real)*0.5;//S3
        C[i].imag = (A[i].imag + 1*B[i].imag)*0.5;//S4
    }

    for(i=0;i<N;i++){
        printf("%f  %f  ,",C[i].real,C[i].imag);
    }
    printf("\n");
return 0;
}
```

将非同构语句进行转换后, 可以为后续的向量化打下基础。除上述较为简单的非同构语句转换外, 程序中还会遇到如代码 7-16 所示的情况。

代码 7-16 提取常量非同构转同构示例

```
#include <stdio.h>
#include <stdlib.h>
#define N 4
float A[N],C[N],B[N],D[N];
int main(){
    int i,j;
    float a0=3;
    float a1=2;
    for(i=0;i<N;i++){
        B[i]=i*2;
        printf("%f  ",B[i]);
    }
    printf("\n");
```

```
    for(i=0;i<N;i++){
        A[i]=i+2;
        D[i]=i-1;
        printf("%f   %f   ,",A[i],D[i]);
    }
    printf("\n");
//非同构
    for(i=0;i<N;i+=2){
        C[i]=B[i]*0.5+ a0 + A[i]-D[i];//S1
        C[i+1]=B[i+1]*0.5 + a1;//S2
    }
    for(i=0;i<N;i++){
        printf("%f ",C[i]);
    }
    printf("\n");
//同构
    int a2=a0;
    for(i=0;i<N;i+=2){
        a0=a2+A[i]-D[i];//S3
        C[i]=B[i]*0.5+ a0;  //S4
        C[i+1]=B[i+1]*0.5 + a1;//S5
    }
    for(i=0;i<N;i++){
        printf("%f ",C[i]);
    }
    printf("\n");
return 0;
}
}
```

在 7-16 代码中, S1、S2 两条语句都对数组 C 进行写操作, 但是等号右侧的运算不是完全同构的, 此时可以提取两条语句中的公共子表达式, 如代码 7-16 中 S4、S5 语句所示。提取之后可以仅对公共子表达式进行向量化, 其余部分仍然保持标量执行, 但这个过程涉及标量执行和向量执行之间的转换, 因此优化人员应该确认此种做法的收益性。

第六章提到循环展开将迭代间并行转为迭代内并行, 可以增加循环内语句的数量, 因此优化人员可以在展开后的循环块内实施面向基本块的向量化, 以代码 7-17 为例进行说明。

代码 7-17 迭代间并行转为迭代内并行基本块示例

```
#include <stdio.h>
#define N 48
int main(){
```

```
        float c[N] = {};
        for (int i = 0; i < N; i += 6) {
            c[i + 0] = 0;
            c[i + 1] = 1;
            c[i + 2] = 2;
            c[i + 3] = 3;
            c[i + 4] = 4;
            c[i + 5] = 5;
        }
        printf("结果为\n");
        for (int i = 0; i < N; i++){
            printf("%d  ", c[i]);
            if ((i + 1) % 6 == 0){
                printf("\n");
            }
        }
        return 0;
}
```

假设向量化因子为 4, 对代码 7-17 直接采用基本块向量化方法, 迭代转换后的程序如代码 7-18 所示。

代码 7-18   迭代转换后向量化示例

```
#include <stdio.h>
#include <immintrin.h>
#define N 48
float c[N];
int main(){
    __m128 z = _mm_set_ps(3,2,1,0);
    for(int i=0; i< N; i+=6){
        _mm_storeu_ps(&c[i],z);
        c[i+4]=4;
        c[i+5]=5;
    }
    for(int i=0;i< N;i++){
        printf("%f  ",c[i]);
        if((i+1)%6==0)
            printf("\n");
    }
    return 0;
}
```

在未进行循环展开且向量化因子为 4 的前提下, 只能将基本块内的前 4 条语句转为向量执行, 后 2 条语句没有向量化成功。此时, 可以将循环展开 4 次, 得到代码 7-19。

代码 7-19　基于循环级优化的基本块转换示例

```c
#include <stdio.h>
#include <immintrin.h>
#define N 48
float c[N];
int main()
{
    for (int i = 0; i < N; i += 24){
        c[i] = 0; c[i + 6] = 0; c[i + 12] = 0; c[i + 18] = 0;
        c[i+1] = 1; c[i+1+6] = 1; c[i+1+12] = 1; c[i+1+18] = 1;
        c[i+2] = 2; c[i+2+6] = 2; c[i+2+12] = 2; c[i+2+18] = 2;
        c[i+3] = 3; c[i+3+6] = 3; c[i+3+12] = 3; c[i+3+18] = 3;
        c[i+4] = 4; c[i+4+6] = 4; c[i+4+12] = 4; c[i+4+18] = 4;
        c[i+5] = 5; c[i+5+6] = 5; c[i+5+12] = 5; c[i+5+18] = 5;
    }
    for (int i = 0; i < N; i++) {
        printf("%f   ", c[i]);
        if ((i + 1) % 6 == 0)
            printf("\n");
    }
    return 0;
}
```

循环展开 4 次后, 可以对循环体内 24 条语句实施基本块级向量化, 向量化后的结果如代码 7-20 所示。

代码 7-20　循环级优化后基本块向量化示例

```c
#include <stdio.h>
#include <immintrin.h>
#define N 48
float c[N];
int main(){
    __m128 z = _mm_set_ps(3,2,1,0);
    __m128 z1 = _mm_set_ps(1,0,5,4);
    __m128 z2 = _mm_set_ps(5,4,3,2);

    for(int i=0; i< N; i+=24){
        _mm_storeu_ps(&c[i],z);
        _mm_storeu_ps(&c[i+4],z1);
        _mm_storeu_ps(&c[i+8],z2);
```

```
        _mm_storeu_ps(&c[i+12],z);
        _mm_storeu_ps(&c[i+16],z1);
        _mm_storeu_ps(&c[i+20],z2);
    }
    for(int i=0;i< N;i++){
        printf("%f   ",c[i]);
        if((i+1)%6==0)
            printf("\n");
    }
    return 0;
}
```

循环展开 4 次后再采用基本块向量化方法避免了生成不连续访存指令, 程序的运行效率得到提高。对于原来循环, 如果展开 4 次可能会造成基本块内语句的条数过多, 优化人员也可以在展开 2 次后实施基本块级向量化, 结果如代码 7-21 所示。

代码 7-21　展开 2 次后基本块级向量化示例

```
#include <stdio.h>
#include <immintrin.h>
#define N 48
float c[N];
int main(){
    __m128 z = _mm_set_ps(3,2,1,0);
    __m128 z1 = _mm_set_ps(1,0,5,4);
    __m128 z2 = _mm_set_ps(5,4,3,2);
    for(int i=0; i< N; i+=12){
        _mm_storeu_ps(&c[i],z);
        _mm_storeu_ps(&c[i+4],z1);
        _mm_storeu_ps(&c[i+8],z2);
    }
    for(int i=0;i< N;i++){
        printf("%f   ",c[i]);
        if((i+1)%6==0)
            printf("\n");
    }
    return 0;
}
```

展开 2 次后基本块内含有 12 条语句, 语句数量适中, 便于优化人员进行向量打包。具体循环展开次数可以根据程序的特征进行选择, 不同的展开次数及不同的向量化方法会获得不同的向量化效果。

3. 函数的向量化

除了可以从循环和基本块角度挖掘程序中的向量并行性之外，程序的向量并行性还可以从函数角度进行发掘。不论是面向循环还是面向基本块的向量化方法都是在标量函数内的，即该函数的参数为标量。而函数级向量化是将几个相邻的计算实例合并为一个向量实例，是一种单程序多数据的程序，即函数的参数为向量，返回值也为向量。以代码 7–22 中的函数 fun1 为例进行说明。

代码 7–22　函数的向量化示例一

```
#include <stdio.h>
#define N 9
float fun1(float x, float y) {
    float z = x * y;
    return z;
}
int main(){
    float c[N], b[N], a[N];
    for (int i = 0; i < N; i++) {
        b[i] = i * 2;
        c[i] = i / 2;
    }
    for (int i = 0; i < N; i++){
        a[i] = fun1(b[i], c[i]);
    }
    for (int i = 0; i < N; i++){
        printf("%f  ", a[i]);
    }
    printf("\n");
    return 0;
}
```

若要实现函数 fun1 的向量化，可以先根据标量函数 fun1 生成一个向量函数 vecfun1，循环内用向量函数 vecfun1 代替原来的标量函数 fun1，假设 SIMD 扩展部件一次可以处理 4 个 int 数据，那么在向量化后的函数调用点处，每 4 个标量函数 (fun1(x0,y0)、fun1(x1,y1)、fun1(x2,y2) 和 fun1(x3,y3)) 由一个向量函数 vecfun1(<x0,x1,x2,x3>, <y0,y1,y2,y3>) 代替，函数 vecfun1 的参数为向量 (<x0,x1,x2,x3>, <y0,y1,y2,y3>)，返回值为向量 <z0,z1,z2,z3>，向量化后的程序如代码 7–23 所示。

代码 7–23　函数的向量化示例二

```
#include <stdio.h>
#include <immintrin.h>
#define N 8
```

```
//N is a multiple of 4
__m128 vecfun1(__m128 x, __m128 y) {
    __m128 vz = _mm_mul_ps(x, y);
    return vz;
}
int main(){
    float c[N], b[N], a[N];
    for (int i = 0; i < N; i++) {
        b[i] = i * 2;
        c[i] = i / 2;
    }
    for (int i = 0; i < N; i += 4){
        __m128 vb = _mm_loadu_ps(&b[i]);
        __m128 vc = _mm_loadu_ps(&c[i]);
        __m128 va = vecfun1(vb, vc);
        _mm_storeu_ps(&a[i], va);
    }
    for (int i = 0; i < N; i++){
        printf("%f  ", a[i]);
    }
    printf("\n");
    return 0;
}
```

函数向量化后可以直接将向量作为输入输出, 一次调用处理 4 个数据, 可以增大循环数据的计算量及数据访存效率, 进而起到提升程序性能的效果。

4. 分支的向量化

当程序的指令执行顺序和分支结果相关时会形成控制依赖, 其存在会影响向量化的开展, 是向量化时需要重点考虑的依赖形式之一, 本节将介绍向量化时存在分支所导致的控制依赖的处理方法。

if 转换是向量化控制依赖最常用的方法, 可以将控制依赖转换为数据依赖, 需要借助向量条件选择指令完成向量指令生成。向量选择指令 select 的格式如图 7.8 所示, dst=select (src1,src2,mask), 指令有 3 个参数, 其中: mask 为掩码, src1 和 src2 是两个源操作数。当掩码位置的值为 1 时, 取 src2 的值赋给 dst, 否则将 src1 的值赋给 dst。

图 7.8　select 指令格式

以代码 7−24 为例描述如何进行分支向量化。

```
#include <stdio.h>
#include <stdlib.h>
#define N 12
float a[N],b[N],c[N],w[N],v[N],m[N],n[N],p[N],x[N],y[N];
int main(){
for(int i=0;i<N;i++){
    a[i]=i+1;
    b[i]=i*2;
    c[i]=i*10;
    w[i]=i+2;
    v[i]=i-1;
    m[i]=i+3;
    n[i]=i-2;
    p[i]=i;
    x[i]=i;
    y[i]=i;
}

for(int i=0; i<N; i++){
    if (a[i] > 0 && a[i] > b[i]) {
        v[i] = w[i];
        if (b[i] > 10)
            p[i] = m[i];
        else {
            p[i] = n[i];
            if (c[i] < 100)
                x[i] = y[i];
        }
    }

}
    printf("v:\n");
    for(int i=0; i<N; i++){
        printf("%f  ",v[i]);
    }
    printf("\n");
    printf("p:\n");
    for(int i=0; i<N; i++){
        printf("%f  ",p[i]);
    }
    printf("\n");
    printf("x:\n");
```

```
    for(int i=0; i<N; i++){
        printf("%f   ",x[i]);
    }
    printf("\n");
    return 0;
}
```

代码 7-24 的程序循环中存在的多个 if 控制语句, 极大地影响程序的运行效率, 需要将这段代码中的 if 控制语句进行转换, 转换后的程序如代码 7-25 所示。

代码 7-25   分支的向量化示例二

```
#include <stdio.h>
#include <stdlib.h>
#define N 12
float a[N], b[N], c[N], w[N], v[N], m[N], n[N], p[N], x[N], y[N];
int main(){
    for (int i = 0; i < N; i++) {
        a[i] = i + 1;
        b[i] = i * 2;
        c[i] = i * 10;
        w[i] = i + 2;
        v[i] = i - 1;
        m[i] = i + 3;
        n[i] = i - 2;
        p[i] = i;
        x[i] = i;
        y[i] = i;
    }
    for (int i = 0; i < N; i++){
        v[i] = (a[i] > 0 && a[i] > b[i]) ? w[i] : v[i];
        p[i] = (a[i] > 0 && a[i] > b[i] && b[i] > 10) ? m[i] : p[i];
        p[i] = (a[i] > 0 && a[i] > b[i] && b[i] <= 10) ? n[i] : p[i];
        x[i] = (a[i] > 0 && a[i] > b[i] && b[i] <= 10 && c[i] < 100) ?
y[i] : x[i];
    }
    printf("v:\n");
    for (int i = 0; i < N; i++){
        printf("%f   ", v[i]);
    }
    printf("\n");
    printf("p:\n");
    for (int i = 0; i < N; i++){
        printf("%f   ", p[i]);
```

```
    }
    printf("\n");
    printf("x:\n");
    for (int i = 0; i < N; i++){
        printf("%f  ", x[i]);
    }
    printf("\n");
    return 0;
}
```

转换之后的代码即可使用向量指令改写, 以获取数组 v[i] 语句为例, 向量化后的程序如代码 7–26 所示。

代码 7–26 分支的向量化示例三

```
#include <stdio.h>
#include <emmintrin.h>
#include <stdlib.h>
#define N 12
float a[N], b[N], c[N], w[N], v[N], m[N], n[N], p[N], x[N], y[N];
int main(){
    for (int i = 0; i < N; i++) {
        a[i] = i + 1;
        b[i] = i * 2;
        c[i] = i * 10;
        w[i] = i + 2;
        v[i] = i - 1;
        m[i] = i + 3;
        n[i] = i - 2;
        p[i] = i;
        x[i] = i;
        y[i] = i;
    }
    for (int i = 0; i < N; i += 4){
        __m128 va = _mm_loadu_ps(&a[i]);
        __m128 vb = _mm_loadu_ps(&b[i]);
        __m128 vw = _mm_loadu_ps(&w[i]);
        __m128 vv = _mm_loadu_ps(&v[i]);
        __m128 v0 = _mm_set_ps(0, 0, 0, 0);
        __m128 com1 = _mm_cmpgt_ps(va, v0);
        __m128 com2 = _mm_cmpgt_ps(va, vb);
        com1 = _mm_and_ps(com1, com2);
        vw = _mm_and_ps(vw, com1);
        vv = _mm_andnot_ps(com1, vv);
        vv = _mm_add_ps(vw, vv);
```

```
        _mm_storeu_ps(&v[i], vv);
    }
    printf("v:\n");
    for (int i = 0; i < N; i++){
        printf("%f   ", v[i]);
    }
    printf("\n");
    return 0;
}
```

由向量化转换之后的代码 7-26 可以看出, 向量化是根据条件表达式进行改写的, 对于满足条件的进行与操作, 对于不满足条件的取反。如果程序中有多层条件嵌套, 则按此规则逐级向外层递推。

当基本块内同构语句条数足够多时, 基于 if 转换的控制流向量化生成的代码并不高效, 因为这些语句对应的控制条件相同, 不需要再生成条件语句指令, 可以直接进行向量化, 此种向量化方法称为直接 SIMD 向量化控制流方法。直接向量化控制流方法适合于 if 语句形成的各个基本块内有足够的并行性时, 如代码 7-27 所示。

代码 7-27　分支的向量化示例四

```
#include <stdio.h>
#define N 16
int main(){
    float a[N], b[N], c[N];
    for (int i = 0; i < N; i++){
        a[i] = 1;
        b[i] = 3 + i;
        c[i] = 1;
    }
    for (int i = 0; i < N; i += 2) {
        a[i] = 2 * b[i];
        a[i + 1] = 2 * b[i + 1];
        if (i < N / 2) {
            a[i] += b[i];
            a[i + 1] += b[i + 1];
        }
        else {
            a[i] -= b[i];
            a[i + 1] -= b[i + 1];
        }
        c[i] = a[i] + 2;
        c[i + 1] = a[i + 1] + 2;
    }
```

```
    for (int i = 0; i < N; i++){
        printf("a[%d]=%f  b[%d]=%f  c[%d]=%f  \n", i, a[i], i, b[i], i,
c[i]);
    }
    return 0;
}
```

从代码 7-27 中可以看出, 分支语句形成的各个基本块内含有地址相邻的同
构语句, 因此可以直接对基本块进行打包, 在每个基本块内生成向量化代码, 并
且基本块内每条语句的执行条件相同, 不需要生成 select 指令。

直接向量化控制流方法首先对各个基本块进行向量化, 然后再考虑基本块
之间向量的重用, 上述示例中的代码段可以直接利用控制流向量化方法进行优
化, 程序如代码 7-28 所示。

代码 7-28   分支的向量化示例五

```
#include <stdio.h>
#include <immintrin.h>
#define N 16
int main(){
    float a[N], b[N], c[N];
    for (int i = 0; i < N; i++){
        a[i] = 1;
        b[i] = 3 + i;
        c[i] = 1;
    }
    //N is divisible by 8 in order to be correct
    for (int i = 0; i < N; i += 4) {
        __m128 va = _mm_loadu_ps(&a[i]);
        __m128 vb = _mm_loadu_ps(&b[i]);
        __m128 v2 = _mm_set_ps(2, 2, 2, 2);
        va = _mm_mul_ps(vb, v2);
        _mm_storeu_ps(&a[i], va);
        if (i < N / 2) {
            va = _mm_loadu_ps(&a[i]);
            vb = _mm_loadu_ps(&b[i]);
            va = _mm_add_ps(va, vb);
            _mm_storeu_ps(&a[i], va);
        }
        else {
            va = _mm_loadu_ps(&a[i]);
            vb = _mm_loadu_ps(&b[i]);
            va = _mm_sub_ps(va, vb);
            _mm_storeu_ps(&a[i], va);
        }
```

```
        va = _mm_loadu_ps(&a[i]);
        __m128 vc = _mm_add_ps(va, v2);
        _mm_storeu_ps(&c[i], vc);
    }
    for (int i = 0; i < N; i++){
        printf("a[%d]=%f  b[%d]=%f  c[%d]=%f  \n", i, a[i], i, b[i], i,
c[i]);
    }
    return 0;
}
```

代码向量化后生成的部分指令可以通过向量重用进一步精简, 同时可以对块间向量进行复用, 得到代码 7 – 29。

代码 7 – 29 分支的向量化示例六

```
#include <stdio.h>
#include <immintrin.h>
#define N 16
int main(){
    float a[N], b[N], c[N];
    for (int i = 0; i < N; i++){
        a[i] = 1;
        b[i] = 3 + i;
        c[i] = 1;
    }
    //N is divisible by 8 in order to be correct
    for (int i = 0; i < N; i += 4) {
        __m128 vb = _mm_loadu_ps(&b[i]);
        __m128 v2 = _mm_set_ps(2, 2, 2, 2);
        __m128 va = _mm_mul_ps(vb, v2);
        if (i < N / 2) {
            va = _mm_add_ps(va, vb);
        }
        else {
            va = _mm_sub_ps(va, vb);
        }
        __m128 vc = _mm_add_ps(va, v2);
        _mm_storeu_ps(&a[i], va);
        _mm_storeu_ps(&c[i], vc);
    }
    for (int i = 0; i < N; i++){
        printf("a[%d]=%f  b[%d]=%f  c[%d]=%f  \n", i, a[i], i, b[i], i,
c[i]);
    }
```

```
    return 0;
}
```

5. 归约的向量化

归约操作是指将多个元素归并为单个元素的过程, 该操作把向量中的多个元素归约为一个元素, 常见的归约操作包括归约加、归约乘等。归约操作在应用程序中经常出现, 如 SPEC2006 测试集中的 454.calculix 和 482.spinx3 程序的核心都为归约加法。归约操作含有自身到自身的真依赖, 这给向量化带来了阻碍。以代码 7-30 中的归约加为例具体说明。

代码 7-30 归约加的串行示例

```
#include <stdio.h>
#define N 128
int main() {
    float sum = 0;
    float a[N];
    int i, j;
    for (i = 0; i < N; i++) {
        a[i] = i + 1;
    }
    for (j = 0; j < N; j++) {
        sum = sum + a[j];
    }
    printf("sum = %f", sum);
}
```

大部分处理器不支持归约操作指令, 需要利用其他指令辅助实现。由于加法满足结合率, 因此归约可以被重写为一些并行部分的和, 并在最后求它们的总和。假设向量化因子为 4, 那么循环的归约求和操作可以划分为若干部分, 每部分为 4 个元素的和。向量化后生成代码 7-31。

代码 7-31 归约加的向量化示例

```
#include <stdio.h>
#include <x86intrin.h>
#define N 128
float sum = 0;
int main() {
    float a[N];
    float s[4] = { 0,0,0,0 };
    int i, j;
    __m128 ymm0, ymm1, ymm2, ymm3;
```

```
    for (i = 0; i < N; i++) {
        a[i] = i + 1;
    }
    for (i = 0; i < N / 4; i++) {
        ymm0 = _mm_load_ps(a + 4 * i);
        ymm1 = _mm_set_ps(0, 0, 0, 0);
        ymm2 = _mm_hadd_ps(ymm0, ymm1);
        ymm3 = _mm_hadd_ps(ymm2, ymm1);
        _mm_storeu_ps(s, ymm3);
        sum = s[0] + sum;
    }
    printf("sum = %f", sum);
}
```

除示例外,另一种实现归约加的方法是首先提取出向量寄存器内所有槽位的数据,然后再利用标量加法求所有数据的和。以代码 7-30 为例,如果仅用提取指令实现向量化时需要进行 3 次提取,再进行 3 次加法,如图 7.9 所示。

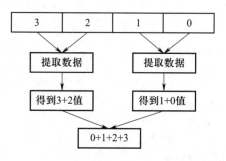

图 7.9   利用提前指令实现归约加

此外还可以利用向量移位指令实现归约加法,实现原理如图 7.10 所示。此种方法通过两次移位、两次相加获得最终结果。由于几乎所有平台的移位指令

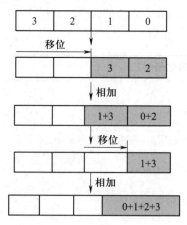

图 7.10   利用移位指令实现归约加

节拍数和提取指令节拍数相同，而向量加和标量加的节拍数也相同，因此利用向量寄存器移位指令实现的归约加减少了一次加法和提取操作，代价小于利用提取指令实现的归约加。

6. 合适的向量长度

当前大多数向量寄存器在使用时为一个不可拆分的整体，即向量寄存器中的每个数据都是有效的。但语句中的数据并行性不足时，需要向量寄存器的部分使用，即向量寄存器中的某些槽位为有效数据，其余槽位为无效数据，下文称向量寄存器中计算时需要数据的槽位为有效槽位，而计算时不需要的槽位为无效槽位。向量寄存器有 4 种使用方式，分别为满载使用、一端无效的部分使用及两端无效的部分使用及不连续的部分使用，如图 7.11 所示。其中，寄存器满载使用的情况也可称为程序充分向量化，而部分使用的情况可称为程序不充分向量化。

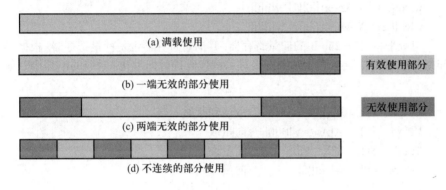

图 7.11 向量寄存器的使用方式示意

当存在与向量长度不匹配或访存不连续的数据计算时，可以通过调整向量寄存器的使用方式以匹配目标计算所需。但不是所有程序都适合使用不充分向量化方法进行改写的，适合使用不充分向量化方法程序可以分为两种情况，一是当平台没有向量重组指令或者向量重组指令的功能较弱时，如果强制将不连续的访存数据组成向量可能导致向量化没有收益，而不充分向量化不需考虑平台是否支持向量重组指令，同样可以生成向量程序；二是向量重组指令的代价过大而导致向量化没有效果，即使用充分向量化效果不如使用不充分向量化效果。

常用的不充分向量化方法分为 3 类，分别为掩码内存读写方法、插入/提取方法和加宽向量访存方法，下面对此分别进行详细介绍。先介绍掩码内存读写方法，以语句 S1:c[2i]=a[2i]+b[2i] 为例。如图 7.12 所示，load 指令从内存中连续地加载数据到向量寄存器 Va 和 Vb 中，其中的偶数位是有效槽位，奇数位是无效的槽位，即直接对 Va 和 Vb 的偶数位进行运算并将结果保存到 Vc 中的偶数位，而不考虑奇数位的数据，假设向量计算一次可以同时计算 4 个数据，利用不充分向量化计算语句 S1 的理论上最大加速比为 2。

为了保证正确性，不充分向量化方法的代码生成需要从 3 个方面进行考虑，首先在读内存时需要标记出有效槽位和无效槽位，然后在运算时需要将参与运算的向量寄存器槽位相对应，最后将结果写入内存时需要避免将无效槽位的值写入内存。在读内存的同时就可以标记出来有效槽位和无效槽位。在申威平台

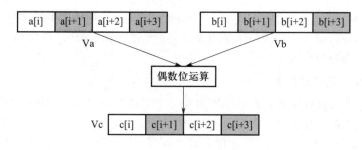

图 7.12 不充分向量化实例

以下面的基本块代码为例说明如何生成不充分向量化代码:

w[col][0]=A[Anext][0][0]*v[i][0];

w[col][1]=A[Anext][0][1]*v[i][0];

w[col][2]=A[Anext][0][2]*v[i][0];

申威平台支持 256 b 的向量寄存器, 其向量寄存器也是标量寄存器, 根据操作指令决定寄存器类型。如果直接对示例代码进行向量化, 对应的汇编指令如下:

```
Loade    $f1,    v[i][0]              //取值和赋值
Vload    $f2,    A[Anext][0][0]      //向量取
Vmul     $f1,    $f2,    $f3         //向量乘
Vstore   $f3,    w[col][0]           //向量存
```

然而这个结果是不正确的, 因为读写内存操作会访问原程序没有涉及的值 w[col+1][0] 和 A[Anext][1][0], 如图 7.13 所示, 这可能导致程序结果不正确和内存溢出, 并且在对无效槽位进行乘法运算时可能引发异常, 此时可以采用插入/提取的方法对程序进行向量化。

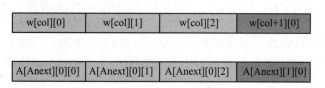

图 7.13 充分向量化导致数据访问异常

利用插入指令实现时, 首先通过多条标量内存读操作将数据存放到标量寄存器中, 然后将数据分别插入向量寄存器, 如图 7.14 所示。一些平台支持向量插入指令, 如 Intel 的 SSE 指令集可利用一条插入读指令 "__mm_set_ps(f[k][0], f[k][1], f[k][2],0)", 就可以将 f[k][0]、f[k][1] 和 f[k][2] 的值加载到向量寄存器中。

同样可以利用加宽向量访存方法实现向量化, 如图 7.15 所示。如果需要的值在内存中是连续的, 那么一条加宽的向量读指令就可以将其加载到向量寄存器中实现部分向量读操作。然而, 一个加宽的向量读指令可能会出现越界内存访问的情况, 导致潜在的内存溢出, 该问题可以在数组尾部通过数据填充予以避免。

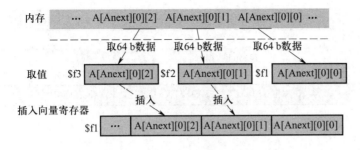

图 7.14　利用提取指令实现读数组

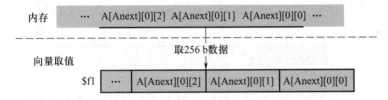

图 7.15　加宽的向量实现读数组

代码中的向量写操作可以使用提取指令实现, 如图 7.16 所示。首先利用提取指令将数据从向量寄存器中提取出来, 然后利用标量内存写指令实现。AVX2 指令集中提供有掩码内存写指令, 一条掩码内存写指令 "vmaskmovpd ymm3, mask, x[k][0]" 就可以将 x[k][0]、x[k][1] 和 x[k][2] 的值写入内存。

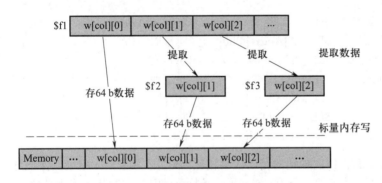

图 7.16　利用提取指令实现部分写

与加宽向量读指令相似, 加宽向量写指令可以用于部分向量写内存操作, 然而该操作不仅需要避免访存溢出, 同时还要避免对内存造成误写, 可以在尾部添加一些内存空间避免内存访问溢出。此外, 需要避免无效槽位的值写入内存。在这个例子中需要避免 w[col+1][0] 的值在部分内存写时被改变, 使用备份和恢复机制可以更正被改变的值。首先将 w[col+1][0] 的值读入标量寄存器 $f4, 然后利用一个加宽的向量存操作将结果写入内存, 最后再利用一个标量存操作恢复 w[col+1][0] 的值, 如图 7.17 所示。

在原程序中, 无效槽位的数据不需要任何计算。因此需要将无效槽位填充一些数据以避免无效槽位引入算术异常。利用插入指令或者混洗指令, 将任意一个

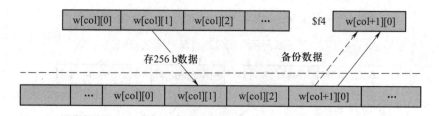

图 7.17 利用加宽的向量写实现访存

有效槽位中的数据填充到无效槽位, 来避免无效槽位引入的算术异常。可以在数据打包或者访存时, 将无效槽位填充为有效槽位的数据, 如图 7.18 所示。

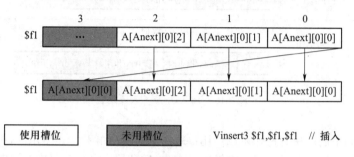

图 7.18 部分向量运算的安全执行

利用加宽向量访存生成的不充分向量化汇编代码如下:

```
Loade     $f1,  v[i][0]          //取值和赋值
Vload     $f2,  A[Anext][0][0]   //向量取
Vinsert3  $f2,  $f2,  $f2        //插入值
Vmul      $f1,  $f2,  $f3        //向量乘
Load      $f4,  w[col+1][0]      //标量取
Vstore    $f3,  w[col][0]        //向量存
Store     $f4,  w[col+1][0]      //标量存
```

与前面直接向量化的错误代码相比, 添加了一条插入指令以保证部分向量运算时不会引起算术异常, 添加了一条标量读和标量写指令实现部分向量操作。不同的 SIMD 扩展部件可能提供了不同的向量访存方法, 可以根据具体平台及具体向量指令设定向量化方案。

7.2.2 向量程序优化

本节介绍如何对已经改写的向量化程序进一步地提升性能, 主要从向量访存优化、向量重用优化和向量运算优化 3 个方面进行描述。

1. 不对齐访存

访存对齐性是影响向量程序性能的重要因素, 内存对齐访问是指内存地址 A 对 n 求余等于, 其中 n 为访存数据的字节数。如果向量访存是不对齐的, 与对齐的向量访存相比, 需要额外的开销才能实现数据的存储操作。比如在 X86 处理器上一条对齐访存需要 4 个指令周期, 而不对齐访存需要 6 个。在编写向量程序时, 应尽量使用对齐的访存指令。然而现实程序中更多的是不对齐访存, 优化人员可以借助程序变换的方法, 将不对齐访存调整为对齐以提升向量程序的性能。

例如使用第五章中的循环剥离方法可以将循环迭代中非对齐的部分从循环中剥离出来, 使主体循环变为内存访问对齐的循环。为了最大程度地保证主体循环中含有更多数组引用的对齐, 循环剥离过程需要根据各条语句不同的对齐信息, 将不对齐语句分别提到主体循环外执行, 以对代码 7-32 的向量化为例进行说明。

代码 7-32 不对齐访存示例一

```
#include <stdio.h>
#define N 101
float A[N], B[N];
int main() {
    float C = 0.5;
    for (int i = 0; i < 100; i++)
        A[i] = i * 2;
    B[0] = 0;
    for (int i = 0; i < 100; i++)
        B[i + 1] = A[i + 1] + C;
    for (int i = 0; i < 100; i++) {
        printf("%f ", B[i]);
        if (i % 10 == 0)
            printf("\n");
    }
    return 0;
}
```

在代码 7-32 中, 假设数组 A 和 B 的数据类型都为单精度浮点型, 128 b 的向量寄存器一次操作可以处理 4 个 float 数据, 编译器默认从 A[0] 开始进行对齐访问, 而主体循环从 A[1] 开始访问, 因此如果不进行循环剥离, 在进行向量化时对数组 A 和 B 的访存是不对齐的。利用循环剥离将循环的前 3 次迭代剥离出去, 从循环的第 4 次迭代开始转为向量执行, 那么主体循环中的向量操作均可以转为对齐内存访问, 如代码 7-33 所示。

代码 7-33 不对齐访存示例二

```
#include <stdio.h>
#define N 101
float A[N], B[N];
int main() {
```

```
        float C = 0.5;
        for (int i = 0; i < 100; i++)
            A[i] = i * 2;
        B[0] = 0;
        for (int i = 0; i < 3; i++)
            B[i + 1] = A[i + 1] + C;
        for (int i = 3; i < 99; i++)
            B[i + 1] = A[i + 1] + C;
        for (int i = 99; i < 100; i++)
            B[i + 1] = A[i + 1] + C;
        for (int i = 0; i < 100; i++) {
            printf("%f ", B[i]);
            if (i % 10 == 0)
                printf("\n");
        }
        return 0;
    }
```

经过循环剥离后, 主体循环就可以生成对齐的向量访存指令。上面的示例循环的迭代次数为 100 次, 将前面 3 次迭代剥离后, 保留主体循环的迭代次数为 96, 正好可以被 4 整除, 同时将最后的第 100 次迭代剥离出去, 使得主体循环向量化的为对齐访存, 可以提升向量化后程序的性能。

当多维数组的最低维长度不是向量长度的整数倍时, 难以判断访存的对齐性, 此时一般会使用非对齐访问指令保证程序的正确性。这个问题可以使用数组填充来解决, 即当数组最低维长度不是向量化因子的整数倍时, 通过增加数组最低维的长度, 使得向量化的时候能够统一按照对齐的方法进行向量化装载或者存储, 以代码 7-34 为例进行说明。

代码 7-34 不对齐访存示例三

```
#include <stdio.h>
#define N 1335
float A[N][N];
int main() {
    for (int i = 0; i < N; i++)
        for (int j = 0; j < N; j++)
            A[i][j] = i + j;
    for (int i = 0; i < N; i++)
        for (int j = 0; j < N; j++)
            A[i][j] = A[i][j] * 2;
    for (int i = 0; i < N; i++) {
        for (int j = 0; j < N; j++)
            printf("%f ", A[i][j]);
        printf("\n");
```

```
        }
        return 0;
}
```

在对代码 7–34 的循环进行向量化时, 假设使用长度为 256 b 的向量寄存器, 每个向量寄存器可以装载 4 个双精度浮点数据, 但数组 A 的最低维长度为 1335, 不是 4 的整数倍, 所以相对于循环索引 i 的每次迭代难以判断数组引用 A[i][0] 的地址是否对齐。假设 A[0][0] 是对齐的, 在进行一次内层循环迭代之后, 地址偏移为 A[0][0]+1335, 那么第二次外层循环迭代时 A[1][0] 在向量访问时是不对齐的, 即此时的偏移地址不能被 4 整除。

为了解决这个问题, 可以进行数组填充, 通过增加数组的存储空间, 使数组的最内层循环迭代次数是该数据类型的整数倍, 这样可以按照对齐方式对其进行向量化。对代码 7–34 中的循环来说, 数组的最内层迭代次数为 1335, 它不是 4 的整数倍, 如果将其最内层迭代次数增加 1 变为 1336, 那么每次访存都可以转为对齐。虽然增加了少许存储空间, 但是能统一用对齐的向量指令进行代码生成, 数组填充之后的循环如代码 7–35 所示。

代码 7–35 不对齐访存示例四

```
#include <stdio.h>
#define N 1335
float A[N][N + 1];
int main() {
    for (int i = 0; i < N; i++)
        for (int j = 0; j < N + 1; j++)
            A[i][j] = i + j;
    for (int i = 0; i < N; i++)
        for (int j = 0; j < N + 1; j++)
            A[i][j] = A[i][j] * 2;
    for (int i = 0; i < N; i++) {
        for (int j = 0; j < N + 1; j++)
            printf("%f ", A[i][j]);
        printf("\n");
    }
    return 0;
}
```

现实程序中数据访存不对齐的情况更多, 如果程序实际是不对齐访存, 而写为对齐访存, 将会造成程序运行错误。因此, 如果优化人员不能确定访存的对齐性时, 需要使用不对齐指令进行访存, 以保证程序的正确运行, 以代码 7–36 为例进行说明。

```c
#include <stdio.h>
#define N 100
float A[N + 2], C[N];
int main() {
    for (int i = 0; i < N + 2; i++)
        A[i] = i;
    for (int i = 0; i < N; i++)
        C[i] = A[i + 2];
    for (int i = 0; i < N; i++) {
        printf("%f ", C[i]);
    }
    printf("\n");
    return 0;
}
```

在代码 7-36 中, 数组 C 是对齐访问的, 数组 A 是不对齐访问的, 因此不建议通过循环剥离和数组填充实现对齐访存, 可以借助不对齐访存指令访问内存, 向量化后的程序如代码 7-37 所示。

代码 7-37　不对齐访存示例六

```c
#include <stdio.h>
#include <immintrin.h>
#define N 100
float A[N + 2], C[N];
int main() {
    for (int i = 0; i < N + 2; i++)
        A[i] = i;
    for (int i = 0; i < N; i += 4) {
        __m128 va = _mm_loadu_ps(&A[i + 2]);
        _mm_store_ps(&C[i], va);
    }
    for (int i = 0; i < N; i++) {
        printf("%f ", C[i]);
    }
    printf("\n");
    return 0;
}
```

在代码 7-37 的向量化过程中, 对数组 A 的访存是不对齐的, 因此采用了不对齐的访存指令 loadu 进行数据加载, 而对数组 C 的引用是对齐的, 因此采用了对齐指令 store 进行数据存储。

2. 不连续访存

连续的向量访存不仅可以提高向量访存指令的效率, 还可以提高向量寄存器中有效数据的比率。向量化的收益不仅来自于向量运算的收益, 也来自于向量访存的收益, 因为一次标量访存的节拍数和一次连续向量访存的节拍数一致, 使得向量化有明显的数据处理优势。但多数计算都不是理想的连续访存情况, 本节将介绍如何在不改变引用顺序和数据布局的情况下, 利用处理器提供的向量指令实现不连续访存程序的向量化。

现实程序中经常出现不连续的内存访问, 例如数字信号处理中的复数运算, 每个复数需要在内存中同时存入实部和虚部, 其加法运算和乘法运算都是不连续的访存, 以及稀疏矩阵等间接数组的不连续访存计算。在不借助数据重组、循环变换等程序变换的情况下, 向量化不连续访存的程序需要借助目标平台提供的向量指令。例如第二代 KNL 处理器中支持不连续的向量访存指令, 包括聚集指令 gather 和分散指令 scatter, 在向量化不连续访存程序时, 可以直接使用这些指令完成向量化。以代码 7-38 串行代码为例, 利用 gather 指令将原始数据中跨幅为 4 的不连续非零元素读取到新的数组里面, 以便编译器进行 SIMD 向量化。

代码 7-38   不连续访存示例一

```c
#include <stdio.h>
#define N 128
int main() {
    float a[N] = { 0 };
    float sum;
    int i;
    sum = 0;
    for (i = 0; i < N; i += 4) {
        a[i] = i + 2;
    }
    for (i = 0; i < N; i++) {
        printf("%.2f ", a[i]);
    }
    printf("\n");
    for (i = 0; i < N; i++) {
        sum = a[i] + sum;
    }
    printf("sum = %.2f\n", sum);
}
```

代码 7-38 中, 数据类型为单精度浮点数, 向量位长为 128 b, 可以直接利用聚集指令将原数组 a[N] 中的首位元素进行重组生成新的数组 b[N], 实现不连续访存的向量化, 如代码 7-39 所示。

```
#include <stdio.h>
#include <x86intrin.h>
#define N 128
int main() {
    float b[N] = { 0 };
    float a[N] = { 0 };
    float sum, s[N];
    sum = 0.0;
    int i, result;
    result = 0;
    __m128 gather = _mm_set_ps(0, 0, 0, 0);
    __m128 ymm1, ymm2, ymm3, ymm4;
    for (i = 0; i < N; i += 4) {
        a[i] = i + 2;
    }
    for (i = 0; i < N; i++) {
        printf("%0.2f ", a[i]);
    }
    printf("\n");
    for (i = 0; i < N / 4; i++) {
        ymm1 = _mm_i32gather_ps(a + 4 * i, gather, sizeof(float));
        //set the first data in new ymm1
        _mm_storeu_ps(b + i, ymm1);
    }
    for (i = 0; i < N; i++) {
        printf("%0.2f ", b[i]);
    }
    printf("\n");
    for (i = 0; i < N / 4 / 4; i++) {
        ymm1 = _mm_load_ps(b + 4 * i);
        ymm2 = _mm_set_ps(0, 0, 0, 0);
        ymm3 = _mm_hadd_ps(ymm1, ymm2);
        ymm4 = _mm_hadd_ps(ymm3, ymm2);
        _mm_storeu_ps(s, ymm4);
        sum = s[0] + sum;
    }
    printf("sum = %f\n", sum);
}
```

　　然而并不是所有的平台都支持聚集和分散指令, 对于一些不连续访存、但是访问内存有规律的程序可以利用向量重组实现不连续访存。向量重组是指当目标向量中的所有元素不在同一个向量中时, 通过多个向量之间的重新组合得到目标向量, 如图 7.19 所示。

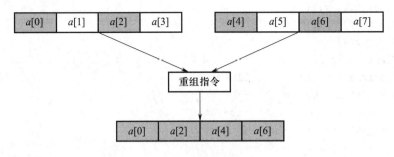

图 7.19　向量重组示意

向量重组指令是指按照一定的数据提取规则, 从不同向量中提取出相应的向量元素组成新向量的指令。向量重组指令的格式为 V3=shuffle(mode,V1,V2), 其中 V1、V2、V3 是 3 个向量, mode 是向量重组模式, 向量重组指令的功能是按照向量重组模式 mode 提取 V1 和 V2 中的向量元素组成新的向量 V3。大部分处理器都在 SIMD 扩展中提供了向量重组指令, 向量重组指令可以更灵活地组成目标向量, 以实现不连续等情况的向量代码生成。

对于不对齐访问的优化示例, 并不是所有的平台都支持不对齐的访问指令, 当平台不支持不对齐访存指令时, 可以借助于数据重组实现不对齐访存。如通过两次对齐访存, 将数据移位或者重组, 如图 7.20 所示为利用 shuffle 指令实现不对齐访存的流程。

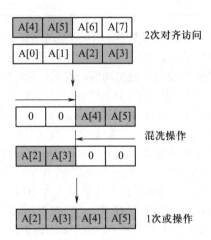

图 7.20　利用移位指令处理不对齐访存

下面使用 Intel 处理器的 SIMD 扩展指令集, 以复数乘法代码 7−40 为例, 进一步如何说明如何利用向量重组实现不连续访存程序的向量化。

代码 7−40　不连续访存示例三

```
#include <stdio.h>
#define N 100
```

```
int main(){
    float x11, x12;
    float x21, x22;
    float x[N];
    float y[N];
    int idx1 = 0, idx2 = 4, idx3 = 0;
    for (int i = 0; i < N; i++)
        y[i] = i;
    for (int i = 0; i < N - 4; i += 2) {
        x11 = y[idx1 + i];
        x12 = y[idx1 + i + 1];
        x21 = y[idx2 + i];
        x22 = y[idx2 + i + 1];
        x[idx3 + i] = x11 * x21 - x12 * x22;
        x[idx3 + i + 1] = x12 * x21 + x11 * x22;
    }
    printf("X:\n");
    for (int i = 0; i < N; i++){
        printf("%f   ", x[i]);
    }
    printf("\n");
    return 0;
}
```

假设 $VA = \{a0, a1, a2, a3\}$; $VB = \{b0, b1, b2, b3\}$ 表示复数取出向量化数据, $a0$、$a2$、$b0$、$b2$ 为实部, $a1$、$a3$、$b1$、$b3$ 为虚部。可以通过混洗指令将数据重组, 将实部数据和虚部数据分别重组为同部的向量。下面仍然以 128 b 向量数据为例详细介绍混洗指令的用法: VC=simd_vshff(VB,VA,INT), INT 表示掩码。

当掩码为 (2,0,2,0) 时, 可以得到 $VC = \{a0, a2, b0, b2\}$, INT 值设置规律如下: VC 中前两位数据只能来源于 VA, 后两位数据只能来源于 VB, 掩码中前两位数值控制 VA 数据来源位置, 后两位数值控制 VB 中数据来源位置; 掩码第一位数值取值可为 (0,1,2,3), 当取值为 2 时指出 VC 的第 $<128:96>$ 位来自 VB 中 $b2$ 的位置; 掩码第二位数值取值可为 (0,1,2,3), 当取值为 0 时指出 VC 的第 $<96:64>$ 位来自 VB 中 $b0$ 的位置; 掩码第三位数值取值可为 (0,1,2,3), 当取值为 2 时指出 VC 的第 $<64:32>$ 位来自 VA 中 $a2$ 的位置; 掩码第三位数值取值可为 (0,1,2,3), 当取值为 0 时指出 VC 的第 $<32:0>$ 位来自 VA 中 $a0$ 的位置; 同理, 当掩码为 (3,1,3,1) 时, 可以得到 $VC = \{a1, a3, b1, b3\}$; 最后利用向量重组指令实现的复数乘法如代码 7-41 所示。

代码 7-41   不连续访存混洗示例

```
#include <immintrin.h>
#include<stdio.h>
#define N 100
```

```
int main(){
    float x11,x12;
    float x21,x22;
    float x[N];
    float y[N];
    int idx1=0,idx2=4,idx3=0;
    for(int i=0;i<N;i++)
        y[i]=i;
    __m128 vx1,vx2,vx3,vx4,vy1,vy2,vy3,vy4,vxj1,vxj2,vxo1,vxo2,tp1,tp2,
tp3,tp4;
    for(int i=0; i< N-idx2; i+=8){
    vx1 = _mm_loadu_ps(y+i+idx1);
        vx2 = _mm_loadu_ps(y+i+idx1+4);
        vxj1 = _mm_shuffle_ps(vx1,vx2,_MM_SHUFFLE(2,0,2,0));
        vxo1 = _mm_shuffle_ps(vx1,vx2,_MM_SHUFFLE(3,1,3,1));
        vx3 = _mm_loadu_ps(y+i+idx2);
        vx4 = _mm_loadu_ps(y+i+idx2+4);
        vxj2 = _mm_shuffle_ps(vx3,vx4,_MM_SHUFFLE(2,0,2,0));
        vxo2 = _mm_shuffle_ps(vx3,vx4,_MM_SHUFFLE(3,1,3,1));
        vy1 = _mm_mul_ps(vxj1,vxj2);
        vy2 = _mm_mul_ps(vxo1,vxo2);
        vy3 = _mm_mul_ps(vxj1,vxo2);
        vy4 = _mm_mul_ps(vxj2,vxo1);
        tp1 = _mm_sub_ps(vy1,vy2);
        tp2 = _mm_add_ps(vy3,vy4);
        tp3 = _mm_shuffle_ps(tp1,tp2,_MM_SHUFFLE(1,0,1,0));
        tp4 = _mm_shuffle_ps(tp1,tp2,_MM_SHUFFLE(3,2,3,2));
        tp3 = _mm_shuffle_ps(tp3,tp3,_MM_SHUFFLE(3,1,2,0));
        tp4 = _mm_shuffle_ps(tp4,tp4,_MM_SHUFFLE(3,1,2,0));
        _mm_storeu_ps(x+i+idx3,tp3);
        _mm_storeu_ps(x+i+idx3+4,tp4);
    }
    printf("X:\n");
    for(int i=0; i< N; i++){
        printf("%f  ",x[i]);
    }
    printf("\n");
    return 0;
}
```

    混洗指令不仅可以用作数据整理, 当掩码为零的时候也可以用作数据广播
填充。以代码 7-42 为例进行说明。

```c
#include <immintrin.h>
#include<stdio.h>
#define N 100
int main(){
    float x11,x12;
    float x21,x22;
    float x[N];
    float y[N];
    for(int i=0;i<N;i+=1)
        y[i]=i;
    for(int i=0;i<N;i+=4){
    __m128 vy=_mm_loadu_ps(y+i);
    __m128 vx=_mm_shuffle_ps(vy,vy,0);
    _mm_storeu_ps(&x[i],vx);
    }
    printf("X:\n");
    for(int i=0; i< N; i++){
        printf("%f   ",x[i]);
    }
    printf("\n");
    return 0;
}
```

通过使用混洗指令,实现了 float 类型的数据转换成 4 个槽位的相同数据,作用类似于向量取值指令。在编写程序时,可以根据实际情况使用不同的方式进行数据填充转换。向量重组指令能够利用一条指令实现较为复杂的数据重组,优化人员也可以使用选择指令 select 实现功能较弱的数据重组,此外还可以利用插入/提取指令实现。

3. 向量重用

不对齐访存代码可以利用向量重用进一步优化。以代码 7-36 为例,在使用对齐指令对 C 赋值时,循环体内对于不对齐数组的向量访问需要两条对齐的向量访问和一条拼接指令。可以将其中一次访存指令重用,如代码 7-43 所示。在下次循环迭代中 va2 已经将值赋于 va1,可以达到本次循环迭代中 va2 的取值在下次迭代的重用,对于下次循环迭代来说省去一次访存过程。

代码 7-43   向量重用示例一

```c
#include <immintrin.h>
#include <stdio.h>
#define N 100
int main(){
```

```
    float a[N + 2];
    float c[N];
    for (int i = 0; i < N + 2; i++){
        a[i] = i;
    }
    __m128 va1 = _mm_load_ps(a);
    for (int i = 0; i < N; i += 4){
        __m128 va2 = _mm_load_ps(&a[i + 4]);
        __m128 V1 = _mm_shuffle_ps(va1, va2, _MM_SHUFFLE(1, 0, 3, 2));
        _mm_store_ps(&c[i], V1);
        va1 = va2;
    }
    printf("c:\n");
    for (int i = 0; i < N; i++){
        printf("%f  ", c[i]);
    }
    printf("\n");
    return 0;
}
```

代码 7-43 中用到了向量的局部重用。在拼成 V1 向量时使用了 va1 寄存器中的后 2 个值, 以及 va2 中的前 2 个值, 在下一次迭代中需要使用到本次迭代中 va2 中的后两个值, 因此对于下次循环迭代来说, 直接将本次 va2 中的值赋于下次迭代计算的 va1 可省去一次访存操作。实现了向量寄存器中值的部分重用, 使得每次迭代向量访存次数由原来的两次减少为一次, 总的内存访问次数也由原来的 200 次减少为 101 次, 达到提升程序性能的目的。

向量寄存器的重用可以减少或者去除访存的需求。向量寄存器含有多个数据项, 因此向量寄存器的重用包括全部数据项的重用和部分数据项的重用, 代码 7-43 实现不对齐访存是向量寄存器部分值的重用。向量寄存器的完全重用是最理想的情况, 将避免后续所有的向量访存, 以代码 7-44 为例进行说明。

代码 7-44　向量重用示例二

```
#include <immintrin.h>
#include <stdio.h>
#define N 100
int main(){
    float a[N];
    float b[N];
    float c[N];
    float d[N];
    for (int i = 0; i < N; i++){
        b[i] = i * 2;
        c[i] = i;
```

```
    }
    for (int i = 0; i < N; i++){
        a[i] = b[i] + c[i];
        d[i] = b[i] - c[i];
    }
    printf("a:\n");
    for (int i = 0; i < N; i++){
        printf("%f  ", a[i]);
    }
    printf("\n");
    printf("d:\n");
    for (int i = 0; i < N; i++){
        printf("%f  ", d[i]);
    }
    printf("\n");
    return 0;
}
```

直接向量化后的程序如代码 7-45 所示。

代码 7-45　向量重用示例三

```
#include <immintrin.h>
#include <stdio.h>
#define N 100
int main(){
    float a[N], b[N], c[N], d[N];
    for (int i = 0; i < N; i++){
        b[i] = i * 2;
        c[i] = i;
    }
    for (int i = 0; i < N; i += 4){
        __m128 vb = _mm_loadu_ps(b + i);
        __m128 vc = _mm_loadu_ps(c + i);
        __m128 va = _mm_add_ps(vb, vc);
        _mm_storeu_ps(a + i, va);
        vb = _mm_loadu_ps(b + i);
        vc = _mm_loadu_ps(c + i);
        __m128 vd = _mm_sub_ps(vb, vc);
        _mm_storeu_ps(d + i, vd);
    }
    printf("a:\n");
    for (int i = 0; i < N; i++){
        printf("%f  ", a[i]);
    }
```

```
    printf("\n");
    printf("d:\n");
    for (int i = 0; i < N; i++){
        printf("%f  ", d[i]);
    }
    printf("\n");
    return 0;
}
```

在代码 7-45 改写向量程序过程中, 对数组 b 和 c 求和时已经将数组 b 和 c 的数据加载到向量寄存器 vb 和 vc 中, 因此在对数组 b 和 c 求差时, 可以重用已经加载到向量寄存器 vb 和 vc 的值, 而无须重新访问内存加载数据, 即可避免了重复同一访存, 实现向量寄存器的完全重用, 向量重用后生成代码 7-46。

代码 7-46 向量重用示例四

```
#include <immintrin.h>
#include <stdio.h>
#define N 100
int main(){
    float a[N], b[N], c[N], d[N];
    for (int i = 0; i < N; i++){
        b[i] = i * 2;
        c[i] = i;
    }
    for (int i = 0; i < N; i += 4){
        __m128 vb = _mm_loadu_ps(b + i);
        __m128 vc = _mm_loadu_ps(c + i);
        __m128 va = _mm_add_ps(vb, vc);
        _mm_storeu_ps(a + i, va);
        __m128 vd = _mm_sub_ps(vb, vc);
        _mm_storeu_ps(d + i, vd);
    }
    printf("a:\n");
    for (int i = 0; i < N; i++){
        printf("%f  ", a[i]);
    }
    printf("\n");
    printf("d:\n");
    for (int i = 0; i < N; i++){
        printf("%f  ", d[i]);
    }
    printf("\n");
    return 0;
}
```

4. 向量运算融合

向量运算融合是将多条向量运算指令合并为一条向量运算指令, 以提高向量程序的执行性能。以代码 7-47 为例进行详细说明。

代码 7-47　向量运算融合示例一

```c
#include <immintrin.h>
#include <stdio.h>
#define N 100
int main(){
    float a[N];
    float b[N];
    float c[N];
    float d[N];
    for (int i = 0; i < N; i++){
        b[i] = 2;
        c[i] = i;
        d[i] = -i;
    }
    for (int i = 0; i < N; i++){
        a[i] = d[i] + b[i] * c[i];
    }
    printf("a:\n");
    for (int i = 0; i < N; i++){
        printf("%f   ", a[i]);
    }
    printf("\n");
    return 0;
}
```

向量运算中含有乘加运算, 如果不考虑向量乘加运算指令, 而分别生成向量乘法和向量加法, 得到代码 7-48 所示的向量化结果。

代码 7-48　向量运算融合示例二

```c
#include <immintrin.h>
#include <stdio.h>
#define N 100
int main(){
    float a[N], b[N], c[N], d[N];
    for (int i = 0; i < N; i++){
        b[i] = 2;
        c[i] = i;
        d[i] = -i;
```

```
    }
    for (int i = 0; i < N; i += 4){
        __m128 v1 = _mm_loadu_ps(&b[i]);
        __m128 v2 = _mm_loadu_ps(&c[i]);
        __m128 v3 = _mm_mul_ps(v1, v2);
        __m128 v4 = _mm_loadu_ps(&d[i]);
        __m128 v5 = _mm_add_ps(v4, v3);
        _mm_storeu_ps(&a[i], v5);
    }
    printf("a:\n");
    for (int i = 0; i < N; i++)
    {
        printf("%f  ", a[i]);
    }
    printf("\n");
    return 0;
}
```

代码 7-48 中可以将加法指令和乘法指令融合为向量乘加指令, 一般情况下乘加指令和乘法的节拍数一致。假设乘法指令的指令周期为 6, 加法指令的指令周期为 4, 那么向量运算合并后比值为 $(6+4)/6 = 1.67$, 因此运算指令合并后可以提升程序的性能, 生成的如代码 7-49 所示。

代码 7-49   向量运算融合示例三

```
#include <stdio.h>
#include <immintrin.h>
#define N 100
int main(){
    float a[N], b[N], c[N], d[N];
    for (int i = 0; i < N; i++){
        b[i] = 2;
        c[i] = i;
        d[i] = -i;
    }
    for (int i = 0; i < N; i += 4){
        __m128 v1 = _mm_load_ps(&b[i]);
        __m128 v2 = _mm_load_ps(&c[i]);
        __m128 v3 = _mm_load_ps(&d[i]);
        v3 = _mm_fmadd_ps(v1, v2, v3);
        _mm_storeu_ps(&a[i], v3);
    }
    printf("a:\n");
    for (int i = 0; i < N; i++){
        printf("%f  ", a[i]);
```

```
    }
    printf("\n");
    return 0;
}
```

有些编译器可以实现上述过程, 完成向量运算的指令融合, 但是并不是所有的编译器都含有此功能, 因此优化人员在进行程序性能优化时需要考虑到这个问题。并且, 不是所有的向量运算指令都可以合并, 它需要复合向量运算指令的支持, 常见的复合向量运算指令包括向量乘加、向量负乘加、向量乘减、向量负乘减等。

5. 循环完全展开

循环展开不仅可以提高程序的指令级并行还可以提高寄存器重用, 优化人员可以在循环被向量化后继续对循环进行展开, 相当于在发掘完程序数据级并行的基础上, 进一步发掘程序的指令级并行, 同时提升向量寄存器的重用。在对向量化后的循环进一步展开时, 要特别注意循环的迭代次数, 防止展开后代码量急速膨胀, 以代码 7-50 为例进行说明。

代码 7-50　循环完全展开示例一

```
#include <st dio.h>
#define N 8
int main() {
    float A[N], B[N];
    for (int i = 0; i < N; i++)
        A[i] = i * 2;
    for (int i = 0; i < N; i++)
        B[i] = A[i];
    printf("B:\n");
    for (int i = 0; i < N; i++)
        printf("%f   ", B[i]);
    printf("\n");
    return 0;
}
```

假设: 数组 A 和 B 的数据类型为 float, 运行平台为 Intel X86, 使用的向量寄存器长度为 128 b, 一次能够处理 4 个 float 数据, 向量化后原来的循环仅需要两次迭代, 因此优化人员在展开时可以将循环完全展开, 去掉循环控制结构后的程序如代码 7-51 所示。

代码 7-51　循环完全展开示例二

```
#include <stdio.h>
#include <immintrin.h>
#define N 8
```

```
int main() {
    float A[N], B[N];
    for (int i = 0; i < N; i++)
        A[i] = i * 2;
    __m128 v1 = _mm_load_ps(&A[0]);
    _mm_store_ps(&B[0], v1);
    v1 = _mm_load_ps(&A[4]);
    _mm_store_ps(&B[4], v1);
    printf("B:\n");
    for (int i = 0; i < N; i++)
        printf("%f  ", B[i]);
    printf("\n");
    return 0;
}
```

在循环嵌套中, 最内层循环向量化后如果可以将循环完全展开将获得更大的收益, 但是向量化后循环展开因子仍需要根据循环的实际情况进行确定。

6. 全局不变量合并

循环不变量是指该变量的值在循环内不发生变化。向量化的过程会引入很多向量类型的循环不变量, 如果未将向量类型的循环不变量移到循环外, 将影响程序的向量化性能。可以从全局的角度统一合并不变量, 以代码 7−52 为例进行说明。

代码 7−52　全局不变量合并示例一

```
#include <stdio.h>
#define N 100
int main() {
    float a[N], b[N];
    float C = 3;
    for (int i = 0; i < N; i++)
        b[i] = i;
    for (int i = 0; i < N; i++)
        a[i] = C * b[i];
    printf("a:\n");
    for (int i = 0; i < N; i++)
        printf("%f  ", a[i]);
    printf("\n");
    return 0;
}
```

代码 7−52 的循环内含有循环不变量 C, 向量化的过程中需要将 C 转为向量类型, 这个过程一般利用向量设置指令。向量化并将不变量外提之后的程序如代码 7−53 所示。

代码 7-53　全局不变量合并示例二

```c
#include <immintrin.h>
#include <stdio.h>
#define N 100
int main(){
    float a[N];
    float b[N];
    float C = 3;
    __m128 V1, V2, V3;
    for (int i = 0; i < N; i++){
        b[i] = i;
    }
    V1 = _mm_set_ps(C, C, C, C);
    for (int i = 0; i < N; i += 4){
        V2 = _mm_load_ps(&b[i]);
        V3 = _mm_mul_ps(V1, V2);
        _mm_store_ps(&a[i], V3);
    }
    printf("a:\n");
    for (int i = 0; i < N; i++){
        printf("%f  ", a[i]);
    }
    printf("\n");
    return 0;
}
```

代码采用向量不变量外提后，循环的向量执行效率会提高。如果其他循环在向量化过程中也产生了同样的向量常数，可以在过程内甚至程序内进行更大范围的常数合并，如代码 7-54 所示。

代码 7-54　全局不变量合并示例三

```c
#include <stdio.h>
#define N 100
int main() {
    float a[N], b[N];
    float d[N], x[N];
    float C = 3;
    for (int i = 0; i < N; i++) {
        b[i] = i;
        x[i] = i + 1;
    }
    for (int i = 0; i < N; i++)
```

```
        a[i] = C * b[i];
    for (int i = 0; i < N; i++)
        d[i] = C + x[i];
    printf("a:\n");
    for (int i = 0; i < N; i++)
        printf("%f  ", a[i]);
    printf("\n");
    printf("d:\n");
    for (int i = 0; i < N; i++)
        printf("%f  ", d[i]);
    printf("\n");
    return 0;
}
```

代码 7-54 中的代码段是可以向量化的, 向量化后的程序如代码 7-55 所示。

代码 7-55 全局不变量合并示例四

```
#include <immintrin.h>
#include <stdio.h>
#define N 100
int main(){
    float a[N];
    float b[N];
    float d[N];
    float x[N];
    float C = 3;
    __m128 V1, V2, V3;
    for (int i = 0; i < N; i++){
        b[i] - i;
        x[i] = i + 1;
    }
    V1 = _mm_set_ps(C, C, C, C);
    for (int i = 0; i < N; i += 4){
        V2 = _mm_load_ps(&b[i]);
        V3 = _mm_mul_ps(V1, V2);
        _mm_store_ps(&a[i], V3);
    }
    for (int i = 0; i < N; i += 4){
        V1 = _mm_set_ps(C, C, C, C);
        V2 = _mm_load_ps(&x[i]);
        V3 = _mm_add_ps(V1, V2);
        _mm_store_ps(&d[i], V3);
    }
```

```
    printf("a:\n");
    for (int i = 0; i < N; i++){
        printf("%f   ", a[i]);
    }
    printf("\n");
    printf("d:\n");
    for (int i = 0; i < N; i++){
        printf("%f   ", d[i]);
    }
    printf("\n");
    return 0;
}
```

在代码 7-55 中, 两个循环在向量化改写过程中均对变量 C 进行赋值, 进而产生相同的向量常数, 将两个向量常数合并, 如代码 7-56 所示。

代码 7-56　全局不变量合并示例五

```
#include <immintrin.h>
#include <stdio.h>
#define N 100
int main(){
    float a[N];
    float b[N];
    float d[N];
    float x[N];
    float C = 3;
    __m128 V1, V2, V3;
    for (int i = 0; i < N; i++){
        b[i] = i;
        x[i] = i + 1;
    }
    V1 = _mm_set_ps(C, C, C, C);
    for (int i = 0; i < N; i += 4){
        V2 = _mm_load_ps(&b[i]);
        V3 = _mm_mul_ps(V1, V2);
        _mm_store_ps(&a[i], V3);
    }
    for (int i = 0; i < N; i += 4){
        V2 = _mm_load_ps(&x[i]);
        V3 = _mm_add_ps(V1, V2);
        _mm_store_ps(&d[i], V3);
    }
    printf("a:\n");
    for (int i = 0; i < N; i++){
```

```
        printf("%f  ", a[i]);
    }
    printf("\n");
    printf("d:\n");
    for (int i = 0; i < N; i++){
        printf("%f  ", d[i]);
    }
    printf("\n");
    return 0;
}
```

7.3 小结

　　本章根据单核内部特有的功能部件, 从指令级优化和数据级优化的角度介绍提升程序性能的方法。其中指令级优化结合实例描述了利用核内特有的指令流水、超标量或者超长指令字结构来优化程序的常用方法。数据级优化则主要描述如何从循环、基本块、分支语句等角度改写向量程序, 并介绍程序中存在归约计算、不连续访存、不对齐访存等特殊情况时正确改写向量程序的方法。最后, 阐述了如何在向量化后程序的基础上进一步提升程序性能, 如使用向量重用、循环展开、全局不变量合并等方法。优化人员在学习理解本章内容之后, 可以将本章的优化方法举一反三, 应用到需要调优的程序中, 相信可以达到很好的优化效果。

　　读者可扫描二维码进一步思考。

第八章
访存优化

现代计算机的冯·诺依曼体系结构, 是一种将程序指令存储器和数据存储器合并在一起的存储器结构。近年来, 随着数据计算密集度的快速提升, 存储系统的性能对计算机整机性能的影响愈加重要。访存操作往往会占据大量的处理器运行时间, 为了平衡成本、并保持存储容量及访存速度, 现代计算机的存储系统中往往采用多种不同的存储器件, 并通过管理软件及一些硬件机制将这些存储器结合在一起, 按照特定的结构组成一个多层次存储系统。典型的层次存储结构如图 8.1 所示, 最上层的寄存器通常在处理器芯片内直接参与运算, 它的速度最快、每位的平均价格最高、容量最小。高速缓冲存储器 (高速缓存)、主存储器、辅助存储器这 3 个级别的存储容量依次增大, 但存储速度、价格成本及处理器访问的频度依次降低。

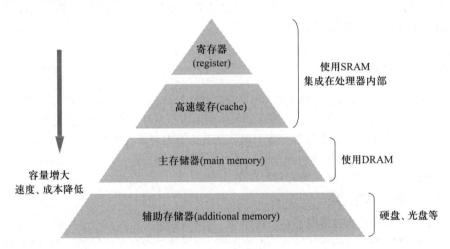

图 8.1　计算机层次存储结构

层次存储结构中主存储器用来存放将要参与运行的程序和数据, 但其速度与处理器速度差距较大, 为了使它们之间的速度更匹配, 在主存储器与处理器之间插入了一种比主存储器速度更快、容量更小的高速缓冲存储器, 用于与主存储器交换信息, 存放暂时未用到的程序和数据文件。一般情况下寄存器及高速缓冲存储器都使用静态随机 [存取] 存储器 SRAM, 其存取速度相较于主存储器使用的动态随机 [存取] 存储器 DRAM 更快, 但成本更高。辅助存储器使用的存储介质包括机械硬盘中使用的磁盘及固态硬盘中使用的闪存颗粒等，成本较为低廉。可以看出，通过将存储器组织成层次存储系统，可以尽可能地提高访存速度，同时也具有足够的存储容量和可控的成本，有效地解决存储器的速度、容量、价格之间的矛盾。

在图 8.1 所示的存储器层次结构中，上一层的存储器相对于下面的层级都具有速度快、但存储容量小的特点。虽然缓存一词常常指高速缓冲存储器，但从功能上来说，每一层存储器都可以视作是下一层存储器的缓存，例如主存储器也可以视作是硬盘的缓存。在多级的缓存作用下，存储系统的性能会有非常大的提升。

本章依循上述的计算机多级层次存储结构，按照从上到下的顺序，针对每一层特定结构的存储器探讨性能优化人员可以开展的优化方法，以及如何利用数据布局来改善程序中的存储性能。

8.1 寄存器优化

寄存器是多层次存储结构中距离处理器最近的存储设备，它的存储速度最接近于处理器的运算速度，但受限于成本、设计、工艺等诸多因素，寄存器的数量和容量是有限的。因此怎样使有限的寄存器资源发挥最大的功效是性能优化需要研究的问题之一。本节从合理分配寄存器、重用寄存器的角度，结合实际案例说明寄存器存储优化的流程。

8.1.1 寄存器分配

寄存器分配优化，是指将程序中的有用变量尽可能地分配到寄存器，从而提高程序执行速度的一种方法。编译器内常用图着色算法实现寄存器的分配，但不同的编译器所使用的寄存器分配策略及优化方式往往不尽相同。除编译器的影响因素外，优化人员在编写程序时应该合理规划寄存器的使用，使得寄存器分配情况较为合理，避免可用寄存器的耗尽。

1. 减少全局变量

全局变量的有效范围在整个程序内，且全局变量会独占一个寄存器，导致过程内可分配寄存器的数量减少，因此编码时应尽量减少全局变量的使用，以代码 8−1 为例进行说明。

代码 8−1　减少全局变量优化前

```
#include<stdio.h>
#include<time.h>
#include<malloc.h>
float x=5.5642;//一个随机的float值
int function(float *a,int N){
```

```
    int i;
    float phi=2.541, delta, alpha;
    delta = x * x;
    alpha = x / 2;
    for (i = 0; i < N; i++)
        a[i] = x * phi;
    return 0;
}
int main()
{
    float* a;
    clock_t start, end;
    double Total_time;
    int n=100000000;
    a = (float*)malloc(n * sizeof(float));
    start = clock();
    function(a,n);
    end = clock();
    Total_time=(double)(end - start) / CLOCKS_PER_SEC;
    printf("优化前耗时%lf秒",Total_time);
    free(a);
    return 0;
}
```

代码 8-1 中, 全局变量 x 只在函数 function 中使用, 所以可以将全局变量定义为局部变量, 即变量 x 只在本函数范围内有效, 从而缓解部分寄存器压力。上述优化后的程序见代码 8-2。

代码 8-2　减少全局变量优化后

```
#include<stdio.h>
#include<time.h>
#include<malloc.h>
int function(float* a, int N)
{
int i;
float x=5.5642;//一个随机的float值
    float phi = 2.541, delta, alpha,temp;
    delta = x * x;
    alpha = x / 2;
    for (i = 0; i < N; i++)
        a[i] = x * phi;
    return 0;
}
int main()
```

```
{
    float*b;
    clock_t start, end;
    double Total_time;
    int n=100000000;
    b = (float*)malloc(n * sizeof(float));
    start = clock();
    function(b, n);
    end = clock();
    Total_time=(double)(end - start) / CLOCKS_PER_SEC;
    printf("\n优化后耗时%lf秒",Total_time);
    free(b);
    return 0;
}
```

进行优化后, 由于将全局变量定义为过程内的局部变量, 该过程释放后可用寄存器相比原程序多了一个, 在寄存器分配时可利用的寄存器数量增多, 可以减少部分编译器的压力, 可以更合理地分配寄存器。但此优化方法是否会使得程序性能提升还需要视情况分析。

2. 直接读取寄存器

一般情况下, 编译时主要对标量进行分配寄存器, 因此在编写程序时应该尽量将数组变为标量, 这样可以直接读取寄存器中的数据, 从而避免每次都从缓存中加载数据, 减少部分程序中数据读写耗费的时间。具体内容通过代码 8-3 进行说明。

代码 8-3　直接读取寄存器示例一

```
#include<stdio.h>
#include <stdlib.h>
#include<time.h>
#include<malloc.h>
int main()
{
    int n, i;
    n = 100000000;
    int* a,*b,*c,*d;
    double Total_time;
    clock_t start, end;
    a = (int*)malloc(n*sizeof(int));
    b = (int*)malloc(n*sizeof(int));
    c = (int*)malloc(n*sizeof(int));
    d = (int*)malloc(n*sizeof(int));
    for (i = 0; i < n; i++)
    {
```

```
        a[i] = rand() % 10;
        b[i] = rand() % 10;

    }
    //优化前
    start = clock();
    for (i = 0; i < n; i++) {
        c[i] = a[i] + b[i];
        d[i] = a[i] - b[i];
    }
    end = clock();
    Total_time=(double)(end - start) / CLOCKS_PER_SEC;
    printf("标量替换优化前:%lf秒\n",Total_time);
    free(a);
    free(b);
    free(c);
    free(d);
}
```

将代码 8−3 中数组 a[i] 的读取结果替换为 x, 数组 b[i] 的读取结果替换为 y, 后续引用数据时, 直接读取寄存器的值即可, 修改后的程序见代码 8−4。

代码 8−4　直接读取寄存器示例二

```
#include<stdio.h>
#include <stdlib.h>
#include<time.h>
#include<malloc.h>
int main()
{
    int n, i;
    n = 100000000;
    int* a,*b,*c,*d;
    double Total_time;
    clock_t start, end;
    a = (int*)malloc(n*sizeof(int));
    b = (int*)malloc(n*sizeof(int));
    c = (int*)malloc(n*sizeof(int));
    d = (int*)malloc(n*sizeof(int));
    for (i = 0; i < n; i++)
    {
        a[i] = rand() % 10;
        b[i] = rand() % 10;
    }
    //优化后
```

```
    int x, y;
    start = clock();
    for (i = 0; i < n; i++) {//标量替换
        x = a[i];//将数组a[i]的数据赋值给x
        y = b[i];//将数组b[i]的数据赋值给y
        c[i] = x + y;//每次迭代可以减少一次a数组和b数组的内存访问
        d[i] = x - y;
    }
    end = clock();
    Total_time=(double)(end - start) / CLOCKS_PER_SEC;
    printf("标量替换优化后:%lf秒\n",Total_time);
    free(a);
    free(b);
    free(c);
    free(d);
}
```

　　在代码 8-4 中, 每次迭代可以减少一次 a 数组和 b 数组的内存访问, 从而减少了从内存中读取数据的次数。测试结果显示, 标量替换前耗时 0.96 s, 替换优化后耗时 0.88 s。除此之外, 还可以通过减少内存写的次数进行优化, 以代码 8-5 为例进行说明。

代码 8-5　直接读取寄存器示例三

```
#include<stdio.h>
#include <stdlib.h>
#include<time.h>
#include<malloc.h>
int main()
{
    int n, i, j;
    n = 10000;
    int* a, ** b;
    clock_t start, end;
    double Total_time;
    a = (int*)malloc(n * sizeof(int));
    b = (int**)malloc(n * sizeof(int*));
    for (i = 0; i < n; i++)
    {
        a[i] = 0;
        b[i] = (int*)malloc(n * sizeof(int));
    }
    for (i = 0; i < n; i++)
    {
        for (j = 0; j < n; j++)
```

```
        {
            b[i][j] = rand() % 10;
        }
    }
    //优化前
    start = clock();
    for (i = 0; i < n; i++)
        for (j = 0; j < n; j++)
            a[i] = a[i] + b[i][j];//每次迭代都需要访问数组a
    end = clock();
    Total_time = (double)(end - start) / CLOCKS_PER_SEC;
    printf("标量替换优化前:%lf秒\n", Total_time);
    for (i = 0; i < n; i++) {
        free(b[i]);
    }
    free(a);
    free(b);
    return 0;
}
```

代码 8-5 中, 内层循环每次迭代都需要访问数组 a, 为解决这个问题可以利用变量替换的方式对代码进行改写, 使用 sum 变量将数组 a 的数据保存在寄存器中, 以尽量减少对内存的写操作。若不将数组 a 的访问替换为变量 sum, 编译器可能不会自动识别出来可以将数组 a 的值保留在寄存器中, 因此该项改写工作多由优化人员进行, 改写后的程序见代码 8-6。

代码 8-6　直接读取寄存器示例四

```
#include<stdio.h>
#include <stdlib.h>
#include<time.h>
#include<malloc.h>
int main()
{
    int n, i, j;
    n = 10000;
    int* a, ** b;
    clock_t start, end;
    double Total_time;
    a = (int*)malloc(n * sizeof(int));
    b = (int**)malloc(n * sizeof(int*));
    for (i = 0; i < n; i++)
    {
        a[i] = 0;
        b[i] = (int*)malloc(n * sizeof(int));
```

```
    }
    for (i = 0; i < n; i++)
    {
        for (j = 0; j < n; j++)
        {
            b[i][j] = rand() % 10;
        }
    }
    //优化后
    int sum;//使用sum将数组a的数据保存在寄存器中
    start = clock();
    for (i = 0; i < n; i++) {
        sum = a[i];//这样就可以减少对内存的写操作
        for (j = 0; j < n; j++) {
            sum = sum + b[i][j];
        }
        a[i] = sum;
    }
    end = clock();
    Total_time = (double)(end - start) / CLOCKS_PER_SEC;
    printf("标量替换优化前:%lf秒\n", Total_time);
    for (i = 0; i < n; i++) {
        free(b[i]);
    }
    free(a);
    free(b);
    return 0;
}
```

对代码进行测试, 设置输入的数据规模为 10000×10000, 结果显示优化前耗时 0.35 s, 优化后耗时 0.28 s, 可见对内存写操作的减少会提升程序的性能。

优化人员除了需要考虑寄存器合理分配的问题之外, 还需要防止寄存器溢出。当所需寄存器的数量大于可分配寄存器数量时, 就会出现寄存器溢出。当发生寄存器溢出时, 程序需要在内存中读写变量, 可能会抵消前期调优积累的性能优势, 以代码 8-7 为例进行说明。

代码 8-7   直接读取寄存器示例五

```
#include<stdio.h>
#define N 100
int a[N], b[N], c[N];
int i;
int main() {
    for (i = 0; i < N; i++)
        a[i] = b[i] * c[i];
```

}

上述代码段中实现了数组 b 和数组 c 的乘积，但是在寄存器溢出的情况下，生成的汇编指令如下，

STORE R1,0(SP) # 寄存器溢出
LOOP:
    LOAD R1, b[i]
    LOAD R2, c[i]
    MUL R1, R2, R1
    STORE R1, a[i]
    LOOP END
    LOAD R1, 0(SP) # 寄存器溢出

该段汇编代码展示了寄存器溢出的处理过程，在进入循环前由于可用的寄存器仅剩 R2，因此先将寄存器 R1 的值存入栈中，空出寄存器 R1，在循环内完成数组 b 和数组 c 的乘积运算后，再从栈上恢复寄存器 R1 的值。可见，寄存器溢出会增加内存访问操作。

此代码段中仅有一次寄存器溢出，对整体性能的影响较小，但若是寄存器溢出发生在循环内，将会产生许多的访存操作，可能会对程序整体性能造成较大影响。因此，在进行循环展开等操作以增加并行性时，适度展开可以增加指令级并行，但若是过度展开则会导致寄存器溢出，引起程序的性能损失。针对寄存器分配是否溢出这个问题，一方面程序优化人员需要考虑在不同体系结构下，寄存器数量对寄存器数据存储的影响；另一方面优化人员应该充分了解所使用的编译器在不同优化级别下的寄存器优化策略，并通过实际测试分析，尽量减少寄存器溢出的次数。

8.1.2 寄存器重用

当数据从缓存加载到寄存器后，应该尽可能地将后续还要使用的数据保留在寄存器，以避免该数据再次从缓存读取，即寄存器重用可以有效地减少内存访问。如果程序接下来的执行过程中不再用该值，此时就没有必要再将其值保留在寄存器中，而应该将其写回内存，空出寄存器留作他用。

寄存器重用是因为数据在未来还会被使用，依赖关系可用于分析寄存器的值是否会被再次使用。与依赖关系用于分析程序的并行性时不同，数据重用分析时需要依赖关系越多越好。例如，代码中两条语句先后读取同一变量时所产生的数据依赖，有利于寄存器重用。循环变换对寄存器的重用有很大的影响，对程序代码进行循环交换、循环合并、循环展开压紧等操作都将影响寄存器的重用。具体内容以代码 8-8 为例进行说明。

代码 8-8　寄存器重用前示例

```
#include<stdio.h>
#include<stdlib.h>
```

```
#include<malloc.h>
int Ti = 3;
#define min(a,b) ((a)<(b)?(a):(b))
void func(double* A, double* B, int NI, int NJ) {
    for (int ii = 0; ii < NI; ii += Ti) {
        for (int j = 0; j < NJ; ++j) {
            for (int i = ii; i < min(ii + Ti, NI); ++i) {
                A[i] += B[j * NI + i]; // S
            }
        }
    }
}
int main(){
    int i;
    double* A, * B;
    int na=6, nb=12;
    A = (double*)malloc(na * sizeof(double));;
    B = (double*)malloc(100 * sizeof(double));;
    for ( i = 0; i < na; i++) {
        A[i] = rand() % 10;
    }
    for ( i = 0; i < 100; i++) {
        B[i] = rand() % 10;
    }
    printf("数组A的值为:\n");
    for (int i = 0; i < na; i++) {
        printf(" %.5lf ", A[i]);
    }
    printf("\n不展开运算后数组A的值为:\n");
    func(A, B, na, nb);
    for (int i = 0; i < na; i++) {
        printf(" %.5lf ",A[i]);
    }
    free(A);
    free(B);
    return 0;
}
```

在代码 8-8 的循环迭代过程中, 每次都需要对变量 A[i] 进行读取和写入操作, 寄存器的复用率较低。针对此问题使用对 j 层循环展开 4 次的方法进行改进, 如代码 8-9 所示。

代码 8-9 寄存器重用后示例

```
#include<stdio.h>
```

```
#include<stdlib.h>
#include<malloc.h>
int Ti = 3;
#define min(a,b) ((a)<(b)?(a):(b))
void func_unroll4(double* A, double* B, int NI, int NJ) {
    for (int ii = 0; ii < NI; ii += Ti) {
        for (int j = 0; j < NJ; j += 4) {//第二层循环展开4次
            for (int i = ii; i < min(ii + Ti, NI); ++i) {//连加4次以后再
将数据存储到A[i]
                A[i] += B[j * NI + i];
                A[i] += B[(j + 1) * NI + i];
                A[i] += B[(j + 2) * NI + i];
                A[i] += B[(j + 3) * NI + i];
            }
        }
    }
}
int main(){
    double* A, * B;
    int i,na=6, nb=12;
    A =  (double*)malloc(na * sizeof(double));;
    B =  (double*)malloc(100 * sizeof(double));;
    for ( i = 0; i < na; i++) {
        A[i] = rand() % 10;
    }
    for ( i = 0; i < 100; i++) {
        B[i] = rand() % 10;
    }
    printf("数组A的值为:\n");
    for (int i = 0; i < na; i++) {
        printf(" %.5lf ", A[i]);
    }
    printf("\n循环展开4次运算后数组A的值为:\n");
    func_unroll4(A, B, 6, 12);
    for ( i = 0; i < na; i++) {
        printf(" %.5lf ", A[i]);
    }
    free(A);
    free(B);
    return 0;
}
```

在代码 8−9 进行循环展开后的代码中, i 层循环可以向量执行, 且向量化时
由于循环索引变量 j 的展开, 会连加 4 次后再将数据存储到 A[i], 构成了对 A[i]

的寄存器重用,从而提升程序的执行效率。

8.2 缓存优化

在计算机的存储器层次结构中,常通过使用一个存储空间较小但存取速度相对快的设备作为空间较大但存取速度较慢设备的缓存,其中最重要的就是处理器寄存器与内存之间的高速缓冲存储器,也称为处理器缓存。处理器缓存内部分为一级缓存和二级缓存,以及在多核处理器中常见的三级缓存,其中一级缓存又分为指令缓存和数据缓存两部分。这种结构缓和了处理器与主存之间速度不匹配的矛盾,使存储速度、存储容量与处理器功耗之间的关系达到一个相对平衡的局面。

当处理器需要访问某个存储地址时,先按顺序在多级缓存中发送请求寻找是否有这个地址,若没有则去主存寻找,在找到后将需要读取的及部分地址相邻的数据存储到高速缓存中,以供下次使用。一级缓存通常和处理器内核同频率,为节省功耗二级缓存会降频使用,处理器可以在 3 ~ 4 个时钟周期内完成对一级缓存的访问,大约在 10 个时钟周期左右完成对二级缓存的访问。在多核处理器中,一般每个内核独享自己的一级缓存和二级缓存,而多个内核共用一个三级缓存,如图 8.2 所示。

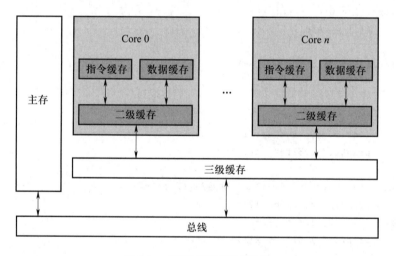

图 8.2 多核处理器的缓存结构

在处理器缓存中,数据被组织成若干个缓存行的形式,不可避免地会碰到对齐问题。在编译程序时,编译器会尽量保证变量所在地址与缓存行的粒度是对齐的,但也存在需要程序员手动调整以避免产生不对齐问题的情况。

针对缓存的访存优化是程序性能优化的重点之一,高速缓存也是对程序访存性能影响最大的存储器层次。在本节中,将对缓存分块、减少伪共享及数据预取等优化高速缓存性能的方法进行介绍,帮助优化人员更好地利用缓存提升程序性能。

8.2.1 缓存分块

缓存是计算机存储结构中速度快但容量小的设备, 提高缓存的利用率对程序性能有很大的影响。为了充分利用高速缓存来提升程序的局部性, 可以采用缓存分块的方法尽量使当前所需数据组成的工作集能够放置在高速缓存中, 最大化缓存命中次数。

缓存分块常现于循环当中, 称为循环分块。循环分块实质上是循环分段与循环交换的结合。首先, 通过分段使得原循环变成两个循环, 一个是在分段内进行迭代的循环, 另一个是外层对不同分段进行迭代的循环。然后, 通过循环交换, 将段内循环交换到嵌套循环的最上方。通过循环分块, 先使循环体内的语句尽量集中在某个数据工作集上处理, 然后才启动处理下一个数据工作集, 可提高循环体内数据的局部性。

但并不是所有的循环都可以进行循环分块, 因为循环交换合法的前提是需要保证不改变循环的任何依赖关系。以代码 8–10 为例进行说明。

代码 8–10　缓存分块示例一

```c
#include <stdio.h>
#define N 8
int main() {
    float A[N][N];
    int i, j;
    for (i = 0; i < N; i++) {
        for (j = 0; j < N; j++) {
            A[i][j] = 1.0;
        }
    }
    for (i = 1; i < N-1; i++)
        for (j = 1; j < N-1; j++)
        A[i][j+1] = A[i+1][j]+1;//语句S
    for (i = 0; i < N; i++) {
        for (j = 0; j < N; j++) {
            printf("%f  ",A[i][j]);
        }
    }
}
```

在代码 8–10 中, $S(i,j)$ 表示参数为循环索引变量 i,j 的语句 S 的实例, 即 $S(i,j)$ 是语句 S 在迭代向量为 (i,j) 时的一次迭代执行实例。可以看出, $S(2,1)$ 在 $S(1,2)$ 之后执行, 即需要先得到 $A[3,1]$ 与 $A[1,3]$ 的值之后才能求出 $A[2,2]$ 的值, 但若对此代码段进行内外层循环交换, 交换后循环中语句 $S(2,1)$ 在 $S(1,2)$ 之前

执行，即数组 A[1,3] 是通过 A[2,2] 与 A[3,1] 的值计算得到，数值之间的引用关系被改变，导致数组 A 的值产生错误，即不满足循环变换的合法性要求。因此，循环分块技术只有在满足合法性的前提下才可以实施。下面以矩阵乘代码 8−11 为例具体说明缓存分块技术的使用方法。

代码 8−11　缓存分块示例二

```c
#include<stdio.h>
#include<stdlib.h>
#include<malloc.h>
#include<time.h>
#define min(a,b) ((a)<(b)?(a):(b))
void matrixmulti(float N, float**x, float** y, float** z)
{
    int i, j, k,r;
    for (i = 0; i < N; i++) {
        for (j = 0; j < N; j++) {
            r = 0;
            for (k = 0; k < N; k++) {
                r = r + y[i][k] * z[k][j];
            }
            x[i][j] = r;
        }
    }
}
int main()
{
    int n, i, j;
    float ** x, ** y, ** z;
    n = 1024;
    double Total_time;
    clock_t start, end;
    printf("测试矩阵维数 n=%d\n",n);
    y = (float**)malloc(n * sizeof(float*));
    z = (float**)malloc(n * sizeof(float*));
    x = (float**)malloc(n * sizeof(float*));
    for (i = 0; i < n; i++)
    {
        y[i] = (float*)malloc(n * sizeof(float));
        z[i] = (float*)malloc(n * sizeof(float));
        x[i] = (float*)malloc(n * sizeof(float));
    }
    for (i = 0; i < n; i++)
    {
        for (j = 0; j < n; j++)
```

```
        {
            y[i][j] = rand() % 10;
            z[i][j] = rand() % 10;
            x[i][j] = 0;
        }
    }
    start = clock();
    matrixmulti(n, x, y, z);
    end = clock();
    Total_time=(double)(end - start) / CLOCKS_PER_SEC;
    printf("1024*1024的矩阵乘缓存分块优化前:%lf秒\n",Total_time);
    for(i=0;i<n;i++){
        free(y[i]);
        free(z[i]);
        free(x[i]);
    }
    free(y);
    free(z);
    free(x);
    return 0;
}
```

这代码 8–11 中, 两个内部循环读取了数组 z 的全部 N*N 个元素, 以及数组 y 的某一行中的 N 个元素, 所产生的 N 个结果被写入数组 x 的某一行。图 8.3 给出了当 $i = 1$ 时, 原始循环中 3 个数组的访问情况, 其中黑色表示最近被访问过, 灰色表示早些时候被访问过, 而白色表示尚未被访问。

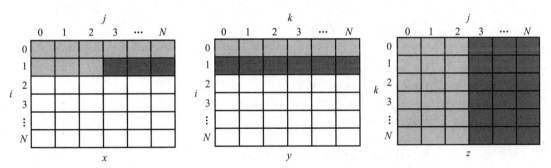

图 8.3　分块前循环中数组访问示意

可以看出, 若缓存能放下整个 z 矩阵以及 y 矩阵一行的 N 个元素, 则循环中对数组访问的不命中次数会大大减少。当缓存只能够装下 M 行 z 矩阵的数据时, 对 z[0][0]、z[1][0]、⋯⋯、z[M-1][0] 的访问均可以命中, 之后对 z[M][0] 的访问将会替换掉 z[0][0] 所在的缓存行, 同理对 z[M+1][0] 的访问将替换掉 z[1][0] 所在的缓存行。当对 z 矩阵的第一列迭代结束时, 开始访问 z 矩阵的第二列, 由于 z[0][0] 所在缓存行已经被替换, 对 z[0][1] 的访问又会产生不命中。这意味着在上述的初始版本矩阵乘程序中, 对数组 z 进行访问会发生多次缓存不命中的情况。此时, 可以将循环进行分块, 使得数据可以在缓存中保留足够长的时间, 从而充分利用程序的局部性。对原始循环中的 i,j 层循环分别进行循环分块, 修改后的程序如代码 8-12 所示。

代码 8-12 缓存分块示例三

```
#include<stdio.h>
#include<stdlib.h>
#include<malloc.h>
#include<time.h>
#define min(a,b) ((a)<(b)?(a):(b))
void matrixmulti_1(int N, int** x, int** y, int** z,int S)
{//S为分块后小矩阵的长度
    int kk,jj,i, j, k, r;
    for (jj = 0; jj < N; jj = jj + S) {
        for (kk = 0; kk < N; kk = kk + S) {
            for (i = 0; i < N; i++) {
                for (j = jj; j < min(jj + S , N); j++) {
                    r = 0;
                    for (k = kk; k < min(kk + S , N); k++)
                        r = r + y[i][k] * z[k][j];
                    x[i][j] = x[i][j] + r;
                }
            }
        }
    }
}
int main()
{
    int n, i, j;
    float ** x, ** y, ** z;
    n = 1024;
    double Total_time;
    clock_t start, end;
    printf("测试矩阵维数 n=%d\n",n);
    y = (float**)malloc(n * sizeof(float*));
    z = (float**)malloc(n * sizeof(float*));
    x = (float**)malloc(n * sizeof(float*));
    for (i = 0; i < n; i++)
    {
        y[i] = (float*)malloc(n * sizeof(float));
        z[i] = (float*)malloc(n * sizeof(float));
        x[i] = (float*)malloc(n * sizeof(float));
    }
```

```
    for (i = 0; i < n; i++)
    {
        for (j = 0; j < n; j++)
        {
            y[i][j] = rand() % 10;
            z[i][j] = rand() % 10;
            x[i][j] = 0;
        }
    }
    printf("\n");
    start = clock();
    matrixmulti_1(n, x, y, z,16);
    end = clock();
    Total_time=(double)(end - start) / CLOCKS_PER_SEC;
    printf("1024*1024的矩阵乘缓存分块优化后:%lf秒\n",Total_time);
    for(i=0;i<n;i++){
        free(y[i]);
        free(z[i]);
        free(x[i]);
    }
    free(y);
    free(z);
free(x);
return 0;
}
```

循环分块对数组访问顺序进行了重排序, 将原始的大矩阵分割为了若干个小矩阵, 嵌套循环每次对一个小矩阵内的数据进行计算得出一个部分结果, 图 8.4 说明了分块后对 3 个数组的访问情况。

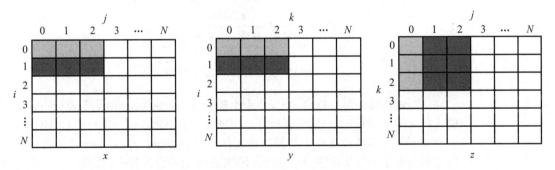

图 8.4　分块后循环中数组访问示意

假设循环分块之后小矩阵恰好可以放在缓存中, 对于数组 z 的访问来说, 最内层的两个循环一共会产生 S 次缓存不命中。则对整个矩阵乘程序中, 数组 z 访问发生的缓存不命中次数为 $S \times N \times N/S \times N/S = N^3/S$ 次。同理, 对数组

y 的访问发生的缓存不命中次数也为 N^3/S 次, 而对 x 数组的访问不命中次数为 N^2 次, 故整个程序发生的不命中总次数减少至 $2N^3/S + N^2$ 次。

为进一步说明分析结果, 针对上文中的矩阵乘示例使用 X86 架构平台进行测试, 其中一级缓存大小均为 32 KB, 二级缓存大小为 256 KB, 均采用 8 路组相联方式缓存行大小为 64 B。为方便起见所使用的矩阵规模均为分块大小的整数倍, 当固定分块大小为 50 时, 随着矩阵规模的不断增大, 分块后的矩阵乘程序相对于未分块程序的性能提升越来越明显, 测试结果如图 8.5 所示。

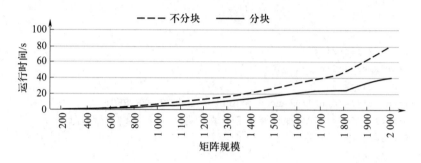

图 8.5　分块前后不同矩阵规模运行时间对比

当固定矩阵规模为 1024 时, 此时 3 个矩阵并不能全部保存在缓存中。随着分块大小的逐渐提高, 分块前后运行时间对比如图 8.6 所示。

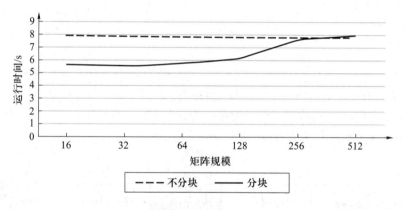

图 8.6　不同分块大小运行时间对比

从测试结果中可以看出, 当分块大小较小时, 程序的运行时间明显较不分块的运行时间少, 性能提升的效果较好。但当分块大小增加到一定程度时, 由于分块后得到的子矩阵也无法全部保存在缓存行组中, 使得分块后的矩阵乘程序性能逐渐接近于未分块程序, 且有运行时间逐渐超过不分块程序的趋势。而造成这种现象的部分原因为高速缓存不同的映射策略以及替换策略, 此处地址映射就是主存地址与高速缓存地址的对应方式, 而程序中的主存地址变换成缓存中地址的过程称为地址变换, 常见的缓存地址映射策略包括直接相联、组相联和全相联。

全相联高速缓存的映射策略为内存中的每个数据块均能够被映射到缓存中

的任意一个缓存行, 但其请求数据时需要将其地址的标记位与所有缓存行标记位进行对比, 代价较大。直接相联的映射方式是内存中的每一个数据块都只能存放在缓存中的一个特定的缓存行, 但每个主存块只有一个固定位置可存放, 容易产生冲突, 使缓存效率下降。直接相联映射与全相联映射方式相比, 减少了检查过程的开销, 但同时也失去了部分灵活性。组相联映射实际上是直接映射和全相联映射的折中方案, 映射方法是将主存和缓存都分组, 组间采用直接映射, 组内采用全相联映射。尽量避免了全相联和直接相联的缺点, 适度兼顾二者的优点, 缓存命中率较高, 因而得到普遍采用。

在容量一定的高速缓存中, 无法容纳下一级存储器的所有数据块, 当某个数据块需要导入缓存时, 如果可映射到的缓存行都已有数据, 此时就需要按照一定的替换策略来淘汰一个适当的缓存行。全相联映射只有当整个高速缓存充满的时候才会发生缓存行的替换, 对矩阵操作命中率的影响不大; 而直接相联或者组相联映射方式下, 内存中的一块仅会装入缓存中相应的一个缓存行或者一个缓存行组, 对缓存命中率会有较大影响。所以结合矩阵乘的例子, 可以将数组按照读取效率从高到低分为 3 类:

一类数组: 这类数组是最好的情况, 其矩阵行的长度是缓存行大小的整数倍。当程序访问一个缓存行行大小的数据时, 一类数组的这些数据会在一个缓存行中, 缓存命中率高。

二类数组: 第二类数组其矩阵行的长度不是缓存行的整数倍。这种情况下, 程序运行时访存数据很有可能需要跨越两个缓存行, 与一类数组相比缓存命中率会变低。

三类数组: 第三类数组其矩阵行是整个缓存大小的整数倍。这种情况下, 数组的每一列数据均映射到同一缓存行组, 当进行数组转置时缓存的利用率非常低, 会多次发生缓存不命中的情况, 严重影响程序执行效率。

在矩阵乘计算或者其他类似程序中, 上述 3 类数组的计算效率差异很大。所以优化人员应当了解平台的缓存容量以及映射方式, 尽可能避免三类数组或者二类数组的出现。如果矩阵为三类数组或者二类数组, 可以对矩阵的行列进行扩充, 使其变为一类数组, 从而获得性能的提升。例如矩阵乘代码 8-11, 对此矩阵乘代码进行不同规模下运行时间的测试, 测试结果见表 8.1。

表 8.1　不同规模矩阵乘耗时

矩阵规模	程序耗时/ms
256×256	126
251×251	161

可以看出, 当矩阵规模为 251×251 时, 耗时为 161 ms, 此时程序中数组为二类数组。当矩阵规模为 256×256 时, 程序执行时间为 126 ms, 数组为一类数组。可以看出程序的执行时间并没有随着数据量的减少而减少, 相反却增加了。从而印证了上文提出的三类数组的读取效率不同的结论。在此例子中, 若将数据由 251 列扩展到 256 列, 扩充的部分使用 0 进行补齐, 这样矩阵行的长度就是

缓存行的整数倍, 即从二类数组变成了一类数组, 可以增加缓存命中率, 如代码 8-13 所示。

代码 8-13　缓存分块示例四

```c
#include<stdio.h>
#include<stdlib.h>
#include<malloc.h>
#include<time.h>
#define Cache_length 64
int main()
{
    int n = 251, i, j, k;
    clock_t start, end;
    double Total_time;
    int Cache_len = 256;
    float** a, ** b, ** c, ** a1, ** b1, ** c1;
    a = (float**)malloc(n*sizeof(float*));
    a1 = (float**)malloc(Cache_len*sizeof(float*));
    b = (float**)malloc(n*sizeof(float*));
    b1 = (float**)malloc(Cache_len*sizeof(float*));
    c = (float**)malloc(n*sizeof(float*));
    c1 = (float**)malloc(Cache_len*sizeof(float*));
    for (i = 0; i < n; i++)
    {
        a[i] = (float*)malloc(n * sizeof(float));
        b[i] = (float*)malloc(n * sizeof(float));
        c[i] = (float*)malloc(n * sizeof(float));
    }
    for (i = 0; i < Cache_len; i++)
    {
        a1[i] = (float*)malloc(Cache_len * sizeof(float));
        b1[i] = (float*)malloc(Cache_len * sizeof(float));
        c1[i] = (float*)malloc(Cache_len * sizeof(float));
    }
    for (i = 0; i < n; i++)
    {
        for (j = 0; j < n; j++)
        {
            a[i][j] = rand() % 10;
            b[i][j] = rand() % 10;
            c[i][j] = 0;
        }
    }
    for (i = 0; i < Cache_len; i++) {
```

```
    for (j = 0; j < Cache_len; j++) {
        a1[i][j] = rand() % 10;
        b1[i][j] = rand() % 10;
        c1[i][j] = 0;
    }
}
start = clock();
for (i = 0; i < Cache_len; i++)
{
    for (j = 0; j < Cache_len; j++)
    {
        c1[i][j] = 0;
        for (k = 0; k < Cache_len; k++)
            c1[i][j] += a1[i][k] * b1[k][j];
    }
}
end = clock();
Total_time=(double)(end - start) / CLOCKS_PER_SEC;
printf("256*256普通矩阵乘耗时: %lf秒\n", Total_time);
start = clock();
for (i = 0; i < n; i++)
{
    for (j = 0; j < n; j++)
    {
        c[i][j] = 0;
        for (k = 0; k < n; k++)
            c[i][j] += a[i][k] * b[k][j];
    }
}
end = clock();
Total_time=(double)(end - start) / CLOCKS_PER_SEC;
printf("251*251普通矩阵乘耗时: %lf秒\n",  Total_time);
for (i = 0; i < n; i++) {
    a[i] = (float*)realloc(a[i], sizeof(float) * Cache_len);
    b[i] = (float*)realloc(b[i], sizeof(float) * Cache_len);
}
for (i = 0; i < n; i++) {
    for (j = n; j < Cache_len; j++) {
        a[i][j] = 0;
        b[i][j] = 0;
    }
}
start = clock();
for (i = 0; i < n; i++)
```

```
{
    for (j = 0; j < n; j++)
    {
        c[i][j] = 0;
        for (k = 0; k < n; k++)
            c[i][j] += a[i][k] * b[k][j];
    }
}
end = clock();
Total_time=(double)(end - start) / CLOCKS_PER_SEC;
printf("列扩展后的矩阵乘耗时: %lf秒",  Total_time);
for(i=0;i<n;i++){
    free(a[i]);
    free(b[i]);
    free(c[i]);
}
for(i=0;i<Cache_len;i++){
    free(a1[i]);
    free(b1[i]);
    free(c1[i]);
}
free(a);
free(b);
free(c);
free(a1);
free(b1);
free(c1);
return 0;
}
```

在进行行列扩充优化后，实际的有效数据量依然为 251×251，但经过多次测试求平均值得到的优化后矩阵乘耗时为 100 ms，相对于优化前运行耗时有明显的减少，加速比达到了 1.6 左右。优化人员在保证程序运行结果正确性的情况下可以考虑此方法进行缓存优化。

8.2.2 减少伪共享

多核多线程是提高程序运行效率的重要手段之一，当处理器的多个核心都涉及同一块主内存区域的更改时，可能会导致缓存数据不一致。为解决数据一致性的问题，需要处理器各个核心访问缓存时都遵循相同的规则，即缓存一致性协议。缓存一致性的大致思想是当某个处理器核心修改缓存行数据时，其他的处理器核通过监听机制获悉共享缓存行的数据被修改，使其共享缓存行失效，此时该处理器核心需要将修改后的缓存行写回到主内存中。若其他处理器核需要此缓存行共享数据, 则从主内存中重新加载, 并放入缓存, 这样可以保证读取数据的正确性, 如图 8.7 所示。

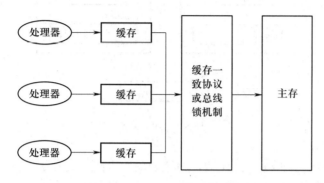

图 8.7　缓存一致性协议示意

缓存一致性协议中的 MESI 协议应用较为广泛。MESI 是修改 (modified)、独占 (exclusive)、共享 (shared)、失效 (invaild) 4 种状态的缩写, 用来修饰缓存行的状态。在每个缓存行前额外使用 2 b 空间来表示 4 种状态。在 MESI 协议中, 每个缓存行不仅知道自己的读写操作, 而且也监听其他缓存行的读写操作。每个缓存行的状态根据本处理器核和其他处理器核的读写操作在 4 个状态间进行迁移。

通过使用一致性协议, 解决了多个处理器核向同一内存地址写入时数据不一致的问题。但是在多核 CPU 系统中, 还存在着伪共享的问题。由于多核要操作的不同变量处于同一缓存行, 某核心更新缓存行中数据并将其写回缓存, 同时其他核心会使该缓存行失效, 使用时需要从内存中重新加载, 这种情况就是缓存行的伪共享问题。伪共享会导致大量的缓存冲突, 尤其是在非均匀存储器访问 (NUMA) 系统中, 若某核心的数据访问命中了远程 NUMA 节点缓存中已修改的数据, 则会产生较大代价, 应当尽量避免。

例如一个数组 Arr 的两个元素, $Arr[0]$ 与 $Arr[1]$ 存在于同一个缓存行中, 如图 8.8 所示。然而这两个数据却分别被两个核上的线程所操作, $Arr[0]$ 在核 0 的线程 0 中被使用, $Arr[1]$ 在核 1 的线程 1 中被使用, 这两个数据既被缓存到核 0 的 L1 缓存中, 又被缓存到核 1 的 L1 缓存中, 如果线程 0 修改了 $Arr[0]$ 的内容, 那么缓存一致性协议就会使核心 1 的这行数据无效, 导致线程 1 发生缓存不命中, 同样的过程也会发生在线程 1 修改 $Arr[1]$ 的时候。

多线程编程时往往不可避免的要遇到数据共享, 编程时应该注意如下原则:

● 尽量少地使用共享数据, 可以将不同线程操作的数据分配在不同的缓存行中, 或者进行缓存行填充, 避免多个线程共享同一缓存行内的数据。

● 在多个核心共享同一缓存行数据时, 如果不进行对缓存的写入, 是不会发生伪共享问题的, 所以应当尽量少地修改数据。例如上述的例子中, 若核 0 与核 1 频繁地对 $Arr[0]$ 和 $Arr[1]$ 进行修改, 代价是非常高的, 会导致性能非常差。

在内核版本 4.1.0 及以上的 Linux 系统中, perf 工具包含了一些对程序中伪共享的分析功能, 称为 perf c2c。优化人员可以借助该工具发现伪共享的缓存行, 读写该缓存行的进程号 pid、线程号 tid、指令地址, 热点缓存行上的取操作平

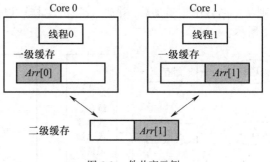

图 8.8 伪共享示例

均延迟, 等等。perf c2c 可以收集高速缓存的性能数据, 之后基于采样数据生成
报告, 以代码 8-14 为例说明如何使用 perf c2c 进行伪共享分析。

代码 8-14 减少伪共享示例一

```c
//false_share_test.c
#include <omp.h>
#define N 100000000
#define THRAED_NUM 8
int values[N];
int main(void)
{
    int sum[THRAED_NUM];
    #pragma omp parallel for
    for (int i = 0; i < THRAED_NUM; i++){
        for (int j = 0; j < N; j++){
            sum[i] += values[j] >> i;
        }
    }
    return 0;
}
```

代码 8-14 中, sum 数组大小为 64 B, 在实验测试平台中恰好占用一个缓存
行。当 8 个线程同时对该缓存行内的 sum 数组进行写时, 程序将不可避免地发
生伪共享现象。使用 perf c2c 对该程序的执行过程进行分析, 在 Linux 中输入
以下指令:

\# gcc –fopenmp –g false_share_test.c –o false_share_test //使用 gcc
编译器编译目标文件

\# perf c2c record ./false_share_test //通过采样, 收集性能数据

\# perf c2c report –stdio //基于采样数据, 生成报告

生成的报告如下所示, 为更清晰地予以说明, 对输出结果适当地进行了简化。
第一行给出了处理器在 perf c2c 数据采样期间做的 load 和 store 的样本总数;
第二行表明 load 操作产生的 LLC 缓存不命中, 从本地 NUMA 节点的内存中

拿到数据的样本占比; 第三行表明从远程 NUMA 节点内存中拿到数据的样本占比; 第四行表明从远程 NUMA 节点拿到未被修改的缓存行中的数据样本占比; 最后一行代表 load 操作命中了一条被标记为已修改的缓存行, 表明在 load 操作中有接近 30% 的缓存不命中是因为从远程 NUMA 节点拿到了已修改的缓存行, 这是代价最高的伪共享。除此之外, perf c2c 还会给出另一个更加详细的表格, 显示发生伪共享最多的一些缓存行, 并且给出了数据地址、pid、指令地址、函数名、代码函数等信息。当发现程序运行时伪共享现象比较严重时, 该表格可以帮助优化人员找到问题所在。

```
Total records                                     :   65407
......
LLC Misses to Local DRAM                          :   36.9%
LLC Misses to Remote DRAM                         :   33.8%
LLC Misses to Remote 缓存 (HIT)                    :   0.0%
LLC Misses to Remote 缓存 (HITM, Hit In The Modified) :   29.2%
......
```

为避免多个线程频繁访问同一缓存行, 减少伪共享问题, 修改后的程序如代码 8-15 所示。

代码 8-15   减少伪共享示例二

```c
#include <omp.h>
#define N 100000000
#define THRAED_NUM 8
int values[N];
int main(void)
{
    int sum[THRAED_NUM];
    #pragma omp parallel for
    for (int i = 0; i < THRAED_NUM; i++){
        int local_sum;
        for (int j = 0; j < N; j++){
            local_sum += values[j] >> i;
        }
        sum[i] = local_sum;
    }
    return 0;
}
```

修改后的程序避免了多个线程同时频繁地访问同一个缓存行。此时使用 pref c2c 分析, 可以发现程序中的伪共享现象大幅度减少, 再次说明了伪共享对程序性能的影响, 优化人员应当注意尽量减少程序中伪共享情况的出现。

```
LLC Misses to Local DRAM              :       88.7%
```

LLC Misses to Remote DRAM   :   9.9%
LLC Misses to Remote 缓存 (HIT)   :   0.0%
LLC Misses to Remote 缓存 (HITM)   :   1.4%
......

8.2.3 数据预取

  数据预取是一种可以提前为处理器准备数据的机制,其将待处理器所需的数据提前加载到缓存中,避免缓存不命中的情况出现。并且这种方式能够充分利用处理器空闲带宽对数据进行存取,通过将访存与计算重叠,有效地隐藏访存延迟。

  预取通常有软件预取和硬件预取两种方式。软件预取是指编译器或优化人员将预取指令插入程序中,提前将下一级存储器中的数据加载到缓存中。硬件预取是指在不需要编译器或者优化人员干预的情况下,利用硬件分析执行程序所使用的指令和数据,自动将接下来可能需要的数据预取到缓存中。按照数据预取的效果,可将数据预取分为无预取、理想预取和非理想预取 3 种,如图 8.9 所示。

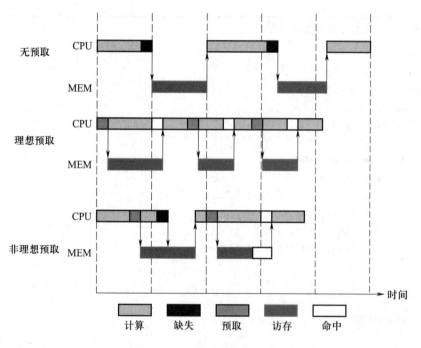

图 8.9   数据预取方式示意

  当数据预取达到理想的预取效果时,取数据与使用数据的过程并行执行,而不会因为等待数据的读入而造成处理器流水线发生停滞,从而较好地隐藏了访存时延。

1. 硬件预取与软件预取

硬件预取是依据程序的运行状态进行预测, 提前把指令和数据预取到缓存中的一种硬件机制, 对连续性的内存访问程序特别有效。硬件预取技术通过程序/数据局部性原理及系统硬件资源来实现, 不需要使用预取指令或额外编写代码。但由于硬件预取必需建立在能动态进行程序执行分支预测的基础上, 所以预取的范围很小, 且会增加系统整体开销。若程序的局部性不好, 则硬件预取反而可能降低性能, 因此优化人员利用软件预取来提升程序性能是更加灵活的方式。

在绝大部分情况下, 程序对内存的访问模式是随机的、不规则的、不连续的。此时需要使用软件预取, 依靠优化人员或编译器插入的预取指令, 提前把数据取入缓存, 这种方法对系统开销的影响较小, 也不会减慢访问缓存的速度, 是一种灵活有效的数据预取方式。好的数据预取操作能够有效地隐藏访存延迟, 但是如果预取不当, 反而会造成程序性能的下降。

由于自动触发的硬件数据预取具有不可控性, 因此本节主要针对软件预取介绍其对程序性能的影响。软件预取通过插入预取指令或者函数实现, 如 prefetch 指令作为 SSE 指令集的一部分被几乎所有 Intel 处理器支持, 为程序在 Intel 平台上使用软件预取提供了指令接口。本节演示在代码中调用内置的预取函数 __builtin_prefetch() 进行实验, 该函数原型为 void __builtin_prefetch (const void*addr, rw, locality), 其中第一个参数是内存指针所指向的预取数据; 第二个参数为常数 1 或 0, 分别代表对数据进行写或读操作; 第三个参数为常数 0—3 表示要预取数据的时间局部性, 该值越大代表要访问的数据时间局部性越强, 一般情况下该值默认为 3。在测试用例合适位置插入预取指令, 使用 LLVM7-1 版本的编译器对加入预取指令的程序进行编译, 如代码 8-16 所示。

代码 8-16　数据预取示例

```
#include <stdio.h>
#include <stdlib.h>
#include <time.h>
#define nop
#define N 700
int main(int argc, const char *argv[])
{
    unsigned long i, j, k;

    int res[N][N], mul1[N][N], mul2[N][N];
    clock_t start, end;
    double time1 = 0;
    double time2 = 0;
    for (i = 0; i < N; ++i) {
        for (j = 0; j < N; ++j) {
                mul1[i][j] = (i + 1) * j;
                mul2[i][j] = i * j;
        }
```

```
        }
        start = clock();
    nop;nop;nop;
    for (i = 0; i < N; ++i)
            for (j = 0; j < N; ++j)
                    for (k = 0; k < N; ++k)
                            res[i][j] += mul1[i][k] * mul2[k][j];
    nop;nop;nop;
    end = clock();
    time1 = end - start;
    printf("Run Time1 %f s\n", (double)time1 / CLOCKS_PER_SEC);
    __builtin_prefetch(mul1, 0, 3);
    __builtin_prefetch(mul2, 0, 0);
    __builtin_prefetch(res,  1, 3);
    start = clock();
    nop;nop;nop;
    for (i = 0; i < N; ++i)
            for (j = 0; j < N; ++j)
                    for (k = 0; k < N; ++k)
                            res[i][j] += mul1[i][k] * mul2[k][j];
    nop;nop;nop;
    end = clock();
    time2 = end - start;
printf("Run Time2 %f s\n", (double)time2 / CLOCKS_PER_SEC);
    printf("Time2 and Time1 upgrade %f% \n", (double)(time1 - time2) /
time1 * 100);
    return 0;
}
```

编译运行该测试用例结果显示如下, 结果显示加入预取指令比未加入指令的执行时间快了 13.6%。

[root@localhost Deskttop]$ ./a.out

Run Time1 0.440000 s

Run Time2 0.380000 s

Time2 and Time1 upgrade 13.636364%

在进行软件预取时, 除了预取对象和预取时机之外, 预取度的大小也是非常重要的。当预取度过大, 预取操作会导致严重的缓存污染, 加剧访存竞争, 增大平均访存延迟; 而预取度过小时, 则会导致预取效率较低。优化人员需要根据具体情况选择合适的预取数据大小使程序性能达到最佳。

2. 帮助线程预取

在一些非规则数据密集型计算中, 所需处理的数据存储结构非常复杂, 例如图、树、链表等。使用传统的数据缓存、数据预取等技术难以达到较高的访存效率, 此时可以考虑使用帮助线程预取技术进行数据的预取。帮助线程预取的核心思想是: 利用多核处理器平台的最后一级共享缓存, 将应用程序的非连续局部性转换为瞬时的连续时空局部性, 从而达到通过线程级数据预取提高程序性能的目的。对于程序中的一个热点, 多核处理器平台会使用帮助线程来分析热点中的访存指令, 找出那些没有依赖的指令并且调度它们前瞻执行。帮助线程总是会领先主线程执行, 并把主线程需要的数据提前送入共享缓冲区, 从而达到了数据预取的目的。

帮助线程只起到数据预取作用, 并不影响源程序的计算结果。帮助线程预取技术来源自预计算与预执行思想, 即将同一处理器的不同线程分为预取线程和主线程。预取线程是主线程的简单版本, 执行速度较快, 提前于主线程发出访存请求, 并且将数据预取给主线程。

帮助线程预取技术实质上也是一种主从结构, 帮助线程将预取到的数据放置在多核处理器平台的最后一级共享缓存, 以供主线程使用。如图 8.10 所示, 多核处理器体系结构的帮助线程预取, 利用一个空闲核运行一个帮助线程来帮助主线程进行数据预取, 构造帮助线程时去除了计算任务, 只保留访存任务和必要的控制流, 所以它可以和主线程按照计算和访存来进行分工: 主线程负责计算, 帮助线程负责访存, 从而有效地隐藏访存延迟。根据主线程的计算量和访存量之间的比例, 可以通过在帮助线程中设置一定的提前预取距离来提高帮助线程的性能。

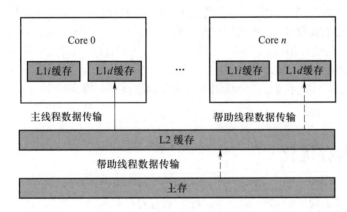

图 8.10 多处理器平台帮助线程预取示意

但是, 如果访存开销和计算开销差别较大的时候, 帮助线程并不能每次均领先于主线程, 导致预取的数据不能及时到达, 造成缓存污染。根据不同的程序中访存开销和计算开销的规模, 可将程序划分为以下 3 种类别。设程序的访存时间为 Tm, 计算时间为 Tc。

● 计算开销与访存开销大小相当, 即 $Tc \approx Tm$。此时帮助线程能很好地发挥作用。

● 计算开销大于访存开销, 即 $Tc > Tm$。此时要控制好帮助线程的预取时机, 防止预取时机过早, 从而导致真正使用的时候数据已被替换出去。

● 计算开销小于访存开销, 即 $Tc < Tm$。此时主线程计算开销小, 帮助线程访存开销大, 主线程的数据没有被帮助线程预取到, 主线程可能要进行多次同步

操作。

帮助线程预取在实现时, 首先选取目标循环, 并确定哪些指令在帮助线程中执行, 在不影响主线程执行的前提下为使帮助线程更加简短, 只保留影响访存指令地址计算的语句及循环的控制流语句等; 然后, 将保留下来的代码构造成为帮助线程, 帮助线程创建完成后辅以触发语句即可构成帮助线程预取的基本框架:

```
mainthread_done=FALSE
#pragma omp parallel for
for(n=0;n<=1;n+=1){
if(n==0){
//主线程循环
mainthread_done=TRUE
}
else{
if(mainthread_done=FALSE)
//标量重命名后的帮助线程循环
//标记mainthread_done每次循环迭代的次数
}
```

但帮助线程预取技术也不总是为程序带来正向收益。首先, 帮助线程的启动会引起额外的开销; 其次, 由于帮助线程执行速度较快, 为了避免帮助线程执行的指令领先主线程太多, 主线程与帮助线程间需要进行同步, 这也会引起额外的开销。如果这些开销的总和超出了数据预取的性能收益, 程序的实际执行性能将会下降。因此, 对于程序性能优化人员来说, 应当分析程序热点区域的特征, 预测可能的预取性能收益, 充分利用帮助线程预取技术来提高程序的运行性能。

8.3 内存优化

内存对于程序的运行速度及运行效率有着举足轻重的作用, 因此采用优化方法提高内存的使用效率, 尽可能地提高程序运行速度是优化人员必须关心的问题之一, 本节从 4 个方面详细介绍提高内存的使用效率的方法。

8.3.1 减少内存读写

内存又可以称为主存, 是处理器能直接寻址的存储空间, 由半导体器件制成。双倍数据速率同步动态随机存储器 (double data rate SDRAM, DDR SDRAM) 在内存市场中应用较多, 由于其内部有两个数据选取脉冲, 所以能达到双倍速率的性能。DDR 之后经历了 DDR2、DDR3、DDR4 等阶段。

以 DDR3 内存来说, 其内部存储以存储库为基础单位, 存储库的结构为能进行行列寻址的存储表格, 通过一个行和一个列便能够准确定位所需数据的位置。当读或写命令进行之前, 要对需要操作的存储库发送激活命令, 在数据掩码的屏蔽下进行数据读写，并在读取结束后释放空间，对存储单元的数据进行重新加载和地址复位。

DDR3 通常一次内存读写大约要 200 ~ 400 个时钟周期，相比之下处理器完成一个浮点运算可能仅需要几个时钟周期，访问内存速度非常慢，因此在程序优化的过程中应当优先充分使用寄存器而不是访存。大多数情况下，编译器能够很好地解决这个问题，但是在具有存储器别名或读写依赖情况下，需要优化人员手动处理，以求前缀和的代码 8–17 为例进行说明。

代码 8–17　减少内存读写示例一

```
#include<stdio.h>
#include<stdlib.h>
#include<time.h>
#include<malloc.h>
int main()
{
    int n, i;
    n = 100000000;
    int* a, * b, temp;
    clock_t start, end;
    double Total_time;
    a = (int*)malloc(n * sizeof(int));
    b = (int*)malloc(n * sizeof(int));
    for (i = 0; i < n; i++)
    {
        a[i] = rand() % 10;
        b[i] = rand() % 10;
    }
    //优化前
    start = clock();
    for (int i = 1; i < n; i++)//这段代码后一次循环需要使用前一次循环写入
内存的结果
        a[i] += a[i - 1];
    end = clock();
    Total_time=(double)(end - start) / CLOCKS_PER_SEC;
    printf("减少内存读写优化前:%lf秒\n",Total_time);
    free(a);
    free(b);
    return 0;
}
```

代码中的第二次循环需要使用第一次循环写入的内存结果，优化人员可以通过保存中间计算结果来减少一些内存访问，改写后的程序如代码 8–18 所示。

代码 8-18 减少内存读写示例二

```c
#include<stdio.h>
#include<stdlib.h>
#include<time.h>
#include<malloc.h>
int main()
{
    int n, i;
    n = 100000000;
    int* a, * b, temp;
    clock_t start, end;
    double Total_time;
    a = (int*)malloc(n * sizeof(int));
    b = (int*)malloc(n * sizeof(int));
    for (i = 0; i < n; i++)
    {
        a[i] = rand() % 10;
        b[i] = rand() % 10;
    }
    //优化后
    start = clock();
    temp = a[0];
    for (int i=1; i<n; i++) {//通过保存临时中间计算结果减少一些内存访问
        temp += a[i];
        a[i] = temp;
    }
    end = clock();
    Total_time=(double)(end - start) / CLOCKS_PER_SEC;
    printf("减少内存读写优化后:%lf秒\n",Total_time);
    free(a);
    free(b);
    return 0;
}
```

经过测试, 优化前程序耗时为 0.36 s, 优化后为 0.28 s, 加速比达到 1.29。综上, 在程序的调优过程中, 优化人员可以重复使用处理器的寄存器, 避免过多访存以提高程序效率。

8.3.2 数据对齐

不同的硬件平台对存储空间的处理方式不同, 若不按照适合其平台的要求对数据存放进行对齐, 会在存取效率上带来损失。例如从偶数地址开始读取的平台, 若一个 32 b 的整型数据存放在偶数地址开始的地方, 则只需要一个读周期即可读出, 反之则会在读取效率上降低很多。数据对齐实际上是内存字节的对齐, 是为了提升读取数据的效率。

1. 数据对齐访问

处理器在访问特定变量的时候经常在特定的内存地址访问, 这就需要各类型数据按照一定的规则在空间上排列, 而不是顺序地一个接一个排放, 这就是对齐。当处理器访问正确对齐的数据时, 它的运行效率最高。当数据值没有正确对齐时, 处理器需要产生一个异常条件或执行多次对齐的内存访问, 以便读取完整的未对齐数据, 导致运行效率降低。所以处理器提供的对齐的数据访问指令效率要远高于非对齐的数据访问指令。

在 32 b 处理器中, 一个 int 型变量为 4 B, 假设这个变量 i 在内存中占据 2、3、4、5 字节的位置, 数据非对齐存储如图 8.11 所示。

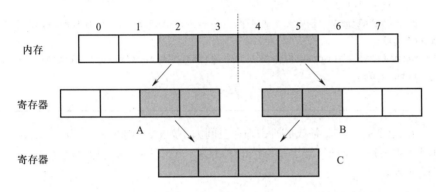

图 8.11　数据非对齐存储示意

内核在访问变量 i 时, 会先将从 0 开始的 4 个字节读入寄存器 A, 再将从 4 开始的 4 个字节读入寄存器 B, 最后将寄存器 A 和 B 中的有效数据拼成一个 int 型数据, 放入寄存器 C, 这种访问数据的效率较低。若变量 i 存储在从 0 开始的 4 个字节处, 则一次就能将 i 读入寄存器, 省去后续复杂的拼接操作, 这就是数据对齐和数据非对齐访问的区别。所以, 对于 2 B 的变量, 应尽量使其起始地址为 2 的整数倍; 对于 4 B 的变量, 应使其起始地址为 4 的整数倍; 对于 8 B 的变量, 应使其起始地址为 8 的整数倍, 这样可以使访问效率较高。

2. 结构体对齐

结构体数组及结构体指针在科学计算程序中使用广泛, 以 C 语言为例, 结构体的构成元素可以是基本数据类型的变量, 如 int、float、double 等, 也可以是数组、结构体等数据单元。编译器为结构体的每个成员按照其自然边界分配空间, 各成员按照被声明的顺序在内存中顺序存储。对于一个结构体来说, 其所占空间大小是结构体成员中自身对齐值最大者的整数倍, 则认为该结构体是对齐的。

结构体分配内存空间时采用的对齐规则为, 变量的起始地址能够被其对齐值整除, 结构体变量的对齐值为最宽的成员大小; 结构体每个成员相对于起始地址的偏移能够被其自身对齐值整除, 如果不能则在前一个成员后面补充字节; 结构体总大小能够被最宽的成员的大小整除, 如不能整除则在后面补充字节。以下面结构体代码 8−19 为例具体进行说明。

代码 8−19 结构体示例

```
#include<stdio.h>
struct AlignA {
    char a;
    long b;
    int c;
}
int main() {
    char a;
    long b;
    int c;
    printf("AlignA中各成员所占空间大小和为:%d\n",sizeof(a) + sizeof(b) +
sizeof(c));
    printf("整个AlignA结构体所占大小为:%d\n",sizeof(struct AlignA));
    return 0;
}
```

在代码 8−19 中, 各成员所占内存空间大小为 sizeof(a)+sizeof(b)+sizeof(c), 即 $1+4+4=9$, 而实际上结构体的大小为 sizeof(AlignA)=12。内存分配如图 8.12 所示。

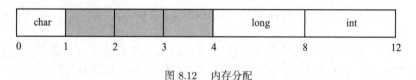

图 8.12 内存分配

在了解了结构体对齐规则后, 可以通过调整结构体成员的顺序, 减少结构体的大小, 减少处理器访问内存的次数, 提高程序性能, 以代码 8−20 为例具体说明。

代码 8−20 调整结构体成员前

```
#include<stdio.h>
struct BeforeAdjust{
    char a;
    int b;
    char c;
    short d;
};
int main() {
    printf("BeforeAdjust结构体所占大小为:%d\n",sizeof(struct
BeforeAdjust));
```

```
    return 0;
}
```

结构体 BeforeAdjust 内存对齐后, 分配 12 B 的内存空间, 处理器需要访问 3 次内存才能读完数据。将结构体内成员顺序进行调整后得到 AfterAdjust 结构体, 如代码 8-21 所示。

代码 8-21　调整结构体成员后

```
#include<stdio.h>
struct AfterAdjust {
    char a;
    char c;
    short d;
    int b;
};
int main() {
    printf("AfterAdjust结构体所占大小为:%d\n",sizeof(struct AfterAdjust));
    return 0;
}
```

可以看出, 结构体 AfterAdjust 内存对齐后, 只需要分配 8 B 空间, 处理器访问 2 次内存就可读完数据。在定义结构体时, 应按照成员大小从小到大或从大到小依次定义各成员。建议尽量大数据类型在前, 小数据类型在后, 一方面这样会节省一些空间, 另一方面可以更好地满足处理器的对齐要求。

3. 避免非线性访问

程序的访问模式决定着程序的特性。根据程序的访问行为可以将访存模式分为线性访问模式与非线性访问模式。类似 A[ax+b] 这种线性访问模式在程序中是普遍存在的。一般来说, 线性访问模式可以分为以下 3 类:

● 正向的数组遍历, 即数组的顺序访问。这种模式的特点是连续访问相邻的多个缓存块, 空间局部性好。

● 逆向的数组遍历, 这种访问模式在程序中经常出现, 它对数据空间的遍历是由数组的末尾向数组首部进行的。

● 固定步幅的跳步式访问, 即对程序数据空间的访问不是连续进行的, 而是以某个固定的数值为步长, 每次按序访问与当前访存距离固定步长值的数据单元, 如代码 8-22 所示。

代码 8-22　避免非线性访存示例一

```
#include <stdio.h>
#define N 8
int main() {
    int A1[N],A2[N];
```

```
    int A3[N][N];
    int i, j;
    //顺序访问
    for (i = 0; i < N; i++)
        A1[i] = i + 1;
    printf("顺序访问\n ");
    for (i = 0; i < N; i++)
        printf("%d  ",A1[i]);
    //逆序访问
    for (i = N-1; i >= 0; i--)
        A2[i] = i + 1;
    printf("\n逆序访问\n ");
    for (i = 0; i < N; i++)
        printf("%d  ", A2[i]);
    //固定步幅的跳步式访问
    for (i = 0 ;i < N;i++)
        for (j = 0 ; j < N;j++)
            A3[j][i] = i + j;
    printf("\n固定步幅的跳步式访问\n ");
    for (i = 0; i < N; i++)
        for (j = 0; j < N; j++)
            printf("%d  ", A3[i][j]);
}
```

除线性访存模式外, 程序中还存在其他的访存模式, 统称为非线性访存模式, 这类访存模式访存轨迹变化形式复杂, 有些甚至没有固定的规律, 非线性访存模式如代码 8−23 所示。

代码 8−23　避免非线性访存示例二

```
//片断1:数组的间接访问
#include <stdio.h>
#define NUM_KEYS 8
int main() {
    int i,key;
    int key_array[NUM_KEYS];
    int bucket_ptrs[NUM_KEYS];
    int key_buff2[NUM_KEYS];
    int shift = 1;
    for (i = 0; i < NUM_KEYS; i++) {
        key_array[i] = i;
        bucket_ptrs[i] = i;
        key_buff2[i] = 0;
    }
    for (i = 0; i < NUM_KEYS; i++) {
```

```
        key = key_array[i];
        key_buff2[bucket_ptrs[key >> shift]++] = key;
    }
    for (i = 0; i < NUM_KEYS; i++) {
        printf("%d  ", key_buff2[i]);
    }
}
//片断2:指针链表
#include <stdio.h>
#include<stdlib.h>
#include<malloc.h>
typedef struct ListNode {
    int  Element;
    struct ListNode* next;
}Node, * PNode;
Node* initLink() {
    Node* p = (Node*)malloc(sizeof(Node));//创建一个头节点
    Node* temp = p;//声明一个指针指向头节点，用于遍历链表
    for (int i = 1; i < 10; i++) {
        Node* a = (Node*)malloc(sizeof(Node));
        a->Element = i;
        a->next = NULL;
        temp->next = a;
        temp = temp->next;
    }
    return p;
}
void display(Node* p) {
    Node* temp = p;//将temp指针重新指向头节点
    while (temp->next) {
        temp = temp->next;
        printf("%d  ", temp->Element);
    }
    printf("\n");
}
int selectElem(Node* p, int M) {
    Node* temp;
    for (; p->next; p = p->next) {
        if (p->Element == M) {
            temp = p;
            return 1;
        }
    }
    return -1;
```

```
}
int main() {
    printf("初始化链表为:\n");
    Node* p = initLink();
    display(p);
    int temp = selectElem(p, 5);
    if(temp==1)
        printf("已查找到\n");
    else
        printf("查找失败\n");
}
```

程序中要尽量避免非线性访存,因为非线性访存不利于访存的局部性。在 X86 架构中提供了聚集、分散指令,可以将多个不连续的数据加载到缓存中,但是聚集、分散指令的代价太大,而且不是所有的处理器都支持聚集、分散操作。因此,优化人员在编程时需要考虑间接访存对程序效率的影响。

8.3.3 直接内存访问

在现代操作系统中,外设数据到来时基本上会采用中断方式通知处理器,此时系统会先响应中断,然后再从外设读取数据。若外设的数据比较频繁,会使响应中断的时间增加,调度处理其他任务的时间减少,会影响系统响应速度及外设数据传输速度,这个问题可以通过使用直接存储器访问机制解决。

直接存储器访问 (direct memory access, DMA),是一种广泛应用的硬件机制,可以直接传输外围设备和主内存之间的数据,这样处理器可以直接使用这部分的数据,这种机制可以提升内设备数据传输的效率,DMA 机制如图 8.13 所示。

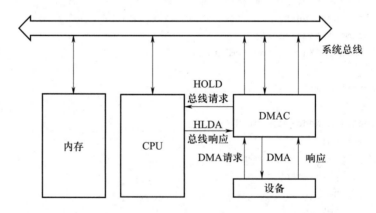

图 8.13 DMA 机制示意

DMA 机制与缓存机制的不同之处在于, DMA 在处理器需要数据时会提前将数据搬移到处理器内,而缓存机制则是在需要数据的时候才搬移数据,因此利用 DMA 机制, 程序的执行时间比利用缓存机制更短。DMA 机制与缓存机制的对比如图 8.14 所示。

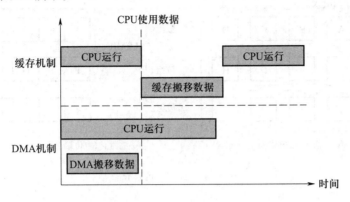

图 8.14　DMA 机制与缓存机制对比

在使用直接内存访问机制编写程序时, 程序员需要考虑数据的存放位置。考虑位置的原因是为了找寻合适的时机利用 DMA 访问机制, 但是这样做就会增加编程的难度。与软件预取一样, DMA 访问机制需要优化人员在程序中编写搬移数据的名称、位置等代码。

除 DMA 机制外, 增强型直接存储器访问 (enhanced direct memory access, EDMA) 也是数字信号处理器中用于快速数据交换的重要技术, EDMA 同 DMA 一样无须处理器参与就可以在两个存储器映射空间直接进行数据传递。与 DMA 相比 EDMA 的增强之处在于, 其提供的通道数更多且优先级设置更加灵活, 可以实现数据传输的链接, 还支持独特的快速 DMA 即 QDMA。以德州仪器的数字信号处理器 C6000 为例, DMA 有 4 个可编程通道和一个辅助通道, 而 EDMA 有 16 个可编程通道, 这 16 个通道可以保持 16 个独立传输状态。

EDMA 控制器由事件和中断处理寄存器、事件编码器、参数 RAM 及硬件地址产生器等构成。EDMA 的参数 RAM 的容量为 2 KB, 总共可以存放 85 组 EDMA 传输控制参数, 多组参数还可以彼此链接起来, 从而实现某些复杂数据流的传输。EDMA 定义了数据单元、帧和块 3 个维度的数据, 并支持一维传输或二维传输两种方式。下面对这些概念进行简单介绍。

数据单元: 指的是单个数据从源地址向目的地址传输, 每个数据单元都可以由同步时间触发传输。

帧: 1 组数据单元组成 1 帧, 帧中的数据单元可以连续存放, 也可以间隔存放, 帧可以选择是否受同步事件控制。帧一般用于一维传输。

阵列: 1 组连续的数据单元组成 1 个阵列, 阵列中的数据单元不允许间隔存放。阵列可以选择是否受同步事件控制。阵列一般用于二维传输。

块: 多个帧或多个阵列的数据组成 1 个数据块。

一维 (1-D) 传输: 多个数据帧组成 1 个一维数据传输, 块中帧的个数可以是 $1 \sim 65536$。

二维 (2-D) 传输: 多个数据阵列组成 1 个二维数据传输, 第 1 维是阵列中的数据单元, 第 2 维是阵列的个数。块中阵列的个数为 $0 \sim 65535$。

EDMA 一维传输、二维传输两种方式, 以及传输参数如图 8.15 所示。

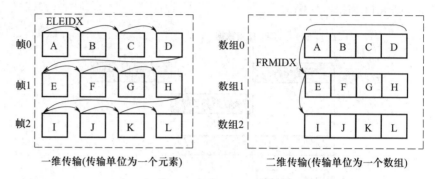

图 8.15   EDMA 传输示意

以德州仪器 C6678 板卡为例, 若数据存放在 DDR 中, 需要读取到缓存中就可以使用 EDMA 机制实现。在循环中 EDMA 读数据需要采用 EDMA_WAIT 等待数据传输结束, 伪代码如下:

```
for(i=0;i<ProcCnt;i++){
    Coherence;//缓存、预取数据一致性操作
    Sync();//同步
if(iCoreID==Core0){
    EDMARead(pInBuf, EDMA_WAIT, EDMA_NTCC_L3);
}
    Sync();
    Processing(pInBuf, pResultBuf);
}
```

8.3.4   访存与计算重叠

虽然基于局部性分析的访存优化技术能够提升程序访存性能, 但实质上只是减少程序的访存次数, 而不能减少缓存失效时的访存延迟。数据预取和直接内存访问的本质是将访存与计算的过程进行重叠, 目的都是为了数据在使用前能从内存调入缓存, 从而减少处理器停顿的访存优化方法。除了上述两种方法外, 还可以在指令层次将访存与计算部分重叠, 有效解决访存的延迟。以德州仪器 TI C66xx 平台的汇编代码为例进行说明:

SUB R6,R7,R5
MUL R6,R7,R8
LOAD R1,a[i]
LOAD R2,b[i]
ADD R1,R2,R3
MUL R1,R2,R4

在上面的代码段中, 如果数据 a[i] 和 b[i] 没能在加法和乘法时完成数据加载则需要等待, 造成了节拍的浪费。对于优化人员来说, 可以调整数据加载的位置

避免等待数据加载, 调整后代码如下:

```
SUB R6,R7,R5
||LOAD R1,a[i]
MUL R6,R7,R8
||LOAD R2,b[i]
ADD R1,R2,R3
MUL R1,R2,R4
```

调整汇编中算法计算的执行顺序后, 可以在计算的同时加载数据, 避免出现需要等待的情况, 也给后续的指令操作预留更多的缓存空间。

8.4　磁盘优化

磁盘是由大小相同且同轴的圆形盘片组成, 如图 8.16 所示。磁盘一侧的磁头支架上固定了一组磁头, 每个磁头负责存取一个磁盘的内容。磁头不动, 磁盘转动, 磁臂前后移动读取不同磁道上的数据。磁道可划分为多个扇区, 磁盘的信息按照扇区存入。

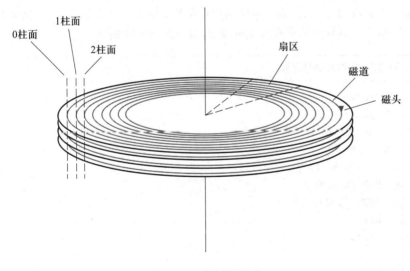

图 8.16　磁盘结构示意

由于存储介质的特性, 内存比磁盘的读写速度要快很多, 但内存容量要远小于磁盘, 程序的执行要调入内存后才能执行, 所以内存和磁盘要经常进行 I/O 操作, 而磁盘的 I/O 涉及机械操作, 因此为了提高程序效率, 要尽量减少磁盘的输入输出操作。本节主要介绍针对磁盘的常用优化方法。

8.4.1 多线程操作

多线程随机读的处理速度可以达到单线程随机读的 10 倍以上, 但同时会导致响应时间增大。研究表明增加线程数, 可以有效地提升程序整体的 I/O 处理速度。但同时, 也使得每个 I/O 请求的响应时间随之上升。表 8.2 统计了随着线程数增加多次读数据平均耗时的变化。

表 8.2　多线程读取时间对比

读线程数	读出 100 次耗时/μs	读平均相应时间/μs
1	1329575	13294
5	251769	12977
10	149201	15989
20	126753	25453
50	96596	48355

从底层的实现上解释这个现象, 应用层的 I/O 请求会加入请求队列, 内核在处理 I/O 请求的时候, 并不是简单的先到先处理, 而是根据磁盘的特性, 使用某种电梯算法, 在处理完一个 I/O 请求后, 会优先处理最临近的 I/O 请求。这样可以有效地减少磁盘的寻道时间, 从而提升了系统整体的 I/O 处理速度。但对于每一个 I/O 请求来看, 由于可能需要在队列里面等待, 所以响应时间会有所提升。使用 5 个线程对数据进行读取操作, 如代码 8-24 所示。

代码 8-24　多线程操作示例

```
#include<stdio.h>
#include<pthread.h>
#include<stdlib.h>
#include <time.h>
#include<sys/time.h>
#define NUM_Threads 5
int arr[1000][5000];
int s1, s2;
typedef struct
{
    int first;
    int last;
    int result;
}MY_ARGS;
void* myfunc(void* args)
{
    int i, j;
```

```c
    int s = 0;
    MY_ARGS* my_args = (MY_ARGS*)args;
    for (i = 0; i < 1000; i++){
        for (j = my_args->first; j < my_args->last; j++){
            s += arr[i][j];
        }
    }
    my_args->result = s;
    return NULL;
}
int main(){
    struct  timeval start;
    struct  timeval end;
    int i, j;
    for (i = 0; i < 1000; i++){
        for (j = 0; j < 5000; j++){
            arr[i][j] = rand() % 50;
        }
    }
    float atotal = 0.0;
    for (int i = 0; i < 6; i++){
        gettimeofday(&start, NULL);
        pthread_t th1;
        pthread_t th2;
        pthread_t th3;
        pthread_t th4;
        pthread_t th5;
        MY_ARGS args1 = { 0,1000,0 };
        MY_ARGS args2 = { 1000,2000,0 };
        MY_ARGS args3 = { 2000,3000,0 };
        MY_ARGS args4 = { 3000,4000,0 };
        MY_ARGS args5 = { 4000,5000,0 };
        pthread_create(&th1, NULL, myfunc, &args1);
        pthread_create(&th2, NULL, myfunc, &args2);
        pthread_create(&th3, NULL, myfunc, &args3);
        pthread_create(&th4, NULL, myfunc, &args4);
        pthread_create(&th5, NULL, myfunc, &args5);
        pthread_join(th1, NULL);
        pthread_join(th2, NULL);
        pthread_join(th3, NULL);
        pthread_join(th4, NULL);
        pthread_join(th5, NULL);
        printf("sum=%d\n", args1.result + args2.result + args3.result +
args4.result + args5.result);
```

```
            gettimeofday(&end, NULL);
            long long startusec = start.tv_sec * 1000000 + start.tv_usec;
            long long endusec = end.tv_sec * 1000000 + end.tv_usec;
            double elapsed = (double)(endusec - startusec) / 1000.0;
            printf("五个线程花费 %.6f ms\n", elapsed);
            atotal += elapsed;
        }
        printf("6次测试平均的时间为%.6f ms\n", atotal / 6);
        return 0;
    }
```

经过多次测试求平均值的方式, 对单线程和多线程的程序耗时进行了测试, 只使用单线程进行读取的耗时为 17.93 ms, 使用 5 个线程的时间为 8.6 ms, 速率提高了大约 52%。所以在 I/O 成为瓶颈的程序里面, 应该尽量使用多线程并行处理不同的请求。

8.4.2 避免随机写

磁盘读取时, 系统将数据逻辑地址传给磁盘, 解析出物理地址后由磁头移动到相应的磁道的过程称为寻道, 花费的时间为寻道时间。之后磁盘旋转将对应的扇区转到磁头下, 花费的时间被称为旋转时间。所以数据读取时间, 是由读取数据大小和磁盘密度、磁盘转速决定的固定值共同决定。若磁盘为顺序访问, 即相邻两次 I/O 操作的逻辑块起始地址也是相邻的, 此时磁头几乎不用换道, 或者换道的时间很短, 反之若为随机写会导致磁头不停地换道, 造成效率的极大降低, 如图 8.17 所示。

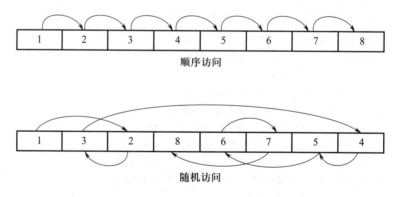

图 8.17   磁盘访问模式示意

要想改进这种单线程随机写慢的问题, 可以通过改变对磁盘的访问模式来减寻道时间和潜伏时间, 即将完全随机写变成有序的跳跃随机写。具体操作是通过将数据在内存中缓存并进行排序, 使得在写盘的时候不是完全随机的, 而是使得磁盘磁头的移动向一个方向, 缩短了磁盘的寻址时间。

这种方法本质上是将全随机写改为了跳跃写, 将磁头的来回移动改为了磁头的单方向移动, 这也是其性能能够提升的主要原因。所以优化人员需要尽量避免完全的随机写, 在不能多线程操作的情况下, 尽量使用缓存, 确保写盘时的顺序性。对于小数据量的文件, 可以一直保存在缓存中, 避免对其他大数据量的数据写入产生影响。

8.4.3 磁盘预读

依据程序局部性原理, 程序运行期间所需要的数据通常比较集中。为尽量减少磁盘的读入写出, 磁盘可以采用数据预读的方式将所需的部分数据放入内存。由于磁盘顺序读取的效率很高, 因此对于具有局部性的程序来说, 预读可以提高 I/O 效率。

当程序在处理一批数据时, 若内核能在后台把下一批数据事先准备好, 则处理器和硬盘能顺利开展流水线作业。在 Linux 平台上为保证预读命中率, 只对顺序读进行预读, 内核通过验证如下两个条件来判定是否为顺序读: 一是文件被打开后的第一次读并且读的是文件首部, 二是当前的读请求与前一个读请求在文件内的位置是连续的。如果不满足上述顺序性条件, 就判定为随机读。任何一个随机读都将终止当前的顺序序列, 从而终止预读行为。注意这里的空间顺序性指的是文件内的偏移量, 而不是指物理磁盘扇区的连续性。Linux 系统进行了一种简化, 它有效的前提是文件在磁盘上是基本连续存储的, 没有严重的碎片化。

在进行预读时, 可以使用 Linux 平台上的 current 窗口和 ahead 窗口来跟踪当前顺序流预读状态, 其中的 ahead 窗口是为流水线准备的, 当应用程序工作在 current 窗口时, 内核可能正在 ahead 窗口进行异步预读, 当程序进入当前的 ahead 窗口, 内核就会往前推进两个窗口, 并在新的 ahead 窗口中启动预读 I/O。

当确定了要进行顺序预读时, 需要决定合适的预读大小。预读粒度太小的话, 达不到应有的性能提升。预读太多, 又有可能载入太多程序不需要的页面, 造成资源浪费。为此, Linux 采用了一个快速的窗口扩张过程, 首次预读设置 readahead_size=read_size * 2, 即预读窗口的初始值是读大小的 2 倍, 这意味着程序中使用较大的读粒度 (比如 32 KB) 可以提升部分 I/O 效率, 后续的预读窗口将逐次倍增, 直到达到系统设定的最大预读大小, 其缺省值是 128 KB。当然, 预读大小不是越大越好, 在很多情况下也需要同时考虑 I/O 延迟问题。

8.5 数据布局

虽然寄存器和高速缓存的访存速度较快, 但其容量有限, 若程序不能充分地利用多层次存储结构, 则内存与硬盘的访存速度仍然会是存储系统的性能瓶颈。要最大限度地节省访存时间, 理想状态是计算机提前将待处理的数据放置在最接近寄存器的高速缓存中, 充分地将高速缓存利用起来。此时就需要利用程序的局部性原理, 提前将处理器可能用到的数据存放到接近寄存器的存储层次中。

局部性原理是指处理器在访问存储器中的数据或指令时, 所访问的存储单元往往趋向于聚集在一个较小的连续区域中，即程序中的访存操作往往会存在着时间与空间上的局部性。时间局部性是指若一个存储器地址的元素被访问，那么近期该元素可能会被多次访问。空间局部性是指如果一个存储器地址的元素被访问，那么接着访问其附近地址的可能性较大。

数据布局方法可以分为针对数据的结构变换和针对程序的代码变换，这两种数据布局方法都可以改善程序中的空间局部性和时间局部性，从而提高程序的性能。结构变换包括数组重组、数组转置、结构拆分等方式，代码变换包括循环置换、循环合并、循环分裂等方式。关于代码变换的内容在第 6.4 节中已经进行了详细描述，因此本节主要介绍面向数据布局的结构变换。该变换是指通过改变数据在存储结构中的分布，依据访存的空间局部性原理提高程序的访存性能。基本思想是将经常在一起访问的数据集中组织，使其在存储结构中的位置邻近，从而达到提升程序性能的效果。

8.5.1 数组重组

程序的核心循环中常常存在多个数组之间的运算，而这些数组在内存中并不是连续存放的，会导致程序的访存局部性较差。此时可以使用数组重组的方式将多个数组合并成结构体数组，该结构体的属性域为重组前各数组的元素，从而提高程序访问数据的局部性，以代码 8-25 为例具体说明。

代码 8-25　数组重组示例一

```c
#include<stdio.h>
#include<stdlib.h>
#include<time.h>
#include<malloc.h>
int main()
{
    int n, i;
    n = 10000000;
    int* a, * b, * c, * sum;
    clock_t start, end;
    double Total_time;
    a = (int*)malloc(n*sizeof(int));
    b = (int*)malloc(n*sizeof(int));
    c = (int*)malloc(n*sizeof(int));
    sum = (int*)malloc(n*sizeof(int));
    for (i = 0; i < n; i++)
    {
        a[i] = rand() % 10;
        b[i] = rand() % 10;
        c[i] = rand() % 10;
    }
    //优化前
```

```
    start = clock();
    for (int i = 0; i < n; i++)
        sum[i] = a[i] + b[i] + c[i];
    end = clock();
    Total_time=(double)(end - start) / CLOCKS_PER_SEC;
    printf("数组重组优化前:%lf秒\n",Total_time);
    free(a);
    free(b);
    free(c);
    free(sum);
}
```

代码 8−25 中的第二个循环的每次迭代都需要访问多个数组, 程序的数据局部性较差, 可将数组组合成代码 8−26 所示的结构体, 使循环中的访存地址连续。

代码 8−26　数组重组示例二

```
#include<stdio.h>
#include<stdlib.h>
#include<time.h>
#include<malloc.h>
typedef struct {//提高数组局部性
    int a, b, c;
    int sum;
}arr_struct;
int main()
{
    int n, i;
    n = 10000000;
    int * sum;
    clock_t start, end;
    double Total_time;
    sum = (int*)malloc(n*sizeof(int));
    arr_struct* arr;
    arr = (arr_struct*)malloc(n*sizeof(arr_struct));
    for (i = 0; i < n; i++)
    {
        arr[i].a = rand() % 10;
        arr[i].b = rand() % 10;
        arr[i].c = rand() % 10;
    }
    //优化后
    start = clock();
    for (int i = 0; i < n; i++)
```

```
        arr[i].sum = arr[i].a + arr[i].b + arr[i].c;
    end = clock();
    Total_time=(double)(end - start) / CLOCKS_PER_SEC;
    printf("数组重组优化后:%lf秒\n",Total_time);
    free(sum);
    free(arr);
}
```

在进行了数组重组后, 程序的空间局部性得到了提高。除了转为结构体, 还可以将数组合并成维度更高的数组。测试结果显示程序优化前运行耗时为 0.58 s, 优化后为 0.37 s, 加速比达到 1.57。

8.5.2 数组转置

数组转置也可以改进程序在内存中的数据布局, 提升程序的性能。对于不同的编程语言, 数组在内存中的排列次序是不同的, 如 C 语言中按照行优先存储、Fortran 语言中按照列优先存储。当循环访问数组中元素时, 若最内层循环对数组的索引方式与内存中的存放方式不同, 会导致数据访问不连续, 无法充分利用程序的空间局部性。针对这一问题, 可以使用数组转置的方法对数组的数据布局进行变换, 使得内层循环对数组的访问连续。

以代码 8−27 中的循环为例, 若数组 x 和数组 y 均是规模为 N*M 的二维数组, 则数组转置前是按照列进行读取的, 而数据在内存中是按行连续加载的, 对内存的引用不连续, 数组 y 的引用与数组 x 的引用也存在着同样的问题。可以将上述数组进行转置, 优化后如代码 8−27 所示。

代码 8−27　数组转置示例

```
#include<stdio.h>
#include<time.h>
#include<stdlib.h>
#include<malloc.h>
int main()
{
    int n, i,j,phi=354;
    n = 10000;
    int** x, ** y;
    clock_t start, end;
    double Total_time;
    x =  (int**)malloc(n*sizeof(int*));
    y =  (int**)malloc(n*sizeof(int*));
    for (i = 0; i < n; i++)
    {
        x[i] = (int*)malloc(n*sizeof(int));
        y[i] = (int*)malloc(n*sizeof(int));
```

```
    }
    for (i = 0; i < n; i++)
    {
        for (j = 0; j < n; j++)
        {
            x[i][j] = rand() % 10;
            y[i][j] = rand() % 10;
        }
    }
    //优化前
    start = clock();
    for (int i = 0; i<n; i++) {
        x[i][1] = x[i][1] + phi * y[i][1];
        x[i][2] = x[i][2] + phi * y[i][2];
    }
    end = clock();
    Total_time=(double)(end - start) / CLOCKS_PER_SEC;
    printf("数组转置优化后:%lf秒\n",Total_time);
    //优化后-此处省略矩阵转置代码
    start = clock();
    for (int i = 0; i < n; i++) {
        x[1][i] = x[1][i] + phi * y[1][i];
        x[2][i] = x[2][i] + phi * y[2][i];
    }
    end = clock();
    Total_time=(double)(end - start) / CLOCKS_PER_SEC;
    printf("数组转置优化后:%lf秒\n",Total_time);
    for(i=0;i<n;i++){
        free(x[i]);
        free(y[i]);
    }
    free(x);
    free(y);
}
```

转置后循环对数组的引用变得连续, 提升了程序的局部性。测试 10000×10000 的二维数组, 转置前读取一列时间为 $954\ \mu s$, 转置后读取一列时间仅 $76\ \mu s$, 加速比达到 12.6。

8.5.3 结构属性域调整

程序中访问结构体变量时, 常被访问的可能是少量的属性域, 如果改变这些结构的定义, 将经常被访问的属性域组织在一起, 能够有效地提高结构定义变量的空间局部性。以代码 8−28 为例, 结构体 motion 中含有 9 个元素, 分别表示物体在三维空间中运动时每一维度的时间、速度和位移, 并声明了一个 motion 类型的结构体数组 P, 根据每一维度的时间和速度求解位移。

代码 8-28　结构属性域调整示例一

```c
#include<stdio.h>
#include<time.h>
#include<stdlib.h>
#include<malloc.h>
typedef struct {
    float t_x, t_y, t_z;//x维的时间t_x、速度v_x和位移d_x在内存中并不是连续存放的
    float v_x, v_y, v_z;
    float d_x, d_y, d_z;
} motion;
int main()
{
    int N = 100000;
    int i, j;
    clock_t start, end;
    double Total_time;
    motion *P;
    P = (motion*)malloc(N*sizeof(motion));
    for (i = 0; i < N; i++)
    {
        P[i].t_x = rand() % 10;
        P[i].v_x = rand() % 10;
    }
    start = clock();
    for (int i = 1; i<=N; i++) {
        P[i].d_x = P[i].t_x * P[i].v_x;
    }
    end = clock();
    Total_time=(double)(end - start) / CLOCKS_PER_SEC;
    printf("结构属性域优化前:%lf秒\n",Total_time);
    free(P);
return 0;
}
```

在代码 8-28 中, x 维的时间 t_x、速度 v_x 和位移 d_x 在内存中并不是连续存放的, 导致在运行过程中存在访存不连续的情况, 因此可以对整个结构的属性域进行调整, 调整后结构体如代码 8-29 所示。

代码 8-29　结构属性域调整示例二

```c
#include<stdio.h>
```

```
#include<time.h>
#include<stdlib.h>
#include<malloc.h>
typedef struct {
    float t_x, v_x, d_x;//对整个结构的属性域进行调整，改进数组在内存中存
放的连续性
    float t_y, v_y, d_y;
    float t_z, v_z, d_z;
} motion_1;
int main()
{
    int N = 100000;
    int i, j;
    clock_t start, end;
    double Total_time;
    motion_1* P_1;
    P_1 = (motion_1*)malloc(N*sizeof(motion_1));
    for (i = 0; i < N; i++)
    {
        P_1[i].t_x = rand() % 10;
        P_1[i].v_x = rand() % 10;
    }
    start = clock();
    for (int i = 1; i <= N; i++) {
        P_1[i].d_x = P_1[i].t_x * P_1[i].v_x;
    }
    end = clock();
    Total_time=(double)(end - start) / CLOCKS_PER_SEC;
    printf("结构属性域优化后:%lf秒\n",Total_time);
    free(P_1);
return 0;
}
```

属性域调整后同一次迭代内 x 维的时间 t_x、速度 v_x 和位移 d_x 在内存中存放连续，改善了内存中数据的连续性，程序访存的局部性情况得到明显提升，继而程序的性能也会有一定的改善。经过测试，进行 100000 次循环迭代，结构属性域调整前耗时 494 μs，调整后耗时 395 μs。优化人员在编写程序时合理的运用此类技巧，可以使得程序的运行情况更好。

8.5.4　结构体拆分

除了结构体属性域调整能够改进数据的局部性，结构体拆分也能改进数据的局部性。若在程序中存在以结构体为元素组成的数组，程序运行时访问这些数组，大部分的访问集中在结构体的极少数属性域，可以将这些属性域从结构体中

独立出来, 使其在内存中处于相邻的位置, 可以改善程序的数据布局情况, 从而提高缓存的性能。

代码 8-28 示例经过结构体属性域调整后, 虽然同一次迭代内 x 维的时间 t_x、速度 v_x 和位移 d_x 在内存中存放连续, 但是相邻的迭代间 P[i] 和 P[i+1] 的数据在内存中还是不连续的, 此时可以利用结构体拆分的方法进行改写, 如代码 8-30 所示。

代码 8-30   结构体拆分示例

```
#include<stdio.h>
#include<time.h>
#include<stdlib.h>
#include<malloc.h>
typedef struct {
    float t_x, t_y, t_z;
    float v_x, v_y, v_z;
    float d_x, d_y, d_z;
} motion;
typedef struct {//可以利用结构体拆分的方法进行改写
    float t_x, v_x, d_x;
} motion_x;
typedef struct {
    float t_y, v_y, d_x;
    float t_z, v_z, d_z;
} motion_yz;
int main()
{
    int N = 100000;
    int i, j;
    clock_t start, end;
    double Total_time;
    motion *P;
    motion_x* P_1;
    P = (motion*)malloc(N*sizeof(motion));
    P_1 = (motion_x*)malloc(N*sizeof(motion_x));
    for (i = 0; i < N; i++)
    {
        P[i].t_x = rand() % 10;
        P[i].v_x = rand() % 10;
        P_1[i].t_x = rand() % 10;
        P_1[i].v_x = rand() % 10;
    }
    start = clock();
    for (int i = 1; i<=N; i++) {
        P[i].d_x = P[i].t_x * P[i].v_x;
```

```
    }
    end = clock();
    Total_time=(double)(end - start) / CLOCKS_PER_SEC;
    printf("结构拆分优化前:%lf秒\n",Total_time);
    start = clock();
    for (int i = 1; i <= N; i++) {
        P_1[i].d_x = P_1[i].t_x * P_1[i].v_x;
    }
    end = clock();
    Total_time=(double)(end - start) / CLOCKS_PER_SEC;
    printf("结构属性域优化后:%lf秒\n",Total_time);
    free(P);
    free(P_1);
}
```

将结构体拆分成 3 个结构体后, 以 motion_x 为例, 数据在内存中的布局如图 8.18 所示。

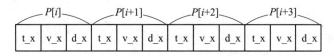

图 8.18   结构体拆分后数据布局示意

结构体拆分后, 不仅同一次迭代内 x 维的时间 t_x、速度 v_x 和位移 d_x 在内存中存放连续, 而且相邻的迭代 $P[i]$ 和 $P[i+1]$ 的数据在内存中也变得连续, 进一步提升了访存的数据局部性。经过测试, 进行 100000 次循环迭代, 结构拆分前耗时 494 μs, 拆分后耗时 363 μs。

8.5.5   结构体数组转换

继续以上述结构拆分的代码 8−30 定义的 motion_x 结构体为例, 经过结构拆分之后相邻的迭代 $P[i]$ 和 $P[i+1]$ 的数据已经连续, 但 t_x、v_x、d_x 相邻迭代的数据在内存中依然不是连续的。若要对代码段中的循环进行向量化等后续优化, 那么需要对结构体进一步处理, 使得相邻迭代间的数据在内存中连续放置。若使用数据重组的方式将 P[i].t_x、P[i+1].t_x、P[i+2].t_x、P[i+3].t_x 达到存放地址连续的效果需要进行多次访存和重组, 难以达到最好的加速效果, 此时可以使用结构体数组转为数组结构体的方法, 将不连续的数据存放在数组结构体中, 改进程序的数据布局情况。结构体数组转为数组结构体如代码 8−31 所示。

代码 8−31   结构体数组转为数组结构体示例

```
#include<stdio.h>
#include<time.h>
```

```
#include<stdlib.h>
#include<malloc.h>
#define N 100000
typedef struct {
    float t_x, t_y, t_z;
    float v_x, v_y, v_z;
    float d_x, d_y, d_z;
} motion;
typedef struct {
    float Pt_x[N];
    float Pv_x[N];
    float Pd_x[N];
} motion_x;
int main(){
    int i, j;
    clock_t start, end;
    double Total_time;
    motion *P;
    motion_x P_1;
    P = (motion*)malloc(N*sizeof(motion));
    for (i = 0; i < N; i++)
    {
        P[i].t_x = rand() % 10;
        P[i].v_x = rand() % 10;
        P_1.Pt_x[i] = rand() % 10;
        P_1.Pv_x[i] = rand() % 10;
        P_1.Pd_x[i] = rand() % 10;
    }
    start = clock();
    for (int i = 1; i<=N; i++) {
        P[i].d_x = P[i].t_x * P[i].v_x;
    }
    end = clock();
    Total_time=(double)(end - start) / CLOCKS_PER_SEC;
    printf("结构体数组转为数组结构体优化前:%lf秒\n",Total_time);
    start = clock();
    for (int i = 1; i<=N; i++)
        P_1.Pd_x[i] = P_1.Pt_x[i] * P_1.Pv_x[i];
    end = clock();
    Total_time=(double)(end - start) / CLOCKS_PER_SEC;
    printf("结构体数组转为数组结构体优化后:%lf秒\n",Total_time);
    free(P);
return 0;
}
```

结构体数组转为数组结构体后，数据 t_x、v_x 和 d_x 相邻迭代的数据在内存中连续存放，如图 8.19 所示，此时可以使用向量访存指令对数据进行读取，既提升了访存效率，同时也有利于程序后续进行向量化等后续优化。经过测试，长度为 100000 的结构体数组访存时间为 494 μs，转变成数组结构体后访存时间为 327 μs。

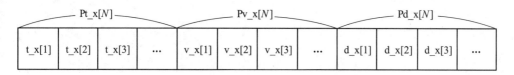

图 8.19　转换为数组结构体后数据布局示意

数据布局可以在多个层面进行，既可以在整个程序范围内进行全局布局，也可以在某一过程甚至某一个循环内。面向全局的数据布局需要将整个程序中所有引用数据的地方都进行改变，这种方式修改彻底，但工作量较大。而面向某部分的局部布局，在数据完成引用的地方需要将其修改回来以便后续引用，会增加部分额外开销。具体选择如何进行数据布局需要优化人员视情况而定。

8.6　小结

访存性能优化是程序性能优化的重要组成部分。本章从计算机多层次存储结构的基本概念出发，按照离处理器从近至远的顺序介绍了一些如何更好利用多层次存储结构的程序优化方法，并说明了如何在编写程序时改善数据局部性，以提高程序的访存性能。

在寄存器级别的优化中，从优化人员编写程序时对寄存器的重用和分配两个方面说明了提高寄存器利用率的方法。在缓存优化层级中，首先分析了缓存分块对程序性能的提升效果并以矩阵乘为例进行了实际测试；其次说明了缓存的映射和置换策略对访存性能的影响；之后介绍了程序伪共享的出现会造成缓存的冲突、降低访存效率，结合示例说明了利用缓存对齐减少程序中伪共享的出现；最后分析了数据预取对访存效率的提升效果。在内存优化层级中，从减少内存读写、数据对齐、直接内存访问、访存与计算重叠等方面描述了提升访存效率的方法。在磁盘优化小节中，从多线程操作、避免随机写、磁盘预读等角度阐述了如何更好地利用磁盘空间来提高访存效率。

读者可扫描二维码进一步思考。

第九章

OpenMP 程序优化

OpenMP 是一种用于共享内存并行编程的多线程程序设计方案, 适合在共享内存编程的多核系统上进行并行程序设计。程序员在完成程序功能开发的基础上, 只需添加指导语句即可自动将程序由串行执行转换为并行执行。OpenMP 的使用降低了多核并行编程的难度, 从而使编程人员可以更多地考虑程序本身, 而非具体的并行实现细节。本章介绍如何利用 OpenMP 指导语句编写多线程并行程序, 并在此基础上详细讨论优化 OpenMP 程序性能的方法。

9.1 OpenMP 编程简介

OpenMP 充分利用了共享内存体系结构的特点, 适用于通信开销小且并行度高的细粒度任务。本节通过介绍 OpenMP 的执行模式、指导语句及程序编写等内容对 OpenMP 编程模型的使用进行说明。并通过改写串行版本的矩阵乘法程序, 进一步说明使用 OpenMP 给程序带来的并行加速效果, 矩阵乘程序将作为本章程序性能优化的基础, 在后续章节中进一步探讨其他优化方法。

9.1.1 OpenMP 是什么

为了充分发挥多核处理器的计算潜力, 产生了多种并行编程模型, 其中 OpenMP 规范通过对现有编程语言的语法扩展, 为程序员提供了一种采用指导语句的高效并行编程接口, 成为共享内存结构下应用最广泛的多线程编程模型。

OpenMP 支持 C/C++ 和 FORTRAN 编程语言, 支持的编译器包括 ICC、GCC、LLVM 和 Open64 等, 具有较好的跨平台移植性。经过不断地推陈出新, OpenMP 已被广泛应用于共享内存编程下的并行系统, 图 9.1 简要说明了 OpenMP 的版本发布历史。

以串行程序为基础, 开发 OpenMP 并行程序主要有两种方式: 一种是采用派生–合并 (Fork-Join) 模式对程序进行并行化; 另一种是采用单程序多数据 (single program multi-data, SPMD) 模式, 这种方法需要从分析程序的内在并行性出发, 进行计算任务的并行划分。

派生–合并模式如图 9.2 所示, 在并行区的开始位置建立多个线程, 在并行

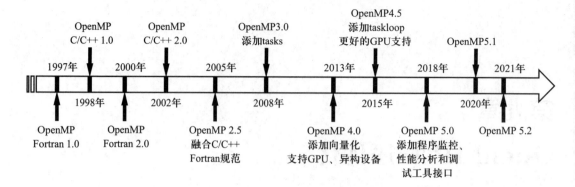

图 9.1　OpenMP 的版本发布历史

区的结束位置自动合并线程, 具体执行方式为在串行区由主线程执行代码, 当程序由串行区进入并行区后, 主线程和派生出来的子线程共同执行并行区内的代码, 当并行区代码全部执行完毕后合并子线程, 由主线程继续执行位于并行区后的串行区代码。派生–合并模式根据分支个数分为二路分支和多路分支, 其中常用的模式为多路分支, 即在符合硬件上限的情况下从主线程派生出多个子线程, 图 9.2 所示即为多路分支的派生–合并模式。第 9.4 节的 OpenMP 版矩阵乘程序中也采用派生–合并模式, 程序中矩阵的初始化由串行区的主线程执行, 执行至 #pragma 开头的指导语句后, 程序进入并行区, 由多个线程并行执行, 待并行区内计算完成后又进入串行区, 由主线程进行求和输出。

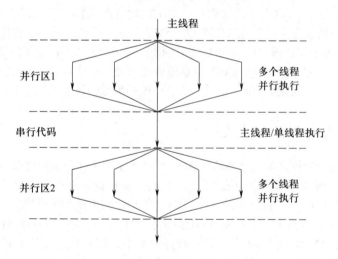

图 9.2　OpenMP 编程的派生–合并模式

　　派生–合并模式是 OpenMP 编程中实现线程级并行的常用模式, 优点在于其支持增量式开发, 线程组的产生和结束由并行区的边界决定。但在运行过程中需要多次创建和合并线程增加了开销, 同时此执行模式下只是对程序的局部进行并行化, 所以在开发大规模并行程序时将变得困难, 另外这种模式下缓存的利用率及程序性能相对较低。

单程序多数据 (SPMD) 模式是指在单个并行程序中按照线程号来匹配程序分支, 不同线程分配不同的计算任务。在此模式下, 整个线程组仅需一次创建和一次合并。并行执行程序中的循环时, 各线程分别执行整个循环迭代的一部分, 当迭代之间存在依赖关系时可以通过插入同步语句、线程间近邻通信及流水并行来维持正确性, 此执行模式下线程的控制开销较小且程序性能较高, SPMD 模式的执行方式如图 9.3 所示。

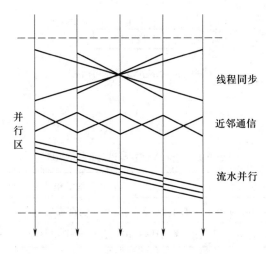

图 9.3　OpenMP 编程的 SPMD 模式

与派生 – 合并模式相比, SPMD 模式将整个程序放在同一个并行区内, 减少因多次创建和销毁线程引起的额外开销, 以及一些冗余的同步操作, 改善了数据存储的行为, 提高了访问变量的缓存命中率, 提升了程序的扩展性和性能。但是 SPMD 模式下程序的并行区结构较大, 需要考虑线程之间的数据分配和工作负载, 另外程序中变量数据属性的分析、循环优化时数据依赖的分析, 以及并行线程之间的同步优化都具有较大的难度, 因此 SPMD 模式编程难度比派生 – 合并模式大。

9.1.2　OpenMP 指导语句

OpenMP 程序由指导语句、库函数和环境变量 3 个部分组成, 如图 9.4 所示。其中, 指导语句是串行程序实现并行化的桥梁, 是编写 OpenMP 程序的关键。库函数的作用是在程序运行阶段改变和优化并行环境从而控制程序的运行, 包括运行环境操作函数、锁函数及时间函数 3 种类型。环境变量是库函数中控制函数运行的一些具体参数, 如调度类型 OMP_SCHEDULE、线程数目 OMP_NUM_THREADS 等。

对于官方发布的 OpenMP 5.2 版本中的指导语句, 根据功能、结构和属性可以分为并行控制类、工作共享类、线程同步类、复合指导命令类、数据环境类、内存管理类、循环变换类、任务结构类、设备结构类等。以 C/C++ 程序为例, OpenMP 指导语句由指导标识符、指导命令、子句、续行符及换行符组成,

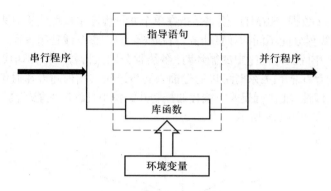

图 9.4　OpenMP 程序的组成

详见表 9.1。

表 **9.1**　OpenMP 指导语句的基本组成

名称	基本格式
指导标识符 #pragma omp	所有 OpenMP 指导语句都需要
指导命令 directive	添加在指导标识符之后和子句之前
子句列表 [clause, ...]	从对应指导命令的候选子句中选择, 可以添加多个子句
续行符	\
换行符	添加在此指导语句包含部分之前

　　根据表 9.1 并结合下面所示的复合指导语句代码示例来进一步说明 OpenMP 指导语句的使用, #pragma omp 标识符是固定前缀, parallel for 为指导命令, 每条指导语句只能有一个指导命令。这里的 parallel for 是 OpenMP 规范中定义的复合指导命令, 在指导命令 parallel for 之后的是与之配套的子句, 功能是为并行区开启 4 个线程和指定变量的属性, 除非有另外的限制, 否则子句能够按照任意顺序进行排列。需要注意的是子句是可选项, 有些指导命令没有配套子句。续行符同样也是可选项, 表示指导语句还未结束需要在下一行中继续, 可用于语句长度超过一行时的逻辑分割, 最后加入换行符表明指导语句终止。

```
#pragma omp parallel for num_threads(4) private(tid,mcpu) \
                                  shared(sum)// 指导语句
for(int i=0;i<N;i++){
//并行执行代码
}
```

指导语句中的指导命令按照功能可分为并行控制类型、工作共享类型、线程同步类型和复合指导命令类型。并行控制类型指导命令的功能是构建并行区, 并创建线程组来并行执行计算任务; 工作共享类型指导命令的功能是将任务分配给各线程, 工作共享指导命令不能创建新的线程, 且必须位于并行区中; 线程同步类型指导命令的功能是利用互斥锁和事件通知的机制来控制线程的执行顺序, 保证执行结果的正确性。此外, OpenMP 还提供了不同类型指导命令组成的复合指导命令, 部分主要指导命令及其功能描述见表 9.2。

表 9.2　OpenMP 主要指导命令及功能描述

类型	指导命令	功能描述
并行控制	parallel	用在一段代码前, 表示这段代码将由多个线程并行执行
	simd	用在循环结构前, 对循环进行向量化操作
工作共享	for	用在循环结构前, 将循环迭代分配给多个线程并行执行
	sections	用于非循环结构的并行
	task	生成一个由可运行的代码和数据环境组成的任务结构
	single	指定一段代码仅由一个线程执行一次
	target	在目标设备上运行 target 结构内代码块
线程同步	barrier	标识一个同步点用于并行区内所有线程的同步
	master	指定一段代码仅由主线程执行一次
	critical	临界块内的代码每次由一个线程执行, 其他线程则被阻塞在临界块开始位置
	atomic	指定每次由一个线程以原子方式访问特定的存储位置
	flush	标识一个同步点, 确保所有线程看到的共享变量一致
	ordered	指定并行区内的循环按迭代次序来执行
复合指导命令	parallel for	指定一个包含工作共享循环结构的并行结构
	for simd	将循环分配给多个线程并行执行, 每个线程采用向量化方式执行
	parallel sections	指定包含一个 section 结构的并行结构

其中 parallel 和 for 是 OpenMP 程序编写过程中最常用的指导命令, 指导命令 parallel 在当前大括号修饰区域内创建一组指定数量的线程, 构建一个并行区, 并为跨越串行区和并行区的同名变量配置属性, 一般与 for、sections 等指导命令配合使用。当线程执行到 parallel 指导语句时会创建一个线程组并成为这个线程组中的主线程, 线程组内线程数量由环境变量或运行时库决定。需要注意的是, 一个并行区必须是一个连续的结构, 不能跨越多个程序或者代码文件。在编写程序时, 可以调用函数 omp_in_parallel 来确定线程是否在并行区内执行。parallel 指导语句的语法格式如下:

```
#pragma omp parallel [clause[[,]clause]……]
  structured-block
```

```
clause :
        allocate([allocator : ] list)
        copyin(list)
        default(shared | firstprivate | private | none)
        firstprivate(list)
        if([parallel : ]omp-logical-expression)
        num_threads(nthreads)
        private(list)
        proc_bind(close | primary | spread)
        reduction([ reduction-modifier , ] reduction-identifier : list)
shared(list)
```

OpenMP 中的 for 指导语句用来对循环结构进行并行处理, 将循环的迭代计数器在线程组中进行共享以完成数据的并行, 实现并行的前提是此循环结构已位于 parallel 指导语句构建的并行区内, 否则以串行的方式执行。for 指导语句的语法格式如下:

```
#pragma omp for[clause[[,]clause]……]
  loop-nest
```

```
clause:
        allocate([allocator : ] list)
        collapse(n)
        firstprivate(list)
        lastprivate([lastprivate-modifier: ] list)
        linear(list[:linear-step])
        nowait
        order([order-modifier:]concurrent)
        ordered[(n)]
        private(list)
        reduction([ reduction-modifier , ] reduction-identifier : list)
        schedule ([modifier [, modifier] : ] kind[, chunk_size])
```

指导命令 for 与 parallel 可以组合为 parallel for 复合指导命令, parallel 指导语句的功能是创建多个线程来分别执行相同的任务, 而 parallel for 指导语句必须使用在循环结构前, 功能是在构建并行区后将循环执行的任务在多个线程之间分配, 让每一个线程各自负责其中的一部分循环迭代任务。parallel for 指导语句具体的使用方法将在第 9.1.3 节结合示例进一步说明。

除了上文介绍的指导命令之外, 子句也是指导语句中的重要组成部分, OpenMP 中常见的子句有内存分配子句 allocate, 循环嵌套合并调度子句 collapse, 数据环境类型子句 default、firstprivate、lastprivate、private、shared, 设备子句 device, 条件子句 if, 避免同步子句 nowait, 归约子句 reduction, 等等。

子句给出了相应的参数, 进而影响指导语句的具体执行, 表 9.2 中所示的指导命令中除了 flush、critical、master、ordered 和 atomic 没有相应的子句之外, 其他的指导命令都有与之配套的子句。指导命令后最常使用的是数据环境类型子句, 它负责将并行区内的变量属性声明为共享或私有, 并进行串行区和并行区、主机和异构计算设备间的数据传递。例如 shared 子句用来表示变量列表中的变量被线程组中所有线程共享, private 子句用来表示变量列表中的变量对于每个线程来说均是私有变量, 具体指导命令的子句及其搭配将在优化方法中进行详细介绍。

9.1.3 OpenMP 程序编写

第 9.1.2 节说明了 OpenMP 中指导语句的基本格式, 接下来通过将数组加法程序由串行实现改为并行实现, 来进一步说明如何利用 OpenMP 进行并行程序的编写, 以及说明编写过程中需要注意的问题。数组加法的串行程序如代码 9-1 所示, 此程序并没有开启额外的线程, 所有的计算都由同一个线程完成, 是完全串行的。

代码 9-1　数组加法串行程序

```c
#include<stdio.h>
#define N 16
int A[N],B[N],C[N];
int main(){
    for(int i=0;i<N;i++){
        A[i] = i;
        B[i] = 1;
        C[i] = 0;
    }
    for(int j=0;j<N;j++){
        C[j] = A[j] + B[j];
        printf("compute A[%d]+B[%d] = %d\n" , j,j,C[j]);
    }
}
```

在使用 OpenMP 进行并行化改写时, 程序中需要添加头文件 omp.h, 该头文件中提供了常用的环境设置函数、时间函数等。之后在 for 循环前添加第 9.1.2 节介绍的 parallel for 指导语句, 并且使用子句 num_threads 设置线程数量为 4, 将 for 循环的计算任务迭代分配到 4 个线程中并行执行, 改写后的程序如代码 9-2 所示。

代码 9-2　数组加法的 OpenMP 并行程序

```c
#include<stdio.h>
#include<omp.h>
#define N 16
int A[N],B[N],C[N];
```

```
int main(){
    for(int i=0;i<N;i++){
        A[i] = i;
        B[i] = 1;
        C[i] = 0;
    }
    #pragma omp parallel for num_threads(4)
    for(int j=0;j<N;j++){
        C[j] = A[j] + B[j];
        printf("thread id = %d compute A[%d]+B[%d] = %d\n",omp_get_thread
_num(),j,j,C[j]);
    }
}
```

对并行化改写后的数组加法程序使用 LLVM 编译器进行编译, 需要注意的是在编译时需要添加-fopenmp 选项, 编译命令为 clang -fopenmp test.c -o test, 生成的执行结果如下:

thread id = 0 compute A[0]+B[0] = 1

thread id = 0 compute A[1]+B[1] = 2

thread id = 0 compute A[2]+B[2] = 3

thread id = 0 compute A[3]+B[3] = 4

thread id = 1 compute A[4]+B[4] = 5

thread id = 1 compute A[5]+B[5] = 6

thread id = 1 compute A[6]+B[6] = 7

thread id = 1 compute A[7]+B[7] = 8

thread id = 2 compute A[8]+B[8] = 9

thread id = 2 compute A[9]+B[9] = 10

thread id = 2 compute A[10]+B[10] = 11

thread id = 2 compute A[11]+B[11] = 12

thread id = 3 compute A[12]+B[12] = 13

thread id = 3 compute A[13]+B[13] = 14

thread id = 3 compute A[14]+B[14] = 15

thread id = 3 compute A[15]+B[15] = 16

可以看出计算任务被分配给线程号为 0 ~ 3 的 4 个线程并行执行, 其中 0 号为主线程, 1 ~ 3 号为子线程, 通过上述步骤快捷地完成了数组加法程序的 OpenMP 并行化改写。

9.1.4 OpenMP 版矩阵乘

在数组加法程序的并行化改写基础上, 本节将浮点类型矩阵乘法的串行程序改写为 OpenMP 并行程序, 并对比串行与并行实现的执行时间, 从而进一步说明 OpenMP 的优化效果。程序中的矩阵规模为 2000×2000, 并采用 omp.h

头文件提供的计时函数对运行时间进行统计, 矩阵乘法串行程序如代码 9-3 所示。

代码 9-3　矩阵乘法串行程序

```c
#include <stdio.h>
#include <omp.h>
#define N 2000
float A[N][N],B[N][N];
float C[N][N];
int main(){
    int i,j,k;
    float sum=0.0;
    double start_time,end_time,used_time;
    for(i=0;i<N;i++){
        for(j=0;j<N;j++){
                A[i][j]=i+1.0;
                B[i][j]=1.0;
                C[i][j]=0.0;
        }
    }
    start_time=omp_get_wtime();
    for(i=0;i<N;i++)
        for(j=0;j<N;j++)
                for(k=0;k<N;k++)
                        C[i][j]+=A[i][k]*B[k][j];
    end_time=omp_get_wtime();
    used_time=end_time-start_time;
    for(i=0;i<N;i++)
        for(j=0;j<N;j++)
                sum+=C[i][j];
    printf("sum=%lf,used_time=%lf s\n",sum,used_time);
}
```

　　在将串行程序改为并行程序时, 需要针对程序中的热点问题即程序中耗时较多的代码段进行改写才能得到较大的加速收益, 典型的热点代码段为循环结构, 可以利用第三章中的程序性能测量工具查找程序中的耗时较多部分。经测试, 发现代码 9-3 中矩阵乘法程序的热点代码段为 3 层循环嵌套, 因此对该部分添加 parallel for 复合指导语句进行并行化改写。

　　代码 9-3 所示的矩阵乘法程序中核心代码共有 3 层循环嵌套, 但并不是每层循环都可以添加并行指导语句 parallel for 达到程序加速的效果, 如将指导语句 parallel for 添加在最内层循环, 则会带来程序正确性的问题, 因为最内层循环负责将矩阵 A 第 i 行的元素与对应矩阵 B 第 j 列的元素相乘后累加得到 C[i][j], 若将最内层并行会将此计算任务分配给多个线程并行执行, 每个线程仅执行部分行列乘积的累加，由于线程间执行速度的不同会引发对 C[i][j] 的读写冲突，最终导致 C[i][j] 的结果错误。因此这里将并行指导语句添加至第二层循环，改写后的程序如代码 9−4 所示。

代码 9−4 矩阵乘法 OpenMP 并行程序

```c
#include <stdio.h>
#include <omp.h>
#define N 2000
float A[N][N],B[N][N];
float C[N][N];
int main(){
    int i,j,k;
    double start_time,end_time,used_time;
    float sum=0.0;
    for(i=0;i<N;i++){
        for(j=0;j<N;j++){
                A[i][j]=i+1.0;
                B[i][j]=1.0;
                C[i][j]=0.0;
        }
    }
    start_time=omp_get_wtime();
    for(i=0;i<N;i++){
        #pragma omp parallel for private(j,k) shared(A,B,C) num_threads(4)
        for(j=0;j<N;j++)
                for(k=0;k<N;k++)
                        C[i][j]+=A[i][k]*B[k][j];
    }
    end_time=omp_get_wtime();
    used_time=end_time-start_time;
    for(i=0;i<N;i++)
        for(j=0;j<N;j++)
                sum+=C[i][j];
    printf("sum=%lf,used_time=%lf s\n",sum,used_time);
}
```

将代码 9−3 和代码 9−4 使用 LLVM 编译器分别编译运行，得到以下测试结果：

sum=7997997711360.000000，串行计算时间为：used_time=36.802946 s

sum=7997997711360.000000，并行计算时间为：used_time=14.435925 s

对比串行执行和 4 线程并行执行的时间发现，相较于串行程序，并行程序性能提升的加速效果显著。后续章节中将以此示例为基础，介绍其他常用的 OpenMP 程序性能优化方法。

9.2 并行区重构

在第 9.1.1 节中介绍 OpenMP 的执行模式中提到, 大多数 OpenMP 程序采用的是派生–合并模式, 程序运行过程中线程的创建和合并比较频繁, 在并行性表达上处于一种低效状态, 因此有必要在一定情形下使用并行区重构技术进一步降低程序的并行开销。并行区重构是结合数据和计算划分等信息, 通过改变原并行区的结构, 降低串并行程序之间切换及其他开销来提升程序的整体性能。并行区重构包括并行区扩张和并行区合并两种方式, 如图 9.5 所示。并行区扩张是指如果一个程序中的控制结构、循环结构、函数结构中的所有语句都被包含在一个并行区中, 则该并行区可以被扩展到此结构之外。并行区合并是指将两个相邻的并行区合并为一个并行区。接下来将对这两种方式进行详细介绍。

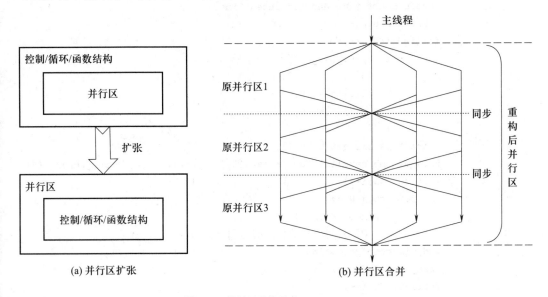

图 9.5   并行区重构示意

9.2.1   并行区扩张

并行区扩张通过减少线程组的创建并多次重复使用并行区中的线程组, 达到控制并行开销的目的。扩张的方法主要有 3 种, 分别为循环结构并行区扩张、控制结构并行区扩张和函数结构并行区扩张。

1. 循环结构并行区扩张

循环结构并行区扩张针对的是包含整个循环结构的并行区, 将此并行区扩张到循环之外, 若该循环迭代次数为 N, 则并行区扩张后线程的创建和合并次数将减少 $N-1$ 次, 这是一种较为高效的并行区优化方式。

第 9.1.4 节代码 9–4 所示的 OpenMP 并行矩阵乘法程序中, 在循环的 j 层添加指导语句获得了一定的加速效果, 但指导语句需要随着外层循环的迭代重复执行 2000 次并行区创建与合并操作, 因此可以使用循环结构并行区扩张的方法对该程序进行改写, 将指导语句添加至 i 层循环, 扩张后的程序如代码 9-5 所示。

代码 9-5　循环结构并行区扩张示例

```c
#include <stdio.h>
#include <omp.h>
#define N 2000
float A[N][N],B[N][N];
float C[N][N];
int main(){
    int i,j,k;
    double start_time,end_time,used_time;
    float sum=0.0;
    for(i=0;i<N;i++)
            for(j=0;j<N;j++){
                A[i][j]=i+1.0;
                B[i][j]=1.0;
                C[i][j]=0.0;
            }
    start_time=omp_get_wtime();
    #pragma omp parallel for private(i,j,k) shared(A,B,C) num_threads(4)
    for(i=0;i<N;i++)
        for(j=0;j<N;j++)
            for(k=0;k<N;k++)
                C[i][j]+=A[i][k]*B[k][j];
    end_time=omp_get_wtime();
    used_time=end_time-start_time;
    for(i=0;i<N;i++)
        for(j=0;j<N;j++)
            sum+=C[i][j];
    printf("sum=%lf,used_time=%lf s\n",sum,used_time);
}
```

代码 9-5 中, 并行区扩张后 j 层循环对应的并行区扩张到 i 层循环之外, 并行区构建和合并由扩张前的 2000 次减少为扩张之后的 1 次, 减少了 1999 次。对并行区扩张前后的代码进行测试后结果如下:

循环并行区扩张前: sum=7997997711360.000000, used_time=14.435925 s

循环并行区扩张后: sum=7997997711360.000000, used_time=10.429383 s

计算对比发现, 并行区扩张后加速比达到 1.38, 进一步提升了程序的性能。

2. 控制结构并行区扩张

控制结构并行扩张本质与循环结构并行区扩张相同, 都是通过减少并行区创建和销毁次数从而减少开销。控制结构并行扩张是指当并行区出现在控制结构 if 的分支中时, 可以将整个控制结构包含在一个大的并行区中, 由于代码 9-5 中的矩阵乘法不包含 if 结构, 这里以代码 9-6 为例对控制结构并行区扩张进行说明。

代码 9-6　控制结构并行区扩张前示例

```c
#include <stdio.h>
#include <omp.h>
#define N 2000
int A[N],B[N];
int main(){
    double start_time,end_time,used_time;
    start_time=omp_get_wtime();
    int flag=0,i;
    if (flag==0){
        #pragma omp parallel for private(i)
        for(i=0;i<N;i++)
            A[i] = i;
            flag=1;
    } else{
        #pragma omp parallel for private(i)
        for(i=0;i<N;i++)
            B[i] = i;
    }
    end_time=omp_get_wtime();
    used_time=end_time-start_time;
    printf("used_time=%lf s\n",used_time);
}
```

代码 9-6 使用 if 语句对 flag 进行判断, 选择对数组 A 或是数组 B 进行赋值, 可以将代码 9-6 中 if-else 结构中的并行区扩张至 if-else 结构之外, 进而合并为一个并行区从而提升性能, 改写后的程序如代码 9-7 所示。

代码 9-7　控制结构并行区扩张后示例

```c
#include <stdio.h>
#include <omp.h>
#define N 2000
int A[N],B[N];
int main(){
    double start_time,end_time,used_time;
    int flag=0;
    start_time=omp_get_wtime();
    #pragma omp parallel{
        if(flag==1){
```

```
        #pragma omp for
        for(int i=0;i<N;i++)
            A[i] = i;
    }
    else {
        #pragma omp for
        for(int i=0;i<N;i++)
            B[i] = i;
    }
}
end_time=omp_get_wtime();
used_time=end_time-start_time;
printf("used_time=%lf s\n",used_time);
}
```

由于代码 9-6 和代码 9-7 都只执行了一次并行区构建,所以控制结构并行扩张前后的执行时间相近,但随着该控制结构在程序中的执行次数不断增加,扩张前后的性能差距将逐渐加大,扩张后的程序将获得更佳的性能。此外需要注意的是,如果控制结构中含有串行分支,则必须对串行分支进行保护或者进行私有化处理,具体方法将在第 9.2.2 节详细介绍。

3. 函数结构并行区扩张

函数结构并行区扩张是指将函数结构内部的并行区扩张到整个函数结构的外部,并行区扩张后能够将函数结构内部的全部语句包含在并行区中,进一步获得更多的并行区合并机会。由于代码 9-5 中的矩阵乘法不包含可以满足扩张条件的函数结构,这里以代码 9-8 为例进行说明。

代码 9-8　函数结构并行区扩张前示例

```
#include <stdio.h>
#include <omp.h>
#define N 2000
int A[N],B[N],C[N];
void init_array(int* a){
    pragma omp parallel for
    for(int i=0;i<N;i++)
        a[i]=I;
}
    int main(){ double start_time,end_time,used_time; start_time=omp_get
_wtime();
    init_array(A);
    init_array(B);
    init_array(C);
    end_time=omp_get_wtime();
    used_time=end_time-start_time;
```

```
        printf("used_time=%lf s\n",used_time);
}
```

代码 9-8 中定义函数 init_array 对整型数组 A、B、C 进行初始化, 初始
化过程中并行区位于函数结构内部, 3 次初始化过程需要构建和汇合 3 次并行
区, 可以通过并行区扩张将并行区扩张至函数结构外, 改写后的程序如代码 9-9
所示。

代码 9-9 函数结构并行区扩张后示例

```
#include <stdio.h>
#include <omp.h>
#define N 2000
int A[N],B[N],C[N];
void init_array(int* a){
    #pragma omp for
    for(int i=0;i<N;i++)
        a[i]=i;
}
int main(){
    double start_time,end_time,used_time;
    start_time=omp_get_wtime();
    #pragma omp parallel{
    init_array(A);
    init_array(B);
    init_array(C);
    }
    end_time=omp_get_wtime();
    used_time=end_time-start_time;
    printf("used_time=%lf s\n",used_time);
}
```

和控制结构并行区扩张中的情况相同, 这里调用函数 init_array 对数组 A、
B、C 进行初始化仅将并行区构建和合并的次数由 3 次减少为 1 次。所以经过
测试发现, 扩张前后程序执行时间接近, 但当函数调用的次数增加时, 并行区扩
张后的程序将获得更佳的性能。

函数结构并行区扩张可以改善程序的并行结构, 增大并行计算的粒度。但是
函数结构并行区扩张会彻底改变线程的堆栈结构, 而且这种做法隐含着对函数
结构内局部变量的数据属性进行私有化处理。为了保证并行区扩张不修改原程
序语义, 必须保证函数结构内局部变量私有化的合法性, 因此函数结构并行区扩
张要求优化人员清楚地理解函数的实现细节。

9.2.2 并行区合并

由于派生 – 合并模式中 OpenMP 程序需要多次构建并行区增加了程序的并行开销, 并行区合并是将相邻的两个及以上的并行区合并为一个并行区, 进而提升程序性能。对并行区进行合并不仅仅是将原程序的多个并行区改写至一个 #pragma omp parallel 区域, 往往还需要考虑到并行区合并是否会修改原程序语义等问题。

为了确保并行区合并不修改原程序语义, 就需要保证合并后各个子线程间数据更新顺序和执行顺序与原程序保持一致性, 前者可以通过指导语句 flush 来实现, 后者可以通过指导语句 barrier 进行同步来实现。除此之外, 还需要考虑合并过程中的变量属性冲突, 以及并行区之间串行语句的处理等问题, 接下来将分别介绍这两个问题及其解决方法。

1. 变量属性冲突

在 OpenMP 程序并行区中, 常见的变量属性有共享变量 shared 和私有变量 private 两种。共享变量在并行区中只有一个副本, 所有线程均可对其进行读写操作, 且这种操作对并行区中的所有线程都是可见的。私有变量则与之不同, 并行区中的所有线程都拥有私有变量的一个副本, 线程内部私有变量的修改并不影响其他线程同名私有变量的值。在实际开发中, 在并行区构建时显式注明所有使用的变量的属性, 将有利于问题的排查。

并行区合并操作经常会遇到变量的数据属性冲突问题, 下面演示简单的冲突及其解决方法。如代码 9–10 所示, 并行区 1 中声明 k 为共享变量, 并行区 2 中声明 k 为私有变量, 变量 k 存在数据属性冲突问题将导致并行区 1 和 2 无法直接进行合并。

代码 9–10　变量属性冲突处理前示例

```
#include<stdio.h>
#include<omp.h>
int main(){
    int k=2,
    sum1=0,sum2=0;
    double start_time,end_time,used_time;
    start_time = omp_get_wtime();
    //并行区1
    #pragma omp parallel shared(k){
        # pragma omp for reduction(+: sum1)
        for (int i=0;i<10000;i++)
            sum1 += (k+i); }
    //并行区2
    #pragma omp parallel firstprivate(k){
        # pragma omp for reduction(+: sum2)
        for (int j=0;j<10000;j++)
            sum2 += (2*k+j);
```

```
    }
    end_time = omp_get_wtime();
    used_time = end_time - start_time;
    printf("used_time = %lf\n",used_time);
    printf(" sum1 = %d,sum2 = %d\n",sum1,sum2);
}
```

针对这一问题, 可以采用子句 firstprivate 修改共享变量的数据属性后再合并。子句 firstprivate 将其参数列表中的变量属性声明为私有变量, 并在每个线程创建私有变量副本时, 初始化私有变量副本的值, 使其与进入并行区前串行区内同名变量的值一致。

由于代码 9-10 中的共享变量 k 在并行区 1 中引用, 而 k 已经在并行区 1 先前的程序段中被初始化, 因此在并行区 1 需要对变量 k 进行私有化处理, 在引用前将初始化值传入到并行区 1 中, 可以使用 firstprivate 子句来实现, 然后再将两个并行区进行合并得到代码 9-11。

代码 9-11   变量属性冲突处理后示例

```
#include<stdio.h>
#include<omp.h>
int main(){
    int k=2,
    sum1=0,sum2=0;
    double start_time,end_time,used_time;
    start_time = omp_get_wtime();
    //合并后并行区
    #pragma omp parallel firstprivate(k){
        # pragma omp for reduction(+: sum1)
        for (int i=0;i<10000;i++)
            sum1 += (k+i);
        # pragma omp for reduction(+: sum2)
        for (int j=0;j<10000;j++)
            sum2 += (k*2+j);
    }
    end_time = omp_get_wtime();
    used_time = end_time - start_time;
    printf("used_time = %lf\n",used_time);
    printf("sum1 = %d,sum2 = %d\n",sum1,sum2);
}
```

在实际开发过程中, 应尽可能合并小的并行区, 当达到一定数量时会带来程序性能提升。此外需要注意对变量进行私有化处理会屏蔽掉并行区中变量原有的初始化值, 程序之间的引用关系有可能会改变。因此为了维持共享变量私有化之前程序之间的关系，需要保证进行私有化处理的共享变量在并行区中没有被初始化。

2. 串行语句处理

如果相邻的并行区之间存在若干条串行语句，那么并行区合并操作无法直接实现，需要使用指导语句 master 或者 single 通过约束代码段同时只能由一个线程来执行，将串行语句包含在并行区中，再实施并行区的合并。例如代码 9−12 中有两个并行区，并行区中间以及并行区 2 后面各有一个串行区，因此不能直接对两个并行区进行合并。

代码 9−12　串行语句处理前示例

```
#include<stdio.h>
#include<omp.h>
int main(){
    int k=2, sum1=0,sum2=0;
    //并行区1
    #pragma omp parallel shared(k){
        # pragma omp for reduction(+: sum1)
        for (int i=0;i<10000;i++)
            sum1 += (k+i);
    }
    sum2 = sum1;
    k++;
    //并行区2
    #pragma omp parallel firstprivate(k) {
        # pragma omp for reduction(+: sum2)
        for (int j=0;j<10000;j++)
            sum2 += (2*k+j);
    }
    printf("sum1=%d, sum2=%d\n", sum1, sum2);
}
```

并行区合并后的程序如代码 9−13 所示，变量 k 为私有变量，其值在每个线程上都需要加 1，因此不需要添加指导语句，由于 sum2 赋初值只需要执行一次，结合表 9.2 可知，添加指导语句 single 更为合适，最后的 printf 打印语句可以添加指导语句 master 处理。

代码 9−13　串行语句处理后示例

```
#include<stdio.h>
#include<omp.h>
int main(){
    int k=2, sum1=0,sum2=0;
    #pragma omp parallel firstprivate(k) shared(sum1,sum2){
```

```
# pragma omp for reduction(+: sum1)
for (int i=0;i<10000;i++)
    sum1 += (k+i);
#pragma omp single
sum2 = sum1;
k++;
# pragma omp for reduction(+: sum2)
for (int j=0;j<10000;j++)
    sum2 += (2*k+j);
#pragma omp master
printf("sum1=%d, sum2=%d\n", sum1, sum2);
    }
}
```

9.3 避免伪共享

多线程编程时常常会引发伪共享问题, 严重影响程序的性能。本节通过分析伪共享产生的原因, 介绍避免伪共享的方法, 包括数据填充、数据私有化两种方法, 并结合具体程序说明性能提升的效果。

9.3.1 分析伪共享

OpenMP 在多核处理器间进行同步时常常需要共享一些变量, 如用多线程同时对一个数组初始化时, 多个线程对同一个数组进行修改, 即使线程间从算法上并不需要共享变量, 但是在实际执行时, 若不同线程所需要赋值的地址处于同一个缓存行中, 就会引起缓存冲突, 严重降低程序性能, 这就是伪共享。伪共享产生的问题在第 8.2.2 节已经详细介绍, 此处不再赘述。

下面通过分析伪共享产生的过程来讨论避免伪共享的方法。例如, 有 4 个单核处理器, 每个处理器都支持超线程技术, 即可以在一个核心中提供多个逻辑线程, 每个线程对一个独立的存储单元进行修改操作, 且一个数组中内存地址相邻的元素会优先放入同一个缓存行, 此时若各线程操作的存储单元位于相同缓存行, 可能会引起冲突导致性能较差, 反之若线程操作的存储单元在不同缓存行中, 则可以避免冲突。

图 9.6 对比了在缓存行大小为 64 B 的处理器上不同访问间隔下的程序执行时间, 为直观比较, 时间值进行了归一化处理。当访问间隔为 16 个整型数组元素时的耗时明显降低, 说明性能有大幅度的提升。原因是数组元素是 4 B 的整型类型, 使存储单元之间相距 16 B × 4 共 64 B, 当存储单元的访问间隔达到 64 B 的时候, 每个线程的缓存访问都会命中不同的缓存行, 使得这些存储单元变成了

每个线程的私有单元, 相较于所有线程都共享同一缓存行, 此时的性能可提升多倍。

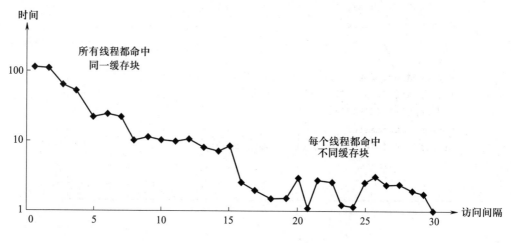

图 9.6　伪共享对程序性能的影响

在共享内存系统中使用缓存的过程对于程序员来说是透明的, 因此相同缓存行会被一组线程连续更改, 但缓存会因保持一致性而强制驱除或更改数据导致缓存竞争, 由此引发伪共享。实际开发中对数组进行多线程写入操作容易产生伪共享问题, 这里对代码 9-5 中的矩阵乘法程序存在伪共享的可能性进行讨论。

代码 9-5 所示的程序中, 数组规模为 2000×2000, 线程数设置为 4, 添加 for 指导语句并采用默认的静态调度策略且不指定调度块的大小, 迭代将被尽可能地被平均划分, 此时将对最外层循环中的 2000 次迭代任务平均分配给 4 个线程, 每个线程获得 500 次迭代任务, 每次迭代内层有 2000 规模的两层循环, 即每个线程计算 500×2000 次迭代, 而且由于内存空间采用连续分配的方式, 根据缓存行每次分配 16 个值进行计算, 每个线程不存在与其他线程共享同一缓存行情况, 若将调度块大小设置为 1, 此时因为内层循环计算量足够, 仍旧不存在每个线程与其他线程共享同一缓存行情况, 因此当前矩阵乘法程序不存在伪共享问题。

9.3.2　数据填充避免伪共享

伪共享的存在会对性能产生极大的影响, 可以通过数据填充使不同线程访问不同的缓存行或数据私有化的方法来避免伪共享。本节以利用积分公式 $\pi = \int_0^1 \frac{4.0}{(1 + x^2)} \mathrm{d}x$ 求解 π 值为例, 说明利用数据填充避免伪共享的问题, 如代码 9-14 所示。

代码 9-14　数值计算求 π 串行程序

```
#include<stdio.h>
#include<omp.h>
static long num_steps = 1000000;
```

```
double step;
int main(){
    int i;
    double temp,pi,result;
    double start_time,end_time;
    step = 1.0/(double)num_steps;
    start_time = omp_get_wtime();
    for(i=0;i<num_steps;i++){
        temp = (i+0.5)*step;
        result+=4.0/(1.0+temp*temp);
    }
    pi=step*result;
    end_time = omp_get_wtime();
    printf("pi=%15.13f,used_time = %lf\n",pi,end_time-start_time);
}
```

对数值计算求 π 程序并行执行时, 每个线程计算积分的一部分, 之后对计算结果进行汇总, 将双精度浮点变量 result 更改为线程数大小的数组来为每个线程提供空间存储计算结果, 并在并行区结束后使用 for 循环相加汇总所有线程的部分结果, 并行后程序如代码 9-15 所示。

代码 9-15 数值计算求 π 并行程序

```
#include<stdio.h>
#include<omp.h>
#define Nthreads 4
static long num_steps = 1000000;
double step;
int main(){
    int i;
    double p1,start_time,used_time;
    double result[Nthreads]={0.0};
    step = 1.0/(double) num_steps;
    start_time = omp_get_wtime();
    #pragma omp parallel num_threads(4)
    {
        int i;
        int id = omp_get_thread_num();
        double temp;
        #pragma omp for
        for(i=0;i<num_steps;i++){
            temp = (i+0.5)*step;
            result[id] += 4.0/(1.0+temp*temp);
        }
    }
```

```
    pi = 0.0;
    for(i=0;i<Nthreads;i++)
        pi += result[i];
    pi = step*pi;
    used_time = omp_get_wtime() - start_time;
    printf("pi = %15.13f in %f s\n",pi,used_time);
}
```

　　尽管代码 9-15 是一个合法的 OpenMP 程序, 但使用多个线程并行后相较于串行执行并没有明显的性能提升, 这是因为数组 result 包含来自所有线程的计算结果。当使用 4 个线程时, 数组 result 存储 4 个 8 B 的双精度浮点类型数据共 32 B, 而缓存行大小一般为 64 B, 在对数组 result 进行统计更新时, 执行写入数据的处理器都必须获取每一缓存行的所有权, 这时几乎每次数据写入都导致缓存失效, 并且会引起后续一致问题性阻塞产生伪共享, 使程序性能降低。

　　针对代码 9-15 的并行示例, 使用数据填充方法来避免伪共享, 具体是为不同线程创建独立的私有内存空间, 将数组 result 从一维升为二维, 修改为 result[Nthreads][8], 此时 8 个双精度浮点数据刚好占一个缓存行大小, 在对数组的 0 号单元进行写入时, 后续的 7 个单元会一并读入以占据一个完整的缓存行, 这样每个线程独占一个缓存行, 在修改时仅处理本线程拥有的缓存行而不会对其他线程拥有的缓存行产生影响, 修改后的程序如代码 9-16 所示。

代码 9-16　数据填充避免伪共享示例

```
#include<stdio.h>
#include<omp.h>
#define Nthreads 4
static long num_steps = 1000000;
double step;
int main(){
    int i;
    double pi,start_time,used_time;
    double result[Nthreads][8]={0.0};
    step = 1.0/(double) num_steps;
    start_time = omp_get_wtime();
    #pragma omp parallel num_threads(4){
        int i;
        int id = omp_get_thread_num();
        double temp;
        #pragma omp for
        for(i=0;i<num_steps;i++){
            temp = (i+0.5)*step;
        result[id][0] += 4.0/(1.0+temp*temp);
        }
    }
```

```
    pi = 0.0;
    for(i=0;i<Nthreads;i++)
        pi += result[i][0];
    pi = step*pi;
    used_time = omp_get_wtime() - start_time;
    printf("pi = %15.13f in %f s\n",pi,used_time);
}
```

对改写前后的代码 9−15 和代码 9−16 分别进行测试后结果如下, 当线程数为 4 时未避免伪共享的并行程序执行时间远高于单线程执行, 在进行数据填充避免伪共享问题后, 程序性能获得提升, 相较于单线程执行加速比达到 1.78。

单线程执行时间为: used_time=0.004074 s

避免伪共享前执行时间为: used_time=0.019551 s

避免伪共享后执行时间为: used_time=0.002333 s

伪共享问题需要对缓存行大小、结构及核心组织方式等硬件底层细节有清楚的认知, 若环境发生改变, 增加的数组维数有时反而占据了更多的程序运行空间, 在一定程度上不利于代码维护。接下来介绍 OpenMP 的数据私有化及归约指导语句, 从变量的数据环境属性角度对避免伪共享问题进行探讨。

9.3.3 数据私有避免伪共享

OpenMP 指导语句支持多种子句, 其中数据环境类型子句 shared 和 private 最为常见, 数据私有化是将共享变量转变为每个线程的私有变量, 可以辅助编译器更大程度地进行寄存器分配, 在某些情况下能够提升代码性能。

除了 private 和 shared 子句外, OpenMP 还提供两个常用子句 firstprivate 和 lastprivate, 可基于程序的并行化方案来实现数据的 copy-in 和 copy-out 操作。copy-in 操作是指在并行化一个程序的时候, 将私有变量的初值复制进来, 初始化线程组中各个线程的私有副本。copy-out 操作是指在并行区的最后, 将最后一次迭代或最后一个结构中计算出来的私有变量的值复制传递出并行区, 并复制到主线程的原始变量中。

对于代码 9−15 数值计算求 π 并行程序, 使用线程数据私有化这种方法避免伪共享, 具体步骤是在并行区的入口处使用子句 firstprivate, 使每个线程从栈空间中获取数组 result 的一份初始本地副本, 各线程计算完毕后进行累加, 并将累加值使用 lastprivate 传递出并行区。其中累加操作和值传递操作可以使用 OpenMP 提供的归约子句完成。

归约操作是指反复地将运算符作用在一个变量或一个值上, 并把结果保存在原变量中。归约子句就是对前后有依赖的循环进行归约操作的并行化, 即对一个或多个变量指定一个操作符, 每个线程将创建变量列表中变量的一个私有副本, 并将各线程变量的私有副本进行初始化。在并行过程中, 各线程通过指定的运算符进行归约计算, 不断更新各子线程的私有变量副本。在区域结束处, 各线程私有变量副本通过指定的运行符运算后, 更新原始变量, 最后由主线程将归约子句变量列表中的变量值传出并行区, 类似 lastprivate 子句的功能。归约子句用法为 reduction (运算符: 变量列表), 常用运算符和初始值见表 9.3。

表 9.3   归约子句常用运算符及初始值

运算类别	运算符	初始值
加	+	0
减	−	0
乘	*	1
逻辑与	&&	1
逻辑或	||	0
最大值	max	尽量小的负数
最小值	min	尽量大的正数
按位与	&	所有位均为 1
按位或	|	0
按位异或	∧	0

需要注意的是, 在开启并行区时未指定变量属性, 默认为共享属性, 当存在归约子句时则被声明为私有变量, 因此归约子句中的变量不能在 private 子句变量列表中重复定义。在使用归约子句进行数据私有化时, 主线程会继承变量初始值, 其他每个线程将其私有变量的副本初始化为子句中指示的运算符的隐含初始值, 其中加减法的初始值为, 乘法的初始值为 1, 最大值和最小值运算初始值为最小负数和最大正数。一旦私有变量被创建和初始化, 归约子句后的代码就会照常执行。

下面以代码 9−15 为例, 使用归约子句 reduction 避免伪共享问题, 修改后的程序如代码 9−17 所示。不同于数据填充进行边界对齐的方式, 代码 9−17 不再将 result 声明为数组而是声明为普通变量, 使用 reduction 子句会使得每个线程都有一个变量 result 的副本, 各个线程在对变量 result 进行写入时不会产生数据冲突, 因为 result 不是共享变量, 在各个线程完成写入操作后, 使用 reduction 子句将所有变量 result 副本进行求和并存入一个最终的 result 变量, 该值就是 π 数值求解的最终结果, 避免了数据在缓存行中相互竞争而产生的伪共享问题。经测试 4 个线程归约私有化后并行计算时间为 0.001914 s, 与数据填充消除伪共享后性能相接近, 使用两种方法优化后程序性能都优于代码 9−15 所示的并行程序。

代码 9−17   归约避免伪共享示例

```
#include<stdio.h>
#include<omp.h>
```

```
#define Nthreads 4
static long num_steps = 1000000;
double step;
int main(){
    int i;
    double pi,start_time,used_time;
    double result=0.0;
    step = 1.0/(double) num_steps;
    start_time = omp_get_wtime();
    #pragma omp parallel num_threads(4){
        int i;
        int id = omp_get_thread_num();
        double temp;
        #pragma omp for reduction(+:result)
        for(i=0;i<num_steps;i++){
            temp = (i+0.5)*step;
            result+= 4.0/(1.0+temp*temp);
        }
    }
    pi = step*result;
    used_time = omp_get_wtime() - start_time;
    printf("pi = %15.13f,used_time = %lf\n",pi,used_time);
}
```

9.4 循环向量化

第七章已经详细介绍了向量化对程序性能提升的帮助, OpenMP 指导语句中也提供了向量化指导语句以实现跨平台的向量化支持, 即通过在代码的循环结构前插入向量化指导语句可以实现细粒度的并行执行。本节对此展开详细描述, 帮助优化人员更好地利用 OpenMP 指导语句中的向量化指导命令。

9.4.1 向量化指导命令

OpenMP 指导语句中有两种支持向量化语句, 分别为 #pragma omp simd 和 #pragma omp for simd。#pragma omp simd 指导语句对循环进行向量化是单线程的数据级并行, 而 #pragma omp for simd 结合了 for 和 simd 两个指导命令同时进行并行化和向量化, 具体是既将所有迭代的计算任务分配给各个线程, 又进一步将每个线程执行的计算任务进行向量化。simd 指导语句单独用于程序串行区或并行区中的单线程执行部分, 其语法格式如下:

```
#pragma omp simd [clause[[,]clause] … …]
  loop-nest
```

```
clause :
        aligned(list[ : alignment])
        collapse(n)
        if([simd:]omp-logical-expression)
        lastprivate([lastprivate-modifier : ] list)
        linear(list[ : linear-step])
        nontemporal(list)
        order([order-modifier : ]concurrent)
        private(list)
        reduction([ reduction-modifier , ] reduction-identifier : list)
        safelen(length)
        simdlen(length)
```

　　与指导命令 simd 配套的子句中, aligned 用于数据的对齐; collapse 用于循环嵌套的合并调度; 部分子句 lastprivate、linear、private 和 reduction 用于设定子线程或 SIMD 通道的数据共享变量, 其中 SIMD 通道是指在指定向量长度的寄存器上可同时处理的数据个数; 子句 linear(list[:linear-step]) 表示变量列表中的变量 x_i 对于每次迭代而言是私有的, 它与循环迭代次数 i 之间存在线性关系 $x_i = x_0 + i \times \text{step}$, step 的值在执行 simd 结构期间不变, 默认为 1; 其他子句如 simdlen 和 safelen 用于设定向量长度限制, 子句 safelen(length) 通过限制程序的向量长度来维持循环依赖, 从而保证运行结果的正确性, 其中 length 为在不打破循环依赖情况下支持并行执行循环迭代的最大数目; 子句 simdlen(length) 用于指定向量长度为 length, 即向量化后每次迭代执行的运算相当于未向量化时执行 n 次, 其中 n 必须是 2 的幂。

　　除直接使用 simd 指导语句外, OpenMP 还能在各个循环之间没有依赖的前提下, 采用 for simd 复合指导语句同时进行并行化和向量化, 这时每个线程能够充分利用处理器核心进行数据级并行, 进一步提升程序的性能。for simd 指导语句的语法方法如下:

```
#pragma omp for simd [clause[[,]clause] … …]
  loop-nest
```

```
clause :
        aligned(list[ : alignment])
        collapse(n)
        firstprivate(list)
        if([simd:]omp-logical-expression)
        lastprivate([lastprivate-modifier : ] list)
        linear(list[ : linear-step])
        nontemporal(list)
        nowait
```

```
order([order-modifier : ]concurrent)
ordered[(n)]
private(list)
reduction([ reduction-modifier , ] reduction-identifier : list)
safelen(length)
schedule ([modifier [, modifier] : ] kind[, chunk_size])
simdlen(length)
```

由于 for simd 指导语句是由指导命令 for 和 simd 组合而来, 因此其配套子句为这两个指导命令配套子句的并集。

需要注意的是, 指导命令 for simd 需要配合指导命令 parallel 一起使用, 否则等同于指导命令 simd。for simd 指导语句首先将循环的迭代计算任务分配给多个线程, 然后每个线程采用向量化方式执行分配的迭代计算任务。如图 9.7 所示, OpenMP 使用 2 个线程在 128 b 寄存器上对 4 个单精度数进行加法计算, 在串行执行时只能使用 1 个线程计算一次加法运算, 其余线程则处于空闲状态; 在并行执行时使用 2 个线程, 每个线程执行一次加法运算; 在向量化执行时只能使用 1 个线程, 但这 1 个线程内可以使用 SIMD 单元进行 4 次加法运算; 在并行向量化执行时, 除了使用全部 2 个线程之外, 每个线程还可以计算 4 次加法运算, 并行区一共计算 8 次加法运算, 可明显提升程序的性能。

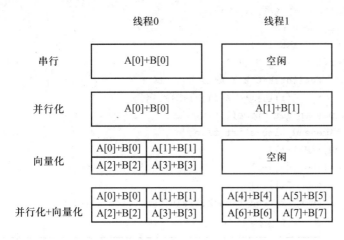

图 9.7　OpenMP 向量化并行化示意

9.4.2　性能分析

编译器往往都支持自动向量化, 能够根据硬件平台的向量部件特征, 将多个标量指令打包成一个向量指令, 达到通过执行单条指令来处理多条数据的目的。编译器需要在向量化过程中维持依赖关系以产生正确的结果, 否则采用保守方式放弃向量化机会, 而且编译器中自动向量化方法更为通用, 针对某种特定后端未必能做出向量化的最佳决策。因此优化人员可通过手动添加指导命令 simd, 在不存在依赖关系的情况下指示编译器对程序直接进行向量化操作, 以提升程序的性能。对代码 9-3 所示矩阵乘法的串行程序, 使用 simd 指导命令进行向量化优化的程序如代码 9-18 所示。

代码 9-18　添加 simd 指导命令的矩阵乘法

```
#include <stdio.h>
#include <omp.h>
#define N 2000
float A[N][N],B[N][N];
float C[N][N];
int main(){
    int i,j,k;
    double start_time,end_time,used_time;
    float sum=0.0;
    for(i=0;i<N;i++)
        for(j=0;j<N;j++){
            A[i][j]=i+1.0;
            B[i][j]=1.0;
            C[i][j]=0.0;
        }
    start_time=omp_get_wtime();
    #pragma omp simd
    for(int i=0;i<N;i++)
        for(int j=0;j<N;j++)
            for(int k=0;k<N;k++)
                C[i][j] += A[i][k]*B[k][j];
    end_time=omp_get_wtime();
    used_time=end_time-start_time;
    for(i=0;i<N;i++)
        for(j=0;j<N;j++)
            sum+=C[i][j];
    printf("sum=%lf,used_time=%lf s\n",sum,used_time);
}
```

优化人员在向量化优化过程中可以在编译命令中添加指定指令集、显示优化过程的输出等选项帮助优化。如在使用 LLVM 编译器时, 可以添加 Rpass=loop-vectorize 选项查看向量化优化信息, 编译命令为 clang -O3 -fopenmp -mavx2 -Rpass=loop-vectorize test.c -o test; 在使用 GCC 编译器时, 可以添加-fopt-info 选项用于显示优化过程的输出, 查看被向量化的代码, 编译命令为 gcc -fopenmp -O3 -mavx2 -fopt-info test.c -o test, 其中-mavx2 选项用于指定 Intel AVX2 指令集。代码 9-3 和代码 9-18 的运行时间对比如下:

sum=7997997711360.000000, 串行计算时间为: used_time=36.802946 s

gcc(-O3 选项 simd): sum=7997997711360.000000,simd 向量化计算时间为: used_time=2.558880 s gcc(-O3 选项) sum=7997997711360.000000, 串行计算时间为: used_time=4.316027 s

相较于程序的串行执行, 添加 simd 指导语句进行向量化操作后, 由系统 SIMD 向量长度为 256 b 支持 8 个浮点型数据同时运算可知, 理论上加速比最高为 8, 但实际测试得到程序加速比达到了 14, 在仅添加-O3 选项编译测试后, 发现这是因为使用-O3 编译选项的同时开启了其他编译优化, 使得程序的性能又获得了进一步提升。

同样对代码 9−3 所示矩阵乘法的串行程序, 添加 for simd 指导语句进行循环并行向量化后的程序如代码 9−19 所示。代码 9−19 中设置了 4 个线程, 在并行向量化过程中, 循环的并行化将所有迭代的计算任务平均分配给每个线程, 同时向量化操作可以在每个线程中实现一条指令处理 8 条数据。这样, 不满足一次迭代按一次迭代计算, 线程组内每个线程只需依次进行 2000/4/8 约 63 次迭代就能完成全部任务。那么从理论上来讲, 计算时间缩短为串行执行时的 (1/4)/8 即 1/32, 如果设置线程数量为 8, 则理论上可以缩短为 (1/8)/8 即 1/64。

代码 9−19   添加 for simd 指导语句的矩阵乘法

```
#include <stdio.h>
#include <omp.h>
#define N 2000
float A[N][N],B[N][N];
float C[N][N];
int main(){
    int i,j,k;
    double start_time,end_time,used_time;
    float sum=0.0;
    for(i=0;i<N;i++)
        for(j=0;j<N;j++){
            A[i][j]=i+1.0;
            B[1][j]=1.0;
            C[i][j]=0.0;
        }
    start_time=omp_get_wtime();
    #pragma omp parallel num_threads(4){
        #pragma omp for simd simdlen(8)
        for(int i=0;i<N;i++)
            for(int j=0;j<N;j++)
                for(int k=0;k<N;k++)
                    C[i][j] += A[i][k]*B[k][j];
    }
    end_time=omp_get_wtime();
    used_time=end_time-start_time;
    for(i=0;i<N;i++)
        for(j=0;j<N;j++)
```

```
                sum+=C[i][j];
        printf("sum=%lf,used_time=%lf s\n",sum,used_time);
}
```

将代码 9-19 所示程序中的线程数设置为 4 和 8 进行并行向量化后, 分别测试运行, 并与串行执行以及使用指导命令 simd 进行循环向量化的执行时间对比如下。分析发现使用 for simd 指导语句进行并行向量化执行的时间更短, 4 线程并行向量化运行时间为 1.058189 s, 8 线程并行向量化相较 4 线程有提升, 为 0.952904 s, 加速比分别为 34.8 和 38.6, 这是因为开启了-O3 选项获得了其他编译优化, 当线程数量增加到 8 时增大了并行处理能力但同时也增加了并行开销, 因此性能提升并不明显, 但向量化技术与硬件紧密相关, 硬件不同所支持的高级运算也具有一定差异, 想要用好向量化相关指导语句需要了解硬件及指令集的细节。

sum=7997997711360.000000, 串行计算时间为: used_time=36.802946 s

sum=7997997711360.000000, 循环向量化计算时间为: used_time=2.558880 s

sum=7997997711360.000000, 4 线程并行加向量化计算时间为: used_time=1.058189 s

sum=7997997711360.000000, 8 线程并行加向量化计算时间为: used_time=0.952904 s

9.5 负载均衡优化

负载是指多线程中某个线程被分配任务后一段时间后得不到执行的任务数量, 体现的是一种拥塞程度, 均衡是指多线程中线程间负载的相对大小, 所以应尽可能地使线程间负载相当, 更有利于发挥多核系统的潜力。OpenMP 能够以较低的成本开发多线程程序, 是将大量串行程序快速并行的有效方法, 但并行执行过程中的调度开销、线程创建开销、负载失衡及同步开销等都会影响 OpenMP 程序的性能。其中, 由线程间分配到的循环迭代任务大小不同等引起的负载失衡是导致 OpenMP 程序性能下降的原因之一, 这种不均衡程度越大, 闲置状态的线程就会越多, 完成计算任务所需的时间便会越长。而合理利用调度策略以及线程数设置等方式可以很好地实现负载均衡, 提升程序的性能。

9.5.1 循环嵌套合并调度

在对循环嵌套进行 OpenMP 并行化时, 如添加指导语句 #pragma omp parallel for 进行并行, 往往只能对紧邻指导语句的循环进行多线程任务划分, 而其内层的循环只能在一个线程上执行。如果外层循环的迭代次数过少, 而内层循环的迭代次数很多, 仅对外层循环进行任务划分就容易造成负载不均衡的情况, OpenMP 提供的 collapse 子句可用于解决此问题。

子句 collapse 只能用于循环嵌套, 它的具体语法格式为 collapse(n), 其中参数 n 是一个整数, 是指将与 collapse 子句最相邻的 n 层循环的迭代压缩合并在一起组成更大的任务调度空间, 从而增加线程组调度空间中的迭代数量, 可调度迭代次数的增加有助于解决负载不均衡问题。针对代码 9-5 所示的矩阵乘法并行程序, 引入 collapse 子句后如代码 9-20 所示。

代码 9-20　循环嵌套合并调度示例

```c
#include <stdio.h>
#include <omp.h>
#define N 2000
float A[N][N],B[N][N];
float C[N][N];
int main(){
    int i,j,k;
    double start_time,end_time,used_time;
    float sum=0.0;
    for(i=0;i<N;i++)
        for(j=0;j<N;j++){
            A[i][j]=i+1.0;
            B[i][j]=1.0;
            C[i][j]=0.0;
        }
    start_time=omp_get_wtime();
    #pragma omp parallel for collapse(2) private(i,j,k) shared(A,B,C) num_threads(4)
    for(i=0;i<N;i++)
        for(j=0;j<N;j++)
            for(k=0;k<N;k++)
                C[i][j]+=A[i][k]*B[k][j];
    end_time=omp_get_wtime();
    used_time=end_time-start_time;
    for(i=0;i<N;i++)
        for(j=0;j<N;j++)
            sum+=C[i][j];
    printf("sum=%lf,used_time=%lf s\n",sum,used_time);
}
```

对代码 9-20 使用 collapse 子句的矩阵乘程序进行测试后结果如下:

sum=7997997711360.000000, 串行计算时间为: used_time=36.802946 s

sum=7997997711360.000000, (并行区重构后) 并行计算时间为: used_time=10.429383 s

sum=7997997711360.000000, 并行计算 collapse 时间为: used_time=9.484230 s

相较于代码 9-5, 添加 collapse 子句后程序的执行时间为 9.484230 s, 性能有 10% 的提升, 性能提升不够显著, 原因是 2000 × 2000 规模的矩阵乘法并行程序, 在 4 线程上任务划分已经相对均衡。

通过上述介绍与分析可知, 当内外层循环迭代次数差别较大或外层循环迭代次数小于线程数时使用 collapse 子句会带来更大的性能提升, 因此以满足外层循环迭代数少于线程数条件的代码 9-21 为例, 进一步验证 collapse 子句的优化效果。

代码 9-21 子句 collapse 的性能测试示例

```c
#include<stdio.h>
#include<omp.h>
#include<unistd.h>
int main(){
    int i,j;
    double start_time,end_time,used_time;
    start_time = omp_get_wtime();
    #pragma omp parallel for private(i,j) collapse(2) num_threads(8)
    for(i=0;i<4;i++)
        for(j=0;j<8;j++)
            usleep(10000);
    end_time = omp_get_wtime();
    used_time = end_time - start_time;
    printf("used_time = %lf\n",used_time);
}
```

代码 9-21 所示的程序中调用函数 usleep 替代密集计算, 并将运行时间设置为 0.01 s, 当不使用 collapse 子句时, 虽然使用 num_threads 子句指定了 8 个线程, 但由于最外层仅有 4 次迭代, 因此外层仅有 4 个线程进行工作, 每个线程执行分配到的 i 层迭代下 j 层的 8 次迭代, 整体计算运行时间以运行时间最长的线程为准, 理论上为 0.08 s。

当使用 collapse 子句后, i 层迭代和 j 层迭代合并后循环迭代的总次数变为 32, 8 个线程都进行工作, 每个线程执行 4 次迭代, 整体计算运行时间以运行时间最长的线程为准, 理论上为 0.04 s, 在这种情况下 collapse 子句充分利用了线程, 使得负载更加均衡带来更好的加速效果, 实际测试中也与开启 4 个线程负载相对均衡的情况进行对比结果如下:

8 线程未使用 collapse(2): used_time=0.081057 s

8 线程使用 collapse(2): used_time=0.040737 s

4 线程未使用 collapse(2): used_time=0.080852 s

4 线程使用 collapse(2): used_time=0.080844 s

分析发现对于开启 8 线程时负载不均衡的情况下, 使用 collapse 子句后加速比达到 2.02, 而负载相对均衡时使用 collapse 子句则无明显加速效果。

9.5.2 线程调度配置策略

要实现 OpenMP 程序的负载均衡, 只使用 collapse 子句是不够的, 还需要选择合适的线程调度策略, 对循环迭代采取静态或动态的方式分配到各个线程上并行执行, 使得各个线程的工作量相当以提升程序的性能。本节首先介绍 4 种不同的线程调度策略, 包括静态调度、动态调度、指导调度和运行时调度, 然后结合程序测试来阐述不同调度策略对程序性能的影响, 最后给出了选择调度策略的建议。

1. 调度策略

OpenMP 中对每个并行循环, 都需要显式或隐式地给出调度策略。它们的一般说明形式为 #pragma omp for schedule (schedule_name, chunk_size), 其中调度策略的两个参数为调度策略名称 schedule_name 和调度块大小 chunck_size, 调度参数共同定义了一个循环迭代到线程号的映射关系。

OpenMP 定义了 4 种基本的调度策略, 静态调度 (static)、动态调度 (dynamic)、指导调度 (guided) 和运行时调度 (runtime)。其中运行时调度是指在运行时使用环境变量 OMP_SCHDULE 来确定上述 3 种调度策略的某一种, 因此后文不再单独介绍。

(1) 静态调度

静态调度是对循环进行静态划分, 任务分配上强调迭代次数在线程上尽可能地均分, 将所有的循环迭代划分为大小相等的调度块, 编译器负责完成迭代次数不能整除的块的单独映射, 以避免某些线程提前计算完自身的迭代任务而出现空闲。由于静态调度在并行执行之前就对线程进行了迭代分配, 因此调度块大小在运行期间不发生改变, 适合循环的各次迭代运行时间大致相同的情况。

假设对于 N 次迭代, 在开启 M 个线程的情况下使用静态调度策略并指明调度块大小为 P, 则 0 号线程将被分配到的迭代索引依次为 $0 \sim P-1$, $MP \sim (M+1)P - 1$, $2MP \sim (2M+1) + P - 1$, $\cdots\cdots$ 以此类推直至 N 次迭代被分配完毕。在没指定调度策略的默认情况下, 采用不指定调度块的静态调度策略, 此时迭代将被尽可能地平均划分, 使得分配给每个线程的计算任务是一段连续的迭代, 所以可以尽可能地减少多个线程同时访问同一片内存区域而发生访存冲突的概率, 同时增大数据访存的局部性进而提升缓存的使用效率。

在实际开发中选择合适的调度块大小以达到最佳性能可能是非常复杂的, 静态调度的使用一般取决于是否知道任务的大小, 是否知道与任务相关的数据大小, 以及任务间交互的特点等因素。建议在实际开发中应尽可能多地尝试不同的调度块大小以查看性能提升效果, 小的调度块可以让调度器将任务均匀地分配到各个线程中, 大的调度块可以配合多级缓存以达到数据在缓存中重用的机会, 在负载均衡和数据重用之间取得平衡以提升程序性能。

(2) 动态调度

动态调度不同于静态调度在算法执行前就已经分配好了任务, 且在运行期间不发生改变, 而是在运行时完成分配。动态调度强调的是先来先服务的排队申请策略, 其维护了一个内部调度块队列, 调度块大小由参数 chunk_size 确定, 默认为 1, 使用按需调度的方式以尽可能地避免静态调度过于强调平均分配带来的负载不均。具体来说, 就是当某个线程执行完当前调度块的任务时, 就为其从调度块队列中分配一个新的调度块。

动态调度的优点是可以使得每个线程都尽可能地执行计算任务, 同时在不同处理器间性能差异比较大或各个任务间大小不均的时候, 可以使得高性能处理器上的线程处理更多的任务, 低性能处理器则处理得更少一些。但是维护任务队列及分配任务都会产生一定的额外开销, 为了平衡开销, 动态调度的核心在于调度块大小的选择。调度块过小虽然会使得处理器都尽可能地工作起来, 但是不断地维护调度队列分配任务的开销也会不断增大, 这些开销可能会抵消掉负载均衡的优势; 相反, 过大的调度块会使得调度开销减少但是会出现负载不均的情况。

(3) 指导调度

指导调度与动态调度类似, 但强调的是任务分块动态变化, 调度块的大小开始比较大, 但会随程序的执行会按指数关系逐渐变小, 调度块大小计算方式为 $S = \lceil L/(N \times P) \rceil$, 其中: L 为当前剩余未调度的迭代次数, N 为线程个数, P 为比例因子一般取 1 或 2, 可选的参数 chunk_size 用于指定调度块大小的最小值。

指导调度可以使调度块大小在执行时从大到小递减, 一定程度上解决了动态调度分块的大小选择问题, 但该方式在循环结构极不规则的情况下, 最开始分配的调度块可能过大以至于后续分配的调度块没有足够的任务量, 从而会引起负载不均衡。如图 9.8 所示为利用上述不同的线程调度策略进行迭代计算的执行过程, 对比了 4 个线程分配到的调度块大小的变化情况。

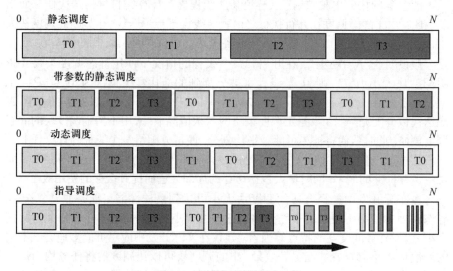

图 9.8　不同线程调度策略示意

2. 性能分析

对代码 9–5 所示的矩阵乘法并行程序, 设置线程数为 4, 并采用不同的调度策略和调度块大小进行测试, 将测试结果整理得到表 9.4。分析测试结果发现, 由于矩阵乘法程序属于规则循环结构, 每次循环的计算量均等, 默认调度和带参数的静态调度策略因为迭代均分使得调度块大小相当, 因而性能表现较好, 动态调度性能较差, 指导调度的性能表现介于静态调度和动态调度之间。

表 9.4　三种调度策略运行时间　　　　　　　　　　　单位: s

调度策略	调度块大小		
	默认	10	1
静态调度	10.148615	9.388581	9.368251
动态调度	10.405980	10.543739	—
指导调度	10.363140	10.467503	—

3 种调度策略中, 静态调度具有最小的开销, 动态调度具有最大的灵活性和最好的负载均衡性, 而指导调度是静态调度和动态调度在调度开销方面和负载均衡上的折中。针对使用调度策略实现负载均衡的关键是调度策略与调度块大小的选择, 在实际开发中优化人员应多根据经验结合具体应用程序的特点来选择合适的调度策略, 并选择一组不同大小的调度块测试比对性能差距, 进行调度参数的调整。

例如矩阵乘法程序此类的规则循环结构, 建议使用带参数的静态调度以取得较好的性能。对于递增循环结构, 建议使用带参数的静态调度策略可在一定程度上缓解循环各迭代之间的计算量差距, 以获得较好的性能。对于递减循环结构, 首先使用指导调度, 判断在开始时是否会因调度块较大会导致负载极为不均衡, 若是则推荐使用动态调度, 使得各线程调度的迭代块大小相当, 从而实现有效的负载均衡。对于随机循环结构, 推荐优先使用动态调度。

9.6　线程数设置优化

在 OpenMP 中, 构建并行区、创建线程组是进行并行控制的两个关键步骤。线程数的合理设置对程序的性能至关重要, 若线程数设置不合适, 可能无法获得比串行程序更优的性能。优化人员有时希望程序的兼容性更好, 能够在硬件环境发生变化、程序优化调整及运算规模变化等情况下重新调整线程的数量以达到程序的最佳性能, 因此 OpenMP 提供了多种线程数设置模式, 本节将详细探讨各种线程数设置模式, 以及如何动态设置线程数从而获得更佳的性能。

9.6.1　串并行切换

OpenMP 中常用 parallel for 指导语句对程序中的循环结构进行并行优化, 但在某些情况下并行优化后程序性能反而不如串行程序, 导致这种情况的原因是程序并行执行过程中多线程带来的性能提升并不能完全抵消掉构建并行区、创建线程组及线程调度等带来的并行开销，所以当循环次数少于一定阈值时，串行执行反而是一个更好的选择。下面将结合代码 9-5 中的矩阵乘法程序，测试在小规模矩阵下串行执行及线程数为 8 的并行执行时的程序运行时间，多次测量取平均值得到表 9.5。

表 9.5　不同线程数下矩阵乘法运行时间　　　　　　　　　　　　单位: s

矩阵规模 N	串行执行	8 线程并行执行
80	0.001362	0.001669
86	0.001715	0.001768
90	0.001928	0.001833

分析表 9.5 可知，当矩阵规模为 80 时，并行执行程序耗时反而更长；当矩阵规模为 86 时，串行运算时间和并行运算时间较为接近；当增大矩阵规模到 90 时，此时多线程并行出现加速效果。硬件环境和设置线程等的不同会使得程序存在不同的阈值，86 可以看作是代码 9-5 中的程序在当前硬件运行环境上选择串行或 8 个线程并行执行的阈值，当矩阵规模大于 86 时并行执行带来性能提升。而当矩阵规模小于 86 时，由于初始化多线程所需要的额外并行开销不足以抵消并行收益，并行执行程序的性能反而下降。

OpenMP 提供有 if 子句来自动切换程序的并行和串行，即在指导命令后增加 if(N>Number) 子句，其中当循环的迭代次数 N 大于阈值 Number 时，并行执行，否则串行执行。基于当前的硬件运行环境，在此示例中可以将阈值 Number 设置为 86，使用 if 子句后的程序如代码 9-22 所示。

代码 9-22　串并行切换示例

```
#include <stdio.h>
#include <omp.h>
#define N 86
float A[N][N],B[N][N];
float C[N][N];
int main(){
    int i,j,k;
    double start_time,end_time,used_time;
    float sum=0.0;
    for(i=0;i<N;i++)
        for(j=0;j<N;j++){
            A[i][j]=i+1.0;
            B[i][j]=1.0;
            C[i][j]=0.0;
        }
    start_time=omp_get_wtime();
#pragma omp parallel for private(i,j,k) shared(A,B,C) if(N>86) num_
```

```
threads(8)
    for(i=0;i<N;i++)
        for(j=0;j<N;j++)
            for(k=0;k<N;k++)
                C[i][j]+=A[1][k]*B[k][j];
    end_time=omp_get_wtime();
    used_time=end_time-start_time;
    for(i=0;i<N;i++)
        for(j=0;j<N;j++)
                sum+=C[i][j];
    printf("sum=%lf,used_time=%lf s\n",sum,used_time);
}
```

使用 if 子句切换程序串行并行来获取最佳性能，其本质在于平衡并行执行开销与加速收益，当前者小于后者时，程序更适合并行执行，反之保持串行执行。代码 9-22 中的程序将线程数设置为 8，但开启 8 个线程往往并不一定使程序获得最佳性能，还可以继续通过调整线程数来进一步优化，后文将对线程数设置的不同模式进行分析，并说明如何寻找最优的线程数以获得最佳程序性能。

9.6.2 选择合适的线程数

OpenMP 程序设置的线程数量一定程度上影响了程序的性能，增加线程可以在特定时间段内完成更多的任务，但线程数量过多可能会使线程间同步等开销增加，反而导致程序的性能降低，同时设置线程数时还需要考虑处理器硬件支持的线程数量，因此需要谨慎选择程序的并行线程数量。本节介绍如何使用 OpenMP 提供的线程设置模式及动态调整线程数的方法，以提升 OpenMP 程序的性能。

1. 线程数设置模式

OpenMP 模型在构建并行区时，提供多种对并行区设置线程数量的方式，通常有静态模式、动态模式、嵌套模式、条件模式 4 种模式。

静态模式是指由优化人员确定并行区中线程的数量，包括 3 种具体的设置方法：第一种方法是在并行区前调用函数 omp_set_num_threads 设定线程数；第二种方法是在指导语句中添加子句 num_threads 进行设置；三是使用环境变量 OMP_NUM_THREADS 进行线程数的设置。

动态模式包括两种设置方式。一种是采用默认模式，此方式中实际参加并行的线程数量由系统可以提供的线程数量决定，其优点是能够充分发挥计算平台的性能，但也存在一些缺点，例如并行程序结果如果依赖于线程数量和线程号则可能会导致计算结果错误。动态模式的另一种方式是调用函数 omp_set_dynamic 动态设定并行区内线程的数目，如果参数为真，则用于执行并行区的线程数可以由运行时环境调整；如果参数为假，则禁用动态调整。

嵌套模式是调用函数 omp_set_nested 启动或禁用嵌套并行的执行模式，OpenMP 并行区之间可以互相嵌套，即在并行区中构建另一个并行区。如果参数为真, 表示启用嵌套并行操作, 允许由当前并行区中的线程构建一个新的并行区并开启额外的线程作为子线程; 如果参数为假, 表示禁用嵌套并行操作, 那么当前并行区中嵌套的并行区内代码将串行执行, 在缺省参数情况时禁用嵌套并行操作。下面介绍嵌套模式的实现。

OpenMP 运行时库会维护一个线程池, 供构建并行区时使用, 该线程池中的线程可以用作并行区中的子线程。启用嵌套模式后, 当线程需要在嵌套并行区中创建包含多个线程的线程组时, 该线程将检查该线程池, 从中获取空闲线程并将其作为线程组的子线程, 如果没有足够的空闲线程, 则获取的子线程要比所需的少, 当线程组执行完并行区时, 子线程就会返回线程池中。

结合嵌套模式的实现进行分析发现, 并行区中的某个线程构建了另外一个并行区, 会使得程序运行将会变得不够稳定。同时将线程中一个完整的任务分成若干小任务由一组线程来执行, 使得没有多余的线程去做执行其他任务, 是对线程资源的一种浪费, 此外, 嵌套并行中构建并行区存在一定开销对程序的性能也会带来影响。

条件模式在第 9.6.1 节中演示了使用方法, 即利用子句 if 切换程序串行并行, 如果子句 if 的条件为真, 就采用并行方式来执行并行区内的代码, 否则就采用串行执行。条件模式一般与指导语句 parallel、parallel for 及 parallel sections 等配合使用, 可以根据工作负载大小来自主调节子线程数量。一般来说, 如果工作负载小, 则串行执行所需要的时间消耗小; 如果工作负载大, 则多线程并行执行所需的时间消耗小。

在使用上述 4 种模式确定线程数量时, 还应该注意这些模式的设定具有一定的优先级, 如果同时对线程数的使用多种不同的设置模式, 线程数最终按以下优先级顺序来确定:

① 子句 if 对应的线程数;
② 子句 num_threads 的线程数;
③ 库函数 omp_set_num_threads 的线程数;
④ 环境变量 OMP_NUM_THREADS 的线程数;
⑤ 编译器默认线程数量。

2. 动态设置线程数

下面以具体的示例说明不同线程数的选择对程序性能的影响, 代码 9-22 使用子句 num_threads 来设置并行区中的线程数量, 这种方式固定了线程数量, 即线程数量不会随着运行环境及程序规模等变化而变化, 此时可以考虑使用动态设置线程数量的方式, 动态设置线程数示例程序如代码 9-23 所示。

代码 9-23 动态设置线程数示例

```
#include <stdio.h>
#include <omp.h>
define N 2000
float A[N][N],B[N][N];
float C[N][N];
int main(){
```

```
    int i,j,k;
    double start_time,end_time,used_time;
    float sum=0.0;
    for(i=0;i<N;i++)
        for(j=0;j<N;j++){
                A[i][j]=i+1.0;
                B[i][j]=1.0;
                C[i][j]=0.0;
        }
start_time=omp_get_wtime();
omp_set_dynamic(1);
omp_set_num_threads(8);
    #pragma omp parallel for private(i,j,k) shared(A,B,C) if(N>86)
    for(i=0;i<N;i++)
        for(j=0;j<N;j++)
                for(k=0;k<N;k++)
                        C[i][j]+=A[i][k]*B[k][j];
    end_time=omp_get_wtime();
    used_time=end_time-start_time;
    for(i=0;i<N;i++)
        for(j=0;j<N;j++)
                sum+=C[i][j];
                printf("sum=%lf,used_time=%lf s\n",sum,used_time);
}
```

在矩阵规模为 2000×2000 时, 代码 9－22 和代码 9－23 分别使用两种不同的方式设置线程量, 前者使用子句 num＿threads 将线程数设置为 8, 后者先调用库函数 omp＿set＿dynamic 开启动态模式, 表明启用了可用线程数的动态调整, 再调用函数 omp＿set＿num＿threads 设置了并行执行过程中线程数量的上限为 8, 但没有设置具体的线程数量, 具体线程数在运行时确定, 因此两者前后执行时间略有不同。上述代码执行时间如下:

代码 9－22 运行结果: sum=7997997711360.000000, 并行计算时间为: used＿time=4.779319 s

代码 9－23 运行结果: sum=7997997711360.000000, 并行计算时间为: used＿time=4.582027 s

在测试过程中, 打印函数 omp＿get＿num＿threads 的结果, 观察到代码 9－23 在实际执行时仅开启了 7 个线程, 与代码 9－22 执行相比, 发现即使代码 9－22 的线程数比代码 9－23 并行执行时的线程多, 但代码 9－23 的执行时间更短, 这是因为随着线程数量的增多, 尽管每个线程的负载会减少, 但是线程的创建及同步等开销也会随着增加, 有时并不能提升程序性能。所以不论是静态模式、动态模式、嵌套模式还是条件模式, 都是为了更合理地设置线程数量以获得最佳性能, 实际程序优化时应根据程序的特征来选择合适的线程设置方式。

3. 寻找最优线程数

前面介绍的动态线程数设置可以适应目标硬件的变化和程序运算量增加的需要而动态改变线程数, 但不一定能带来最佳的性能。而在实际应用中, 并行程序可能会进行程序优化调整或发生运行环境改变, 由于不同程序的最优性能对应的线程数是不同的, 即便同一个程序在不同的优化阶段达到最优性能所对应的线程数也不一定相同, 需要重新设置线程数以达到性能最优, 因此根据程序特征和运行环境来设置合适的线程数十分重要。

区别于动态设置线程数强调线程数随着机器环境变化而不需要优化人员参与的自动调整, 本节寻找最优线程数是指优化人员需要给目标 OpenMP 程序找到使得程序性能达到最优的线程数。分块前后使矩阵乘法获得最佳性能对应的线程数是不同的, 本节以矩阵乘法使用缓存分块方法进行优化为例, 演示寻找最优线程数的过程。

寻找最优线程数程序如代码 9-24 所示, 示例中对代码 9-22 进行了如下优化。将分块大小设置为 64, 外层循环 ii 和 jj 定位到 C 矩阵中要计算的块, kk 代表 A、B 矩阵中块的累加, 内层循环在 k 层循环中先读取 a[i][k] 保存到寄存器变量 s 中, 在内层 j 循环计算时直接读取 s, 而 B[k][j] 和 C[i][j] 在 j 层循环中是连续访问的, 在 k 层循环中 A[i][k] 也是连续读取的, 从而提升了程序的访存效率。

代码 9-24　寻找最优线程数示例

```
#include <stdio.h>
#include <omp.h>
#define N 2000
#define min(a, b) (((a) < (b)) ? (a) : (b))
float A[N][N],B[N][N];
float C[N][N];
int BLOCK_SIZE=64;
int main(){
    int i,j,k;
    double start_time,end_time,used_time;
    float sum=0.0;
    for(i=0;i<N;i++)
        for(j=0;j<N;j++){
            A[i][j]=i+1.0;
            B[i][j]=1.0;
            C[i][j]=0.0;
        }
    start_time=omp_get_wtime();
    #pragma omp parallel for private(i,j,k) shared(A,B,C) if(N>86) num_
threads(12)
    for (int ii = 0; ii < N; ii += BLOCK_SIZE)
        for (int jj = 0; jj < N; jj += BLOCK_SIZE)
```

```
        for (int kk = 0; kk < N; kk+=BLOCK_SIZE)
            for (i = ii; i < min(ii+BLOCK_SIZE,N); i++)
                for (k = kk; k < min(kk+BLOCK_SIZE,N); k++){
                    int s=A[i][k];
                    for ( j = jj; j < min(jj+BLOCK_SIZE,N); j++){
                        C[i][j]+= s*B[k][j];
                    }
                }
    end_time=omp_get_wtime();
    used_time=end_time-start_time;
    for(i=0;i<N;i++)
        for(j=0;j<N;j++)
            sum+=C[i][j];
    printf("sum=%lf,used_time=%lf s\n",sum,used_time);
}
```

由上述分析可知，在进行程序优化调整或运行环境改变的情况下，需要重新测试并动态调整程序的线程数量。首先根据内核数量来设置线程数，然后尝试分别增大和减少线程数量来判断性能是否因线程数量变化而发生改变。如针对代码 9–23，首先根据内核数 16 来设定初始值，然后依据表 9.6 展示了几种线程数设置值，分别测试增大和减小线程数后程序的运行时间。

分析表 9.6 分块优化后设置不同线程数的程序执行时间，发现线程数为 1 时程序的执行时间最长，随着线程数的不断增加，程序的运行时间不断缩短，当线程数为 32 时程序的运行时间最短为 1.855550 s，此时再进一步增加线程数，程序的执行时间又会进一步增长。因此，当前最优线程数为 32。

表 9.6 也测试了未分块优化前程序的执行时间，发现线程数为 1 时程序的执行时间最长，随着线程数的不断增加，程序的运行时间不断缩短，当线程数为

表 9.6　寻找最优线程数示例运行时间

是否分块	线程数量	运行时间/s
未分块	1	38.241965
	4	9.624027
	8	4.853919
	12	3.221782
	16	2.404030
	20	1.933000
	24	1.858040
	28	1.951767
	32	1.865701
	36	1.879520

是否分块	线程数量	运行时间/s
分块	1	34.259925
	4	10.801903
	8	5.580071
	12	4.194609
	16	2.823941
	20	2.813903
	24	2.656740
	28	2.845434
	32	1.855550
	36	1.945862

24 时程序的运行时间最短为 1.858040 s, 此时再进一步增加线程数, 程序的执行时间又会进一步增长。因此, 分块优化前最优线程数为 24, 与分块优化后不同, 说明当程序进行优化调整后重新寻找最优线程数能够进一步提升性能。

此外, 优化人员也可根据以下两条原则指导线程数的设置: 第一, 总的线程数一般不超过系统的处理器数目, 如果 CPU 硬件支持超线程, 则总的运行线程数一般不超过系统处理器数目的 2 倍, 建议使用硬件数量相同的线程是因为没有线程切换开销。第二, 应尽可能地增加每个线程的负载, 使线程切换和调度等开销与收益相比几乎可以忽略。

9.7 避免隐式同步

并行程序执行过程中, 常通过同步操作来保证执行结果的正确性, 即其要求并行区内所有线程都执行到此处, 再统一继续执行。OpenMP 中提供了显式和隐式两种同步方式, 添加同步指导语句是一种显式同步的方式, 而隐式同步是指 OpenMP 中的 parallel、for、sections 等指导语句结构都会在结束处默认添加同步点, 然而在某些情况下, 这种隐式同步是不必要的, 它的存在会影响程序性能, 因此可以通过避免隐式同步来进行程序优化。本节将首先分析隐式同步的存在, 然后举例说明如何消除隐式同步。

9.7.1 分析隐式同步

OpenMP 中有显式和隐式两种同步方式, 使用指导语句 #pragma omp barrier 是进行显式同步的一种方式, 其不需要对任何代码进行修饰, 而是要求并行区内所有线程都必须执行该指导语句后, 才能继续执行后续代码。而隐式同步是指执行 parallel、for、sections 等指导语句时, 并行区的结束处会默认添加一个同步点以进行隐式的线程同步, 保证程序执行结果的正确性。下面以代码 9-25 所示的程序为例, 通过打印线程输出结果, 说明并行区结束处隐式同步的存在。

代码 9-25 分析隐式同步示例

```
#include<stdio.h>
#include<omp.h>
#define N 16
int main(){
    int i,A[N];
    #pragma omp parallel private(i) num_threads(4){
            #pragma omp for
            for(i=0;i<N;i++){
                A[i] = i;
                printf("thread id = %d : A[%d] = %d\n",omp_get_thread_
num(),i,A[i]);
            }
            #pragma omp master
            printf("thread id = %d : All work done\n",omp_get_thread_
num());
    }
}
```

代码 9-25 的打印输出结果如下:

thread id = 1 : A[4] = 4

thread id = 1 : A[5] = 5

thread id = 1 : A[6] = 6

thread id = 1 : A[7] = 7

thread id = 2 : A[8] = 8

thread id = 2 : A[9] = 9

thread id = 2 : A[10] = 10

thread id = 2 : A[11] = 11

thread id = 0 : A[0] = 0

thread id = 0 : A[1] = 1

thread id = 0 : A[2] = 2

thread id = 0 : A[3] = 3

thread id = 3 : A[12] = 12

thread id = 3 : A[13] = 13

thread id = 3 : A[14] = 14

thread id = 3 : A[15] = 15

thread id = 0 : All work done

分析发现虽然数组赋值会因为多线程并行执行可能会带来输出次序不同，但语句"All work done"始终在上述赋值全部完成后进行输出，标志着 for 结构真正意义上执行完成，但当在 for 指导语句后添加 nowait 子句消除隐式同步后，打印结果也如下：

thread id = 3 : A[12] = 12

thread id = 3 : A[13] = 13

thread id = 3 : A[14] = 14

thread id = 3 : A[15] = 15

thread id = 0 : A[0] = 0

thread id = 0 : A[1] = 1

thread id = 0 : A[2] = 2

thread id = 0 : A[3] = 3

thread id = 0 : All work done !

thread id = 2 : A[8] = 8

thread id = 2 : A[9] = 9

thread id = 2 : A[10] = 10

thread id = 2 : A[11] = 11

thread id = 1 : A[4] = 4

thread id = 1 : A[5] = 5

thread id = 1 : A[6] = 6

thread id = 1 : A[7] = 7

发现语句"All work done"输出前后均有线程在并行执行，经过对比可以说明指导语句 for 在结构结束时会默认添加线程同步，以此来保证程序结果的正确性。

但并行程序并不总是需要同步，有时后续的任务不需要等待前面任务的完成，此时如果存在隐式同步则会浪费线程资源。为了让先完成计算任务的线程继续工作，可使用 nowait 子句消除隐式同步。

9.7.2 消除隐式同步

使用线程同步时，线程组中的部分线程在完成计算任务后并不能立即向下执行，需要等待线程组内的所有线程执行完毕后才可继续执行，如此一来增加了程序的执行时间，并行区的执行时间将取决于执行时间最长的线程。在保证程序正确性的前提下，可以使用 OpenMP 提供的 nowait 指导语句消除隐式同步，当面对不同大小的任务分块时，利用 nowait 指导语句可以让任务量小的线程进一步去完成其他的任务，在提升线程的利用率的同时，降低了程序的运行时间。

以代码 9–26 为例，该程序实现了对两个数组求和及复杂计算的并行执行，在核心 for 循环中，使用 8 个线程并行，对于总共 320 次迭代，每个线程需要执行 40 次迭代，每次迭代需要计算一次求和运算和一次复杂计算 complexcompute，在 for 循环结束后分别使用一个线程来执行一次复杂计算和对数组进行求和。其中使用 Linux 提供的函数 usleep 代替函数 complexcompute 来简化程序，同时为演示不同规模的计算任务, 利用线程号对复杂计算的时间进行设置, 线程号较小的复杂计算时间较短, 线程号较大的时间较长。

分析代码 9−26 发现, for 循环后的复杂计算和 for 循环中计算任务的执行不存在依赖, 因此若 for 循环中的线程计算完自身的任务, 可以不再等待其他线程, 而提前去执行 for 循环后的复杂计算。所以叫以在 #pragma omp for 后添加子句 nowait, 避免由于 for 指导语句自带的隐式同步导致的程序性能降低。

代码 9−26 消除隐式同步示例

```c
#include<stdio.h>
#include<omp.h>
#include<unistd.h>
double sum(double a[],int start,int end){
    int i;
    double sum;
    for(i=start;i<end;i++)
    sum += a[i];
    return sum;
}
void complexcompute(int N){
    //do a lot work used_time imblance accord to C
    usleep(10000*N);
}
int N = 320;
int main(){
    double start_time,end_time;
    double z[N],x[N],y[N];
    int i,j,f;
    double scale;
    for(i=0;i<N;i++){
        z[i] = 0.0;
        x[i] = 0.001;
        y[i] = 0.999;
    }
    start_time = omp_get_wtime();
    #pragma omp parallel default(none) shared(N,x,y,z,scale) private(f,
i,j) num_threads(8){
        f= 1.0;
        #pragma omp for nowait
        for(i=0;i<N;i++){
            z[i] = x[i] + y[i];
            complexcompute(omp_get_thread_num());
        }
        #pragma omp single
        complexcompute(200);
```

```
        #pragma omp single
        scale = sum(z,0,N) + f;
    }
    end_time = omp_get_wtime();
    printf("used_time = %lf\n",end_time-start_time);
    printf("scale = %lf",scale);
}
```

若忽略数组求和计算的时间, 当未使用 nowait 子句时由于隐式同步的存在, 导致已完成 for 循环中计算任务的线程会进入闲置状态, 即最终程序的执行时间为 for 循环执行时间与 for 循环后复杂计算执行时间的总和。在使用 nowait 子句消除了隐式同步后, 计算量小的 0 号线程在完成 for 结构中的计算任务后可以继续执行复杂计算, 此时执行时间最长的 7 号线程仍在执行 for 结构中的计算任务, 即两部分运算是并行的, 则系统运行时间取决于这两者中耗时更长的一方。

在代码 9-26 所示程序中的 #pragma omp for 指导语句后, 对添加 nowait 和未添加 nowait 子句的两种情况分别进行测试, 测试结果如下:

未添加 nowait:used_time = 4.841255 s

添加 nowait:used_time = 2.829996 s

结果显示添加 nowait 子句后加速比达到 1.71, 性能得到了明显提升。

但 nowait 子句的使用不是无条件的, 需要在保证程序正确性的前提下才能使用。例如代码 9-26 中的第一条 single 指导语句要求任意一个空闲线程执行一次长达 2 s 的复杂运算, 同时在计算完成后等待所有的线程执行完之前的循环计算以进行同步, 第二条 single 指导语句要求任意一个空闲线程对 z 数组求和一次。显然这两条 single 指导语句不能合并, 若在第一条 single 指导语句后继续添加 nowait 子句来消除隐式同步, 可能会出现在循环计算未全部完成, 但先完成循环计算的线程直接进行求和的情况, 则无法保证程序执行结果的正确性。

同样以代码 9-27 并行矩阵乘法程序为例, 说明在保证数组归约求和得到正确结果的前提下, 添加 nowait 子句消除隐式同步实现加速效果。测试发现添加 nowait 子句后程序运行结果是正确的, 运行时间为 9.147731 s, 由于该程序的各个线程性能差距较小, 各线程的计算任务分配相对均衡, 使用 nowait 后的程序性能相较提升仅约为 2%。

代码 9-27 使用 nowait 的并行矩阵乘法

```
#include <stdio.h>
#include <omp.h>
#define N 2000
float A[N][N],B[N][N];
float C[N][N];
int main(){
    int i,j,k;
    double start_time,end_time,used_time;
    float sum=0.0;
```

```
for(i=0;i<N;i++)
    for(j=0;j<N;j++){
        A[i][j]=i+1.0;
        B[i][j]=1.0;
        C[i][j]=0.0;
    }
start_time=omp_get_wtime();
#pragma omp parallel private(i,j,k) shared(A,B,C) num_threads(4){
    #pragma omp for
    for(i=0;i<N;i++){
        printf("线程%d执行C[%d][x]计算\n",omp_get_thread_num(),i);
        for(j=0;j<N;j++)
            for(k=0;k<N;k++)
                C[i][j]+=A[i][k]*B[k][j];
    }
    #pragma omp for reduction(+:sum) nowait
    for(i=0;i<N;i++){
        printf("线程%d执行C[%d][x]求和\n",omp_get_thread_num(),i);
        for(j=0;j<N;j++)
            sum+=C[i][j];
    }
}
end_time=omp_get_wtime();
used_time=end_time-start_time;
printf("sum=%lf,used_time=%lf s\n",sum,used_time);
}
```

为了便于观察, 将代码 9−27 所示程序中的矩阵规模更改为 N=8, 线程数设置为 4, 并打印输出线程号及其执行的迭代任务如下:

线程 0 执行 C[0][x] 计算

线程 3 执行 C[6][x] 计算

线程 3 执行 C[7][x] 计算

线程 0 执行 C[1][x] 计算

线程 2 执行 C[4][x] 计算

线程 2 执行 C[5][x] 计算

线程 1 执行 C[2][x] 计算

线程 1 执行 C[3][x] 计算

线程 3 执行 C[6][x] 求和

线程 3 执行 C[7][x] 求和

线程 2 执行 C[4][x] 求和

线程 2 执行 C[5][x] 求和

线程 0 执行 C[0][x] 求和

线程 0 执行 C[1][x] 求和

线程 1 执行 C[2][x] 求和

线程 1 执行 C[3][x] 求和

分析发现此程序运行结果正确是因为满足以下三个条件: 第一, 使用默认的静态调度策略, 两个 for 循环之间的分块大小相同; 第二, 计算和求和这两个循环有相同的迭代次数; 第三, 循环绑定到同一个并行区。即该线程组在两个 for 循环上的任务映射是固定的, 线程 0 执行的计算任务不会等待其他线程全部完成计算任务再执行求和任务, 而是去直接进行相同迭代变量的求和运算, 如打印结果所示的 C[0][x] 的计算和求和均由 0 号线程完成。若程序不满足上述 3 个条件, 如将代码 9–27 所示程序中调度策略更改后, 测试发现会由于线程到迭代的映射变化, 会导致程序结果错误。而满足上述 3 个条件的程序, 可使用 nowait 充分利用多线程执行的特征来提升程序的性能。

9.8　流水并行优化

程序中的循环结构往往占据了程序执行的绝大部分时间, 因此针对循环进行并行化对于程序性能优化来说具有重要意义。前文介绍的优化方法均需要以循环的迭代间没有依赖为前提, 而流水并行是指将循环的各次迭代分配给不同的线程, 线程间流水执行来获得并行性, 通过某种方式的同步来维持迭代间的依赖。本节将详细介绍流水并行的概念, 结合基于有限差分松弛法 (Finite Difference Relaxation, FDR) 的核心循环这一示例说明利用 OpenMP 如何实现流水并行, 并针对线程负载、同步开销等因素进行粒度优化, 以最大限度地挖掘循环中的并行性, 进一步改善流水并行的优化效果, 最后基于示例进行测试和分析优化效果。

9.8.1　流水并行简介

根据循环所蕴含并行性的不同, 可以将循环分为 DOALL 循环和 DOACROSS 循环, 不同类型循环蕴含的并行性和发掘其并行性的难度也完全不同。DOALL 循环中的各次迭代之间不存在依赖关系, 因此, DOALL 并行是将循环的迭代任务分配到多个线程同时执行, 迭代间不需要同步, 是一种完全并行。假设该循环共有 6 次迭代, 由 2 个线程执行, 则可以由线程 0 执行循环的第 0、2、4 次迭代, 线程 1 执行循环的第 1、3、5 次迭代, 其执行调度过程如图 9.9 所示。事实上, 由于迭代间不需要同步, 循环的迭代可以以任意方式和顺序划分给这 2 个线程执行。

DOACROSS 循环中存在跨迭代的依赖关系, 对于无法消除迭代间依赖的循环, 仍然有可能通过迭代间的同步实现循环的并行执行。DOACROSS 流水并行是一种含有迭代间依赖的循环并行执行方式, 将循环各次迭代分配给多个线程, 但需要通过迭代间的同步维持原有的依赖关系来保证程序执行的正确性。图 9.10 展示了 DOACROSS 并行中的循环用 2 个线程实现流水并行的执行调度过程, 其中一个线程先执行循环第一次迭代, 另一个线程随后执行后一次迭代, 在 2 个线程的迭代间通过同步维持原有的操作顺序。

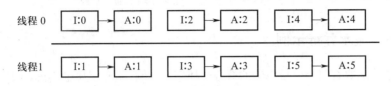

图 9.9　DOALL 循环并行执行过程

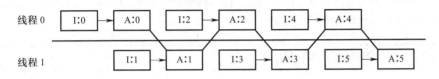

图 9.10　DOACROSS 循环并行执行过程

根据 DOACROSS 循环中存在的跨迭代依赖距离是常量还是变量, 又可以将其进一步细分为规则 DOACROSS 循环和不规则 DOACROSS 循环。与不规则 DOACROSS 循环相比, 由于规则 DOACROSS 循环中依赖关系的规则性, 使得其更容易通过流水并行的方式进行并行, 从而提升程序的并行性能。

本节描述的流水并行是针对迭代之间存在依赖关系的规则 DOACROSS 循环进行优化的一种方式, 流水并行的过程由流水填充和满负载两个阶段组成, 若将循环中的多个迭代组成一个调度单位 $B(n,n)$, 在计算时其调度策略可简单描述为线程 0 计算 $B(0,0)$ 后进行右同步, 线程 1 进行左同步, 然后线程 0 和线程 1 开始计算 $B(0,1)$ 和 $B(1,0)$, 之后的步骤依次类推直至完成所有计算, 如图 9.11

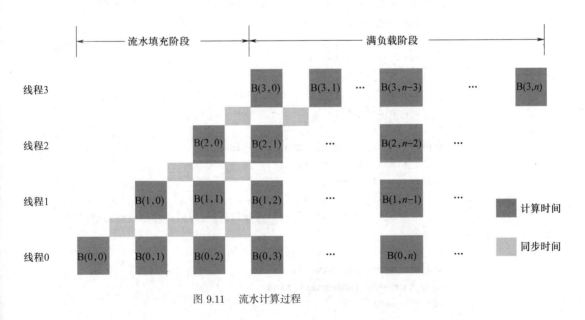

图 9.11　流水计算过程

所示。如果想要通过循环流水获得良好的性能，不仅需要保持并行线程之间的负载均衡，还需要控制同步开销在执行总开销中占的比例。更具体地说，需要循环在流水并行时选择恰当的计算划分方式、同步方式及循环分块大小。

9.8.2 流水并行示例

本节选取有限差分松弛法的核心循环作为示例，来介绍通过 OpenMP 实现规则 DOACROSS 循环流水并行计算的步骤。如代码 9−28 所示，在该循环二维数组 a 中除边界行列的元素外，其他元素的值均为其相邻元素的平均值，因此在计算过程中 i 层和 j 层迭代之间存在数据依赖。代码 9−28 中的第 23 至 27 行为 FDR 循环的串行执行过程。

代码 9−28　FDR 循环串行程序

```c
#include <stdio.h>
#include <omp.h>
#define N1 10000
#define N2 10000
double a[N1][N2];
int i,j;
int main(){
    //数组初始化
    for(i=0;i<N1;i++){
        for(j=0;j<N2;j=j+4)
            a[i][j]=3;
        for(j=1;j<N2;j=j+4)
            a[i][j]=5;
        for(j=2;j<N2;j=j+4)
            a[i][j]=4;
        for(j=3;j<N2;j=j+4)
            a[i][j]=8;
        for(j=4;j<N2;j=j+5)
            a[i][j]=7;
    }
    double start_time,end_time,used_time;
    start_time=omp_get_wtime();
    for(i=1;i<N1-1;i++){
        for(j=1;j<N2-1;j++){
            a[i][j]=0.25*(a[i-1][j]+a[i][j-1]+a[i+1][j]+a[i][j+1]);
        }
    }
    end_time=omp_get_wtime();
    used_time=end_time-start_time;
    float sum=0;
```

```
for(i=0;i<N1;i++){
    for(j=0;j<N2;j++){
        sum+=a[i][j];-
    }
}
printf("矩阵C所有元素值和为sum=%lf，计算时间为:used_time=%lf s\n",
sum,used_time);
}
```

针对此循环进行流水并行的步骤如下：

① 判断目的循环是否为 DOACROSS 循环且循环层数是否大于 2。在进行流水计算之前，需要判断循环是否是规则 DOACROSS 循环，而且由于流水并行时单层循环很难获得并行性能提升，所以需要判断循环层数。在代码 9-28 中，FDR 循环中包含 i 和 j 两层循环、4 个数组 a 的读引用和 1 个数组 a 的写引用。根据依赖关系分析的结果得出该循环的 i 层和 j 层均携带依赖，无法完全并行，是一个 DOACROSS 双层循环。

② 选择计算划分层和循环分块层。判断循环类型后需要选择循环中的迭代层作为计算划分层和循环分块层。选择计算划分层时，若选择涉及依赖数组少且依赖距离小的循环层，就能够减少线程之间数据同步的开销，实现更多线程之间的流水执行；选择循环分块层时，若选择在原循环中最靠近外层的循环层，尽量保留内层，就可以在循环执行时保持良好的数据局部性，有助于获得更大的性能提升。例如针对代码 9-28 所示的 FDR 循环，根据上述规则，选择 j 层作为计算划分层，选择 i 层为循环分块层。

③ 实现线程同步。流水并行的正确性依赖于线程之间同步的正确性，barrier 指导语句虽然能够实现线程组中各线程的同步，但此同步方式开销较大。流水并行时，每一个迭代块需要读取其左侧迭代块所写入的数据，而它写入的数据要被其右侧迭代块读取，其执行过程如图 9.12 所示，其中的同步可使用计数信号量来实现。

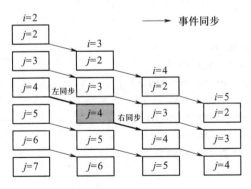

图 9.12　理想情况下 FDR 循环的流水并行

信号量在多线程中主要是用于线程的同步或者限制线程运行的数量。实现同步需要定义计数信号量一维数组 isync，以及两个辅助变量 mthreadnum 和

iam, 数组的长度与并行时线程数目相等, 数组元素的值表示相应线程是否完成一个迭代块的计算以及计算结果是否被读取更新过, 值为 1 表示完成计算, 值为 0 表示本次迭代计算已经被读取过, 还需要注意由于第一个线程无需进行左同步, 因此需要初始化 isync[0] 的值为 1。整型变量 mthreadnum 用于存放库函数 omp_get_num_threads 所取得的当前线程组中的线程总数, 整型变量 iam 用于存放当前线程在线程组中编号, 可调用库函数 omp_get_thread_num 得到。此外, 由于 OpenMP 存储模型的弱一致性, 当对计数信号量修改后, 需要使用 flush 指导语句来保证修改能够被其他线程看到。左同步实现过程中, 首先需要判断并等待左侧线程完成计算, 然后需要重新将信号量置为 0, 通知左侧线程本次迭代计算的结果已经被读取过。实现左同步过程的函数 sync_left 代码段如下:

```
int isync[256],mthreadnum,iam;
#pragma omp threadprivate(mthreadnum,iam)
void sync_left(){
    int neighbour;
    if(iam>0&&iam<=mthreadnum){
        neighbour=iam-1;
        while(isync[neighbour]==0) {
            #pragma omp flush(isync)
        }
        isync[neighbour]=0;
        #pragma omp flush(isync,a)
    }
}
```

右同步过程实现过程中, 首先需要等待右侧线程将上一迭代更新的数据取出, 然后需要将信号量置为 1, 告诉右侧线程本次迭代计算的结果已经被更新过。当每一轮次最后一个线程完成同步后, 需要唤醒第一个线程, 这里要做特殊处理。实现右同步过程的函数 sync_right 代码段如下:

```
void sync_right(){
    if(iam<mthreadnum){
        while(isync[iam]==1) {
            #pragma omp flush(isync)
        }
        #pragma omp flush(isync,a)
        isync[iam%(mthreadnum-1)]=1;
        #pragma omp flush(isync)
    }
}
```

结合示例来看, 并行线程在开始一个 j 层迭代的计算之前和完成一个 j 层迭代的计算之后, 需要分别调用函数 sync_left 和 sync_right 完成线程同步, 代码段如下:

```
for(int i=1;i<N1-1;i++){
    sync_left();
    for(int j=1;j<N2-1;j++){
        a[i][j]=0.25*(a[i-1][j]+a[i][j-1]+a[i+1][j]+a[i][j+1]);
    }
    sync_right();
}
```

至此已经实现了简单的流水并行运算。

④ 线程负载优化。值得注意的是, 图 9.12 给出的只是理想情况下的流水并行循环, 理想情况下假设可用的并行线程数量充足, 因此被划分的 i 层循环以单次迭代为单位对线程进行分配。但在实际情况中, 线程数量是有限的, 每个并行线程获得的 i 层迭代数常常大于 1, 因此需要对循环的流水并行代码进行适当调整, 调整后代码段为:

```
for(int j=1;j<N2-1;j++){
    sync_left();
    for(int i=1;i<N1-1;i++){
        a[i][j]=0.25*(a[i-1][j]+a[i][j-1]+a[i+1][j]+a[i][j+1]);
    }
    sync_right();
}
```

调整后 i 层仍然是计算划分层, 但 j 层被交换至最外层。假定可用的并行线程数为 4, 则每个线程分得的 i 层迭代数为 $(N1-1)/4$。为简单起见, 假设 N1 和 N2 等于 33, 则每个线程各分得 8 次迭代。此时线程之间的同步也发生相应改变, 在开始迭代的计算之前与其左侧的线程进行同步, 完成 i 层的 8 次迭代计算之后, 与其右侧线程进行同步, 其流程如图 9.13 所示。

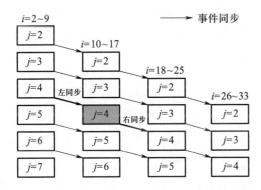

图 9.13　实际情况下 FDR 循环的流水并行

因为考虑到实际情况中线程的数量有限, 通过将 j 层交换至最外层的方式, 在简单流水并行的基础上进行线程负载优化, 经过线程负载优化后的流水并行实现程序如代码 9-29 所示。

```
#include <stdio.h>
#include <omp.h>
#define N1 10000
#define N2 10000
#define min(a,b) ((a)<(b)?(a):(b))
#double a[N1][N2];
int i,j;
int isync[256],mthreadnum,iam;
#pragma omp threadprivate(mthreadnum,iam)
void sync_left(){
    int neighbour;
    if(iam>0&&iam<=mthreadnum){
        neighbour=iam-1;
        while(isync[neighbour]==0){
            #pragma omp flush(isync)
        }
        isync[neighbour]=0;
        #pragma omp flush(isync,a)
    }
}
void sync_right(){
    if(iam<mthreadnum){
        while(isync[iam]==1){
            #pragma omp flush(isync)
        }
        #pragma omp flush(isync,a)
        isync[iam%(mthreadnum-1)]=1;
        #pragma omp flush(isync)
    }
}
int main(){
    isync[0]=1;
    //数组A初始化
    for(i=0;i<N1;i++){
        for(j=0;j<N2;j=j+4)
            a[i][j]=3;
        for(j=1;j<N2;j=j+4)
            a[i][j]=5;
        for(j=2;j<N2;j=j+4)
            a[i][j]=4;
        for(j=3;j<N2;j=j+4)
            a[i][j]=8;
```

```
        for(j=4;j<N2;j=j+5)
            a[i][j]=7;
    }
    double start_time,end_time,used_time;
    start_time=omp_get_wtime();
    #pragma omp parallel default(shared) private(i,j) shared(a) num_
threads(8){
        mthreadnum=1;
        mthreadnum=omp_get_num_threads()+1;
        iam=1;
        iam=omp_get_thread_num()+1;
        isync[iam]=0;
        #pragma omp barrier
        for(int j=1;j<N2-1;j++){
            sync_left();
            #pragma omp for schedule(static) nowait
            for(int i=1;i<N1-1;i++){
                a[i][j]=0.25*(a[i-1][j]+a[i][j-1]+a[i+1][j]+a[i][j+1]);
            }
            sync_right();
        }
    }
    end_time=omp_get_wtime();
    used_time=end_time-start_time;
    double sum=0;
    for(i=0;i<N1;i++){
        for(j=0;j<N2;j++){
            sum+=a[i][j];
        }
    }
    printf("矩阵C所有元素值和为sum=%lf, 并行计算时间为:used_time=%lf
s\n",sum,used_time);
}
```

至此完成了 FDR 循环的流水并行优化, 选择 2048×2048、10000×10000、15000×15000 3 种规模的矩阵对代码 9–29 进行性能测试, 测试平台为 Hygon C86 处理器, 使用的编译器为 GCC 7.3.1。在测试对比的过程中, 需要注意编译器在编译串行程序时可能会进行循环相关优化, 从而可能会影响测试结果, 因此编译时使用了 -O0 编译选项, 命令为 gcc-fopenmp -O0 test.c -o test。表 9.7 中统计了不同矩阵规模及开启不同线程数的程序测试后的执行时间, 可以看出采用流水并行后的程序性能反而降低, 这是由运用流水并行后程序的同步开销大于其所能带来的加速收益导致的, 说明还需要进一步对流水并行进行优化。

表 9.7　FDR 循环流水性能运行时间

矩阵规模	串行时间/s	线程数	并行流水时间/s
2048 × 2048	0.035565	3	0.137446
		8	0.069433
10000 × 10000	0.853345	3	1.166128
		8	1.251388
15000 × 15000	1.925874	3	2.546752
		8	2.760934

9.8.3　流水并行粒度

流水并行虽然为存在跨迭代依赖的循环提供了并行的机会, 但并行后需要进行频繁的线程间同步, 所带来的开销较大, 导致并行后程序性能不佳。同一线程两次同步之间的计算工作量大小称为流水计算粒度, 可以通过选择循环流水粒度的方法来平衡并行粒度和同步代价两者的关系。

流水粒度一般可以分为细粒度和粗粒度。细粒度流水是指将被划分的循环层放置在循环嵌套的较内层, 因此每次的计算量较小, 能够较快获得计算的所需数据, 有效减少空闲等待时间。但由于同步延迟的存在, 粒度太小时流水会产生较多的同步次数, 从而导致较高的同步代价和较低的流水并行性能。粗粒度流水是指将计算划分的循环层放到循环嵌套的较外层, 增加每个分块的计算量和同步数据量, 同步代价相对较小。

通常可以使用循环交换和循环分块这两种循环变换方式来完成流水粒度的调节。本节从流水粒度优化的角度入手, 讨论基于循环分块调整流水粒度的方法, 并说明如何选择流水粒度使得流水并行优化效益最大化。

1. 增大流水粒度

循环在进行如图 9.13 所示的流水并行时, 若计算划分层包含的迭代次数较少或循环结构本身的工作量较小, 会导致流水计算粒度变小, 即线程两次同步之间的工作量不足以作为调度的单位, 这时流水并行循环的性能低下, 甚至会出现负收益。对于这种情况, 通过循环分块的方式将更多的迭代组成集合, 每个集合作为一个调度单位, 从而减少同步开销在循环并行执行开销中所占的比重, 提升流水并行循环的并行性能。如图 9.14 所示, 通过对 j 层进行分块, 使得线程的两次同步之间执行 j 层的两次迭代, 则同一线程的两次同步之间完成循环结构中16 次迭代的计算, 与图 9.13 所示的情况相比增大了流水的粒度。

对图 9.14 所示的增大流水粒度的并行, 程序见代码 9-30 的第 48 至 66 行, 其中第 55 行将分块大小设为 9。

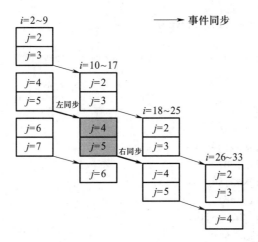

图 9.14　循环分块后 FDR 循环的流水并行

代码 9-30　增大流水粒度的 FDR 循环并行程序

```
#include <stdio.h>
#include <omp.h>
#define N1 10000
#define N2 10000
#define min(a,b) ((a)<(b)?(a):(b))
#double a[N1][N2];
int i,j;
int isync[256],mthreadnum,iam;
#pragma omp threadprivate(mthreadnum,iam)
void sync_left(){
    int neighbour;
    if(iam>0&&iam<=mthreadnum){
        neighbour=iam-1;
        while(isync[neighbour]==0){
            #pragma omp flush(isync)
        }
        isync[neighbour]=0;
        #pragma omp flush(isync,a)
    }
}
void sync_right(){
    if(iam<mthreadnum){
        while(isync[iam]==1){
            #pragma omp flush(isync)
        }
        #pragma omp flush(isync,a)
        isync[iam%(mthreadnum-1)]=1;
```

```
            #pragma omp flush(isync)
        }
    }
    int main(){
        isync[0]=1;
        //数组A初始化
        for(i=0;i<N1;i++){
            for(j=0;j<N2;j=j+4)
                a[i][j]=3;
            for(j=1;j<N2;j=j+4)
                a[i][j]=5;
            for(j=2;j<N2;j=j+4)
                a[i][j]=4;
            for(j=3;j<N2;j=j+4)
                a[i][j]=8;
            for(j=4;j<N2;j=j+5)
                a[i][j]=7;
        }
        double start_time,end_time,used_time;
        start_time=omp_get_wtime();
        #pragma omp parallel default(shared) private(i,j) shared(a) num_
    threads(8){
            mthreadnum=1;
            mthreadnum=omp_get_num_threads()+1;
            iam=1;
            iam=omp_get_thread_num()+1;
            isync[iam]=0;
            #pragma omp barrier
            int b=9;//分块大小
            for(int i=1;i<N1-1;i=i+b){
                sync_left();
                #pragma omp for schedule(static) nowait
                for(int j=1;j<N2-1;j++){
                    for(int m=i;m<min(i+b,N1-1);m++){
                        a[m][j]=0.25*(a[m-1][j]+a[m][j-1]+a[m+1][j]+a[m][j+1]);
                    }
                }
                sync_right();
            }
        }
        end_time=omp_get_wtime();
        used_time=end_time-start_time;
        double sum=0;
        for(i=0;i<N1;i++){
```

```
        for(j=0;j<N2;j++){
            sum+=a[i][j];
        }
    }
    printf("矩阵C所有元素值和为sum=%lf，并行计算时间为:used_time=%lf
s\n",sum,used_time);
}
```

在线程数目相等的情况下，增大流水粒度优化之后，循环迭代规模越大，线程两次同步之间的计算量越大，此时同步开销占总时间开销的比例越小，因而加速效果会越明显。除了增大流水粒度之外，有些程序也需要通过减小流水粒度来提升程序性能，接下来将介绍基于循环分块减小流水粒度的过程及实现。

2. 减小流水粒度

对于代码 9-28 中的 FDR 循环，可以选择 i 层作为计算划分层，为减小流水的粒度对 i 层进行循环分段，假设每段中包含 4 次迭代。将分段后的内层循环 m 作为新的计算划分层，如图 9.15 所示。

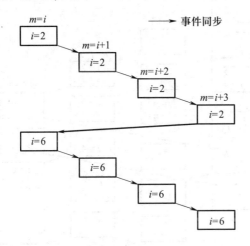

图 9.15　循环分段后 FDR 循环的流水并行

假定 4 个线程流水并行执行循环，则每个线程分得 m 层的一次迭代，从而减小了流水计算的粒度。但是为了维持原 i 层循环携带的跨迭代依赖，并行线程间需要进行同步，即第 1 个线程在执行 $m = 6$ 的迭代前，需要使用 $m = 5$ 迭代中写入的数据，因此需要与第 4 个线程进行同步。同步的代码段如下:

```
int b=4;//分块大小
for(int j=1;j<N2-1;j++){
    sync_left();
    for(int i=1;i<N1-1;i+=b){
        for(int m=i;m<min(i+b,N1-1);m++){
            a[m][j]=0.25*(a[m-1][j]+a[m][j-1]
                            +a[m+1][j]+a[m][j+1]);
```

```
            }
        }
        sync_right();
    }
```

这样的流水方式导致循环的并行性能比串行执行时的性能更差。

为提升循环分段后的并行性能, 考虑在进行循环分段的同时, 将 j 层循环与 i 层循环进行交换。循环交换后 j 层索引变量的变化先于 i 层索引变量, 当 i 层索引变量保持不变时, 并行线程间保持单向的同步关系; 当 i 层索引变量发生变化时, 第 1 个线程所需要的数据已经由第 4 个线程计算完成, 因此第 1 个线程可以保持运行状态而不用等待第 4 个线程, 如图 9.16 所示。从图 9.16 可以看出, 只需在第 1 个线程执行 $i=6$、$j=2$ 的迭代前, 使第 4 个线程完成了 $i=2$、$j=2$ 的迭代的执行, 那么第 1 个线程就无需等待, 能在完成 $i=2$、$j=33$ 迭代的执行后立即与第 4 个线程同步, 开始下一迭代的执行。可见对循环分段和循环交换技术的结合使用达到了减小流水粒度的目的。

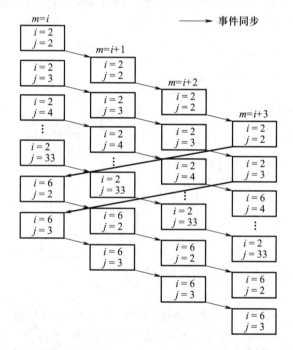

图 9.16　循环分段和循环交换后 FDR 循环的流水并行

对图 9.16 所示减小流水粒度的流水并行过程, 实现的程序如代码 9−31 的第 48 至 66 行所示, 其中第 55 行将分块大小设为 9。

代码 9−31　减小流水粒度的 FDR 循环并行程序

```
#include <stdio.h>
#include <omp.h>
#define N1 10000
```

```
#define N2 10000
#define min(a,b) ((a)<(b)?(a):(b))
#double a[N1][N2];
int i,j;
int isync[256],mthreadnum,iam;
#pragma omp threadprivate(mthreadnum,iam)
void sync_left(){
    int neighbour;
    if(iam>0&&iam<=mthreadnum){
        neighbour=iam-1;
        while(isync[neighbour]==0){
            #pragma omp flush(isync)
        }
        isync[neighbour]=0;
        #pragma omp flush(isync,a)
    }
}
void sync_right(){
    if(iam<mthreadnum){
        while(isync[iam]==1){
            #pragma omp flush(isync)
        }
        #pragma omp flush(isync,a)
        isync[iam%(mthreadnum-1)]=1;
        #pragma omp flush(isync)
    }
}
int main(){
    isync[0]=1;
    //数组A初始化
    for(i=0;i<N1;i++){
        for(j=0;j<N2;j=j+4)
            a[i][j]=3;
        for(j=1;j<N2;j=j+4)
            a[i][j]=5;
        for(j=2;j<N2;j=j+4)
            a[i][j]=4;
        for(j=3;j<N2;j=j+4)
            a[i][j]=8;
        for(j=4;j<N2;j=j+5)
            a[i][j]=7;
    }
    double start_time,end_time,used_time;
    start_time=omp_get_wtime();
```

```
        #pragma omp parallel default(shared) private(i,j) shared(a) num_
threads(8){
            mthreadnum=1;
            mthreadnum=omp_get_num_threads()+1;
            iam=1;
            iam=omp_get_thread_num()+1;
            isync[iam]=0;
            #pragma omp barrier
            int b=9;//分块大小
            for(int j=1;j<N2-1;j=j+b){
                sync_left();
                #pragma omp for schedule(static) nowait
                for(int i=1;i<N1-1;i++){
                for(int m=j;m<min(j+b,N2-1);m++){
                    a[i][m]=0.25*(a[i-1][m]+a[i][m-1]+a[i+1][m]+a[i][m+1]);
                }
            }
            sync_right();
            }
        }
        end_time=omp_get_wtime();
        used_time=end_time-start_time;
        double sum=0;
        for(i=0;i<N1;i++){
            for(j=0;j<N2;j++){
                sum+=a[i][j];
            }
        }
        printf("矩阵C所有元素值和为sum=%lf，并行计算时间为:used_time=%lf
s\n",sum,used_time);
}
```

3. 流水粒度选择

在流水粒度策略的选择中, 除了选择增大粒度和减小粒度之外, 分块大小的选择也很关键, 通常优化人员会建立相应的代价模型来计算最优的分块大小。在 DOACROSS 流水并行时需要综合考虑的代价因素包括, 计算划分层和循环分块层的迭代数、线程数目、单个分块的执行时间、同步开销时间及线程执行的分块数等, 因此可以对这些因素建立代价模型, 通过测试评估后得到并行优化后的最优分块大小。

对于第 9.8.2 节介绍的示例, 可以通过建立代价模型得到结论, 通常当单个分块的同步开销时间与执行时间之比大于 1 时, 采用增大粒度的策略, 分块大小设置为两者比值取整时, 往往能够对流水并行予以一定程度的优化, 否则需要采用减小粒度的策略。对表 9.7 中不同矩阵规模及开启不同线程数的程序, 通过代价模型计算得到的不同分块数运行时间见表 9.8。

第 9.8.2 节示例中流水并行反而因同步开销等原因并不能起到很好地优化效果, 为验证增加或减小流水粒度对循环流水并行优化效果的影响, 对经过流水粒度优化后的程序进行测试。首先测试增大流水粒度策略下的优化效果, 将流水粒度优化后的可执行文件进行多次执行后求平均值, 结合第 9.8.2 节中的测试数据汇总成表 9.8。分析表 9.8 发现, 当规模较小为 2048 × 2048 时, 优化效果不明显, 甚至在线程数为 3 时经过粒度优化后性能反而更差。但规模增大至 10000 × 10000、15000 × 15000 后, 无论是线程数是 3 还是 8, 相比串行执行时间, 性能提升了约 8%。

表 9.8 增大流水粒度后 FDR 循环运行时间

矩阵规模	串行时间/s	线程数	并行流水时间/s	分块大小	粒度优化后时间/s
2048 × 2048	0.035565	3	0.137446	4	0.037827
		8	0.069433	4	0.058828
10000 × 10000	0.853345	3	1.166128	4	0.787806
		8	1.251388	9	0.803600
15000 × 15000	1.925874	3	2.546752	4	1.752313
		8	2.760934	9	1.774619

同时, 也测试了减小流水粒度策略下的优化效果, 将减小流水粒度优化后的时间进行多次执行求平均值后, 结合第 9.8.2 节中的测试数据汇总成表 9.9。分析表 9.9 并对比表 9.8 发现, 针对 2048 × 2048 规模线程数为 3 的程序经过减小粒度, 虽然与没有进行流水粒度优化前的并行程序相比性能有一定提升, 但性能仍然比串行执行的程序差。对于规模增大至 10000 × 10000、15000 × 15000 后, 相比增大流水粒度的策略, 多数情况下减小粒度后的性能并没有提升。因此, 针对不同规模及设置不同线程数的程序进行流水并行优化, 需要按照实际情况合理进行流水粒度策略以及分块大小的选择。

表 9.9 减小流水粒度后 FDR 循环流水运行时间

矩阵规模	串行时间/s	线程数	并行流水时间/s	分块大小	粒度优化后时间/s
2048 × 2048	0.035565	3	0.137446	4	0.126659
		8	0.069433	4	0.045114
10000 × 10000	0.853345	3	1.166128	4	0.790260
		8	1.251388	9	1.259628
15000 × 15000	1.925874	3	2.546752	4	2.352662
		8	2.760934	9	2.798835

9.9　小结

本章首先对 OpenMP 进行了简要介绍, 通过利用 OpenMP 提供的指导语句及特性, 介绍了 OpenMP 程序的编写并基于具体示例说明对 OpenMP 程序优化的具体方法。主要包括并行区重构、避免伪共享、循环向量化、负载均衡优化、线程数设置优化、避免隐式同步及流水并行优化。

并行区重构包括并行区扩张以及合并, 对 OpenMP 程序中循环中的并行区进行重构, 可以减少并行区产生的开销, 达到提升程序性能的目的。避免伪共享是针对程序中存在的伪共享问题, 通过数据填充或者数据线程私有化的方法来进行优化。循环向量化是指将多线程并行与向量执行结合, 以达到更好的加速效果。负载均衡优化是指合理利用调度策略、循环转换及线程数设置等方式, 使得 OpenMP 程序负载尽可能地均衡。线程数设置优化说明了如何选择设置和选择并行程序的线程数, 使得程序的性能达到最好。避免隐式同步是针对程序中部分指导语句结构结束时不必要的隐式同步, 通过优化手段消除, 以达到提升程序性能的目的。流水并行优化是指将循环的各次迭代分配给不同的线程后, 线程之间通过流水执行来获得更好的并行性, 从而对程序进行优化。

优化人员可以基于目标程序具体情况, 结合本章内容中提到的优化策略开展优化, 进一步提升 OpenMP 程序的性能。

读者可扫描二维码进一步思考。

第十章
CUDA 程序优化

近年来, 大数据、深度学习等相关领域对计算能力的需求不断增长, 而计算统一设备体系结构 (compute unified device architecture, CUDA) 的出现使得人们能够充分利用图形处理单元 (GPU) 的硬件优势处理大规模的密集计算型任务。CUDA 使用了类 C 语言的语法, 使得面向 GPU 的程序开发更为便捷, 但对于复杂的并行计算任务, 提升 CUDA 程序的性能仍是优化人员需要关注的重点。

本章首先对 CUDA 编程的基础概念和 CUDA 程序的编写方法进行了简要介绍, 然后结合矩阵乘等程序, 阐述合理构建线程结构、消除程序分歧、充分利用多层次存储结构、构建数据预取和实施循环展开等 CUDA 程序优化方法。

10.1 CUDA 编程简介

作为 CUDA 程序优化的基础, 本节首先对 CUDA 的基本概念和 CUDA 编程模型进行概要的介绍, 进而通过具体示例描述 CUDA 程序的编写方法, 最后详细描述 CUDA 版矩阵乘的编写过程, 后面将以此程序为基础展开 CUDA 程序性能优化方法的研究。

10.1.1 CUDA 是什么

计算统一设备体系结构 CUDA 是 NVIDIA 提出的通用并行计算平台和编程模型, 它能够利用 GPU 的并行计算引擎高效地处理大规模计算密集型任务, 为使用 GPU 的异构计算开发提供了便捷高效的开发环境。

异构计算采用并行或分布式计算方式, 通过协调地使用性能、结构各异的计算器件以满足不同的计算需求, 由 CPU 处理器与众核 GPU 可组成一个典型的异构计算架构。如图 10.1 所示, 在一个 CPU 与 GPU 组成的异构计算系统中, CPU 处理器有 4 个算术逻辑单元 ALU, GPU 由多个流式多处理器 (streaming multiprocessor, SM) 组成, 一个 SM 相当于一个完整的多核处理单元, 每个 SM 中含有公用的控制单元和缓存, 以及大量的算术逻辑单元。与 CPU 相比, 在同样的芯片面积上 GPU 将更多的元器件用于计算, 因此 GPU 对逻辑简单、数据量大的计算密集型任务有着天然的计算优势。

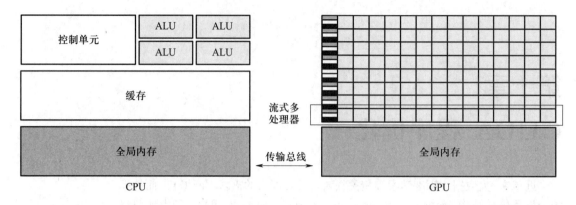

图 10.1 异构计算架构

CUDA 平台支持开发者使用 C/C++、Fortran、Python 等行业标准程序语言的扩展来构建 CUDA 程序, 同时 CUBLAS、Thrust 等丰富的 CUDA 加速库也为 CUDA 程序的开发提供了便利, 如图 10.2 所示。CUDA C 是标准 ANSI C 语言的一个扩展, 被广泛应用于各领域 CUDA 程序的开发, 本章后续范例将统一使用 CUDA C 进行编写。

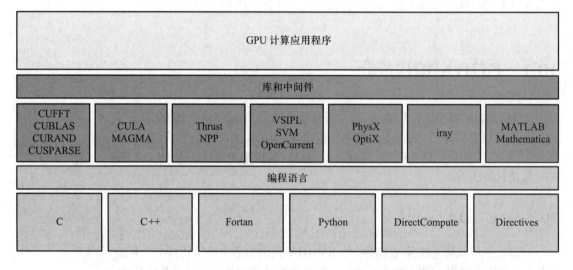

图 10.2 CUDA 平台支持的编程语言和库

CUDA 提供了两层应用程序接口 API 来管理 GPU 设备, 分别是 CUDA 驱动和 CUDA 运行时, 如图 10.3 所示。CUDA 驱动作为一种低级 API, 能够细致全面地控制 GPU 设备的运行状态, 但使用驱动 API 编程的难度较大。CUDA 运行时作为更高级的 API 实现在 CUDA 驱动 API 的上层, 每个运行时 API 函数的操作都可以被分解为许多驱动 API 基本运算, 相较于使用驱动 API, 使用运行时 API 能够简化管理 GPU 设备的操作、降低编程难度。运行时与驱动 API 在使用时是相互排斥的, 无法实现混合调用, 且合理利用运行时 API 或 CUDA

驱动 API 都能构建高效的 CUDA 程序, 本章后续范例都将使用 CUDA 运行时
API 来实现对 GPU 设备的管理。

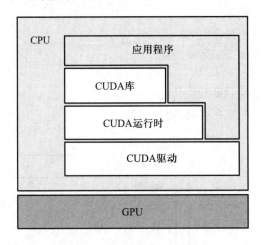

图 10.3　CUDA 管理 GPU 设备的方式

CUDA 程序用 NVCC 编译器进行编译, 其编译流程自上而下如图 10.4 所示, NVCC 编译器在编译过程中会将主机代码与设备代码进行分离, 经过代码分离后, 使用 C 语言编写的主机端代码将由本地 C 语言编译器进行编译, 使用 CUDA C 语言编写的设备端代码会通过 NVCC 编译器进行编译。

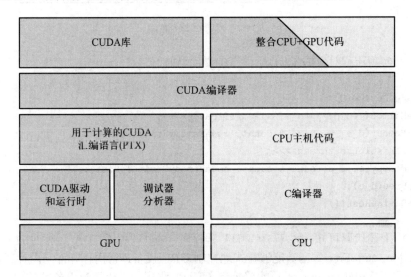

图 10.4　CUDA 程序编译流程

10.1.2　CUDA 编程模型

CUDA 异构编程模型将异构系统分为主机端 (host) 与设备端 (device), 主机端对应 CPU, 设备端对应 GPU, 如图 10.5 所示。CUDA 程序主机端代码运

行在 CPU 上, 设备端代码运行在 GPU 上, 在设备端执行的函数被称为核函数 (Kernel), 一个典型的 CUDA 程序实现流程如下:

① 获取 GPU 设备;
② 开辟 GPU 上显存空间;
③ 发起主机向设备的数据传输;
④ 启动核函数;
⑤ 发起设备向主机的数据传输;
⑥ 释放 GPU 的显存空间, 重置设备。

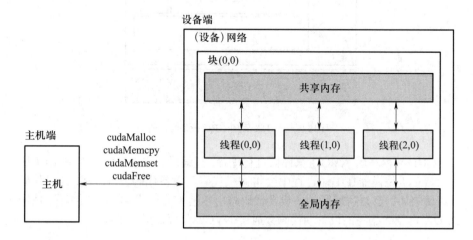

图 10.5　CUDA 编程模型

与实现流程对应的 CUDA 程序主要代码如下:

```
cudaSetDevice(0);
cudaMalloc((void**) &d_a, sizeof(float) * n);
cudaMemcpy(d_a, a, size_t count, cudaMemcpyHostToDevice);
kernel<<<blocks,threads>>>;
cudaMemcpy(a, d_a, size_t count, cudaMemcpyDeviceToHost);
cudaFree(d_a);
cudaDeviceReset();
```

由上述代码可知, 在编写 CUDA 程序时, 通过调用 CUDA 运行时的 cudaMalloc、cudaFree 等函数能够显式地控制 GPU 设备进行内存开辟与内存释放; 通过调用 cudaMemcpy 函数能够控制 CUDA 程序中主机端与设备端的数据传输; 使用语句 kernel_name≪ grid, block ≫ 能够实现对核函数的调用, 该语句是对 C 语言函数调用语句的拓展, 其中 ≪≫ 运算符内是核函数的线程执行配置; 通过调用 cudaDeviceReset 函数能够对 GPU 设备进行重置, 几乎所有的 CUDA 程序开发都需要使用上述代码。

下面概要地对一些常用 CUDA 运行时函数进行介绍, 以便为后续章节的程序分析做好铺垫, 更多的 CUDA 运行时函数可参考官方文档。

1. 设备管理

cudaGetDeviceCount 函数用来获取当前系统中可用 GPU 设备的数量, 函数原型为:

cudaError_t cudaGetDeviceCount(int* count)

cudaSetDevice 函数常用于多 GPU 异构计算系统, 该函数用来在系统中选择希望调用的 GPU 设备, 函数原型为:

cudaSetDevice (int *device)

cudaDeviceReset 函数用来显式销毁和清理当前 GPU 设备上的所有资源, 调用该函数后, 任何对该 GPU 的后续操作都会对设备进行重新初始化, 函数原型为:

cudaDeviceReset(void)

cudaDeviceSynchronize 函数用来显式地阻塞主机端进程, 直至系统中的 GPU 设备完成计算任务, 函数原型为:

cudaDeviceSynchronize(void)

2. 内存管理

cudaMalloc 函数用来在 GPU 设备上分配一定字节的线性内存, 并以 devPtr 的形式返回指向所分配内存的指针, 其函数原型为:

cudaMalloc (void** devptr, size_t size)

cudaMemcpy 函数用来实现主机端与设备端数据传输, 其函数原型为:

cudaMemcpy (void* dst, const void* src, size_t count, cudaMemcpyKind kind)

此函数从 src 指向的源存储区复制一定数量的字节到 dst 指向的目标存储区, 复制方向由 kind 参数指定:

cudaMemcpyHostToHost 主机端到主机端

cudaMemcpyHostToDevice 主机端到设备端

cudaMemcpyDeviceToHost 设备端到主机端

cudaMemcpyDeviceToDevice 设备端到设备端

cudaMallocPitch 函数用来在 GPU 设备上分配线性内存, 并以 *devPtr 的形式返回指向所分配内存的指针。该函数可以填充所分配的存储器, 以确保在地址从一行更新到另一行时, 给定行的对应指针依然满足对齐要求。函数以 *pitch 的形式返回间距, 即所分配存储器的宽度, 以字节为单位, 函数原型为:

cudaMallocPitch(void** devPtr, size_t* pitch, size_t width, size_t height)

cudaMemcpy2D 函数针对 cudaMallocPitch 在 GPU 设备上分配内存后, 进行主机端到设备端的数据传输, 其函数原型为:

cudaMemcpy2D(void* dst, size_t* pitch, const void* src, size_t width, size_t height, cudaMemcpyKind kind)

函数 cudaFree 用来释放 devPtr 指向的由 cudaMalloc() 调用开辟的 GPU 上内存空间, 函数原型为:

cudaFree(void *devPtr)

3. 设备核函数

在设备端执行的代码称为核函数, 在程序中使用 __global__ 声明定义, 函数返回类型必须为 void 类型, 核函数的原型为:

__global__void kernel_name (argument list)

4. 错误处理

cudaGetErrorString 函数可以将 CUDA 程序运行时产生的错误信息 error 进行转化为可读的错误信息, 函数原型为:

const char* cudaGetErrorString (cudaError_t error)

10.1.3　CUDA 程序编写

当核函数在主机端启动时, GPU 设备中会产生大量的线程 (thread), 一定量的线程组成线程块 (block), 一个核函数启动产生的所有线程统称为一个网格 (grid), 它由多个相同的线程块构成。CUDA 运行时为网格内的每个线程分配了内置坐标变量 threadIdx 和 blockIdx, threadIdx 表示线程在线程块内的索引, blockIdx 表示线程块在网格内的索引, 在编写核函数时使用这两个坐标变量可以将不同线程区分开来, 从而控制不同线程完成指定的操作。下面将以 CUDA 向量相加为例完整展示 CUDA 程序的编写过程, 一个在主机端执行的向量相加函数的代码如下:

```
void sumArraysOnHost(float *A, float *B, float *C, const int N){
    for (int idx = 0; idx < N; idx++){
        C[idx] = A[idx] + B[idx];
    }

}
```

该函数将两个大小为 N 的向量 A 和 B 相加, 通过 N 次循环实现计算操作, 该函数对应的 CUDA 核函数代码如下:

```
__global__ void sumArraysOnGPU(float *A, float *B, float *C, const int N)
{
    int tx = threadIdx.x;
    C[tx] = A[tx] + B[tx];
}
```

__global__ 限定符表示该函数是在设备上执行的核函数, 核函数 sumArraysOnGPU 通过开启 N 个线程实现了向量 A、B 内 N 个元素相加的并行实现, 消除了函数 sumArraysOnHost 中的循环体, 并使用线程坐标变量 threadIdx 替换了数组索引, CUDA 向量相加实现的完整程序如代码 10−1 所示。

```
#include ". /common.h"
#include <cuda_runtime.h>
#include <stdio.h>

void checkResult(float *hostRef, float *gpuRef, const int N){
    double epsilon = 1.0E-8;
    bool match = 1;

    for (int i = 0; i < N; i++){
        if (abs(hostRef[i] - gpuRef[i]) > epsilon){
            match = 0;
            printf("Arrays do not match!\n");
            printf("host %5.2f gpu %5.2f at current %d\n", hostRef[i],
                    gpuRef[i], i);
            break;
        }
    }

    if (match) printf("Arrays match.\n\n");

    return;
}

void initialData(float *ip, int size){
    // generate different seed for random number
    time_t t;
    srand((unsigned) time(&t));

    for (int i = 0; i < size; i++){
        ip[i] = (float)( rand() & 0xFF ) / 10.0f;
    }

    return;
}

void sumArraysOnHost(float *A, float *B, float *C, const int N){
    for (int idx = 0; idx < N; idx++){
        C[idx] = A[idx] + B[idx];
    }
}

    __global__ void sumArraysOnGPU(float *A, float *B, float *C, const
```

```
        int N){
            int tx = threadIdx.x;

            C[tx] = A[tx] + B[tx];
        }

        int main(int argc, char **argv){
            printf("%s Starting...\n", argv[0]);

            // 获取GPU设备
            int dev = 0;
            cudaDeviceProp deviceProp;
            cudaGetDeviceProperties(&deviceProp, dev);
            printf("Using Device %d: %s\n", dev, deviceProp.name);
            cudaSetDevice(dev);

            int nElem = 1 << 10;
            size_t nBytes = nElem * sizeof(float);

            float *h_A, *h_B, *hostRef, *gpuRef;
            h_A     = (float *)malloc(nBytes);
            h_B     = (float *)malloc(nBytes);
            hostRef = (float *)malloc(nBytes);
            gpuRef  = (float *)malloc(nBytes);

            double iStart, iElaps;

            // 初始化向量A、B
            iStart = seconds();
            initialData(h_A, nElem);
            initialData(h_B, nElem);
            iElaps = seconds() - iStart;
            printf("initialData Time elapsed %f sec\n", iElaps);
            memset(hostRef, 0, nBytes);
            memset(gpuRef,  0, nBytes);

            iStart = seconds();
            sumArraysOnHost(h_A, h_B, hostRef, nElem);
            iElaps = seconds() - iStart;
            printf("sumArraysOnHost Time elapsed %f sec\n", iElaps);

            // 开辟设备端内存空间
            float *d_A, *d_B, *d_C;
            cudaMalloc((float**)&d_A, nBytes);
```

```
cudaMalloc((float**)&d_B, nBytes);
cudaMalloc((float**)&d_C, nBytes);

// 主机端与设备端内存传输（H2D）
cudaMemcpy(d_A, h_A, nBytes, cudaMemcpyHostToDevice);
cudaMemcpy(d_B, h_B, nBytes, cudaMemcpyHostToDevice);
cudaMemcpy(d_C, gpuRef, nBytes, cudaMemcpyHostToDevice);

// 调用核函数
iStart = seconds();
sumArraysOnGPU<<<1, 1024>>>(d_A, d_B, d_C, nElem);
cudaDeviceSynchronize();
iElaps = seconds() - iStart;
printf("sumArraysOnGPU <<<  %d, %d  >>>  Time elapsed %f sec\n",
grid.x,block.x, iElaps);

// 主机端与设备端内存传输（D2H）
cudaMemcpy(gpuRef, d_C, nBytes, cudaMemcpyDeviceToHost);

checkResult(hostRef, gpuRef, nElem);

//释放设备端内存空间
cuda Free(d_A);
cudaFree(d_B);
cudaFree(d_C);

cudaDeviceReset();

free(h_A);
free(h_B);
free(hostRef);
free(gpuRef);

return(0);
}
```

在代码 10-1 中，CUDA 向量相加的实现流程如下：
① 使用 cudaGetDeviceProperties 获取 GPU 设备；
② 完成数组 A 和数组 B 的初始化；
③ 使用 cudaMalloc 函数开辟用于存储数组 A、B、C 元素的 GPU 内存空间 d_A、d_B 和 d_C；
④ 使用 cudaMemcpy 控制 CPU 端向 GPU 端的传输数组 A、B 的元素；
⑤ 启动核函数 sumArraysOnGPU 在 GPU 上进行数组相加运算；
⑥ 使用 cudaMemcpy 控制 GPU 端向 CPU 端传输结果数组 C 的元素；

⑦ 验证 CUDA 数组相加的正确性;

⑧ 释放 GPU 的显存空间, 重置设备。

10.1.4 CUDA 版矩阵乘

矩阵乘法作为一种基本的数学运算, 在科学计算领域有着非常广泛的应用, 矩阵乘法的快速算法对科学计算有着极为重要的意义。一般矩阵乘法的实现思想如图 10.6 所示, 矩阵 A 中的一行和矩阵 B 中的一列进行向量内积得到矩阵 C 中的一个元素。

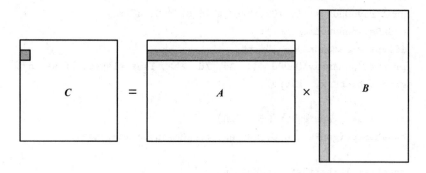

图 10.6 一般矩阵乘法

使用 C 语言对一般矩阵乘法进行实现, 其中矩阵 A、B 与结果矩阵 C 均为长宽是 width 的方阵。实现代码中的最内层循环依次取矩阵 A 的一行元素和矩阵 B 的一列元素, 进行累乘加运算从而得到矩阵 C 的一个元素, 通过外层循环的迭代完成对结果矩阵 C 中所有元素的计算, 部分核心代码如下:

```
void MatrixMulOnHost(float *A, float *B, float *C, int width)
{
    for(int i=0; i<width; i++){
        for(int j=0; j<width; j++)
        {
            float sum = 0.0;
            for(int k=0; k<width; k++)
            {
                float a = A[i*width+k];
                float b = B[k*width+j];
                sum+=a * b;
            }
            C[i*width+j]=sum;
        }
    }
}
```

通过上面对 CUDA 编程的介绍, 对于一个结果矩阵规模为 width×width 的一般矩阵乘法, 可以启用 width×width 个线程, 每个线程负责计算结果矩阵中

的一个元素, 其核函数代码如下:

```
__global__ void MatrixMulKernel(float* Ad, float* Bd, float* Cd, int width)
{
    int offset = threadIdx.x;
    int row = offset /width;
    int col = offset &(width-1);
    float sum = 0;
    for(int i=0;i<width;i++){
        sum += Ad[row*width+i]*Bd[i*width+col];
    }
    Cd[row*width+col] = sum;
}
```

其中 Ad、Bd 和 Cd 是在 GPU 上显式开辟的内存空间, 用于存储矩阵 A、矩阵 B 和结果矩阵 C 中的元素。在核函数中, 使用内置坐标变量 threadIdx.x 确定各线程负责计算矩阵 C 上位置坐标为 (row, col) 的元素; 核心计算代码 sum+=Ad[row*width+i] *Bd[i*width+col] 表示每个线程依次取 A 矩阵的第 row 行与 B 矩阵第 col 列上的元素进行乘加操作, 计算出结果矩阵 C 上的一个元素, 相较于一般矩阵乘法 C 语言代码, CUDA 矩阵乘法实现的核函数中没有了一般矩阵乘函数中最外的两层循环体, 通过多线程的并行操作, 从而提升矩阵乘的运算效率, CUDA 矩阵乘程序如代码 10−2 所示。

代码 10−2　CUDA 矩阵乘示例

```
#include <stdio.h>
#include <cuda_runtime.h>
#include <device_launch_parameters.h>
#include <stdlib.h>
#include "./common.h"

__global__ void MatrixMulKernel(float* Ad, float* Bd, float* Cd, int width)
{
    int offset = threadIdx.x;
    int row = offset / width;
    int col = offset & (width - 1);
    float sum = 0;
    for (int i = 0; i < width; i++){
        sum += Ad[row * width + i] * Bd[i * width + col];
    }
    Cd[row * width + col] = sum;
}

void MatrixMulOnHost(float *A, float *B, float *C, int width){
    for(int i=0; i<width; i++){
```

```
            for(int j=0; j<width; j++){
                float sum = 0.0;
                for(int k=0; k<width; k++){
                    sum+=A[i*width+k] * B[k*width+j];
                }
                C[i*width+j]=sum;
            }
        }
}


void checkResult(float *hostRef, float *gpuRef, const int N)
{
    double epsilon = 1.0E-8;
    bool match = 1;
    for (int i = 0; i < N; i++){
        if (abs(hostRef[i] - gpuRef[i]) > epsilon){
            match = 0;
            printf("host %f gpu %f\n", hostRef[i], gpuRef[i]);
            break;
        }
    }
    if (match)
        printf("Results match.\n\n");
    else
        printf("Results do not match.\n\n");
}


int main(void){
    int dev = 0;
    cudaDeviceProp deviceProp;
    cudaGetDeviceProperties(&deviceProp, dev);
    printf("using Device %d: %s\n", dev, deviceProp.name);
    cudaSetDevice(dev);
    int Width = 1 << 5 ;
    int size = Width*Width*sizeof(float);
    float *A, *B, *C, *gpuRef01, *gpuRef02;
    A = (float *)malloc(size);
    B = (float *)malloc(size);
    C = (float *)malloc(size);
    gpuRef01 = (float *)malloc(size);
    gpuRef02 = (float *)malloc(size);
    double iStart = seconds();
/*-----------------------初始化矩阵A、矩阵B-----------------------*/
    for (int i = 0; i<Width; i++){
```

```
        for (int j = 0; j<Width; j++){
                A[i*Width+j] = float (rand() % 10 + 1);
                B[i*Width+j] = float (rand() % 10 + 1);
        }
    }
    double iElaps = seconds() - iStart;
    printf("initialization: \t %f sec\n", iElaps);
/*--------------------MatrixMulOnHost-----------------------------*/
    iStart = seconds();
    MatrixMulOnHost(A, B, C, Width);
    iElaps = seconds() - iStart;
    printf("MatrixMulOnHost : \t %f sec\n", iElaps);
/*--------------------开辟设备端内存空间---------------------------*/
    float *Ad, *Bd, *Cd;
    cudaMalloc((void**)&Ad, size);
    cudaMalloc((void**)&Bd, size);
    cudaMalloc((void**)&Cd, size);
/*---------------主机端与设备端数据传输（H2D）---------------------*/
    cudaMemcpy(Ad, A, size, cudaMemcpyHostToDevice);
    cudaMemcpy(Bd, B, size, cudaMemcpyHostToDevice);
    iStart = seconds();
/*----------------------调用核函数-------------------------------*/
    MatrixMulKernel<<<1,1024>>>(Ad, Bd, Cd, Width);
    cudaDeviceSynchronize();
    iElaps = seconds() - iStart;
    printf("MatrixMulKernel on device  <<< %d,%d>>>:\t %f sec\n",grid.x,
block.x, iElaps);
/*------------------主机端与设备端数据传输（D2H）-----------------*/
    cudaMemcpy(gpuRef01, Cd, size, cudaMemcpyDeviceToHost);
    checkResult(C, gpuRef01, Width);

    cudaFree(Ad);
    cudaFree(Bd);
    cudaFree(Cd);
    return 0;
}
```

使用 NVCC 对 CUDA 矩阵乘的代码进行编译并运行测试, 编译命令为: nvcc matrix mul.cu -o matrixmul, 测试环境中 GPU 设备为 NVIDIA RTX 3090, CUDA 版本为 11.6, 使用性能分析工具 Nsight System 对核函数进行计时用于性能监测, 执行命令为: nsys profile –stats=true./matrixmul, 测试结果见表 10.1。

表 10.1 　 CUDA 版矩阵乘运行结果

函数名称	矩阵规模	线程布局	运行时间/μs
MatrixMulOnHost	32×32	—	262
MatrixMulKernel	32×32	(1,1024)	5.18

矩阵 A、矩阵 B 和结果矩阵 C 是数据规模为 32×32 的方阵, 矩阵内有 1024 个元素, CUDA 矩阵乘核函数 MatrixMulKernel 在 GPU 设备上启动了 1 个线程块, 线程块线程数目为 1024 个。测试结果表明在该数据规模下, MatrixMulKernel 核函数的执行时间仅为 5.18 μs, 使用 GPU 设备的 CUDA 矩阵乘相较于使用 CPU 设备的一般矩阵乘性能取得了大幅提升。

通过本节内容, 优化人员对 CUDA 的基本概念和编程方法能够形成初步了解, 本章后续内容将对 CUDA 程序的优化方法展开描述, 测试使用的 GPU 设备均为 NVIDIA RTX 30 90, 并主要通过 Nsight System 记录核函数的运行时间来评估 CUDA 程序的性能。

10.2　线程结构优化

线程组织的优化方法主要讨论 GPU 设备端的线程组织、分配方式及调用线程的方式, 本节以线程组织优化和线程布局优化及不同的线程配置对内核的影响, 来阐述线程结构的更改对程序性能的影响。

10.2.1　线程组织优化

在 CUDA 程序的执行过程中, 核函数内的一个线程块被分配到一个 SM 上执行, 且在核函数的生命周期内不会转移至其他 SM 上。现代 GPU 设备由多个 SM 构成, 因此在进行 CUDA 程序的编写时, 可以考虑通过优化线程的组织方式, 在核函数的构建时将负责执行计算任务的线程划分至多个线程块上实现, 利用多个 SM 提高任务的并行程度, 从而提升 GPU 设备的利用率, 实现对 CUDA 程序的优化。

第 10.1.4 节 CUDA 矩阵乘的实现中, 核函数仅开启了一个线程块用于计算结果矩阵上的全部元素, 程序执行过程中 GPU 多数 SM 器件处于闲置状态, GPU 利用率较低。对其进行线程组织的优化, 考虑通过开启多个线程块, 每个线程块中的线程负责计算结果矩阵上的部分元素, 经过线程组织优化的核函数代码如下:

```
__global__ void MatrixMulKernel_multiblock(float* Ad, float* Bd, float*
Cd, int width){
    int tx = threadIdx.x + blockIdx.x * blockDim.x;
```

```
    int row = tx / width;
    int col = tx & (width - 1);
    float sum = 0;
    for (int k = 0; k < width; k++){
        sum += Ad[row * width + k] * Bd[k * width + col];
    }
    Cd[row * width + col] = sum;
}
```

观察上述代码可知，因为核函数要开启多个 block 实现矩阵乘法，在利用线程内置坐标变量构建线程与目标元素的映射时，新加入了内置坐标变量 block-Idx 和 blockDim，而核心计算代码 sum+=Ad[row*width+k]*Bd[k*width+col] 未发生改变。经过线程组织优化的 CUDA 矩阵乘完整程序如代码 10-3 所示。

代码 10-3　线程组织优化示例

```
#include <stdio.h>
#include <cuda_runtime.h>
#include <device_launch_parameters.h>
#include <stdlib.h>
#include "./common.h"


__global__ void MatrixMulKernel_multiblock(float* Ad, float* Bd, float*
Cd, int width){
    int tx = threadIdx.x + blockIdx.x * blockDim.x;
    int row = tx / width;
    int col = tx & (width - 1);
    float Pvalue = 0;
    for (int k = 0; k < width; k++){
    Pvalue += Ad[row * width + k] * Bd[k * width + col];
    }
    Cd[row * width + col] = Pvalue;
}


void MatrixMulOnHost(float *A, float *B, float *C, int width){
    for(int i=0; i<width; i++){
        for(int j=0; j<width; j++){
            float sum = 0.0;
            for(int k=0; k<width; k++){
                sum+=A[i*width+k] * B[k*width+j];
            }
            C[i*width+j]=sum;
        }
    }
}
```

```
void checkResult(float *hostRef, float *gpuRef, const int N){
    double epsilon = 1.0E-8;
    bool match = 1;
    for (int i = 0; i < N; i++){
        if (abs(hostRef[i] - gpuRef[i]) > epsilon){
            match = 0;
            printf("host %f gpu %f\n", hostRef[i], gpuRef[i]);
            break;
        }
    }
    if (match)
        printf("Results match.\n\n");
    else
        printf("Results do not match.\n\n");
}
int main(void){
    int dev = 0;
    cudaDeviceProp deviceProp;
    cudaGetDeviceProperties(&deviceProp, dev);
    printf("using Device %d: %s\n", dev, deviceProp.name);
    cudaSetDevice(dev);

    int Width = 32 ;
    int size = Width*Width*sizeof(float);
    float *A, *B, *C, *gpuRef01;
    A = (float *)malloc(size);
    B = (float *)malloc(size);
    C = (float *)malloc(size);
    gpuRef01 = (float *)malloc(size);
    double iStart = seconds();
/*------------------------初始化矩阵A、矩阵B------------------------*/
    for (int i = 0; i<Width; i++){
        for (int j = 0; j<Width; j++){
            A[i*Width+j] = float (rand() % 10 + 1);
            B[i*Width+j] = float (rand() % 10 + 1);
        }
    }
    double iElaps = seconds() - iStart;
    printf("initialization: \t %f sec\n", iElaps);
/*--------------------MatrixMulOnHost--------------------------*/
    iStart = seconds();
    MatrixMulOnHost(A, B, C, Width);
    iElaps = seconds() - iStart;
```

```
    printf("MatrixMulOnHost : \t %f sec\n", iElaps);
/*------------------开辟设备端内存空间----------------------------------*/
    float *Ad, *Bd, *Cd;
    cudaMalloc((void**)&Ad, size);
    cudaMalloc((void**)&Bd, size);
    cudaMalloc((void**)&Cd, size);
/*----------------主机端与设备端数据传输（H2D）----------------------*/
    cudaMemcpy(Ad, A, size, cudaMemcpyHostToDevice);
    cudaMemcpy(Bd, B, size, cudaMemcpyHostToDevice);
/*--------------------设置线程布局------------------------------------*/
    dim3 block((Width*Width)/grid);
    dim3 grid(1);
/*--------------------调用核函数--------------------------------------*/
    iStart = seconds();
    MatrixMulKernel_multiblock<<<grid,block>>>(Ad, Bd, Cd, Width);
    cudaDeviceSynchronize();
    iElaps = seconds() - iStart;
    printf("MatrixMulKernel_multiblock on device <<<%d,%d>>>:\t %f sec\n",
    grid.x, block.x,iElaps);
/*----------------主机端与设备端数据传输（D2H）----------------------*/
    cudaMemcpy(gpuRef01, Cd, size, cudaMemcpyDeviceToHost);
    checkResult(C, gpuRef01, Width);
    cudaFree(Ad);
    cudaFree(Bd);
    cudaFree(Cd);
    return 0;
}
```

在主机端函数中通过修改变量 grid，可以调整 CUDA 矩阵乘实现中开启的线程块数目。在矩阵规模为 32×32、64×64 的情况下，对经过线程组织优化的 CUDA 矩阵乘代码进行测试，编译使用命令：nvcc multi_block.cu -o multi_block。并利用性能分析工具 Nsight System 监测性能变化情况，使用命令 nsys profile–stats=true ./ multi_block，测试结果见表 10.2。

由测试数据的结果可知，在矩阵规模为 32×32 和 64×64 的情况下，随着开启线程块数量的增加，经过线程组织优化的 CUDA 矩阵乘运行时间逐步减小，性能取得了一定提升，证明了线程组织优化方法的有效性。然而随着线程块数量增加至一定规模时，CUDA 矩阵乘无法取得进一步的性能提升，出现该现象的原因是线程块内的线程数随着线程块数量的增加而减少，CUDA 矩阵乘执行过程中 SM 的活跃数量得到了提升，但单个 SM 器件内部的活跃度随着块内线程数量的减少而下降，导致 CUDA 矩阵乘的性能无法得到进一步提升。

表 10.2　线程组织优化测试结果

矩阵规模	函数名称	线程布局	时间/μs
32 × 32	MatrixMulOnHost	—	70
	Kernel_MultiBlock	(1,1024)	5.12
		(2,512)	3.90
		(4,256)	3.74
		(8,128)	3.48
		(16,64)	3.36
		(32,32)	3.65
64 × 64	MatrixMulOnHost	—	639
	Kernel_MultiBlock	(4,1024)	7.68
		(8,512)	5.47
		(16,256)	4.73
		(32,128)	4.70
		(64,64)	5.05
1024 × 1024	MatrixMulOnHost	—	5.32×10^6
	Kernel_MultiBlock	(1024,1024)	1.86×10^6
		(2048,512)	1.73×10^6

10.2.2　线程布局优化

除了第 10.1.3 介绍的内置坐标变量 threadIdx 与 blockIdx 外, 线程块和网格也有用于描述各自维度的内置变量 blockDim 和 gridDim, 其中: blockDim 表示线程块的维度, 其大小为线程块中的线程的数量; gridDim 表示网格的维度, 其大小为网格中的线程的数量。

threadIdx 与 blockIdx 是基于 uint3 定义的 CUDA 内置的向量类型, 可以通过 x、y、z 3 个字段来指定, 如 threadIdx.x, threadIdx.y, threadIdx.z。blockDim 和 gridDim 是 dim3 类型的变量, 同样可以通过 x、y、z 字段来获得该类型变量的详细信息, 如 blockDim.x, blockDim.y, blockDim.z, 图 10.7 线程组织索引坐标展示了一个二维线程块和二维网格的线程层次结构。

通过线程组织优化提升 CUDA 程序性能的方法需要在开启更多线程块的同时保证线程块内保持充足数量的 thread, 同时, 由于 GPU 上的 SM 存在客观上的数量限制, 因此当线程块的数量增大至一定规模后, 无法进一步提升 CUDA 程序的性能, 此时可以考虑通过优化线程布局的方法进一步优化 CUDA 程序。

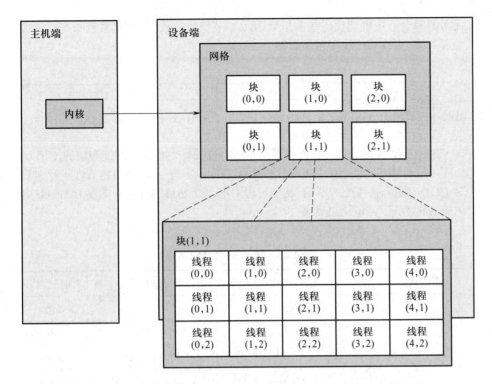

图 10.7　线程组织索引坐标

对于面向不同领域的 CUDA 应用, CUDA 程序中需要处理的数据结构截然不同, 优化人员可以通过构建与数据结构相匹配的一维、二维或是三维的 thread-block-grid 结构, 并尝试调整线程块与网格的维度从而使得 CUDA 程序获得更佳的性能。

第 10.2.1 节 CUDA 矩阵乘实现中, 线程块被组织成一维的模式, 对于 CUDA 矩阵乘而言, 构建二维的线程结构实现线程对目标元素的索引是更为直观高效方法, 其核函数代码如下:

```
__global__ void MatrixMulKernel_2DGrid2DBlock(float* Ad, float* Bd,
float* Cd, int width){
    int row = blockIdx.y * blockDim.y + threadIdx.y;
    int col = blockIdx.x * blockDim.x + threadIdx.x;
    float sum = 0;
    for (int k = 0; k < width; k++){
        sum += Ad[row * width + k] * Bd[k * width + col];
    }
    Cd[row * width + col] = sum;
}
```

通过上述核函数代码, 并比较线程组织优化的核函数 MatrixMulKernel_multiblock 可以发现, 该核函数中使用内置的二维坐标变量 blockIdx.x、blockIdx.y、threadIdx.y、threadIdx.y、blockDim.x、blockDim.y 来建立线程至目标

元素的映射。主机端代码基本与第 10.2.1 节保持一致，只需将线程布局由一维变成二维，更改后的线程布局如下。

```
/*----------------------设置线程布局------------------------------*/
dim3 block(32,32);
dim3 grid((Width+block.x-1)/block.x,(Width+block.y-1)/block.y);
```

进一步增大矩阵乘的数据规模至 1024×1024，对使用二维线程块的 CUDA 矩阵乘进行测试，通过在主机端代码中调整 block 与 grid 的维度观察线程布局对 CUDA 矩阵乘性能的影响，调整过程中不改变 grid 内 block 数量和 block 内 thread 的数量，测试结果见表 10.3。

表 10.3　线程布局优化测试结果

矩阵规模	函数名称	线程布局	时间/s
1024×1024	MatrixMulOnHost	—	5.32
	Kernel_MultiBlock	(1024,1024)	1.86
		((1,1024),(1024,1))	1.8564
		((2,512),(512,2))	1.0251
		((4,256),(256,4))	1.0201
		((8,128),(128,8))	1.0202
		((16,64),(64,16))	1.0196
	Kernel_2Dgrid2Dblock	((32,32),(32,32))	1.0254
		((64,16),(16,64))	1.0308
		((128,8),(8,128))	1.3301
		((256,4),(4,256))	2.2937
		((512,2),(2,512))	4.3188
		((1024,1),(1,1024))	8.5023

由测试得到的数据可知，在结果矩阵数据规模为 1024×1024 的情况下，对于不同的线程配置，基于二维线程结构的 CUDA 矩阵乘核函数 Kernel_2Dgrid2Dblock 存在执行时间上的差异，其中线程配置为 grid(16, 64)、block(64, 16) 时函数执行时间最短为 1.0196 s，线程配置为 grid(1024, 1)、block(1, 1024) 时函数执行时间最长达到 8.5023 s，远大于基于一维线程结构的核函数 Kernel_MultiBlock，实验结果表明不同的线程布局对 CUDA 矩阵乘的性能具有较大的影响。因此，在编写 CUDA 程序时应注意构建与数据结构相适应的线程结构，并通过多次实验寻找最优的线程配置，利用优化线程布局的方法提升 CUDA 程序的性能。

10.3 分支优化

CUDA 程序控制流中的条件执行语句会使计算时出现分支, 当程序中的分支过于复杂时, GPU 设备中的线程会按顺序串行执行各个分支, 破坏 CUDA 程序的并行性从而导致程序性能的出现下降, 本节讨论如何进行分支优化。

10.3.1 基本原理

GPU 内硬件调度的最小并行单位是线程束 (warp), 它由 32 个线程组成, 流式多处理器 SM 一般由一个或者多个线程束组成, 由于 GPU 上没有复杂的分支预测单元, 线程束内的线程以单指令多线程 (single instruction multiple threads, SIMT) 的方式执行, 即一个线程束中的 32 个线程同时执行相同的指令, 若核函数执行过程中存在条件分支语句, 线程束中的线程按顺序串行通过多条分支路径。

如图 10.8(a) 所示, 核函数执行过程中不存在分支路径时, 线程束内的 32 个线程以 SIMT 的方式执行, 充分利用了多线程资源。如图 10.8(b) 所示, 线程束内线程执行过程中存在 2 条分支路径, 若任意线程进入首个分支路径, 线程束中其余的线程都处于等待状态, 直到该线程执行完分支程序, 当所有分支路径都执行完之后, 线程束中的所有线程才会回到同一条执行路径上, 该现象被称为线程束分化, 线程束分化的出现会削弱线程束执行过程中的并行性, 降低线程的活跃度, 从而影响 CUDA 的程序性能。本节以 CUDA 并行归约为示例, 展示通过分支优化提升 CUDA 程序性能的方法。

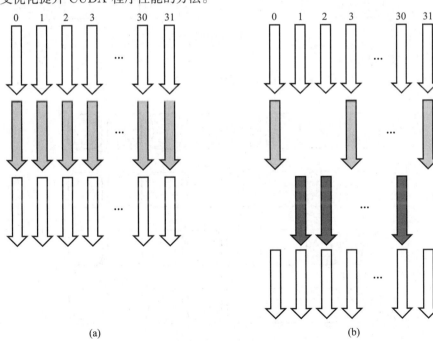

图 10.8　线程束执行方式

并行归约求解是一个极为常见的问题，它通过计算把多个数据结果归约为一个最终结果。使用 CUDA 实现并行归约基本流程如下：

① 把数据集合划分为较大的数据块，完成线程块与较大数据块的一一对应；

② 把较大的数据块再划分为更小的数据块，完成线程块内每个线程与更小数据块的一一对应；

③ 完成对整个数据集合的处理，求出最终结果。

在进行并行归约计算时，常使用迭代成对实现的方法，即一个线程对两个元素求和产生一个局部结果，并将计算得到的局部结果作为下一次迭代的输入值。根据线程所取元素位置的不同，有相邻配对和交错配对两种方法。

(1) 相邻配对法

如图 10.9 所示，使用该配对方法的 CUDA 并行归约计算中，一个线程对相邻的两个元素进行求和操作。

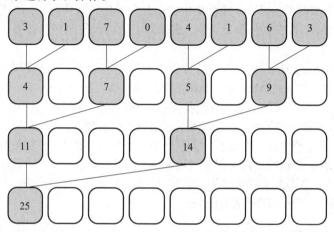

图 10.9　相邻配对法

(2) 交错配对法

如图 10.10 所示，使用该配对方法的 CUDA 并行归约计算中，一个线程对具有固定跨度的两个元素进行求和操作。

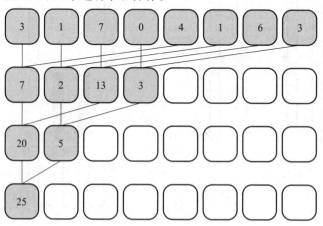

图 10.10　交错配对法

10.3.2　代码实现

CUDA 并行归约的具体流程如图 10.11 所示, 在设备端进行数组求和的归约操作时, 需要首先对数组进行分块, 每一个数据块中只包括部分数据; 然后在线程块内对线程进行两两配对, 执行加法运算操作, 最后将设备端得到的中间结果传输至主机端进行加法运算, 从而得到数组求和的最终结果。

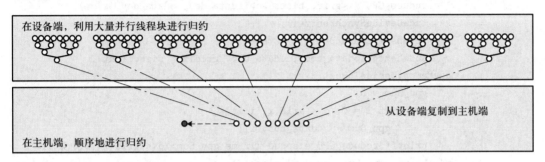

图 10.11　CUDA 并行归约流程

使用相邻配对法的 CUDA 并行归约核函数代码如下:

```
__global__ void reduce_GPU (int * g_idata, int * g_odata, unsigned int n)
{
    //set thread ID
    unsigned int tid = threadIdx.x;
    if (tid >= n) return;
    int *idata = g_idata + blockIdx.x*blockDim.x;
    for (int stride = 1; stride < blockDim.x; stride *= 2){
        if ((tid % (2 * stride)) == 0){
                idata[tid] += idata[tid + stride];
        }
        __syncthreads();
    }
    if (tid == 0)
            g_odata[blockIdx.x] = idata[0];
}
```

对使用相邻配对的 CUDA 并行归约与 CPU 串行归约的性能进行初步测试比较, CPU 串行归约实现的代码与调用核函数 reduce_GPU 的代码如下:

```
int reduce_CPU(int *data, int const size){
    int cpu_sum = 0;
    for (int i = 0; i < size; i++)
        cpu_sum += data[i];
    return cpu_sum;
}
```

```
    int blocksize = 1024;
    dim3 block(blocksize, 1);
    dim3 grid((size - 1) / block.x + 1, 1);
    printf("grid %d block %d \n", grid.x, block.x);

    iStart = cpuSecond();
    reduce_GPU <<<grid, block >>>(idata_dev, odata_dev, size);
    cudaDeviceSynchronize();
    iElaps = cpuSecond() - iStart;
    cudaMemcpy(odata_host, odata_dev, grid.x * sizeof(int),
cudaMemcpyDeviceToHost);
    gpu_Sum = 0;
    for (int i = 0; i < grid.x; i++)
        gpu_Sum += odata_host[i];
    printf("reduce_GPU elapsed %lf ms gpu_Sum:%d<<<grid %d block %d>>>
\n",iElaps, gpu_Sum, grid.x, block.x);
```

程序中输入数组的数据规模为 int size = 1≪24, 内核配置为一维网格和一维块, 线程块内线程数为 1024, CPU 版串行归约和 CUDA 版并行归约程序的运行时间见表 10.4。

表 10.4　CPU 版串行归约和 CUDA 版并行归约运算时间

函数名称	时间/μs
reduce_CPU	2154.11
reduce_GPU	393.23

从表 10.4 的测试结果可以看出, CUDA 并行归约相较于 CPU 串行归约性能提升明显, 但通过观察核函数 reduce_GPU 代码可以发现, 由于采取相邻配对的方法, 核函数中使用了条件执行语句 if((tid%(2 ∗ stride))==0), 该语句使得 CUDA 并行归约的执行过程中出现了不同计算分支, 进而导致了线程束分化现象, 执行过程中分支的具体情况如图 10.12 所示。

对核函数 reduce_GPU 执行过程进行分析发现, 第一轮迭代中线程束内有 1/2 的线程处于空闲状态, 第二轮迭代中线程束内有 3/4 的线程处于空闲状态, 第三轮迭代中线程束内有 7/8 的线程处于空闲状态, 随着迭代次数的增加, 线程束分化现象愈发严重, 线程的利用率逐渐降低, 分支的存在对程序性能会造成不良的影响。

为了进一步提升 CUDA 并行归约的性能, 可以通过采用交错配对的方法解决核函数 reduce_GPU 中因分支造成的性能损耗, 使用交错配对的 CUDA 并行归约实现核函数 reduceNeighboredLess 代码如下:

```
__global__ void reduceNeighboredLess(int * g_idata,int *g_odata,unsigned
int n){
```

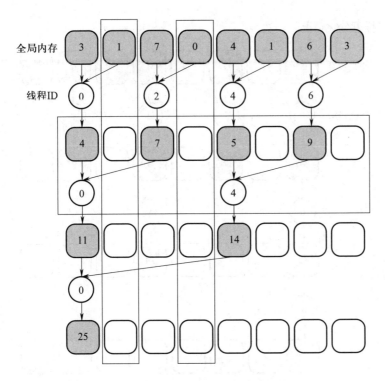

图 10.12　分支优化前归约处理流程

```
unsigned int tid = threadIdx.x;
unsigned idx = blockIdx.x*blockDim.x + threadIdx.x;
int *idata = g_idata + blockIdx.x*blockDim.x;
if (idx > n)
      return;
for (int stride = 1; stride < blockDim.x; stride *= 2)
{
      int index - 2 * stride *tid;
      if (index < blockDim.x){
            idata[index] += idata[index + stride];
      }
      __syncthreads();
}
if (tid == 0)
      g_odata[blockIdx.x] = idata[0];
}
```

　　观察上述代码可知, 通过采用交错配对的方法, reduceNeighboredLess 核函数中使用 int index = 2 * stride *tid 语句替换了核函数 reduce_GPU 中的条件执行语句 if((tid%(2 * stride))==0), 从而使得 CUDA 并行归约实现时线程获取成对元素的处理流程如图 10.13 所示, 交错配对的方法保证了线程束中线程在多轮迭代后依然保持着较高的线程利用率, 改善了使用相邻配对 CUDA 并行归约中的线程束分化情况。

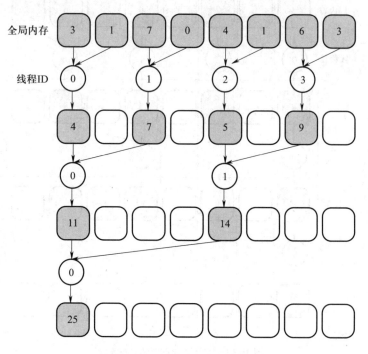

图 10.13　分支优化后归约处理流程

10.3.3　性能分析

对采用相邻配对的 CUDA 并行归约 reduce_GPU 和采用交错配对的 CUDA 并行归约 reduceNeighboredLess 进行测试, 验证分支优化的效果, 完整程序如代码 10-4 所示。

代码 10-4　分支优化示例

```c
#include <cuda_runtime.h>
#include <stdio.h>
#include "./common.h"

__global__ void reduce_GPU(int * g_idata, int * g_odata, unsigned int n){
    int tid = threadIdx.x;
    if (tid >= n) return;
    int *idata = g_idata + blockIdx.x*blockDim.x;
    for (int stride = 1; stride < blockDim.x; stride *= 2){
        if ((tid % (2 * stride)) == 0){
            idata[tid] += idata[tid + stride];
        }
        __syncthreads();
```

```
    }
    if (tid == 0)
            g_odata[blockIdx.x] = idata[0];
}


__global__ void reduceNeighboredLess(int * g_idata,int *g_odata,unsigned
int n){
    unsigned int tid = threadIdx.x;
    unsigned idx = blockIdx.x*blockDim.x + threadIdx.x;
    int *idata = g_idata + blockIdx.x*blockDim.x;
    if (idx > n)
            return;
    for (int stride = 1; stride < blockDim.x; stride *= 2)
    {
        int index = 2 * stride *tid;
        if (index < blockDim.x){
                idata[index] += idata[index + stride];
        }
        __syncthreads();
    }
    if (tid == 0)
            g_odata[blockIdx.x] = idata[0];
}


int main(int argc,char** argv){

    bool bResult = false;
    int size = 1 << 23;
    printf(" with array size %d  ", size);

    int blocksize = 1024;
    if (argc > 1){
            blocksize = atoi(argv[1]);
    }
    dim3 block(blocksize, 1);
    dim3 grid((size - 1) / block.x + 1, 1);
    printf("grid %d block %d \n", grid.x, block.x);

    size_t bytes = size * sizeof(int);
    int *idata_host = (int*)malloc(bytes);
    int *odata_host = (int*)malloc(grid.x * sizeof(int));
    int * tmp = (int*)malloc(bytes);
```

```
        initialData_int(idata_host, size);
        memcpy(tmp, idata_host, bytes);
        double iStart, iElaps;
        int gpu_sum = 0;

        int *idata_dev = NULL;
        int *odata_dev = NULL;
        cudaMalloc((void**)&idata_dev, bytes);
        cudaMalloc((void**)&odata_dev, grid.x * sizeof(int));

        int cpu_sum = 0;
        iStart = cpuSecond();
        for (int i = 0; i < size; i++)
            cpu_sum += tmp[i];
        printf("cpu sum:%d \n", cpu_sum);
        iElaps = cpuSecond() - iStart;
        printf("cpu reduce elapsed %lf ms cpu_sum: %d\n", iElaps, cpu_sum);
/*--------------------------------kernel 1:reduce_GPU0---------------
----------------------------------*/
        cudaMemcpy(idata_dev, idata_host, bytes, cudaMemcpyHostToDevice);
        cudaDeviceSynchronize();
        iStart = cpuSecond();
        reduce_GPU <<<grid, block >>>(idata_dev, odata_dev, size);
        cudaDeviceSynchronize();
        iElaps = cpuSecond() - iStart;
        cudaMemcpy(odata_host, odata_dev, grid.x * sizeof(int),
cudaMemcpyDeviceToHost);
        gpu_sum = 0;
        for (int i = 0; i < grid.x; i++)
            gpu_sum += odata_host[i];
        printf("gpu reduce_GPU elapsed %lf ms gpu_sum: %d<<<grid %d block
%d>>>\n",iElaps, gpu_sum, grid.x, block.x);
/*--------------------------------kernel 2:reduceNeighboredLess---------
----------------------------------*/
        cudaMemcpy(idata_dev, idata_host, bytes, cudaMemcpyHostToDevice);
        cudaDeviceSynchronize();
        iStart = cpuSecond();
        reduceNeighboredLess <<<grid, block>>>(idata_dev, odata_dev, size);
        cudaDeviceSynchronize();
        iElaps = cpuSecond() - iStart;
        cudaMemcpy(odata_host, odata_dev, grid.x * sizeof(int),
cudaMemcpyDeviceToHost);
        gpu_sum = 0;
        for (int i = 0; i < grid.x; i++)
```

```
        gpu_sum += odata_host[i];
    printf("gpu reduceNeighboredLess elapsed %lf ms gpu_sum: %d<<<grid
%d block %d>>>\n",iElaps, gpu_sum, grid.x, block.x);

    gpu_sum = 0;
    for (int i = 0; i < grid.x; i++)
        gpu_sum += odata_host[i];
    if (gpu_sum == cpu_sum){
        printf("Test success!\n");
    }
    else
        printf("failed in try! gpu_sum:%d,cpu_sum:%d\n",gpu_sum,cpu_sum);

    if (gpu_sum == cpu_sum)
    {
        printf("Test success!\n");
    }
    return EXIT_SUCCESS;

    free(idata_host);
    free(odata_host);
    cudaFree(idata_dev);
    cudaFree(odata_dev);
    cudaDeviceReset();
}
```

测试过程中, 使用 NVCC 编译器进行编译的命令为 nvcc reduce.cu -o re-duce, 使用 Nsight System 工具监测核函数运行时间的命令为 nsys profile –stats= true ./reduce, 运行结果见表 10.5。

表 10.5　改善并行归约分支其核函数运行时间

函数名称	时间/μs
reduce_CPU	2154.11
reduce_GPU	393.23
reduceNeighboredLess	227.13

通过表 10.5 中数据可以看出, 改善并行归约分支的代码核函数 reduceNeigh-boredLess 和 ArraySum_GPU01 运行时间的加速比为 1.7。借助 Nsight Compute 工具对核函数进行性能分析, 通过 ncu –metrics l1tex__t_bytes_pipe_lsu_mem_global_op_ld.sum.per_second 参数选项对核函数的运行内存吞吐量进行检测, 使用命令 ncu –metricsl1tex__t_bytes_pipe_lsu_mem_global_op_ld.sum.per_second ./reduce, 测试结果见表 10.6。

表 10.6　分支优化前后核函数内存吞吐量

Type	指标参数	函数名称	内存吞吐量 /(GB·s⁻¹)
GPU	l1tex__t_bytes_pipe_lsu_mem_ global_op_ld.sum.per_second	reduce_GPU	583.35
	l1tex__t_bytes_pipe_lsu_mem_ global_op_ld.sum.per_second	reduceNeighboredLess	1050.01

通过表 10.6 中数据可以看出, 核函数 reduceNeighboredLess 的内存吞吐量是核函数 reduce_GPU 的 1.8 倍, 两个核函数的 I/O 操作数量相同, 经过分支优化的 reduceNeighboredLess 耗时更少, 因而获得了更高的吞吐量。

在 Nsight Compute 工具中可以使用参数 smsp__average_inst_executed_ per_warp.ratio 检测核函数中线程束的指令数, 检测结果见表 10.7。

表 10.7　分支优化前后指令数

Type	参数指标	函数名称	指令数
GPU	smsp__average_inst_executed_ per_warp.ratio	reduce_GPU	317.94
	smsp__average_inst_executed_per _warp.ratio	reduceNeighboredLess	124.19

通过表 10.7 中数据可以看出, 核函数 reduce_GPU 中的线程束指令数是 reduceNeighboredLess 的两倍以上, 这是因为核函数 reduceNeighboredLess 通过分支优化消除了大量的分支判断指令, 进而减少了因分支判断带来的大量时延。CUDA 并行归约的示例说明了通过对 CUDA 程序进行分支优化, 能够避免或大幅减少线程束分化对程序带来的性能损耗, 从而实现对 CUDA 程序的性能优化。

10.4　访存优化

CUDA 的存储层次包括寄存器、共享内存、本地内存、常量内存、纹理内存、全局内存等, 图 10.14 中描述了 CUDA 内存空间的存储层次结构。不同的存储层次存在不同的作用域、生命周期和缓存行为。本节将从全局内存、共享内存、bank 冲突和高速缓存 4 个方面描述如何对 CUDA 程序进行访存优化。

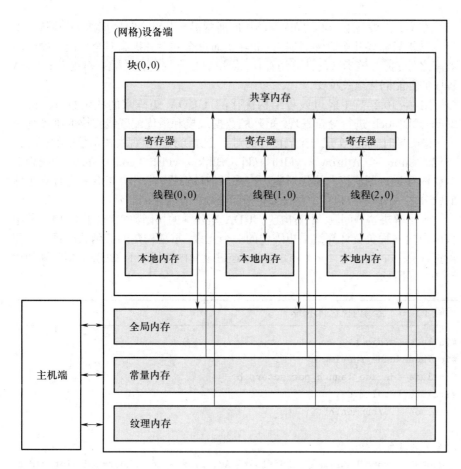

图 10.14　CUDA 的存储层次结构

10.4.1　全局内存优化

全局内存是 GPU 中容量最大、延迟最高并且最常使用的存储空间。开发者在主机端可以使用 cudaMalloc 函数动态分配全局内存, 使用 cudaFree 函数释放全局内存。在设备代码中使用 __device__ 限定符可以静态的声明一个全局内存变量。在全局内存上分配的空间存在于 CUDA 程序的整个生命周期中, 并且可以被所有核函数中的所有线程访问。因此, 若 CUDA 程序中存在多个核函数使用相同全局变量, 则在执行时应密切注意核函数间的内存竞争。

在 CUDA 执行模型中, 对全局内存的访存指令以线程束为单位, 并通过缓存来实现加载或存储执行, 为了提高 CUDA 程序对全局内存的访存效率, 需要关注两个特性:

● 合并内存访问, 当一个线程束中全部 32 线程访问一个连续的内存块时, 即可达成合并内存访问。

● 对齐内存访问, 当线程束执行内存事务的目标首地址为设备缓存粒度 (32 B 的二级缓存或 128 B 的一级缓存) 的整数倍时, 即可达成对齐内存合并。

在 GPU 设备上, 对全局内存的访问通常需要几百个时钟周期, 而执行一次计算操作只需要几个时钟周期, 因此除了通过合并对齐提高对全局内存的访问效率之外, 提升核函数的计算访存比, 复用取自全局内存的数据对提升 CUDA 程序的性能同样至关重要。

对第 10.2 节中经过线程结构优化的 CUDA 矩阵乘的核函数 Kernel_2Dgrid2Dblock 进行分析发现, 矩阵的数据规模和最优配置线程块的维度均为 2 的整次幂时, 能够实现对全局内存的对齐合并访存。但观察核函数中的核心计算代码 sum += Ad[row * width + k] * Bd[k * width +col] 可知, 块内线程对全局内存进行两次读取操作对应一次乘累加计算操作, 计算指令只占计算主体的三分之一, 核函数执行中存在大量访问全局内存带来的时延。

为了解决这一问题, 重新构建 CUDA 矩阵乘的核函数, 相较于第 10.2 节中核函数内线程负责计算结果矩阵中的一个元素, 重新构建的核函数内每个线程负责计算一个大小为 4 × 4 的矩阵块, 经过全局内存优化的 CUDA 矩阵乘如代码 10−5 所示。

代码 10−5   全局内存优化示例

```
#include <stdio.h>
#include <cuda_runtime.h>
#include <device_launch_parameters.h>
#include <stdlib.h>
#include "../common.h"

//全局内存优化核函数
__global__ void MatrixMul_4X4(float* Ad, float* Ad, float* Cd, int width)
{

    int row = blockIdx.y * blockDim.y + threadIdx.y;
    int col = blockIdx.x * blockDim.x + threadIdx.x;

    int index_j = row*4;
    int index_i = col*4;
    int index_Cd = index_j * width + index_i;

    float rA[4],rB[4],rC[16];

    rC[0] = 0;
    rC[1] = 0;
    rC[2] = 0;
    rC[3] = 0;
    rC[4] = 0;
    rC[5] = 0;
    rC[6] = 0;
    rC[7] = 0;
```

```
rC[8] = 0;
rC[9] = 0;
rC[10] = 0;
rC[11] = 0;
rC[12] = 0;
rC[13] = 0;
rC[14] = 0;
rC[15] = 0;

for(int i=0; i<width; i++)
{
    rA[0] = Ad[(index_j + 0)*width + i];
    rA[1] = Ad[(index_j + 1)*width + i];
    rA[2] = Ad[(index_j + 2)*width + i];
    rA[3] = Ad[(index_j + 3)*width + i];

    rB[0] = Bd[i*width + index_i + 0];
    rB[1] = Bd[i*width + index_i + 1];
    rB[2] = Bd[i*width + index_i + 2];
    rB[3] = Bd[i*width + index_i + 3];

    rC[0] =rC[0] + rA[0] * rB[0];
    rC[1] =rC[1] + rA[0] * rB[1];
    rC[2] =rC[2] + rA[0] * rB[2];
    rC[3] =rC[3] + rA[0] * rB[3];
    rC[4] =rC[4] + rA[1] * rB[0];
    rC[5] =rC[5] + rA[1] * rB[1];
    rC[6] =rC[6] + rA[1] * rB[2];
    rC[7] =rC[7] + rA[1] * rB[3];
    rC[8] =rC[8] + rA[2] * rB[0];
    rC[9] =rC[9] + rA[2] * rB[1];
    rC[10] =rC[10] + rA[2] * rB[2];
    rC[11] =rC[11] + rA[2] * rB[3];
    rC[12] =rC[12] + rA[3] * rB[0];
    rC[13] =rC[13] + rA[3] * rB[1];
    rC[14] =rC[14] + rA[3] * rB[2];
    rC[15] =rC[15] + rA[3] * rB[3];
}
Cd[index_Cd+0] = rC[0];
Cd[index_Cd+1] = rC[1];
Cd[index_Cd+2] = rC[2];
Cd[index_Cd+3] = rC[3];

Cd[index_Cd+width+0] = rC[4];
```

```
        Cd[index_Cd+width+1] = rC[5];
        Cd[index_Cd+width+2] = rC[6];
        Cd[index_Cd+width+3] = rC[7];

        Cd[index_Cd+2*width+0] = rC[8];
        Cd[index_Cd+2*width+1] = rC[9];
        Cd[index_Cd+2*width+2] = rC[10];
        Cd[index_Cd+2*width+3] = rC[11];

        Cd[index_Cd+3*width+0] = rC[12];
        Cd[index_Cd+3*width+1] = rC[13];
        Cd[index_Cd+3*width+2] = rC[14];
        Cd[index_Cd+3*width+3] = rC[15];

}
//主机端矩阵乘法运算
void MatrixMulOnHost_3(float *A, float *B, float *C, int width)
{
    int i, j, k;
    double temp = 0.0;
    float *B1;
    B1 = (float *)malloc(sizeof(float) * width * width);
    for (int i = 0; i < width; i++){
            for(int j = 0; j < width; j++){
                    B1[i * width + j] = B[j * width +i];
             }
    }
    for (i = 0; i < width; i++){
            for (j = 0; j < width; j++){
                    temp = 0.0;
                    for (k = 0; k < width; k++){
                            temp += A[i * width + k] * B1[j * width +k];
                    }
                    C[i * width + j] = temp;
            }
    }
    free (B1);
}

//结果检查
void checkResult(float *hostRef, float *gpuRef, const int N)
{
    double epsilon = 1.0E-8;
    bool match = 1;
```

```
    for (int i = 0; i < N; i++){
        if (abs(hostRef[i] - gpuRef[i]) > epsilon){
            match = 0;
            printf("host[%d] %f gpu %f\n", i,hostRef[i], gpuRef[i]);
            break;
        }
    }
    if (match)
        printf("Arrays match.\n\n");
    else
        printf("Arrays do not match.\n\n");
}


int main(void)
{
    int dev = 0;
    cudaDeviceProp deviceProp;
    cudaGetDeviceProperties(&deviceProp, dev);
    printf("using Device %d: %s\n", dev, deviceProp.name);
    cudaSetDevice(dev);
    int Width = 1024;
    int size = Width*Width*sizeof(float);
    float *A, *B, *C, *gpuRef1;
    A = (float *)malloc(size);
    B = (float *)malloc(size);
    C = (float *)malloc(size);
    gpuRef1 = (float *)malloc(size);
    double iStart = seconds();
    //初始化示例数据
    for (int i = 0; i<Width; i++){
        for (int j = 0; j<Width; j++){
                M[i*Width+j] = 3.0 ;
                N[i*Width+j] = float(3.0+int (i));
        }
    }
    double iElaps = seconds() - iStart;
    printf("initialization: \t %f sec\n", iElaps);
/*------------------主机端---------------------------------------------
--------*/
/*---------------------MatrixMulOnHost_3----------------------------------
-*/
    iStart = seconds();
    MatrixMulOnHost_3(A, B, C, Width);
    iElaps = seconds() - iStart;
```

```
        printf("MatrixMulOnHost_3 : \t %f sec\n", iElaps);
/*------------------设备端------------------------------------
--------- */
    float *Ad, *Bd, *Cd;
    cudaMalloc((void**)&Ad, size);
    cudaMemcpy(Ad, A, size, cudaMemcpyHostToDevice);
    cudaMalloc((void**)&Bd, size);
    cudaMemcpy(Bd, B, size, cudaMemcpyHostToDevice);
    cudaMalloc((void**)&Cd, size);

    dim3 grid(8,8);
    dim3 block(32,32);

//--------------------MatrixMul_4X4-------------------------------
    MatrixMul_4X4<<<grid,block>>>(Ad, Bd, Cd, Width);
    cudaMemcpy(gpuRef1, Cd, size, cudaMemcpyDeviceToHost);
    checkResult(P, gpuRef1, Width);

    cudaFree(Ad);
    cudaFree(Bd);
    cudaFree(Cd);
    cudaDeviceReset();

    return 0;
}
```

观察上述代码可知, 在 MatrixMul_4x4 核函数内, 线程每次从全局内存上取矩阵 A 中一列的 4 个元素、矩阵 B 上一行的 4 个元素置于 rA 与 rB 中, 对 rA 与 rB 中共计 8 个元素进行 16 次乘累加运算得到结果矩阵块中 16 个元素的部分和, 并通过迭代计算得到结果矩阵块内全部 16 个元素的正确值。经过对 CUDA 矩阵乘核函数的重新设计,MatrixMul_4x4 内计算主体的计算访存比变为了 16/8, 有利于隐藏访问全局内存时导致的时延。对经过全局内存优化的 CUDA 矩阵乘进行测试, 在矩阵规模为 1024×1024 的情况下与第 10.2 节中经过线程结构优化的 CUDA 矩阵乘进行对比, 编译使用命令为: nvcc global.cu -o global, 使用 Nsight System 工具进行监测核函数运行时间, 使用命令: nsys profile --stats= true ./global, 测试结果见表 10.8。

表 10.8　全局内存优化测试结果

矩阵规模	函数名称	线程组织布局	时间/μs
1024×1024	MatrixMul_2grid2block	((16,64),(64,16))	1019.6×10^3
	MatrixMul_4x4	((16,16),(16,16))	455.45
		((8,8),(32,32))	417.06

由测试得到的数据可知, MatrixMul_4x4 核函数相较于 MatrixMul_2grid2block 的执行时间大幅缩小, 经过全局内存优化的 CUDA 矩阵乘实现在 ((16,16),(16,16)) 和 ((8,8),(32,32)) 的线程布局下性能都远超过第 10.2 节中的 CUDA 矩阵乘实现, 测试结果说明了优化面向全局内存的访问模式能够提升 CUDA 程序的性能, 同时再一次证明了线程布局会影响 CUDA 程序的性能。

10.4.2　共享内存优化

共享内存是 GPU 上的关键内存部件, 与全局内局相比共享内存具有更高的带宽和更低的延迟, 其作用类似于一个可编程管理的缓存。在物理层面上, 共享内存是一个存在于 SM 上小的低延迟内存池, 在 SM 上执行的线程块中的所有线程共享该部分内存空间, 因此过度使用共享内存空间会限制 SM 上活跃线程块的数量。

在 CUDA 内存模型中, 每个线程块在开始执行任务时会被分配一定数量的共享内存空间, 该共享内存空间具有与线程块相同的生命周期, 且地址空间被线程块中所有的线程共享, 因此, 共享内存常被用作线程块内线程通信的通道, 实现块内线程的相互协同。通过最大化利用共享内存这一高速片上内存资源, 可以优化核函数对全局内存的访问, 提升 CUDA 程序的性能。

CUDA 开发者可以对共享内存变量进行静态或动态的分配, 下面的代码静态声明了一个共享内存的二维浮点数组:

```
__shared__float tile [size_y][size_x]
```

使用 __shared__ 修饰符对共享内存变量进行声明, 若该共享内存变量在核函数中被声明, 则变量的作用域仅为核函数内; 若该共享内存变量在 CUDA 程序中所有核函数外被声明, 则变量的作用域应为 CUDA 程序的全局。

第 10.4.1 节中通过进行全局内存优化, CUDA 矩阵乘法的性能获得了大幅提升。但是, 全局内存高延迟的物理特性限制了其性能的进一步提升, 在此基础上选择 grid(8,8)block(32,32) 的线程布局, 通过使用共享内存资源继续对 CUDA 矩阵乘进行优化, 其核函数代码如下:

```
__global__ void MatrixMul_Shared(float* Ad, float* Bd, float* Cd, int
width){

    int row = blockIdx.y * blockDim.y + threadIdx.y;
    int col = blockIdx.x * blockDim.x + threadIdx.x;
    int index_j = row*4;
    int index_i = col*4;
    int index_Cd = index_j * width + index_i;

    int offset_inner = threadIdx.y * blockDim.x + threadIdx.x;

    int ldsm_row = blockIdx.y*blockDim.y*4+(offset_inner % 128);
    int ldsm_col = offset_inner/128;
```

```
int ldsn_row = offset_inner/128;
int ldsn_col = blockIdx.x*blockDim.x*4+(offset_inner % 128);
float rA[4],rB[4],rC[16];

rC[0] = 0;
rC[1] = 0;
rC[2] = 0;
rC[3] = 0;
rC[4] = 0;
rC[5] = 0;
rC[6] = 0;
rC[7] = 0;
rC[8] = 0;
rC[9] = 0;
rC[10] = 0;
rC[11] = 0;
rC[12] = 0;
rC[13] = 0;
rC[14] = 0;
rC[15] = 0;

__shared__ float ldsa[1024];
_ shared__ float ldsb[1024];

for(int j=0; j<width; j+=8 )
{
    ldsa[offset_inner] = Ad[ldsm_row*width+ldsm_col+j];
    ldsb[offset_inner] = Bd[(ldsn_row+j)*width+ldsn_col];
    __syncthreads();
    for(int i = 0;i < 8;i++){
            rA[0] = ldsa[threadIdx.y*4+(i*128)+0];
            rA[1] = ldsa[threadIdx.y*4+(i*128)+1];
            rA[2] = ldsa[threadIdx.y*4+(i*128)+2];
            rA[3] = ldsa[threadIdx.y*4+(i*128)+3];

            rB[0] = ldsb[threadIdx.x*4+(i*128)+0];
            rB[1] = ldsb[threadIdx.x*4+(i*128)+1];
            rB[2] = ldsb[threadIdx.x*4+(i*128)+2];
            rB[3] = ldsb[threadIdx.x*4+(i*128)+3];

            rC[0] =rC[0] + rA[0] * rB[0];
            rC[1] =rC[1] + rA[0] * rB[1];
            rC[2] =rC[2] + rA[0] * rB[2];
            rC[3] =rC[3] + rA[0] * rB[3];
```

```
            rC[4] =rC[4] + rA[1] * rB[0];
            rC[5] =rC[5] + rA[1] * rB[1];
            rC[6] =rC[6] + rA[1] * rB[2];
            rC[7] =rC[7] + rA[1] * rB[3];

            rC[8] =rC[8] + rA[2] * rB[0];
            rC[9] =rC[9] + rA[2] * rB[1];
            rC[10] =rC[10] + rA[2] * rB[2];
            rC[11] =rC[11] + rA[2] * rB[3];

            rC[12] =rC[12] + rA[3] * rB[0];
            rC[13] =rC[13] + rA[3] * rB[1];
            rC[14] =rC[14] + rA[3] * rB[2];
            rC[15] =rC[15] + rA[3] * rB[3];
        }

    }
    Cd[index_Cd+0] = rC[0];
    Cd[index_Cd+1] = rC[1];
    Cd[index_Cd+2] = rC[2];
    Cd[index_Cd+3] = rC[3];

    Cd[index_Cd+width+0] = rC[4];
    Cd[index_Cd+width+1] = rC[5];
    Cd[index_Cd+width+2] = rC[6];
    Cd[index_Cd+width+3] = rC[7];

    Cd[index_Cd+2*width+0] = rC[8];
    Cd[index_Cd+2*width+1] = rC[9];
    Cd[index_Cd+2*width+2] = rC[10];
    Cd[index_Cd+2*width+3] = rC[11];

    Cd[index_Cd+3*width+0] = rC[12];
    Cd[index_Cd+3*width+1] = rC[13];
    Cd[index_Cd+3*width+2] = rC[14];
    Cd[index_Cd+3*width+3] = rC[15];
}
```

观察上述代码可知, 核函数内首先使用修饰符 __shared__ 静态开辟了数据规模为 1024 的共享内存空间 ldsa 与 ldsb, 接下来线程根据指令进行数据从全局内存到共享内存的转移, 线程块内的 1024 个线程将矩阵 A 和矩阵 B 中的 $1024(128 \times 8)$ 个元素分别转移至 ldsa 与 ldsb 中, 线程对结果矩阵块中元素部分和进行计算的核心代码未发生变化, 但进行乘累加运算时只需以较低的通信开销到共享内存上获取目标元素, 从而大大减少了对全局内存频繁访问带来的时延。对使用共享内存的 CUDA 矩阵乘进行测试, 编译命令为: nvcc MaMul_shared. cu -o shared, 使用 Nsight System 工具进行监测核函数运行时间, 使用命令: nsys profile –stats=true ./shared, 测试结果见表 10.9。

表 10.9　共享内存优化测试数结果

矩阵规模	函数名称	线程组织布局	时间/μs
1024 × 1024	MatrixMul_4x4	((8,8),(32,32))	417.06
	MatrixMul_Shared	((8,8),(32,32))	255.67

由测试得到的数据可知, 核函数 MatrixMul_Shared 的执行时间仅为 255.67 μs, 证明了共享内存的使用成功减少了 CUDA 矩阵乘中面向全局内存访问带来的时延, CUDA 矩阵乘的性能得到了进一步的提升。

在第 10.3 节以 CUDA 并行归约例对分支优化进行了说明, CUDA 并行归约同样可以利用共享内存提升程序性能, 使用共享内存的 CUDA 并行归约核函数代码如下:

```
__global__ void reduce_shared(int * g_idata,int *g_odata,)
{
    __shared__ int s_data[1024];
    int tid = blockIdx.x * blockDim.x + threadIdx.x;

    int tx = threadIdx.x;

    // copy data to shared memory from global memory
    s_data[cacheIndex] = g_idata[tid];
    __syncthreads();

    // add these data using reduce
    for (int stride = 1; stride < blockDim.x; stride *= 2)
    {
        int index = 2 * stride * tx;
        if (index < blockDim.x)
        {
            s_data[index] += s_data[index + stride];
        }
    __syncthreads();
    }

    // copy the result of reduce to global memory
    if (cacheIndex == 0)
        g_odata[blockIdx.x] = s_data[tx];
}
```

观察上述代码可知, 核函数内开辟了数据规模为 1024 的共享内存空间 s_data, 线程块内线程将进行归约计算需要用到的数据块从全局内存转移至共享内存, 在进行累加计算时从 s_data 内获取目标元素, 对使用共享内存的 CUDA 归约进行测试, 编译命令为: nvcc Reduce_shared.cu -o Reduce_shared。使用 Nsight System 工具进行监测核函数运行时间, 使用命令: nsys profile –stats=true ./Reduce _shared, 测试结果见表 10.10。

表 10.10　共享内存优化对归约程序的测试结果

函数名称	时间/μs
reduce_GPU	393.02
reduce_NeighboredLess	227.14
reduce_shared	247.32

由测试数据可知, 通过与第 10.3 节 CUDA 归约的核函数执行时间进行比较, 使用共享内存的 CUDA 归约核函数 reduce_shared 相较于未经分支优化的 CUDA 归约核函数 reduce_GPU 执行时间更短, 但性能不及经过分支优化的 CUDA 归约核函数 reduce_NeighboredLess, 出现该现象的原因是 reduce_shared 中对共享内存的访问模式不佳, 在第 10.4.3 将会针对这一问题展开叙述。

10.4.3　避免存储体冲突

内存带宽是衡量存储设备性能的重要指标, 为了获得较高的内存带宽, GPU 上的共享内存设备被分 32 个大小相等的存储器模块, 这些存储模块被称为存储体 (bank), 可以被一个线程束内的 32 个线程同时访问。在费米架构的 GPU 设备中存储体的宽度为 4 B, 在开普勒及之后架构的 GPU 设备中存储体的宽度为 8 B, 如图 10.15 所示, 在费米架构的 GPU 设备上, 连续的 4 B 数据被分配到连续的 32 个存储体中。

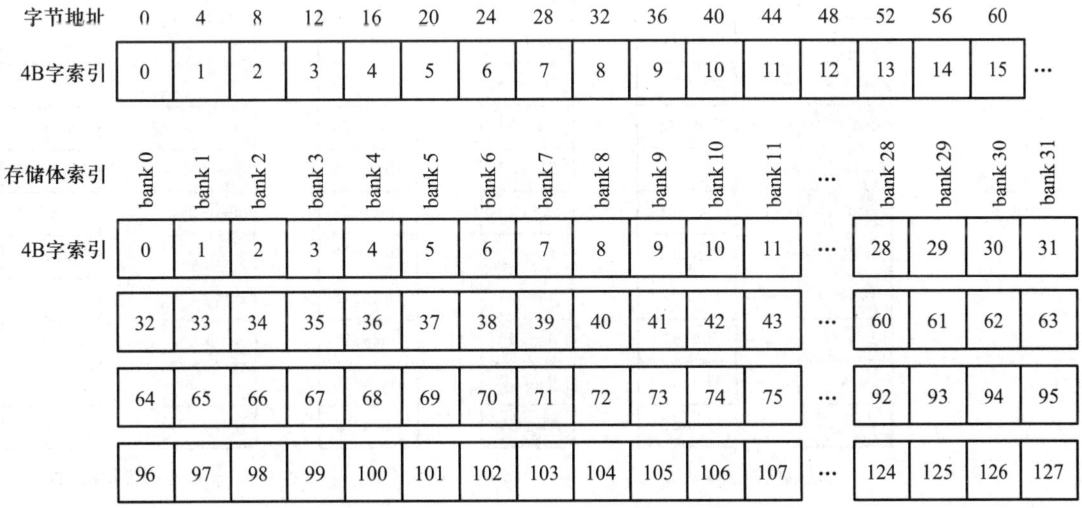

图 10.15　存储体 bank 示意

当一个线程束中的不同线程访问一个 bank 中的不同的字地址时, 就会发生 bank 冲突。图 10.16 展示了 3 种不同的共享内存访问模式。线性访问模式中,

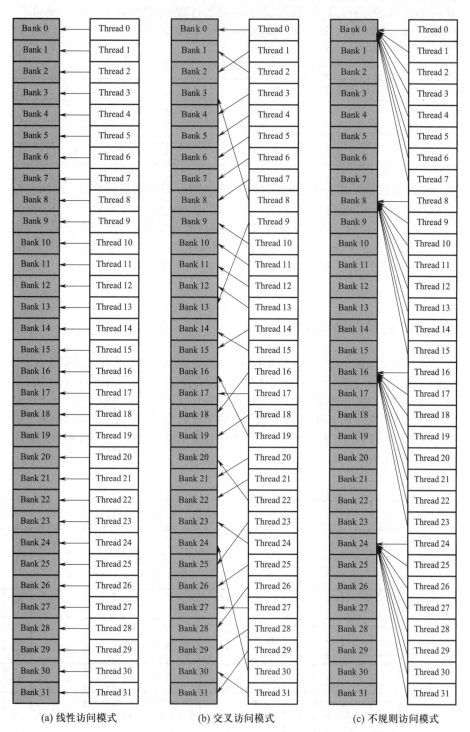

图 10.16　共享内存访问模式

线程束内的线程步长为 1, 访问过程中线程 ID 与存储体 ID 一一对应。交叉访问模式中线程 ID 虽然没有与存储体 ID 一一对应, 但线程束内的每个线程对应一个唯一的存储体。以上两种访问模式中均不存在 bank 冲突, 单次访问操作可以由一个内存事务实现。不规则访问模式中, 若线程束内的多个线程访问同一个存储体中的相同地址, 则该模式被称为多播模式, 通过广播访问可以避免 bank 冲突的发生。若线程束内的多个线程访问同一个存储体内的不同地址, 则会出现 bank 冲突。

在使用共享内存时若访问模式中出现 bank 冲突, 会降低对共享内存的访问效率, 在最不理想模式下, 若一个线程束中的所有线程访问相同存储体中的 32 个不同字地址, 则该访问操作需要由 32 个内存事务完成, 即产生了 32 路 bank 冲突, 从而严重降低了内存带宽。

对 bank 冲突的相关概念进行了解后, 重新分析第 10.4.2 节中使用共享内存的 CUDA 归约核函数代码, 发现执行累加操作的 s_data[index] += s_data[index + stride] 语句会在读取 s_data 内目标元素时导致 bank 冲突, 当步长变量 stride 为 1 时, 一个线程束对 s_data 的访问会产生两路 bank 冲突, 随着迭代中步长的变量 stride 的增长, bank 冲突现象更加严重。通过重新构建累加操作的执行方式来避免 bank 冲突, 经过优化的 CUDA 程序如代码 10-6 所示。

代码 10-6　避免 bank 冲突示例

```
#include <cuda_runtime.h>
#include <stdio.h>
#include "./common.h"

int ArraySum_CPU(int *data, int const size)
{
    if (size == 1) return data[0];
    int const stride = size / 2;
    if (size % 2 == 1){
        for (int i = 0; i < stride; i++){
            data[i] += data[i + stride];
        }
        data[0] += data[size - 1];
    }
    else{
        for (int i = 0; i < stride; i++){
            data[i] += data[i + stride];
        }
    }
    return ArraySum_CPU(data, stride);
}


__global__ void reduce_shared(const int *a, int *r)
```

```
{
    __shared__ int cache[1024];
    int tid = blockIdx.x * blockDim.x + threadIdx.x;
    int cacheIndex = threadIdx.x;
    cache[cacheIndex] = a[tid];
    __syncthreads();
    for (int stride = 1; stride < blockDim.x; stride *= 2){
        int index = 2 * stride * cacheIndex;
        if (index < blockDim.x){
            cache[index] += cache[index + stride];
        }
        __syncthreads();
    }
    if (cacheIndex == 0)
        r[blockIdx.x] = cache[cacheIndex];
}


__global__ void reduce_nobankconflict(int *a, int *r)
{
    __shared__ int data[32][32];
    int tid = blockIdx.x * blockDim.x + threadIdx.x;
    int tx = threadIdx.x;
    int row = tx / 32;
    int col = tx % 32;
    data[row][col] = a[tid];
    __syncthreads();
    for(int stride = 16; stride>0; stride=stride>>1){
        if (row < stride)
            data[row][col] += data[row+stride][col];
    __syncthreads();
    }

    for (int stride = 16; stride >0; stride=stride>>1){
        if (tx < stride)
            data[0][col] += data[0][col+ stride];
        __syncthreads();
    }
    if(tx==0)
     r[blockIdx.x] = data[0][0];
}


int main(int argc,char** argv)
{
```

```cpp
    bool bResult = false;
    int size = 1 << 23;
    printf("    with array size %d  ", size);
    int blocksize = 1024;
    if (argc > 1)
{
        blocksize = atoi(argv[1]);
    }
    dim3 block(blocksize, 1);
    dim3 grid((size - 1) / block.x + 1, 1);
    printf("grid %d block %d \n", grid.x, block.x);

    size_t bytes = size * sizeof(int);
    int *idata_host = (int*)malloc(bytes);
    int *odata_host = (int*)malloc(grid.x * sizeof(int));
    int * tmp = (int*)malloc(bytes);
    initialData_int(idata_host, size);
    memcpy(tmp, idata_host, bytes);

    double iStart, iElaps;
    int gpu_sum = 0;
    int * idata_dev = NULL;
    int * odata_dev = NULL;
    cudaMalloc((void**)&idata_dev, bytes);
    cudaMalloc((void**)&odata_dev, grid.x * sizeof(int));
    int cpu_sum = 0;
    iStart = cpuSecond();
    for (int i = 0; i < size; i++)
        cpu_sum += tmp[i];
    printf("cpu sum:%d \n", cpu_sum);
    iElaps = cpuSecond() - iStart;
    printf("cpu reduce elapsed %lf ms cpu_sum: %d\n", iElaps, cpu_sum);
    //kernel 1:reduce_shared
    cudaMemcpy(idata_dev, idata_host, bytes, cudaMemcpyHostToDevice);
    cudaDeviceSynchronize();
    reduce_shared<<<grid, block>>>(idata_dev, odata_dev);
    cudaDeviceSynchronize();
    cudaMemcpy(odata_host, odata_dev, grid.x * sizeof(int),
cudaMemcpyDeviceToHost);
    gpu_sum = 0;
    for (int i = 0; i < grid.x; i++)
        gpu_sum += odata_host[i];
    if (gpu_sum == cpu_sum)
        printf("Test success!\n");
```

```
        else
                printf("failed in shared!\n");
        //kernel 2:reduce_nobankconflict
        cudaMemcpy(idata_dev, idata_host, bytes, cudaMemcpyHostToDevice);
        cudaDeviceSynchronize();
        reduce_nobankconflict<<<grid, block>>>(idata_dev, odata_dev);
        cudaDeviceSynchronize();
        cudaMemcpy(odata_host, odata_dev, grid.x * sizeof(int),
cudaMemcpyDeviceToHost);
        gpu_sum = 0;
        for (int i = 0; i < grid.x; i++)
                gpu_sum += odata_host[i];
        if (gpu_sum == cpu_sum){
                printf("Test success!\n");
        }
        else
                printf("failed in try! gpu_sum:%d,cpu_sum:%d\n",gpu_sum,cpu_sum);
        if (gpu_sum == cpu_sum)
        {
                printf("Test success!\n");
        }
        return EXIT_SUCCESS;

        free(idata_host);
        free(odata_host);
        cudaFree(idata_dev);
        cudaFree(odata_dev);
        cudaDeviceReset();
}
```

观察代码 10−6 可知, 在核函数 reduce_nobankconflict 中静态声明了二维共享内存变量 s_data[32][32] 用于存放归约计算需要用到的数据, s_data 内的一行数据被连续存放在 32 个存储体上。在进行累加计算操作的第一轮迭代时,步长 stride 为 16, 块内第一个线程束的 32 个线程取 s_data 上第 1 行和 17 行上的 64 个元素进行累加操作并将结果存放至 s_data 的第 1 行上, 第二个线程束取 s_data 上第 2 行和第 18 行上的 64 个元素进行累加操作并将结果存放至 s_data 的第 2 行上, 以此类推, 线程束在对共享内存进行读写操作时符合线性访问模式, 线程 ID 与存储体 ID 一一对应。经过多轮迭代, 步长 stride 逐渐减小, 线程块内执行累加操作的线程束数量也随之减少, 但线程束内依然保持着100% 的线程利用率。对经过 bank 冲突优化的共享内存 CUDA 归约进行测试,编译使用命令: nvcc bankconflict.cu -o bankconflict。使用 Nsight System 工具进行监测核函数运行时间, 使用命令: nsys profile –stats=true ./bankconflict, 测试结果见表 10.11。

表 10.11　避免 bank 冲突的测试结果

函数名称	时间/μs
reduce_NeighboredLess	227.14
reduce_shared	247.32
reduce_nobankconflict	217.11

在解决 bank 冲突问题时, 可以使用 Nsight Compute 工具对共享内存事务进行监测, 其中 l1tex__data_pipe_lsu_ wavefronts_mem_shared_op_ld.sum 与 l1tex__ data_pipe_lsu_wavefronts_mem_shared_op_ st.sum 选项分别表示核函数执行过程中对共享内存进行读写所需内存事务的总和, smsp__sass_ average_data_bytes_ per_wavefront_mem_shared.pct 参数表示核函数对共享内存的利用效率, 使用命令 ncu –metrics smsp__sass_average_data_bytes_ per_wavefront_mem_shared.pct ./bankconflict, 测试结果见表 10.12。

表 10.12　避免 bank 冲突核函数的共享内存利用率测试结果

函数名称	参数指标	结果
reduce_shared	smsp__sass_average_data_bytes_per _wavefront_mem_shared.pct	21.11%
reduce_nobankconflict		90.74%
reduce_shared	l1tex__data_pipe_lsu_wavefronts_ mem_shared_op_ld.sum	3137536
reduce_nobankconflict		598016
reduce_shared	l1tex__data_pipe_lsu_wavefronts_ mem_shared_op_st.sum	1896866
reduce_nobankconflict		625972

由测试得到的数据可知, 核函数 reduce_nobankconflict 内对共享内存的访存事务显著减少, 对共享内存的利用效率大大提升, 通过对 bank 冲突的优化, 使用共享内存的 CUDA 归约核函数运行时间进一步缩短, 性能优于经过分支优化的 CUDA 归约实现。测试结果证明了性能优化人员使用共享内存对 CUDA 程序进行优化时, 需要密切关注核函数对共享内存的访问模式, 尽可能地消除访问过程中出现的 bank 冲突, 从而提升 CUDA 程序的性能。

10.4.4　高速缓存优化

与 CPU 缓存类似, GPU 缓存不可被编程的内存空间。在 GPU 上有 4 种缓存分别为一级缓存、二级缓存、只读常量缓存和只读纹理缓存。在物理层面上, GPU 上的每个流式多处理器 SM 都有一个一级缓存, 所有 SM 共享一个二级缓存。一级、二级缓存是用于存储本地内存和全局内存中的数据, 也包括寄存器溢出的部分。在每个 SM 中有一个只读常量缓存和只读纹理缓存, 用于进一步提高 GPU 设备的读取性能。在 CPU 上, 内存数据的加载和存储都可以被缓存, 但是 GPU 上的内存存储操作不会被缓存, 只有内存加载操作会被缓存。

下面以 CUDA 矩阵转置为例说明利用高速缓存的优化, 程序如代码 10-7 所示。

代码 10-7 高速缓存优化示例

```
#include <stdio.h>
#include <cuda_runtime.h>
#include <device_launch_parameters.h>
#include <stdlib.h>
#include "./common.h"

__global__ void transpose1 (float* Ad, float* Bd,  int width){
    int nx = blockIdx.x * blockDim.x + threadIdx.x;
    int ny = blockIdx.y * blockDim.y + threadIdx.y;
    if (nx < width && ny < width){
        Bd[nx * width + ny] = Ad[ny * width + nx];
    }
}
__global__ void transpose2 (float* Ad, float* Bd, int width){
    const int nx = blockIdx.x * blockDim.x + threadIdx.x;
    const int ny = blockIdx.y * blockDim.y + threadIdx.y;
    if (nx < width && ny < width){
        Bd[ny * width + nx] = Ad[nx * width + ny];
    }
}

int main(void){
    int dev = 0;
    cudaDeviceProp deviceProp;
    cudaGetDeviceProperties(&deviceProp, dev);
    printf("using Device %d: %s\n", dev, deviceProp.name);
    cudaSetDevice(dev);
    int Width = 1024;
    int size = Width*Width*sizeof(float);
    float *A, *B, *C;
    A = (float *)malloc(size);
    B = (float *)malloc(size);
    C = (float *)malloc(size);
    double iStart = seconds();
    for (int i = 0; i<Width; i++){
        for (int j = 0; j<Width; j++){
            A[i*Width+j] = float(rand() % 10 + 1);
```

```
            B[i*Width+j] = float(rand() % 10 + 1);
        }
    }
    double iElaps = seconds() - iStart;
    printf("initialization: \t %f sec\n", iElaps);
    iStart = seconds();
    MatrixMulOnHost(A, B, C, Width);
    iElaps = seconds() - iStart;
    printf("MatrixMulOnHost : \t %f sec\n", iElaps);

    float *Ad, *Bd;
    cudaMalloc((void**)&Ad, size);
    cudaMemcpy(Ad, A, size, cudaMemcpyHostToDevice);
    cudaMalloc((void**)&Bd, size);
    cudaMemcpy(Bd, B, size, cudaMemcpyHostToDevice);

    dim3 block(32,32);
    dim3 grid((Width+block.x-1)/block.x,(Width+block.y-1)/block.y);

    iStart = seconds();
    transpose1 <<<grid,block>>>(Ad, Bd, Width);
    cudaDeviceSynchronize();
    iElaps = seconds() - iStart;

    iStart = seconds();
    transpose2<<<grid,block>>>(Ad, Bd, Width);
    cudaDeviceSynchronize();
    iElaps = seconds() - iStart;

    cudaFree(Ad);
    cudaFree(Bd);
    cudaFree(Cd);
    return 0;
}
```

从代码 10-7 可知, 矩阵 A、矩阵 B 均存在于全局内存上, 其中核函数 transpose1 中按行对矩阵 A 进行合并的读操作, 而对矩阵 B 的写操作是非合并的。在核函数 transpose2 中按列对矩阵 A 进行非合并的读操作, 对矩阵 B 进行合并的写操作。

对两种 CUDA 矩阵转置实现进行测试, 编译使用命令: nvcc cache.cu -o cache。使用 Nsight System 工具进行监测核函数运行时间, 使用命令: nsys profile –stats=true ./cache。测试结果见表 10.13。

由测试结果得到的数据可知,transpose2 的执行时间远小于 transpose1, 出现性能差距的原因是 transpose2 对矩阵 A 的非合并读操作会经由高速缓存, 而

表 10.13　高速缓存核函数结果

函数名称	时间/μs
transpose1	41.34
transpose 2	19.55

transpose1 中对矩阵 B 的非合并写操作并不能被缓存,transpose2 利用高速缓存优化了面向全局内存的不合并访问, 从而获得了更优的性能。

一级缓存和共享内存共享 SM 的内存资源, 可以通过 cudaFuncSetCacheConfig API 动态的分配二者的资源占比, 其函数原型如下:

cudaError_t cudaFuncSetCacheConfig(const void* func, enum cudaFuncCachecacheConfig);

func 表示分配策略:

cudaFuncCachePreferNone: no preference (default)

cudaFuncCachePreferShared: prefer 48 KB shared memory and 16 KB L1 cache

cudaFuncCachePreferL1: prefer 48 KB L1 cache and 16 KB shared memory

cudaFuncCachePreferEqual: Prefer equal size of L1 cache and shared memory, both 32 KB

优化人员可以通过调用 cudaFuncSetCacheConfig 函数并选用适当的分配策略对 GPU 设备上一级缓存与共享内存资源的比例进行调整, 从而实现对 CUDA 程序的优化。

10.5　数据预取

第八章介绍了数据预取的机制, 即提前加载计算将要用到的数据, 减少因为访存而带来的延迟, 本节主要讲解如何利用数据预取的基本原理对 CUDA 程序进行优化。

10.5.1　基本原理

程序在运行过程中, 操作可以大体上分为内存读写和计算两部分, 内存读写可以简称为取数, 而计算可以称为对数据的执行。在循环中, 当第 k 次迭代时, 需要先取数后执行, 然后在取第 $k+1$ 次迭代的数据并对数据进行操作, 如此往复。本节提到的数据预取就是希望在执行第 k 次计算时, 同时读取 $k+1$ 次迭代的数据, 这样能够在计算和内存读取之间形成时间重叠而提升程序的性能。这样的数据预取方法是与第八章中提到的数据预取方法是有所不同的。在第八章用到的数据预取方法是基于数据预取指令 prefetch, 而本章提到的数据预取方法是基于访存指令与计算指令的重叠, 未进行数据预取时的指令执行过程如图 10.17 所示。

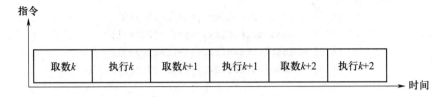

图 10.17　未预取时的指令执行过程示意

对于 GPU 设备而言, 进行面向全局内存的取数操作需要约 $400 \sim 800$ 个时钟周期, 而进行算数操作则只需要约 $0 \sim 20$ 个时钟周期, 若 CUDA 程序中存在如图 10.18 所示的串行执行的计算和内存读取过程, 则取数操作会带来大量的时间损耗, 不利于提升 CUDA 程序的性能。使用数据预取优化该问题时, 优化人员可以在对数据 k 进行计算的同时预取数据 $k+1$, 在执行操作 $k+1$ 时可直接进行计算而无需等待取数操作, 一定程度上掩藏读取数据 $k+1$ 的延迟, 并且在计算的过程中同时预取数据 $k+2$, 其执行过程如图 10.18 所示。

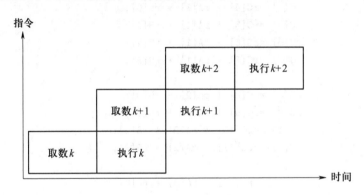

图 10.18　预取时的指令执行过程示意

可以看出进行数据预取优化后, GPU 设备在程序的整个运行过程中都在执行计算操作, 有效隐藏了访存延迟, 提升了 CUDA 程序的执行效率高, 下面将以使用共享内存的 CUDA 矩阵乘为例说明数据预取优化的实现方法。

10.5.2　代码实现

按照第 10.5.1 节的数据预取原理, 对第 10.4.3 节中使用共享内存 CUDA 矩阵的核函数进行数据预取, 核函数添加数据预取优化后代码如下:

```
__global__ void MatrixMulShared_4x4(float* Ad, float* Bd, float* Cd, int width){
    for(int j=0; j<width; j+=8 ){
        ldsa[offset_inner] = Ad[ldsm_row*width+ldsm_col+j];
```

```
            ldsb[offset_inner] = Bd[(ldsn_row+j)*width+ldsn_col];
            __syncthreads();
            for(int i = 0;i < 8;i++){
                    rA[0] = ldsa[threadIdx.y*4+(i*128)+0];
                    rA[1] = ldsa[threadIdx.y*4+(i*128)+1];
                    rA[2] = ldsa[threadIdx.y*4+(i*128)+2];
                    rA[3] = ldsa[threadIdx.y*4+(i*128)+3];

                    rB[0] = ldsa[threadIdx.x*4+(i*128)+0];
                    rB[1] = ldsa[threadIdx.x*4+(i*128)+1];
                    rB[2] = ldsa[threadIdx.x*4+(i*128)+2];
                    rB[3] = ldsa[threadIdx.x*4+(i*128)+3];

                    rC[0] =rC[0] + rA[0] * rB[0];
                    rC[1] =rC[1] + rA[0] * rB[1];
                    rC[2] =rC[2] + rA[0] * rB[2];
                    rC[3] =rC[3] + rA[0] * rB[3];

                    rC[4] =rC[4] + rA[1] * rB[0];
                    rC[5] =rC[5] + rA[1] * rB[1];
                    rC[6] =rC[6] + rA[1] * rB[2];
                    rC[7] =rC[7] + rA[1] * rB[3];

                    rC[8] =rC[8] + rA[2] * rB[0];
                    rC[9] =rC[9] + rA[2] * rB[1];
                    rC[10] =rC[10] + rA[2] * rB[2];
                    rC[11] =rC[11] + rA[2] * rB[3];

                    rC[12] =rC[12] + rA[3] * rB[0];
                    rC[13] =rC[13] + rA[3] * rB[1];
                    rC[14] =rC[14] + rA[3] * rB[2];
                    rC[15] =rC[15] + rA[3] * rB[3];
            }
    }
}
```

  观察代码可以发现, 矩阵 A、B 的数据从全局内存转移至共享内存 ldsa 和 ldsb 后, 再面向共享内存 ldsa 和 ldsb 进行乘累加操作计算矩阵块中结果元素的部分和, 数据从全局内存向共享内存的搬运操作和乘累加计算操作串行执行, 时延不能得到很好的隐藏。根据数据预取的原理, 考虑在 CUDA 矩阵乘核函数中开辟 2 块共享内存空间, 在核心计算的循环体外完成全局内存向第一块共享内存的数据搬运操作, 循环体内面向第二块共享内存的数据搬运操作和面向第一块共享内存的乘累加操作得以交叉执行, 从而更好地控制时延, 提升 CUDA 矩阵乘的性能。在第 10.4.3 代码的基础上对 CUDA 矩阵乘进行数据预取优化, 结果矩阵数据规模为 1024×1024, 线程布局为 grid(8, 8)block(32, 32), 使用数据

预取的共享内存 CUDA 矩阵乘核函数代码如下:

```
__global__ void MatrixMulShared_preload(float* Ad, float* Bd, float* Cd,
int width){

    int row = blockIdx.y * blockDim.y + threadIdx.y;
    int col = blockIdx.x * blockDim.x + threadIdx.x;

    int index_j = row*4;
    int index_i = col*4;
    int index_Cd = index_j * width + index_i;

    int offset_inner = threadIdx.y * blockDim.x + threadIdx.x;

    int ldsa_row = blockIdx.y*blockDim.y*4+(offset_inner % 128);
    int ldsa_col = offset_inner/128;

    int ldsb_row = offset_inner/128;
    int ldsb_col = blockIdx.x*blockDim.x*4+(offset_inner % 128);

    float rA[4],rB[4],rC[16];

    float gl_a,gl_b;

    rC[0] = 0;
    rC[1] = 0;
    rC[2] = 0;
    rC[3] = 0;
    rC[4] = 0;
    rC[5] = 0;
    rC[6] = 0;
    rC[7] = 0;
    rC[8] = 0;
    rC[9] = 0;
    rC[10] = 0;
    rC[11] = 0;
    rC[12] = 0;
    rC[13] = 0;
    rC[14] = 0;
    rC[15] = 0;

    __shared__ float ldsa[2048];
    __shared__ float ldsb[2048];

    gl_a = Ad[ldsa_row*width+ldsa_col];
```

```
        gl_b = Bd[ldsb_row*width+ldsb_col];

        ldsa[offset_inner] = gl_a;
        ldsb[offset_inner] = gl_b;

        __syncthreads();

        for(int j=8; j<width; j+=8 )
        {

            gl_a = Ad[ldsa_row*width+ldsa_col+j];
            gl_b = Bd[(ldsb_row+j)*width+ldsb_col];

            int stride_i= (((j/8)+1)%2)*1024;
            int stride_j= ((j/8)%2)*1024;

        for(int i = 0;i < 8;i++)
        {
                rA[0] = ldsa[threadIdx.y*4+(i*128)+0+stride_i];
                rA[1] = ldsa[threadIdx.y*4+(i*128)+1+stride_i];
                rA[2] = ldsa[threadIdx.y*4+(i*128)+2+stride_i];
                rA[3] = ldsa[threadIdx.y*4+(i*128)+3+stride_i];

                rB[0] = ldsb[threadIdx.x*4+(i*128)+0+stride_i];
                rB[1] = ldsb[threadIdx.x*4+(i*128)+1+stride_i];
                rB[2] = ldsb[threadIdx.x*4+(i*128)+2+stride_i];
                rB[3] = ldsb[threadIdx.x*4+(i*128)+3+stride_i];

                rC[0] =rC[0] + rA[0] * rB[0];
                rC[1] =rC[1] + rA[0] * rB[1];
                rC[2] =rC[2] + rA[0] * rB[2];
                rC[3] =rC[3] + rA[0] * rB[3];
                rC[4] =rC[4] + rA[1] * rB[0];
                rC[5] =rC[5] + rA[1] * rB[1];
                rC[6] =rC[6] + rA[1] * rB[2];
                rC[7] =rC[7] + rA[1] * rB[3];
                rC[8] =rC[8] + rA[2] * rB[0];
                rC[9] =rC[9] + rA[2] * rB[1];
                rC[10] =rC[10] + rA[2] * rB[2];
                rC[11] =rC[11] + rA[2] * rB[3];
                rC[12] =rC[12] + rA[3] * rB[0];
                rC[13] =rC[13] + rA[3] * rB[1];
                rC[14] =rC[14] + rA[3] * rB[2];
                rC[15] =rC[15] + rA[3] * rB[3];
```

```
}

    ldsa[offset_inner+ stride_j] = gl_a;
    ldsb[offset_inner+ stride_j] = gl_b;

    __syncthreads();

}

for(int i = 0;i < 8;i++)
{
    rA[0] = ldsa[threadIdx.y*4+(i*128)+0+1024];
        rA[1] = ldsa[threadIdx.y*4+(i*128)+1+1024];
        rA[2] = ldsa[threadIdx.y*4+(i*128)+2+1024];
        rA[3] = ldsa[threadIdx.y*4+(i*128)+3+1024];

        rB[0] = ldsb[threadIdx.x*4+(i*128)+0+1024];
        rB[1] = ldsb[threadIdx.x*4+(i*128)+1+1024];
        rB[2] = ldsb[threadIdx.x*4+(i*128)+2+1024];
        rB[3] = ldsb[threadIdx.x*4+(i*128)+3+1024];

        rC[0] =rC[0] + rA[0] * rB[0];
        rC[1] =rC[1] + rA[0] * rB[1];
        rC[2] =rC[2] + rA[0] * rB[2];
        rC[3] =rC[3] + rA[0] * rB[3];
        rC[4] =rC[4] + rA[1] * rB[0];
        rC[5] =rC[5] + rA[1] * rB[1];
        rC[6] =rC[6] + rA[1] * rB[2];
        rC[7] =rC[7] + rA[1] * rB[3];
        rC[8] =rC[8] + rA[2] * rB[0];
        rC[9] =rC[9] + rA[2] * rB[1];
        rC[10] =rC[10] + rA[2] * rB[2];
        rC[11] =rC[11] + rA[2] * rB[3];
        rC[12] =rC[12] + rA[3] * rB[0];
        rC[13] =rC[13] + rA[3] * rB[1];
        rC[14] =rC[14] + rA[3] * rB[2];
        rC[15] =rC[15] + rA[3] * rB[3];

}

 Cd[index_Cd+0] = rC[0];
 Cd[index_Cd+1] = rC[1];
 Cd[index_Cd+2] = rC[2];
```

```
    Cd[index_Cd+3] = rC[3];

    Cd[index_Cd+width+0] = rC[4];
    Cd[index_Cd+width+1] = rC[5];
    Cd[index_Cd+width+2] = rC[6];
    Cd[index_Cd+width+3] = rC[7];

    Cd[index_Cd+2*width+0] = rC[8];
    Cd[index_Cd+2*width+1] = rC[9];
    Cd[index_Cd+2*width+2] = rC[10];
    Cd[index_Cd+2*width+3] = rC[11];

    Cd[index_Cd+3*width+0] = rC[12];
    Cd[index_Cd+3*width+1] = rC[13];
    Cd[index_Cd+3*width+2] = rC[14];
    Cd[index_Cd+3*width+3] = rC[15];
}
```

10.5.3　性能分析

在第 10.4.2 节共享内存优化核函数的基础上添加数据预取操作, 程序如代码 10−8 所示。

代码 10−8　数据预取示例

```c
#include <stdio.h>
#include <cuda_runtime.h>
#include <device_launch_parameters.h>
#include <stdlib.h>
#include "./common.h"

__global__ void MatrixMulShared_preload(float* Ad, float* Bd, float* Cd,
int width){
    int row = blockIdx.y * blockDim.y + threadIdx.y;
    int col = blockIdx.x * blockDim.x + threadIdx.x;

    int index_j = row*4;
    int index_i = col*4;
    int index_Cd = index_j * width + index_i;
    int offset_inner = threadIdx.y * blockDim.x + threadIdx.x;

    int ldsa_row = blockIdx.y*blockDim.y*4+(offset_inner % 128);
    int ldsa_col = offset_inner/128;
    int ldsb_row = offset_inner/128;
    int ldsb_col = blockIdx.x*blockDim.x*4+(offset_inner % 128);
```

```
float rA[4],rB[4],rC[16];
float gl_a,gl_b;

rC[0] = 0;
rC[1] = 0;
rC[2] = 0;
rC[3] = 0;
rC[4] = 0;
rC[5] = 0;
rC[6] = 0;
rC[7] = 0;
rC[8] = 0;
rC[9] = 0;
rC[10] = 0;
rC[11] = 0;
rC[12] = 0;
rC[13] = 0;
rC[14] = 0;
rC[15] = 0;

__shared__ float ldsa[2048];
__shared__ float ldsb[2048];
gl_a = Ad[ldsa_row*width+ldsa_col];
gl_b = Bd[ldsb_row*width+ldsb_col];
ldsa[offset_inner] = gl_a;
ldsb[offset_inner] = gl_b;
__syncthreads();

for(int j=8; j<width; j+=8 ){
    gl_a = Ad[ldsa_row*width+ldsa_col+j];
    gl_b = Bd[(ldsb_row+j)*width+ldsb_col];

    int stride_i= (((j/8)+1)%2)*1024;
    int stride_j= ((j/8)%2)*1024;

    for(int i = 0;i < 8;i++){
        rA[0] = ldsa[threadIdx.y*4+(i*128)+0+stride_i];
        rA[1] = ldsa[threadIdx.y*4+(i*128)+1+stride_i];
        rA[2] = ldsa[threadIdx.y*4+(i*128)+2+stride_i];
        rA[3] = ldsa[threadIdx.y*4+(i*128)+3+stride_i];

        rB[0] = ldsb[threadIdx.x*4+(i*128)+0+stride_i];
        rB[1] = ldsb[threadIdx.x*4+(i*128)+1+stride_i];
```

```
                    rB[2] = ldsb[threadIdx.x*4+(i*128)+2+stride_i];
                    rB[3] = ldsb[threadIdx.x*4+(i*128)+3+stride_i];

                    rC[0] =rC[0] + rA[0] * rB[0];
                    rC[1] =rC[1] + rA[0] * rB[1];
                    rC[2] =rC[2] + rA[0] * rB[2];
                    rC[3] =rC[3] + rA[0] * rB[3];
                    rC[4] =rC[4] + rA[1] * rB[0];
                    rC[5] =rC[5] + rA[1] * rB[1];
                    rC[6] =rC[6] + rA[1] * rB[2];
                    rC[7] =rC[7] + rA[1] * rB[3];
                    rC[8] =rC[8] + rA[2] * rB[0];
                    rC[9] =rC[9] + rA[2] * rB[1];
                    rC[10] =rC[10] + rA[2] * rB[2];
                    rC[11] =rC[11] + rA[2] * rB[3];
                    rC[12] =rC[12] + rA[3] * rB[0];
                    rC[13] =rC[13] + rA[3] * rB[1];
                    rC[14] =rC[14] + rA[3] * rB[2];
                    rC[15] =rC[15] + rA[3] * rB[3];
                }
                ldsa[offset_inner+ stride_j] = gl_a;
                ldsb[offset_inner+ stride_j] = gl_b;
                __syncthreads();
            }

            for(int i = 0;i < 8;i++){
                rA[0] = ldsa[threadIdx.y*4+(i*128)+0+1024];
                rA[1] = ldsa[threadIdx.y*4+(i*128)+1+1024];
                rA[2] = ldsa[threadIdx.y*4+(i*128)+2+1024];
                rA[3] = ldsa[threadIdx.y*4+(i*128)+3+1024];

                rB[0] = ldsb[threadIdx.x*4+(i*128)+0+1024];
                rB[1] = ldsb[threadIdx.x*4+(i*128)+1+1024];
                rB[2] = ldsb[threadIdx.x*4+(i*128)+2+1024];
                rB[3] = ldsb[threadIdx.x*4+(i*128)+3+1024];

                rC[0] =rC[0] + rA[0] * rB[0];
                rC[1] =rC[1] + rA[0] * rB[1];
                rC[2] =rC[2] + rA[0] * rB[2];
                rC[3] =rC[3] + rA[0] * rB[3];
                rC[4] =rC[4] + rA[1] * rB[0];
                rC[5] =rC[5] + rA[1] * rB[1];
                rC[6] =rC[6] + rA[1] * rB[2];
                rC[7] =rC[7] + rA[1] * rB[3];
```

```
        rC[8] =rC[8] + rA[2] * rB[0];
        rC[9] =rC[9] + rA[2] * rB[1];
        rC[10] =rC[10] + rA[2] * rB[2];
        rC[11] =rC[11] + rA[2] * rB[3];
        rC[12] =rC[12] + rA[3] * rB[0];
        rC[13] =rC[13] + rA[3] * rB[1];
        rC[14] =rC[14] + rA[3] * rB[2];
        rC[15] =rC[15] + rA[3] * rB[3];
    }
    Cd[index_Cd+0] = rC[0];
    Cd[index_Cd+1] = rC[1];
    Cd[index_Cd+2] = rC[2];
    Cd[index_Cd+3] = rC[3];

    Cd[index_Cd+width+0] = rC[4];
    Cd[index_Cd+width+1] = rC[5];
    Cd[index_Cd+width+2] = rC[6];
    Cd[index_Cd+width+3] = rC[7];

    Cd[index_Cd+2*width+0] = rC[8];
    Cd[index_Cd+2*width+1] = rC[9];
    Cd[index_Cd+2*width+2] = rC[10];
    Cd[index_Cd+2*width+3] = rC[11];

    Cd[index_Cd+3*width+0] = rC[12];
    Cd[index_Cd+3*width+1] = rC[13];
    Cd[index_Cd+3*width+2] = rC[14];
    Cd[index_Cd+3*width+3] = rC[15];
}
void MatrixMulOnHost(float *A, float *B, float *C, int width)
{
    int i, j, k;
    double temp = 0.0;
    float *B1;
    B1 = (float *)malloc(sizeof(float) * width * width);
    for (int i = 0; i < width; i++){
        for(int j = 0; j < width; j++){
            B1[i * width + j] = B[j * width +i];
        }
    }
    for (i = 0; i < width; i++){
        for (j = 0; j < width; j++){
            temp = 0.0;
            for (k = 0; k < width; k++){
```

```
                                temp += A[i * width + k] * B1[j * width +k];
                    }
                    C[i * width + j] = temp;
                    }
        }
        free (B1);
    }
//结果检查
void checkResult(float *hostRef, float *gpuRef, const int N)
{
    double epsilon = 1.0E-8;
    bool match = 1;
    for (int i = 0; i < N; i++){
        if (abs(hostRef[i] - gpuRef[i]) > epsilon){
            match = 0;
            printf("host[%d] %f gpu %f\n", i,hostRef[i], gpuRef[i]);
            break;
        }
    }
    if (match)
        printf("Arrays match.\n\n");
    else
        printf("Arrays do not match.\n\n");
}


int main(void){
    int dev = 0;
    cudaDeviceProp deviceProp;
    cudaGetDeviceProperties(&deviceProp, dev);
    printf("using Device %d: %s\n", dev, deviceProp.name);
    cudaSetDevice(dev);

    int Width = 1024;
    int size = Width*Width*sizeof(float);
    float *A, *B, *C, *gpuRef1;
    A = (float *)malloc(size);
    B = (float *)malloc(size);
    C = (float *)malloc(size);
    gpuRef1 = (float *)malloc(size);
    double iStart = seconds();
/*------------------------初始化矩阵A、矩阵B------------------------*/
    for (int i = 0; i<Width; i++){
        for (int j = 0; j<Width; j++){
                A[i*Width+j] = float (rand() % 10 +1) ;
```

```
                B[i*Width+j] = float (rand() % 10 +1) ;
        }
    }
    double iElaps = seconds() - iStart;
    printf("initialization: \t %f sec\n", iElaps);
/*------------------主机端-----------------------------------------
--------*/
/*---------------------MatrixMulOnHost_3-----------------------------*/
    iStart = seconds();
    MatrixMulOnHost_3(A, B, C, Width);
    iElaps = seconds() - iStart;
    printf("MatrixMulOnHost_3 : \t %f sec\n", iElaps);
/*------------------开辟设备端内存空间-----------------------------*/
    float *Ad, *Bd, *Cd;
    cudaMalloc((void**)&Ad, size);
    cudaMalloc((void**)&Bd, size);
    cudaMalloc((void**)&Cd, size);
/*-----------------主机端与设备端数据传输（H2D）-----------------*/
    cudaMemcpy(Ad, A, size, cudaMemcpyHostToDevice);
    cudaMemcpy(Bd, B, size, cudaMemcpyHostToDevice);
/*--------------------设置线程布局----------------------------------*/
    dim3 grid(8,8);
    dim3 block(32,32);
/*---------------------调用核函数----------------------------------*/
    MatrixMulShared_preload<<<grid,block>>>(Ad, Bd, Cd, Width);
    cudaMemcpy(gpuRef1, Cd, size, cudaMemcpyDeviceToHost);
    checkResult(C, gpuRef1, Width);

    cudaFree(Ad);
    cudaFree(Bd);
    cudaFree(Cd);
    cudaDeviceReset();

    return 0;
}
```

通过观察代码 10-8 可知, 核函数内开辟共享内存空间 ldsa、ldsb 的数据规模由 1024 增大至 2048, 在核心计算的循环体外将矩阵 A、B 上的 1024 个元素从全局内存搬运至 ldsa[0 ~ 1023]、ldsb[0 ~ 1023], 在核心计算的循环体的首次迭代中, 线程取 ldsa[0 ~ 1023]、ldsb[0 ~ 1023] 内的元素进行乘累加操作, 同时将下次乘累加操作的目标元素从矩阵 A、B 搬运至 ldsa[1024 ~ 2047]、ldsb[1024 ~ 2047], 通过数据搬运与运算指令的交叉执行, 一定程度上掩藏了 CUDA 矩阵乘中进行全局内存向共享内存数据搬运的耗时。对经过数据预取优化的共享内存 CUDA 矩阵乘进行测试, 编译使用命令 nvcc preload.cu -o preload。使用 Nsight

System 工具进行监测核函数运行时间, 使用命令 nsys profile –stats= true ./
preload, 测试结果见表 10.14。

表 10.14 数据预取核函数测试结果一

矩阵规模	线程布局	核函数名称	时间/μs
1024 × 1024	(8,8) (32,32)	MatrixMulShared_4x4	256.58
		MatrixMulShared_preload	237.28

由测试得到的数据可知, 经过数据预取优化的 CUDA 矩阵乘相较于未经过
优化的共享内存 CUDA 执行时间进一步减小, 性能得到了提升。对共享内存
CUDA 矩阵乘进行数据预取优化时, 每个线程块使用了更大的共享内存空间, 由
于 GPU 上共享内存空间存在资源限制, 消耗过多存储资源会一定程度上影响
GPU 设备的性能, 无法反映数据预取的真实优化效果, 因此调整 CUDA 矩阵乘
结果矩阵的数据规模和线程布局再次进行测试, 测试结果见表 10.15。

表 10.15 数据预取核函数测试结果二

矩阵规模	线程布局	核函数名称	时间/μs
512 × 512	(8,8) (16,16)	MatrixMulShared_4x4	86.52
		MatrixMulShared_preload	63.10

由测试得到的数据可知, 在结果矩阵数据规模为 512 × 512, 线程布局为
grid(8,8)、block(16,16) 的情况下, 数据预取优化的效果更加明显, 测试结果反映
了优化人员在使用数据预取对 CUDA 程序进行优化时, 需要注意使用 GPU 上
的存储资源的限度, 避免因过度占用存储资源导致优化效果不佳的现象。

10.6 循环展开

第六章中针对循环展开的优化方法进行了描述, 循环展开通过减少分支的
频率及循环维护指令来实现程序的优化。在 CUDA 中循环展开的主要目的是为
了减少分支指令的消耗和增加更多的独立调度指令, 从而提升内核性能, 本节以
CUDA 矩阵乘为例进行循环展开优化。

10.6.1 基本原理

循环展开通过增加每次迭代计算的元素数量, 从而减少循环的迭代次数。循
环展开通过消除分支和管理归纳变量, 让更多的并发操作被添加到流水线上。在
顺序数组中, 如果迭代次数是可预测的, 并且循环中没有条件分支, 则处理器可

以正确预测迭代次数, 通过循环展开减少内部循环的迭代次数, 有效提升程序性能, 以下列数组求和的循环为例进行说明:

```
for (int i=0;i<100;i++){
    a[i]=b[i]+c[i];
}
```

针对上述 for 循环中需要进行 100 次的单个加法运算, 若将循环体展开为多次加法运算, 例如将循环体展开为 4 次, 则 for 循环中整个循环的迭代次数就会减少到原来的 1/4, 减少了条件判断的次数, 展开 4 次后的代码如下:

```
for (int i=0;i<100;i+=4){
    a[i+0]=b[i+0]+c[i+0];
    a[i+1]=b[i+1]+c[i+1];
    a[i+2]=b[i+2]+c[i+2];
    a[i+3]=b[i+3]+c[i+3];
}
```

GPU 设备通过线程束间切换实现计算的高效并发, 充足的运算指令有利于提升 CUDA 程序的性能, 因此使用循环展开增加核函数内的指令数有利于提升 CUDA 程序的并行性。同时由于 GPU 设备缺少复杂的分支预测单元, 因此消除使用循环展开循环迭代中的分支判断语句有利于减少 CUDA 程序执行时进行判断和分支预测造成的耗时。

10.6.2 代码实现

下面代码是第 10.4.3 节中 CUDA 归约核函数 reduce_nobankconflict 中的最后一次累加计算操作:

```
for (int stride = 16; stride >0; stride=stride>>1){
    if (tx < stride)
    data[0][col] += data[0][col+ stride];
    __syncthreads();
}
```

通过观察代码可以发现, 该循环体实现的归约操作由线程块内的一个线程束实现, 经由一次分支判断线程束仅执行一次计算操作, 且随着迭代的进行, 循环条件使得线程束内的活跃线程数目不断减少。

以 reduce_nobankconflict 核函数为基础使用循环展开对 CUDA 归约实现进行优化, 经过优化的代码如下:

```
__global__ void reduce_unroll(int *a, int *r)
{
    __shared__ int data[32][32];
    int tid = blockIdx.x * blockDim.x + threadIdx.x;
```

```
        int tx = threadIdx.x;
        int row = tx / 32;
        int col = tx % 32;
        data[row][col] = a[tid];
        __syncthreads();

        for(int stride = 16; stride>0; stride=stride>>1){
            if (row < stride)
                data[row][col] += data[row+stride][col];
            __syncthreads();
        }

        if(tx < 32){
            data[0][col] += data[0][col+ 16];
            __syncthreads();
            data[0][col] += data[0][col+ 8];
            __syncthreads();
            data[0][col] += data[0][col+ 4];
            __syncthreads();
            data[0][col] += data[0][col+ 2];
            __syncthreads();
            data[0][col] += data[0][col+ 1];
            __syncthreads();
        }
        __syncthreads();
        if(tx==0)
        r[blockIdx.x] = data[0][0];
}
```

经过循环展开优化后消除了代码中的循环判断语句使得线程束内的 32 个
线程均处于活跃状态, 由于累加操作的目标元素位于共享内存上, 需要通过使用
同步语句 __syncthreads() 语句避免数据竞争导致错误的归约结果。

10.6.3 性能分析

通过循环展开原理的介绍和核心代码的实现, 使用循环展开的 CUDA 归约
程序如代码 10-9 所示。

代码 10-9 循环展开示例

```
#include <cuda_runtime.h>
#include <stdio.h>
#include "./common.h"

int ArraySum_CPU(int *data, int const size){
```

```
        if (size == 1) return data[0];
        int const stride = size / 2;
        if (size % 2 == 1){
                for (int i = 0; i < stride; i++){
                        data[i] += data[i + stride];
                }
                data[0] += data[size - 1];
        }
        else{
                for (int i = 0; i < stride; i++){
                        data[i] += data[i + stride];
                }
        }
        return ArraySum_CPU(data, stride);
}


__global__ void reduce_GPU(int * g_idata, int * g_odata, unsigned int n){
    unsigned int tid = threadIdx.x;
    if (tid >= n) return;
    int *idata = g_idata + blockIdx.x*blockDim.x;
    for (int stride = 1; stride < blockDim.x; stride *= 2){
        if ((tid % (2 * stride)) == 0){
                idata[tid] += idata[tid + stride];
        }
        __syncthreads();
    }
    if (tid == 0)
        g_odata[blockIdx.x] = idata[0];
}


__global__ void reduceNeighboredLess(int * g_idata,int *g_odata,unsigned
int n){
    unsigned int tid = threadIdx.x;
    unsigned idx = blockIdx.x*blockDim.x + threadIdx.x;
    int *idata = g_idata + blockIdx.x*blockDim.x;
    if (idx > n)
        return;
    for (int stride = 1; stride < blockDim.x; stride *= 2){
        int index = 2 * stride *tid;
        if (index < blockDim.x){
                idata[index] += idata[index + stride];
        }
        __syncthreads();
    }
```

```
    if (tid == 0)
        g_odata[blockIdx.x] = idata[0];
}


__global__ void reduce_shared(const int *a, int *r){
    __shared__ int cache[1024];
    int tid = blockIdx.x * blockDim.x + threadIdx.x;
    int cacheIndex = threadIdx.x;
    cache[cacheIndex] = a[tid];
    __syncthreads();

    for (int stride = 1; stride < blockDim.x; stride *= 2)
    {
        int index = 2 * stride * cacheIndex;
        if (index < blockDim.x){
            cache[index] += cache[index + stride];
        }
    __syncthreads();
    }

    if (cacheIndex == 0)
        r[blockIdx.x] = cache[cacheIndex];
}

__global__ void reduce_unroll(int *a, int *r){
    __shared__ int data[32][32];
    int tid = blockIdx.x * blockDim.x + threadIdx.x;
    int tx = threadIdx.x;
    int row = tx / 32;
    int col = tx % 32;
    data[row][col] = a[tid];
    __syncthreads();

    for(int stride = 16; stride>0; stride=stride>>1){
        if (row < stride)
        data[row][col] += data[row+stride][col];
        __syncthreads();
    }

    if(tx < 32){
        data[0][col] += data[0][col+ 16];
        __syncthreads();
        data[0][col] += data[0][col+ 8];
        __syncthreads();
```

```
        data[0][col] += data[0][col+ 4];
        __syncthreads();
        data[0][col] += data[0][col+ 2];
        __syncthreads();
        data[0][col] != data[0][col+ 1];
        __syncthreads();
    }
    __syncthreads();
    if(tx==0)
    r[blockIdx.x] = data[0][0];
}


int main(int argc,char** argv){
    bool bResult = false;
    int size = 1 << 23;
    printf(" with array size %d  ", size);
    int blocksize = 1024;
    if (argc > 1){
        blocksize = atoi(argv[1]);
    }
    dim3 block(blocksize, 1);
    dim3 grid((size - 1) / block.x + 1, 1);
    printf("grid %d block %d \n", grid.x, block.x);

    size_t bytes = size * sizeof(int);
    int *idata_host = (int*)malloc(bytes);
    int *odata_host = (int*)malloc(grid.x * sizeof(int));
    int * tmp = (int*)malloc(bytes);
    initialData_int(idata_host, size);
    memcpy(tmp, idata_host, bytes);
    double iStart, iElaps;
    int gpu_sum = 0;
    int * idata_dev = NULL;
    int * odata_dev = NULL;
    cudaMalloc((void**)&idata_dev, bytes);
    cudaMalloc((void**)&odata_dev, grid.x * sizeof(int));

    int cpu_sum = 0;
    iStart = cpuSecond();
    for (int i = 0; i < size; i++)
        cpu_sum += tmp[i];
    printf("cpu sum:%d \n", cpu_sum);
    iElaps = cpuSecond() - iStart;
    printf("cpu reduce elapsed %lf ms cpu_sum: %d\n", iElaps, cpu_sum);
```

```
//kernel 1:reduce_GPU
cudaMemcpy(idata_dev, idata_host, bytes, cudaMemcpyHostToDevice);
cudaDeviceSynchronize();
iStart = cpuSecond();
reduce_GPU <<<grid, block >>>(idata_dev, odata_dev, size);
cudaDeviceSynchronize();
iElaps = cpuSecond() - iStart;
cudaMemcpy(odata_host, odata_dev, grid.x * sizeof(int),
cudaMemcpyDeviceToHost);
gpu_sum = 0;
for (int i = 0; i < grid.x; i++)
        gpu_sum += odata_host[i];
printf("gpu ArraySum_GPU01 elapsed %lf ms gpu_sum: %d<<<grid %d block
%d>>>\n",iElaps, gpu_sum, grid.x, block.x);

//kernel 2:reduceNeighboredLess
cudaMemcpy(idata_dev, idata_host, bytes, cudaMemcpyHostToDevice);
cudaDeviceSynchronize();
iStart = cpuSecond();
reduceNeighboredLess <<<grid, block>>>(idata_dev, odata_dev, size);
cudaDeviceSynchronize();
iElaps = cpuSecond() - iStart;
cudaMemcpy(odata_host, odata_dev, grid.x * sizeof(int),
cudaMemcpyDeviceToHost);
gpu_sum = 0;
for (int i = 0; i < grid.x; i++)
        gpu_sum += odata_host[i];
printf("gpu reduceNeighboredLess elapsed %lf ms gpu_sum: %d<<<grid %d
block %d>>>\n",iElaps, gpu_sum, grid.x, block.x);

//kernel 3:reduce_shared
cudaMemcpy(idata_dev, idata_host, bytes, cudaMemcpyHostToDevice);
cudaDeviceSynchronize();
reduce_shared<<<grid, block>>>(idata_dev, odata_dev);
cudaDeviceSynchronize();
cudaMemcpy(odata_host, odata_dev, grid.x * sizeof(int),
cudaMemcpyDeviceToHost);

gpu_sum = 0;
for (int i = 0; i < grid.x; i++)
        gpu_sum += odata_host[i];

if (gpu_sum == cpu_sum)
```

```
        printf("Test success!\n");
    else
        printf("failed in shared!\n");

    //kernel 4:reduce_unroll
    cudaMemcpy(idata_dev, idata_host, bytes, cudaMemcpyHostToDevice);
    cudaDeviceSynchronize();
    reduce_unroll<<<grid, block>>>(idata_dev, odata_dev);
    cudaDeviceSynchronize();
    cudaMemcpy(odata_host, odata_dev, grid.x * sizeof(int),
cudaMemcpyDeviceToHost);

    gpu_sum = 0;
    for (int i = 0; i < grid.x; i++)
        gpu_sum += odata_host[i];
    if (gpu_sum == cpu_sum){
        printf("Test success!\n");
    }
    else
        printf("failed in try! gpu_sum:%d,cpu_sum:%d\n",gpu_sum,cpu_sum);
    free(idata_host);
    free(odata_host);
    cudaFree(idata_dev);
    cudaFree(odata_dev);
    cudaDeviceReset();
    if (gpu_sum == cpu_sum){
        printf("Test success!\n");
    }
    return EXIT_SUCCESS;
}
```

对经由循环展开优化的 CUDA 矩阵归约进行测试, 相同数据规模下对 CUDA 归约的不同实现进行测试, 编译使用命令: nvcc reduce_unroll.cu -o reduce_unroll。使用 Nsight System 工具进行监测核函数运行时间, 指令为 nsys profile –stats= true ./ reduce_unroll, 测试结果见表 10.16。

表 10.16　循环展开核函数测试结果

函数名称	时间/μs
reduce_NeighboredLess	227.14
reduce_shared	247.32
reduce_nobankconflict	217.11
reduce_unroll	168.24

由测试结果可知，经过循环展开优化的 CUDA 归约核函数 reduce_unroll 执行时间为 168.24 μs，相比第 10.4.5 节中消除 bank 冲突的归约核函数 reduce_nobankconflict 性能取得了进一步提升。对 CUDA 程序进行循环展开操作会消耗 GPU 上更多的寄存器资源，在 reduce_unroll 中选择进行循环展开的循环体内迭代次数有限，因此在寄存器资源许可的范围内进行了完全展开的操作，优化人员在对 CUDA 程序中迭代次数较多的循环体进行展开操作时，需要注意避免过度展开，因为过度展开反而会降低程序性能。

10.7　小结

本章从 CUDA 编程模型、多层次存储结构、数据预取，以及循环展开等角度对 CUDA 程序优化方法进行了介绍，并结合矩阵乘法和归约等示例对优化方法进行了实现。

首先，介绍 CUDA 的基础概念和 CUDA 程序的编写方法，并以矩阵乘为例说明如何改写 CUDA 程序。然后，在 CUDA 线程结构理论基础之上，描述了如何通过构建合理的线程布局挖掘线程并行性实现对 CUDA 程序的优化；对如何根据 GPU 设备的 SIMT 执行模式消除程序中的分歧以提升 CUDA 程序的性能进行了分析；依据 CUDA 的多层次存储结构特点，介绍了如何利用全局内存、共享内存、高速缓存 3 个不同层次的存储空间构建 CUDA 程序中高效内存访问模式。最后，说明了如何使用数据预取、循环展开等优化方法对使用 CUDA 编程模型的程序进行优化。

读者可扫描二维码进一步思考。

第十一章
MPI 程序优化

MPI 是 message passing interface 的缩写, 是一组用于编写并行程序的多节点数据通信的标准。与第九章中介绍的 OpenMP 线程级并行不同, MPI 的并行粒度为进程级。基于 MPI 提供的统一编程接口, 优化人员只需要设计好并行算法, 使用相应的 MPI 函数就可以实现基于消息传递的并行计算。本章首先介绍MPI 编程的基本概念, 然后利用矩阵乘法和素数求解程序, 从数据划分、通信优化、负载均衡等角度阐述 MPI 程序优化方法。

11.1　MPI 编程简介

通常基于单核处理器上编写的程序无法直接利用多核处理器, 优化人员可以手动将串行程序改写为并行程序, 以使程序充分利用多核处理器, 从而更快地运行程序。本节将对 MPI 的基本概念、MPI 的函数库和 MPI 并行程序的编写进行介绍, 详细描述从串行版本矩阵乘法到 MPI 版本矩阵乘法的改写过程, 本章后续部分章节将以 MPI 版本矩阵乘为例逐步介绍 MPI 程序性能优化的方法。

11.1.1　MPI 是什么

几乎所有的并行程序都可以使用消息传递模型来描述, 在 20 世纪 90 年代之前, 虽然有很多的软件库用到了消息传递模型, 但是在定义上存在微小的差异且耗时较长。为解决这个问题, 1992 年的 Supercomputing 大会通过了一个消息传递接口的标准, 即 MPI。MPI 作为一种服务于进程间通信的消息传递编程模型, 可运行在不同的机器或平台上, 具有很好的可移植性, 可以将程序扩展至成千上万的计算节点, 几乎已经取代了以前所有的消息传递模型。可以将 MPI 理解为一种协议或接口, 而 OpenMPI 及 MPICH 是这一接口的常用实现。

表 11.1 给出了部分 C 语言绑定的 MPI 数据类型列表, 大部分 MPI 的数据类型在 C 语言中都有其对应的数据类型, 但有两个 MPI 数据类型在 C 语言中没有对应。其中, MPI_BYTE 表示一个字节, 在多数计算系统中一个字节代表着 8 个二进制位; MPI_PACKED 为打包数据类型, 可以将自定义数据类型打包传递, 通常用来实现传输地址空间不连续的数据项。

表 11.1　C 语言与 MPI 数据类型对应表

MPI 数据类型	C 语言数据类型
MPI_CHAR	signed char
MPI_DOUBLE	double
MPI_FLOAT	float
MPI_INT	int
MPI_LONG	long
MPI_LONG_DOUBLE	long double
MPI_SHORT	short
MPI_UNSIGNED	unsigned int
MPI_UNSIGNED_LONG	unsigned long
MPI_UNSIGNED_SHORT	unsigned short
MPI_BYTE	—
MPI_PACKED	—

11.1.2　MPI 函数库

MPI 的库函数有很多, 但大体上可以分为 5 类, 包括基本函数、阻塞型点对点传递函数、非阻塞型点对点传递函数、组消息传递函数和 MPI 自定义数据类型函数。下面简单介绍这 5 类函数, 在后续小节中使用到相关函数时将会进一步详细介绍。

1. 基本函数

基本函数主要用于 MPI 环境的初始化工作、资源释放工作、获取 MPI 程序的信息和执行时间等, 常用基本函数及其参数如下。

//初始化 MPI 环境

int MPI_Init(int *argc, char **argv[]);

//终止 MPI 执行环境

int MPI_Finalize(void);

//获得当前进程标识

int MPI_Comm_rank(MPI_Comm comm, int *rank);

//获取通信域包含的进程总数

int MPI_Comm_size(MPI_Comm comm, int *size);

//获得本进程的机器名
int MPI_Get_processor_name(char *name, int *resultlen);

//以秒为单位返回从过去某点开始的执行时间
double MPI_Wtime(void);

2. 阻塞型点对点传递函数

阻塞型点对点传递函数需要等待指定操作的实际完成, 或至少所涉及的数据已被 MPI 系统安全地备份后才返回。常用阻塞型点对点传递函数及其参数如下。

//消息发送函数: 将发送缓冲区 buf 中 count 个 datatype 数据类型的数据
//发送到标识号为 dest 的目的进程, 本次发送的消息标识是 tag
int MPI_Send(void *buf, int count, MPI_Datatype datatype, int dest, int tag, MPI_Comm comm);

//消息接收函数: 将从标识号为 source 的目的进程接收 count 个 datatype
//数据类型的数据到缓冲区 buf 中,tag 与消息发送时指定的 tag 号一致
int MPI_Recv(void *buf, int count, MPI_Datatype datatype, int source, int tag, MPI_Comm comm, MPI_Status *status);

3. 非阻塞型点对点传递函数

非阻塞型点对点传递函数的调用总是立即返回, 而实际操作则由 MPI 系统在后台进行, 使用此函数会带来性能提升, 但是提高了编写程序的难度。常用非阻塞型点对点传递函数及其参数如下。

//比阻塞操作只多一个参数 MPI_Request *request, 随后必须调用其他函
//数, 如函数 MPI_Wait 和 MPI_Test, 来等待操作完成或查询操作的完成情况
int MPI_Isend(void *buf, int count, MPI_Datatype datatype, int dest, int tag, MPI_Comm comm, MPI_Request *request);

//比阻塞操作只多一个参数 MPI_Request *request, 随后必须调用其他函
//数, 如函数 MPI_Wait 和 MPI_Test, 来等待操作完成或查询操作的完成情况
int MPI_Irecv(void *buf, int count, MPI_Datatype datatype, int source, int tag, MPI_Comm comm, MPI_Request *request);

//等待 MPI 发送或接收结束, 然后返回
int MPI_Wait(MPI_Request *request, MPI_Status *status);

//若 flag 为 true, 则如同执行了 MPI_ Wait 调用; 若 flag 为 false, 则如同
//执行了一个空操作

int MPI_Test(MPI_Request *request, int *flag, MPI_Status *status);

//阻塞式检查

int MPI_Probe(int source, int tag, MPI_Comm comm, MPI_Status *status);

//非阻塞式检查

int MPI_Iprobe(int source, int tag, MPI_Comm comm, int * flag, MPI_
Status *status);

4. 组消息传递函数

组消息传递相关函数也可称为集合通信函数, 集合通信调用可以和点对点
通信共用一个通信域, MPI 保证由集合通信调用产生的消息不会与点对点通信
调用产生的消息相混淆。常用集合通信函数及其参数如下。

//障碍同步, 阻塞通信体中所有进程, 直到所有的进程组成员都调用了它。
//仅当进程组所有的成员都进入了这个调用后, 各个进程中这个调用才可以
//返回

int MPI_Barrier(MPI_Comm comm);

//是从一个序号为 root 的进程将一条消息广播发送到进程组内的所有进程

int MPI_ Bcast(void *buf, int count, MPI_Datatype datatype, int root,
MPI_Comm comm);

//每个进程将其发送缓冲区中的内容发送到进程, 根进程根据发送这些数
//据的进程序列号将它们依次存放到自己的消息缓冲区中

int MPI_Gather(void *sendbuf, int sendcount, MPI_Datatype sendtype,
void *recvbuf, int recvcount, MPI_Datatype recvtype, int root, MPI_Comm
comm);

//从根进程部分地散播缓冲区中的值到进程组

int MPI_Scatter(void *sendbuf, int sendcount, MPI_Datatype sendtype,
void *recvbuf, int recvcount, MPI_Datatype recvtype, int root, MPI_Comm
comm);

//将组内每个进程输入缓冲区中的数据按 op 操作组合起来, 并将其结果返
//回到序号为 root 的进程的输出缓冲区中

int MPI_Reduce(void *sendbuf, void *recvbuf, int count, MPI_Datatype
recvtype, MPI_OP op, int root, MPI_Comm comm);

5. MPI 自定义数据类型函数

MPI 自定义数据类型函数可以有效减少消息传递次数, 增大通信力度, 同时可以避免或减少消息传递时数据在内存中的拷贝。常用自定义数据类型函数及其参数如下。

//连续数据类型生成
intMPI_Type_contiguous(intcount,MPI_Datatypeoldtype,MPI_Datatype *newtype);

//向量数据类型的生成
int MPI_Type_vector(int count,int blocklength,int stride, MPI_Datatype oldtype,MPI_Datatype *newtype);

//索引数据类型的生成
int MPI_Type_indexed(int count, int *array_of_blocklengths, MPI_Aint *array_of_displacements, MPI_Datatype oldtype, MPI_Datatype *newtype);

//结构数据类型的生成
int MPI_Type_struct(int count, int *array_of_blocklengths, MPI_Aint *array_of_displacements, MPI_Datatype array_of_types, MPI_Datatype * newtype);

//数据类型的注册
int MPI_Type_commit(MPI_Datatype *datatype);

//数据类型的释放
int MPI_Type_free(MPI_Datatype *datatype);

11.1.3 MPI 程序编写

简单地说, MPI 程序的编程模式是迭代式的计算和通信, 程序可以分为计算块和通信块, 每个程序可以独立完成计算块, 计算完成后进行通信或者同步, 之后进入下一轮迭代, 直到所有任务完成退出程序。一个 MPI 程序的基本框架主要由头文件、相关变量声明、程序开始、计算与通信, 以及程序结束 5 部分组成, 如图 11.1 所示。此外本章不对 root 进程和根进程进行区分。

下面通过具体示例说明如何编写 MPI 程序。代码 11−1 的目的是使用 0 号进程发送一个整型数据, 1 号进程接收这个数据。首先, 使用 MPI_Init 函数接收 main 函数的两个参数 argc 和 argv 作为初始化实参, 这两个参数最初可由用户在运行 MPI 程序时通过命令行的方式输入。之后, 分别使用 MPI_Comm_rank 和 MPI_Comm_size 函数获取指定通信域下进程的进程号和该通信域下的进程总数。这两个函数的第一形参是一个通信域对象, 一般情况下可用系统提供的一

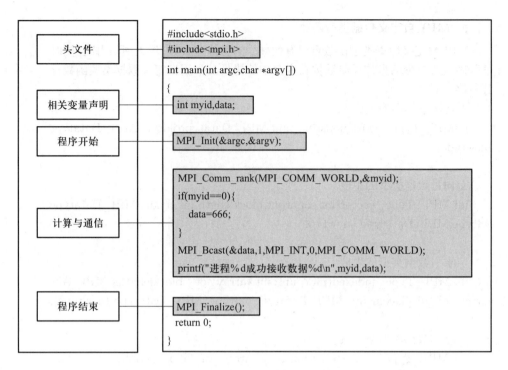

图 11.1　MPI 程序的基本框架

个全局通信域 MPI_COMM_WORLD; 第二个形参是一个地址, 在函数运行时分别将进程号和进程总数保存到用户定义的 world_rank 和 world_size。

MPI 程序要在代码中实现多个进程的任务分配, 应先判断当前的进程号, 然后将对应的任务进行分配。如代码 11−1 的第 10 行语句用于判断当前进程的进程号, 以便根据进程号来实现不同的执行任务。若当前进程号是 0, 其发送一个消息 send, 通过 MPI_Send 函数将这个 MPI_INT 型的消息发送给 1 号进程。1 号进程执行代码 11−1 的第 16、17 行代码, 通过 recv 变量接收来自 0 号进程的 MPI_INT 型数据 send, 可以传入一个 status 变量获取该消息的发送进程号、tag 值及错误信息。最后, 在程序执行完成后进行资源释放工作, MPI 部分资源调用 MPI_Finalize 函数即可完成清理。

代码 11−1　入门的 MPI 程序

```
1#include<stdio.h>
2#include<mpi.h>
3int main(int argc,char *argv[])
4{
5      int world_rank,world_size,send,recv;
6      MPI_Status status;
7      MPI_Init(&argc,&argv);
8      MPI_Comm_rank(MPI_COMM_WORLD,&world_rank);
9      MPI_Comm_size(MPI_COMM_WORLD,&world_size);
```

```
10    if(world_rank==0){
11        send=666;
12        MPI_Send(&send,1,MPI_INT,1,0,MPI_COMM_WORLD);
13        printf("共%d个进程,其中进程%d成功发送数据%d\n",world_size,
          world_rank,send);
14    }
15    if(world_rank==1){
16        MPI_Recv(&recv,1,MPI_INT,0,0,MPI_COMM_WORLD,&status);
17        printf("共%d个进程,其中进程%d成功接收数据%d\n ", world_size,
world_rank,recv);
18    }
19    MPI_Finalize();
20    return 0;
21}
```

将该程序命名为 ex.c, 分别使用命令 mpicc -o ex ex.c 和 mpirun -np 2 ex
对其进行编译运行, 得到如下结果:

共 2 个进程, 其中进程 0 成功发送数据 666

共 2 个进程, 其中进程 1 成功接收数据 666

11.1.4 MPI 版矩阵乘

本章依然以矩阵乘法作为示例。矩阵乘法在解决许多实际问题时都有着广泛的应用, 例如, 经典的用于求解线性方程组的高斯迭代法就用到了矩阵乘法, 再如当下深度学习领域中的卷积神经网络算法, 其实现本质也可以近似为矩阵相乘的结果。本节将介绍如何使用 MPI 把串行矩阵乘法改为并行矩阵乘法, 并对改写前后的程序进行测试, 以说明使用 MPI 后程序的加速效果, 同时说明在改写 MPI 程序过程中如何解决死锁的问题。

1. 串行矩阵乘法

对于一个 $m_1 \times n_1$ 维的矩阵 $\boldsymbol{A}$ 和 $m_2 \times n_2$ 维的矩阵 $\boldsymbol{B}$ 相乘 $(n_1 = m_2)$, 简单来说就是执行 $m_1 \times n_2$ 次两个 n_1 维向量的内积运算。串行矩阵乘法的程序如代码 11−2 所示, 其中 mympi.h 定义了用于矩阵初始化的函数 Init_Matrix 和矩阵相乘的函数 Mul_Matrix。

代码 11−2 串行矩阵乘法

```
1#include<stdio.h>
2#include<mpi.h>
3#include<time.h>
4#include"mympi.h"
5#define DIMS 1000
6int main(int argc,char *argv[]){
7    data_t *A,*B,*C,i;
```

```
8        double start_time,end_time;
9        A=(data_t*)malloc(sizeof(data_t)*DIMS*DIMS);
10       B=(data_t*)malloc(sizeof(data_t)*DIMS*DIMS);
11       C=(data_t*)malloc(sizeof(data_t)*DIMS*DIMS);
12       //初始化A和B矩阵
13       //初始化函数传参2意味随机生成0/1矩阵,传入1代表生成0矩阵
14       Init_Matrix(A,DIMS*DIMS,2);
15       Init_Matrix(B,DIMS*DIMS,2);
16       Init_Matrix(C,DIMS*DIMS,1);
17       start_time=(double)clock();
18       //矩阵A与B相乘,结果存于矩阵C
19       Mul_Matrix(A,B,C,DIMS,DIMS,DIMS);
20       end_time=(double)clock();
21       printf("进程的执行时间为:%.2lf\n",(end_time-start_time)/1e3);
22       free(A);
23       free(B);
24       free(C);
25       return 0;
26}
```

对此串行程序进行测试,10 次运行的平均耗时为 4.37 s, 其运行时间也会作为并行矩阵乘法运行的基准时间, 本章后面的优化都是以此为基础进行开展的。

2. 并行矩阵乘法

接下来使用 MPI 实现一个基础版本的并行矩阵乘实例, 该版本将矩阵 A 及矩阵 B 完整地分发到各个进程, 之后各进程依据进程编号计算结果矩阵 C 的不同行, 最后将结果汇聚到根进程, 得到完整的结果矩阵 C。为了更好地讨论矩阵乘优化问题, 本章对编写的所有矩阵乘法代码给出以下两点约束: ① 不从程序外读入原始矩阵, 仅在 0 号进程随机生成只有 0 和 1 元素的 1000 维方阵; ② 计算完矩阵乘之后, 将结果汇聚到 0 号进程上即代表完成计算, 不进行输出。前面介绍的 MPI_Send 和 MPI_Recv 函数可以完成将矩阵 A 和矩阵 B 分发至各进程的操作, 但在多个进程间通信时极容易引发死锁问题。死锁是指两个或两个以上的进程在执行过程中, 由于竞争资源或者由于彼此通信而造成的一种阻塞现象, 若无外力作用, 它们将无法推进下去, 此时称系统处于死锁状态或系统产生了死锁, 这些永远在互相等待的进程称为死锁进程。

下面是两个进程之间进行通信的伪代码, 如果程序先执行步骤 ① 和 ③, 再执行步骤 ② ④, 那么这两个进程都会陷入无限的循环等待, 也就造成了死锁。但是, 若先执行了步骤 ② 或 ④ 中的任意一步再执行其余步骤, 那么进程间就不会存在死锁问题。因此在 MPI 编程中使用阻塞式点对点通信函数时, 需要格外注意通信的收发顺序。

进程 0:

① 从进程 1 接收数据

② 向进程 1 发送数据

进程 1:

③ 从进程 0 接收数据

④ 向进程 0 发送数据

为了避免数据分发操作时可能出现的死锁问题, 本节使用 MPI_Bcast 函数来完成数据的分发工作, 其函数原型如下:

int MPI_Bcast(void *buffer, int count, MPI_Datatype datatype, int root, MPI_Comm comm)

其中,

buffer	所要广播/接收的数据的起始地址;
count	所要广播/接收的数据的个数;
datatype	数据类型;
root	要发送广播消息的进程的进程号;
comm	通信域。

MPI_Bcast 函数可以使用一个进程将消息广播发送给通信域中所有其他进程, 同时包括它本身在内。当根进程调用 MPI_Bcast 函数的时候, buffer 变量里的值会被发送到其他的进程上, 当其他的进程调用 MPI_Bcast 的时候, buffer 变量会被赋值成从根节点接收到的数据, 如图 11.2 所示。

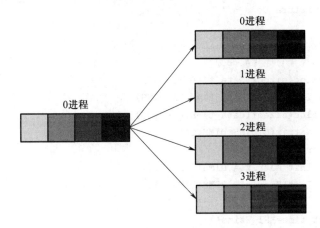

图 11.2　MPI_Bcast 函数执行过程

在解决死锁问题之后就可以思考如何实现并行的矩阵乘法了, 要将串行程序改为并行实现需要找到程序中可并行的部分并将这部分并行化, 串行矩阵乘法中计算矩阵 C 的每一行都是按从上到下的顺序计算的, 而且每一行之间其实没有相互依赖, 因此可将这部分改为并行实现。

使用 MPI 的并行矩阵乘法的算法思想是, 0 进程调用 Init_Matrix 函数生成矩阵 A 和矩阵 B, 并通过 MPI_Bcast 函数将生成的矩阵 A 和 B 广播发送到每个进程。各个进程通过 Mul_Matrix 函数并根据各自的进程号并行地计算矩阵 C 的相应行, 计算结束之后使用广播的方式将结果进行合并。一般情况下广播通信花费的时间比串行计算的时间短很多, 所以与串行计算相比, 并行计算矩阵 C 的速度大致取决于同时进行计算的进程数。代码 11−3 为基础版本的并行矩阵乘代码实现, Init_Matrix 函数和 Mul_Matrix 函数的定义在头文件 mympi.h 中。

代码 11−3 MPI 并行矩阵乘法

```
1#include<stdio.h>
2#include<mpi.h>
3#include"mympi.h"
4#define DIMS 1000
5int main(int argc, char *argv[]){
6       data_t *A,*B,*C;
7       int world_rank, world_size,lens,i;
8       double start_time, end_time;
9       MPI_Init(&argc, &argv);
10      MPI_Comm_rank(MPI_COMM_WORLD, &world_rank);
11      MPI_Comm_size(MPI_COMM_WORLD, &world_size);
12      if(DIMS%world_size!=0){
13          printf("总进程数world_size应整除矩阵维数DIMS!!!\n");
14          MPI_Finalize();
15          return 0;
16      }
17      //为所有进程创建A、B、C的空间并初始化C
18      //在0进程初始化A、B进程
19      A=malloc(sizeof(data_t)*DIMS*DIMS);
20      B=malloc(sizeof(data_t)*DIMS*DIMS);
21      C=malloc(sizeof(data_t)*DIMS*DIMS);
22      Init_Matrix(C,DIMS*DIMS,1);
23      if(world_rank==0){
24          Init_Matrix(A,DIMS*DIMS,2);
25          Init_Matrix(B,DIMS*DIMS,2);
26      }
27      start_time=MPI_Wtime();
28      //广播矩阵A、B到其他所有进程
29      MPI_Bcast(A,DIMS*DIMS,MPI_FLOAT,0,MPI_COMM_WORLD);
30      MPI_Bcast(B,DIMS*DIMS,MPI_FLOAT,0,MPI_COMM_WORLD);
31      //每个矩阵要处理的A的行数
32      lens = DIMS/world_size;
33      //将A对应行与B相乘,结果存于C对应行
34      Mul_Matrix(A+lens*DIMS*world_rank,B,C+lens*DIMS*world_rank,lens,
DIMS,DIMS);
35      //各进程将自身计算的C广播到其他进程,组合成完整的C
36      for(i=0;i<world_size;i++){
37          MPI_Bcast(C+i*lens*DIMS,lens*DIMS,MPI_FLOAT,i,MPI_COMM_WORLD);
38      }
39      end_time=MPI_Wtime();
```

```
40      printf("进程%d的运行时间为:%lf\n",world_rank,(end_time-start_time));
41      free(A);
42      free(B);
43      free(C);
44      MPI_Finalize();
45      return 0;
46}
```

对代码 11−3 进行测试, 在开启 4 进程的情况下程序的执行时间为 1.35 s, 与代码 11−2 串行矩阵乘法的耗时 4.37 s 相比, 加速比达到 3.24。

为了查看程序中 MPI 函数的执行时间, 方便后续更好地优化程序, 本章使用 oneAPI 的组件 Trace Analyzer 生成的初始版本的并行矩阵乘法的执行结果如图 11.3 所示。因为本章主要介绍 MPI 的优化方法, 所以后续将对 MPI 函数调用的部分进行重点分析。此外本章没有使用 OpenMP, 后面部分将不对此进行说明。

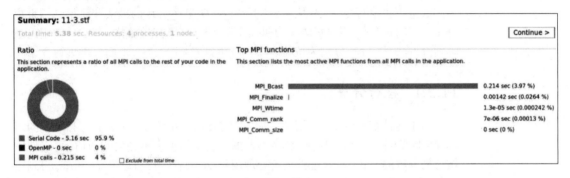

图 11.3   MPI 并行矩阵乘法执行结果

图 11.3 的 Summary 部分显示该程序运行在一个开启了 4 个进程的计算节点上, 程序的总执行时间为 5.38 s, 这里的总执行时间是指 4 个进程运行时间的总和。Ratio 部分展示了串行代码的执行时间为 5.16 s, 占总执行时间的 95.9%, MPI 函数调用部分的执行时间为 0.215 s, 占总执行时间的 4%。Top MPI functions 部分展示了该程序 MPI 调用中花费时间最多的 MPI 函数为 MPI_Bcast, 占 MPI 函数调用时间的 99.5%, MPI_Finalize 资源释放函数对程序的性能影响较小。

此处需要说明的是, 本章使用 Trace Analyzer 的目的主要在于分析程序中所有 MPI 函数调用中总的时间占比和耗时较多的 MPI 函数。通过分析数据可以看出, MPI_Bcast 花费了 MPI 函数执行时间的主要部分, 所以后续可以通过减少广播调用次数或减少每个广播减少调用时间尝试对广播进行优化。

11.2　数据划分优化

在第 11.1.4 节中已经实现了 MPI 版矩阵乘算法, 但是随着数据规模的上升, 每个进程所需的存储量及进程间的通信量是急剧增加的。MPI 框架只提供任务之间同步和通信的手段, 其中计算任务的分解、数据的划分、计算的实现方式, 以及聚合方式都由程序开发者决定, 这些问题也是影响程序性能的重要原因。本节将从数据的划分方式入手, 使用按行分解、按列分解和棋盘式分解的数据划分方法对 MPI 版矩阵乘法程序进行优化, 并对使用不同划分方法的程序进行性能测试, 以说明不同数据划分方式对程序性能的影响。

数据划分通常对规模较大的数据进行划分, 将分解后的数据块聚集或映射到多个处理器, 实现多个进程同时执行, 以加快程序运行速度。在保证结果正确的前提下要使数据划分后程序的性能较好就需要使负载尽可能保持均衡。以矩阵乘算法为例, 基础的并行算法是使用 0 号进程将生成的矩阵完整地广播到每个进程, 这样可确保结果的正确性, 但效率不高, 所以可以采用数据划分方法, 让不同的进程去执行矩阵 A 某个分块和矩阵 B 某个分块的乘法计算得到结果矩阵 C 的不同部分, 再将矩阵 C 的不同部分聚合得到完整的矩阵 C。常用的矩阵划分方法有 3 种, 分别为按行、按列及棋盘式划分方法, 下面分别进行介绍。

11.2.1　按行分解

由于在计算矩阵 C 的第 i 行时, 只需要用到矩阵 A 的第 i 行和完整的矩阵 B, 因此每个进程上存储 A 中多余的行会增加很多不必要的通信, 可以使用按行划分解的方式, 每个进程负责处理矩阵 A 的若干行与矩阵 B 相乘, 得到矩阵 C 中的若干行, 再合并结果。图 11.4 所示是该算法进行矩阵分解的一个高阶视图, 0 号进程只需要将矩阵的若干行发送给对应的进程, 并不广播矩阵的所有行, 减少了通信耗时。

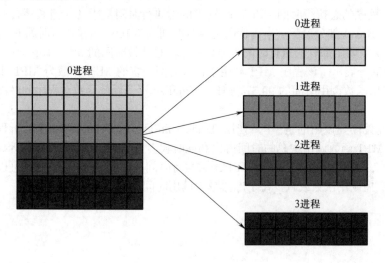

图 11.4　按行分解发送矩阵

采用按行分解的矩阵乘并行算法的实现流程如下:

① 由 0 进程生成矩阵 **A** 和 **B**;

② 0 进程将矩阵 **B** 发送到所有进程;

③ 0 进程依据总进程数与矩阵维数的关系划分任务, 分别将矩阵 **A** 的对应若干行发送给不同的进程;

④ 各个进程完成矩阵 **C** 部分行的计算;

⑤ 将结果聚合到 0 进程。

在进行算法的实现前, 先对后续会用到的 MPI 函数 MPI_Scatter 和 MPI_Gather 进行介绍。MPI_Scatter 是数据分发函数, 可以分发矩阵 **A** 的不同行到不同的进程。MPI_Gather 是聚合函数, 各部分计算完成后可以使用此函数将结果汇聚到 0 进程。

与 MPI_Bcast 类似, MPI_Scatter 也是一个一对多的通信函数, 但是与 MPI_Bcast 的不同之处在于, MPI_Scatter 的 0 进程向每个进程发送的数据可以是不同的, 0 进程将连续的 4 个不同的数据按照进程号大小的顺序依次发送给通信域中的所有进程, 如图 11.5 所示。

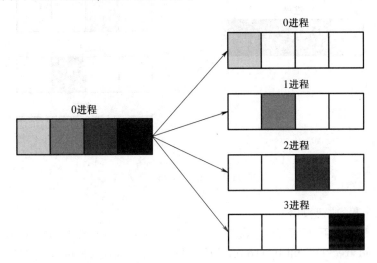

图 11.5 MPI_Scatter 函数

此函数的原型如下:

int MPI_Scatter(const void *sendbuf, int sendcount, MPI_Datatype sendtype, void *recvbuf, int recvcount, MPI_Datatype recvtype, int root, MPI_Comm comm)

其中,

sendbuf	发送消息缓冲区的起始地址
sendcount	发送给的数据个数
sendtype	发送的数据类型
recvbuf	接收缓冲区的起始地址
recvcount	待接收的元素个数

recvtype	接收类型
root	数据发送进程的序列号
comm	通信域

所有参数对根进程来说都是有意义的, 而对于子进程来说只需考虑 recvbuf、recvcount、recvtype、root 和 comm, 参数 root 和 comm 在所有参与计算的进程中都必须是一致的。

和 MPI_Scatter 相反, MPI_Gather 是一个典型的用于多对一通信的函数。如图 11.6 所示, 每个进程都会将一个相同大小的数据块发送给根进程, 这些数据到达根进程后, 会按照进程号的大小排序存储到接收缓冲区, 因此根进程需要开辟出一块足以容纳所有进程发送数据的空间。

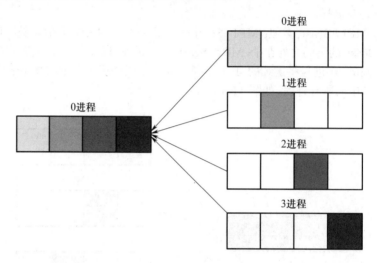

图 11.6　MPI_Gather 函数

此函数的原型如下:

int MPI_Gather(const void *sendbuf, int sendcount, MPI_Datatype sendtype, void *recvbuf, int recvcount, MPI_Datatype recvtype,int root, MPI_Comm comm)

其中,

sendbuf	发送缓冲区的起始地址
sendcount	每个进程发送的数据个数
sendtype	发送的数据类型
recvbuf	接收缓冲区的起始地址
recvcount	从每个进程接收到的数据个数
recvtype	接收的数据类型
root	接收进程的进程号
comm	通信域

参数 recvcount 是指根进程接收每个进程发来的数据大小, 此调用中的所有参数对根进程来说都是有意义的, 而对于其他子进程只需考虑 sendbuf、sendcount、sendtype、root 和 comm, 其他的参数虽然没有意义但不能省略, root 和 comm 在所有进程中都必须是一致的。

按行分解的矩阵乘如代码 11-4 所示, 代码分别使用变量 tempA 和 tempC 表示矩阵 **A** 的相应行和矩阵 **C** 的相应行, 使用 MPI_Scatter 函数将矩阵 **A** 的相应行分发到对应的进程用 tempA 接收, 计算结果存储至 tempC, 计算完成后调用 MPI_Gather 函数把各个进程计算的 tempC 合并得到最终的计算结果。

代码 11-4　按行分解矩阵乘法

```
1#include<stdio.h>
2#include<mpi.h>
3#include<time.h>
4#include"mympi.h"
5#define DIMS 1000
6int main(int argc, char *argv[]){
7    data_t *A,*B,*C,*tempA,*tempC;
8    int world_rank, world_size,lens;
9    double start_time, end_time;
10   MPI_Init(&argc, &argv);
11   MPI_Comm_rank(MPI_COMM_WORLD, &world_rank);
12   MPI_Comm_size(MPI_COMM_WORLD, &world_size);
13   if(DIMS%world_size!=0){
14       printf("总进程数world_size应整除矩阵维数DIMS!!!\n");
15       MPI_Finalize();
16       return 0;
17   }
18   //为所有进程创建B的空间并在0进程进行初始化
19   B=malloc(sizeof(data_t)*DIMS*DIMS);
20   if(world_rank==0){
21       A=malloc(sizeof(data_t)*DIMS*DIMS);
22       C=malloc(sizeof(data_t)*DIMS*DIMS);
23       Init_Matrix(A,DIMS*DIMS,2);
24       Init_Matrix(B,DIMS*DIMS,2);
25       Init_Matrix(C,DIMS*DIMS,1);
26   }
27   start_time=MPI_Wtime();
28   //广播矩阵B到其他所有进程
29   MPI_Bcast(B,DIMS*DIMS,MPI_FLOAT,0,MPI_COMM_WORLD);
30   lens = DIMS/world_size;//每个矩阵要处理的A行数
31   //根据要处理的数据大小申请空间并分发数据
32   tempA=malloc(sizeof(data_t)*lens*DIMS);
33   tempC=malloc(sizeof(data_t)*lens*DIMS);
34   //0进程分发A的不同行到其他所有进程
35   MPI_Scatter(A,lens*DIMS,MPI_FLOAT,tempA,lens*DIMS,MPI_FLOAT,0,
36   MPI_COMM_WORLD);
```

```
37      //计算各自的矩阵乘并将结果发送给0进程
38      Mul_Matrix(tempA,B,tempC,lens,DIMS,DIMS);
39      MPI_Gather(tempC,lens*DIMS,MPI_FLOAT,C,lens*DIMS,MPI_FLOAT,0,
40      MPI_COMM_WORLD);
41      end_time=MPI_Wtime();
42      printf("进程%d的运行时间为:%lf\n",world_rank,(end_time-start_time));
43      if(world_rank==0){
44          free(A);
45          free(C);
46      }
47      free(B);
48      free(tempA);
49      free(tempC);
50      MPI_Finalize();
51      return 0;
52}
```

经测试按行分解的矩阵乘在开启 4 进程的情况下程序的运行时间为 1.34 s,相比串行版本的运行时间 4.37 s, 加速比达到 3.26。

为进一步分析程序性能, 使用 oneAPI 的 Trace Analyzer 生成的按行分解的矩阵乘法的执行结果如图 11.7 所示。其中, Summary 部分显示该程序运行在开启了 4 个进程的计算节点上, 程序的总执行时间为 5.36 s, Ratio 部分展示了串行代码的执行时间为 5.1 s, 占总执行时间的 95.2%, MPI 函数调用部分的执行时间为 0.253 s, 占总执行时间的 4.7%; Top MPI functions 部分展示了该程序 MPI 调用中花费时间较多的 MPI 函数为 MPI_Bcast, MPI_Gather 和 MPI_Scatter, 分别占 MPI 函数调用总执行时间的 82.2%、15.89% 和 1.35%。

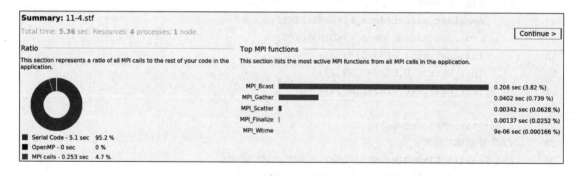

图 11.7   按行分解执行结果

该程序的执行时间相比基础版本的并行矩阵乘法来说有了一定的提升, 这是因为广播是把一个完整的矩阵发送给其他进程, 其实每个进程并不需要完整的矩阵, 只需要矩阵的部分行, 因此将数据按行划分用 MPI_Scatter 和 MPI_Gather 函数取代部分广播操作可以带来效率的提升。

11.2.2 按列分解

按行分解矩阵乘的原理是, 通过降低矩阵 A 在每个进程中的存储空间降低通信消耗和内存的使用, 但没有对矩阵 B 进行处理, 使用本节的按列分解方法可以同时降低矩阵 B 内存开销, 即将矩阵 A 和矩阵 B 按照行分解的方法进行划分, 每个进程负责处理矩阵 A 的若干列与矩阵 B 的若干行相乘, 以得到矩阵 C 的一部分, 将各个进程的计算结果进行归约操作得到完整的结果矩阵 C, 按列分解发送矩阵示意如图 11.8 所示。

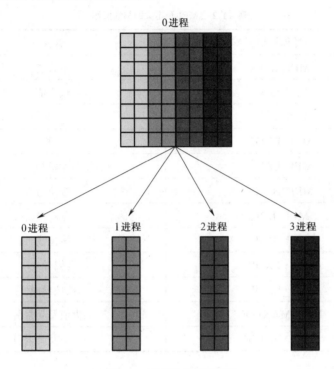

图 11.8　按列分解发送矩阵

采用按列分解的矩阵乘并行算法的实现流程如下:

① 由 0 进程生成矩阵 A 和 B;

② 0 进程依据总进程数与矩阵维数的关系划分任务, 分别将矩阵 A 的对应若干列和矩阵 B 对应的若干行发送给不同的进程;

③ 各个进程完成部分矩阵 C 的计算;

④ 将各个进程的矩阵 C 结果汇聚到 0 进程, 并对各个矩阵 C 的对应位置进行归约求和操作。

要实现按列分解的算法, 还需要考虑两个问题, 一是矩阵 A 按列划分时具体数据如何分发给各个进程, 二是如何对矩阵 C 进行归约操作。

矩阵数据划分后, 若存在进程间大量且分散地短消息传输, 进程间通信将导致非常高的消息延迟。为了避免矩阵 A 按列划分向各进程分发数据时存在该现象, 本算法利用 MPI 定义的数据打包与解包操作, 先将不连续的短消息显式地聚合到连续的缓冲区中,然后以更大的块发送,发送进程将其发送之后接收进程可接收并将其解包,从而降低消息延迟。

对于矩阵 C 的归约操作问题,本算法使用 MPI 库函数中提供的 MPI_Reduce 函数来实现。相较于使用 send 和 recv 函数控制数据传输并在根进程实现归约操作的方法,使用 MPI_Reduce 函数可以在简化编程的同时提高性能。在使用 MPI_Reduce 函数之前,需要对 MPI 中预定义的一些归约操作有一定的了解。表 11.2 列出了部分 MPI 预定义的归约操作。

表 11.2　MPI 预定义的归约操作

操作标识	含义
MPI_MAX	最大值
MPI_MIN	最小值
MPI_SUM	求和
MPI_PROD	求积
MPI_LAND	逻辑与
MPI_BAND	按位与
MPI_LOR	逻辑或
MPI_BOR	按位或
MPI_LXOR	逻辑异或
MPI_BXOR	按位异或
MPI_MAXLOC	最大值及其索引
MPI_MINLOC	最小值及其索引

MPI_Reduce 函数将组内每个进程输入缓冲区中的数据在相应的位置按给定的操作进行运算,并将其结果返回到 0 进程。其函数原型如下:

int MPI_Reduce(const void *sendbuf, void *recvbuf, int count, MPI_Datatype datatype, MPI_Op op, int root, MPI_Comm comm)

sendbuf	要进行归约操作的元素的起始地址
recvbuf	存放归约结果的起始地址
count	sendbuf 中的数据个数
datatype	sendbuf 的元素类型
op	归约操作符
root	根进程的进程号
comm	通信域

对于所有进程来说,都会有 count 个以 sendbuf 为起始地址的 datatype 类型的数据,不同进程中的所有对应位置的数据都互相进行归约操作,待操作完成后将结果存储于 0 进程中的 recvbuf 位置处。

进程数为 4 时使用 MPI_Reduce 函数进行求和归约的操作如图 11.9 所示，在此函数执行后，会将所有进程对应位置的数据进行求和，最后将结果汇聚到 0 进程。

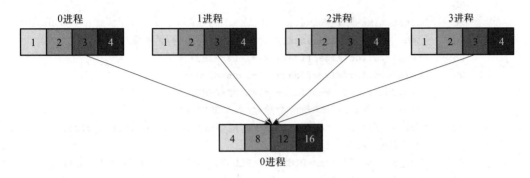

图 11.9　MPI_Reduce 操作示例

在解决上述两个问题后即可实现按列分解的矩阵乘并行算法，变量 tempA 和 tempB 分别用于存储矩阵 A 的相应列以及矩阵 B 的相应行，计算完成后得到矩阵 C 的每个元素的和的一部分将其存储在 tempC 中，使用 MPI_Reduce 函数对 tempC 进行归约操作从而得到完整的结果矩阵 C，按列分解的矩阵乘程序如代码 11-5 所示。

代码 11-5　按列分解矩阵乘法

```
1#include<stdio.h>
2#include<mpi.h>
3#include<time.h>
4#include"mympi.h"
5#define DIMS 1000
6int main(int argc, char *argv[]){
7     data_t *A,*B,*C,*tempA,*tempB,*tempC;
8     int world_rank, world_size,lens;
9     double start_time, end_time;
10    MPI_Init(&argc, &argv);
11    MPI_Comm_rank(MPI_COMM_WORLD, &world_rank);
12    MPI_Comm_size(MPI_COMM_WORLD, &world_size);
13    if(DIMS%world_size!=0){
14        printf("总进程数world_size应整除矩阵维数DIMS!!!\n");
15        MPI_Finalize();
16        return 0;
17    }
18    if(world_rank==0){
19        A=malloc(sizeof(data_t)*DIMS*DIMS);
20        B=malloc(sizeof(data_t)*DIMS*DIMS);
21        C=malloc(sizeof(data_t)*DIMS*DIMS);
```

```
22          Init_Matrix(A,DIMS*DIMS,2);
23          Init_Matrix(B,DIMS*DIMS,2);
24          Init_Matrix(C,DIMS*DIMS,1);
25      }
26      start_time=MPI_Wtime();
27      lens = DIMS/world_size;//每个矩阵要处理的A的列数及B的行数
28      tempA=malloc(sizeof(data_t)*lens*DIMS);
29      tempB=malloc(sizeof(data_t)*lens*DIMS);
30      tempC=malloc(sizeof(data_t)*DIMS*DIMS);
31      //分配矩阵A、矩阵B到所有进程,并计算部分C
32      Matrix_col_scatter(world_rank,A,tempA,DIMS,lens,world_size,
        MPI_COMM_WORLD);
33      MPI_Scatter(B,lens*DIMS,MPI_FLOAT,tempB,lens*DIMS,MPI_FLOAT,0,
34      MPI_COMM_WORLD);
35      Mul_Matrix(tempA,tempB,tempC,DIMS,lens,DIMS);
36      //对C进行归约操作。将所有tempC矩阵对应位置相加,结果存于C
37      MPI_Reduce(tempC,C,DIMS*DIMS,MPI_FLOAT,MPI_SUM,0,MPI_COMM_WORLD);
38      end_time=MPI_Wtime();
39      printf("进程%d的运行时间为:%lf\n",world_rank,(end_time-start_time));
40      if(world_rank==0){
41          int i,j;
42          free(A);
43          free(B);
44          free(C);
45      }
46      free(tempA);
47      free(tempB);
48      free(tempC);
49      MPI_Finalize();
50      return 0;
51}
```

经测试按列分解的矩阵乘法的执行时间为 1.12 s, 相比基础版本串行算法的执行时间 4.37 s 加速比达到 3.90。为进一步分析程序性能, 使用 oneAPI 的 Trace Analyzer 生成的按列分解的矩阵乘法的执行结果如图 11.10 所示, 其中 Summary 部分显示该程序运行在开启了 4 个进程的计算节点上, 程序的总执行时间为 4.49 s, Ratio 部分展示了串行代码的执行时间为 4.24 s, 占总执行时间的 94.4%, Top MPI functions 部分展示了 MPI 函数调用部分的执行时间为 0.248 s, 占总执行时间的 5.5%, 该程序 MPI 调用中花费时间最多的 MPI 函数为 MPI_Scatter 和 MPI_Reduce, 执行时间分别为 0.215 s 和 0.0301 s。按列分解的矩阵乘算法中使用散播函数和聚集函数取代了广播函数, 减少了广播的操作数, 从而提升了 MPI 部分的执行效率。

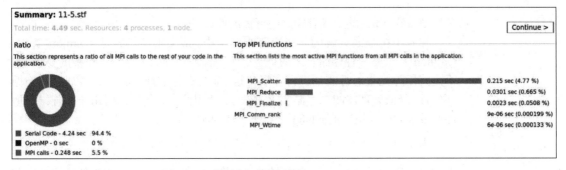

Summary: 11-5.stf
Total time: 4.49 sec. Resources: 4 processes, 1 node.
Continue >

Ratio
This section represents a ratio of all MPI calls to the rest of your code in the application.

Top MPI functions
This section lists the most active MPI functions from all MPI calls in the application.

MPI_Scatter 0.215 sec (4.77 %)
MPI_Reduce 0.0301 sec (0.665 %)
MPI_Finalize 0.0023 sec (0.0508 %)
MPI_Comm_rank 9e-06 sec (0.000199 %)
MPI_Wtime 6e-06 sec (0.000133 %)

Serial Code - 4.24 sec   94.4 %
OpenMP - 0 sec   0 %
MPI calls - 0.248 sec   5.5 %

图 11.10　按列分解的执行结果

11.2.3　棋盘式分解

在前面实现的按行分解和按列分解的并行矩阵乘法运算都存在着一个问题，即随着问题规模的增加通信量和存储量也会急剧增加，导致缓存命中率下降影响程序性能，而对矩阵进行棋盘式分解在进行运算时能够极大地提高缓存的命中率。

在棋盘式分解中，所有进程构成一个虚拟网格，并且所要处理的矩阵 A 和矩阵 B 也要按照这个网格进行数据划分，每个进程只负责一个块内的矩阵乘法，进程间的关系类似一种基于二维网格的虚拟拓扑结构，棋盘式分解发送矩阵如图 11.11 所示。这种分解方法的虚拟网格数和进程数是一一对应的，进一步节省

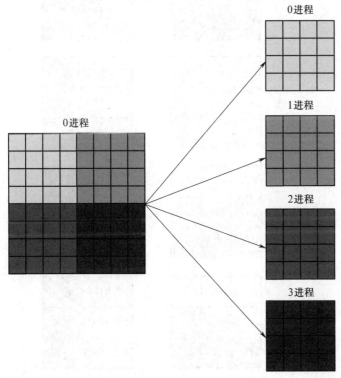

图 11.11　棋盘式分解发送矩阵

了存储量和通信总量, 具有较高的可扩展性。

在基于棋盘式分解的并行矩阵乘算法中, 最突出的代表是 Cannon 算法。Cannon 算法是一种存储有效的算法。为了使两矩阵的下标满足相乘的要求, 它不是将矩阵完整的行或列进行多播传送, 而是有目的地在各行和各列上实施循环位移, 降低处理器的总存储要求, 解决了使用按行分解算法时由于矩阵维数增加而带来的内存快速消耗问题。算法实现的流程如下:

① 将矩阵 A 和 B 分成 $\sqrt{P} \times \sqrt{P}$ 个分块, 每个分块负责 $\frac{n}{\sqrt{P}} \times \frac{n}{\sqrt{P}}$ 的数据, 其中 P 为进程总数, n 为矩阵维数, 并将每块矩阵按照行优先的顺序映射到 P 个处理器上;

② 将块 $A_{i,j}(0 <= i, j < \sqrt{P})$ 向左循环移动 i 步, 将块 $B_{i,j}(0 <= i, j < \sqrt{P})$ 向上循环移动 j 步;

③ $P_{i,j}$ 执行乘法和加法运算, 将块 $A_{i,j}(0 <= i, j < \sqrt{P})$ 向左循环移动 1 步, 将块 $B_{i,j}(0 <= i, j < \sqrt{P})$ 向上循环移动 1 步;

④ 重复步骤 ③, 在 $P_{i,j}$ 中执行 $\sqrt{P}$ 次乘法和加法运算, 以及 $\sqrt{P}$ 次块 $A_{i,j}$ 和 $B_{i,j}$ 的循环单步移动。

矩阵 A 和矩阵 B 在 9 进程下使用 Cannon 算法的矩阵位移示意如图 11.12 所示, 其中每个分块对应着一个进程, 每个进程仅计算结果矩阵 C 的部分数据。

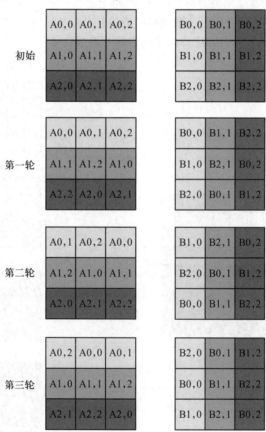

图 11.12　Cannon 算法矩阵位移示例

在实现 Cannon 算法时, 需要考虑可能会使用到的 MPI 函数。当建立进程与分块矩阵之间的虚拟拓扑时, 需要使用函数 MPI_Cart_create。在建立虚拟拓扑之后, 需要用到函数 MPI_Cart_rank 和 MPI_Cart_coords, 方便进程与进程之间进行数据交换。在获取进程的进程号时, 需要使用函数 MPI_Cart_shift。此外, 需要使用 MPI_Sendrecv 或 MPI_Sendrecv_replace 函数, 避免由手动控制进程间数据的循环位移可能引发的死锁问题。下面对这些函数进行详细介绍。

函数 MPI_Cart_create 用于描述任意维的笛卡儿结构, 其函数原型如下:

int MPI_Cart_create(MPI_Comm comm_old, int ndims, int *dims, int *periods,int reorder,MPI_Comm *comm_cart)

其中,

comm_old   输入通信域

ndims   笛卡儿网格的维数

dims   大小为 ndims 的整数数组, 定义每一维的进程数。对于二维, 就是指每行和每列各多少进程

periods   大小为 ndims 的逻辑数组定义在一维上网格的周期性。即数组越界后能否正确循环指定进程号

reorder   标识数是否可以重排序

comm_cart   带有新的笛卡儿拓扑的通信域

在函数调用之后, 会返回一个 ndims 维的新的通信句柄, 并且每一维包含的进程数由 dims 数组标识。当 reorder=false 时, 新通信域中的进程号与 comm_old 通信域中的一致; reorder=true 时, 进程会从 0 开始重新标号。其中 true 的含义为整数 1, false 的含义为整数 0。

MPI_Cart_rank 函数用于将笛卡儿通信域 comm 中的坐标 coors 映射为进程号 rank, 其函数原型如下:

int MPI_Cart_rank(MPI_Comm comm, int *coords, int *rank)

其中,

comm   带有笛卡儿结构的通信域

coords   坐标, 是一个整数数组

rank   坐标对应的一维线性坐标, 是一个整数

MPI_Cart_coords 函数将 comm 通信域中的一维线性坐标映射为 maxdims 维的笛卡儿坐标 coords, 其函数原型如下:

int MPI_Cart_coords(MPI_Comm comm, int rank, int maxdims, int *coords)

其中,

comm   带有笛卡儿结构的通信域

rank   一维线性坐标, 是一个整数

maxdims   维数

coords   返回一维线性坐标对应的坐标

MPI_Cart_shift 函数用于获取本进程在笛卡儿网格的 direction 维度上距离为 disp 的进程编号信息, 其函数原型如下:

int MPI_Cart_shift(MPI_Comm comm, int direction, int disp, int *rank_source, int *rank_dest)

其中，

comm	带有笛卡儿结构的通信域
direction	需要平移的坐标维数
disp	偏移量
rank_source	本进程在 direction 维 disp 正方向距离的进程号
rank_dest	本进程在 direction 维 disp 反方向距离的进程号

MPI_Sendrecv_replace 函数用于在同一标识的起始地址处阻塞地交换数据，其函数原型如下：

int MPI_Sendrecv_replace(void * buf, int count, MPI_Datatype datatype, int dest, int sendtag, int source, int recvtag, MPI_Comm comm, MPI_Status *status);

其中，

buf	发送和接收数据的起始地址
count	发送和接收数据的个数
datatype	数据类型
dest	目的进程号
sendtag	发送数据的标识
source	源进程号
recvtag	接收数据的标识
comm	源和目的的通信域
status	发送和接收的状态

所交换的数据的个数和数据类型也都应该相同。

该函数在虚拟拓扑中的一个典型的应用为循环移动数据，图 11.13 描述了这种循环位移。在执行了 MPI_Sendrecv_replace 函数后，每个进程都将其在虚拟拓扑上右边的数据发送到左边，从而实现了数据的循环左移。

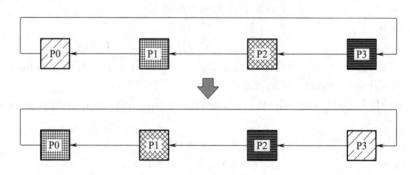

图 11.13　虚拟拓扑中的循环位移

在实现按棋盘分解的矩阵乘并行代码之前，需要先对要用到的重要变量进行定义，id 表示某个通信域的进程号，p 存储某个通信域中的进程总数，num 存储每个维度每个进程处理的数据的行数，upRank、downRank、leftRank、rightRank 分别表示当前进程上下左右的进程号，coord 表示进程的坐标。

程序代码实现如下：首先使用 MPI_Cart_create 函数建立笛卡儿通信域，使用 MPI_Comm_rank 获取在 MPI_COMM_CART 通信域下当前进程的进程号并存储在 id，MPI_Cart_coords 根据 id 获取本进程的坐标存储在 coord；在进行矩阵初始化工作后，使用 Matrix_cannon_scatter 函数分发矩阵 A 和 B 到 MPI_COMM_CART 下的每个进程进行循环移位和计算操作，第一次循环位移获得当前矩阵块横坐标方向相距 x 的左右方向的邻居进程号，并将分块 a 循环左移 x 位，之后获得当前矩阵块纵坐标方向相距 y 的上下邻居进程号并将分块 b 循环上移 y 位，完成后获取当前进程上下左右相邻进程的进程号并进行余下 part 次循环位移，计算得到的 c 都会和原有的 c 对应相加；最后使用 Matrix_cannon_gather 将每个进程计算的矩阵 C 合并为完整的结果，其中用于给各个进程分配分块矩阵的函数 MatrixScatter 的具体实现放在了 mympi.h 中，如代码 11-6 所示。

代码 11-6 阻塞式 Cannon 算法

```
1#include<stdio.h>
2#include<math.h>
3#include"mympi.h"
4#define DIMS 1000
5int main(int argc, char *argv[]){
6      int id,p,part,num,i = 1,
7      upRank,downRank,leftRank,rightRank;
8      data_t *a, *b, *c;
9      data_t *A,*B,*C;
10     int coord[2],x,y;//本进程坐标
11     int position[2] = {0, 0};//确定 (0,0) 位置上的进程id
12     double start_time, end_time;
13     MPI_Comm MPI_COMM_CART;
14     MPI_Status status;
15     MPI_Init(&argc, &argv);
16     MPI_Comm_size(MPI_COMM_WORLD, &p);
17     int periodic[2];
18     int size[2];
19     part = sqrt(p);
20     //如果进程数不是平方数,则终止进程
21     if(part*part!=p){
22         printf("总进程数必须是一个平方数!\n");
23         MPI_Finalize();
24         return 0;
25     }
26     //如果行数不是进程数的整数倍
27     if(DIMS%p!=0){
28         printf("总进程数开方之后必须能整除矩阵总行数!\n");
29         MPI_Finalize();
```

```
30          return 0;
31      }
32      num = DIMS/part;
33      //建立笛卡儿通信域
34      size[0] = size[1] = part;//虚拟拓扑维数
35      periodic[0] = periodic[1] = 1;//虚拟拓扑中进程下标是否循环
36      MPI_Cart_create(MPI_COMM_WORLD, 2, size, periodic, 1, &MPI_COMM_
CART);
37      MPI_Comm_rank(MPI_COMM_CART,&id);
38      MPI_Cart_coords(MPI_COMM_CART,id,2,coord);
39      x = coord[0];
40      y = coord[1];
41      //为各个进程分配对应部分块矩阵的空间
42      a = malloc(sizeof(data_t)*num*num);
43      b = malloc(sizeof(data_t)*num*num);
44      c = malloc(sizeof(data_t)*num*num);
45      if (id==0){
46          A = (data_t*)malloc(sizeof(data_t)*DIMS*DIMS);
47          B = (data_t*)malloc(sizeof(data_t)*DIMS*DIMS);
48          C = (data_t*)malloc(sizeof(data_t)*DIMS*DIMS);
49          Init_Matrix(A,DIMS*DIMS,2);
50          Init_Matrix(B,DIMS*DIMS,2);
51      }
52      start_time = MPI_Wtime();
53      //分发矩阵
54      Matrix_cannon_scatter(DIMS,id,num,part,A,a,MPI_COMM_CART);
55      Matrix_cannon_scatter(DIMS,id,num,part,B,b,MPI_COMM_CART);
56      Init_Matrix(c,num*num,1);
57      //进行第一次循环位移
58      //获得当前矩阵块横坐标方向相距x的左右方向的邻居进程号
59      //分块a循环左移x位
60      MPI_Cart_shift(MPI_COMM_CART, 1, x, &leftRank, &rightRank);
61      MPI_Sendrecv_replace(a, num*num, MPI_FLOAT, leftRank,0, rightRank,0,
62      MPI_COMM_CART, &status);
63      //获得当前矩阵块纵坐标方向相距y的上下邻居进程号
64      //分块b循环上移y位
65      MPI_Cart_shift(MPI_COMM_CART, 0, y, &upRank, &downRank);
66      MPI_Sendrecv_replace(b, num*num, MPI_FLOAT, upRank, 0,
67      downRank, 0, MPI_COMM_CART, &status);
68      //获取上下左右相邻进程的进程号
69      MPI_Cart_shift(MPI_COMM_CART, 0, 1, &upRank, &downRank);
70      MPI_Cart_shift(MPI_COMM_CART, 1, 1, &leftRank, &rightRank);
71      //进行余下part次循环位移,并计算分块c
72      for (i = 0; i < part; ++i){
```

```
73        //每次计算得到的c都会和原有的c对应相加
74        Mul_Matrix(a,b,c,num,num,num);
75        MPI_Sendrecv_replace(a, num*num, MPI_FLOAT, leftRank, 0,
76        rightRank, 0, MPI_COMM_CART, &status);
77        MPI_Sendrecv_replace(b, num*num, MPI_FLOAT, upRank, 0, downRank,
78        0, MPI_COMM_CART, &status);
79    }
80    //收集矩阵C
81    Matrix_cannon_gather(DIMS,id,num,part,c,C,MPI_COMM_CART);
82    end_time = MPI_Wtime();
83    printf("进程%d的运行时间为:%lf\n",id,(end_time-start_time));
84    MPI_Comm_free(&MPI_COMM_CART);
85    if (id==0){
86        free(A);
87        free(B);
88        free(C);
89    }
90    free(a);
91    free(b);
92    free(c);
93    MPI_Finalize();
94    return 0;
95}
```

经测试棋盘式分解的矩阵乘并行代码的执行结果为 1.05 s, 相对串行代码的耗时为 4.37 s, 加速比达到了 4.16。

为进一步分析程序性能, 使用 oneAPI 的 Trace Analyzer 生成的按棋盘式分解的矩阵乘法的执行结果如图 11.14 所示, 其中 Summary 部分显示该程序运行在开启了 4 个进程的计算节点上, 程序的总执行时间为 4.21 s, Ratio 部分展示了串行代码的执行时间为 3.99 s, 占总执行时间的 94.9%, MPI 函数调用的时间为 0.213 s, 占总执行时间的 5%, Top MPI functions 部分展示了该程序 MPI 调用中花费时间最多的 MPI 函数为 MPI_Scatter 和 MPI_Sendrecv_replace,

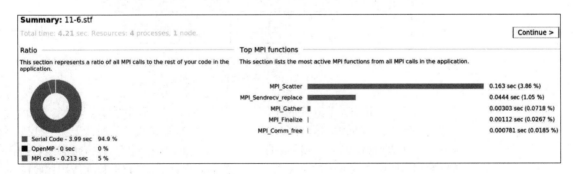

图 11.14   棋盘式分解执行结果

执行时间分别为 0.163 s 和 0.044 4 s。

通过对按行分解的并行矩阵乘法、按列分解的矩阵乘法基于棋盘式分解的矩阵乘法实现与测试可以看出,数据划分优化不仅应侧重于选择能够最大程度的降低进程间通信总量的划分方法,还应该选择能够提高数据的缓存命中率的划分方法。

11.3 重叠通信和计算

在第 11.2.3 节实现的棋盘式分解的矩阵乘代码在进程间交换数据时使用的是阻塞式通信函数 MPI_Sendrecv_replace,对于一个进行阻塞式消息传输的进程,在消息被完整地发送或接收前进程将被挂起,无法向下继续执行指令,一定程度上降低了程序的执行速度。而在非阻塞式通信模式下,进程在进行消息的收发时不会被挂起,无需等待消息被完整发送或接收即可执行下一条指令,进而能够利用通信和计算重叠的方法优化算法,尽可能地降低通信延迟。

程序串行执行时需要先完成通信再进行计算,每部分的通信和计算都是串行执行的,如图 11.15 所示。串行执行的方式容易理解,但是执行速度较慢,因此在编程时应尽可能地把对性能影响较大的部分并行化。

图 11.15 通信和计算串行执行示意

通信与计算进行重叠可以提高并行程序的运算速度、避免程序隐式串行化,以及使进程间通信的竞争达到最小化。图 11.16 为通信和计算部分并行运行的高阶视图,每部分的通信和计算都有一定程度的并行,这样可以使得总运行时间缩短,以达到性能优化的目的。

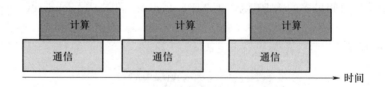

图 11.16 重叠通信和计算示意

在方法上,可分为单进程的通信与计算重叠和多进程间的通信与计算重叠。在单个进程上,一种方法是使用多线程技术,让主线程在执行与通信无关的代码时开始一个辅助线程用于传输数据,或在收发数据时使用非阻塞的通信函数去传输数据。使用这两种方法都需要确保数据的安全性,即接收进程在使用接收的数据前要判断是否完成通信。

对于第 11.2.3 节实现的棋盘式分解的矩阵乘代码来说，可以先将其中通信替换为非阻塞的点对点通信函数，再利用通信和计算重叠的方法优化程序中的通信部分。具体来说，需要先开辟两个缓冲区，在非阻塞通信的情况下使得矩阵 **A** 分块和矩阵 **B** 分块相乘和数据的收发工作分别在两个缓冲区同时进行。要在两块缓冲区之间来回切换，数据的安全与正确性是必须保证的，所以当进程完成一块缓冲区的计算后，需要先确认第二块缓冲区的数据是否完成了通信，只有在完成通信的情况下才能继续对第二块缓冲区的数据进行计算，并且让第一块缓冲区去交换新的数据，如图 11.17 所示。

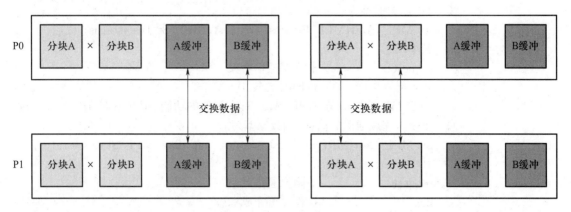

图 11.17　矩阵乘中通信和计算重叠示意

在实现非阻塞通信算法时需要用到 MPI 的函数有 MPI_Isend、MPI_Irecv、MPI_Wait、MPI_Test，下面分别进行介绍。其中 MPI_Isend 用于非阻塞式发送信息，使用方法与 MPI_Send 一致，MPI_Request 对象用于检测通信状态，函数原型为：

int MPI_Isend(void∗ buf, int count, MPI_Datatype datatype, int dest, int tag,MPI_Comm comm, MPI_Request ∗request)

其中，

buf	发送缓冲区的起始地址
count	发送数据的个数
datatype	发送数据的数据类型
dest	目的的进程号
tag	消息标志
comm	通信域
request	返回的非阻塞通信对象

MPI_Irecv 用于非阻塞式接收其他进程发送过来的消息，和 MPI_Recv 不同之处在于，不需要等到接收完所有数据就可以返回函数调用，函数原型为：

int MPI_Irecv(void∗ buf, int count, MPI_Datatype datatype, int source, int tag, MPI_Comm comm, MPI_Request ∗request)

其中，

buf	接收缓冲区的起始地址

count	接收数据的最大个数
datatype	每个数据的数据类型
source	源进程标识
tag	消息标志
comm	通信域
request	非阻塞通信对象

MPI_Wait 函数用于等待某个通信的完成, 使用时需要先检查是否完成非阻塞点对点通信的发送或者接收, 如未完成则说明程序阻塞要完成通信后才继续运行, 函数原型为:

int MPI_Wait(MPI_Request *request, MPI_Status *status)

其中,

request	非阻塞通信对象
status	返回的状态

函数 MPI_Test 与 MPI_Wait 具有类似的功能, 但并不支持阻塞, 只是返回一个是否完成通信的信息, 函数原型为:

int MPI_Test(MPI_Request *request, int *flag, MPI_Status *status)

其中,

request	非阻塞通信对象
flag	操作是否完成标志
status	返回的状态

当 flag 为 0 时代表未完成, 为 1 时代表完成。

了解算法实现所需函数后, 即可对非阻塞通信下 Cannon 算法进行实现。非阻塞式的 Cannon 算法本质上和阻塞式的 Cannon 算法基本一致, 不同之处在于通信使用的函数由阻塞的 MPI_Sendrecv_replace 变成了非阻塞的 MPI_Isend 和 MPI_Irecv, 此外在每一次循环移位时, 必须要使用 MPI_Wait 函数等待上一次移位后的计算数据, 非阻塞 Cannon 算法如代码 11−7 所示。

代码 11−7　非阻塞 Cannon 算法

```
1#include<stdio.h>
2#include<math.h>
3#include<string.h>
4#include"mympi.h"
5#define DIMS 1000
6int main(int argc, char *argv[]){
7    int id,p,part,num,i,
8    upRank,downRank,leftRank,rightRank;
9    data_t *a, *b, *c, *a1, *b1;//a1,b1为非阻塞通信时a,b的缓冲
10   data_t *A,*B,*C;//C即为最终结果
11   int coord[2],x,y;//本进程坐标
12   int position[2] = {0, 0};//确定 (0,0) 位置上的进程id
13   double start_time, end_time;
14   MPI_Comm MPI_COMM_CART;
```

```
15    MPI_Request request1,request2,request3,request4;
16    MPI_Status status,status1,status2;
17    MPI_Init(&argc, &argv);
18    MPI_Comm_size(MPI_COMM_WORLD, &p);
19    int periodic[2];
20    int size[2];
21    part = sqrt(p);
22    //如果进程数不是平方数
23    if(part*part!=p){
24        printf("总进程数必须是一个平方数!\n");
25        MPI_Finalize();
26        return 0;
27    }
28    //如果行数不是进程数的整数倍
29    if(DIMS%p!=0){
30        printf("总进程数开方之后必须能整除矩阵总行数!\n");
31        MPI_Finalize();
32        return 0;
33    }
34    num = DIMS/part;
35    //建立笛卡儿通信域
36    size[0] = size[1] = part;//虚拟拓扑维数
37    periodic[0] = periodic[1] = 1;//虚拟拓扑中进程下标是否循环
38    MPI_Cart_create(MPI_COMM_WORLD, 2, size, periodic, 1, &MPI_COMM_CART);
39    MPI_Comm_rank(MPI_COMM_CART,&id);
40    MPI_Cart_coords(MPI_COMM_CART,id,2,coord);
41    x = coord[0];
42    y = coord[1];
43    //为各个进程分配对应部分块矩阵的空间
44    a = (data_t*)malloc(sizeof(data_t)*num*num);
45    b = (data_t*)malloc(sizeof(data_t)*num*num);
46    c = (data_t*)malloc(sizeof(data_t*)*num*num);
47    a1 = (data_t*)malloc(sizeof(data_t)*num*num);
48    b1 = (data_t*)malloc(sizeof(data_t)*num*num);
49    if (id==0){
50        A = (data_t*)malloc(sizeof(data_t)*DIMS*DIMS);
51        B = (data_t*)malloc(sizeof(data_t)*DIMS*DIMS);
52        C = (data_t*)malloc(sizeof(data_t)*DIMS*DIMS);
53        Init_Matrix(A,DIMS*DIMS,2);
54        Init_Matrix(B,DIMS*DIMS,2);
55    }
56    //分发矩阵
57    start_time = MPI_Wtime();
58    Init_Matrix(c,num*num,1);
```

```
59    Matrix_cannon_scatter(DIMS,id,num,part,A,a1,MPI_COMM_CART);
60    Matrix_cannon_scatter(DIMS,id,num,part,B,b1,MPI_COMM_CART);
61    //进行第一次循环位移
62    //获得当前矩阵块横坐标方向相距x的左右方向的邻居进程号
63    //分块a循环左移x位
64    MPI_Cart_shift(MPI_COMM_CART, 1, x, &leftRank, &rightRank);
65    MPI_Isend(a1,num*num,MPI_FLOAT,leftRank,i,MPI_COMM_CART,&request1);
66    MPI_Irecv(a,num*num,MPI_FLOAT,rightRank,i,MPI_COMM_CART,&request2);
67    //获得当前矩阵块纵坐标方向相距y的上下邻居进程号
68    //分块b循环上移y位
69    MPI_Cart_shift(MPI_COMM_CART, 0, y, &upRank, &downRank);
70    MPI_Isend(b1,num*num,MPI_FLOAT,upRank,i,MPI_COMM_CART,&request3);
71    MPI_Irecv(b,num*num,MPI_FLOAT,downRank,i,MPI_COMM_CART,&request4);
72    //获取本进程上下左右的进程号
73    MPI_Cart_shift(MPI_COMM_CART, 0, 1, &upRank, &downRank);
74    MPI_Cart_shift(MPI_COMM_CART, 1, 1, &leftRank, &rightRank);
75    MPI_Wait(&request2,&status1);
76    MPI_Wait(&request4,&status2);
77    //进行余下part次循环位移,并计算分块c
78    for (i = 0; i < part; ++i){
79        //交替使用a、b及其缓冲a1、b1
80        if(i%2==0){
81            //非阻塞完成循环位移,将下一次计算需要的数据存于a1、b1
82            MPI_Isend(a,num*num,MPI_FLOAT,leftRank,i,MPI_COMM_CART,
83            &request1);
84            MPI_Irecv(a1,num*num,MPI_FLOAT,rightRank,i,MPI_COMM_CART,
85            &request2);
86            MPI_Isend(b,num*num,MPI_FLOAT,upRank,i,MPI_COMM_CART,
87            &request3);
88            MPI_Irecv(b1,num*num,MPI_FLOAT,downRank,i,MPI_COMM_CART,
89            &request4);
90            //通信时计算
91            Mul_Matrix(a,b,c,num,num,num);
92            //等待非阻塞通信完成后进入下一个循环
93            MPI_Wait(&request2,&status1);
94            MPI_Wait(&request4,&status2);
95        }else{
96            //非阻塞完成循环位移,将下一次计算需要的数据存于a、b
97            MPI_Isend(a1,num*num,MPI_FLOAT,leftRank,i,MPI_COMM_CART,
98            &request1);
99            MPI_Irecv(a,num*num,MPI_FLOAT,rightRank,i,MPI_COMM_CART,
100           &request2);
101           MPI_Isend(b1,num*num,MPI_FLOAT,upRank,i,MPI_COMM_CART,
102           &request3);
```

```
103            MPI_Irecv(b,num*num,MPI_FLOAT,downRank,i,MPI_COMM_CART,
104               &request4);
105            //通信时计算
106            Mul_Matrix(a1,b1,c,num,num,num);
107            //等待非阻塞通信完成后进入下一个循环
108            MPI_Wait(&request2,&status1);
109            MPI_Wait(&request4,&status2);
110          }
111      }
112      //收集矩阵C
113      Matrix_cannon_gather(DIMS,id,num,part,c,C,MPI_COMM_CART);
114      end_time = MPI_Wtime();
115      printf("进程%d的运行时间为:%lf\n",id,(end_time-start_time));
116      MPI_Comm_free(&MPI_COMM_CART);
117      if (id==0){
118          free(A);
119          free(B);
120          free(C);
121      }
122      free(a);
123      free(b);
124      free(c);
125      free(a1);
126      free(b1);
127      MPI_Finalize();
128      return 0;
129}
```

经测试, 使用通信与计算重叠的非阻塞通信模式, 棋盘式分解矩阵乘的执行时间为 1.04 s, 相比串行实现的时间 4.37 s, 加速比达到 4.20。

为进一步分析程序性能, 使用 oneAPI 的 Trace Analyzer 生成的算法执行结果如图 11.18 所示, 其中 Summary 部分显示该程序运行在开启了 4 个进程

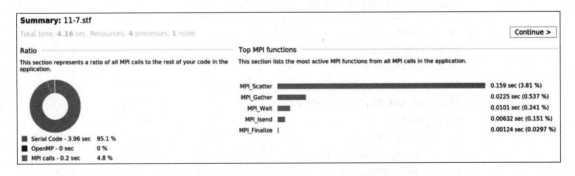

图 11.18　非阻塞通信模式下棋盘式分解执行结果

的计算节点上, 该程序的总执行时间为 4.16 s; Ratio 部分展示了串行代码的执行时间为 3.96 s, 占总执行时间的 95.1%, MPI 函数调用的时间为 0.2 s, 占总执行时间的 4.8%; Top MPI functions 部分展示了该程序 MPI 调用中花费时间最多的 MPI 函数为 MPI_Scatter 和 MPI_Gather, 分别耗时 0.159 s 和 0.0225 s。由于使用了非阻塞通信, 故 MPI_Wait 和 MPI_Isend 也分别占用了 0.0101 s 和 0.00632 s。程序的总执行时间相比基于阻塞式通信的算法略有降低。

11.4 负载均衡优化

在优化 MPI 程序时, 除了数据划分以及优化通信时延之外, 还需要考虑进程间的负载均衡问题, 本节将以 Eratosthenes 筛法为例说明负载均衡优化。

11.4.1 串行算法

Eratosthenes 筛法是由古希腊数学家提出的一种素数求解算法, 用来找出一定范围内所有的素数。下面对该算法的执行步骤进行简单描述:

① 假设有一整数列表, $0, 1, 2, \cdots, n$, 其中的数都未被标记;

② 令 k 等于列表中下一个未被标记的数, 将其所有倍数标记;

③ 重复步骤 ② 直到 $k^2 > n$;

④ 列表中未被标记数的即为该列表中所有的素数。

图 11.19 展示了列表范围为 $2 \sim 34$ 时使用 Eratosthenes 筛法筛选素数的过程, 其中未被标记的即为素数。

在如代码 11-8 所示的串行素数筛选法中, 算法实现时默认筛选上限为 1×10^8, 使用字符类型并结合下标去存储一个数字是否是素数, y 代表是素数, n 代表不是素数, 由于 2 是所有偶数中唯一的素数, 算法实现将偶数忽略以节省程序运行时间。具体实现如下, 定义 index 初值为 2 表示第一个非素数为 2, 并将 index 整数倍的数标记为非素数, 标记完后选择一个新的未标记数, 直到 index 的平方数大于 MAX_PRIME 时算法执行结束。

代码 11-8 串行素数筛选法

```
1#include<stdio.h>
2#include<stdlib.h>
3#include<time.h>
4#include<string.h>
5#define MAX_PRIME 100000001
6int main(){
7     int index,i;
8     double start,end;
9     char *prime;
10    //先假设所有的都为素数
```

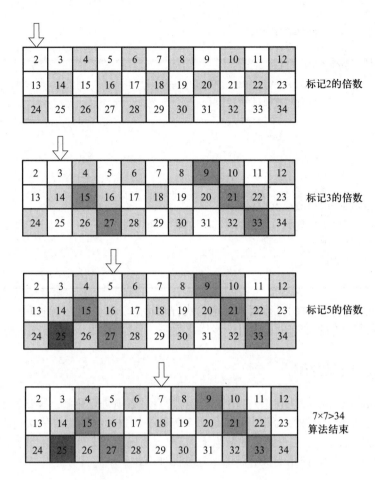

图 11.19   Eratosthenes 筛法流程

```
11      prime=malloc(sizeof(char)*(MAX_PRIME));
12      memset(prime,'y',MAX_PRIME);
13      //将0、1标记为非素数
14      prime[0]=prime[1]='n';
15      //标记2的倍数
16      for (i = 2; i < MAX_PRIME; i = ++i ){
17          if (i % 2 == 0){
18              prime[i] = 'n';
19          }
20      }
21      prime[2] = 'y';
22      start=(double)clock()/1e6;
23      index=2;
24      while(index*index<=MAX_PRIME){
25          //将index的倍数标记为非素数
26          for(i=index*2;i<=MAX_PRIME;i+=index){
```

```
27              prime[i]='n';
28          }
29          //选择新的未标记数
30          for(i=index+1;i<=MAX_PRIME;i++){
31              if(prime[i]=='y'){
32                  index=i;
33                  break;
34              }
35          }
36      }
37      end=(double)clock()/1e6;
38      printf("进程的执行时间为:%.2lfs\n",end-start);
39      free(prime);
40      return 0;
41}
```

经测试该串行算法进行素数筛选的执行时间为 2.01 s, 此运行时间也会作为后续并行算法的基准时间。为进一步优化程序, 下面将使用 MPI 对其进行优化。

11.4.2　交叉分解

Eratosthenes 筛法在进行并行化之前需要对数据进行分解, 本节采用的数据分解方法为交叉数据分解, 也就是每个进程按照进程号的大小依次进行数据划分。交叉分解对于一个给定的数组下标, 很容易确定负责该数据的计算的进程号, 对数字 $2 \sim 10$ 使用交叉分解的示意如图 11.20 所示。

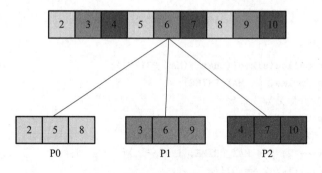

图 11.20　交叉数据分解

在多进程中使用交叉数据分解的方法求解 n 以内的素数时, 由于数据是交叉分布的, 所以下一个未被标记数可能会出现在任意进程中, 因此在选择下一个未被标记数时, 每个进程都需要选择一个当前进程内的第一个未被标记数, 之后将选择的这个数汇聚到 0 进程中, 并由 0 进程选择真正的第一个未被标记数并广播给其他进程。

Eratosthenes 筛法交叉数据分解的并行代码实现如代码 11-9 所示, 使用变量 left 来存储不同进程处理的数据的偏移量, 计算每个进程的任务量并存于变量 volume, 对 index 倍数进行标记之后选择下一个新的未标记数, 在每个进程选择各自的第一个未标记数之后, 使用 MPI_Reduce 函数取得所有进程产生的第一个未标记数的最小值, 作为全部数据集的下一个新的未标记数, 并将其广播到所有进程开始下一轮计算直至所有计算完成。

代码 11-9 交叉分解素数筛选法

```
1#include <stdio.h>
2#include <stdlib.h>
3#include <math.h>
4#include <time.h>
5#include <string.h>
6#include <mpi.h>
7#define MAX_PRIME 100000001
8int main(int argc, char **argv)
9{
10    // volume为每个进程的任务量
11    // left为将任务划分后,剩余的不够平均分配的任务量
12    int volume, left;
13    double start, end;
14    char *prime;
15    int my_rank, world_size, index, i, new_index, last_index;
16    MPI_Init(&argc, &argv);
17    MPI_Comm_rank(MPI_COMM_WORLD, &my_rank);
18    MPI_Comm_size(MPI_COMM_WORLD, &world_size);
19    //计算偏移量及任务量
20    left = MAX_PRIME % world_size;
21    if (my_rank < left)
22    {
23        volume = MAX_PRIME / world_size + 1;
24    }
25    else
26    {
27        volume = MAX_PRIME / world_size;
28    }
29    //当0进程的范围不能产生所有的未被标记数时,程序终止
30    if (my_rank == 0)
31    {
32        if (volume < sqrt(MAX_PRIME))
33        {
34            printf("进程数太多,素数上限太小\n");
35            //终止MPI_COMM_WORLD下所有进程运行
36            MPI_Abort(MPI_COMM_WORLD, 0);
37        }
38    }
```

```
39      //分配存储空间
40      prime = malloc(sizeof(char) * volume);
41      memset(prime, 'y', volume);
42      if (my_rank == 0)
43      {
44          prime[0] = 'n';
45      }
46      if (my_rank == 1)
47      {
48          prime[0] = 'n';
49      }
50      //初始index设为2,之后由0进程产生index并广播
51      start = MPI_Wtime();
52      index = 2;
53      last_index=0;
54      while (index * index <= MAX_PRIME)
55      {
56          //筛选index的倍数
57          for (i = last_index; i < volume; i++)
58          {
59              if ((my_rank + i * world_size) % index == 0 && (my_rank +
i * world_size) !=
60                  index)
61              {
62                  prime[i] = 'n';
63              }
64              // 标记2的倍数为非素数
65              if(i != 2 && i % 2 == 0)
66              {
67                  prime[i] = 'n'
68              }
69          }
70          //寻找本进程的第一个未被标记数
71          for (i = last_index; i < volume; i++)
72          {
73              if ((my_rank + i * world_size) > index && prime[i] == 'y')
74              {
75                  index = i * world_size + my_rank;
76                  last_index=i;
77                  break;
78              }
79          }
80          if (i == volume)
81          {
```

```
82                  index = sqrt(MAX_PRIME) + 1;
83          }
84          // 每个进程产生的index的最小值
85          MPI_Reduce(&index, &new_index, 1, MPI_INT, MPI_MIN,
86          0, MPI_COMM_WORLD);
87          if (my_rank == 0)
88          {
89                  if (new_index == index)
90                  {
91                          index = new_index + 1;
92                  }
93                  else
94                  {
95                          index = new_index;
96                  }
97          }
98          MPI_Bcast(&index, 1, MPI_INT, 0, MPI_COMM_WORLD);
99      }
100     end = MPI_Wtime();
101     printf("进程%d的运行时间为:%lf\n", my_rank, (end - start));
102     free(prime);
103     MPI_Finalize();
104     return 0;
105}
```

经测试交叉数据分解的素数筛法的执行时间为 127 s, 相比串行算法程序性能下降很多, 加速比为 0.016。

为进一步分析程序性能变差的原因, 使用 oneAPI 的 Trace Analyzer 生成的算法执行结果如图 11.21 所示。其中, Summary 部分显示该程序运行在开启了 4 个进程的计算节点上, 程序的总执行时间为 508 s, Ratio 部分展示了串行代码的执行时间为 399 s, 占总执行时间的 78.5%, MPI 函数调用的时间为 109 s, 占总执行时间的 21.4%; Top MPI functions 部分展示了该程序 MPI 调用中花

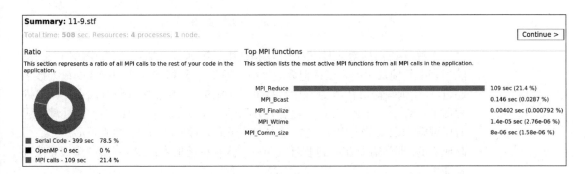

图 11.21   交叉分解的执行结果

费时间最多的 MPI 函数为 MPI_Reduce, 执行时间为 109 s, 几乎占比 MPI 函数调用时间的 100%。这是由于在计算下一个新的未标记数时, 每个进程都必须进行计算并从中选出最小值导致 MPI_reduce 被频繁调用, 造成了严重的负载不均衡和大量的通信。

经分析此程序运行效率差的主要原因有以下 3 点: 第一是在标记某个数的倍数时, 需要重复地计算当前下标所对应的数是什么; 第二是由于数据分布不均匀, 在某些时刻可能只有一个进程在工作, 其他进程都在等待接收下一个未被标记数; 第三是每次选择下一个未被标记数时都需要进行一次归约操作和广播操作。

总的来说在严重的负载不均衡情况下, 使用多个处理器进行数据处理的效率可能还远远不及使用单处理器进行数据处理。所以在使用 MPI 实现程序并行时, 需要注意优化数据划分方法使进程负载尽可能均衡, 进而提高整个程序的执行速度。

11.4.3 按块分解

由于 Eratosthenes 筛法中使用交叉分解后, 造成进程间严重的负载不均衡导致程序性能变差, 针对此问题本节使用按块分解的方式对进程间数据重新划分。对于 p 个进程来说, 按块分解就是将原始任务依次划分成 p 个块, 每块的大小由处理器数是否能整除任务量 n 决定, 若能整除则每个块的大小完全相等, 不能整除时前 $n\%p$ 个进程处理 $\lceil n/p \rceil$ 个数据, 剩余进程处理 $\lfloor n/p \rfloor$ 个数据, 之后每个进程并行地进行筛选, 如图 11.22 所示。

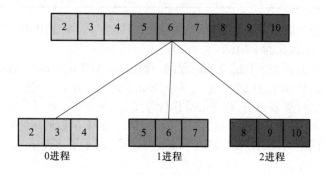

图 11.22   按块数据分解

求解 n 以内的素数时, 依据算法描述中的第 3 步可知, 最终选中的用于去消除列表中其他数字的未被标记数应该小于等于 $\sqrt{n}$, 假如 0 进程操作的最大数字超过 $\sqrt{n}$, 则只需要在 0 进程中寻找下一个未被标记数, 之后将其广播到其他进程即可。对于 p 个进程, 0 进程需要分到 $\lceil n/p \rceil$ 个数进行处理, 在实际处理问题时所要筛选的素数上限 n 是要远大于使用的处理器数 p 的, 因此 $\lceil n/p \rceil > \sqrt{n}$ 是成立的, 即只需要在 0 进程寻找第一个未被标记的数, 之后将其广播到其他进程即可。

按块分解数据相比与交叉分解方法, 算法中每个进程所处理的数据是连续的，其具体实现如下：每个进程选择自己开始执行的位置，标记 index 的倍数为非素数，0 进程选择一个新的未标记数，注意这和交叉分解中选择新的未标记数的方法是有很大不同的，由于数据连续分布所以只需要 0 进程进行选择，其他进程则不需要，因此 0 进程选择的下一个未标记数就是整个数据集的下一个未标记数，可以节约较多执行时间。Eratosthenes 筛法使用按块数据分解的实现程序如代码 11-10 所示。

代码 11-10　按块分解素数筛选法

```
1#include<stdio.h>
2#include<stdlib.h>
3#include<math.h>
4#include<time.h>
5#include<string.h>
6#include<mpi.h>
7#define MAX_PRIME 100000001
8int main(int argc,char **argv){
9    //shift、volume为每个进程的偏移量、任务量
10   //left为将任务划分后,剩余的不够平均分配的任务量
11   int shift,volume,left;
12   double start,end;
13   char *prime;
14   int my_rank,world_size,index,i;
15   MPI_Init(&argc,&argv);
16   MPI_Comm_rank(MPI_COMM_WORLD,&my_rank);
17   MPI_Comm_size(MPI_COMM_WORLD,&world_size);
18   //计算偏移量及任务量
19   left=MAX_PRIME%world_size;
20   if(my_rank<left){
21       volume=MAX_PRIME/world_size+1;
22       shift=my_rank*volume,
23   }else{
24       volume=MAX_PRIME/world_size;
25       shift=left*(volume+1)+(my_rank-left)*volume;
26   }
27   //当0进程的范围不能产生所有的未被标记数时,程序终止
28   if(my_rank==0){
29       if(volume<sqrt(MAX_PRIME)){
30           printf("进程数太多,素数上限太小\n");
31           //终止MPI_COMM_WORLD下所有进程运行
32           MPI_Abort(MPI_COMM_WORLD,0);
33       }
34   }
35   //分配存储空间
36   prime=malloc(sizeof(char)*volume);
```

```
37      //标记2的倍数
38      for(i=shift;i<shift+volume;i++){
39          if(i%2==0){
40              prime[i-shift]='n';
41          }else{
42              prime[i-shift]='y';
43          }
44      }
45      if(my_rank==0){
46          prime[0]=prime[1]='n';
47          prime[2]='y';
48      }
49      //初始index设为3,之后由0进程产生index并广播
50      start=MPI_Wtime();
51      index=3;
52      while(index*index<=MAX_PRIME){
53          //定位到开始执行筛选的位置
54          if(my_rank==0){
55              i=index*2;
56          }else{
57              i=0;
58              if(shift%index!=0){
59                  i+=index-shift%index;
60              }
61          }
62          //将index的倍数标记为非素数
63          for(;i+shift<volume+shift;i+=index){
64              prime[i]='n';
65          }
66          //在0进程选择新的未标记数,之后广播到其他进程
67          if(my_rank==0){
68              for(i=index+1;i<volume;i++){
69                  if(prime[i]=='y'){
70                      index=i;
71                      break;
72                  }
73              }
74          }
75          MPI_Bcast(&index,1,MPI_INT,0,MPI_COMM_WORLD);
76      }
77      end=MPI_Wtime();
78      printf("进程%d的运行时间为:%lf\n",my_rank,(end-start));
79      free(prime);
80      MPI_Finalize();
```

```
81    return 0;
82}
```

————————————————————————————————

经 10 次测试求平均值得出按块数据分解的素数筛法的执行时间为 1.23 s,
相比于串行算法, 加速比达到 1.63。

为进一步分析程序性能, 使用 oneAPI 的 Trace Analyzer 生成的按块分解
的素数筛法的执行结果如图 11.23 所示。其中, Summary 部分显示该程序运行
在开启了 4 个进程的计算节点上, 程序的总执行时间为 4.92 s; Ratio 部分展示
了串行代码的执行时间为 4.77 s, 占执行时间的 96.8%, MPI 函数调用部分的执
行时间为 0.155 s, 占总执行时间的 3.1%; Top MPI functions 部分展示了 MPI
函数调用部分占比时间最长的是 MPI_Bcast, 执行时间为 0.147 s, 占了总执行
时间的 2.95%, 本程序 MPI 函数调用的时间大多数用在了此函数上。

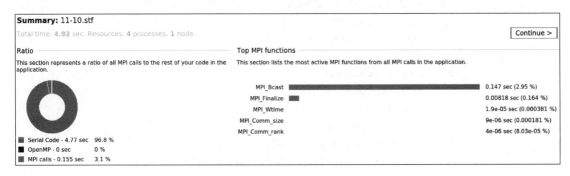

图 11.23　按块分解的执行结果

可以看出, 相比于按交叉分解的算法, 按块分解消除了 MPI_Reduce 函数
的调用, 数据划分较为合理, 进程间的负载更加均衡, 所以程序的性能得到了较
大提升。但是 MPI_Bcast 函数的调用耗时还是较长, 还可以使用减少通信耗时
的方法进一步优化程序。

11.5　冗余计算减少通信

按块分解的并行 Eratosthenes 筛法的通信耗时较长, 本节将分析如何使用
冗余计算的方式提高按块数据分解算法的性能。MPI 程序中进程之间通信时, 都
会产生创建发送或接收消息的开销, 因此为提高使用 MPI 应用程序的性能, 尽
量减少进程之间交换的消息数量是有必要的。当通信时间较长时, 进程间相互通
信获取数据的时间可能会比进程直接计算的时间更长, 会导致性能下降, 所以为
了减少算法中的通信耗时可以尝试利用冗余计算的方式进行优化。

例如, 在之前实现的按块分解的 Eratosthenes 筛法并行代码中, 每次非 0 进
程需要消除一个新的未被标记的数的倍数时, 都需要等待 0 进程计算完成后通
过接收其发送的广播获取新的未被标记数, 而等待新素数的时间有可能大于计

算新素数所花费的时间，即每个进程计算下一个新的未标记数的时间比广播通信的时间少时，整体的运行时间会降低。所以可以将每个进程都独立计算各自的未标记数，然后进行非素数标记，这种方式几乎没有涉及进程间通信就达到减少通信耗时的效果，优化后的 Eratosthenes 筛法程序如代码 11-11 所示。

代码 11-11　冗余计算素数筛选法

```
1#include<stdio.h>
2#include<stdlib.h>
3#include<math.h>
4#include<time.h>
5#include<string.h>
6#include<mpi.h>
7#define MAX_PRIME 100000001
8int main(int argc,char **argv){
9    int shift,volume,left;
10    int index,i,j,last_index,gen_prime_len;
11    double start,end;
12    char *prime,*gen_prime;
13    int my_rank,world_size;
14    MPI_Init(&argc,&argv);
15    MPI_Comm_rank(MPI_COMM_WORLD,&my_rank);
16    MPI_Comm_size(MPI_COMM_WORLD,&world_size);
17    //计算偏移量等信息
18    left=MAX_PRIME%world_size;
19    if(my_rank<left){
20        volume=MAX_PRIME/world_size+1;
21        shift=my_rank*volume;
22    }else{
23        volume=MAX_PRIME/world_size;
24        shift=left*(volume+1)+(my_rank-left)*volume;
25    }
26    if(my_rank==0){
27        if(volume<sqrt(MAX_PRIME)){
28            printf("进程数太多,素数上限太小\n");
29            //终止MPI_COMM_WORLD下所有进程运行
30            MPI_Abort(MPI_COMM_WORLD,0);
31        }
32    }
33    //去除2的倍数
34    prime=malloc(sizeof(char)*volume);
35    for(i=shift;i<shift+volume;i++){
36        if(i%2==0){
37            prime[i-shift]='n';
38        }else{
```

```
39              prime[i-shift]='y';
40          }
41      }
42      if(my_rank==0){
43          prime[0]=prime[1]='n';
44          prime[2]='y';
45      }
46      //gen_prime_len是完成MAX_PRIME范围的素数筛选后所需要使用到的最大的
        未被标
47      //记数
48      //自己产生素数,将素数信息放置到gen_prime中
49      start=MPI_Wtime();
50      gen_prime_len=sqrt(MAX_PRIME)+1;
51      gen_prime=malloc(sizeof(char)*gen_prime_len);
52      memset(gen_prime,'y',gen_prime_len);
53      gen_prime[0]=gen_prime[1]='n';
54      last_index=-1;
55      index=2;
56      //在[2,gen_prime_len]范围内筛选素数
57      while(index!=last_index){
58          for(i=index*2;i<=gen_prime_len;i+=index){
59              gen_prime[i]='n';
60          }
61          last_index=index;
62          for(i=index+1;i<=gen_prime_len;i++){
63              if(gen_prime[i]=='y'){
64                  index=i;
65                  break;
66              }
67          }
68      }
69      //使用gen_prime中的素数信息标记prime列表
70      //由于已对所有的偶数进行标记,因此直接从3开始标记即可
71      for(i=3;i<gen_prime_len;i++){
72          if(gen_prime[i]=='y'){
73              index=i;
74              //定位到开始执行筛选的位置
75              if(my_rank==0){
76                  j=index*2;
77              }else{
78                  j=0;
79                  if(shift%index!=0){
80                      j+=index-shift%index;
81                  }
```

```
82              }
83              //将index的倍数标记为非素数
84              for(;j+shift<volume+shift;j+=index){
85                  prime[j]='n';
86              }
87          }
88      }
89      end=MPI_Wtime();
90      printf("进程%d的运行时间为:%lf\n",my_rank,(end-start));
91      free(prime);
92      free(gen_prime);
93      MPI_Finalize();
94      return 0;
95}
```

经 10 次测试求平均值得出采用冗余计算后的按块数据分解的素数筛法的执行时间为 1.09 s, 相对于串行算法的加速比为 1.84。实验结果表明, 在使用冗余计算减少广播次数之后程序的执行时间有所降低, 因此利用冗余计算减少通信是一种提升 MPI 程序性能的有效方法。

为进一步分析程序性能表现, 使用 oneAPI 的 Trace Analyzer 生成的优化算法执行结果如图 11.24 所示。其中, Summary 部分显示该程序运行在开启了 4 个进程的计算节点上, 程序的总执行时间为 4.27 s; Ratio 部分展示了串行代码的执行时间约为 4.27 s, 占总执行时间的 99.9%, MPI 函数调用部分的执行时间为 0.00274 s, 占总执行时间的比例几乎可以忽略。

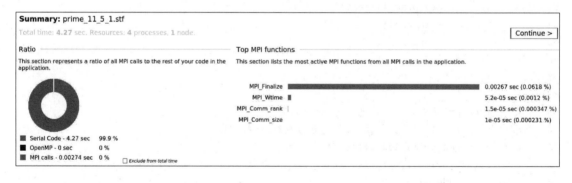

图 11.24　冗余计算的执行结果

11.6　小结

本章介绍了 MPI 的作用、常用函数库和 MPI 程序的基本格式, 并结合 MPI 并行版本的矩阵乘法进行了说明。为了进一步优化程序的性能, 针对基础版本的并行矩阵乘法进行了数据划分优化, 以及通信和计算重叠优化, 其中数据划分又分为按行分解、按列分解和棋盘式分解, 通过 3 种不同的数据划分方法, 可以初步了解如何通过降低通信开销和提高缓存命中率来优化 MPI 程序, 通过通信和计算重叠的方法, 可以了解在计算和通信重叠时是如何进一步提高 MPI 程序性能的。

通过 Eratosthenes 素数筛选的例子, 介绍了负载均衡优化和冗余计算优化。通过交叉分解和按块分解的对比实验, 展示了负载均衡的重要性。由于对程序进行交叉分解后导致进程间严重的负载不均衡, 使得性能比基础串行算法还慢得多, 之后提出了按块分解的算法, 该算法使得进程间的负载较为均衡, 进而提高了整体的性能。在此基础上通过冗余计算的方法减少了进程间的通信量, 进一步提高了程序的性能。

当然, MPI 作为一个并行编程的框架, 它可以处理大多数并发编程的问题, 本章只是对两个具体的实例在固定数据规模下进行了讨论。在实际编程中, 可能需要对数据规模进行详细研究, 因为数据规模对计算和通信的影响是巨大的。除此之外, 对于不同的数据规模, 在实践中需要对开启的进程数进行实验, 从而确定程序运行最佳的进程数。

读者可扫描二维码进一步思考。

第十二章
多层次并行程序优化

前文中详细介绍了 OpenMP、CUDA、MPI 等编程模型及其对应的程序性能优化方法，单独使用一个编程模型时，只能解决多核、加速器件或多节点中的某一种计算问题。为了解决多节点、多核及加速器件组成的多层次计算结构的程序优化问题，本章从同构系统的多层次并行、异构系统的多层次并行及同构 + 异构系统的多层次并行 3 个方面介绍多层次并行程序编写及优化方法。

同构系统与异构系统的节点级计算架构对比示意如图 12.1 所示。其中同构系统是指在每个节点上的计算设备相同，如 CPU 集群，每个计算节点采用双路或四路的多核处理器，则认为系统在节点级为同构的多路处理器，在芯片级为同构的多核处理器。

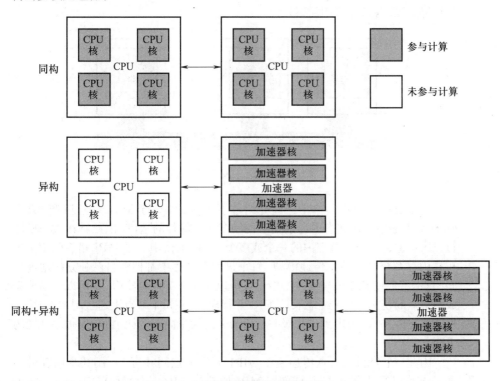

图 12.1　3 种架构系统的计算资源示意

异构系统及同构 + 异构系统是指在系统节点上存在着两种或两种以上的计

算设备, 如 CPU 与 GPU、DSP、FPGA 等微结构具有本质差异, 设备的特长完全不同, 其并行计算模式与并行计算能力也完全不同。此类系统上各计算设备间并行计算模式的差异, 使得任务映射与任务划分具有显著差异。

本章仍以矩阵乘法为例, 将在 5 个典型平台上使用不同的编程模型介绍上述 3 种多层次并行程序的编写及优化方法。

12.1 Hygon C86 同构多核平台

本节将在节点同构的海光 Hygon C86 多核平台上, 以矩阵乘法为例介绍同构多层次并行程序的编写及优化方法。首先简单介绍 Hygon C86 平台的架构特点, 然后按照并行粒度由大到小逐层优化的思路, 从程序编写角度展示矩阵乘法在 Hygon C86 平台上的多层次并行优化的过程, 最后进行程序的性能测试与分析, 并给出类似节点级同构平台上的通用优化实践经验。

12.1.1 平台介绍

如图 12.2 所示, Hygon C86 平台上的每个节点以 1 路 32 核 CPU 处理器为计算资源, 各节点采用网络互连。

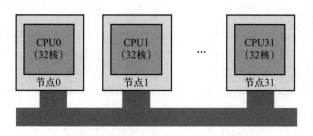

图 12.2　Hygon C86 同构架构示意

在第九章和第十一章中已经介绍过了 OpenMP 与 MPI 编程模型, 其中 OpenMP 是用于在共享内存前提下使用多线程编程的接口, 因此其在大规模并行机中只适合在单一节点内的一个或多个 CPU 上使用。而 MPI 是专门用于分布式内存系统中的消息传递模型, 每个进程在内存中都拥有自己独立的地址空间, 这一特性使其在大规模并行中不仅可以在单一节点内使用, 也可以轻易地完成跨节点的使用。但单纯地依靠 MPI 并行模型, 在每个节点上通过增加 MPI 进程获取更多并行, 考虑到进程级并行所带来的大量内存消耗, 将导致程序性能的下降。

因此, 充分利用消息传递模型 MPI 开发节点间并行, 利用共享内存模型 OpenMP 进行节点内并行, 即使用 MPI 加 OpenMP 混合编程在 Hygon C86 平台上编写并行程序是一个不错的选择。因为它可以减少不同节点之间的通信, 并在不增加内存需求的情况下提高每个节点的并行性。此外针对 MPI 加 OpenMP

混合编程模型, 除了可以使用 MPI 通过消息传递实现进程级的粗粒度并行性, 以及 OpenMP 多线程通过共享地址空间实现线程级的中粒度并行性外, 每个线程还能够在处理器中的向量单元中利用 SIMD 指令进行数据级的细粒度并行, 进一步提升程序性能。

12.1.2 程序编写

多层次并行是充分发挥具有多级并行机制计算设备性能的有效方法。多层次并行即在程序编写时按照并行粒度由大到小的优化思路进行逐层并行: 首先, 考虑 MPI 粗粒度并行层次; 在划定好每个 MPI 进程的数据后, 进而考虑粒度更小的 OpenMP 层次, 设定在进程内应开启线程的数量; 最后再将粒度缩小, 考虑每个线程内使用 SIMD 指令等。本节中将采用这样的顺序, 从程序编写角度展示矩阵乘法在 Hygon C86 平台上的多层次并行优化的过程。

1. MPI+OpenMP

代码 11-6 所示的矩阵乘法程序, 已经在 MPI 层次使用棋盘式分解的方式为每个 MPI 进程进行了数据划分。本节将在此基础之上, 使用 MPI+OpenMP 混合编程的方式进行优化, 如图 12.3 所示, 在各进程执行过程中再分别开启一定数量的线程, 去共同执行进程内的计算任务来实现对性能的提升。在该混合编程架构中, 不同进程的线程不能随时访问其他进程中的线程, 这使得代码可维护性高, 编程难度低, 易保证程序的正确性。采用此混合编程模型实现 MPI+penMP 多层次并行时, 主要是在 MPI 改写的矩阵乘法代码 11-6 中进行函数 Mul_Matrix 的 OpenMP 重写。

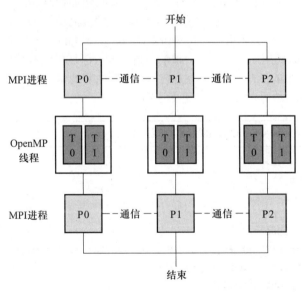

图 12.3　MPI+OpenMP 混合编程模型架构示意

MPI 版本的代码 11-6 矩阵乘运算的任务和数据划分中, 采用了 Cannon 算法对矩阵进行棋盘式分解, 将原规模为 1000×1000 的矩阵分为 4 个分块, 每

个分块负责 500×500 规模的计算, 每个分块会被分配给一个进程去执行。而使用 MPI+ OpenMP 的多层次并行方案的分配如图 12.4 所示, 假设每个进程创建 8 个线程, 对应分配到的循环为最外层 i 层的 500 次迭代。因为每层 i 循环的运算不存在数据依赖, 所以在执行过程中可以直接将迭代次数平均分为 8 份, 每个线程约执行 63 次, 即线程 0 执行迭代的 $0 \sim 62$, 线程 1 执行迭代的 $63 \sim 125$, 以此类推直到线程 7 执行迭代的 $438 \sim 499$。

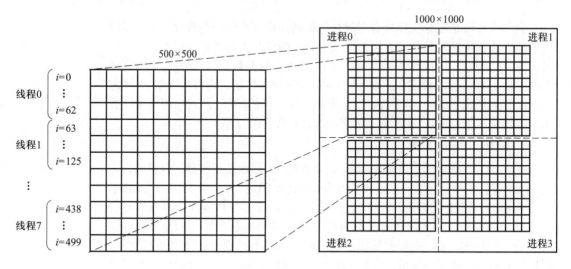

图 12.4　MPI+OpenMP 多层次并行任务分配示意

使用 MPI+OpenMP 混合编程实现的矩阵乘法如代码 12–1 所示, 其中主要重写了 Mul_Matrix 函数, 在原始函数基础之上在最外层 for 循环前的第 81 行添加了 OpenMP 编译指导语句 #pragma omp parallel for 将循环分解到多个线程中去, 同时使用 num_threads(8) 来指定并行区域的线程数为 8。此外, 为了保证计算结果的正确性, 需要注意将 for 循环内部的索引变量 i、j、k 在并行区域内作为每个线程的私有变量重新声明。

代码 12–1　MPI+OpenMP 混合编程矩阵乘法

```
1#include<stdio.h>
2#include<math.h>
3#include<omp.h>
4#include"mympi.h"
5#define DIMS 1000
6void Mul_Matrix(float *A,float *B,float *C,int m1,int n1,int n2);
7int main(int argc, char *argv[]){
8     int id,p,part,num,i,
9     upRank,downRank,leftRank,rightRank;
10    float *a, *b, *c;
11    float *A,*B,*C;
12    int coord[2],x,y;
```

```
13      int position[2] = {0, 0};
14      double start_time, end_time;
15      MPI_Comm MPI_COMM_CART;
16      MPI_Status status;
17      MPI_Init(&argc, &argv);
18      MPI_Comm_size(MPI_COMM_WORLD, &p);
19      int periodic[2];
20      int size[2];
21      part = sqrt(p);
22      if(part*part!=p){
23          printf("总进程数必须是一个平方数!\n");
24          MPI_Finalize();
25          return 0;
26      }
27      if(DIMS%p!=0){
28          printf("总进程数开方之后必须能整除矩阵总行数!\n");
29          MPI_Finalize();
30          return 0;
31      }
32      num = DIMS/part;
33      size[0] = size[1] = part;
34      periodic[0] = periodic[1] = 1;
35      MPI_Cart_create(MPI_COMM_WORLD, 2, size, periodic, 1, &MPI_COMM
_CART);
36      MPI_Comm_rank(MPI_COMM_CART,&id);
37      MPI_Cart_coords(MPI_COMM_CART,id,2,coord);
38      x = coord[0];
39      y = coord[1];
40      a = (float*)malloc(sizeof(float)*num*num);
41      b = (float*)malloc(sizeof(float)*num*num);
42      c = (float*)malloc(sizeof(float)*num*num);
43      if (id==0){
44          A = (float *)malloc(sizeof(float)*DIMS*DIMS);
45          B = (float *)malloc(sizeof(float)*DIMS*DIMS);
46          C = (float *)malloc(sizeof(float)*DIMS*DIMS);
47          Init_Matrix(A,DIMS*DIMS,2);
48          Init_Matrix(B,DIMS*DIMS,2);
49      }
50      start_time = MPI_Wtime();
51      Matrix_cannon_scatter(DIMS,id,num,part,A,a,MPI_COMM_CART);
52      Matrix_cannon_scatter(DIMS,id,num,part,B,b,MPI_COMM_CART);
53      Init_Matrix(c,num*num,1);
54      MPI_Cart_shift(MPI_COMM_CART, 1, x, &leftRank, &rightRank);
55      MPI_Sendrecv_replace(a, num*num, MPI_FLOAT, leftRank, 0, rightRank,
```

```
    0, MPI_COMM_CART, &status);
56    MPI_Cart_shift(MPI_COMM_CART, 0, y, &upRank, &downRank);
57    MPI_Sendrecv_replace(b, num*num, MPI_FLOAT, upRank, 0, downRank, 0,
    MPI_COMM_CART, &status);
58    MPI_Cart_shift(MPI_COMM_CART, 0, 1, &upRank, &downRank);
59    MPI_Cart_shift(MPI_COMM_CART, 1, 1, &leftRank, &rightRank);
60    for (i = 0; i < part; ++i){
61        Mul_Matrix(a,b,c,num,num,num);
62        MPI_Sendrecv_replace(a, num*num, MPI_FLOAT, leftRank, 0,
    rightRank, 0, MPI_COMM_CART, &status);
63        MPI_Sendrecv_replace(b, num*num, MPI_FLOAT, upRank, 0,
    downRank, 0, MPI_COMM_CART, &status);
64    }
65    Matrix_cannon_gather(DIMS,id,num,part,c,C,MPI_COMM_CART);
66    end_time = MPI_Wtime();
67    printf("进程%d的运行时间为:%lf\n",id,(end_time-start_time));
68    MPI_Comm_free(&MPI_COMM_CART);
69    if(id==0){
70        free(A);
71        free(B);
72        free(C);
73    }
74    free(a);
75    free(b);
76    free(c);
77    MPI_Finalize();
78    return 0;
79}
80void Mul_Matrix(float *A,float *B,float *C,int m1,int n1,int n2){
81    #pragma omp parallel for num_threads(8)
82    for (int i = 0; i < m1; i++){
83        for (int j = 0; j < n2; j++){
84            int temp =0;
85            for (int k = 0; k < n1; k++){
86                temp += A[i * n1 + k] * B[k * n2 + j];
87            }
88            C[i * n2 + j]+= temp;
89        }
90    }
91}
```

对 Mul_Matrix 函数用 OpenMP 重写后的 MPI+OpenMP 混合代码 12-1 进行重新编译, 编译时需要添加 -fopenmp、-lm 选项链接 OpenMP 库和数学库, 编译命令如下:

```
mpicc mpi-openmp-cannon.c -lm -fopenmp -o mpi-openmp-cannon
```

2. MPI+OpenMP+SIMD

SIMD 并行能够通过单条向量指令对内存中的多个连续数据进行并行运算，因此可以使用 SIMD 并行对 MPI+OpenMP 混合编程实现的棋盘式分解矩阵乘进一步优化，从更小的粒度即数据级并行层次上去考虑程序优化。

如图 12.5 所示，在一个多核处理器内，每个核都使用了超线程技术，能够将一个处理器虚拟为两个逻辑处理器，从而实现 2 个线程并行计算，核内线程可以使用向量单元进行向量化计算。对基于 MPI+OpenMP 混合代码 12–1 所示的矩阵乘法使用 SIMD 指令进行向量化以进一步优化。Hygon C86 处理器同样采用 X86 架构，其指令集与 intel 的 AVX 指令集相同，使用 SIMD 指令对矩阵乘法进行向量化重写，该指令集支持 256 b 数据的向量运算。

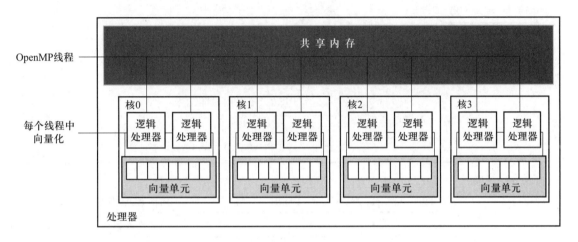

图 12.5　多核处理器向量化结构示意

对矩阵乘法进行向量化的过程如图 12.6 所示，首先需要定义 $v1$、$v2$、$v3$、$v4$ 数据类型为 _m256 的 4 个单精度浮点寄存器变量，存储大小为 256 b，即 8 个 32 b 的单精度浮点数据，4 个变量分别用于存储每次读取数组 A、B、C 的数据以及临时计算结果。在每次进行 j 层循环计算时需要完成第 i 行的计算任务，将最内层循环 k 设置循环步长为 8 以保证向量一次读入 8 个数据。在每次迭代中，首先需要将存储 C[i][k]~C[i][k+7] 临时结果的向量 $v4$ 初始化为 0，之后将 $v1$ 向量的数据全部置为 A[i][j] 与存储 B[j][k]~B[j][k+7] 数据的向量 $v2$ 相乘，最后将结果向量与加载在向量 $v3$ 中的 C[i][k]~B[i][k+7] 相加后得到向量 $v4$，再将 $v4$ 保存至 C[i][k]~B[i][k+7] 中。

当矩阵规模不为 8 的整数倍时，因为这部分数据不能直接进行向量运算，所以需要将该部分数据进行单独处理以保证程序的正确性。同时，为了能够使用 OpenMP 进行多线程计算，在向量程序中声明的变量需要在 OpenMP 子句中声明为每个线程的私有变量，以避免各线程间数据冲突带来的错误结果。

图 12.6 计算过程中所涉及的初始化、加载、保存、相乘相加运算等操作都通过使用表 12.1 中的 AVX 指令集部分内置函数来实现。

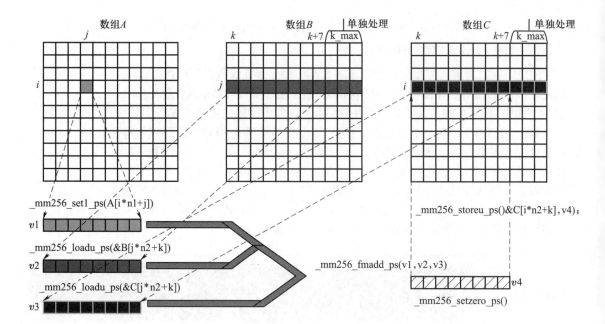

图 12.6　矩阵乘向量化过程

表 **12.1**　AVX 指令集部分内置函数及功能介绍

函数	功能
__m256 _mm256_setzero_ps (void)	将所有元素值置为 0
__m256 _mm256_set1_ps (float a)	将所有元素全部设置为 a 值
__m256 _mm256_loadu_ps (float const * mem_addr)	将 mem_addr 指向的 256 b 元素从内存中以非对齐方式加载至返回向量
__m256 _mm256_fmadd_ps (__m256 a, __m256 b, __m256 c)	将 a 和 b 中的元素相乘后, 将中间结果与 c 中的元素相加
void _mm256_storeu_ps (float * mem_addr, __m256 a)	将 a 中的 256 b 元素以非对齐方式存储到 mem_addr 指向的内存中

　　根据图 12.6 中的计算过程对矩阵乘进行 MPI+OpenMP+SIMD 多层次混合编程实现, 具体实现为: 利用表 12.1 中的 AVX 指令内置函数重写代码 12-1 第 80 至 91 行的 Mul_Matrix 函数。代码 12-2 的第 82 行定义了 4 个 256 b 的寄存器变量, 第 83 行定义的 k_max 用于指示需要进行特殊处理的起始索引 k_max, 第 84 行添加了 OpenMP 指导语句开启一定数量的线程并行执行 for 循环的计算, 第 85 至 94 行实现了如图 12.6 所示的计算过程, 第 95 至 97 行是针对矩阵规模不为 8 的整数倍时矩阵计算的处理, 将以 k_max 开始的剩余数据

采用不使用 SIMD 指令而使用标量指令进行计算。实现 MPI+OpenMP+SIMD 多层次混合编程的矩阵乘法程序如代码 12-2 所示。

代码 12-2　MPI+OpenMP+SIMD 多层次混合编程矩阵乘法

```
1#include<stdio.h>
2#include<math.h>
3#include<omp.h>
4#include<immintrin.h>
5#include"mympi.h"
6#define DIMS 1000
7void Mul_Matrix(float *A,float *B,float *C,int m1,int n1,int n2);
8int main(int argc, char *argv[]){
9     int id,p,part,num,i,
10    upRank,downRank,leftRank,rightRank;
11    float *a, *b, *c;
12    float *A,*B,*C;
13    int coord[2],x,y;
14    int position[2] = {0, 0};
15    double start_time, end_time;
16    MPI_Comm MPI_COMM_CART;
17    MPI_Status status;
18    MPI_Init(&argc, &argv);
19    MPI_Comm_size(MPI_COMM_WORLD, &p);
20    int periodic[2];
21    int size[2];
22    part = sqrt(p);
23    if(part*part!=p){
24        printf("总进程数必须是一个平方数!\n");
25        MPI_Finalize();
26        return 0,
27    }
28    if(DIMS%p!=0){
29        printf("总进程数开方之后必须能整除矩阵总行数!\n");
30        MPI_Finalize();
31        return 0;
32    }
33    num = DIMS/part;
34    size[0] = size[1] = part;
35    periodic[0] = periodic[1] = 1;
36    MPI_Cart_create(MPI_COMM_WORLD, 2, size, periodic, 1, &MPI_COMM_
CART);
37    MPI_Comm_rank(MPI_COMM_CART,&id);
38    MPI_Cart_coords(MPI_COMM_CART,id,2,coord);
39    x = coord[0];
```

```
40      y = coord[1];
41      a = (float*)malloc(sizeof(float)*num*num);
42      b = (float*)malloc(sizeof(float)*num*num);
43      c = (float*)malloc(sizeof(float)*num*num);
44      if (id==0){
45          A = (float *)malloc(sizeof(float)*DIMS*DIMS);
46          B = (float *)malloc(sizeof(float)*DIMS*DIMS);
47          C = (float *)malloc(sizeof(float)*DIMS*DIMS);
48          Init_Matrix(A,DIMS*DIMS,2);
49          Init_Matrix(B,DIMS*DIMS,2);
50      }
51      start_time = MPI_Wtime();
52      Matrix_cannon_scatter(DIMS,id,num,part,A,a,MPI_COMM_CART);
53      Matrix_cannon_scatter(DIMS,id,num,part,B,b,MPI_COMM_CART);
54      Init_Matrix(c,num*num,1);
55      MPI_Cart_shift(MPI_COMM_CART, 1, x, &leftRank, &rightRank);
56      MPI_Sendrecv_replace(a, num*num, MPI_FLOAT, leftRank, 0,
rightRank, 0, MPI_COMM_CART, &status);
57      MPI_Cart_shift(MPI_COMM_CART, 0, y, &upRank, &downRank);
58      MPI_Sendrecv_replace(b, num*num, MPI_FLOAT, upRank, 0, downRank,
0, MPI_COMM_CART, &status);
59      MPI_Cart_shift(MPI_COMM_CART, 0, 1, &upRank, &downRank);
60      MPI_Cart_shift(MPI_COMM_CART, 1, 1, &leftRank, &rightRank);
61      for (i = 0; i < part; ++i){
62          Mul_Matrix(a,b,c,num,num,num);
63          MPI_Sendrecv_replace(a, num*num, MPI_FLOAT, leftRank, 0,
rightRank, 0, MPI_COMM_CART, &status);
64          MPI_Sendrecv_replace(b, num*num, MPI_FLOAT, upRank, 0,
downRank, 0, MPI_COMM_CART, &status);
65      }
66      Matrix_cannon_gather(DIMS,id,num,part,c,C,MPI_COMM_CART);
67      end_time = MPI_Wtime();
68      printf("进程%d的运行时间为:%lf\n",id,(end_time-start_time));
69      MPI_Comm_free(&MPI_COMM_CART);
70  if (id==0){
71          free(A);
72          free(B);
73          free(C);
74      }
75      free(a);
76      free(b);
77      free(c);
78      MPI_Finalize();
79      return 0;
```

```
80}
81void Mul_Matrix(float *A,float *B,float *C,int m1,int n1,int n2){
82      _m256 v1, v2, v3, v4;
83      int k_max = n2 - n2 % 8;
84      #pragma omp parallel for private(v1,v2,v3,v4) num_threads(8)
85      for(int i=0;i<m1;i++){
86          v4 = _mm256_setzero_ps();
87          for(int j=0;j<n1;j++){
88              v1 = _mm256_set1_ps(A[i*n1+j]);
89              for(int k=0;k<k_max;k+=8){
90                  v2 = _mm256_loadu_ps(&B[j*n2+k]);
91                  v3 = _mm256_loadu_ps(&C[i*n2+k]);
92                  v4 = _mm256_fmadd_ps(v1,v2,v3);
93                  _mm256_storeu_ps(&C[i*n2+k],v4);
94              }
95              for(int k=k_max;k<n2;k++){
96                  C[i*n2+k]+=A[i*n1+j]*B[j*n2+k];
97              }
98          }
99      }
100}
```

将使用 SIMD 重写的 MPI+OpenMP+SIMD 多层次混合编程矩阵乘法代码 12-2 进行重新编译, 由于使用了支持乘加融合 FMA 的 AVX2 指令集, 因此在代码 12-2 的第 4 行中添加了 immintrin.h 头文件, 编译时除了上述已经使用的选项外还需要添加编译选项-mavx2 和-mfma, 编译命令如下:

mpicc mpi-openmp-simd.c -lm -fopenmp -mavx2 -mfma -o mpi-openmp-simd

12.1.3 性能分析

本节中将对第 12.1.2 节实现的 MPI+OpenMP 与 MPI+OpenMP+SIMD 混合编程矩阵乘法在 Hygon C86 上进行性能测试与分析, 从而验证多层次并行对程序性能的提升效果, 并结合上述矩阵乘法优化示例, 给出此类标准同构架构上进行多层次并行优化的通用实践经验。

1. MPI+OpenMP

实验对比了 MPI 与 MPI+OpenMP 实现的矩阵乘法在 Hygon C86 平台上实际多次执行的平均时间和加速比, 计算规模为 1000×1000。由于程序的任务划分对程序执行效率有一定的影响, 因此分别开启不同的进程和线程数进行测试, 测试结果见表 12.2。

从测试结果可以看出, 计算 1000×1000 规模的 float 浮点类型矩阵乘法, 随着进程数从 1 增加到 4 再到 25, 程序执行时间的加速比由 1 增长到 9.76, 程序性能获得显著加速。但是对于相同进程数情况下，线程数的增加并没有使程序获得明显加速，即使用 OpenMP 加速 MPI 改写的矩阵乘没有获得明显加速效果。结合测试结果和实践经验可以发现，编写性能优于纯 MPI 的混合 MPI+OpenMP 版本的程序并不容易，混合版本性能表现不佳的原因可能包括以下几个方面。

表 12.2　MPI 与 MPI+OpenMP 程序性能测试结果

进程数	每个进程创建的线程数	执行平均时间/s	加速比
1	1	9.47	1
	2	9.48	1
	4	9.48	1
	8	9.48	1
4	1	2.43	3.9
	2	2.43	3.9
	4	2.43	3.9
	8	2.43	3.9
25	1	0.97	9.76
	2	0.89	10.64
	4	0.99	9.56
	8	1.01	9.37

第一，将 OpenMP 指令添加到诸如循环此类程序中计算量大、诸如循环计算部分后，由于此时所有 MPI 调用都发生在 OpenMP 并行区域之外，对于原程序串行部分的执行仍会存在很多的空闲线程，会产生一定的开销。第二，将 OpenMP 添加到 MPI 后，通常会带来大量隐含的栅栏同步，产生更多的开销。第三，对于 MPI 派生的数据类型需要在发生消息发送前和接收后进行打包和解包操作，如果 MPI 通信调用发生在 OpenMP 并行区域之外，那么打包和解包只在一个线程上发生，会产生一定的开销。第四，在具有 NUMA 节点的系统上，内存页面会被分配到第一次读写该页面的节点上，如果数据初始化时没有并行，属于同一 MPI 进程的线程会在不同的节点上执行，在添加 OpenMP 进行混合编程后，所有数据都会进入主线程正在执行的节点，当所有线程都试图访问这些数据时，单个节点上的内存带宽可能会成为瓶颈。

此外，MPI+OpenMP 混合编程引入了可以显著影响性能的可调参数，即每个 MPI 进程的线程数，这个参数的最佳值很难预测，可能取决于应用程序、数据规模、硬件平台、使用的节点数、编译器及 MPI 库实现等诸多因素。对于线程数的设置，为了获得最佳性能，可以对一些环境变量进行设置。如设置正在等待的线程的所需策略为 active，需设置 OMP_WAIT_POLICY=active。需要注意的是，如果主线程使用其他线程接口调用库，结果可能会适得其反。或禁用可用于执行并行区域的线程数的动态调整, 防止运行时的线程数少于设置的线程数, 设置 OMP_DYNAMIC=false。

2. MPI+OpenMP+SIMD

实验对比了 MPI、MPI+OpenMP 与 MPI+OpenMP+SIMD 实现的矩阵乘法在 Hygon C86 平台上实际多次执行的平均时间, 计算规模为 1000×1000, 分别开启不同的进程和线程数进行测试, 结合表 12.2 与未添加 SIMD 执行时间的对比, 执行测试之后的结果见表 12.3。

从测试结果显示与结合 MPI+OpenMP 的实验分析可以得知, 对于设置同样进程数和线程数的条件下, 由于 SIMD 能够同时对 8 个数据进行并行操作, 执行时间与未添加相比, 程序性能有了明显提升。

表 **12.3** MPI+OpenMP+SIMD 程序性能测试结果

进程数	每个进程创建的线程数	执行平均时间/s	未使用 SIMD 执行时间/s	加速比
1	1	1.98	9.47	4.78
	2	1.98	9.48	4.78
	4	1.97	9.48	4.81
	8	1.97	9.48	4.81
4	1	0.57	2.43	4.26
	2	0.57	2.43	4.26
	4	0.57	2.43	4.26
	8	0.58	2.43	4.18
25	1	0.34	0.97	2.85
	2	0.35	0.89	2.54
	4	0.33	0.99	3.00
	8	0.37	1.01	2.72

Hygon C86 作为标准的节点间与节点内同构平台, 在该平台上使用多层次并行方法优化程序是一种较好的方案。按照粒度从大到小分层次进行考虑, 首先考虑节点间的 MPI 程序的数据划分, 然后考虑节点内多核处理器的 OpenMP 并行, 最后考虑 SIMD 向量并行, 逐层利用硬件平台提供的多级并行机制, 从而实现程序的多层次并行化。

在进行 MPI+OpenMP 层次的并行编程之前, 需要明确优化的目的。如果主要目的是减少内存需求, 那么可以尝试减少数据复制的开销。如果主要目的是提高性能, 需要分析当前 MPI 代码中的瓶颈, 是否是由于负载不平衡、并行性不足或通信开销等其他因素引起的, 这里可以借助第三章介绍的一些性能分析和调试工具, 识别出性能表现较差的程序段, 添加 OpenMP 并行区。

此外, 利用 OpenMP 的条件编译功能可以确保应用程序在没有 OpenMP 的情况下运行, 此时需要确保 OpenMP 环境变量的正确设置。在带有非统一内存访问节点的系统上运行时, 需要检查批处理系统和 MPI 启动程序是否正确配置, 以合理地放置和绑定进程和线程, 并考虑使用 OpenMP 对大型数据结构并行初始化以减小内存带宽。

12.2 Intel KNL 同构众核平台

本节将在 Intel KNL 众核架构上, 继续以矩阵乘法为例介绍多层次并行优化方法。由于架构的变化, 不能仅仅采用逐层优化的思路, 需要结合平台的内存和集群等特性, 采用新的优化思路。因此, 本节首先介绍 Intel KNL 架构及其能够在多层次并行优化过程中利用的 AVX-512 指令集、内存模式和集群模式等新特性, 之后在第 12.1 节实现的 MPI+OpenMP+SIMD 程序多层次并行基础上, 结合平台新特性, 介绍如何在 Intel KNL 架构上优化程序, 最后将在 Intel KNL 平台上优化后程序的运行效果进行性能分析, 并给出此类同构架构上进行多层次并行优化的通用实践经验。

12.2.1 平台介绍

KNL 是 2016 年 6 月 Intel 推出的第二代集成众核架构至强融核处理器, 是 Intel 首款专门针对高度并行工作负载设计的可独立自启动主处理器。如图 12.7(a) 所示, KNL 中有超过 60 个核, 每两个核组成一个组, 为便于描述将组简称为 Tile。所有 Tile 中的处理器核通过片上的 2D 网络网格进行互连, 每一行与每一列都是一个双向环形网络, 有效地提升了处理器核间的通信效率。在内存方面, KNL 拥有 6 通道 DDR4 控制器, 最高可支持 384 GB DDR4 内存, 除此之外, KNL 片上还配备了 16 GB 带宽超过 400 GB/s 的多通道 DRAM, 即 MCDRAM。在 I/O 方面, KNL 支持 36 个用于 I/O 的 PCIe Gen3 通道。

Tile 内部架构如图 12.7(b) 所示, 每两个核组成一个 Tile, 每个核心拥有 32 KB 的私有一级缓存, 并共享 1 MB 的二级缓存, 通过基于目录的 MESIF 协议由缓存或本地代理 CHA 实现全局一致性。KNL 的核心还包含 32 个 512 b 的向量寄存器, 2 个支持 512 b SIMD 操作的向量处理单元 VPU, 使得其可以在一个时钟周期内执行 16 个单精度或 8 个双精度的 SIMD 指令。同时针对高性能计算做了相应优化, 支持 4 路超线程技术。

计算机系统中的内存带宽受限是计算应用中性能常见瓶颈之一, 在解决该问题, KNL 支持有 MCDRAM 内存, 该内存可以在 3 种不同的模式下工作, Cache 模式、Flat 模式及 Hybrid 模式。优化人员通过在启动时的 BIOS 设置中选择不同的 MCDRAM 内存模式, 作为缓存或可编址高带宽内存以满足不同类型计算程序的内存需要。

在 Cache 模式下的 MCDRAM, 采用直接映射的方式作为 DDR4 内存的缓

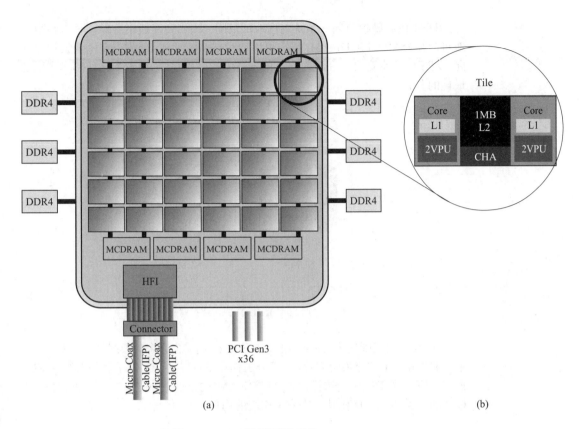

图 12.7　KNL 微内核架构示意

存, 对用户来说完全透明, 由硬件来管理如何使用, 如图 12.8 所示。在该模式下, 所有请求将首先进入 MCDRAM 进行缓存查找, 然后在未命中的情况下被发送到 DDR4 中。对于内存占用量非常大、内存带宽要求非常高且内存访问模式正常的应用程序, 设置为这种模式往往是最佳的。

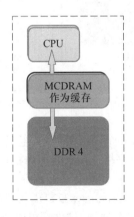

图 12.8　KNL 的 Cache 内存模式

在 Flat 模式下的 MCDRAM 将作为独立的 NUMA 结点呈现给操作系统,

与 DDR4 内存映射至同一系统物理地址空间，如图 12.9 所示。操作时需要明确地将内存分配到 MCDRAM，用户可以通过 numactl 或 memkind 库函数管理分配。对于内存带宽要求高但内存占用量适中的应用程序，设置为这种模式往往是最佳的。

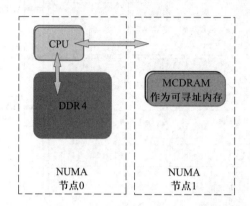

图 12.9　KNL 的 Flat 内存模式

Hybrid 模式则是将 Cache 模式和 Flat 模式混合起来的模式。如图 12.10 所示，MCDRAM 被分为两部分，一部分工作在 Cache 模式，另一部分工作在 Flat 模式。可以在 BIOS 中选择设置 MCDRAM 的 25%、50%、75% 3 种比例，此模式适合希望完全优化其代码或工作流的用户。

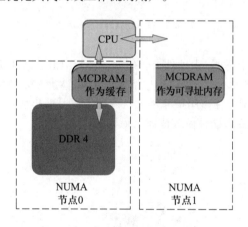

图 12.10　KNL 的 Hybrid 内存模式

KNL 中的每个内核都有一个一级缓存，被组织为一个 Tile 的两个内核共享二级缓存，每个二级缓存通过网格连接到其他内核且使用 MESIF 协议保持缓存一致性。具体实施为 KNL 有一组块标签目录 (tag directory, TD) 组成的分布式标签目录 (distributed tag directory, DTD) 用于标识任何缓存行的状态及其在芯片上的位置。对于任何内存地址，硬件都可以通过哈希函数识别负责该地址的 TD。

内存访问过程如图 12.11 所示，当应用程序从内存地址请求数据时，正在处理的 Tile A 将先查询本地缓存以查看请求的内存地址是否存在, 若存在则计算将以最小的数据访问延迟进行, 否则 Tile A 将在 DTD 中查询包含该数据的缓存行, 如图 12.11 中黑色填充的箭头所示。如果根据该 TD 得知, 该缓存行存在于其他 Tile C 的二级缓存中, 则另一条消息将从 Tile B 发送到 Tile C, 最后 Tile C 将数据发送到 Tile A, 如图 12.11 中网格填充的箭头所示; 如果请求的内存地址没有被缓存, Tile B 会将请求转发给负责该地址的内存控制器 D, D 是基于 MCDRAM 的内存控制器, 也可能是基于 DDR4 的内存控制器, 从内存控制器中读取数据后发送给 Tile A, 如图 12.11 中白色填充的箭头所示。

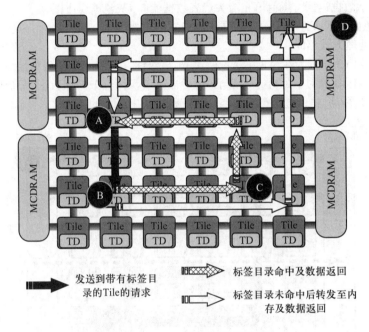

图 12.11 KNL 内存访问过程示意

由此可见, 随着芯片硬件复杂性的增加, KNL 缓存组织也十分复杂, 使得内存访问过程的复杂性随之增加。为了降低内存访问的复杂性, 针对不同的计算应用程序, KNL 支持有 All-to-All、Quadrant、Hemisphere、SNC-2 和 SNC-4 共 5 种不同的集群模式以尽可能降低这种访存开销, 集群模式的设置也必须通过 BIOS 来进行。

All-to-All 模式下, Tile、分布式目录和内存之间没有任何关联, 内存、分布式目录均匀分布在所有核中。这是最通用的模式, 对软件的内存配置没有特定的要求, 但它的性能通常低于其他集群模式。

Quadrant 或 Hemisphere 模式将所有核分为 4 个或 2 个虚拟象限, 分布式目录与该目录对应的内存数据处于同一个象限中, 但 Tile 与分布式目录、内存之间没有关联, 来自任何 Tile 的请求都可以到达任何目录, 但该目录将仅访问其所在象限中的内存。该模式提供比 All-to-All 模式更好的延迟, 并且对软件的支持是透明的。

SNC-4 或 SNC-2 模式进一步扩展了 Quadrant 或 Hemisphere 模式, 将

Tile、分布式目录及内存三者关联起来，所有核被划分为 4 个或 2 个 NUMA 域。来自 Tile 的请求将访问所在集群的目录，该目录也将访问所在集群的内存。因为大多数流量将包含在本地集群中，在该集群模式下，尤其是在负载操作下，为所有模式中最佳延迟。对于利用此模式性能的程序，必须运行在同一个 NUMA 集群中分配内存，以进行 NUMA 优化发挥最优性能。

图 12.12、图 12.13、图 12.14 分别表示在上述 3 种模式下，二级缓存缺失且请求内存地址未缓存时，系统进行的相应操作。图中数字标号表示执行的相应操作，数字 1 表示二级缓存缺失，数字 2 表示直接访问，数字 3 表示内存访问，数字 4 表示数据返回。黑色填充箭头代表数据流向，灰色虚线边框表示 NUMA 节点，黑色虚线代表逻辑象限。不同集群模式的主要区别在于二级缓存缺失时，操作系统处理方式不同。

图 12.12 所示为在 All-to-All 模式下，二级缓存在第 2 象限发生缺失。首先在第 4 象限找到对应的分布式目录，之后在第 1 象限读取内存数据，最后将数据返回第 2 象限，整个过程跨越距离是这三种模式中最长的。

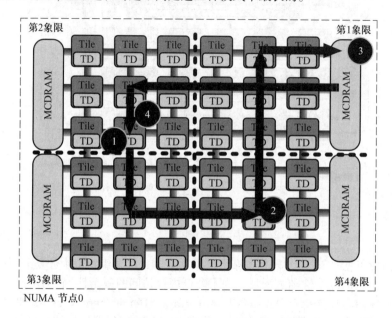

图 12.12　All-to-All 模式内存访问过程示意

图 12.13 所示为 Quadrant 或 Hemisphere 模式下，二级缓存在第 2 象限发生缺失。首先在第 1 象限找到对应的分布式目录，由于本模式下分布式目录与对应内存数据处在同一象限，因此此在分布式目录所在的第 1 象限读取内存数据，最后将数据返回第 2 象限，整个过程跨越距离相对较短。

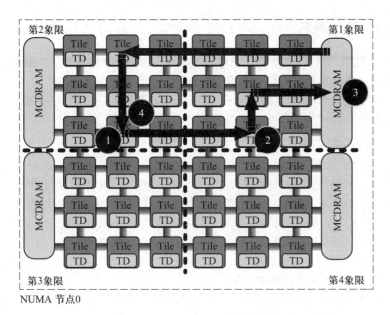

图 12.13　Quadrant/Hemisphere 模式内存访问过程示意

　　图 12.14 所示为 SNC-4/SNC-2 模式下, 第 1 象限发生二级缓存缺失。由于 CPU 物理上被分为 4 个象限, 因此在发生缓存缺失的第 1 象限内找到分布式目录并在本象限内获取内存数据, 整个过程跨越距离最短。

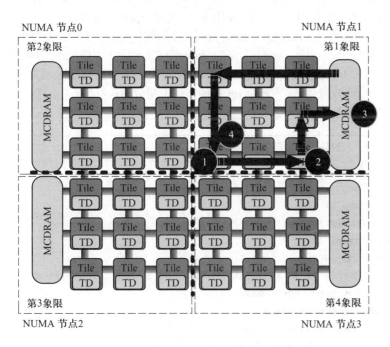

图 12.14　SNC-4/SNC-2 模式内存访问过程示意

12.2.2 程序编写

Intel KNL 架构包括支持 4 路超线程技术、AVX-512 指令集、多 MCDRAM 内存模式、多集群模式降低访存开销等特性。本节将结合 Intel KNL 平台的新特性，在第 12.1 节实现 MPI+OpenMP+SIMD 多层次并行程序的基础上，从程序编写角度讨论矩阵乘法在 Intel KNL 上的优化过程。

1. AVX-512 指令集

AVX-512 是 X86 指令集架构 (instruction set architecture, ISA) 的 512 b SIMD 指令扩展，能够一次处理 512 b 的数据，即进行 16 个单精度或 8 个双精度数据的并行处理。AVX-512 由多个扩展组成，支持 AVX-512 的处理器并不要求支持 AVX-512 的所有扩展，只要求支持其核心部分 AVX-512F。AVX-512F 使用 EVEX 编码方案扩展大多数基于 32 b 和 64 b 的 AVX 指令，以支持 512 b 寄存器、掩码操作、广播、移位、异常处理等。除了 AVX-512F 之外，KNL 支持的 AVX-512 扩展还包括以下几部分：

- AVX-512 CD: 冲突检测指令，用于间接数组访存，使更多的循环能够被向量化。
- AVX-512 ER: 指数和倒数指令，用以提高相关运算速度。
- AVX-512 PF: 新的预取指令，用以提高内存带宽，减小访存瓶颈。

为了充分利用 KNL 的硬件特性，需要进一步将 Mul_Matrix 函数使用 AVX-512 指令集进行优化改写使得性能进一步提升，相较代码 12-2，改写的过程较为简单，需要将程序中定义的寄存器变量的向量长度由原来的 256 b，即 _m256，改为 512 b 的 _m512。具体地说，例如需要将 _m256 类型向量所有元素设为 0 的函数 _mm256_setzero_ps( ) 改为将 _m512 类型向量所有元素设为 0 的函数 _mm512_setzero_ps( )，同理修改后续代码中的向量函数；除此之外，由于 512 b 向量单元一次可以处理的 float 类型的数据由 8 个增加至 16 个，因此需要特殊处理第 86 行和第 89 行的语句中相应的步长，步长应该修改为 16，改写完成的程序如代码 12-3 所示。

代码 12-3 KNL 平台多层次并行程序

```
1#include<stdio.h>
2#include<math.h>
3#include<omp.h>
4#include<immintrin.h>
5#include"mympi.h"
6#define DIMS 1000
7void Mul_Matrix(float *A,float *B,float *C,int m1,int n1,int n2);
8int main(int argc, char *argv[]){
9       int id,p,part,num,i,
10      upRank,downRank,leftRank,rightRank;
11      float *a, *b, *c;
12      float *A,*B,*C;
13      int coord[2],x,y;
```

```
14       int position[2] = {0, 0};
15       double start_time, end_time;
16       MPI_Comm MPI_COMM_CART;
17       MPI_Status status;
18       MPI_Init(&argc, &argv);
19       MPI_Comm_size(MPI_COMM_WORLD, &p);
20       int periodic[2];
21       int size[2];
22       part = sqrt(p);
23       if(part*part!=p){
24           printf("总进程数必须是一个平方数!\n");
25           MPI_Finalize();
26           return 0;
27       }
28       if(DIMS%p!=0){
29           printf("总进程数开方之后必须能整除矩阵总行数!\n");
30           MPI_Finalize();
31           return 0;
32       }
33       num = DIMS/part;
34       size[0] = size[1] = part;
35       periodic[0] = periodic[1] = 1;
36       MPI_Cart_create(MPI_COMM_WORLD, 2, size, periodic, 1, &MPI_COMM
_CART);
37       MPI_Comm_rank(MPI_COMM_CART,&id);
38       MPI_Cart_coords(MPI_COMM_CART,id,2,coord);
39       x = coord[0];
40       y = coord[1];
41       a = (float*)malloc(sizeof(float)*num*num);
42       b = (float*)malloc(sizeof(float)*num*num);
43       c = (float*)malloc(sizeof(float)*num*num);
44       if (id==0){
45           A = (float *)malloc(sizeof(float)*DIMS*DIMS);
46           B = (float *)malloc(sizeof(float)*DIMS*DIMS);
47           C = (float *)malloc(sizeof(float)*DIMS*DIMS);
48           Init_Matrix(A,DIMS*DIMS,2);
49           Init_Matrix(B,DIMS*DIMS,2);
50       }
51       start_time = MPI_Wtime();
52       Matrix_cannon_scatter(DIMS,id,num,part,A,a,MPI_COMM_CART);
53       Matrix_cannon_scatter(DIMS,id,num,part,B,b,MPI_COMM_CART);
54       Init_Matrix(c,num*num,1);
55       MPI_Cart_shift(MPI_COMM_CART, 1, x, &leftRank, &rightRank);
56           MPI_Sendrecv_replace(a, num*num, MPI_FLOAT, leftRank, 0,
```

```
                                rightRank, 0, MPI_COMM_CART, &status);
57      MPI_Cart_shift(MPI_COMM_CART, 0, y, &upRank, &downRank);
58          MPI_Sendrecv_replace(b, num*num, MPI_FLOAT, upRank, 0,
downRank, 0, MPI_COMM_CART, &status);
59      MPI_Cart_shift(MPI_COMM_CART, 0, 1, &upRank, &downRank);
60      MPI_Cart_shift(MPI_COMM_CART, 1, 1, &leftRank, &rightRank);
61      for (i = 0; i < part; ++i){
62          Mul_Matrix(a,b,c,num,num,num);
63              MPI_Sendrecv_replace(a, num*num, MPI_FLOAT, leftRank, 0,
rightRank, 0, MPI_COMM_CART, &status);
64              MPI_Sendrecv_replace(b, num*num, MPI_FLOAT, upRank, 0,
downRank, 0, MPI_COMM_CART, &status);
65      }
66      Matrix_cannon_gather(DIMS,id,num,part,c,C,MPI_COMM_CART);
67      end_time = MPI_Wtime();
68      printf("进程%d的运行时间为:%lf\n",id,(end_time-start_time));
69      MPI_Comm_free(&MPI_COMM_CART);
70  if (id==0){
71          free(A);
72          free(B);
73          free(C);
74      }
75      free(a);
76      free(b);
77      free(c);
78      MPI_Finalize();
79      return 0;
80}
81void Mul_Matrix(float *A,float *B,float *C,int m1,int n1,int n2){
82          _m512 v1, v2, v3, v4;
83          int k_max = n2 - n2 % 16;
84          #pragma omp parallel for private(v1,v2,v3,v4) num_threads(8)
85          for(int i=0;i<m1;i++){
86              v4 = _mm512_setzero_ps();
87              for(int j=0;j<n1;j++){
88                  v1 = _mm512_set1_ps(A[i*n1+j]);
89                  for(int k=0;k<k_max;k+=16){
90                      v2 = _mm512_loadu_ps(&B[j*n2+k]);
91                      v3 = _mm512_loadu_ps(&C[i*n2+k]);
92                      v4 = _mm512_fmadd_ps(v1,v2,v3);
93                      _mm512_storeu_ps(&C[i*n2+k],v4);
94                  }
95                  for(int k=k_max;k<n2;k++){
96                      C[i*n2+k]+=A[i*n1+j]*B[j*n2+k];
```

```
97                    }
98          }
99      }
100}
```

在对代码 12−3 进行编译时, 除了之前用到的 OpenMP 库-fopenmp 和数学库-lm 选项之外, 编译选项需要添加-mavx512f。但需要注意的是, GCC 4.9.2 及以上版本的编译器才开始添加对 AVX-512 的支持, 因此需要将编译器版本进行检查升级后才能正确编译, 编译命令如下:

mpicc mpi-openmp-simd512.c -lm -fopenmp -mavx512f -o mpi-openmp-simd512

2. 内存模式和集群模式

KNL 中内存模式与集群模式均可自行调整, 其中 Flat 模式需要软件明确地将内存分配到 MCDRAM, 可以借助 HBW_malloc 库中的内存分配函数分配内存, 使得编写的程序具有可移植性。使用 HBW_malloc 库编写程序具有可移植性的原因是其利用 NUMA 机制对两种内存进行寻址。如图 12.15 所示, 对于没有 MCDRAM 内存的系统, 将默认使用标准内存分配策略, 而对于两种内存都存在的系统, MCDRAM 就像双插槽系统中常规的 NUMA 内存。具体地说, 在 DDR 中分配内存的函数名为 malloc, 在 MCDRAM 中进行内存分配的函数名为 hbw_malloc, 在 Flat 模式下运行上述矩阵乘法程序, 则需要将内存分配的函数进行相应替换, 同时与之配套的 free 内存释放函数也需要替换为 hbw_free, 在编写程序时需要包含 <hbwmalloc.h> 头文件, 编译时需要链接-lmemkind 库。

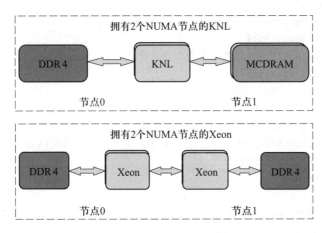

图 12.15　Flat 下类比双插槽内存分配示意

根据上述介绍, 基于代码 12−3 在第 5 行添加所需的 <hbwmalloc.h> 头文件, 将代码第 42 至 44 行、第 46 至 48 行进行内存申请分配的 malloc 函数替换为 hbw_malloc 函数, 将第 72 至 74 行、第 77 至 79 行进行内存释放的 free 函数替换为 hbw_free 函数, 进行修改后的 Flat 模式下利用 MCDRAM 的矩阵乘程序如代码 12−4 所示。

```
1#include<stdio.h>
2#include<math.h>
3#include<omp.h>
4#include<immintrin.h>
5#include<hbwmalloc.h>
6#include"mympi.h"
7#define DIMS 1000
8void Mul_Matrix(float *A,float *B,float *C,int m1,int n1,int n2);
9int main(int argc, char *argv[]){
10    int id,p,part,num,i,
11    upRank,downRank,leftRank,rightRank;
12    float *a, *b, *c;
13    float *A,*B,*C;
14    int coord[2],x,y;
15    int position[2] = {0, 0};
16    double start_time, end_time;
17    MPI_Comm MPI_COMM_CART;
18    MPI_Status status;
19    MPI_Init(&argc, &argv);
20    MPI_Comm_size(MPI_COMM_WORLD, &p);
21    int periodic[2];
22    int size[2];
23    part = sqrt(p);
24    if(part*part!=p){
25        printf("总进程数必须是一个平方数!\n");
26        MPI_Finalize();
27        return 0;
28    }
29    if(DIMS%p!=0){
30        printf("总进程数开方之后必须能整除矩阵总行数!\n");
31        MPI_Finalize();
32        return 0;
33    }
34    num = DIMS/part;
35    size[0] = size[1] = part;
36    periodic[0] = periodic[1] = 1;
37    MPI_Cart_create(MPI_COMM_WORLD, 2, size, periodic, 1, &MPI_COMM_
CART);
38    MPI_Comm_rank(MPI_COMM_CART,&id);
39    MPI_Cart_coords(MPI_COMM_CART,id,2,coord);
40    x = coord[0];
41    y = coord[1];
```

```
42    a = (float*)hbw_malloc(sizeof(float)*num*num);
43    b = (float*)hbw_malloc(sizeof(float)*num*num);
44    c = (float*)hbw_malloc(sizeof(float)*num*num);
45    if (id==0){
46          A = (float *)hbw_malloc(sizeof(float)*DIMS*DIMS);
47          B = (float *)hbw_malloc(sizeof(float)*DIMS*DIMS);
48          C = (float *)hbw_malloc(sizeof(float)*DIMS*DIMS);
49          Init_Matrix(A,DIMS*DIMS,2);
50          Init_Matrix(B,DIMS*DIMS,2);
51    }
52    start_time = MPI_Wtime();
53    Matrix_cannon_scatter(DIMS,id,num,part,A,a,MPI_COMM_CART);
54    Matrix_cannon_scatter(DIMS,id,num,part,B,b,MPI_COMM_CART);
55    Init_Matrix(c,num*num,1);
56    MPI_Cart_shift(MPI_COMM_CART, 1, x, &leftRank, &rightRank);
57    MPI_Sendrecv_replace(a, num*num, MPI_FLOAT, leftRank, 0, rightRank,
0, MPI_COMM_CART, &status);
58    MPI_Cart_shift(MPI_COMM_CART, 0, y, &upRank, &downRank);
59    MPI_Sendrecv_replace(b, num*num, MPI_FLOAT, upRank, 0, downRank, 0,
MPI_COMM_CART, &status);
60    MPI_Cart_shift(MPI_COMM_CART, 0, 1, &upRank, &downRank);
61    MPI_Cart_shift(MPI_COMM_CART, 1, 1, &leftRank, &rightRank);
62    for (i = 0; i < part; ++i){
63          Mul_Matrix(a,b,c,num,num,num);
64          MPI_Sendrecv_replace(a, num*num, MPI_FLOAT, leftRank, 0,
rightRank, 0, MPI_COMM_CART, &status);
65          MPI_Sendrecv_replace(b, num*num, MPI_FLOAT, upRank, 0,
downRank, 0, MPI_COMM_CART, &status);
66    }
67    Matrix_cannon_gather(DIMS,id,num,part,c,C,MPI_COMM_CART);
68    end_time = MPI_Wtime();
69    printf("进程%d的运行时间为:%lf\n",id,(end_time-start_time));
70    MPI_Comm_free(&MPI_COMM_CART);
71    if (id==0){
72          hbw_free(A);
73          hbw_free(B);
74          hbw_free(C);
75    }
76    hbw_free(a);
77    hbw_free(b);
78    hbw_free(c);
79    MPI_Finalize();
80    return 0;
81}
```

```
82void Mul_Matrix(float *A,float *B,float *C,int m1,int n1,int n2){
83      _m512 v1, v2, v3, v4;
84      int k_max = n2 - n2 % 16;
85      #pragma omp parallel for private(v1,v2,v3,v4) num_threads(8)
86      for(int i=0;i<m1;i++){
87          v4 = _mm512_setzero_ps();
88          for(int j=0;j<n1;j++){
89              v1 = _mm512_set1_ps(A[i*n1+j]);
90              for(int k=0;k<k_max;k+=16){
91                  v2 = _mm512_loadu_ps(&B[j*n2+k]);
92                  v3 = _mm512_loadu_ps(&C[i*n2+k]);
93                  v4 = _mm512_fmadd_ps(v1,v2,v3);
94                  _mm512_storeu_ps(&C[i*n2+k],v4);
95              }
96              for(int k=k_max;k<n2;k++){
97                  C[i*n2+k]+=A[i*n1+j]*B[j*n2+k];
98              }
99          }
100     }
101}
```

内存模式和集群模式均需在系统 BIOS 引导过程中进行设置, 为方便简化优化人员的操作, 系统供应商也提供了相应程序, 使得优化人员可以通过命令行的方式更改 BIOS 设置, 这些设置在下一次重新启动时生效。这里以 Intel 主板和 Intel 提供的保存和恢复系统配置实用程序 SYSCFG 为例进行介绍。

将 BIOS 设置保存到文件中使用如下命令:

sudo /bin/syscfg/syscfg /s BIOSQcache.ini

重新将保存到文件中的 BIOS 设置恢复使用如下命令:

sudo /bin/syscfg/syscfg /r BIOSQcache.ini /b

显示当前的集群模式、内存模式以及 MCDRAM 缓存大小设置分别使用如下命令:

sudo /bin/syscfg/syscfg /d biossettings "Cluster Mode"

sudo /bin/syscfg/syscfg /d biossettings "Memory Mode"

sudo /bin/syscfg/syscfg /d biossettings "MCDRAM Cache Size"

对上述 3 种模式可以分别使用命令进行设置:

sudo /bin/syscfg/syscfg /bcs biossettings "Cluster Mode" 4

sudo /bin/syscfg/syscfg /bcs biossettings "Memory Mode" 2

sudo /bin/syscfg/syscfg /bcs biossettings "MCDRAM Cache Size" 1

其中, 最后的数字表示不同模式的代码, 如 Cluster Mode 中的 4 表示 Quadrant, Memory Mode 中的 2 代表 Hybrid, MCDRAM Cache Size 中的 1 代表 MCDRAM 大小的 25%。

12.2.3 性能分析

本节对第 12.2.2 节中使用 Intel KNL 特性优化后的 MPI+OpenMP+SIMD 矩阵乘法进行性能分析, 验证该平台下多层次并行对程序性能的提升效果, 并结合上述优化示例, 给出此类同构架构上进行多层次并行优化的通用实践经验。

1. AVX-512 指令集

表 12.4 比较了 MPI+OpenMP+SIMD 矩阵乘法在 Intel KNL 平台上是否使用 AVX-2 指令集的多次执行平均时间, 问题规模为 1000×1000, 同时也测试了不同的进程和线程数下执行时间。

表 12.4　KNL 平台下 SIMD 加速效果测试结果　　　　　单位: s

线程数	1 进程			4 进程			25 进程		
	无	AVX	AVX-512	无	AVX	AVX-512	无	AVX	AVX-512
1	43.87	7.40	4.34	8.49	2.02	1.25	1.45	0.73	0.64
2	22.09	3.69	2.24	4.97	1.17	0.77	1.06	0.60	0.50
4	11.03	1.94	1.20	2.65	0.72	0.55	0.86	0.54	0.48
8	5.98	1.04	0.68	1.54	0.53	0.42	0.67	0.49	0.43
16	2.94	0.62	0.43	1.06	0.43	0.37	0.73	0.53	0.48
32	1.59	0.41	0.31	0.76	0.38	0.34	0.93	0.73	0.67
64	0.96	0.31	0.26	0.65	0.38	0.35	1.22	1.03	1.02
128	0.70	0.28	0.24	0.66	0.42	0.40	1.93	1.77	1.79
256	0.59	0.28	0.26	0.75	0.52	0.50	3.36	3.22	3.10

表 12.4 中每一行的数据依次表示未向量化、使用 AVX 指令集向量化、使用 AVX-512 指令集向量化 3 种情况下, 在 KNL 平台上使用 1 个进程、4 个进程及 25 个进程下多次执行的平均时间。

通过对测试结果进行纵向分析对比发现, 当进程数一定且使用相同的指令集时, 随着线程数目的增加, 程序性能持续提升, 但增加至一定量后再继续增加线程数目, 程序性能不再提升, 甚至开始下降。如在 25 个进程下使用 AVX-512 指令集情况下, 当线程数不断增大至 8 时, 程序性能不断接近最优, 且在线程数为 2 至 16 区间内性能接近, 获得约 1.49 倍的加速, 但线程数由 16 开始再往上增大, 程序性能反而会变得越来越差。这是由于当线程增加到一定数目后, 由于线程创建销毁以及同步等开销加剧, 超过了增加线程所带来的并行收益, 从而造成了性能的下降。

通过对测试结果进行横向分析对比发现, 当线程和进程数目设置合理, 即线程创建销毁开销且进程同步开销较小的情况下, 对于设置的同样进程数和线程数, 由于 AVX-512 指令集能够同时对 16 个数据进行并行计算, 与未使用 SIMD 及使用 AVX 指令集后的程序执行时间相比, 使用 AVX-512 指令集后的程序性能有了明显提升。如对于 25 进程开启 8 线程情况下, 使用 AVX 指令集和 AVX-512 指令集相比未使用 SIMD 分别获得 1.37 和 1.56 倍的加速。

2. 内存模式和集群模式

由于内存模式和集群模式之间均可完全独立地选择, 同时 Hemisphere 和 SNC-2 两种集群模式分别是 Quadrant 和 SNC-4 模式的变体, 只是将其从逻辑上将内核与内存按类型分为两部分, 而且相比会有更高的延迟, 仅仅适用于特定的应用程序, 因此实验测试仅对在 Intel KNL 平台上使用 3 种内存模式、除 Hemisphere 和 SNC-2 之外的 3 种集群模式不同的组合, 对 MCDRAM 缓存大小、NUMA 节点数及双列直插式内存组件 (dual inline memory module, DIMM) 配置要求等信息进行了对比, 结果见表 12.5, 优化人员可以结合这些信息及程序特征, 根据实践经验选择不同的模式以实现程序性能的优化。

表 12.5　KNL 平台不同集群、内存模式对比

BIOS 设置选项			NUMA 节点数	DIMM 配置要求
集群模式	内存模式	MCDRAM 缓存大小		
All-to-All	Cache	100%	无	任何 DDR 容量均满足要求
	Flat	0%	2 个, MCDRAM 节点、 DDR 节点	
	Hybrid	25%		
		50%		
		75%		
Quadrant	Cache	100%	无	要求内存配置对称, 即所有 DDR DIMM 容量相同
	Flat	0%	2 个, MCDRAM 节点、 DDR 节点	
	Hybrid	25%		
		50%		
		75%		
SNC-4	Cache	100%	4 个, 4 个集群各含 1 个 DDR 节点	要求内存配置对称, 即所有 DDR DIMM 容量相同
	Flat	0%	8 个, 8 个集群各含 1 个 MCDRAM 节点和 DDR 节点	
	Hybrid	25%		
		50%		
		75%		

当程序规模较小, 并且可以完全加载至高带宽内存中时, 此时将内存模式设置为 Flat 或者 Hybrid 模式较好, 此外对于缓存友好型程序将内存模式设置为 Cache 的情况下性能最佳。对于集群模式的选择, 一般情况下, Quadrant 模式二级缓存缺失时, 其寻址步长比 All-to-All 模式小, 所以通常 Quadrant 模式会更好, 而 SNC-4 模式相当于一个小集群, 所以一般当程序共享内存很少, 计算独立时选择该模式效果更好, 如 MPI+OpenMP 程序在集群模式设置为 SNC-4 的情况下性能最佳。由于大多数应用程序已经找到了相对缓存友好的方法, 因此大多数应用程序在默认的集群模式为 Quadrant 和内存模式为 Cache 的情况下性能较好。

从以上分析得知, KNL 的特性包括其节能核、AVX-512 向量指令集、双 MCDRAM 和 DDR 内存架构、高带宽片上互连, 以及集成的封装网络结构。这些特性使处理器能够显著提高计算密集型和带宽受限工作负载的性能, 同时在未优化的传统工作负载上仍提供良好的性能, 而无需标准 CPU 编程模型以外的任何特殊编程方式。在实际的科学计算程序中, 阻碍程序执行效率进一步提升及程序可扩展性的最主要因素依然是访存速度的限制, 因此优化人员应在充分了解 KNL 特性的基础上, 利用缓存和 KNL 平台的高带宽内存去在一定程度上缓和访存问题的影响, 尽最大可能地去缩短访存时间。

12.3 Hygon DCU 异构众核平台

异构架构是指在系统上存在着两种或两种以上架构, 不同架构上的编程模型、计算与访存模式、通信方式等不同。本节将在拥有 Hygon DCU 设备的异构平台上, 继续以矩阵乘法为例介绍多层次并行程序的一般编写方法及优化方法。首先简单介绍有关 DCU 设备的一些基本信息, 然后按照多线程并行的思想将计算任务映射到 DCU 设备的各个物理核中并执行计算, 最后在程序性能测试与分析的同时, 给出异构架构下异构多层次并行程序的一般编写方法及优化方法。

12.3.1 平台介绍

深度计算器 (deep computing unit, DCU) 是海光推出的一款专门用于人工智能和深度学习的加速卡。该加速卡以 GPGPU 架构为基础, 精简了用于逻辑判断、分支跳转和中断处理等功能的控制单元, 在芯片上设计了数量众多的算术运算单元, 其主要特点有:

• 强大的计算能力。基于 GPU 的大规模并行计算微结构的设计不但使其具备强大的双精度浮点计算能力, 同时在单精度、半精度、整型计算方面表现同样优异。

• 高速并行数据处理能力。海光 DCU 集成片上具有高带宽内存芯片, 可以在大规模数据计算过程中提供优异的数据处理能力, 使其可以适用于广泛的应用场景。

• 良好的软件生态环境。海光 DCU 采用 GPGPU 架构, 兼容类 CUDA 环境, 实现了与 AMD GPGPU 主流开发平台的兼容。

DCU 硬件架构如图 12.16 所示, 其中, Infinity Fabric 为 AMD 公司开发的一种总线技术, 可以用于 CPU-CPU、CPU-GPU、GPU-GPU 之间传输数据, HBM、GDDR 是用于制造 GPU 显存的架构类型。

由图 12.16 可以看出, 在程序执行时 DCU 的指令处理器可以以串行的方式从命令序列中读取并处理新的命令。在获取命令所需的数据时, 既可以通过 PCIe 控制器与系统内存交换数据, 也可以通过 Infinity Fabric 控制器与其他 DCU 交换数据, 最终这些通过内存控制器获取的数据都将通过总线传输到 HBM 或

GDDR 类型的片外全局内存中。

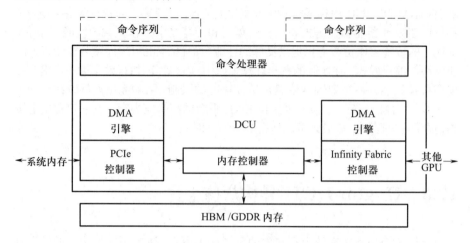

图 12.16　DCU 加速器硬件架构

与英伟达 GPU 中的 CUDA 编程模型类似, DCU 加速卡也需要使用专门的编程模型才能调用。DCU 使用的是 HIP(Heterogeous-compute Interface for Portability) 编程模型, 其是一种显式并行编程模型。HIP 异构编程模型与 CUDA 类似, 可以较简便地对已有异构算法进行迁移。同时, 也可以使用自动化程序迁移工具 hipify 将 CUDA 编写的异构并行程序快速切换至 HIP 编程模型。

与 CUDA 编程模型类似, HIP 编程模型同样有主机端和设备端之分, 其区别和联系如下:

- 主机端是指 CPU 设备, 设备端是指 DCU 设备。
- 主机端代码在 CPU 上运行, 入口函数是 main, 设备端代码在 DCU 上运行, 由主机端通过核函数进行调用。
- 主机端使用 C++ 语言编写, 设备端代码使用扩展的 C 语法编写。
- HIP 使用 Runtime API 在主机端分配设备显存, 管理主机端和设备端的内存拷贝, 运行设备端核函数等。
- 主机端以流的方式向设备端提交指令。

12.3.2　程序编写

HIP 编程与 CUDA 编程类似, 在执行任务时需要将任务按照网格进行划分, 之后每个网格上使用一个线程进行计算。如图 12.17 所示是当块大小为 4 时使用二维网格进行 2 个 10×10 的矩阵相乘时的映射规则。由于每个块必须是 4×4 的, 因此在映射时必须虚拟出多余的 2 行以及 2 列的网格, 以满足将任务划分为一个 3×3 的网格大小。

对于图 12.17 而言, 将一共并发出 $(10+2) \times (10+2)$ 个线程去执行任务。其中对于横纵坐标都小于 10 的网格, 例如在图中标注的第 3 行第 5 列的网格上, DCU 设备将会并发出一个线程去执行矩阵 A 的第 3 行与矩阵 B 的第 5 列的向量乘法, 之后将结果写入矩阵 C 的第 3 行第 5 列的元素中。对于该例网格中的最后 2 行和 2 列, 在并发出线程后不参与数据计算。

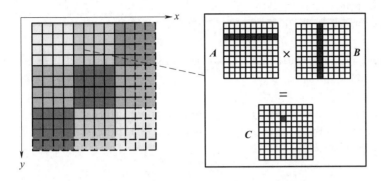

图 12.17　HIP 程序执行计算时数据映射规则

　　使用 HIP 编程模型编写的基于 Hygon DCU 异构架构基础版本的矩阵乘程序如代码 12-5 所示。需要注意的是, 为了将 DCU 强大的计算能力充分发挥出来, 在任务与线程划分时应按照图 12.17 所描述的方式去划分网格和组织计算任务。其中, Mul_Matrixdcu 函数对应在 CPU 上执行矩阵乘的函数 Mul_Matrix, 其完成的主要功能如下:

　　● 在设备端分配矩阵的存储空间, 主要使用函数 hipMalloc, 对应代码 12-5 的第 24 至 31 行。

　　● 将 main 函数传递过来的矩阵地址对应的数据复制到设备端, 主要使用函数 hipMemcpy, 对应代码 12-5 的第 33 至 36 行。

　　● 根据矩阵的规模划分二维执行网格, 对应代码 12-5 的第 37、38 行。使用 (x-1)/BLOCK_SIZE+1 作为网格的行数和列数可以将最终不参与数据运算的线程数控制到最小, 其中 x 代表矩阵的规模。

　　● 使用 hipLaunchKernelGGL 接口调用设备端核函数 MatMulKernel 完成矩阵计算, 对应代码 12-5 的第 40 行及第 10 至 21 行代码。由于每个线程在执行时已经能确定自身所处的块的坐标 hipBlockIdx 和在块内的坐标 hipThreadIdx, 那么再通过块的大小 hipBlockDim 即可计算出该线程在全局线程中的坐标。有了全局坐标后, 即可使用如图 12.17 所示的方法判断本线程是否需要进行矩阵乘计算。

　　● 主要使用函数 hipMemcpy 将设备端计算完成后的数据拷贝到主机端, 对应代码 12-5 第 42 行。

　　● 主要使用函数 hipFree 释放设备端存储空间并返回函数调用, 对应代码 12-5 第 43 至 45 行。

代码 12-5　DCU 异构架构矩阵乘

```
1#include <stdio.h>
2#include <stdlib.h>
3#include "mympi.h"
4#include <hip/hip_runtime.h>
5#include <hip/hip_runtime_api.h>
```

```
6
7#define DIMS 1000
8#define BLOCK_SIZE 16
9
10_global_ void MatMulKernel(float *A, float *B, float *C, int m1, int
n1, int n2)
11{
12      int y = hipBlockIdx_y * hipBlockDim_y + hipThreadIdx_y;
13      int x = hipBlockIdx_x * hipBlockDim_x + hipThreadIdx_x;
14      if(x < n2 && y < m1){
15          int tmp = 0;
16          for(int n = 0; n < n1; n++){
17              tmp += A[y * n1 + n] * B[n * n2 + x];
18          }
19          C[y * n2 + x] += tmp;
20      }
21}
22void  Mul_Matrixdcu(float *A, float *B, float *C, int m1, int n1,
int n2)
23{
24      float *d_A, *d_B, *d_C;
25      size_t sizeA = n1 * m1 * sizeof(float);
26      size_t sizeB = n2 * m1 * sizeof(float);
27      size_t sizeC = n1 * n2 * sizeof(float);
28      //在设备端申请地址空间,以存储数据
29      hipMalloc(&d_A, sizeA);
30      hipMalloc(&d_B, sizeB);
31      hipMalloc(&d_C, sizeC);
32      //将主机端数据传输到dcu以做计算
33      hipMemcpy(d_A, A, sizeA, hipMemcpyHostToDevice);
34      hipMemcpy(d_B, B, sizeB, hipMemcpyHostToDevice);
35      //这里将C也传进去,因为可能有一部分计算值已经在C中了
36      hipMemcpy(d_C, C, sizeC, hipMemcpyHostToDevice);
37      dim3 dimBlock(BLOCK_SIZE,BLOCK_SIZE);
38      dim3 dimGrid((n2-1)/BLOCK_SIZE + 1, (m1-1)/BLOCK_SIZE + 1);
39      //调用核函数
40      hipLaunchKernelGGL(MatMulKernel,dimGrid,dimBlock,0,0,d_A,d_B,d_C,
m1, n1, n2);
41      //将dcu计算的数据传回主机端
42      hipMemcpy(C, d_C, sizeC, hipMemcpyDeviceToHost);
43      hipFree(d_A);
44      hipFree(d_B);
45      hipFree(d_C);
46}
```

```
47int main(int argc,char **argv){
48    float *A,*B,*C;
49    double start_time,end_time;
50    A=(float*)malloc(sizeof(float)*DIMS*DIMS);
51    B=(float*)malloc(sizeof(float)*DIMS*DIMS);
52    C=(float*)malloc(sizeof(float)*DIMS*DIMS);
53    Init_Matrix(A,DIMS*DIMS,2);
54    Init_Matrix(B,DIMS*DIMS,2);
55    Init_Matrix(C,DIMS*DIMS,1);
56    //start
57    start_time=(double)clock();
58    Mul_Matrixdcu(A,B,C,DIMS,DIMS,DIMS);
59    //end
60    end_time=(double)clock();
61    printf("进程的执行时间为:%.2lf\n",(end_time-start_time)/1e6);
62    //Verify_matrix_c(A,B,C,DIMS,DIMS,DIMS);
63    free(A);
64    free(B);
65    free(C);
66    return 0;
67}
```

实现了基础执行版本的 HIP 矩阵乘之后, 可以利用 MPI 技术将多个 DCU 设备组织起来共同完成计算任务, 实际编程时的程序组织方法如图 12.18 所示。具体的任务划分方法与 MPI 章节中按行分解矩阵乘法相同, 首先由 0 进程将完整的矩阵 B 及平均划分之后的矩阵 A 分发到包括本进程在内的各个进程中, 之后每个 MPI 进程分别调用一个 DCU 设备进行计算, 最后每个进程在接收到 DCU 计算结果后将其发送到 0 进程。

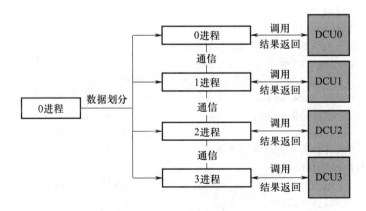

图 12.18　MPI+HIP 编程组织方式

使用 4 个进程分别控制 4 个 DCU 完成第十一章中提到的 Cannon 算法程序如代码 12−6 所示。代码变动上，需要将在设备端运行的核函数 MatMulKernel 以及用于替代串行矩阵乘法的函数 Mul_Matrixdcu 加入到代码 mympi.h 中。之后将原先 Cannon 算法中用于循环交换数据和计算部分的代码更改为代码 12−6 的 72 ∼ 82 行即可，其中第 75 行的 hipSetDevice(id) 表示每个进程都单独调用一个 DCU 设备进行计算。

代码 12−6　DCU 异构架构下多层次并行矩阵乘

```
1#include "hip/hip_runtime.h"
2#include<stdio.h>
3#include<math.h>
4#include<stdlib.h>
5#include"mympi.h"
6#include<time.h>
7#define DIMS 1000
8#define BLOCK_SIZE 16
9int main(int argc, char *argv[]){
10    int id,p,part,num,i,
11    upRank,downRank,leftRank,rightRank;
12    float *a, *b, *c;
13    float *A,*B,*C;
14    int coord[2],x,y;//本进程坐标
15    int position[2] = {0, 0};//确定 (0,0) 位置上的进程id
16    double start_time, end_time;
17    MPI_Comm MPI_COMM_CART;
18    MPI_Status status;
19    MPI_Init(&argc, &argv);
20    MPI_Comm_size(MPI_COMM_WORLD, &p);
21    int periodic[2];
22    int size[2];
23    part = sqrt(p);
24    //如果进程数不是平方数,则终止进程
25    if(part*part!=p){
26        printf("总进程数必须是一个平方数!\n");
27        MPI_Finalize();
28        return 0;
29    }
30    //如果行数不是进程数的整数倍
31    if(DIMS%p!=0){
32        printf("总进程数开方之后必须能整除矩阵总行数!\n");
33        MPI_Finalize();
34        return 0;
35    }
36    num = DIMS/part;
```

```
37    //建立笛卡儿通信域
38    size[0] = size[1] = part;//虚拟拓扑维数
39    periodic[0] = periodic[1] = 1;//虚拟拓扑中进程下标是否循环
40    MPI_Cart_create(MPI_COMM_WORLD, 2, size, periodic, 1, &MPI_COMM_
CART);
41    MPI_Comm_rank(MPI_COMM_CART,&id);
42    MPI_Cart_coords(MPI_COMM_CART,id,2,coord);
43    x = coord[0];
44    y = coord[1];
45    //为各个进程分配对应部分块矩阵的空间
46    a = (float *)malloc(sizeof(float)*num*num);
47    b = (float *)malloc(sizeof(float)*num*num);
48    c = (float *)malloc(sizeof(float)*num*num);
49    if (id==0){
50          A = (float *)malloc(sizeof(float)*DIMS*DIMS);
51          B = (float *)malloc(sizeof(float)*DIMS*DIMS);
52          C = (float *)malloc(sizeof(float)*DIMS*DIMS);
53          Init_Matrix(A,DIMS*DIMS,2);
54          Init_Matrix(B,DIMS*DIMS,2);
55    }
56    start_time = MPI_Wtime();
57    //分发矩阵
58    Matrix_cannon_scatter(DIMS,id,num,part,A,a,MPI_COMM_CART);
59    Matrix_cannon_scatter(DIMS,id,num,part,B,b,MPI_COMM_CART);
60    Init_Matrix(c,num*num,1);
61    //获得当前矩阵块横坐标方向相距x的左右方向的邻居进程号
62    //分块a循环左移x位
63    MPI_Cart_shift(MPI_COMM_CART, 1, x, &leftRank, &rightRank);
64          MPI_Sendrecv_replace(a, num*num, MPI_FLOAT, leftRank, 0,
rightRank, 0, MPI_COMM_CART, &status);
65    //获得当前矩阵块纵坐标方向相距y的上下邻居进程号
66    //分块b循环上移y位
67    MPI_Cart_shift(MPI_COMM_CART, 0, y, &upRank, &downRank);
68          MPI_Sendrecv_replace(b, num*num, MPI_FLOAT, upRank, 0, downRank,
0, MPI_COMM_CART, &status);
69    //获取上下左右相邻进程的进程号
70    MPI_Cart_shift(MPI_COMM_CART, 0, 1, &upRank, &downRank);
71    MPI_Cart_shift(MPI_COMM_CART, 1, 1, &leftRank, &rightRank);
72    //进行余下part次循环位移,并计算分块c
73    //设置DCU编号
74    if(id<4){
75          hipSetDevice(id);
76    }
77    for (i = 0; i < part; ++i){
```

```
78              //每次计算得到的c都会和原有的c对应相加
79              Mul_Matrixdcu(a,b,c,num,num,num);
80                  MPI_Sendrecv_replace(a, num*num, MPI_FLOAT, leftRank, 0,
rightRank, 0, MPI_COMM_CART, &status);
81                  MPI_Sendrecv_replace(b, num*num, MPI_FLOAT, upRank, 0,
downRank, 0, MPI_COMM_CART, &status);
82      }
83      //收集矩阵C
84      Matrix_cannon_gather(DIMS,id,num,part,c,C,MPI_COMM_CART);
85      end_time = MPI_Wtime();
86      printf("进程%d的运行时间为:%lf\n",id,(end_time-start_time));
87      MPI_Comm_free(&MPI_COMM_CART);
88      if (id==0){
89          free(A);
90          free(B);
91          free(C);
92      }
93      free(a);
94      free(b);
95      free(c);
96      MPI_Finalize();
97      return 0;
98}
```

HIP 程序编译时, 需要使用专用的 hipcc 编译器, 本例的编译命令如下:

hipcc -lmpi mpi-hip-cannon.cpp -o mpi-hip-cannon

其中-lmpi 代表链接 MPI 库。

同时也可以通过流和事件在一个或多个进程中实现多 DCU 矩阵乘法。首先, 将划分后的矩阵 A 和完整的矩阵 B 通过异步传输函数拷贝到对应流控制的 DCU 中, 然后调用核函数进行计算, 最后将结果从对应流控制 DCU 返回到矩阵 C 对应位置。流和事件实现多 DCU 应用程序并行计算的工作流程如下:

① 选择这个应用程序将使用的 DCU 集;

② 为每个设备创建流和事件;

③ 为每个设备分配设备资源;

④ 通过流在每个 DCU 上启动任务;

⑤ 使用流和事件来查询和等待任务的完成;

⑥ 清空所有设备的资源。

只有与该流相关联的设备是当前设备时, 在流中才能启动内核并在流中记录事件。任何事件都可以在任何流中进行内存拷贝, 无论该流与什么设备相关联或当前设备是什么, 即流或事件与当前设备不相关, 也可以查询或同步它们。流控制的多 DCU 矩阵乘法如代码 12-7 所示。

代码 12-7 使用 4 个流控制、4 个 DCU 完成矩阵乘法。代码 12-7 的第 27 至 52 行是实现流控制 DCU 的核心操作,通过 hipSetDevice() 确定所在的 DCU,使用 for 循环分别在 4 个 DCU 上分配设备端内存、进行异步数据拷贝、调用核函数,结果写回,最后循环释放设备端的内存。在进行数据传输时,流控制的 DCU 根据自身编号通过跨步方式进行数据的拷贝。

代码 12-7　DCU 异构多层次流并行程序

```
1#include <stdio.h>
2#include <stdlib.h>
3#include "mympi.h"
4#include <hip/hip_runtime.h>
5#include <hip/hip_runtime_api.h>
6
7#define DIMS 1000
8#define BLOCK_SIZE 16
9define N_STREAM 4
10_global_ void MatMulKernel(float *MatrixA, float *MatrixB, float
*MatrixC, int ARows, int ACols, int BRows, int BCols)
11{
12   int col = threadIdx.x + blockDim.x*blockIdx.x;//col  number
13   int row = threadIdx.y + blockDim.y*blockIdx.y;//row number
14
15   if (col < BCols && row < ARows)
16   {
17       float sum = 0;
18       for (int k = 0; k < ACols; k++)
19       {
20           sum += MatrixA[row*ACols + k] * MatrixB[k*BCols + col];
21       }
22       MatrixC[row*BCols + col] = sum;
23   }
24}
25
26void  Mul_Matrixdcu(float *A, float *B, float *C, int m1, int n1,
int n2)
27{
28//   float *d_A, *d_B, *d_C;
29   size_t sizeA = n1 * m1 * sizeof(float);
30   size_t sizeB = n2 * m1 * sizeof(float);
31   size_t sizeC = n1 * n2 * sizeof(float);
32
33   dim3 dimBlock(BLOCK_SIZE,BLOCK_SIZE);
34   dim3 dimGrid((n2+dimBlock.x-1)/BLOCK_SIZE, (n1/N_STREAM+dimBlock.
y-1)/BLOCK_SIZE);
```

```
35    float **d_A = (float **)malloc(sizeof(float *) * N_STREAM);
36    float **d_B = (float **)malloc(sizeof(float *) * N_STREAM);
37    float **d_C = (float **)malloc(sizeof(float *) * N_STREAM);
38    hipStream_t *stream = (hipStream_t *)malloc(sizeof(hipStream_t)
* N_STREAM);
39    for(int i=0;i<N_STREAM;i++)
40    {
41        hipSetDevice(i);
42    //内存分配
43    hipMalloc(&d_A[i], sizeA);
44    hipMalloc(&d_B[i], sizeB);
45    hipMalloc(&d_C[i], sizeC);
46    hipStreamCreate(&stream[i]);
47    //数据异步传输
48    hipMemcpyAsync(d_A[i], A + (i*(n1 * m1) / N_STREAM),
sizeA / N_STREAM, hipMemcpyHostToDevice, stream[i]);
49    hipMemcpyAsync(d_B[i], B, sizeB, hipMemcpyHostToDevice, stream[i]);
50    hipStreamSynchronize(stream[i]);
51    //Kernel启动
52    hipLaunchKernelGGL(MatMulKernel,dimGrid,dimBlock,0,stream[i],
d_A[i],d_B[i],d_C[i], n1, m1, m1,n2);
53    hipMemcpyAsync(C + (i*(n1 * n2) / N_STREAM), d_C[i], sizeC /
N_STREAM, hipMemcpyDeviceToHost, stream[i]);
54    }
55    hipDeviceSynchronize();
56    for(int i=0;i<N_STREAM;i++)
57    {
58    hipSetDevice(i);
59    hipFree(d_A[i]);
60    hipFree(d_B[i]);
61    hipFree(d_C[i]);
62    hipStreamDestroy(stream[i]);
63    }
64    hipFree(d_A);
65    hipFree(d_B);
66    hipFree(d_C);
67}
68int main(int argc,char **argv){
69    float *A,*B,*C;
70    double start_time,end_time;
71    hipHostMalloc((float**)&A,sizeof(float)*DIMS*DIMS);
72    hipHostMalloc((float**)&B,sizeof(float)*DIMS*DIMS);
73    hipHostMalloc((float**)&C,sizeof(float)*DIMS*DIMS);
74    Init_Matrix(A,DIMS*DIMS,2);
```

```
75    Init_Matrix(B,DIMS*DIMS,2);
76    Init_Matrix(C,DIMS*DIMS,1);
77    start_time=(double)clock();
78    Mul_Matrixdcu(A,B,C,DIMS,DIMS,DIMS);
79    end_time=(double)clock();
80    printf("进程的执行时间为:%.2lf\n",(end_time-start_time)/1e6);
81    //  Verify_matrix_c(A,B,C,DIMS,DIMS,DIMS);
82    hipHostFree(A);
83    hipHostFree(B);
84    hipHostFree(C);
85    return 0;}
```

12.3.3   性能分析

将不同 CPU 核数和不同 DCU 设备数下执行矩阵乘法的运行时间进行对比, 结果见表 12.6。可以看出, 在不同设备的相同数量下, DCU 设备的计算速度远大于 CPU 设备。在相同设备的不同数量下, 只有 CPU 设备随着核数的增加得到了额外的性能提升, 使用多个 DCU 进行计算使性能不增反降。

表 12.6   仅使用 CPU 或 DCU 执行矩阵乘法测试结果

矩阵规模	CPU 核数	DCU 数	10 次执行平均时间/s	加速比
1000×1000	1	0	9.23	1
	4	0	2.38	3.88
	0	1	0.46	20.07
	0	4	0.65	14.20

出现这种情况的主要原因是加入多个 DCU 设备后, 运行 Cannon 程序时用于主机端到主机端, 以及主机端到设备端的通信时间大于新加入的 DCU 设备所产生的计算收益。由此可以看出, 在使用 DCU 协处理器计算任务时, 应尽量减少与主机端之间的数据传输次数, 专注于数据的计算, 以充分发挥其自身的优势。表 12.7 为不同 CPU 核数及流控制的不同 DCU 设备数下执行矩阵乘法的运行时间。

表 12.7   流实现多 DCU 矩阵乘法测试结果

矩阵规模	CPU 核心数	DCU 数	10 次执行平均时间/s	加速比
1000×1000	1	0	9.23	1
	4	0	2.38	3.88
	0	1	0.48	19.22
	0	4	1.68	5.50

由上表可以看出当矩阵规模为 1000×1000, DCU 个数分别为 1 和 4 时实

现了 19.22 和 5.50 的加速比, 即当增加 DCU 为 4 个时加速效果反而下降, 其主要原因是矩阵的规模较小, Kernel 实现的加速时间难以隐藏流启动、DCU 循环遍历、数据拷贝的延迟, 导致负收益的出现。

12.4　申威 26010 异构众核平台

在第 12.3 节中, 通过对 Hygon DCU 异构多层次并行的介绍, 讨论了异构结构的并行编程方法。本节将介绍国产异构众核申威 26010 处理器, 除了对该处理器的架构、专用加速线程库等进行介绍外, 还会详细讲解在此平台上程序的编写和优化方法。

12.4.1　平台介绍

"神威·太湖之光" 超级计算机所搭载的核心计算部件为国产申威 26010 异构众核处理器, 该处理器集成了 4 个运算核组共 260 个计算核心。每个运算核组包括 1 个主核和 1 个运算核阵列。运算核阵列也称为从核阵列, 由 64 个运算从核、阵列控制器和二级指令 Cache 等构成。4 个核组的物理空间统一编址, 每个核组上的主核和从核均可以访问芯片上的所有主存空间, 申威 26010 异构众核处理器架构如图 12.19 所示。

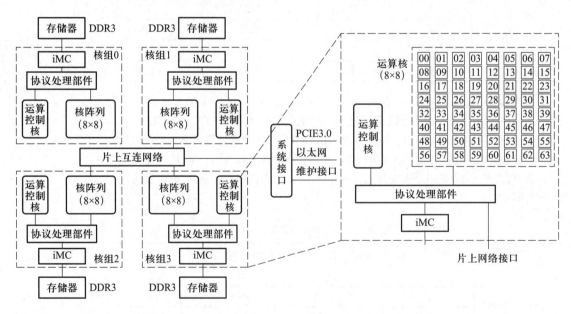

图 12.19　申威 26010 异构众核处理器架构

"神威·太湖之光" 的每个计算节点包含一颗申威 26010 众核处理器, 其内存为 32 GB。该众核处理器包括 4 个核组, 每个核组有 8 GB 的本地内存。从核可以直接离散访问主存, 也可以通过 DMA 方式批量访问主存。从核阵列之间采用寄存器通信方式进行通信。每个从核局部存储空间 LDM 大小为 64 KB, 指令存储空间为 16 KB。

"神威·太湖之光"主要采用主从加速并行、主从协同并行、主从异步并行和主从动态并行 4 种异构并行方式, 本节以主从加速并行模式进行讲述。

主从加速并行是指, 应用的计算核被加载到从核上进行加速计算, 每个从核绑定一个线程, 而主核只需完成应用程序的通信、I/O 和部分串行代码的计算。从核在计算过程中, 主核处于等待状态, 其具体实现流程如图 12.20 所示。

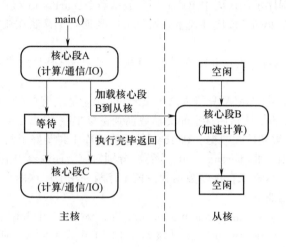

图 12.20　主从加速并行流程

12.4.2　程序编写

"神威·太湖之光"通过加速线程库 Athread 改写程序, 使其在从核阵列上进行加速计算, 该加速线程库是针对主从加速编程模型所设计的程序加速库, 目的是为了用户能够方便、快捷地对核组内的线程进行灵活的控制和调度, 从而更好地发挥核组内多从核并发执行的加速性能。

Athread 库是对 DMA 源语的一种封装。DMA 直接内存访问, 是一种高速的数据传输操作, 利用 DMA 可以在外部设备和内部存储器之间直接读写数据, 在数据传输过程中不需要 CPU 参与。在数据传输开始之前, 由 DMA 控制器设定此次数据传输的起始地址、目标地址、传输数据量大小等参数, 一旦控制器初始化完成, 数据开始传送, DMA 就可以脱离 CPU 独立完成数据传送, 同时 CPU 可以在数据传输过程中执行别的任务。DMA 的数据传输也是在数据总线、地址总线、控制总线上进行的, 在没有 DMA 请求时 CPU 占有总线。DMA 请求出现后, DMA 控制器向 CPU 申请总线的使用权, 希望 CPU 把所需要的总线让出来, 由 DMA 控制器来负责接管。当数据传输结束后, DMA 控制器将总线的控制权交还给 CPU。因此, 一个完整的 DMA 传输过程包括 DMA 请求、DMA 响应、DMA 传输和 DMA 结束 4 个步骤。

本节将继续以矩阵乘法为例, 利用 Athread 线程库, 实现单主核多从核上的矩阵乘法。部分运行在主核上的代码中的 athread 接口函数如下:

- athread_init(): 无参数, 完成加速线程库的初始化。
- athread_spawn(func, void*arg): 在当前进程中添加新的线程组, 执行的任务由函数 func 指定, 函数 func 的参数由 arg 提供。
- athread_join(): 无参数, 显式阻塞调用该线程组, 直到该线程组终止。
- athread_halt(): 无参数, 确定线程组所有从核无相关作业后, 停滞从核组流水线, 关闭从核组。

后续从核程序示例代码中出现的部分数据类型、athread 接口函数如下:

- _thread_local: 该属性表示它所修饰的数据对象存储在从核的局部存储器上。
- athread_get_id(): 获得本地单线程的逻辑线程标识号, 参数-1 默认为本地从核。

需要注意的是, DMA 只能由从核发起, 即无论是主核主存空间传输数据到从核局存空间, 还是从核局存空间传输数据到主核主存空间, DMA 都是由从核主动发起, 主核被动接收数据。Athread 加速线程库中封装好了两个 DMA 函数, 即 athread_get() 和 athread_put() 函数, 分别对应上述内容中主核主存传输数据到从核局存、从核局存传输数据到主核主存两种功能。这两个函数所需要的具体参数和作用如下:

- athread_get(dma_mode mode, void *src, void *dest, int len, void *reply, char mask, int stride, int bsize): 从核局存 LDM 接收主存 MEM 数据, 进行主存 MEM 到从核 LDM 的数据 get 操作, 将 MEM 的数据 get 到 LDM 指定位置。
- dma_mode mode: DMA 传输命令模式。
- void * src: DMA 传输主存源地址。
- void *dest: DMA 传输本地局存目标地址。
- int len: DMA 传输数据量, 以字节为单位。
- void *reply: DMA 传输回答字地址, 必须为局存地址。
- char mask: DMA 传输广播有效向量, 有效粒度为核组中一行, 某位为 1 表示对应的行传输有效, 作用于广播模式和广播行模式。
- int stride: 主存跨步, 以字节为单位。
- int bsize: 在行集合模式下必须配置, 用于指示在每个从核上的数据粒度大小。其他模式下, 在 DMA 跨步传输时有效, 表示 DMA 传输的跨步向量块大小, 以字节为单位。
- int athread_put(dma_mode mode, void *src, void *dest, int len, void *reply, int stride, int bsize): 从核局存 LDM 往主存 MEM 发送数据, 进行从核 LDM 到主存 MEM 的数据 put 操作, 将 LDM 的数据 put 到 MEM 指定的位置。
- dma_mode mode: DMA 传输命令模式。
- void *src: DMA 传输局存源地址。
- void *dest: DMA 传输主存目的地址。

- int len: DMA 传输数据量, 以字节为单位。
- void *reply: DMA 传输回答字地址, 必须为局存地址, 地址 4 B 对界。
- int stride: 主存跨步, 以字节为单位。
- int bsize: 行集合模式下必须配置, 用于指示在每个从核上的数据粒度大小。其他模式下, 在 DMA 跨步传输时有效, 表示 DMA 传输的跨步向量块大小, 以字节为单位。

利用单层次并行矩阵乘法的算法核心思路比较简单, 就是利用多个从核读取主核内存中矩阵的部分行到从核的 64 KB 局存空间, 每个从核完成各自的计算任务后将数据写回主存空间。仍以两个矩阵相乘按行分解的算法为例, 在代码 12-8 中, 主核上对 A、B 两个矩阵初始化后, 利用第 15 行的 athread_init() 函数完成加速线程库的初始化; 使用第 16 行中的 athread_spawn(Mul_Matrix,0) 函数开启线程组, 其中 Mul_Matrix 为每个从核线程上所执行的任务函数; 第 17、18 行的 athread_join() 和 athread_halt() 函数用于等待线程组的任务完成后关闭线程组。

代码 12-8　athread 版本主核程序

```
1//主核代码Master.c
2#include<stdlib.h>
3#include<mympi.h>
4#include<athread.h>
5#define J 100//列数,可自定义,注意矩阵规模大小不要大于局存大小即可
6#define I 100//行数,可自定义
7float matrix_a[I*J];//矩阵A
8float matrix_b[I*J];//矩阵B
9float matrix_c[I*J];//矩阵C,存储A×B的结果
10extern SLAVE_FUN(Mul_Matrix)();//引入运行在从核Slave.c上的外部函数
11int main(void){
12  Init_Matrix(matrix_a,I*J,10);//对各矩阵进行初始化,下同
13  Init_Matrix(matrix_b,I*J,10);
14  Init_Matrix(matrix_c,I*J,10);
15  athread_init();
16  athread_spawn(Mul_Matrix,0);//Mul_Matrix为运行在从核上的计算程序
17  athread_join();
18  athread_halt();
19  return 0;
20}
```

在代码 12-9 中, 从核利用第 19、24 行的 athread_get() 函数, 从主核内存上读取进行计算所需的整个矩阵 B 和矩阵 A 中的某几行后, 利用第 28 至 34 行的代码段进行计算, 计算结果通过第 36 行的 athread_put() 函数发送到主核内存指定位置。需要注意的是, 因从核的局存空间仅为 64 KB, 在本例中若仍以 1000×1000 的矩阵规模进行计算, float 型数据占用 4 B, 那么每个从核需要

存储的矩阵 B 的大小为 $1000 \times 1000 \times 4$ B, 约为 3906 KB, 这将远超从核局存 64 KB 的容量。此处为了演示方便, 将矩阵维度缩小为 100×100, 这样就满足了 64 KB 局存大小的限制。

代码 12−9　Athread 版本从核程序

```
//从核代码如下
1#include<stdio.h>
2#include<stdlib.h>
3#include"slave.h"
4#define J 100
5#define I 100
6#define ROW_NUM 20 //从核分得所需计算的行数,可自定义
7_thread_local float my_id;//线程号,注意:两个下划线
8_thread_local float local_A[I];//从核局存上暂存从主存取来的矩阵A的某一行
9_thread_local float local_B[I*J];//用来接收从主存取来的矩阵B
10_thread_local volatile float local_C[I];//用来暂存计算后的某一行,传回主
存矩阵C中
11extern float matrix_a[I*J],matrix_b[I*J],matrix_c[I*J];//引用外部变量的
方式访问主存地址
12_thread_local volatile unsigned long get_reply,put_reply;//用于DMA传输
时的标志位
13void Mul_Matrix(){
14   float temp; //用于计算,暂存某矩阵元素的结果
15   my_id=athread_get_id(-1); //获取从核逻辑id号
16   get_reply=0;//读取数据时的标志位
17   put_reply=0;//返回数据时的标志位
18   //从主存中读取完整矩阵B到从核局存的matr_b中
19   athread_get(PE_MODE,&matrix_b[0],&local_B[0],I*J*4,&get_reply,0,0,0);
20   while(get_reply!=1);
21   //依次从主存中读取矩阵A的某一行数据存入从核局存local_A中
22   for(int i=0;i<ROW_NUM;i++){
23        get_reply=0;
24        athread_get(PE_MODE,&matrix_a[my_id*ROW_NUM*J+*J*i],&local_
A[0],J*4,\
25        &get_reply,0,0,0);
26        while(get_reply!=1);//等待传输完成
27        //开始计算C的某一行的数据
28        for(int k=0;k<J;k++){
29             int temp=0;
30             for(int l=0;l<J;l++){
31                  temp=temp+local_A[l]*local_B[k+l*J];
32             }
33             local_C[k]=temp;
34        }
```

```
35          //将计算完成的某一行的数据传输回主存中的指定位置
36          athread_put(PE_MODE,&local_C[0],&matrix_c[my_id*J*i],J*4,
&put_reply,0,0);
37          while(put_reply!= 1);//等待传输完成
38          put_reply=0;
39}
```

对上述代码进行编译时, 主核程序代码和从核程序代码需要先分别编译为.o
文件后再进行混合链接成可执行文件。"神威·太湖之光"系统中提供有重新设
计的编译器 sw5cc, 编译和作业提交命令如下:

sw5cc -host -c Master.c

sw5cc -slave -c Slave.c

sw5cc -hybrid Master.o Slave.o -o [可执行文件]

bsub -n 1 -cgsp 64 -q q_sw_expr -I [可执行文件]

其中, -n 指定所要使用的主核数量; -cgsp 指定需要使用的从核数目, 该参数
必须 ⩽ 64; -q 向指定的队列中提交作业; -o 将作业的结果输出到指定文件。

上述程序是利用从核实现了单核心阵列的并行, 接下来将利用多个核心阵
列一起完成计算任务, 即利用 MPI 开启多进程, 再利用 Athread 库调用多线程
进行加速计算。在第十一章中, 对 MPI 已进行了较为详细的介绍, 本节中将不
再赘述。多层次并行的矩阵乘算法相较于单层次并行的矩阵乘算法并没有复杂
太多。依旧以按行分解的矩阵乘法为例, 算法的主要思想为: 在 MPI 所开启的
每个进程基础上, 利用 Athread 加速线程库对各进程获得的几行数据进行细粒
度的划分, 从而开启多个从核线程, 每个线程利用 athread_get() 函数从它所属
的进程内获取矩阵 A 的某一行和整个矩阵 B 后, 在从核上进行计算任务, 最后
每个从核线程得出矩阵 C 某一行的计算结果, 最后利用 athread_put() 函数将
结果数据发送回其所属的主核进程, 具体的数据划分方法如图 12.21 所示。

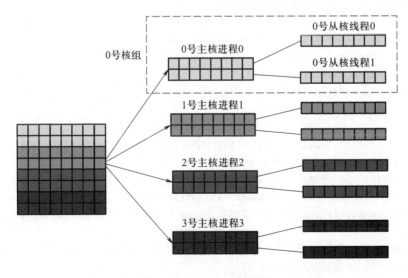

图 12.21   Athread 数据划分

在代码 12–10 中，进程 0 利用第 31 行的 MPI_Scatter() 函数使各进程获得矩阵 A 的某几行数据，之后通过第 32 至 36 行中的 Athread 线程库函数开启从核线程，负责对本进程所获得的数据进行计算。当从核计算任务 Mul_Matrix 完成后，第 37 行的 MPI_Gather() 函数对散落在各进程的计算结果进行聚集收回。主核进程 0 负责数据分发和收集，这里利用了第 12.4.1 节提到的主从加速并行方法，主核只负责通信，计算全都放在从核。MPI 和 Athread 结合后的主核程序 Master.c 如代码 12–10 所示。

代码 12–10 MPI+Athread 版本主核程序

```
1#include<stdio.h>
2#include<stdlib.h>
3#include"mpi.h"
4#include"mympi.h"
5#include<athread.h>
6#define I 100//定义矩阵的维数,可自定义
7#define J 100
8float * A,* B,* C;//声明矩阵A、B、C
9float *tempA,*tempC;//声明tempA和tempC,存A分发的几行数据和C的几行结果
10extern SLAVE_FUN(Mul_Matrix)();
11int main(int argc,char **argv){
12  int id;//进程号
13  int p;//进程数
14  int count;//每个进程要处理的矩阵A的行数
15  MPI_Init(&argc,&argv);
16  MPI_Comm_size(MPI_COMM_WORLD,&p);
17  MPI_Comm_rank(MPI_COMM_WORLD,&id);
18  B=(int *)malloc(I*J*sizeof(float));
19  //进程0负责对各矩阵进行初始化
20  if(id==0){
21      A=(float *)malloc(I*J*sizeof(float));
22      C=(float *)malloc(I*J*sizeof(float));
23      Init_Matrix(A,I*J,10);
24      Init_Matrix(B,I*J,10);
25      Init_Matrix(C,I*J,1);
26  }
27  MPI_Bcast(B,I*J,MPI_FLOAT,0,MPI_COMM_WORLD);//进程0广播B至各进程
28  count=I/p;//每个进程所分得的行数
29  tempA=(float *)malloc(count*J*sizeof(float));
30  tempC=(float *)malloc(count*J*sizeof(float));
31  MPI_Scatter(A,count*J,MPI_FLOAT,tempA,count*J,MPI_FLOAT,0,MPI_COMM_
WORLD);
32  athread_init();//开始利用从核组对某进程分得的部分矩阵进行计算
33  athread_spawn(Mul_Matrix,0);
34  athread_join();
```

```
35  athread_halt();
36  //收集各进程的结果至进程0
37  MPI_Gather(tempC,count*J,MPI_FLOAT,C,count*J,MPI_FLOAT,0,MPI_COMM_
WORLD);
38  free(B);
39  free(tempA);
40  free(tempC);
41  return 0;
42}
```

该版本的从核程序与 Athread 单层次并行中的从核程序相比并没有太大的改动，代码相关注释和讲解可参考代码 12-9，这里不再赘述，这也符合了从核只负责开启线程用于计算，而主核负责开启进程用于进程间通信这一思路。MPI+Athread 版本的从核程序 Slave.c 如代码 12-11 所示。

代码 12-11 MPI+Athread 版本从核程序

```
1#include<stdio.h>
2#include"slave.h"
3#include<stdlib.h>
4#define I 100
5#define J 100
6#define ROW_NUM 100 //每个从核所分得的所需计算的矩阵行数,可自定义
7extern float *A,*B,*C;
8extern float *tempA,*tempC;
9_thread_local int my_id;
10_thread_local volatile unsigned long get_reply,put_reply;
11_thread_local float local_A[I];
12_thread_local float local_B[I*J];
13_thread_local float local_C[I];
14void Mul_Matrix(){
15   int temp;
16   my_id=athread_get_id(-1);
17   get_reply=0;
18   athread_get(PE_MODE,&B[0],&local_B[0],4*I*J,&get_reply,0,0,0);
19   while(get_reply!=1);
20   for(int i=0;i<ROW_NUM;i++){
21       get_reply=0;
22       athread_get(PE_MODE,&tempA[my_id*ROW_NUM*J+J*i],&local_A[0],
4*J,\
23       &get_reply,0,0,0);
24       while(get_reply!=1);
25       for(int k=0;k<J;k++){
26           float temp=0.0;
27           for(int l=0;l<J;l++){
```

```
28                      temp=temp+local_A[l]*local_B[k+l*J];
29                  }
30                  local_C[k]=temp;
31              }
32          put_reply=0;
33          athread_put(PE_MODE,&local_C[0],&tempC[my_id*J*i+J*i],I*4,
            &put_reply,0,0);
34          while(put_reply!=1);
35      }
36}
```

编译阶段的编译命令也要发生相应的变化, 在"神威·太湖之光"计算机系统上的编译命令如下:

mpicc -host -c Master.c

sw5cc -slave -c Slave.c

mpicc -hybrid master.o slave.o -o matrix

进行作业提交时, 因从核 LDM 局存 64 KB 大小和按行分解的矩阵乘法算法限制, 且整个矩阵 B 要存储在每个从核的局部存储空间上, 因此其大小不能超过局存大小, 故将矩阵 B 规模固定为 100×100; 而矩阵 A 只需将部分行存储在局部存储空间上, 其规模大小在一定的数据划分方法下可以视为不受限制。

进行作业提交时, 需指定部分参数以确定开启的进程数和线程数, 以矩阵 A 为 100×100 为例, 若开启 4 个进程, 那么每个进程可以得到矩阵 A 的第 25 行数据, 若每个从核负责矩阵 A 的每一行, 则每个进程下需要 25 个从核进行加速计算, 作业提交的命令如下:

bsub -n 4 -cgsp 25 -q q_sw_expr -o record ./matrix

12.4.3 性能分析

分别测试在不同矩阵规模、不同进程和线程数参与计算的情况下, 串行程序和并行程序的节拍计数, 测试结果见表 12.8。需要注意的是, 在进行以下测试时, 因参与计算的矩阵规模、进程数、线程数发生了改变, 导致每个从核接收和发送的数据量发生了变化, 相应的主核和从核程序代码中的宏定义部分也要进行相应的修改, 作业提交命令中的主核数目和从核数目也要修改为匹配的值。

由表 12.8 可以看出, 当矩阵规模只有 100×100 时, 使用 1 主核 +4 从核同时执行任务所需要的时间是串行执行时的 0.33。当扩大为 4 主核 25 从核数后, 按逻辑来说其加速比应达到几十倍, 但实际仅为 8.36, 这主要是由于矩阵规模太小, 启动从核设备和通信所需时间无法忽略所致。当矩阵规模达到 1000×100 时, 同样使用 4 主核+25 从核执行任务要比 100×100 时所达到的加速比大得多。后续依次扩大从核数目, 发现加速比未按线性增长, 主要原因是启动从核和主从核间通信耗费大量时间。

由上述内容可以发现, 仅增加计算核心的数量所带来的性能提升是有限的, 甚至并不一定能带来加速效果, 优化人员不能简单地靠堆砌硬件数量来加速计

表 12.8　不同规模、主从核数目时矩阵乘法的测试结果

矩阵 A 规模	主核 CPU 数	每个主核开启从核数	10 次执行平均消耗节拍数	加速比
100×100	1	0	5681173	1
100×100	1	2	3695719	1.53
100×100	1	4	1867446	3.04
100×100	4	25	686418	8.36
1000×100	1	0	57289780	1
1000×100	1	4	18428223	3.10
1000×100	2	4	10279907	5.57
1000×100	2	10	4805310	11.92
1000×100	4	25	2095558	27.34

算, 在众核编程中性能提升的关键在于如何提高访存的性能。在编写代码层面, 可以从以下几个方面进行优化, 如减少主从核间通信次数、实现计算与访存重叠、用从核间通信取代主从核间通信等, 众核访存常用的优化思路有以下几种:

- 利用双缓冲机制实现计算与访存时间上的重叠。
- 对数据布局进行优化, 减少从核离散访问主存的次数。
- 充分发挥 DMA 的带宽优势。

接下来, 将对以上优化思路分别进行阐述。

1. 计算与访存的重叠

提高众核加速性能的关键是如何降低或隐藏从核通信开销。所谓双缓冲机制, 就是当需要多次的 DMA 读写操作时, 在从核的局部存储空间上申请 2 倍于通信数据大小的存储空间, 以便存放两份同样大小且互为对方缓冲的数据, 即一方存储空间计算时另一方存储空间用于传输数据, 依次交替进行。双缓冲机制通过编程来控制和实现, 具体过程如下: 在从核从主核内存读取数据时, 除了第一轮次读入数据的通信过程之外, 当从核进行本轮次数据计算的同时, 进行下一轮次读入数据的通信; 在从核写回数据到主核内存时, 除了最后一轮次写回数据的通信过程之外, 从核进行本轮次数据计算的同时, 进行上一轮次写回数据的通信。此时从核数据通信部分开销分为两部分, 一部分是不可隐藏部分, 另外一部分则是可以与计算开销相互隐藏的部分。其中不可隐藏部分开销为第一轮次读入与最后一轮次写回的数据通信开销之和。缓冲机制如图 12.22 所示。

根据众核实践编程的经验, DMA 双缓冲机制在众核编程时, 有固定的框架和模式。在采用双缓冲机制时, 通常需要定义额外的双缓冲标识。如代码 12−11 中第 21 行所示, index 表示当前轮的变量, next 表示下一轮的变量, 而 last 表示上一轮的变量。由于采用双缓冲机制, 用于存储通信数据的存储空间变为原来的两倍大小, 即额外申请了一个数组, 两个数组互为彼此的缓冲区。因此需要利用

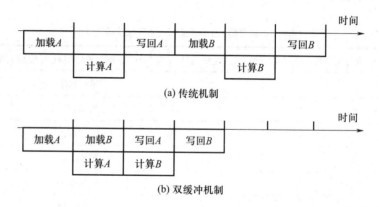

图 12.22　双缓冲机制

第 18 行的声明建立一个大小为 8 B 的指针数组 slave[2], 存储两个数组的首地址, 其中 slave[1] 与 slave[2] 指向的存储空间互为缓冲区。注意此时的回答标志位用第 14 行所定义的 get_reply[2] 数组代替原来的 reply 变量。在利用第 28 行的 athread_get() 函数获取到第一轮所需的数据后, 开始利用 for 循环进行多轮的数据传输。在 for 循环的迭代过程中, 使用第 32、33 行的求模运算不停地转换 index 和 next 的指向, 其中 index 指向将要参与计算的数据, 而 next 指向待传入数据的数组空间。在第 36 行向 next 指向的数组空间中传入数据后, 第 37 行的代码不再是等待传输数据完成的 while 循环, 而是直接开始了 index 指向的数组数据的计算过程, 通过这种机制, next 与 index 指向的数组空间可以同时进行传输数据和计算数据的任务。

利用上述双缓冲机制的思路, 对矩阵乘代码进行优化, 仍以 100×100 大规模的矩阵乘法为例, 因双缓冲机制是运行在从核上的, 故主核代码无需改动, 这里只对 Slave.c 文件进行修改, 修改后的从核程序如代码 12-12 所示。

代码 12-12　实现双缓冲后的从核程序代码

```
1#include<stdio.h>
2#include"slave.h"
3#include<stdlib.h>
4#include"mympi.h"
5#define I 1000
6#define J 100
7#define ROW_NUM 10
8extern float *A;
9extern float *B;
10extern float *C;
11extern float *tempA;
12extern float *tempC;
13_thread_local int my_id;
14_thread_local volatile unsigned long get_reply[2],put_reply;//注意
get_reply[2]
```

```
15_thread_local float local_A[J],local_A_buffer[J];//开辟另一块空间,与
local_A互为缓冲区
16_thread_local float local_B[J*J];
17_thread_local float local_C[J];
18_thread_local float *slave[2];//设置指针数组,用于转换计算数组与接收数
据数组的身份
19void Mul_Matrix(){
20          float temp;
21          int index,next;
22          slave[0]=&local_A[0];
23          slave[1]=&local_A_buffer[0];
24          my_id=athread_get_id(-1);
25          get_reply[0]=0;
26          athread_get(PE_MODE,&B[0],&local_B[0],4*J*J,&get_reply[0],0,0,
0);
27          //传输第一轮数据,需等待传输完成,get_reply修改置位
28          athread_get(PE_MODE,&tempA[my_id*ROW_NUM*J],&local_A[0],4*J,
&get_reply
29      [0],0,0,0);
30          while(get_reply[0]!=2);
31          for(int m=0;m<ROW_NUM;m++){
32                  index=m%2;
33                  next=(m+1)%2;
34          get_reply[next]=0;
35                  //在传输next轮数据时,无需等待get_reply,开始上一轮的
                      计算
36   athread_get(PE_MODE,&tempA[my_id*ROW_NUM*J+J*(m+1)],slave[next],4*J
37          ,&get_reply[next],0,0,0);
38                  for(int k=0;k<J;k++){
39                          temp=0.0;
40                          for(int l=0;l<J;l++){
41                                  temp=temp+(*(slave[index]+l))*
local_B[k+l*J];//注意解指针的用法
42                          }
43                          local_C[k]=temp;
44                  }
45                  while(get_reply[next]!=1);
46              put_reply=0;
47          athread_put(PE_MODE,&local_C[0],&tempC[my_id*ROW_NUM*J+
J*m],J*4,
48              &put_reply,0,0);
49                  while(put_reply!=1);
50              }
51}
```

不同进程、线程数目下添加双缓冲优化后的测试结果见表 12.9。

表 12.9　添加双缓冲前后消耗节拍数对比

矩阵 A 规模	主核 CPU 数	每个主核开启从核数	无双缓冲机制	有双缓冲机制
1000×100	4	25	2095558	2073713
1000×100	2	25	2632503	2618503

通过观察表 12.9 可知, 添加双缓冲后程序所消耗的节拍数几乎没有减少, 分析其原因发现, 双缓冲机制在计算密集型程序上的优化效果比较明显, 当从核计算开销大于通信开销, 而单轮的通信开销又特别小时, 通信开销接近完全被隐藏。而在本例中, 计算任务并不复杂, 无法掩盖通信开销, 但优化人员在调试通信开销较大的程序时, 可以采用该思路优化程序。

2. 优化数据布局

尽管利用了双缓冲机制对访存进行了优化, 但效果并不明显的原因, 首先是测试示例计算时间太短, 不足以掩盖通信时间, 其次是双缓冲机制并未减少通信次数。

因此, 需要从其他角度来优化此程序。在一个核组内, 每个计算核心专属的局存空间不大, 但计算核心访问 LDM 局存延迟较小, 从核访问主存的延迟约为 $700 \sim 1000$ 拍, 而从核访问其专属 LDM 局存的延迟仅为 4 拍, 因此可考虑对数据布局进行规划, 利用一次访存来实现几次离散访存所带来的效果。即在针对存在不可避免的大量离散访存的程序进行众核算法设计时, 可以利用众核的特点来避免离散访存以获取性能的提升。

针对存在大量离散访存的众核并行设计过程中, 应采用如下思路进行调整: 首先在主核上将原来离散的数组调整成方便通信的读入和写回的存储顺序, 然后计算核进行通信读入数据、计算和通信写回数据, 最后主核将写回的数据再次调整回原来的存储顺序。尽管相较于原来的算法, 增加了前后两个数组存储顺序调整的过程, 但由于上述过程都是在主核上来完成的, 两个存储顺序调整所导致的计算核开销增加不大。但计算方面, 由于计算核对专属局部存储空间访问延迟变小, 使得计算核的计算开销大大减小。

以本章示例按行分解的矩阵乘法而言每行数据已经是连续的, 无需再对其进行位置调整, 仅仅需要将连续的几次访存聚合成一次访存。对此将原始 Slave.c 的 for 循环中的 ROW_NUM 次数据传输聚合成一次的 athread_get() 和 athread_put(), 如代码 12–13 中第 22 行所示。由于多轮次的 DMA 聚合成了 1 次, 且单次 DMA 所传输的数据量发生了改变, 因此不再需要双缓冲机制, 对应修改代码第 22、27 行中 athread_get()、athread_put() 函数的相关参数。

经过聚合后, 从核所获得计算的数据不再是 A 的某一行, 而是某几行, 因此需要对 Slave.c 中负责数值计算的代码进行重写, 如代码 12–13 中第 25 行所示, 这里直接使用了 mympi.h 头文件中所定义的矩阵乘法函数。需要注意的是, 因每个从核所负责计算的元素个数增多, 计算量变大, 其花在计算上的时间也会随之增长。

```
1#include<stdio.h>
2#include"slave.h"
3#include<stdlib.h>
4#include"mympi.h"
5#define I 1000
6#define J 100
7#define ROW_NUM 10
8extern float *A,* B,* C;
9extern float *tempA,*tempC;
10_thread_local int my_id;
11_thread_local volatile unsigned long get_reply,put_reply;
12_thread_local float local_A[ROW_NUM*J];
13_thread_local float local_B[J*J];
14_thread_local float local_C[ROW_NUM*J];
15void Mul_Matrix(){
16      int k,l;
17      float temp;
18      my_id=athread_get_id(-1);
19      get_reply=0;
20      athread_get(PE_MODE,&B[0],&local_B[0],4*J*J,&get_reply,0,0,0);
21   //注意,这里数据传输粒度大小发生变化,不再是一行元素了
22    athread_get(PE_MODE,&tempA[my_id*ROW_NUM*J],&local_A[0],4*ROW_NUM*J,
23    &get_reply,0,0,0);
24     while(get_reply!=2);
25    Mul_Matrix(local_A,local_B,local_C,ROW_NUM,J,J);
26    put_reply=0;
27      athread_put(PE_MODE,&local_C[0],&tempC[my_id*ROW_NUM*J],ROW_NUM*J*4,
28    &put_reply,0,0);
29   while(put_reply!=1);
30}
```

以 4 主核 25 从核计算矩阵大小为 1000×100 的矩阵 A 与矩阵大小为 100×100 矩阵 B 相乘为例, 聚合通信前与聚合通信后消耗的节拍数见表 12.10。

表 12.10   聚合通信前后消耗节拍数对比

矩阵 A 规模	主核 CPU 数	主核开启从核数	聚合通信前	聚合通信后
1000×100	4	25	2089240	2073744
1000×100	2	25	2632503	2608095

由表 12.10 可以看出, 二者所耗费的节拍数大概相同, 并没有获得理想的加

速效果，究其原因，当实现聚合通信后，每个从核所负责计算的元素个数虽然不变，但其计算部分由原来的两层 for 循环变为 3 层，算法复杂度增加，在计算上所消耗的时间也会随之增长。分别将聚合通信前与聚合通信后代码中的计算部分注释掉，只测量用于通信的拍数，结果见表 12.11。

表 12.11　注释计算代码后聚合通信前后消耗节拍数对比

矩阵 A 规模	主核 CPU 数	每个主核开启从核数	聚合通信前	聚合通信后
1000×100	4	25	1454659	1325445
1000×100	2	25	1406160	1140473

由表 12.11 可以看出，在注释掉计算部分的代码后，程序中用于主从核间传输数据所消耗的节拍数是有减少的。

3. 发挥 DMA 的带宽优势

在对 DMA 传输数据次数、计算访存重叠进行优化后，思考更进一步的优化方法，即如何才能发挥 DMA 的最大性能，在本章 12.4.2 节所阐述的 DMA 相关理论中提到，DMA 的主要功能是在从核 LDM 和主存之间进行数据传输，无论是从核从主存读入数据还是从核写回数据到主存，DMA 只能由从核发起。经测量，在单次 DMA 数据传输时，当主存地址为 128 B 对界，且传输的数据粒度大小为 128 B 的倍数时，DMA 达到峰值性能。

12.5　"嵩山"超算同构 + 异构平台

之前的小节中以矩阵乘为例，介绍了多个平台上的同构多层次并行程序、异构多层次并行程序的编写和优化方法，其中同构架构主要使用 CPU 设备进行计算，异构架构主要使用协处理器设备进行计算。本节将在"嵩山"超级计算机上，继续以矩阵乘法为例，介绍如何同时使用 CPU 及加速设备编写多层次并行程序，程序编写完成之后使用一种通用、结合内存模式和硬件特征的任务划分方式对多层次并行程序进行优化及性能分析。

12.5.1　平台介绍

"嵩山"超级计算机的每个刀片上有两个节点，每个节点由一个 Hygon C86 7185 32-core CPU 和 4 个 DCU 组成，其硬件架构如图 12.23 所示。其中 NIC 指网络适配器，每个节点都通过 NIC 与其他节点进行通信。Die 指 CPU 物理上的分区，每个分区负责控制一块 DCU 加速卡。本节将使用一个节点作为同构加异构程序的运行环境。

Hygon C86 7185 CPU 的具体信息如下：

available: 4 nodes (0-3)

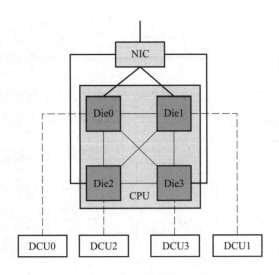

图 12.23   嵩山超算单节点架构图

node 0 cpus: 0 1 2 3 4 5 6 7

node 0 size: 32677 MB

node 0 free: 408 MB

node 1 cpus: 8 9 10 11 12 13 14 15

node 1 size: 32767 MB

node 1 free: 19686 MB

node 2 cpus: 16 17 18 19 20 21 22 23

node 2 size: 32767 MB

node 2 free: 25652 MB

node 3 cpus: 24 25 26 27 28 29 30 31

node 3 size: 32767 MB

node 3 free: 26765 MB

node distances:

node	0	1	2	3
0:	10	16	16	16
1:	16	10	16	16
2:	16	16	10	16
3:	16	16	16	10

可以看出其在物理上被分成了 4 个区, 每个区包含连续的 8 个核心。

如图 12.24 所示为单个节点上同时使用 CPU 核心和 DCU 加速设备进行协同计算的示意图。首先, 根据要使用的 DCU 数量开启同样数量的 MPI 进程; 然后, 在每个进程中分别调用 CPU 核和 DCU 设备上进行并行计算, 在调用 CPU 上的 8 个核时使用 OpenMP 进行实现, 调用 DCU 设备时使用 HIP 编程。在后续的程序编写时, 为了方便大家理解只做简单描述, 有兴趣的读者可以结合前面相关章节的内容进行系统实现。

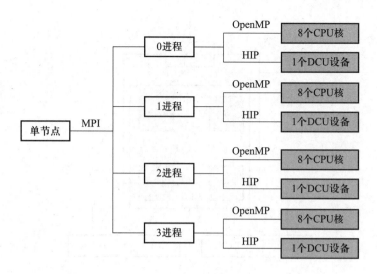

图 12.24　单节点协同运算示意图

12.5.2　程序编写

本节以第十一章中的按行分解矩阵乘算法为例介绍同构加异构多层次并行程序编写的基本方法。不再使用 Cannon 算法作为示例, 主要原因有以下 3 点:

● Cannon 算法中每个进程分配的矩阵块规模是相同的。由于 DCU 设备的计算速度要远大于 CPU 设备, 给两者分配同样规模的数据是不合理的。

● Cannon 算法要求运行的总进程数必须是一个平方数, 并且能够整除矩阵规模, 这一点不利于分配用于计算的 CPU 核心数和 DCU 的数目。

● Cannon 算法为了减少总通信量和所占用的空间, 每个进程需要频繁地同其他进程交换数据。这意味着 DCU 设备需要频繁地同主机端进行内存交换, 这将浪费大量的通信时间。

在进行程序编写之前, 需要先分析 MPI 进程、CPU 核心和 DCU 设备在同构加异构多层次并行中的组织方式。由于每个 MPI 进程都是一个相对独立的程序, 因此需要运行在具有完整逻辑控制功能的 CPU 核心之上。DCU 设备是协处理器, 并不具备完整的逻辑控制功能, 因此使用 DCU 设备时必须使用一个MPI 进程去调用。在本节的程序编写中, 每创建一个 MPI 进程都为其分配一个独立的 CPU 核心, 每使用一个 DCU 设备都为其分配一个独立的 MPI 进程来进行数据交互及逻辑控制。

图 12.25 是在开启 4 进程时使用 2 个 CPU 核心与 2 个 DCU 设备进行协同计算的组织方式示例。可以看出, 4 个 MPI 进程分别运行在 4 个独立的 CPU核心上, 其中 2 个进程负责调用 DCU 设备进行计算, 剩余 2 个进程只在 CPU核心上进行计算。

在进行计算时, 由于同时使用了 CPU 和 DCU 设备进行计算, 那么考虑如何进行任务划分以充分发挥出两者的计算速度成为考虑的首要问题。第 12.3 节提到 1 个 DCU 设备的计算速度是远大于 1 个 CPU 核, 当每个 CPU 核心或

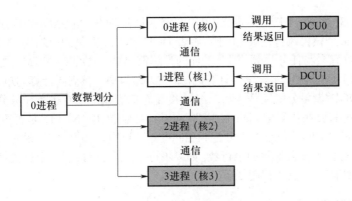

图 12.25　同构加异构计算程序组织方式

DCU 设备接收的任务量与其计算速度不匹配时, 将会出现 DCU 设备在很短的时间完成计算任务后, 花费较长时间等待 CPU 进行计算, 或者出现相反的情况。因此, 当同时使用 CPU 与 DCU 共同计算时, 必须按照其计算速度的比值来划分任务。

图 12.26 是 4 进程时使用 2 个 DCU 与 2 个 CPU 核心进行矩阵相乘, 各个进程对一个 8×10 的矩阵进行数据划分的示例。为了说明数据划分的规则, 假定在进行矩阵乘法运算时单个 DCU 设备的处理速度是单个 CPU 核心的 3 倍, 则每块 DCU 分配的矩阵的行数是单个 CPU 核心行数的 3 倍左右。

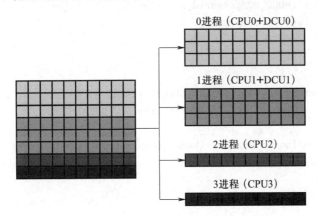

图 12.26　同构加异构计算数据划分

通过同构加异构程序组织方式及数据划分规则可以知道, 同构加异构多层次并行代码与纯 MPI 代码的区别在于数据的划分。由于引入了 DCU 设备参与计算, 则需要在代码中加入使数据按照设备计算能力进行划分的代码段。

在编程时定义如下变量, lens[i] 表示第 i 个进程所负责的矩阵 A 的元素个数, i 的值等于所处理的矩阵行数乘以矩阵规模 DIMS。DCU_NUM 表示程序运行时使用的 DCU 数目, world_size 表示进程总数, SPEED_UP 表示在进行矩阵乘计算时单 DCU 设备比单 CPU 核心快的倍数。temp 表示存储代码中的临时变量。

根据 SPEED_UP 值的定义, 可以假定一共有 DCU_NUM×SPEED_UP+ world_size 个核去执行任务。由于存在着 DCU_NUM 数量的 CPU 核控制 DCU 设备, 并没有参与任务计算, 因此上面的计算需要减去 DCU_NUM。之后使用矩阵规模 DIMS 除以实际参与计算的总核数, 即为每个核需要计算的矩阵行数。

给 DCU 设备分配完任务后, temp 变量存储着剩下没有进行任务分配的矩阵行, 此时需要在代码中判断 temp%(world_size-DCU_NUM) 是否等于 0 以确定剩余的 CPU 核数是否能分配到相同的矩阵行数。如果可以, 最终每个核心分配到的行数为核数整除剩余行数; 如果不可以, 需要由最后一个核去处理整除后余下的矩阵行。具体代码如下:

```
//进程0~DCU_NUM-1
temp=SPEED_UP*DIMS/(DCU_NUM*SPEED_UP+world_size-DCU_NUM);
for (i = 0;i < DCU_NUM; i++){
    //lens[i]为DIMS的整数倍
    lens[i]=temp*DIMS;
}
temp=DIMS-temp*DCU_NUM;
if(world_size>DCU_NUM){
    //进程DCU_NUM~world_size-1
    if(temp%(world_size-DCU_NUM)==0){
        temp/=(world_size-DCU_NUM);
        for(i=DCU_NUM;i<world_size;i++){
          lens[i]=temp*DIMS;
        }
    }
    else{
        for(i=DCU_NUM;i<world_size-1;i++){
            lens[i]=(temp/(world_size-DCU_NUM))*DIMS;
        }
        lens[world_size-1]=(temp-(temp/(world_size-DCU_NUM))*(world_
        size-DCU_NUM-1))*DIMS;
        }
}
```

由于给每个进程分配的行数不同, 所以在进行数据分发时应使用 MPI 函数 MPI_Scatterv 替代 MPI_Scatter。其中第 i 个进程所分配到的数据起始位置为矩阵 A 第 0 个元素的地址加上偏移量 displs[i], 代码段如下:

```
if(world_rank==0){
    //计算偏移量
    displs[0]=0;
    for(i=1;i<world_size;i++){
        displs[i]=lens[i-1]+displs[i-1];
    }
}
```

```
//0进程分发A的不同行到其他所有进程
MPI_Scatterv(A,lens,displs,MPI_FLOAT,tempA,lens[world_rank],
MPI_FLOAT,0,MPI_COMM_WORLD);
```

在完成数据划分后, 每个进程都在本进程的存储空间内有了矩阵 A 的部分行和完整的矩阵 B。在执行计算时, 使用前 DCU_NUM 个进程调用 DCU 设备进行计算, 其余进程使用 CPU 核进行计算。在计算完成后, 调用 MPI_Gatherv 函数进行数据的收集。具体代码段如下:

```
if(world_rank<DCU_NUM){
    //设置DCU编号
    hipSetDevice(world_rank);
    Mul_Matrixdcu(tempA,B,tempC,DIMS,DIMS,DIMS);
}
else{
    Mul_Matrix(tempA,B,tempC,lens[world_rank]/DIMS,DIMS,DIMS);
}
MPI_Gatherv(tempC,lens[world_rank],MPI_FLOAT,C,lens,displs,MPI_FLOAT,0,
MPI_COMM_WORLD);
```

代码 12–14 给出了基于按行分解矩阵乘算法的同构加异构多层次并行完整代码。其中, 常量 SPEED_UP 和 DCU_NUM 需根据实际情况进行调整, 核函数 MatMulKernel 及用于替代串行矩阵乘法的函数 Mul_Matrixdcu 位于头文件 mympi.h 中。

代码 12–14　按行分解矩阵乘同构加异构多层次并行代码

```
1#include<stdio.h>
2#include<math.h>
3#include<stdlib.h>
4#include <hip/hip_runtime.h>
5#include <hip/hip_runtime_api.h>
6#include"mympi.h"
7#include<time.h>
8#define DIMS 2000
9#define BLOCK_SIZE 32
10//设置DCU的个数
11#define DCU_NUM 1
12//假定每块DCU的处理速度是CPU的SPEED_UP倍
13#define SPEED_UP 100
14int main(int argc, char *argv[]){
15    float *A,*B,*C,*tempA,*tempC;
16    int world_rank, world_size,*lens,*displs,temp,i;
17    double start_time, end_time;
18    MPI_Init(&argc, &argv);
```

```
19      MPI_Comm_rank(MPI_COMM_WORLD, &world_rank);
20      MPI_Comm_size(MPI_COMM_WORLD, &world_size);
21      //总进程数需要大于等于DCU_NUM
22      if(world_size<DCU_NUM){
23          printf("总进程数world_size应大于等于DCU_NUM(%d)!!!\n",DCU_
NUM);
24          MPI_Finalize();
25          return 0;
26      }
27      //为所有进程创建B的空间并在0进程进行初始化
28      B=(float *)malloc(sizeof(float)*DIMS*DIMS);
29      //lens存储每个进程处理的矩阵行数
30      lens=(int *)malloc(sizeof(int)*world_size);
31      displs=(int *)malloc(sizeof(int)*world_size);
32
33      if(world_rank==0){
34          A=(float *)malloc(sizeof(float)*DIMS*DIMS);
35          C=(float *)malloc(sizeof(float)*DIMS*DIMS);
36          Init_Matrix(A,DIMS*DIMS,2);
37          Init_Matrix(B,DIMS*DIMS,2);
38          Init_Matrix(C,DIMS*DIMS,1);
39          //进程0~DCU_NUM-1
40          temp=SPEED_UP*DIMS/(DCU_NUM*SPEED_UP+world_size-DCU_NUM);
41          for (i = 0;i < DCU_NUM; i++){
42              //lens[i]为DIMS的整数倍
43              lens[i]=temp*DIMS;
44          }
45          temp=DIMS-temp*DCU_NUM;
46          if(world_size>DCU_NUM){
47              //进程DCU_NUM~world_size-1
48              if(temp%(world_size-DCU_NUM)==0){
49                  temp/=(world_size-DCU_NUM);
50                  for(i=DCU_NUM;i<world_size;i++){
51                      lens[i]=temp*DIMS;
52                  }
53              }else{
54                  for(i=DCU_NUM;i<world_size-1;i++){
55                      lens[i]=(temp/(world_size-DCU_NUM)+1)*DIMS;
56                  }
57                  lens[world_size-1]=(temp-(temp/(world_size-DCU_
NUM)+1)*(world_size-DCU_NUM-1))*DIMS;
58              }
59          }
60          //计算偏移量
```

```
61        displs[0]=0;
62        for(i=1;i<world_size;i++){
63               displs[i]=lens[i-1]+displs[i-1];
64        }
65     }
66     start_time=MPI_Wtime();
67     //广播矩阵B及lens到其他所有进程
68     MPI_Bcast(B,DIMS*DIMS,MPI_FLOAT,0,MPI_COMM_WORLD);
69     MPI_Bcast(lens,world_size,MPI_INT,0,MPI_COMM_WORLD);
70     MPI_Bcast(displs,world_size,MPI_INT,0,MPI_COMM_WORLD);
71     //根据所写核函数,需分配DIMS维方阵的空间,多余部分空间补0
72     tempA=(float *)malloc(sizeof(float)*DIMS*DIMS);
73     tempC=(float *)malloc(sizeof(float)*DIMS*DIMS);
74
75     //0进程分发A的不同行到其他进程
76     MPI_Scatterv(A,lens,displs,MPI_FLOAT,tempA,lens[world_rank],MPI_
FLOAT,0,MPI_COMM_WORLD);
77     if(world_rank<DCU_NUM){
78         //设置DCU编号
79         hipSetDevice(world_rank);
80         Mul_Matrixdcu(tempA,B,tempC,DIMS,DIMS,DIMS);
81     }else{
82         Mul_Matrix(tempA,B,tempC,lens[world_rank]/DIMS,DIMS,DIMS);
83     }
84     MPI_Gatherv(tempC,lens[world_rank],MPI_FLOAT,C,lens,displs,MPI_
FLOAT,0,MPI_COMM_WORLD);
85     end_time=MPI_Wtime();
86     printf("进程%d的运行时间为:%lf\n",world_rank,(end_time-start_time));
87     if(world_rank==0){
88         // Verify_matrix_c(A,B,C,DIMS,DIMS,DIMS);
89         free(A);
90         free(C);
91     }
92     free(B);
93     free(tempA);
94     free(tempC);
95     free(lens);
96     free(displs);
97     MPI_Finalize();
98     return 0;
99}
```

12.5.3　性能分析

在同构加异构程序中，影响性能的因素主要有两点：一是两种设备所负责的任务量占比，二是通信的组织方式，包括进程间的通信，以及主机端与设备端间的通信。由于进程间通信的组织方式在第十一章对 MPI 进行优化时已详细介绍，因此本节不对这部分通信进行讨论。在主机端与设备端之间存在阻塞式通信和非阻塞式通信两种手段，但非阻塞通信只在多任务时才能体现出一定的价值，所以这种通信优化手段对于本章示例进行单次矩阵乘法来说效果不明显。因此，本节只对如何在不同设备上进行任务划分进行讨论。

在执行任务时，首次启动 DCU 设备是需要一定的时间代价的。但随着问题规模的增加，这个代价将逐渐小于 DCU 执行计算任务所带来的收益。因此，本节在讨论 SPEED_UP 变量时，忽略 DCU 启动时间对整体计算速度带来的影响。根据前面的论述可知，SPEED_UP 的值为进行矩阵乘计算时单 DCU 设备与单 CPU 核的比值。具体来说，就是两者执行相同规模的矩阵运算时所消耗的时间之比。

表 12.12 是在 1 个 DCU 下分别运行规模为 1×1 和 1000×1000 的矩阵进行乘法运算的执行时间对比。其中使用规模为 1 的矩阵乘的耗时近似代替 DCU 设备的启动时间。最终二者的执行时间之差代表着使用 DCU 设备进行规模为 1000 的矩阵进行矩阵乘运算的实际耗时。

表 12.12　DCU 设备执行时间

矩阵规模	DCU 数	10 次执行平均时间/s
1×1	1	0.43
1000×1000	1	0.46

表 12.13 是 1 个 CPU 核心下分别进行规模为 1、1000 的矩阵进行矩阵乘运算的执行时间。两者执行时间之差代表着规模为 1000×1000 的矩阵进行矩阵乘运算时使用 CPU 设备的实际耗时。

表 12.13　CPU 设备执行时间

矩阵规模	CPU 核数	10 次执行平均时间/s
1×1	1	0.00
1000×1000	1	9.23

将二者实际执行时间作除法运算可以得出 SPEED_UP 的值，可以设置为 300。在该值下，基于按行分解算法的同构加异构多层次并行矩阵乘法的执行时间见表 12.14，其中每使用一个 DCU 设备都专门为其分配一个运行在独立的 CPU 核上的 MPI 进程以进行控制。

表 12.14　同构加异构矩阵乘法执行时间

矩阵规模	进程数	CPU 核数	DCU 数	10 次执行平均时间/s	加速比
1000 × 1000	1	1	0	9.23	1
	8	8	0	1.27	7.27
	8	7	1	0.52	17.75
2000 × 2000	1	1	0	74.35	1
	8	8	0	9.83	7.56
	8	7	1	0.85	84.47
3000 × 3000	1	1	0	267.48	1
	8	8	0	33.95	7.88
	8	7	1	1.52	175.97

由表 12.14 可以看出，随着矩阵规模的增加，仅使用 CPU 进行程序优化所带来的性能提升与使用的 CPU 核数密切相关，是远远落后于加入一个 DCU 设备后使用同构加异构这种多层次并行模式的。

在表 12.14 中，使用 7 个 CPU 核 +1 个 DCU 设备去计算规模为 3000 × 3000 的矩阵时加速比可至 175.97。虽然这一数值已十分可观，但仍需实验改变 SPEED_UP 值或 DCU_NUM 值，观察对程序运行效率的影响，以找到同构加异构编程模型下两个规模为 3000 × 3000 的矩阵进行矩阵乘运算最佳的执行效率。表 12.15 是在 8 进程下改变上述两个条件后程序的运行结果。

表 12.15　8 进程下同构 + 异构矩阵乘法执行时间

CPU 核数	DCU_NUM	SPEED_UP	10 次执行平均时间/s	加速比
7	1	100	3.24	82.56
6	2	100	1.97	135.78
7	1	300	1.52	175.97
6	2	300	1.35	198.13
7	1	500	1.32	202.64
6	2	500	1.30	205.75
7	1	1000	1.32	202.64
6	2	1000	1.35	198.13

通过表 12.15 可以看出，SEPPED_UP 和 DCU_NUM 的值在大部分情况下都对程序性能的提升有着正相关的作用，但带来的速度提升是有上限的。在

程序设计中, SPEED_UP 的值代表着计算同一任务时加速器相较于 CPU 的倍数。也就是说, 在理想情况下, 使用同构加异构架构编写的程序所获得的加速比至少应达到 SPEED_UP×DCU_NUM。

由于硬件架构设计及通信时延, 程序往往达不到理想情况下的加速比。这时就只能通过修改通信的方式以减少通信时延或修改算法以降低时间复杂度来提升同构加异构这种架构下程序的性能了。因此, 对于不同的计算问题或者同一个计算问题的不同规模, 仅增加设备数并不能使程序执行效率更高, 需要充分考虑计算部分和通信部分调整 SPEED_UP 及 DCU_NUM 的值, 以达到对应问题下同构加异构这种计算架构带来的最佳加速效果。

12.6　小结

本章首先以 Hygon C86 与 Intel KNL 平台为例进行了同构多层次并行的介绍, 随后以 Hygon DCU 设备和国产申威 26010 异构平台为例介绍了异构多层次并行, 最后采用 CPU+DCU 的异构平台对同构加异构多层次并行进行了介绍。

基于 Hygon C86 平台采用逐层优化的规则, 从程序编写角度展示了矩阵乘法在该平台上的多层次并行优化的过程, 即根据并行粒度的划分先考虑 MPI 层次, 在划定好每个 MPI 进程的数据后, 进而考虑并行粒度更小的 OpenMP 层次在进程内应开启多少个线程, 最后再将粒度缩小, 考虑在每个线程内开启 SIMD。之后进行的性能分析验证了多层次并行的优化效果, 并给出了这类同构架构上进行多层次并行优化的通用经验。

Intel KNL 与 Hygon C86 同构架构不同, 因此除了采用之前的逐层优化思路, 还需要结合平台特性采用新的优化思路。利用平台特性基于逐层优化思路实现 MPI+OpenMP+SIMD 多层次并行程序在 Intel KNL 上的优化, 主要方法包括将 SIMD 向量运算由 256 b 提升至 512 b、在 OpenMP 层次开启更多的线程、根据程序特性设置不同的内存模式和集群模式等。对程序的移植优化效果进行性能分析, 给出在此类同构架构上进行多层次并行优化的通用优化方法。

对于基于 DCU 的异构并行, 首先介绍了该设备的架构与优势、HIP 编程模型与 CUDA 编程模型的异同, 以及 HIP 程序的编写流程。之后按照多线程并行的思想, 将计算任务映射到 DCU 设备的各个物理核并执行计算。最后在程序性能测试与分析的同时, 给出异构架构下异构多层次并行程序的一般编写方法和优化方法。

通过对申威 26010 异构众核处理器的概要介绍, 并以按行分解的矩阵乘法为例对 Athread 加速线程库的使用方法进行了阐述, 然后结合 MPI 实现了 MPI+Athread 多层次并行的矩阵乘法。通过对并行程序在不同矩阵规模、开启不同进程和线程的情况下进行性能分析, 找到了进一步提高程序性能的方向。不同架构的超级计算机有其独特的优势, 也有不可避免的劣势, 但针对并行程序的优化来说, 思路大同小异。在第 12.4 节的后半部分, 针对申威 26010 处理器的体系结构特点, 介绍了几种在神威平台上常用的优化方法, 利用一些算法思路、并行策略、硬件设计等方法, 来尽量减少程序在改写为并行程序后带来的额外通信和访存开销。

不同于同构和异构并行采用相同的计算资源, 基于同构 + 异构的多层次并行同时使用了不同的计算资源来完成并行程序的计算部分。首先介绍了同构加异构多层次并行的基本概念, 并从程序优化角度分析了这种架构下为何要实现各个设备之间的负载均衡。在之后的程序性能分析时, 使用一种通用、结合内存模式及硬件特征的负载均衡方式继续优化程序性能。

读者可扫描二维码进一步思考。

参考文献

[1] 海格, 韦雷因. 高性能科学与工程计算 [M]. 张云泉, 袁良, 贾海鹏, 等, 译. 北京: 机械工业出版社, 2014.

[2] 布莱恩特, 奥哈拉伦. 深入理解计算机系统 [M]. 龚奕利, 贺莲, 译. 北京: 机械工业出版社, 2016.

[3] 多加拉, 福克斯, 肯尼迪, 等. 并行计算综论 [M]. 莫则尧, 陈军, 曹小林, 等, 译. 北京: 电子工业出版社, 2005.

[4] 格雷格. 性能之巅: 洞悉系统、企业与云计算 [M]. 徐章宁, 吴寒思, 陈磊, 译. 北京: 电子工业出版社, 2015.

[5] 伊佐特. Linux 性能优化 [M]. 贺莲, 龚奕利, 译. 北京: 机械工业出版社, 2017.

[6] 小田圭二, 榑松谷仁, 平山毅, 等. 图解性能优化 [M]. 苏祎, 译. 北京: 人民邮电出版社, 2017.

[7] 艾伦, 肯尼迪, 著. 现代体系结构的优化编译器 [M]. 张兆庆, 乔如良, 冯晓兵, 等, 译. 北京: 机械工业出版社, 2004.

[8] 本特利. 编程珠玑 [M]. 黄倩, 钱丽艳, 译.2 版. 北京: 人民邮电出版社, 2019.

[9] 亨特, 托马斯. 程序员修炼之道: 通向务实的最高境界 [M]. 云风, 译. 2 版. 北京: 电子工业出版社, 2020.

[10] 矢泽久雄. 计算机是怎样跑起来的 [M]. 胡屹, 译. 北京: 人民邮电出版社, 2015.

[11] 片山善夫. C 程序性能优化: 20 个实验与达人技巧 [M]. 何本华, 居福国, 译. 北京: 人民邮电出版社, 2013.

[12] 帕特森, 亨尼斯. 计算机组成与设计: 硬件/软件接口 [M]. 陈微, 译. 北京: 机械工业出版社, 2018.

[13] 卡斯佩尔斯基. 代码优化: 有效使用内存 [M]. 谭明金, 译. 北京: 电子工业出版社, 2004.

[14] 马特森, 何云, 康尼西. OpenMP 核心技术指南 [M]. 黄智濒, 杨旭东, 译. 北京: 机械工业出版社, 2021.

[15] 沙米姆阿赫特, 罗伯茨. 多核程序设计技术: 通过软件多线程提升性能 [M]. 李宝峰, 富弘毅, 李韬, 译. 北京: 电子工业出版社, 2007.

[16] 方民权, 张卫民, 方建滨, 等. GPU 编程与优化——大众高性能计算 [M]. 北京: 清华大学出版社, 2016.

[17] 威尔特. CUDA 专家手册: GPU 编程权威指南 [M]. 苏统华, 马培军, 刘曙, 等, 译. 北京: 机械工业出版社, 2014.

[18] 奎因. MPI 与 OpenMP 并行程序设计 (C 语言版) [M]. 陈文光, 武永卫, 等, 译. 北京: 清华大学出版社, 2004.

[19] 艾克萨威尔, 依恩加. 并行算法导论 [M]. 张云泉, 陈英, 译. 北京: 机械工业出版社; 中信出版社, 2004.

[20] 刘文志. 并行算法设计与性能优化 [M]. 北京: 机械工业出版社, 2015.

术语表

3DNow AMD 开发的一套 SIMD 多媒体指令集, 支持单精度浮点数的向量运算, 用于增强处理器的浮点计算性能。

Alpha 处理器 DEC 公司开发的 64 位 RISC 微处理器。

AltiVec PowerPC RISC 处理器体系结构的向量运算技术, 128 位向量处理部件。

ALU 算术逻辑部件, 位于处理器内。能够完成加、减、乘、除等算术运算, 与、或、非、异或等逻辑运算, 以及移位、求补等运算。

ASCII 美国标准信息交换码 (American Standard Code for Information Interchange), 一套基于拉丁字母的字符编码, 共收录了 128 个字符, 用一个字节就可以存储。

AVX-512 KNL 处理器中应用的指令集, 支持 512 位 SIMD 向量运算, 兼容 SSE、AVX 和 AVX2 等指令集。

BIOS 基本输入输出系统 (Basic Input Output System), 一组固化在计算机主板上 ROM 芯片中的程序, 它保存着计算机最重要的基本输入输出程序、开机后自检程序和系统自启动程序, 主要功能是为计算机提供最底层的、最直接的硬件设置和控制。

C99 是 C 编程语言标准的版本, 在 C90 版本的基础上增加了语言和标准库的功能。

Cache 是缓存, 属于存储系统中的一部分。将数据存储在缓存中, 以便提高存储效率。

CUDA 计算统一设备架构 (Compute Unified Device Architecture) 是面向 GPU 的编程模型, 该编程模型能够解决 GPU 的可编程问题。

CUDA C 是标准 ANSI C 语言的扩展, 其在 C 语言规范的基础上扩展了语法和关键字等以满足 CUDA 程序编写的需要。

CUDA 核函数 是在 GPU 端运行的代码, 其使用关键字 global 来标识, 在 CPU 上调用, 在 GPU 上执行, 返回值为 void。核函数相对于 CPU 是异步的, CPU 可以不用等待核函数的完成, 继续执行后续代码。

DDR(DDRAM) 是双倍速同步 DRAM, 它用一个时钟从 DRAM 读取数据。DDR 存储器可在时钟信号的上升及下降沿读数据, 因此具有更快的数据速率。

DMA 直接存储器访问 (Direct Memory Access) 是用于传输数据的技术, 其将数据从一个地址空间复制到另外一个地址空间。

DRAM 是一种半导体存储器, 工作原理是利用电容内存储电荷的多少来代表一个二进制比特是 1 还是 0, 由于需要定时刷新的特性, 因此被称为动态存储器。

EDMA 增强型直接内存存取 (Enhanced Direct Memory Access) 是处理器中用于快速数据交换的重要技术, 具有独立于处理器的后台批量数据传输的能力。

ELF 可执行可链接文件格式 (Executable and Linkable Format) 是一种目标文件格式, 常见的 ELF 格式文件包括可执行文件、可重定位文件、共享目标文件等。

Fermi 是 NVIDIA 于 2010 年发布的一个显卡架构, 是第一个完整的 GPU 计算架构。

FFT 快速傅里叶变换 (Fast Fourier transform) 是利用计算机计算离散傅里叶变换 (DFT) 的高效、快速计算方法的统称, 在被变换的抽样点数较大时, 采用这种算法能使计算离散傅里叶变换所需要的乘法次数显著减少。

FORTRAN 是世界上第一种被正式推广使用的高级语言, 主要用于科学计算和工程问题的求解。

GCC GNU 编译器套件 (GNU Compiler Collection) 是由 GNU 开发的编译器。

GDB 是 GNU 开源组织发布的一个强大的 Linux 下程序调试工具。

GFLOPS 每秒十亿次浮点运算数 (Giga FlOPs) 是一个用于衡量计算系统运算能力的单位。

GPGPU 通用图形处理器 (General-purpose Computing on Graphics Processing Units) 是一种计算器件, 一般利用通用图形处理器来计算原本由中央处理器负责的任务。

Gprof 是 GNU 的性能剖析工具, 用于程序的性能优化以及程序性能瓶颈的查找。

GPU 是一种专门在个人计算机、工作站、游戏机和移动设备上做图像和图形相关运算工作的处理器, 通常称为显卡。

IA32 英特尔 32 位体系架构 (Intel Architecture 32-bit) 是属于 X86 体系结构的 32 位版本, 即具有 32 位内存地址和 32 位数据操作数的处理器体系结构。

MKL 是 Intel 开发的一套经过高度优化的数学函数库, 专为需要高性能的科学工程等领域的应用而设计。其包括稀疏矩阵解算器、快速傅里叶变换、矢量数学等。

Kepler 是 NVIDIA 发布的一款处理器架构。

KNL 是 Intel 首款专门针对高度并行工作负载而设计的可独立自启动的众核处理器。

KSM 内核同页合并 (Kernel SamePage Merging) 是一种节省内存的重复数据删除功能。

Linpack 是国际上使用最广泛的测试高性能计算机系统浮点性能的基准测试。通过对高性能计算机采用高斯消元法求解一元 N 次稠密线性代数方程组的测试, 评价高性能计算机的浮点计算性能。

LTO 链接时优化 (Link Time Optimization) 是链接期间的程序优化, 多个中间文件通过链接器合并在一起, 并将它们组合为一个程序, 缩减代码体积, 因此链接时优化是对整个程序的分析和跨模块的优化。

MCDRAM 多通道动态存储器 (Multi-channel DRAM) 是在动态随机存储体和存储控制器之间增加更多并行通信信道以增加数据发送带宽的 DRAM, 理论上每增加一条通道, 数据发送性能相较于单通道而言会增加一倍。

MESIF 协议 英特尔针对缓存一致性非统一内存架构开发的缓存一致性和内存一致性协议。该协议由五种状态组成, Modified(M)、Exclusive(E)、Shared(S)、Invalid(I)、Forward(F)。其中的 F 状态是 S 状态的一种特殊形式, 它表明缓存应当充当给定行的任何请求的指定响应者。

Mpstat 实时系统监控工具, 用于报告处理器相关的统计信息, 这些信息存放在 /proc/stat 文件中。

Netstat 一个监控 TCP/IP 网络的非常有用的工具, 用于显示与 IP、TCP、UDP 和 ICMP 协议相关的统计数据, 一般用于查询本机各端口的网络连接情况。当使用 netstat 命令时, 系统会把性能统计信息以概要形式呈现, 路由信息等以快照形式呈现。

NPU 采用数据驱动并行计算的一种架构, 特别擅长处理视频、图像类的海量多媒体数据。NPU 处理器专门为物联网人工智能而设计, 用于加速神经网络的运算, 解决传统芯片在神经网络运算时效率低下的问题。

Nsight CUDA 内核级性能分析工具。它是 NVIDIA Nsight 系列 GPU 计算工具的一部分, 通过用户界面和命令行工具提供详细的性能指标和 API 调试对核函数进行性能分析。NVIDIA Nsight Compute 提供了一个可定制的、数据驱动的用户界面和度量集合, 并且可以通过分析脚本对后处理结果进行扩展。

NUMA 非统一内存访问 (non uniform memory access) 是一种用于多处理器的内存访问机制, 内存访问时间取决于处理器的内存位置。

Nvprof 用来测试并优化 CUDA 或 OpenACC 应用程序性能的分析工具, 能够从命令行收集和查看分析数据, 可以检测内存加载存储效率、核函数的线程束阻塞情况、内存加载吞吐量、每个线程束上执行指令数量的平均值、分支分化性能等。

OneAPI Intel 于 2022 年推出的程序性能分析工具。

OpenACC 一个异构编程模型, 具有高性能、可编程性和跨平台可移植的特点。

OpenCL 第一个面向异构系统通用目的并行编程的开放式、免费标准, 也是一个统一的编程环境, 便于软件开发人员为高性能计算服务器、桌面计算系统、手持设备编写高效轻便的代码, 而且广泛适用于多核心处理器 (CPU)、图形处理器 (GPU)、Cell 类型架构以及数字信号处理器 (DSP) 等其他并行处理器。

OpenMP 一种用于共享内存并行系统的多线程程序设计方案, 支持的编程语言包括 C、C++ 和 FORTRAN。

PCIe 一种高速串行计算机扩展总线标准。PCIe 属于高速串行点对点双通道高带宽传输, 所连接的设备分配独享通道带宽, 不共享总线带宽。PCIe 总线可用于连接处理器和 GPU, 用来传递指令和数据。

Perf Linux 的一款性能分析工具, 能够进行函数级和指令级的热点查找, 可以用来分析程序中热点函数的处理器资源占用率等, 从而定位性能瓶颈。

POWER PC 由摩托罗拉公司和苹果公司联合开发的高性能 32 位和 64 位 RISC 微处理器。

RISC-V 基于精简指令集原则的开源指令集架构。

SPARC 处理器 是 SUN 公司于 1987 年开发的一块 RISC 微处理器。SPARC 微处理器最突出的特点就是它的可扩展性, 这是业界出现的第一款有可扩展性功能的微处理器。

SPEC2006 行业标准化的 CPU 测试基准套件, 重点测试计算系统的处理器、内存系统和编译器等性能。

SSE 指令集 数据流单指令多数据扩展 (stream SIMD extentions) 是英特尔继 MMX(Multi Media eXtension, 多媒体扩展指令集) 之后推出的指令集。MMX 提供了 8 个 64 b 的寄存器进行 SIMD 操作, SSE 系列提供了 8 个 128 b 的寄存器进行 SIMD 操作。

SSA 静态单一赋值形式 (static single assignment) 是一种编译器的中间表示, 它要求每个变量只被赋值一次, 并且每个变量在使用之前都被定义。

Strace 一种调试分析诊断工具, 常用来跟踪进程执行时的系统调用和所接收的信号, 其可以跟踪到一个进程产生的系统调用, 包括参数、返回值、执行消耗的时间。

Superscalar 在处理器中有一条以上的流水线, 并且每时钟周期内可以完成一条以上的指令, 这种设计就叫超标量技术。

TLB 旁路快表缓冲 (translation lookaside buffer) 是一块高速缓存, 用于存放页表文件, 即虚拟地址到物理地址的转换表。

TPU 张量处理单元 (Tensor Processing Unit) 是一款为机器学习而定制的芯片。

VIS 是一个用于 SPARC 处理器的 SIMD 多媒体指令集扩展。

Vmstat 虚拟内存统计 (Virtual Memory Statistics) 是 Linux 中监控内存的常用工具, 显示 Linux 系统虚拟内存状态, 还可以统计关于进程、内存、CPU 使用率、I/O、对 swap 空间的 I/O、通常的 I/O 等系统整体运行状态, 属于一种概要形式的命令。

Wrap 是硬件并行调度的最小单位, 即可以同时并行运行的线程数目。

X86 是微处理器执行的计算机语言指令集, 指 Intel 通用计算机系列的标准编号缩写, 也标识一套通用的计算机指令集合。

超线程技术 是其把多线程处理器内部的两个逻辑内核模拟成两个物理芯片, 让单个处理器使用线程级的并行运算, 进而兼容多线程操作系统和软件。

单程序多数据 并行编程的一种基本设计模式, 即每个执行实体运行相同的程序, 但处理不同的数据。

多核 一个处理器包含多个子处理器, 其中每个子处理器支持至少一个物理线程。

流处理器 GPU 最基本的处理单元。每个流处理器中包含多个处理单元, 每个处理器单元内部包括承接控制单元指令的调度中心、操作数收集器, 以及浮点计算单元、整数计算单元和计算结果队列等。

内置函数　编译器直接支持的语言中的函数, 内置函数可以直接映射到机器指令, 编译器插入这些指令时不会产生实际函数调用的开销。

线程　操作系统能够进行运算调度的最小单位, 是独立调度和分派的基本单位。它被包含在进程之中, 是进程中的实际运作单位。一个进程中可以并发多个线程, 每条线程并行执行不同的任务。同一进程中的多条线程将共享该进程中的全部系统资源。

寻址模式　根据指令本身和处理器当前状态决定操作数位置, 并获取操作数的方法。

主频　处理器的时钟频率, 即处理器运算时的工作频率。

总线　计算机各种功能部件之间传送信息的公共通信干线。按照计算机所传输的信息种类, 计算机总线可以划分为数据总线、地址总线和控制总线, 分别用来传输数据、数据地址和控制信号。